気候と人間の歴史 I

猛暑と氷河　一三世紀から一八世紀

E・ル＝ロワ＝ラデュリ
訳 稲垣文雄

藤原書店

Emmanuel LE ROY LADURIE

HISTOIRE HUMAINE ET COMPAREE DU CLIMAT

Canicules et glaciers XIIIe-XVIIIe siècles

気候と人間の歴史　Ⅰ

目次

第4章　好天の一六世紀（一五〇〇年から一五六〇年まで）　165

第5章 一五六〇年以降

――天候は悪化している、生きる努力をしなければならない―― 193

第6章 世紀末の寒気と涼気――一五九〇年代 247

第9章　マウンダー極小期　417

結論 623

ヨーロッパ全図
アイスランド
ノルウェー海
北大西洋
ノルウェー
スウェーデン
フィンランド
ロシア
ヴォルガ川
エストニア
ラトビア
リトアニア
デンマーク
北海
アイルランド
イギリス
オランダ
ベルギー
ルクセンブルク
ドイツ
エルベ川
ライン川
ポーランド
ヴィスワ川
オーデル川
ドニエプル川
ベラルーシ
ウクライナ
チェコ
スロヴァキア
カルパチア山脈
モルドバ
セーヌ川
ロワール川
フランス
リヒテンシュタイン
スイス
オーストリア
ドナウ川
ハンガリー
ルーマニア
黒海
アルプス山脈
スロヴェニア
ポー川
クロアチア
ボスニア
ヘルツェゴビナ
セルビア
コソボ
ブルガリア
モンテネグロ
マケドニア
アルバニア
ギリシア
トルコ
ピレネー山脈
スペイン
ポルトガル
タホ川
アペニン山脈
イタリア
地中海

凡例

一　原文中で大文字で強調された語および《　》の部分には、「　」を付した。

一　原文で、書名以外のイタリック体の部分には傍点を付した。

一　原注は、章ごとに（1）等の番号を順次付して、巻末にまとめて配置した。

一　原注に挙げてある文献のほとんどは学術文献、古文書等であり、研究者の検索の便を考慮して、原語で表記した。

一　本文中で典拠および引用元を示すために挙げられている文献、論文の表題と当該ページ等にも、前項と同様の配慮をした。

一　［　］は、著者による引用文への補足と、入れ子の括弧の内側に使用した。

一　訳注は〔　〕で示し、本文中の当該箇所に適宜挿入した。訳注は初出時に付したが、初出からかなり間を置いて再出した地名、事項について、文脈理解に資すると思われる場合は再掲した。

一　人名と地名のカタカナ表記は、極力、ウェッブおよび書籍版の人名辞典や地図等で確認した。確認できなかったものについては、その語が属すると思われる言語での発音にできるだけ忠実にカタカナ表記するよう努めた。

気候と人間の歴史 I

猛暑と氷河　一三世紀から一八世紀

我が師
フェルナン・ブローデル
ジョルジュ・デュビィ
エルネスト・ラブルース
に捧げる

まえがき

気候の歴史は、拙著『西暦一千年以降の気候の歴史』〔邦訳『気候の歴史』稲垣文雄訳、藤原書店、二〇〇〇年〕が出版された一九六七年以来著しい進歩を遂げたが、クリスティアン・プフィスター〔現代スイスの気候学者〕、ピエール・アレクサンドル〔現代ベルギーの歴史学者〕、ファン・エンゲレン〔現代オランダの気候学者〕、フィリップ・ジョーンズ〔現代イギリスの気候学者〕、その他多くの人々の業績によって、いまや充分な正当性を獲得した。もはや、お上品で趣味のよい歴史学者たちがこの新しい学問分野を「えせ科学」のたぐいだと嘲弄をもって迎えた時代ではない。これら悪趣味なあざけりの時代は過ぎ去り、本書では、人間にとっての気候の歴史が問題となるであろう。気候と気象の変動がわれわれの社会に与えた影響、特に食糧不足と、ある場合には疫病をも媒介とした影響もあつかうことになろう。さらに、比較史も活用されるであろう。比較可能なものは比較しようとしたマルク・ブロックの系譜を受け継いで、とりわけ、気候温和なフランスの北部地方と中部地方に身を置くことにしよう。フランスは、われわれの探求において最も重要な位置を占めるであろう。しかしまた本書では、イングランド、スコットランド、さらにはアイルランド、ベルギー、オランダ、スイス、ドイツとの比較対照が常に、場合によっては頻繁におこなわれるであろう。この比較対照は西ヨーロッパに限ったものではなく、ときにはボヘミア、ポーランド、さらには北欧三国とフィンランド、そしてアイスランドとさえもおこなわれるであろう。フランスの地中海地方は、一度ならず取り上げられるが、第Ⅱ巻でさらに詳しくあつかわれることになる。これについては、ほとんど世に知られていないジョルジュ・ピシャール〔現代フランスの南仏史学者〕のすばらしい業績の力を借りることになる。第Ⅱ巻ではおもに、第Ⅰ巻よりものちの時代、一八世紀（一七四一年以降）から二一世紀初めまでの期間を対象にする。一般に、「南仏」についてだが、気象上の不測の事態の人間への影響は、この地中海という内海沿岸地方では北方地方とは非常に違った様相を示す。多くの場合、人間に対する食糧（特に穀物）供給にとって危険な事態を引き起こすのは干ばつである。こうした観点からみた南仏と北部地方との相違は、パリ盆地とロンドン盆地における北西ヨーロッパの気候温和な地域で生じる事態と比べると著しいものである。北西ヨーロッパ地域では、たとえば穀物は、まずなによりも、それが唯一というわけではないにしても、過度の湿気と、もちろん場合によるが、氷点下の極端な気温低下を嫌う。ところがイル＝ドゥ＝フランス〔パリを中心とする地域〕では、ケント州〔イングランド南東部地域〕やデヴォン州〔イングランド南西部地域〕同様、猛暑、さらには日照り焼けと干ばつの期間が数多くあり、万一極端な場合には、刈り取り前の穀物にとって危険であり、また公衆衛生にも直接的な危険（特に赤痢）をおよぼすことになる。

　まず、シリーズの第Ⅰ巻である本書に関するいくつかの基本概念を挙げよう。中世温暖期という概念は、無視する、あるいは少なくとも慎重に考察しよう。以前はそれを、九世紀から一三世紀まで続かせ、[1]世界中に拡大しようとさえしたのだった！　ここでは、惑星学者でも専門の中世学者でもない一研究者にとって最も確実なことがらだけにとどめておこう。私はまた、「初期中世学者（中世初期の専門家）」でさえない。本書では、一世紀間だけには確実にいえる次の事実に限定しておきたいと思う。とにかく一三世紀には、西ヨーロッパで、全体として農民にとって好都合な、したがって結果的に消費者にとっても好都合な、乾燥しておそらくは暑い夏が長期間続いたのである。

小氷期はといえば、現象的には氷河の前進とそれに続く最大状態が持続した期間をいうのだが、そうした期間は、おおまかにいって、一四世紀初めから一九世紀「半ば」まで「持続」した。この小氷期は、気候温和な一三世紀と、やはり温暖で、まもなく温室効果の始まりによって完全に温暖化する二〇世紀に比べて、しばしば寒さが厳しい冬が六世紀間近くの長期にわたって続いた期間とときを同じくしている。小氷期に特徴的な冬の寒さについていえば、その氷河への影響は単純ではない。なぜなら、寒さが厳しい冬はかならずしも降雪が多く、氷河を増大させる冬というわけではないからである。小氷期総体としての気候モデルは、多様な様態で年数を重ねて、まさしく「氷河の乳母」といえる冬期に増大する雪による氷河の涵養局面を示したり、また、以下のページで繰り返しみるように、多雨・湿潤で曇りがちで低気圧の夏が原因で氷舌〔氷河の下流部の舌状に長く伸びた部分〕の消耗が多年、ときには数十年にわたって低減する局面を示したりもする。事象としては互いに質の異なるこれら二つの仮説（というよりは実体）において、氷河は、いずれにしても容積を増し、巨大化していく。そうしてたちまち超氷期にいたるのである。一四世紀の一三〇三年から一三八〇年の期間と一四世紀の最後の三分の一、さらには一八一五年から一八六〇年の期間等がそうだった。

なにはともあれ、変動性という観念は欠くことができない。小氷期の五世紀間あるいは六世紀間は、ただひたすら寒かったわけではない。一三〇〇年から一八六〇年までのあいだには、暖冬（たとえば一五七五年から一五七六年にかけて）や焼けるような夏（一六一六年、一六三六年、一七一八年等）もあったということを指摘するとき、わざわざいわなくともわかりきったことを説明しているのではないかと気にすることはないのである。

この第Ⅰ巻であつかわれる数世紀の期間（一三世紀から一八世紀の一七四一年まで）は、その全体的傾向については、かりにそのようなものが存在するか明らかにできるとすればだが、多少とも知られているか、あるいはよく知られている。われわれの知るところでは、一三世紀は、アルプス氷河が縮小し、夏は乾燥して暑かったらしく、冬はしばしばそれ以降の期間より温暖だったという特徴を持っている。一四世紀は、少なくとも一三七〇年頃までは、夏はしばしば湿潤で冷涼だったようで、冬は数倍寒さが厳しかった。それは、中世、そして近現代がそうであったように小氷期の始まりだった。（われわれの時代が始まる以前、すなわち西暦一〇〇〇年より以前にも、数世紀にわたる小氷期がおそらくはあっただろう。しかし、それらは本書に関わりはない。）

一五世紀は、あまりよく知られてはおらず、特徴づけるのが最も難しい世紀のひとつである。シャバロヴァとファン・エンゲレンによるオランダについての素晴らしいデータ時系列（参考文献参照、p. 236）が、このクワットロチェント〔イタリア語。イタリア美術・文学史上の一五世紀初期ルネッサンス時代〕は、一連の寒さの厳しい冬はあるが、年平均気温の点では冷涼であると特徴づけている。「しかしながら」、素晴らしい夏もあった。私は特に、一四一五年から一四三五年の二〇年間を思い浮かべる。

西ヨーロッパにおける一六世紀はほぼ完全に知られている、といってしまっていいのだろうか。一五六〇年頃までの暑い一六世紀。それは、私が一九六二年に初めて提唱して、その後われわれの学界に非常に広まった、歴史学者たちがいう有名な「好天の一六世紀」という表現に値するだろうか。そのあと、一五六〇年から一六〇〇年までの小氷期のあらたな高まりと符合する冷涼な一六世紀がやってくる。その攻勢は、巨大になった氷塊とその原因となった「悪い」季節の双方に深く関わっており、一五九〇年代に最高潮に達した。

一七世紀は、小氷期が安定した時代である。冬は、特に一六四六年以降、比較的寒かった。しかし、夏は、明確に冷涼化したこの世紀の最末期（一七世紀の最後の一〇年間）を除き、ときとして一時的に暖かくなった。古典主義時代のアルプス氷河は、依然として巨大で安定しており、繰り返しいうが、一六世紀末あるいはそれ以降に達した最大状態とさほど変わらなかった。

最後に一八世紀は、氷河の大規模な融解にはいたらなかったにしても、少なくともその初期（一七三八―三九年）には、間違いなく温暖化の時期を含んでいる。第Ⅰ巻である本書では、一七四〇年、長くても一七四一年までしか対象としていない。この一七四〇年という年とそれに続く一〇年間は、一〇年間の内部で各年それぞれが寒冷化の影響をこうむっているので、別個にあつかわれなければならない。これとは反対に、若きルイ一五世時代の啓蒙の時代とときを同じくする、すなわち一七一〇年代末と一七二〇年代および一七三〇年代の温暖化は、もちろん中断がなかったわけではないが、一七三〇年代の冬にも夏にもあてはまる。フィリップ・ジョーンズとマイク・ヒューム〔現代イギリスの気候学者〕は、一八世紀全体としては、全北半球が全般的に温暖化していたということをためらわない。そうなると、この同じ時期に、ヨーロッパでも中国でも、ユーラシア大陸北部全域で起こった人口的・経済的大発展には、一部気象的原因があったのかどうかということを考えざるをえなくなる。この北半球の温暖化した一八世紀と、それぞれ端数のない数字でいうと、一五六〇年から一七〇〇年までと一八〇〇年以降の一九世紀の前半もしくは最初の三分の二の期間の寒冷期とのあいだに、コントラストがあるのだろうか。注目すべき問題である。これについては、第Ⅱ巻で、細心の慎重さを持って考察することがよいであろう。世紀によって区切るのは、もちろん便宜によるものにすぎない。われわれが注意深く記録した世紀間の違いは、年平均気温にすれば摂氏一度程度にすぎないし、冬についても同様である。夏期については摂氏一度未満にすぎない。したがって、小氷期という表現を強調しすぎても、意味を持たせすぎてもいけない。(2)

＊

以上のようなわけで、氷河、そしてまた猛暑も問題となる。小氷期と呼ばれる期間はなによりも、冬の寒さが厳しいという特徴を有している。それに対して夏は、(3)わずかに低かった小氷期の気温に比べて、二〇世紀には少し温暖化したが、この夏期の気温差は、平均気温にして摂氏一度未満の寒暖差にすぎないため、非常に限定的な作用しかおよぼさなかった。事実、後年の参照基準期間（一九〇〇—六〇年）におけるわれわれの時代のやや暑い夏は、一七世紀、一八世紀そして一九世紀初めのやや気温が低かった時期の夏と比べて、平均で〇・五℃前後しか違わないそうである。乾燥して、おそらくは暑かっただろう一三世紀の夏と比較すると、高温記録とときには破壊的な記録を残した二〇世紀末と二一世紀初めにわれわれが経験した焼けるような「好天の」季節時には、聖王ルイ〔フランス王ルイ九世。在位一二二六—七〇〕と彼の直系の父祖諸王の時代にすでに達していたかほぼそれに近い夏の暑さの水準まで、すなわち、おそらく今日より少し高温だった好天の中世の水準まで戻ったにすぎないのだろうか。ともかくこうして、二〇〇三年以前の、そして小氷期を含む、われわれの気候の歴史は、いくつかの間違いなく暑い夏を含んでいる。これらの夏は、もし雨が損害を与えなければ穀物にとって恩恵となるし、反対に、夏の厳しい暑さが数カ月にわたる干ばつと、最後には起こりうる日照り焼けを伴う場合には不運となるのである。一三世紀における好天の夏から、本書の第1章でまとめて言及されることになる、非常に暑い典型的な夏をいくつか挙げておくと、一二〇五年、一二一七年、一二二二年、一二三六年、一二三七年、一二四一年である。一二四一年一月六日（新暦）から一二四一年九月二〇日まで続いた大干ばつがあった[4]、一二四一年について少し述べておこう。雨は、新暦一二四一年九月二一日にならなければ戻ってこなかった。この一二四一年という年は、ブドウの収穫はよかった。ワインは、当然豊富で、ヴォルムス〔ドイツ西部、ラインワイン生産の中心地〕で廉価であり、パリで上質だった。しかし、同じこの干ばつのせいでルーアンでは穀物が不作だった。だがこうしたマイナス評価にもかかわらず、全般的に一三世紀の好天の夏は収穫に不都合ではなかったことは明らかである。

この問題については、やはり一三世紀の同じ一連の暑い夏のなかでは、焼けつく夏の一七℃の水準には達しないが、現在ではベルギーとなっている地域に、八月最初の週に大熱波が到来して素晴らしいブドウの収穫と穀物の豊作をもたらした一二〇六年の興味深い夏を、別に切り離して取り上げることができる[5]。

一四世紀は、小氷期が始まったことが明らかで、猛暑という点ではあまり予備知識を与えてはくれない。だがそれでも、厳しい冬のあとにきた（したがって一三二六年は、大陸性的気象である）一三二六年夏の大干ばつを挙げることができる。一三二六年夏の大干ばつは、オランダ、ボヘミア、ノルマンディーで泉を干あがらせ、ボヘミアでは冬穀物の平年並みの収穫をもたらしたが、チェコの春穀物は夏の干ばつで壊滅した[6]。もう少しのちの時代については、いずれ本書で充分時間をかけて、一四一五年から一四三五年にかけての一連の暑い夏（どこまでも広がる青空）、すなわちブドウの収穫日によって知られている暑い夏に立ち戻ることになろう。だが今からもう、トロワの和約〔英仏百年戦争中に結ばれたイングランド王国とフランス王国との平和条約〕の時代の、とりわけ政治的な悲劇のさなかの、（二〇〇三年のわれわれの不幸にはおよばない）一四二〇年の極度に暑くて乾燥した夏についていっておこう。この一四二〇年の夏は、小麦に日照り焼けを起こし、次いで飢饉の発生に貢献し、その年のクリスマスには、パリの堆肥の上で何十人もの幼い子供たちが「ああ、飢え死にしてしまうよ！」と泣き叫ぶのが聞こえ、「なんと無情なことか、子供たちが泣き叫ぶ声を夜通し聞きながら、慈悲の心はないのか」と記録されるまでになったのである。それから二年後、一四二二年の夏も暑くて乾燥していたが、小麦に特に害は与えなかった。それに対して、春穀物なので乾燥した夏を嫌う大麦とオート麦は、一四二二年に若干被害を受けた。

一四七三年もまた申し分なく猛暑で、年輪年代学によって特定されたその年の年輪の材部は極度に堅くてほとんど水分がなく、一四七一年・一四七二年・一四七三年の三連続の暑い夏に含まれるが、穀物はこの暑さの被害を特に受けてはいない。一四七三年には、わずかだったにしても降雨の配分が時宜を得ていて、穂の中の種子が発育する生長期の決定的な瞬間にぴったりと合ったのだろう。さらに、小麦の束は刈り取られるとただちに、収穫した畑で素晴らしい好条件のもとに乾燥した。この一四七三年夏の暑さによって引き起こされた干ばつは、特に夏の終わりに、乾燥して束ねられた状態になった収穫穀物にとってはもはや危険ではない時期に顕在化したのであり、この年は容易にそういえる事例だった。こうして、よく熟し、充分に乾燥した素晴らしい小麦が収穫されたのである。

好天の一六世紀とも呼ばれる、一五〇〇年から一五六〇年の暑い一六世紀については、当然、猛暑は少しも害をおよぼさなかった。すなわち、一五〇〇年から一五〇四年の四年間すべて（*Global and Planetary Change*, 2003 におけるブリッファ〔現代イギリスの気候学者〕らによると、九月一七日にブドウの収穫をした一五〇四年は、北半球全域において、一五世紀から二〇世紀までのあいだで最も暑かった一二の夏のひとつである）と、次いで一五一六年、一五二三年および一五二四年、一五三六年、一五三八年、[7] さらに一五四〇年、一五四五年、最後に一五五六年である。これらの年の多くは、穀物の収穫にとって好適だった。過度の夏の暑さの被害を受けたのは、一五一六年、一五二四年、一五三八年、一五四五年、一五五六年だけであり、夏の猛暑によって特徴づけられるこれらの年の半数未満である。

一五六〇年以降はっきりと定着していた小氷期が勢いを強めた一七世紀には、それでもやはり、数多くの暑い夏の期間があり、特に一六三六年から一六三九年までの四年間のかなり暑い四年連続の夏は、とりわけブルターニュ地方で、一六三六年と一六三九年に赤痢の大感染を起こして死者を出した。このように問題化する赤痢は、水が汚染されて発生する。河川の水位が非常に低くなり、その結果、もっと水量が豊富であれば通常さほど有害ではないであろうあらゆる種類の汚染によって腐敗し、汚れ、細菌感染した少量の水しか流れないのである。

さて一八世紀は？　それは、冬の寒さから完全に脱したわけではないが、氷河はわずかに暖かくなった小氷期の特徴を持っていて、再温暖化の世紀である。一七一八年と一七一九年の非常に高温の二夏に注目しよう。一七一九年は、おもに赤痢によって、特に子供のあいだ、とりわけ赤子を中心に、通常より四五万人多い死者を出した。これは、一七〇九年の途方もない厳冬に比べて極めてささやかにしか世に紹介されていない出来事だが、非常に致死的な出来事である。そもそもこれは、一七〇四年から一七〇六年頃に、高温したがって赤痢というかなり類似した条件下に起こったことの繰り返しだった。また、一七二〇年代と特に一七三〇年代の、暑い夏の一〇年間も想起する必要があるだろう。これらの期間はワインが生産過剰で、いくつかの例外を除けば、こうした恵まれた状況のもとで庶民の物質的充足が維持された。穀物の収穫は、ほぼ二〇年間続いた暑い夏という局面の恩恵をこうむり、収穫量はまったく充分、いや豊富だった。こうした状況下で、パンの原料の価格は多かれ少なかれ「下限」に安定する傾向にあった。それでも例外はあった。一七二五年の湿度の多い小麦不足の夏である。しかし、この世紀の第一四半紀の最後の節目の年は、短くて困難な過渡期でしかなかった。一七三九年末と一七四〇年の一二カ月かほぼそれに近い期間続いた、凍るような多雨で作物を腐らせる長い一年ほど深刻ではない。

こうして際限なく続けることはできようが、本書のそれぞれ適当な章に「発言」を任せることにしよう。そこでは、これらの事象が、次から次へと、詳細に、そしておそらくは、多雨で猛暑の期間にときとして引き起こされることがある食糧不足よりも概してはるかに深刻な食糧危機を伴う年々を（時間軸とは逆方向に）頻繁に呈示しながら明白に論じられるであろう。食糧不足は、一八世紀の下半期の高温と乾燥の夏にたびたび発生した。一七六〇年代とその前後、次いで一七七八年から一七八一年まで、そして一七八八年と一七九四年である。最後に、一九世紀で最も知られている食糧危機は、一八一一年のものと、特に、前掲書のブリッファらによれば過去六世紀間で北半球で最も暑かった一二の年のひとつである一八四六年のものである。後者は当然ながら、一八四七年の経済危機（一八四六年の食糧不足を引き起こした干ばつの申し子）と一八四八年初めの革命〔フランス二月革命〕の前奏曲となった。小氷期後（一八六〇年以降）の期間については、当然ながら、いくつかの猛暑の夏を「経験することになるが」、そのうちの二〇〇三年は一例を示すにすぎない。

第1章　中世温暖期、おもに一三世紀について

「中世温暖期」の年次経過

小氷期の「正確な」始まりは一三〇三年であると（恣意的にではなく公式に）確定できる。一連の厳しい冬がただちに始まり、続いて一三一〇年代の冷涼多雨な夏も始まり、まもなく、スイス・アルプスのゴルナー氷河とアレッチ氷河で氷河の攻勢が開始されて持続した。たしかに、小氷期は一三〇三年一月一日零時に始まったわけではなく、おそらくは一三世紀の末年あるいは一三〇〇年から準備されていたのだろう。しかし、気候学的データがまだ、後世の一八世紀あるいは一九世紀以降に獲得するような正確さを持っていない時代（一三世紀から一四世紀）には、一三〇〇年前後について精緻な時系列的かつ気候学的な推移の詳細に立ち入ることがなくても許されるだろう。ただ、小氷期をそれに先立つことがら、すなわち、呼称の当否はともかく、中世温暖期と呼ばれているものと比較することによって全体的な流れのなかに位置づけることにしたい。

さてこの小氷期を、ゴルナー氷河についてのホルツハウザー〔現代スイスの氷河学者〕の研究に依拠して、概略的ではあるが充分手堅い方法で位置づけてみよう。西暦八〇〇年（シャルルマーニュ大帝〔フランク王、在位七六八―八一四年。西ローマ皇帝として、在位八〇〇―八一四年〕の戴冠）から西暦一一二〇年（ヴェズレー〔フランス中部の都市。ロマネスク様式のマドレーヌ教会で知られている〕の再建開始。以上概略をはっきりさせるため）までの長期にわたる期間は、ゴルナー氷河では氷河は後退して縮小期にあり、中世温暖期にあったようである。[1] ところでこの同じゴルナー氷河は、これらの動きとは対照的に一〇四〇年頃、かならずしも明確とはいえないが一種の再開のようなわずかな前進をしている。その後後退したあとに、一二世紀の一一八六年から一一九〇年頃再び、今度ははっきりと、この氷河の先端はやや前進する。一三世紀のゴルナー氷河については、明らかに世紀単位の氷河退縮局面にあった。この局面は一二八〇年頃まで続く。小氷期の典型的局面である。時代を理解しやすくするためにわが国の王たちを引き合いに出せば、フィリップ・オーギュスト〔フィリップ二世。在位一一八〇―一二二三年〕治世の末期から聖王ルイ〔ルイ九世。在位一二二八―七〇年〕時代と勇敢王フィリップ〔フィリップ三世。在位一二七〇―八五年〕の活躍初期までである。だが、政治向きのことは打ち捨てておこう。(気候)「温暖期」は、その最後の一世紀間(一三世紀)のこれらほぼ三世代にあてはまる。この時代の他の側面、特に人間活動に関わる分野についてしばしば適用される「好天の一三世紀」という言葉は、気象的意味合いも有しているのだろう。

一三世紀の好天に恵まれた夏、[2] 高地での降雪がひどくない冬は、当然ながら、とにかく量的に充分な、穀物の豊かな実りをもたらしただろう。

しかし事態は一三〇〇年から次第に「悪化する」。これは、プフィスターが小氷期の実質的開始にあたるとする時期である(これについては、あとでまた、それ自体ひとつの重大事件である、一三一五年頃の雨による飢饉について言及する機会がある)。一三一七年からゴルナー氷河は、その上方端から下方端まで大膨張期に入った。それは一三八〇年まで続く。あとで振り返ってみると、この氷河は一三一〇年代から一三八〇年代までの多雨な夏、[3] 少なくともそれらの夏の多くのせいで、氷河の消耗が減衰したために容積を増した。特に、一三一〇年代以降、一三四〇年代の特筆すべき寒さを取り上げることにしよう。この間の黒死病以前と黒死病それ自体(一三四八年)について、この伝染病の気象学的因果関係にはまったく確信はないのだが、少々述べておこう。ともかく一三八〇年頃(一三〇〇年から始まっていて、一三〇〇年以降の八〇年間強勢を保った小氷期の期間)、ゴルナー氷河は初めて、一四世紀以前の変動の多かった中世期にはみられなかった、象のような分厚い容積となった。ゴルナー氷河は、一六〇〇年頃、そして一六二三年から一六七〇年、最後に一八二〇年から一八六〇年にかけて、再びこうした膨大な容積になる。(一四世紀、一六世紀末から一七世紀、そして一九世紀前半の)小氷期の典型的な三大最大期は、相対的な高低はあるが、何世紀もの長期的視野でみると、一三〇三年から一八五九年までの期間継起した。

いずれにせよ、（一五世紀と特に一五六〇年以前の一六世紀前半の）中間期についてみると、一三八〇年代のアレッチ氷河の前述の膨張は、その後四、五世代（一三八〇年以降）のあいだ、かつての温暖な一三世紀の最小状態に完全に戻るわけではないにしても、一四五〇年から一五五〇年頃には縮小した状態に取って代わられることになる。年代的にはシャルル七世〔在位一四二二―六一年〕からアンリ二世〔在位一五四七―五九年〕までにおよぶ、当然のことながら、変動するこれら氷河の相対的最小状態は、アレッチ氷河、ゴルナー氷河他においてわずかに暖かくなったことに照応している。その後、一六世紀後半、いやむしろ最後の三分の一の、非常に小氷期的なゴルナー氷河の大前進が起こる。同様のことはグリンデルワルト氷河、特にアレッチ氷河、そしてシャモニー氷河でも起きており、そこでは、三〇年以上前に私たちが忍耐強く収集した数々の証拠がまばゆいばかりの光明を放っている。

さらに、グリンデルワルト氷河においてと同様あるいはおそらくそれ以上に、先に述べたように、一六世紀末に始まったゴルナー氷河の前進はその後も続き、さらに膨張して、一六二三―七〇年の最大状態にいたるのである。一七世紀は、宿命的に、その初めの四分の三はまさしく保証つきの小氷期の世紀[4]となる。少なくとも、それ以前では一四世紀、それ以後では一九世紀の一部（切りのいい数字でいうと一八一五―六〇年）と共に、これら小氷期の世紀のひとつである。

ゴルナー氷河に準じるアレッチ氷河

ゴルナー氷河と同じくスイスの氷河であるアレッチ氷河は、地理的かつ個別的有り様から生じることが避けられない諸相を通して、ゴルナー氷河に生起した事象の長期にわたる年次的区切りを裏づけてくれる。アレッチ氷河の気候変動は、ゴルナー氷河のものと同様、一九八四年の大論文に提示された炭素14と年輪年代学の成果のおかげで世に知られており、精確な時間的標定もなされている。このアレッチ氷河の気候変動は、これまでこの章で示した年次的経過に標柱を立て、それらの年代的目印は、ゴルナー氷河についてのホルツハウザーのその後の研究成果によって、一九九五年に再認識されることになる(参考文献参照)。確信を深めさせるこうした両氷河の事象の符合は、一〇世紀末から一八世紀末まで、そしてそれ以降の期間にも当てはまる。事実、中世温暖期(いいかえれば氷河の大後退)は、九七〇年から一三〇〇年頃までのアレッチ氷河においてもはっきりと確認される。ただ一一三〇年前後に氷河が前進したわずかの中間期がありはするが。しかし、気候冷涼で氷河が膨張したこのつかのまの局面は、強くも持続的でもなかった。さて、長めにみた一三世紀(一一六〇年から一二九〇年まで)における、中世温暖期の暖かさの事例に話を戻そう。アレッチ氷河はのちに、一三世紀末から、あらたに強力な攻勢を開始して氷舌端を下方に伸長させ、それは一三八〇年頃まで続く。突然の開始、そして最初の最大化、中世から近代におよぶ小氷期については、このあとすぐにまた言及しよう。とにかくここで、中世温暖期についてさらにいくつかの指標を提出しておくのがよいと思われる。この課題に関しては、われらが生徒にして友人であるピエール・アレクサンドルの素晴らしい分析[5]を用いることにしたい。それによると、一一五〇年から一四二〇年までの夏の降水の変動を研究することによって、一二〇〇年から一三一〇年のあいだ、一貫して常にそうだったわけではないが、「気象の変動性を考慮に入れても、乾燥した夏が長期間画然として支配的であったということが確認できる」。このように展開した乾燥期間は、中世温暖期にぴったり重なっており、先に指摘した一一六〇—九〇年から一二八〇年までのアレッチ氷河の最後の後退期を見事なまでに画然と浮かび上がらせている。そして、始めと終わりを区切られているということが年代的枠というものの本来的意味なのだから、この夏の太陽がしばしば輝いて乾燥した夏が続いた好天の一三世紀は、それよりも短期の四つの非常に多雨な期間に、前二つ、後二つというふうにはさまれているのである。前に位置する湿潤な二つの期間は、一一五〇年から一一六九年と一一九〇年から一一九九年の（それぞれ）一〇年間あるいは二〇年間に現れた。他方また、この乾燥した一三世紀のあとに、一三一〇年から一三一九年の一〇年間（これについてはのちほど詳細に検討する）と一三四〇年から一三四九年の一〇年間に、非常に湿潤であることを示す諸現象がみられる。それぞれ（二つの）一二世紀と一四世紀に属する、これら「雨の多い夏の」一〇年間は、「当時ヨーロッパで起きた穀物［ときには穀物だけではない］不足による惨禍に照応している」と、このベルギーの卓越した気候学者は付け加えている。「好天の一三世紀」以前には（まず始めに）、一一四六年と一一五一—五二年そして一一九六—九七年の大飢饉があった。

一一四六年の深刻な食糧不足については、これまたピエール・アレクサンドルが（*Le Climat en Europe au Moyen Âge*, p. 352)、「ランス〔パリ北東、シャンパーニュ地方の中心都市〕地方とエクス・ラ・シャペル〔ドイツ西部、オランダ、ベルギー国境近く。ドイツ名アーヘン〕地方で起きた小麦の不作や、やはり同じ一一四六年に起きたライン川の洪水」の年代を確定した。あいにく後者の、ケルン地方で起きた洪水の精確な月は示されていないが。こうしてわれわれは、一一四六年の過度の降水に起因する食糧不足をまさに眼前にするのである。

「一一五一—五二年」に関しては、リエージュ〔ベルギー東部の都市〕、ロップ（ベルギー）、トゥールネ〔ベルギー南西部の都市〕、ヘント〔ベルギー北西部の都市〕、アッフィヘム（フランドル地方）、ケルン、ジュミエージュ〔オート＝

ノルマンディー地方の都市〕、ベック大修道院（ウール県〔パリ北西方〕）、モルトメール（オート＝ノルマンディー地方）、ユトレヒト、ブラウンシュバイク〔ドイツ北部の都市〕、エンスドルフ（バイエルン地方）、オットブーレン（バイエルン地方）、ライヘナウ（バーデン・ビュルテンベルク地方〔ドイツ南西部〕(6)）、ミュンスター（ラインラント地方）、ヴェズレー、ディジョンから得られた文献史料のおかげで、一一五一年が不作だったということで諸データは基本的に一致している。素晴らしくも悲しい全会一致ではないか！　同時期の付随的記録もすべて同様で、冷涼多雨で壊滅的な打撃を与える夏期の気象タイプを示している。これに類似した夏に、ずっとのちの一六九二―九四年、一七四〇年、一八一六年に、明々白々なかたちで再びお目にかかることだろう……。さらには、不足している穀物や災害に苦しんでいる人々にとって悲惨な結果をもたらす大洪水にときとして見舞われる年々にもまたお目にかかるであろう。

さて一一五一年である。特に「六月二四日から八月半ばまで」、激しい「長雨」が「繰り返し」降った。それまで豊作の見通しだった穀物収穫は、七月一日からの頻繁な雷雨と嵐と霧を伴ったこれらの雨によって壊滅した（一七八八年の夏にもこれと同じ状況が再来するが、さらにひどいことに、予期せぬ日照り焼けまで起きる）。同じくこの年には、果実も不作だった。ブドウの収穫は遅れて機を逸し、ワインの味は渋くて価格は高騰した。河川は（やはり六・七月から）氾濫し、秋には風が激しく吹き、六月から七月にかけて雨が続いて、収穫の遅れは五月から予見されていた。これ以上いうのはよそう！　年間記録は満杯で、文字通りこぼれ落ちそうだ。土砂降りに雨が降り、明らかに、一八一六年の不作が一八一六年から一八一七年にかけての半食糧不足を引き起こし、一三一五年の不作が一三一五年から一三一六年にかけての飢饉の根本的な原因になったように（後述。一三一六年の「饑餓の春」に死者が集中した、イープル〔ベルギー西部の都市〕とヘントの人口データ）、一一五一年の不作もまた一一五一年から一一五二年にかけての収穫後の期間に深刻な食糧不足を引き起こしたのである。引き続いて、一一九五年から一一九七年の多雨な期間に移ろう。この期間は、一一九四年と一一九八年という、乾燥した、あるいは「語るほどの出来事もない」二つの年にはさまれている。これに対して一一九五年は、過度の夏の降雨とそのために被害をこうむった穀物の収穫とブドウの収穫という困った事象を連続して繰りひろげている。一一九六年と一一九七年についても同様である。

＊

「好天の一三世紀」はまた、気候の変動性のゆえに、一一五一年と一一九七年に生起したとほぼ同様（おそらくはより穏やかな形で）の気象学的年経過の範疇に属する、[7]湿潤で降水の多い期間をいくつか経験する。たとえば一二五八年がそうだ。しかし、一三世紀の評価の企てにおいて重要なこと、それは、他との比較と傾向からみて、夏の降雨が多い、さらには夏に作物が腐る一〇年単位の年の総和である。ところで、一二〇〇年から一三〇九年までのうちで、一二五〇年から一二五九年と一二七〇年から一二七九年のたった二つの一〇年間しか、前述のように冷涼多雨で低気圧に覆われた夏[8]の特徴を（わずかにしても）示す期間はない。反対に、全体的傾向として夏が乾燥して暑かったのは、一三〇九年までの長い一三世紀[9]の他のすべての一〇年間（合計九）である。特に、平均値でみると、一二〇〇年から一二四九年までの好天の夏が目を引く。

これに対して、このあとすぐに指摘する、非常に雨の多い夏が続いた年のグループ（一一五一―五二年と一一九五―九七年）を含む一二世紀は、乾燥と湿潤とのバランスがはるかによく均衡していた。いいかえれば、一方的に乾燥することが一三世紀に比べてはるかに少ないということである。さらに、アレクサンドルによれば（前掲書 p. 784）、一四世紀には非常に多雨な夏が続いた六つの一〇年間があり、そうでないのは二つの一〇年間だけだということである。この二つの一〇年間の夏が乾燥していたとまではいわないが、せいぜいのところ乾湿どちらでもないか、中間的だったろう。ようするにこの二つの一〇年間はただ単に、湿潤と乾燥の移行期に位置しているのだろう。ピエール・アレクサンドル[10]は、この研究テーマについて、スイスの氷河学や花粉分析や樹木学といった、他で発表されているデータ時系列も使用しているが、彼の研究にもとづいて、一三世紀は「単なる気象学的移行期であるだけでなく」、西ヨーロッパさらには中央ヨーロッパおよび北ヨーロッパ（この問題については、ヨーロッパの地中海沿岸地帯は除外しておく）においても、（一四世紀の、最初の小氷期の大攻勢期「前の」）中世温暖期の絶頂であったと結論づけざるをえない。したがって、「好天の一三世紀」という表現は、経済の実質成長[11]にのみあてはまるものではなく、はなはだしい人口増加と偉大な様式の形式美に偏重した時期[12]であるゴシック期についてもいえるのである。この表現はまた、パリやラインラント地方〔ドイツのライン川中部地方〕、ドイツ、オランダ、イギリスの緯度における一時的あるいは「百年にわたって」非常に日照に恵まれた、長期に解釈した一三世紀の気候を暗示している。

ピエール・アレクサンドルが簡潔に記しているように（*Le Climat en Europe au Moyen Âge*, p. 797、そして特に p. 807）、「（一二二〇年から一三一〇年までの）暑い春と乾燥した夏の優位は、一三世紀における氷河の後退期と一致している。他方、その直後から一世紀間続いた寒い春と雨の多い夏[13]は、一四世紀の氷河の前進を促したと思われる」。一四世紀は、一三〇三年から一三二八年までの極めて寒い冬[14]と一三一〇年代そして一三四〇年代の多雨な夏の連続を、「綾織りのように織り出している」のだ。

最も暑い夏

ファン・エンゲレンと彼のオランダ人同僚たちの指数は、同季節がより冷涼である一四世紀と対比して、暑くて乾燥した（夏が続いた）一三世紀という観念を完璧に（もちろん変動なしというわけではないが）裏づけている。これについてオランダの研究者たちが作成した詳細な曲線グラフは、これら二つの世紀間の対照を完璧に証明している。[15] もっと単純に、これらオランダの研究者たちが年次リストで分類した（指数七、八、九すなわちファン・エンゲレンにおける三）、非常に暑い夏と極めて暑い夏と極度に暑い夏の割合を挙げよう。一二〇〇年から一三一〇年までの期間で知られている夏のうち三一・三パーセントは、この傾向にしたがって、暑い、さらには極めて暑いのに対して、引き続く一三一〇年から一三八〇年まで続いた最初の超氷期の期間の夏については二〇・七パーセントにすぎない。

この問題については、「好天の一三世紀」における最も暑い夏、すなわち六月・七月・八月の三カ月の平均気温が摂氏一七度以上だったと思われる夏を挙げるだけにしておこう。それらは、一二〇五年、一二〇八年、一二一七年、一二二二年、一二二八年、一二三二年、一二三五年、一二三六年、一二三八年、一二四一年、一二四四年、一二四八年（*History and Climate*, p. 119）である。さらに、これほど厳密ではないリストによれば、一二五二年、一二六二年、一二六六年、一二六七年、一二七二年、一二七七年、一二八二年、一二八四年、一二八五年、一二八七―八八年、一二九三年、一二九六―九七年である（前掲書 pp. 110-111）。一三〇〇年から一三一〇年の一〇年間もしくは一一年間は、暑い夏という点ではよくあてはまりはするが、それほど高気温の夏が連続しているわけではない。この期間では、確実に暑いとわかっている夏は二つしか知られていない。一三〇四年（指数七）と一三〇五年（指数七）である。一三〇三年はといえば、暑くて不快というにはほど遠く、ファン・エンゲレンによれば（前掲 *History and Climate*, p. 111）、指数六「普通に暑い」と評価されているにすぎない。

好天の一三世紀では夏が好天であったというのだろうか。なるほど、そうした評価は理にかなっているように思われる。しかし、暑い夏、特に乾燥した夏は、ある場合には、穂の中で麦が日照り焼けしたり深刻な水不足になったりして穀物を枯れさせてしまう夏でもあるということを忘れてはならない。たとえば、晴天の暑い夏[16]（指数三）によって起きた干ばつがオート＝ノルマンディー地方に穀物不作をもたらした一二三六年の場合がそうであり、これが唯一の例というわけではない[17]。他方、この「好天の」一三世紀には、豊作をもたらした暑い夏の典型的な例がなかったわけでもない。やはり晴天の暑い夏だった一二〇八年がそうである。この年は、ブドウが五月に花開き、リエージュでは、スペルト小麦、小麦、他の穀物が豊作だったことが相関的に記録されている。次の世紀よりも夏がしばしば暑かったという状況を背景として、悲惨なものとして広く知られている一三一五年の大惨禍に匹敵するような、多雨と低気圧による災害は一三世紀には知られていない。すべての中世学者がこれについては意見が一致するであろう。この問題については一二七〇年を取り上げよう。この年は、低地諸邦、低地ザクセン地方、オーストリア、スイス、チェコで、夏にたくさん雨が降り、それが原因で不作になったことが記録されている[18]。悪天候と平年並以下の収穫はカルカッソンヌ・セネシャル〔中世における最高位の地方行政官〕行政区にまで被害をおよぼすにいたり、この行政区では一二七〇年夏に穀物の移出を禁止しなければならなくなった[19]。しかしながら、中世の年代記作者であろうと現代の中世史学者であろうと、いかなる著者も、ゴシック期のこの多雨が引き起こした出来事を、はるかに深刻な一三一五年の多雨と小麦の惨禍と比較するという考えを持ったりはしないだろう。

一二〇〇年から一三一〇年までの農業の状況は、（常にというわけではなかったが）全般的に夏が日照に恵まれるという好条件の傾向が強かったせいで、総体として農民にとって不利であることは少しもなかった。そのおかげで、人口増加が始まり、それはときとして、直後の時代に様々な不都合（人口過剰）をもたらしたのである。たしかに、特に聖王ルイの治世を中心としたこのゴシック期の良き時代を、「気候との関係で」もっと詳しく研究するのがよいだろう[20]。好天の中世の専門家たちが、アレクサンドルやチトー〔現代イギリスの経済史学者〕やバウスマン〔現代オランダの歴史地理学者〕にならって、いつの日かそのような仕事に取り組んでくれることを期待しよう。

*

特に小氷期を問題としている本書においては、序論にすぎない（中世温暖期をあつかっている）この部分では、世紀単位におよぶいくつかの長期的傾向すなわち、この先で重要なトレンドと呼ぶことになるものについて概略的に叙述しておくことにしたい。それらは、はるか中世の時代の氷河の後退（その後前進する）に関する伝承をもとに予測されていた。[21] そしてそれらは、今日ではスイスの研究者たちによる氷河の精密な年月日推定のおかげで、ずっとよく知られている。これらの人々に敬意を表しておこう。だがしかし、中世温暖期においてであろうが、小氷期においてであろうがポスト小氷期においてであろうが、主要な傾向のために、年ごとに極端から極端へと移り変わる気候の並外れた変動性を忘れるようなことがあってはならない。

ここで、まさに中世温暖期、より正確には小氷期に先立つ期間における、もちろん一方的に温暖であったとか乾燥していたとか考えるのは問題外である期間における、こうした変動性のめざましい例を挙げよう。一〇七七年の非常に厳しい冬を取り上げることにする。小氷期以前ではあるが、この冬は、小氷期における最も厳しい冬がどのようになるかを推しはかる手助けを提示してくれる。

一〇七七年の冬、より正確には一〇七六年から一〇七七年にかけて、「ヘルスフェルト〔ドイツ中部、フルダ川沿岸の都市〕で、新暦一〇七六年一一月中旬から一〇七七年四月七日まで大凍結」。[22] ソーヌ川〔フランス東部を流れ、リヨンでローヌ川に合流する〕、ローヌ川、ロワール川、ライン川、エルベ川〔チェコとドイツを流れて北海に注ぐ大河〕、ビスワ川〔ワルシャワを流れるポーランド最大の川〕、ドナウ川、テベレ川〔ローマを流れる大河〕、ポー川〔イタリア北部、同国最大の川〕が氷結。驚くべきリストではないか！　サンタマン〔フランス北部、エスコー川沿岸の都市〕で、一〇七六年一一月一九日（新暦・グレゴリオ暦）から一〇七七年三月一八日（同前）までの厳しい冬。ラニー[23]〔フランス北部の都市〕で、一〇七六年一一月一七日（以下新暦）から一〇七七年四月二二日まで凍結。ヴェルダン〔フランス北東部の都市〕で、四カ月間の凍結。ライン川が一〇七六年一一月一七日から一〇七七年四月七日まで氷結。アウグスブルク〔ドイツ南部の都市〕で、一〇七六年一一月一日から一〇七七年四月一日まで寒さが持続。多量の降雪にもかかわらず、穀物収穫は被害をこうむり（アウグスブルク）、ライン川流域のブドウの木は大被害を受けた。これらすべてが原因となり、とりわけ、ロンバルディア地方〔イタリア北部地方〕さらにはロマーニャ地方〔イタリア北東部地方〕まで、ヨーロッパ全域の河川が非常に長期間にわたって氷結したせいで、この一〇七七年の冬は、ファン・エンゲレンとその一党による冬の分類で、寒さの最高値である指数九を獲得した（比較対照すると、有名な一七〇九年の凍りつく冬は、これら同じ評者から指数八を得たにすぎない）。九という、厳寒という意味で最悪の評点は、一〇七七年、一三六四年、一四〇八年、一四三五年、一五六五年、一六八四年、一七八九年そして一八三〇年の厳冬にしか与えられていない。一〇七七年と小氷期の始まり（一三〇三年以降）のあいだには、指数九の大厳冬は存在しない。特に、中世温暖期に光輝を放つわれらが好天の一三世紀の期間にはないのである。そして、一八三〇年以後にはファン・エンゲレンの等級における九と評価された大厳冬はもはやない。したがって小氷期が終了した年である一八五九年以降にはひとつも存在しない。一三〇三年から一八五九年まで、すなわち五五七年間続いた小氷期の期間には、指数九の厳冬が七つある。平均して八〇年ごとにひとつだ。この「小氷期の期間内の」冬のデータ時系列は、一三〇五年から一三六九年のあいだにいくつかの欠落があり、一四一四年からしか完璧に継続してはいないということは事実ではあるが。

＊

もっと広範にわたるもうひとつの問題、実際はかならずしもわれわれの研究領域には属さない問題がある。それは、中世温暖期は西ヨーロッパ外の他の地域にまでおよんでいるのだろうか、小氷期も同様だろうか、ということである。亡きジーン・グローヴ夫人〔現代イギリスの氷河学者〕は、特に中世温暖期について、およんでいると考えた。他の研究者たちは否定している。われわれは、ここでわれわれの対象としている西ヨーロッパという地域枠内に厳しく限定しておこう。いずれにしても、一三〇〇年以前には、スイスの氷河のおかげで、これまでいいいい、そしてこれ以降も詳細に言及するように、アルプスの高地とまったく同様に、グリーンランドもそれ以降ほど氷河の状況は厳しいものではなかったと認めることも理にかなっているといっておこう。だが、これ以上、遠すぎるところまで探求の手を伸ばすことはしないでおこう。なぜならここでは、地球全体の歴史家であることが問題なのではないからである。それは、精密科学の実践者であり理論家である人々に喜んでお任せする専門領域である。小氷期（一三〇三―一八五九年）は、地球の他の地域、特に一七世紀に北半球にも猛威をふるったようである。[25] しかし、この小氷期については、地球の全域にわれわれの調査を広げることは問題にならない。本書の意図は、その語の最も広い意味で地域（ヨーロッパ）的であり、世界的でも、全地球的でもない。ただし、のちほど、「近代の」歴史についての章のひとつにおいて、一七世紀末の気候に影響したと想像される事象であるという理由で、特にヨーロッパについて、マウンダー極小期について考察するのだが……。

第2章　一三〇三年頃から一三八〇年頃　最初の超小氷期

一三〇三年、出発点として

クリスティアン・プフィスター[1]がいうように、一四世紀初めについては——明確にするために切りのいい数字でいうと「一三〇〇年以降」——、四半世紀の期間（厳密には一三〇三年から一三二八年）は小氷期の全面的開始を示していると考えるべきなのだろうか。たしかに、このベルンの大学者は、他の何にもまして、ベルギーの歴史学者ピエール・アレクサンドルが感嘆すべき方法で収集したデータに想を得ている——もちろん、アレクサンドルは他のいくつかの情報源と共に正式に引用されている。それらによってプフィスターは、一四世紀の年別の冬についての指数時系列を提案することができた。それらの指数時系列から、だれも驚きはしないだろうが、プフィスターの分析を完璧に裏づける、以下の平均値を抽出できる。

一三〇三年から一三二八年までの二六の年、いやむしろ二六の冬（一二月・一月・二月の期間だが、記載する年は一月・二月の年数字である）について詳細にみると、なんと、それらのうちのたった一年、すなわち一三〇四年（一三〇三年一二月と一三〇四年一月・二月）だけが、温暖（ファン・エンゲレンでは指数三）だったとみなされるにすぎない。これに対して、一三三一年から一三七四年までのあいだには七つの「温暖な」冬が数えられる。一三〇三年から一三二八年の期間では、一一の冬が「寒冬」であり、さらにそのうち四つが「厳冬」だった。一三〇五年から一三〇六年にかけてと一三二二年から一三二三年にかけての二つの冬は、寒さの持続期間と厳しさの点で、一七八八年から一七八九年にかけてあるいは一九六二年から一九六三年にかけてのように[2]、過去三世紀間で最も厳しい冬だといえよう。さて次に、複数年さらには一〇年を超すデータ時系列についてみてみよう[3]。もう少しあとの時代の、特に一六七七年から一六九七年と一七五五年から一七七〇年のあいだの、他の厳しい冬のグループと比較すると、問題の二六年間（一三〇三―二八年）は、一九〇一―六〇年の参照基準期間の「平年」と比べて、全冬の平均で（摂氏）マイナス一・六度からマイナス一・七度の差がある。

冬季気温のマイナス指数（寒さ）

年あるいは「四半世紀」

一三〇三―二八年	マイナス一・〇〇
一三二九―五〇年	マイナス〇・〇九
一三五一―七五年	マイナス〇・一二
一三七六―一四〇〇年	マイナス〇・四八

先に述べた二つの「凍りつくような」冬についていえば、これら一三〇五年から一三〇六年にかけてと一三二二年から一三二三年にかけての冬は、「北と北東からやってきた寒波に支配されていた」。プフィスターによれば、それは「小氷期に典型的な事象」の発生である。これらのデータを総合すると、トレチェント〔イタリア語。一三〇〇年代、特に一四世紀イタリアの芸術様式を指す〕の最初の四半世紀あるいはほぼ三分の一は、中世温暖期の「決定的な」終焉であり、小氷期の到来、より正確には、小氷期へのなだれ込みだとみなすことができる。そして、小氷期は一挙に様相を深め、一四世紀の最初の三〇年間で定着するのである。(4)

この「寒冷局面」は、いくつかの点で、マウンダー極小期（この期間に関する後述の章を参照）、特にその後半（一六七四年から一七一五年まで）を思わせる。他の研究者のように、トレチェントの初期に太陽黒点の最小期を想定すべきだろうか。そしてもしそのようなものがあったとしたら、それは、充分な資料によって裏づけられているマウンダー極小期に匹敵するものなのだろうか。さらに、以上の説明を排除するものでは少しもないもうひとつの説明がある。大西洋の深層水と大洋・大気相互関係による気温と「海抜高度」の作用によって引き起こされる変動があったのかもしれない。この点については、気象学者ではない歴史学者としては、専門家に任せるしかない。中世晩期に冬の気候変動があったということを確認するだけにとどめておくことにする。

*

いずれにしても、マウンダー極小期（一六四五―一七一五年、ことに一六七四―一七一五年）は、一四世紀初めにおける歴史上の後退期として、モデルの役割を果たしてくれる。マウンダー極小期（またはその時代）は、ひとつあるいはいくつもの寒冬が連続することだけによって際立っているのではない。この期間にはまた、何グループかの極めて冷涼あるいは寒冷で特に多雨な春夏、さらには春夏秋もあった。一六九五年（こうした天候の典型である遅いブドウの収穫。ディジョンでは一〇月三日[5]、全国的データによれば一〇月九日だった）もそのひとつだった。もっと広い期間をとれば、一六九二年から一六九五年の期間の春夏秋を対象にすることができる。これらの春夏秋は、アゾレス高気圧がほとんど発達せず（特に一六九五年）、ヨーロッパの広い範囲に低気圧が伸長したという特徴がある[6]。一六九五年は、一五世紀から二〇世紀の期間において、北半球全域で最も寒かった一二の年のひとつである（K. Briffa *et al., art. cit.*, in *Global and Climatic Change*）ことを思い起こそう。移流（気団内の大気の移動によって気団の性質が変わる過程）によって、寒気が北極地方からブリテン諸島方面に到来し、そこから中央ヨーロッパに広がっていった。ヨーロッパ大陸の大半に低気圧が発生して、ポルトガルでは春が非常に湿潤だった。一六九五年の夏は特にこうしたパターンだったと、繰り返し指摘しておこう。低気圧と西風が北ヨーロッパ、中央ヨーロッパ、東ヨーロッパに例年より冷涼湿潤な状況をもたらしたのである[7]。同様に、マウンダー極小期に非常に典型的で、近代におけるヨーロッパで最も深刻な飢饉のひとつ（一六九三―九四年の飢饉）を「準備した」一六九二年八月は、いくつもの大西洋低気圧の通過、「連続的到来」に支配されていた。これらの低気圧は、寒冷・湿潤傾向をもたらし、その「連続的到来」によって必然的に、何週間あるいは何カ月ものあいだ、連続して西ヨーロッパを吹き抜けることになった（こうして、一〇月一二日という、一六九二年の遅いブドウの収穫が生じた）。その結果、寒冬、冷涼多雨な春夏秋ということになった。われらがスイスの研究者たちが小氷期の最盛期であるとした期間（一六八八―一七〇一年）は、それらが次から次へとかなり頻繁に繰り返され、災害が発生したのである。ところで、小氷期初期における最初にして先導的なこのたっぷり四分の一世紀（一三〇三―二八年）のあいだもやはり、歴史上の後退期らしく事態は同様であって、やはり単に冬が寒かったというだけではなかったのだろうか。大災害が起こるにいたる程多雨な数年があったかどうかを問題にするのは、また別の検討方法である。一三一四年から一三一七年まで（さらには一三二〇年代初めまで）は、たしかに、一三一三―一四年という、一〇年間の寒冬をしのぐ厳冬の冬の年を取り囲んでいる。一六九二年から一六九五年、さらには一六九二年から一六九八年まで、いやもっといえば一六八七年から一七〇一年までのあいだの、しばしば冷涼多雨だった春・夏・秋の悲惨な連続もやはり同じように、一六九一―九二年さらには一六八八―一七〇一年の寒冬のあとにぴったり寄り添って現れた。こうした（冬の）冷凍状況と（夏の）超湿潤状況とが重なり合うのは、必ずしも偶発的であるとはいえない。一三一〇年から一三二〇年までのこの驚くべき一〇年間の、冬についてだけでなく、春・夏・秋についての調査を引き続きおこなう必要があるだろう。

＊

われわれが問題にしている一〇年間のまんなか（「一三一五年」）、あるいは中心の三、四年間については、気候的事象それ自体はかなりよく知られている。これに関しては、ウィリアム・チェスター・ジョーダン[8]とピエール・アレクサンドルのおおいなる業績から出発することができる。ピエール・アレクサンドルは、網羅的な研究にもとづいて、一三一〇—二〇年の一〇年間を、中世盛期全期間における四大多雨期さらには四大洪水期のひとつだと考えている。他の三つは、一一五〇—六九年（二〇年間）と一一九〇年代および一三四〇年代である。[9]これらのことは、（間接的な方法で。なぜなら、基本的情報源は文書記録から得られたものなので）一三一二年から一三一九年にかけての、ドイツのライン川西岸地方のオークの生長が著しかったことで示されている。こうした結果は、年輪年代学的方法と一時的に増加した年輪の厚さによって計測されたものである。（中東地域原産で、それゆえ湿気を嫌う小麦類とは違って、土着であるオークは雨をおおいに好む。）この森の王者オークの、ドイツ西部における年輪の年平均生長率は、一三一二年から一三一九年の期間（すべての年が指数一〇〇を超える降水量の絶頂の八年間）は指数一一八であるのに対して、一三〇三年から一三一一年（一年を除く他の年の指数は一〇〇以下の六年間）の同地方の生長率は九二であり、一三二〇年から一三二六年の期間（二年を除く他の年は指数一〇〇以下の七年間）の生長率は九六だった。[10]一三一〇年代（湿潤）と一三二〇年代（より乾燥）との同様な対比は、やはりオークを基準にして、ヘッセン州（ドイツ中部）やアイルランドにおいてもみられた。オークの年単位の成長率は、超多雨で……飢饉が発生した連続する二年間である一三一五年と一三一六年に最大となった。[11]

樹木ではなく事象の面からみると、この二年間におよぶ危機である大雨は、一三一四年夏から、イングランドそしておそらくドイツで始まったといえる。そのあとに、一三一四年から一三一五年にかけてごく普通の冬（プフィスターの等級でゼロ）が続いた。そしてその冬の終わり頃、まだやや細かいか普通の雨粒の長雨が続いて、最後に、一三一五年春から夏いっぱい豪雨が襲った。ほとんど絶え間ない豪雨による洪水だった。こうした不時の降雨の開始時期は、暦や記録文書によって（イングランド、フランス、低地諸邦）、一三一五年の聖霊降臨の主日〔復活祭後七度目の日曜日〕であったり、四月半ばだったり、五月一日だったりした〔当時は、地域ごとに使用する暦が異なっていた〕。夏期に恐ろしい降雨に見舞われた地域は、アイルランドからドイツにかけて広がっている。一三一六年になっても事態は改善しなかった。バルト海に（一部）凍結をもたらした、特に温暖というわけでもない一三一五年から一三一六年にかけての冬は無視することにしよう。印象深いことは、一三一六年春、そして夏から秋にかけての大雨が、種播きから収穫までの農耕サイクルにおよぼしたマイナスの影響である。続く数年は、相変わらず多雨で冷涼だった。「悪天候の」期間は一三二一年になってやっと終わった。一三二一年から一三二二年にかけての非常に寒さの厳しい冬（ファン・エンゲレンの指数七の厳冬、バウスマンによっても「厳冬」だ）のあとである。北海までを含む海の凍結があった。プフィスターの指数では、冬の指数で「マイナス二」である（プフィスターの「寒冷」という評価は否定的評価だが、同じ「寒冷」という評価はファン・エンゲレンにおいては独断的に、全体のなかでは全く肯定的評価として位置づけられている。しかし、両者にこうした基本的規定上の違いはあるが、その示すところは同一の評価に収束している）。さらに少しのち、一三二二年から一三二三年にかけての冬については、プフィスターの指数で「マイナス三」である。この期間を通じて最大の被害をこうむったのは穀物であり、飢饉は一三一五年と一三一六年に特に深刻だった。これら二年間の初年、一三一五年の収穫は壊滅的だった。価格について最も優れた研究を利用できるイングランドにおいては、量的データ時系列は事態を雄弁に語っている。[12]「通常」時では（一四世紀の第一四半期において）、小麦一クオーター〔イギリスの穀物計量単位。二八ポンド〕は五シリングだった。ところが一三一六年夏には、一時的に二六シリングまで上昇した。五倍である。五倍の上昇率は、ヨーロッパ大陸において一六九四年に再び出現する。一三一六年では生産者価格を問題にした。だが、都市部の市場では一三一五年夏にすでに、一クオーター二〇シリングといわれていた。

そして、一三一六年六月に三〇シリング、一三一五年から一三一六年にかけての収穫後すなわち一三一五年夏から翌年の夏までの期間には四〇シリングになった。[13] ブライドリントン(ハル〔イングランド北東部の港湾都市〕とスカーバラ〔イングランド、ノースヨークシャー州にある海岸保養地〕とのあいだの都市)では、価格幅が二四シリングから三二シリングだった。カンタベリー〔ロンドン南東の宗教都市〕では二六シリング半、レスター〔イングランド、レスターシャー州の州都〕では四四シリングといわれた。塩の価格も四倍となった。なぜなら、太陽とヨーロッパの大地とのあいだに横たわる雲海が不透明な覆いとなると、島嶼部にあるか大陸にあるかを問わず、すべての塩田に対する太陽光の照射が極度に減少するからである。降雨につきものであるこれらのことがすべて起きて、塩をあまりにも湿った状態にしたために乾燥できなくなったのである。ボードレールの詩が思い起こされる。今回ばかりはそれを文字通りにとるべきだろう。

低く重い空が天上の蓋となって垂れ込め
地平のかなたすべてを覆うとき
いくつもの夜々よりもなお寂しい暗き陽射しが降り注ぐ
大地が水浸しの土牢と化すとき
希望はコウモリのように
おずおずと翼で壁をたたきながら
朽ちた天井に頭を打ちつけて飛び去る
雨粒が無限に航跡を残して降り注ぎ
広大な監獄の鉄格子のように見えるとき

勃然として鐘が激しく鳴り狂い
天に向かって恐ろしいうなり声をあげる
霊柩車が太鼓の音も楽の音もなく
長い列をなしてゆっくり進む……希望は
打ちひしがれて涙にくれ、残忍で横暴な恐怖が
……その黒い旗を立てる

弔鐘と警鐘、すなわち、とりわけ霜と雨だ。「通常」時であれば三シリングである塩一クオーターの価格が、一三一五―一六年には一三シリングだった。当然、海水の蒸発はなかった。(基本的に小麦の欠乏によって生じた)人口への影響は、死者まで出すほどの栄養不良によって直接的に示された。次いでその波及効果として、あまりよく知られてはいない伝染病が原因で、赤痢や死にいたる事態が年代記作者によって書き留められている。その結果、やはり同じく被害をこうむったフランドル地方の町々と比べると、この地方の人口数の減少は、五から一〇パーセントだった。このことは、相続上納物、死者の家族が地域の領主に支払うことが義務づけられている相続税件数の増加に対応している。住民総数の二〇分の一から一〇分の一の生命喪失というのは、ペストによる恐ろしい率(一三四八年には三〇から五〇パーセントの死者)程ではない。しかし一三一五―一六年のこの率は、一六九四年、さらには一七〇九年に同様の規模で再来する、お決まりの多量な人口の天引きである。一六九四年については一〇パーセントよりは五パーセントに近いのではあるが。一三一七年(順当)と一三一八年(豊作)の収穫は、イングランド人と大陸ヨーロッパ人におおきく一息つかせてくれた。だが、一三二一―二二年には飢饉の再発を経験することになる。そのうえ家畜の伝染病が、一三一五年以降、前述の過度に多雨な年月のあいだ、

羊の群れを殺戮するのである。

われわれが最もよく知っている穀物の問題に話をとどめるために、小麦の実質的生産減少の実態を明らかにすることにしたい。この生産減少は、注目すべき大幅な物価上昇を引き起こした。この問題については、信頼できるいくつかのデータが利用できる。イングランド南部に位置するおよそ三〇の荘園では、不作に引き続く「穀物」供給量の減少率は、一三一五年に四〇パーセント、一三一六年には四五パーセントに達したそうである。このことからして、供給量減少に相応する以上の穀物価格の上昇があったものと思われる。もっと寒冷で、悪天候の被害をより受けやすい大ブリテン島の北部地方では、年と対象穀物に応じて、すなわち一三一五年か一三一六年か、小麦であるか大麦であるかによって、穀物生産量の減少はそれぞれ、八一パーセント、七二パーセント、五九パーセント、三一パーセントだった。もちろん、払わなければならない重い取引税をいくぶんなりとも免れたいと望むその地方の会計係によるある程度の誇張を考慮しなければならないが、それでも、減少傾向は存在した。ウォール・ストリートでいわれるように、強気市場ではなく弱気市場である。

いずれにしても、湿潤な寒さと多雨な季節とに抵抗力のある野生に近いオート麦の被害が少なかったようである。一三一五年と一三一六年の生産率減少は、それぞれ三六パーセントと二〇パーセントだった。無思慮にも文書史料として過小評価し続ける研究者もいる教会一〇分の一税は[14]、四七パーセントから六一パーセントの生産減少を示している。全般的に、谷底に位置する地域は、その性質上他よりも湿潤なため、よりおおきな被害をこうむった。違いを見極めれば、すべてを一律に黒く塗りたてず、地勢条件が良いおかげで壊滅的被害を多少とも免れてたまたま高値の恩恵を享受できた土地と、深刻な打撃を受けた土地との分別ができる。ウィンチェスター司教区に属する三六の荘園のうち[15]、いくつか、おおまかに五カ所くらいといっておこうか、そこでは一三一五年から一三一六年の平均と同程度かそれを上まわる収穫が得られた。それらは自営農たち（教会に属さない領地の多くの場合がそうだった）によって経営されていたと仮定して、市場に蔓延した非常な高販売価格を考慮すると、これら二年のあいだ、きっと大収益をあげたことだろう。しかし、この同じ文献史料では、大多数の荘園は、これら二年の厄年のあいだ、平均の五〇パーセントから九九パーセントの収穫しかあげられなかった。少数派（小麦については、ときには文献史料の半数近くになる）についていえば、一三一五年に八つ、一三一六年には一八の荘園が、結局平年の〇パーセントから四九パーセントという、ひどい、あるいは悲惨な収穫をあげるに「とどまった」のである。獣疫による家畜の死亡率は、草と家畜の群れに不利な寒くてあまりにも湿潤な気候のせいで、おおきく増加した。シーン（サリー州〔イングランド南東部〕）の荘園の例のように、場合によっては壊滅にいたることもあるが、多くの場合は、主要領地の家畜数の五分の一か三分の一あるいは四分の三だった。他方、羊毛の輸出についてみると、ニューカッスル、ハル、リン、ヤーマス、イプスウィッチ、ロンドン、サンドウィッチ、サウサンプトン等、一〇のイングランドの港からの積み出し量を計算すると、一三一二―一四年の三万二九一〇袋から一三一五―一六年には二万〇一四四袋まで減少するが、一三一六―一七年には二万七五五七六袋までに回復している。こうした飢饉初年における「羊毛の」減少（マイナス三八・八パーセント）は、羊の頭数の減少を示していると考えられる。気候の不意の災害の影響である獣疫によって全頭数の三分の一を失い、そしてそれほど不意の変動ではない、すでに十数年前から突入していた小氷期のせいでさらに数を減じたのだろうか。

＊

英仏海峡を渡ろう。ヨーロッパ大陸では、イングランドよりもさらに詳しく、一三一五―一六年の厳しい気象状況によって被害をこうむった様々な分野を検討することができる。ここでは、『新しい学』〔*Scienza nuova*〕[16]においてジャンバッティスタ・ヴィーコが一七二五年に提案した、社会科学的分類法から自由に示唆を受けることにしたい。一時的に残酷になった自然と荒れ狂う気象とによる、穀物と人口にとって有害である粗暴な攻撃に直面して、宗教的、すなわち聖職者の諸組織はどのような被害を受け、それにどのように対応したのだろうか。次に、領主・貴族階級は。そして最後に、かならずしもすべてが一律に被害を受けたというわけではないにしても、このような場合最も悲惨な目に遭う膨大な数の農民および何ら特権を持たない庶民たち、ようするに、この事変において、大多数を占める生活者としての大衆の集団的で活動的な行動はどのようなものだったのだろうか。最初に都市、そして最後に、一般的には君主あるいは諸侯が統治していた国家をみていこう。

一三一五年以降——大飢饉

明確にいうと、ヨーロッパ大陸については、小氷期の期間（そしてその後も含めて）に発生したきわめて深刻な食糧危機は「一三一五年」の食糧危機で、それは、異なってはいるがやはり密接に関わっているおよそ一〇の部分に分かれている。

別の観点からすればそれは、本書でのちにあつかう最近の様々な事象に対しても通用する、多かれ少なかれ一般的価値を有する分類であり、前述した気象上の様々な出来事あるいは災害から生じる以下のような事態に直面するのである。

一、「有害な」気候（冷涼さと過度の降雨、または、それほど多くはないが、日照り焼けと干ばつ……あるいは冬の厳しい寒さ）

二、上記の結果である不作

三、過度に上昇した小麦価格

四、遺憾な人口的結果（通常を上まわる死亡者数、出生数と結婚数の減少）
五、流民と物乞いの発生
六、反動を伴う宗教的影響
七、領主の財産への影響
八、食糧暴動
九、こうした事態に対する都市の社会政策
一〇、諸侯や国家の社会政策（あるいは無策）

一の有害な気候、二の不作、三の法外な高値については、一三一五年のところで充分に述べた。四の人口に関しては、これら二年間（一三一五―一六年）における新生児数と結婚数ついての実情はよくわかっていないが、人命の損耗についてはいくつかの地方、特に農村部では数字を知ることができる。

ところで、これらの人命の損耗は計量歴史学の観点からみるとどうであろうか。それは、あちこちの都市、なかでもフランドル地方の都市において具体的に提示できる。住民数約三万人の都市イープルでは、一三一六年五月から一〇月のあいだに少なくとも二七九四人の死亡者が出たといわれている。死亡者数の時間的推移を子細にみると、まず一三一六年五月から八月まで、週に一六〇人という非常に高い死亡率であり、その後九月に沈静化して、週に約四〇人、約三〇人、約一五人と下降していったことがみてとれる。すなわち、一三一六年の平年並みの穀物収穫量のおかげで、一三一五年から一三一六年にかけての非常に厳しい「収穫後の期間」のあと事態は沈静化した。この収穫後の期間は、悲惨な一三一五年八月（非常な低収穫量）から、「元の正常な収穫量に復した」一三一六年八月まで続いたのだが、こうしたフランドル地方の飢饉の期間は、イングランドよりもやや短かったようである。一三一六年においては、「致死的」だったのは特にこの年の前半（一三一六年の収穫前の飢饉の春）

だったといっておこう。この一三一六年の後半はその年の八月の収穫によって平常に戻る、もしくはある程度の豊作にまで回復したことがみてとれる。

ブリュージュ(イープルよりやや大きい街)〔ベルギー北西部、ハンザ同盟の中心都市〕でも同様な特徴と進展があった。この主要な商業都市においては、一三一六年五月七日から同年一〇月一日のあいだに、一九三八人の死者を数えた。ある死亡欄の死亡者数は、五月七日から七月二三日までのあいだ、週に一〇〇人を上まわった。それは、いつもながらの飢餓の春、収穫後の期間の最後の幾月かまで、壊滅的ではないにしてもいつまでも長引く、悲しいサクランボの実る季節である。続いて、七月二三日から八月七日までは、週に九〇人の死亡者、八月七日から二三日までは(週に)五七人の死亡者だった。その後は一〇月まで、階段を一段一段下っていくように、ほぼ二週間ごとに一定のテンポで減少した。死亡者三〇人、二〇人、そして一〇人もしくは一五人。イープルにおけると同様、こうして数値が減少していき、一三一六年夏に、良好な収穫量に恵まれた穀物が収穫され流通した結果、秋の平常値へと戻った〔付録1「一三一六年にブリュージュとイープルで市の費用によって収容された死体数の推移」参照〕。イープル同様ブリュージュでも、一三一五年の壊滅的な穀物収穫によって生じた恐ろしい年とは、まさに一三一五年から一三一六年にかけての収穫後の期間のあとの期間だった。その後数年のあいだに起きた平年以下の穀物収穫によって事態が長引くということはあっただろう。当然ながら、飢えや栄養失調、「餓死」だけが問題だったわけではない。こういうときに生じやすい、あるいはつきものの伝染病もまた発生した。何度も繰り返しいうが、伝染病は、栄養不足のときに大発生し、中・上流階級にまで広まって死をもたらす。これら中・上流階級の人々は必然的に飢えるというわけではないが、危険な人から人への細菌感染にかかりやすかった。これについては、のちほど示すように、たとえば大修道院や修道院のエリート階級を例にして、より詳しくみることにしよう。さて、イングランドに立ち戻ろう。セント・オールバンズ修道院のイギリス人修道士、ジョン・ドゥ・トゥロクローは、傷んだ食品を食べたあとの、急な発熱、喉の病変、そして特に我慢できない下痢の事例を書き留めている。[17]このことは、ジョン・D・ポスト〔現代アメリカの経済学者〕がずっとのち、一七四〇年の「寒くて湿潤な」食糧難[18]のときに提案することになる、致死的病気等についての臨床学的・病因学的研究で取り上げられる。

ロンドンの北北西に位置するこのハートフォードシャーのセント・オールバンズ地域（おそらくは他の地方においても）では、細菌に汚染されたり腐敗した食物、さらには死肉をも、飢饉時ゆえにやむなく食べたことによって、特に夏期における赤痢の大流行に直面したのである。これらのしばしば死を招く「赤痢を主とする出来事」[19]はまた、二次的経路でも伝染する。なかでも、人の移動による接触感染と、汚染された水や人間の手指やあらゆる種類の人間間の接触、そして先ほど問題にした、人々が共にあるいは個別に食べた傷んだ食物といった様々な接触物がおもなものである。[20]

＊

ヨーロッパ大陸については、ブリュージュの事例だけにとどめておこう。この都市の人口の約五パーセントあるいはもう少しが、一三一六年の厳しい時期（すなわち一三一五年以後）に失われたようである。膨大とはいわないまでも（黒死病が最悪となる）、かなりにのぼるこの中世の一年間の危機における人命の喪失を理解するには、現代のフランスにおいて、通常の死亡者数に加えて二百万人から三百万人の死者が出たと想定しなければならない。トゥールネでは、遺言書についての、やや凝り過ぎな計算によれば、人命の喪失はブリュージュよりも多く、イープルの死亡者数に近かったそうである（人口の一〇パーセントが鬼籍に入ったということである）。総計で、西欧で最も都市化された地方のひとつであるフランドル地方の諸都市の住民数は、一三一六年に、その全人口数の五から一〇パーセント減少したといわれている。

一三一五年から一三一六年のあいだのヨーロッパ大陸における大量死は何よりも、「下層」といわれる階級に打撃を与えたことは明らかである。しかしながら、伝染病を原因とする大量死はまた、エリートたちにも打撃を与えた。「飢饉の最高潮の二年間（一三一五年、特に一三一六年）に、その後の時期にまで事態は長引かなかったわけではないのだが、現在のベルギー域内にある諸修道院の指導者的地位にある者――大修道院長や女子大修道院長等――のうちのかなりの人々、男女総計二四人が死亡した」。この地域において、こうした上層階級にこれほど多くの死亡者が出た事例は、この世紀中では、一三四八年から一三四九年の黒死病以前にはない。この黒死病は、もちろん、死亡者数で大幅に凌駕することになる。

＊

ヨーロッパ大陸の都市部以外、農村地帯については、村落と家族経営規模の農場の喪失に関して、個別ではなくおおまかな集計数の指標が利用できる。もちろん、また繰り返しいうが、これらの農村壊滅数は、一世代後の一三四八年のペストと、その殺人作業を世紀をまたいで完遂させる、猖獗を極める伝染病の余塵とによって引き起こされる壊滅数よりもはるかに少ないのである。この厄災以前の一三二〇年代にはまだ、村落の大量棄村もしくは「荒廃」はほんの少数しか記録されていない。それらは、特に辺境地方についてのものである。それにしても、食糧危機の発生によって一三一五年から一三一六年にかけて起こった様々な農耕放棄は目につくものである。この大飢饉の時期に、フランドル地方のいくつかの村では、[21] 大小の農場の一〇パーセントから三四パーセントが、永久にではないにしても長期にわたって、その耕作者によって放棄された。一三一五年から一三一六年にかけての一連の不幸な出来事によって、トレンドの全面的逆転局面にはまだないにしても（それはもっとのち、一三四八年から）、西欧におけるそれまでの農業の輝かしい大躍進と比較して、少なくとも裂け目、ようするに社会経済学的ひいては人口学的な頭打ちの状況に陥ったのである。この大躍進は、一〇七〇年あるいはそれ以前からとどまることを知らず[22]、一二八〇―一三〇〇年、さらには一三〇九―一〇年まで続いたのであった。

＊

出生数と婚姻数の二重の減少については、飢饉からどのような影響を受けたのか、データはない。それに対して、一三一五―一六年から始まった悲惨な状況に伴って発生した移住と物乞い流浪という現象については、ささやかな情報がいくらかある。物乞いたちは群れをなして都市の城門に押しかけ、ときには威嚇することもあった。これら他所からきた物乞いたちに施された援助の実施によって、間接的に状況がわかる。同じような物乞いの集団が、マクデブルク〔ドイツ中部、エルベ川沿いの都市〕（一三一六年）、マインツ〔ドイツ西部、ライン川沿いの都市〕（一三一七年）、リューベック〔ドイツ北東部、バルト海に注ぐトラーベ川上流の都市〕（一三一七年）で記録されている。しかし、慈善的社会的戦略として、社会的不満に対処しようとして哀れな物乞いたちに施しをしたという記録があるのは、マインツだけである[23]。

＊

（前に挙げた）「六番めの問題〔前掲したヴィーコの一〇の事項中の第六、「反動をともなう宗教的影響」のこと〕」は、環境学的災害が当時の信仰とのあいだに有した関係（ヴィーコにとっては第一義的に主要なもの）である。信仰とは大仰だが、ようするに、「一三一五年から一三一六年」の気候的出来事の、宗教面さらには聖職者にとっての衝撃が、様々な程度で多様な瞑想をとおして表れたのである。聖なるヒエラルキーの頂点で、全能の神、全能の父に直接対面しよう。同語反復ではあるが、神聖な、つまり天上界の、そしてときには地上界の、予告あるいは前兆によって、神は出現を予告し、神と共に大災害が現出した。一三一五年に始まる、飢え死によるこの世の終末の到来を思わせる彗星の相次ぐ出現、それから、北欧での血の流れ落ちるような北極のオーロラ、月食、地震。これらの現象、特に彗星の出現（一三一五年一一月）は、オランダの年代記作者ロードウェイク・ファン・フェルテムの筆によれば、飢饉の申し子であるこの世の終わりを宣するものと思われた。ファン・フェルテムは聖書のダニエル書に想を得ており、したがってその千年王国思想の影響を受けた語調は、オランダに昔から住んでいる住民たちのあいだに、良き季節の終わりのように響き渡った。罪深き人類の犯した数え切れない過ちを前にして、天から下された神罰は、とても信じられないほど多くの人々におよんだ。住民数三万に満たない街メス〔フランス、ロレーヌ地方北部、モーゼル川沿いの都市〕では、一三一六年の半年のあいだに、諸年代記によれば、この死の徴税は五〇万人（！）の死者を出したそうである。これはもちろん、でたらめである。メスで、もし、飢饉によって三〇〇〇人の死者が出れば、それが限度である。しかし、神の怒りが問題となれば、大仰な言葉遣いが必要となる。さほど独自性があるとはいえない一連の心霊的措置がある。悔悟、苦行、悔悛、消罪、いつもお決りである。舞踏会、遊戯、気晴らし、祝い事、そしてあらゆる種類の虚栄の停止。サヴォナローラ〔フィレンツェの説教師、宗教指導者。メディチ家を追放したが、のちに異端として火刑に処された。一四五二—九八年〕の先駆け的な振る舞いだった。その後、祈りと断食。ボース地方では伝統的な儀式がおこなわれた。ギヨーム・ドゥ・ナンジスは一三一五年に、シャルトル司教区とルーアン司教区で、骨と皮ばかりの、悲壮な面持ちの、裸の人々の行列をみた。「女性を除いて全員が真っ裸で、神父たちと共に列をなして、聖なる殉教者たちに懇願し、祝福してもらいたい聖人の像と聖遺物を敬虔に捧げもって教会に向かう、五里以上も続く裸足の男女の大群衆をみた」。もっと心を打つのは、ときには膨大となる聖職者たちによる慈善事業である。流民を収容し、食物を与え、施しをすることにおおいに励んだため、フランスのシトー会の資金はついには底をついた。また、程度の差こそあれ飢えに苦しむ被災者の借金を帳消しにするための、場合によっては寛容な、何らかの措置がとられたことも知られている。彼らが借金をした相手である貸し手は、突然、死を身近に目にして、おそらくは地獄に行くことを恐れたのであろう。「私たちの債務者に借金を返しますので、神様、私たちが借りた神様への借金も私たちにお返しください」と、主の祈りを唱えるときに昔からいっていたものである。のちに、たとえばブラチスラバ〔スロバキアの首都〕で、この飢饉とそれによって引き続き生じた大量の死者を埋葬した、無許可あるいは違法墓地の上に埋葬聖体に捧げる教会が建設される。食糧不足がはっきりと終わりを告げたのち、主へのあらたなる感謝の念を捧げる機会が訪れたのである。なぜなら主は、穀物流通システム崩壊初期[24]に、なるほど当然な不安定な値動きのなかでパンの価格を引き上げておいて、それから、仁慈のうちに、最終的にパンの価格を下げるよう計らってくださったのだから。

*

一三一六年からしばらくのあいだに起きた奇跡もいくつか書き留めておこう。妹に食べ物をあげることを断った女性を罰するために、丸パンが石に変わってしまった話。「二世紀後に、レイデン〔オランダ南西部の都市〕のサンピエール教会に展示されているこれらの石をみることができた[25]」。また、神の介入として前述のことと同時に起きたことだが、栄養失調の子供たちの群れに食べ物を与えようと、それまで空だった穀物倉が一挙に穀物で満杯になった話（前掲書）も記しておこう。福音書のテーマ（パンが増える）がみてとれる。

身分階級の上層に位置する聖職者たち以外でも、飢饉のトラウマは、経済の面で、「社会階級」の最上部にも打撃を与えたようである。この件については、死の季節において、非聖職者のエリート、すなわち領主層の財産の成り行きについて、少々述べよう。

一三一五年から一三一六年にかけての「諸々の出来事」に関して、「領主たちについて」私たちが持っている情報はおもに、いわゆるドイツ地方、次いでベルギー地方に関わるものである。[26] オーデル川〔ドイツとポーランドの国境を流れる川〕河口で、この時期、リューゲン島〔ドイツ北部の、同国最大の島〕の領主であるヴィスロー三世公は、飢饉と穀物収穫量の大幅な減少で資金繰りに窮していた。その結果彼は、不動産と税と債権を売った。それらは、抵当として富裕な市民たちに引き取られた。彼らは、最初の商取引のときに、買い手がかなりまとまった金額を払うという条件で、こうして得られた（元々は土地に関する）債権からの収入を現金化した。このようにして得られた収入の総計は六〇〇スラブマルクにのぼった。理論的には、ヴィスロー三世公は先買権すなわちあとで買い戻す権利を持っているが、実際にはその権利を行使しなかったようである。ポンメルン〔ポーランド北西部〕公オットー一世とブランデンブルク辺境伯もまた、シュテッティン〔ポーランド北西部、オーデル川デルタの港湾都市〕の様々な市民のために、同様の不動産放棄をした。ブランスウィック〔ドイツ北部の都市〕のハインリッヒ二世は、数年経過したのちに、（非現実的な）再領有条項について同じことをした。オーストリア公についても同様だった。エノー〔ベルギー南西部地方〕伯は、自己の収入が一三一六年から急減していくのを目にした。金融収入と現物収入の減収が一三二二年から一三二三年頃まで手のほどこしようもなく続いたのである。この財政崩壊については、おそらくは羊の群れの獣疫が要因となっているのだろう。全体として、私たちの知る限りでは、領主層はこの一三一五年から一三一六年にかけての超湿潤な期間の被害をこうむっており、最高位の領主でもそうだった。他の大小領主をはるかに超越した世俗領主であるフランス国王、強情王ルイ一〇世〔在位一三一四―一六年〕自身も、その短い治世とぴったり重なったこの穀物不足の二年間を、財政面でうまく切り抜けることはできなかった。彼は、ありふれたそこらの小君主のように、家産のいくつかを売らなければならなかった。そして、どうしても金が必要だったので、金と引き替えに、多くの農奴を解放したのである（Marc Bloch, *Rois et serfs*, éd. D. Barthélemy, La Boutique de l'histoire, 1996, p. 143）。ともかく、これらの時期、力ある者は貧しき者を犠牲にして、貧しき者よりうまく困難を逃れるのだ、というような決まり文句は必ずしも常に確認されるものではないといっておこう。貴族の出ではない都市のエリート階級である市民たちは、この災禍に、より強く抵抗できたであろう。彼らには資金的裏づけがあった。この点で飢饉は、社会的階級の固定性を少しは緩めたであろうか。他方、強情王ルイ一〇世治下でおこなわれた、一三一五年の大飢饉時におけるイル＝ドゥ＝フランス地方の農奴解放すなわち身分買い戻しは、同様の指標となるだろう（後述参照）。

＊

飢饉は、聖職者たちを行動に駆り立て、領主たちの一部に打撃を与え、一部の商人さらには市民たちに利益をもたらした。貧しい階級や中流以下の階級についてはといえば、彼らは、繰り返しになるが、食べるものに事欠いた。しかも、農奴の解放のようないくつかの好結果にもかかわらず、である。彼らは、はるかのちのアンシャン・レジーム期にしばしば記録されるような古典的な行動で反応を示した。だが、それらは食糧暴動といえるほどのものだろうか。一三一五年から一三一六年にかけてのこれらの蜂起は、明確な動機に促されたものではあったが、一八世紀にフランスやイギリスでみられるような激しさはまだ持っていなかったといえる。それでも蜂起の形跡は、一三一六年にマクデブルク、ヴェルダン、メス、そしてプロヴァン〔パリ東南、シャンパーニュ地方の都市〕でもみられた（「貧しい労働者たちの反乱」[27]）。最後には、一三二二年の小麦への投機の時期に遅まきながら（飢饉収束後）ドゥエ〔フランス、リール南方の都市〕で起きた。いずれにしても、これらは皆、のちの古典主義の時代や啓蒙の世紀における、沸き上がるような激しい暴動に比べるとまだ些細なものにすぎず、いまだ絶対主義時代的あるいはすぐにしぼむものであった。

*

一三一五年から一三一六年には、食糧暴動は少数であったが、教会あるいはほとんどの場合キリスト教徒である個人による慈善行為と、市民によっておこなわれた救済活動を除けば、社会政策もまた、皆無ではないにしてもわずかしかおこなわれなかった。飢饉に対して真に有効な近代的意味における社会政策は、いかにささやかなものであったにしても、国家によってではなく都市によって、それも主要部分は当時この点ではヨーロッパで最も進んでいたフランドル地方の都市によってなされたのである。広い意味でネーデルラント的なめざましい活動を、ここでは指摘しておこう。実際ブリュージュでは、小麦の輸入体制（南部地域から、ガスコーニュ地方〔フランス南西部〕、さらにはスペインからであろうか）が講じられた。それは、小麦が欠乏したときにおけるブリュージュの昔からの習慣だった。この街では、小麦用の特別商船団を仕立てて、小麦を積んだ貨物船を海賊の略奪から守るために海軍を創設した。そして、こうして輸入した小麦を、この商業都市の貧民や「経済的弱者」向けに低価格で配給したのである。すばらしくかつまれな政策である。イープルとトゥールネはこうしたお手本をまねしようとしたが、ブリュージュほどの成果は得られなかった。フランドル地方以外の所では、一三一五年から一三一六年の期間、都市の戦略あるいはそれに代わるものはフランドル地方ほど積極的ではなく、宗教的哀願というものいつもながらの方法で対処しなければならなかった。こうしてマクデブルクでは、このザクセン地方の中心都市の守護聖人である聖モーリスへの祈願行事がおこなわれた。

＊

しかしながら、飢饉に際しての社会的救援策の欠如に関してこれまで述べた事柄については、一概に断定的にいうことはできない。病院の創建に関して現在の歴史家たちが発見した事実から、ある種微妙な差異を知ることができる。ルクセンブルク大学のポリー教授は、ロレーヌ地方とラインラント地方では、医療施設（付言すると、教会のものより私立のもののほうが多い）の創設は、一三一〇年から一三二〇年にピークを迎えたことを明らかにした。設立の動機はとりわけ、飢饉による諸々の災いを軽減するための対策だろうか。おおいにありうることだ。

＊

都市についてみたあとは、都市の上位にある、国家である。ここでは、括弧つきでしか用いない非常におおきな語である。一三一五年から一三一六年にかけての飢饉において、「国家」あるいはそれに代わるもの（帝国、諸王国、諸公国）はどう機能したのだろうか。少なくともスカンジナヴィア諸国、フランス、イングランドにおいては、全体的にささやかな役割であった。[28] 小麦と塩を対象にした投機を禁止する仰々しい宣言は、悪徳商人が破門されるよう教会にひそかに促したにしても、実質的効果は少しもなく、それは「国家の」行政当局の立場からすれば、自己の責任を本来的に慈善的なものとして教会に肩代わりさせたということであった。フランスで、領主の特権削減を目的としたなんらかの試みもたしかにあったが（一三一七年）、彼らの私有地のウサギの生息地は不可侵だった。それは結局、栄養欠乏時に備えて狩りの獲物を農民たちに残しておくということになった。また別の考えにもとづいてフランス国王は、漁業税を低減しようと試みた。あらゆる食べ物を血眼になって探し求めているこの時期、漁は過剰におこなわれていた。イングランドでは（一三一五年）、エドワード二世〔在位一三〇七—二七年〕が、先述した「多雨によって発生した」獣疫のために大量死した家畜の実勢価格に反した上限価格を専制的に定めようとさえした。これらとは反対に、のちのアンシャン・レジーム期とほとんど常に同様に、今回もまた、自由競争の法則、「ジャングル」の掟、市場原理のもとに、小麦の価格は自由のまま放置されていた（穀物価格の上限設定の真の試みがなされるにはフランス革命が必要となるのである。もっとも、それは手際が悪くて生産的でないものだったが）。ルイーズ・ティリによれば（*Annales ESC*, **mai-juin, 1972, n°3, p. 738 et note 20**）、こうした試みは昔は非常にまれだったという。エドワード二世は、ロンドンから、何人かのヨーロッパ大陸からの小麦輸入業者に通行許可証を与えもしている。実をいえば大陸、特にバス＝セーヌ地方（セーヌ川下流地方）では、手に入るのはもはやワイン以外にはなかった。他方、ノルウェーのホーコン五世〔在位一二九九—一三一九年〕はというと、一三一六年六月の勅令で、バターと干鱈の輸出を、バターあるいは魚をあつかう商人がこうした状況下で輸入商となり、バルト海の南岸あるいは北海沿岸からの帰り船の貨物として、自己所有の船に小麦を積載してくることを希望する場合を除いて禁止した。結局、エドワード二世の追従者たちは、かなり滑稽なプロパガンダをして、エドワード二世を臣民のために小麦を集めるファラオにしようとしたが無駄だった。テムズ川はナイル川ではなかった。結局、エドワードにしろホーコンにしろ、一四世紀初期における、これらささやかな王の輸入努力は、一七世紀以降さらには一八世紀の、ヨーロッパの諸君主によっていずれ実施されることになる、小麦に関する重商主義的・温情主義的政策[29]に比べれば取るに足らぬものだった。西洋の二つの大きな王国〔イングランドとフランス〕の君主もまた、困難を顧みず、民間人から小麦を一部引き抜いて、スコットランドあるいはフランドル地方に沿った北方国境に配置されたそれぞれの軍隊に小麦を配給しようとした。しかし、そうはしたものの、イングランドとフランスのやり方は国家による軍事命令の古典的役割の枠を出るものではなかった。「都市住民」は、小麦を主とする現物徴発の対象となる納税義務者としては、これら一連の合法的・王命による措置に少しも関わりはなかったのだが、これら徴発は、その配給運搬の夫役を課せられた「民間人」にとって苦しいものであることが明らかになった。

＊

国家の功利主義というものは明確には存在しなかった。しかし、飢饉の発生に端を発した気候災害が臣民のあいだに広まっている状況下では、事と次第によっては、王位所持者自身がめぐりめぐって影響を受ける、国王側の事情に関わるある種の潜在的要素というものも考慮しなければならない。強情王ルイ一〇世は、こうした観点からみると、典型的な飢饉時の王である。彼の治世は一三一四年一一月末に始まった。戴冠式は一三一五年八月に挙行され、最後に、一三一六年六月、王の死によって短い治世は幕を閉じた。したがって、偶然のなせる技ではあるが、彼の治世は、（収穫前の）前兆と一三一五年から一三一六年にかけての最も恐ろしくそして惨めな穀物収穫の年と、年代的にほとんど完全に一致している。これに対して反論があるだろうか。まず、スケープゴートに祭り上げられた金融業者アンゲラン・ドゥ・マリニーの、（災厄がくるという見通しのもとに）前触れ的な絞首刑（一三一五年四月）があった。もっともそれは、私たち歴史学者の立場からすれば、文献記録を欠いた推論でしかないが。次いで、最悪の収穫が原因で起きた農産物価格のインフレーションがほとんど維持不可能にした「財政」状況という理由にもとづく、イタリア人商人やユダヤ人商人からの国家による資金徴収がくる。ところで、同時期に、王領の農奴に対して現金と引き換えに自由を売り、以後彼らは解放されたことにも触れておこう[30]。だがしかし、強情王ルイ一〇世を、それぞれ、白人農奴の解放者と黒人奴隷の解放者である、アレクサンドル二世〔ロシア皇帝、在位一八五五―八一〕やエイブラハム・リンカーンのような人物であると考えないようにしよう。

だがそれでも、自由を手に入れることはよいことではあるのだが。まったく別の分野では、ルイ王によって組織されたフランドル地方への軍事遠征は、洪水と、ヨーロッパ北部地方で人々の腹を痛めつけている飢餓に並行して発生した伝染病によって立ち往生し、身動きがとれなくなったことを忘れてはならない。証拠はたくさんある。それらは、食糧不足、いや超食糧不足時の君主の全身像を描き出している。ルイ一〇世は、こうした観点から研究されたことは実質的にほとんどなかったということを確認しよう。だがそれも、強烈で短い治世であれば無理からぬ理屈だが。私たちが知り、推測できる範囲では、彼を取り巻く逆境のなせる技である。

*

ともかく、王ではあるが、おそらくは凡庸なひとりの人物に史書編纂的な崇拝を捧げるようなことは慎んでおこう。長期的観点からみると、一三一五年から一三一六年にかけての飢饉は、基準的なものとすることはできない。この飢饉は、一八世紀や一六九三年から一六九四年にかけての同類の大災害とは、その後にもたらした結果の点で異なる。一四世紀初めの当局の社会政策は、後世のブルボン朝諸王の古典主義時代と比べて未発達だったことは明らかである。古典主義時代（一七世紀、特に一八世紀）においては、国家による物資調達は、小麦に関する問題や慈善事業や必要時における穀物輸入に次第に深く関わるようになっていく。特に食糧暴動は、中世にあっては、のちの近代と比べてはるかに穏やかなものだった。一七八〇年から一八五〇年までの驚くべき動乱の時代には、それ程にも激しくなるのである。食糧不足になると、（被害をこうむった階級側の）社会援助の要求と食糧暴動は白熱の段階に達する。こうして、一七八八年から一七八九年にかけての食糧危機と一八四六年から一八四七年にかけての食糧危機は、後世になって思い返すと、文化的等の他の要因のなかで、それぞれ一七八九年と一八四八年の革命の原因を内包していたのである。恐るべき父親の役割を果たしたのだ。近現代における気候の政治化である。ルイ一〇世の時代には、同様の事態はみられなかった。人々は、この分野では国家にはたいしたことは期待できないと知っていたので、暴動に訴えるよりは祈りによって飢饉と戦うことに甘んじたのである。ルイ一〇世〔在位一三一四―一六年〕からルイ一六世〔在位一七五四―九三年〕、あるいはルイ＝フィリップ〔在位一八三〇―四八年〕までに、なんと変わったことだろう。推測、もしくは単純にその場で確かめられるこれらの結果をみると、抗議の程度がどれほど驚異的に上昇したことだろう。[31]

＊

一三一五年とその後数年間の飢饉のあと、また同じような疑問がわいてくるであろう。特にエドワール・ペロワ[32]は、一三二三年のフランドル地方海岸地域で起きた民衆蜂起とその経済的経緯について検討した。この突発事態は、あとから考えると、一三二二年から一三二三年にかけての、ファン・エンゲレンの区分ではほとんど最高の寒さである八（これは一七〇九年の水準である）と記録された過酷な冬と関わりがあるらしいと、研究者のために指摘しておこう。この凍りつく季節は、一三二三年の暴動に、小麦価格に、同時に発生した民衆の不満に、なんらかの影響を与えたのだろうか。まだ未解決の問題である。いずれにしても、一三二三年に、エノー〔ベルギー南部〕伯ヴィレム一世は、フランドル伯ルイ・ドゥ・ヌヴェールと協定を結んで、フランドルとエノーとのあいだの紛争に終止符を打った。一三二三年六月（穀物収穫直前）から、ブリュージュの住民たちが反乱を起こし、「騒擾はベルギー海岸地域のすべての街に広がって、一三二八年まで続いた」[33]。穀物の収穫が七月から八月にかけておこなわれる（フランドル地方の）地域では、一三二三年六月に発生した社会的騒擾は、二つの収穫の帰結であるということを付け加えておこう。一三二二年の穀物収穫（たいした収穫量ではなかっただろう）の備蓄は底をつき、一三二三年の穀物収穫については、数カ月後か一、二カ月後に迫った作柄の結果を、不安をもって待っていたのである。ところで、一三二一年から一三二二年にかけての収穫前の期間は、穀物にとって不利な状況であり（ファン・エンゲレンによれば、指数七の寒冷な冬、指数三の湿潤で冷涼な夏）、一三二二年から一三二三年にかけては、一七〇九年型の非常に寒冷な冬であった。したがって、これまでとこれからを見回しても、残っている備蓄穀物はわずかであり、一三二三年六月のきたるべき穀物収穫にもなんら期待できない状況だったと考えられる。民衆の不満は蓄積し、さらに増大した。実際、フランドル地方海岸部すぐ近くのイングランド南部では、小麦価格は、一三二〇年に四シリングだったのが、一三二一年に六または七シリングになり、一三二二年には一三シリング、そして一三二三年には九シリングになった。[34]

*

一三一五年から一三二三年の期間以降、細かく区切られた情報をたどってみていくと、人間に影響をおよぼした寒冷・冷涼・湿潤の記録の中で、一三三〇年のイル゠ドゥ゠フランス地方におけるワインの不作が目につく。（一三一五年から一三一六年を除けば）われわれが知っているなかで最もひどい収穫量で、一二八四年から一三〇三年と一三二〇年から一三四二年の期間中ずっと不作だった。すなわち、サン・ドゥニ騎士修道会の所領全域では、前述した（一二八四年から一三〇三年と一三二〇年から一三四二年の）長期二期間にわたって、ワインは常に年産一〇〇〇ミュイ（ワイン、穀物等の旧容積単位。パリの一ミュイは約一八七二リットル）以上もしくは最低一〇〇〇ミュイだったのに対して、一三三〇年には二三〇ミュイだった。[35]この残念な最低収量の原因は、春の霜、雨の多い夏といった古典的なものである。[36]イングランドでは、寒くて湿潤な気候のせいで穀物収穫が遅いため、収穫時期がフランスにおけるワイン生産のサイクルとほぼ同時（英仏海峡の南では九月さらには一〇月にブドウを摘み取り、海峡の北では九月に穀物を収穫する）であっても何ら差し支えない。したがって、イングランドでは、[37]一三三〇年は通常的な生産の落ち込みを記録しただけであり、霜が降りた春と過度に冷涼多雨な夏のせいで、小麦、大麦、オート麦のそれぞれの収穫量の程度は様々だった[38]。これらはみな、短期的な経済循環の頂点に、ひとつの対立点、イングランドの小麦価格の上昇の悲惨な点として記録される。実際、小麦価格は、一三三〇年から一三三一年にかけて頂点に達する[39]。

一三四〇年代……そして黒死病？

一三四〇年代は、気候の点で興味深く、非常に「小氷期的」である。少なくとも夏についてはそういえる。一三四〇―四九年の一〇年間については、夏の湿潤度はアレクサンドルの指数でいうとプラス七である。これは、一三一〇―一九年の悲惨な一〇年間の指数（やはりプラス七。一三一五年から一三一六年にかけての「多雨による」激しい飢饉があった）や、さらには一一五〇―五九年の一〇年間の指数（プラス七）にも匹敵する。アレッチ氷河は、一三五〇年頃、最初のほぼ最大規模まで伸張した（Alexandre, graph. p. 790）。そして、ゴルナー氷河のほうも同様に、一三五〇年から一三七〇―八〇年まで、最大規模になる（Holzhauser, 1995, *art. cit.*）。後半、ペストによる死者で覆われる一三四〇―四九年の一〇年間前後は、氷の消耗はなかったようである。一三四二年から一三四三年にかけては特に、夏の洪水の襲来と小麦不足の被害をこうむったようである。「ケルンでは、一三四二年七月二五日、そして夏期全般にわたるライン川の氾濫があった」。トリーア〔ドイツ西部、モーゼル川中流岸の都市〕とマインツでも同様であり、まぐさと小麦の収穫は洪水（それと雨）によってだいなしになった。シャルトルやヴァンドーム〔フランス中北部、ロワール川中流岸の都市〕でも同様だった[40]。ルーアンでは、一三四二年二月から大雨が続いた。ライン川、ワール川〔オランダ中南部、ライン川下流の分流〕、マース川〔フランス、ベルギー、オランダを流れる川〕、ベーゼル川〔ドイツ中部の川〕が、一三四二年の七月から八月にかけて氾濫した。これで終わりというわけではない。こうしたことは一度ならず繰り返された。ドイツとフランスの大半の地域（少なくとも現在のフランス国土の北半分）の全域が、冬の終わりと特に夏の雨の被害をこうむった。この雨は、穀物を収穫しているさなか、あるいは収穫直前に降ったのである。ルーアンについては、（洪水の）「最高記録」が次々と記録されている（一三四二年二月から三月）。ピストイア（トスカナ地方〔イタリア中部〕）では、ブドウの収穫は一三四二年一〇月九日から始まった。暑くてまったく地中海地方的なこの地方では、非常に遅いことである。ボヘミアでは、特に注目すべきは一三四二年二月の洪水である。一三四二年、特に二月と七月の大洪水は、ヴァイキン〔現代ドイツの気候学者・気象学者〕の膨大な西ヨーロッパと中央ヨーロッパにおける気候事象データ時系列の約二〇ページを占めている。[41] ドゥエ〔フランス北部〕では、一三四二年には小麦の価格が二倍近くになり、オート麦の価格はそれ以前の三倍以上になった。[42] 同様の観点からみると、一三四三年はよくなったとはいえない。三月から九月、特に六月・七月は、リンダウ（バイエルン州〔ドイツ南部〕）、アルザス地方、ライン渓谷、スイスのドイツ語圏、ボローニャ、ノイベルク（シュタイアーマルク〔オーストリア南東部の州〕）で様々な形の洪水が起きた。ケルンテン〔オーストリア南部の州〕でも……。洪水の影響は不可避であった。まぐさ、ワイン、そして特に小麦の不作。ドゥエでは、ラズィエールが容積の計量単位として使われているにもかかわらず、小麦価格はパリ・リーヴル〔フランス革命前の貨幣単位〕で表されていた。小麦の相場は、普段の年には、一三二九年から一三四七年の期間の一ラズィエールにつき、〇・三から〇・六パリ・リーヴルのあいだで変動していた。その価格の平均[43]——もしくは中央値——は、これら二〇年のあいだ、〇・四前後だった。ところが、突然、この価格は、一三四二年に一ラズィエール一・二パリ・リーヴルに上昇し、一三四三年には一・六二五パリ・リーヴルに値上がりした。これは、一三二九年から一三四九年のあいだで空前絶後の価格上昇である。一〇月の価格についてみると、直前におこなわれた穀物収穫の影響をもろに受けた。それに応じて、オート麦は、一三四三年の価格は一三三九年の価格に比べて四倍以上になった。したがって、危機のこの二年間は、一三四二年から一三四三年以前の低価格と、この二年間以後の低価格とによって際立っている。なぜなら、一三四四年には再び〇・三一六に下がるからである。一三四二年から一三四三年にかけての食糧危機は、前後の穀物価格と気候によってほとんど完璧に確定できる。中世学者諸氏に謹んでこのことを申し上げさせていただきたい。バーデン地方〔ドイツ南部、ライン川右岸の地域〕のブドウ栽培のデータ時系列[44]は、同様の見解をもたらしてくれる。一三四三年の二月から三月と夏に洪水が発生し、九月にブドウが霜で凍り、飢えを伴う食糧不足が起こったと、その地方の年代記は一三四三年について述べている[45]。一三四五年、一三四六年そして一三四七年の夏（気候の良い、すなわち植物栽培に適した季節を長く解釈して）は、春にしばしば霜が降りて夏に雨が多いという特徴を示し、一三四二年から一三四三年にかけてと同じタイプであるが、それらが穀物に与えた影響は一三四二年から一三四三年にかけての期間よりも弱いものであった。それゆえ、（ドゥエの）小麦価格は、少しも上昇しなかった。したがって、（一三四〇—四九年の）「気候の悪い」一〇年間は、一三四八年のペストによる壊滅的事態以前に、（一三四二年から一三四三年の）二年間に起きた軽度の食糧危機しか「もたらさなかった」ようである。同様に、一三一〇—一九年と一六九〇—九九年の気候の悪い（多雨な夏）一〇年間はそれぞれ、フランスにおいて、穀物について壊滅的な二年間もしくは三年間（それぞれ一三一五年から一三一六年と一六九二年から一六九四年）しか引き起こさなかった[46]。飢饉あるいはたんなる食糧不足にしても、それらを発生させることは、不利な気象条件においてさえ簡単なことではない。そのためには多くの条件が必要なのである。そしてこのことは付随的に、その盛期にあれほど悪評を浴び、生産性が低く、特に危機的な年には「飢饉を発生させる」、と後年いわれた中世の農業には、ある程度の強固さがあったということを示唆する。

ところで、一三四八年はどうなのだろうか。ペスト、別名黒死病すなわち肺ペスト大流行の年は……。ペストは当然、気候が引き起こしたものではない。おそらくはトルキスタンに突然発生したのであろう。それから、カッファ〔黒海北岸、クリミア半島の港町の旧名〕、クリミア半島、ビザンツ帝国、イタリアの主要港を経て、マルセイユに着いた。ビラバン博士〔現代アメリカの人口学者〕とギィ・ロブリション〔現代フランスの中世史学者〕によれば、[47] ペストは、一三四七年一一月一日にマルセイユに上陸し、そこから、一三四八年一月初めにアルルとアヴィニョン、そして一三四八年五月か四月初めにリヨンにいたったということである。一三四七年から一三四八年にかけての冬は、依然として温暖で乾燥しており、早めに訪れた春の初めまでそうだった。アジアで発生して地中海地域に広まった伝染病の第一次的要因だけでなく、ローヌ川に沿って南から北へとペスト伝染を引き起こしたことにも、何らかの因果関係というようなものが存在するのだろうか。それは明らかではない。なぜなら、ビラバン博士ははっきりと逆のことをいっているからである。彼は、まったく反対に、ペストが感染域を広げるには、湿気と降水という発病要件が影響すると考えているのだ！　ただ、プフィスターが（*Climatic Change*, 1996, p. 104）、アレクサンドルの確実なデータ（*Climat*, pp. 472-473）をさらに入念に検討して、一三三九年から一三五四年までのあいだ、どちらかというと温暖な冬が続いたことを発見したということを述べるにとどめておきたい（降雪が多かったので、一三四〇年代の一〇年間は夏が冷涼だったこともあって、氷河の前進にブレーキをかけることはなかった）。特に一三三九年から一三五四年のあいだのこれら概して温暖な冬と、一三四七年から一三四八年にかけての温暖な冬は、おそらく、ローヌ川に沿って（南から北へと）ペストが広まるのに基本的に好都合な地歩を提供しはしなかっただろう。だが、いかなる場合も、これらの冬はペストの拡大を邪魔することはなかった。今後のプフィスター的考察を期待することにして、このことについていえることはこれがほとんどすべてである。

＊

こうして結局、これまで述べてきたことに少しばかりニュアンスをつければ、一三四七年から一三四八年にかけて（地中海地域からヨーロッパ大陸部に広まった）黒死病は、数年もしくは多年にわたる並外れて寒い夏が続いた期間のさなかまたは終わりに、最終的には明瞭な形で侵入してきたと結論できる。「冷涼な夏は連続する傾向があることが知られている」とクリスティアン・プフィスターは述べている（私は、一八一二年から一八一七年と一六九〇年代もそうだったと付け加えておきたい）。こうした同じような構図は、一三四〇年代の後半にも描かれると、このベルンの歴史学者はいっている。一三四五年に、ブドウのあまりにも遅い成熟がトリノで記録されている。同じ状況の中で、ピエール・アレクサンドルと共に（*Climat*, pp. 472-473）、一三四五年の夏は寒くて多雨で気象が悪く、そのせいで、サン・ドゥニ、シャルトル、アルビ[48]、モデナ（イタリア北部）、そしてピストイア〔イタリア中部、トスカナ州北部〕（この街周辺では、イタリアの基準からしてブドウの収穫もまた非常に遅く、一〇月四日だった）で最悪の収穫となったことを知ることができる。フィレンツェでも同様だった。河川の氾濫、次いで七月から一一月まで豪雨。さらに一三四六年には、特にフランスで、二月と四月から五月にかけて天気は破壊的に多雨だった。ブドウの収穫は遅く、ほとんどすべての地方でブドウの実は熟さなかった（ワロン語地域〔ベルギー南部のフランス語地域〕、バイエルン、トスカナ）。一三四七年に、オーストリア低地地方では、不愉快で品質を損なう、ヨーロッパの夏としては限界の一一月四日（新暦）にブドウの収穫がおこなわれた。「一三四五年と一三四六年の樹木の年輪は、厚いが密度が低くて、水分でいっぱいだ」。比べてみれば、「一六二八年と一八一六年の湿潤な夏を思わせる」（C・プフィスター）。これらすべては、「一三四五年と一三四六年そして、最近六世紀間を通じて唯一独自と思われる一三四七年の三年間の、七月と八月の異常な寒さ[49]（原文のまま）」を証言しているか証言するであろうと思われる。これらのデータを考慮すると、（前述した事柄にもかかわらず）黒死病における気候的原因の問題に決着がついていないことは明白である。肺ペスト、別名気管支・肺ペストは、南ロシアや地中海地域で寒い年（夏）が連続したことによって勢いを得た可能性がある。その地で、ネズミ、ノミ、隊商の人々に背負われ、さらに船員たちに乗り移って細菌感染がおこなわれた。細菌は中央アジアに源を発し、クリミア半島を経由し、コンスタンティノープルを経て、それからイタリアやプロヴァンス地方の主要港を通過した。場合によれば、アドリア海やリオン湾〔ローヌ川河口からピレネー山脈東端まで広がる地中海の広大な湾〕の港を経由した。

＊

ところで、一三四八年のペスト大流行について、かくも印象深いプフィスターの論考は、一三四八年のデータそれ自体とやや相反する。見事な知的メカニズムを止める小石だろうか？　ペスト発生以前のプフィスターの論理の細部をひとつにまとめてみよう。なるほどプフィスターのいうように、一三四二年は先ほど述べたとおり、西ヨーロッパと中央ヨーロッパ全域が豪雨と洪水によって注目されるのは事実である[50]。一三四三年も六月から九月初めまで同様だった。一三四五年は、四月から六月まで寒くて湿潤であり、八月二日からやっと暖かくなった。一三四六年と一三四七年についても同じだった。一三四二年から一三四七年まで、際立って寒冷・湿潤が続いた。一三四四年だけが唯一、特に春夏について例外であった（これは規則性を裏づけているのだろうか？）。夏は暑くて乾燥していて、小麦は豊作となり、ドゥエでは穀物価格が大幅に下落した（Mestayer, in *Revue du Nord*, avril 1963, p. 168）。しかし、ペストがまさに猖獗（しょうけつ）を極めていた一三四八年は、いつものように気候の変動性を示して、雷雨や嵐があったにもかかわらず、むしろ高温と乾燥に向けて転換したようである[51]。したがって、一三四八年の疫病災害についての因果関係の問題は、特に気候に関しては、議論が尽くされたとはとてもいえず、この件に関する考証は、順次、寒さだとか暑さだとか——もしお望みなら湿潤さとか乾燥とか——いっているのである。

ふたたびゴルナー氷河とアレッチ氷河

ここでは前節とは反対に、プフィスターは、これもまたわれわれの問題に関連する謎（今度はペスト禍以後）を完全に解いたと思われる。それは、その最大成長が一三五〇年以降におよび、一三八〇年頃に最高潮に達したと思われる、[52]巨大なアレッチ氷河の大前進についてである。これはゴルナー氷河との注目すべき類似である。その巨大さ自体からみて、アレッチ氷河は、気候的事象の挑発に対して、とにかく遅まきに、かなりゆっくりとしか反応しなかった。[53]一六五三年に、その大規模な伸張は周辺住民に不安というよりは恐怖を呼び起こし、冷夏（そのため氷雪がおおいに涵養されて消耗が少なかった）の四グループの季節もしくは年が「総合した」結果を示すことになる。一五九一年から一五九七年まで、一六一八年から一六二八年まで、そして一六四〇年から一六五〇年（端数のない数字で）までといった、すでにかなり以前になる寒い年々である。一三八〇年頃のアレッチ氷河とゴルナー氷河の（時代的に前の）最大も、一三四二年から一三四七年と一三四九年から一三七〇年の冷夏、より全般的には冷涼な年月（Van Engelen, *History and Climate*, p. 111）の総合したものであったのだろう。一三八〇年以降は、それまでと反対に、アルプスの氷河蓄積には不都合な暑夏がいくつか、ときどき勢力を取り戻す傾向にあった。中期的には、これらの暑夏はその後まもなく、一五世紀前半の一四五五年から一四六一年頃までの時期に記録されるようなアレッチ氷河とゴルナー氷河の後退を用意することになる。

一三七〇年から一三八〇年までの氷河前進のあとに、氷舌の後退が引き続く。後退は一四一二年には目立つようになっている（年輪年代学のデータによる）。この後退は、その後も含めて、一四五五年までたどることができる。アレッチ氷河の氷舌は、それ以後は後退に取りつかれる。一四一二年以降、まだかなり膨張してはいるが、後年の一九二〇年頃に記録されるような（それ以前の一八六〇年の諸最大状態に比べて）すでに非常にやせた状態まで後退する。この状態はそれ以前の一千年間全体について教育上使用される、氷河後退をあとから計測する基準となる。

次いで、一四五五―六一年まで確認される中世後期における後退である。この年、アレッチ氷河は、一九三五年から一九四〇年頃に再びみられるよりもさらに小さくて高みに引きこもった状態まで、後退の力によって「上昇した」。したがって、一三〇〇年から一三八〇年のあいだの氷河膨張という非常に小氷期的な局面、……さらには一六五〇年代あるいは一八二〇年から一八六〇年の同様な局面に比べて、かなり顕著な後退である。だがそれでも、特に温室効果の発生がもたらした現在の逸脱のあと、もしくはそのさなかの、二〇〇二年の現在のアレッチ氷河の悲惨なまでに縮小した規模に達するにはほど遠い後退ではある。一四六一年のアレッチ氷河はもはや、八〇年前の状態ではない。しかし、まだ滑稽なまでに縮こまっているわけではない。依然として、容積があり、どっしりとして、充分巨大である。一五〇四年には反対に、この氷河のわずかな前進が記録される。この前進は明らかに、一四六一年と一五〇四年の出来事である。したがって、一三八五年から一四六一年までの長期にわたるアレッチ氷河の（わずかずつのものであったにしても）体積減少は終了する。一五〇四年に、氷舌は、一三五〇年から一三八〇年の時期よりも縮小してはいたが、一四一二年前後にそうであったように、幾分膨張してそれまでよりやや伸張した位置（一九二〇年と同じ位置）に再び戻った（再下降した）。一三八〇年から一四六一年の期間は、全体としてみると、ころころ変わって、われわれを小氷期から抜け出させることは本当はしない、抑制された寒冷化取り消しの局面に遭遇していたのである。そして、一四六一年以降一五〇四年までのあいだ、それまでにない、少々の氷河前進が再び起こる。一三八〇年から一五〇四年までの期間はおそらく、気候的観点からみれば、まず一四五五年から一四六〇年以前に、夏を中心とする温暖化（氷河の消耗をやや増大させる要因）があり、その後一四六一年から一五〇四年までは軽度の冷涼化の時期がきたということである。氷河後退期である一五世紀初期に雪の減少があり、それから、様々な気候の変動があって、一四六一年以降に冬の降雪があった。だがその詳細はわれわれには不明である。いずれにしても、この時期（一五世紀）、われわれは小氷期の状態にあったのだが、穏やかであって、一三〇〇年から一三八〇年に経験したように最高潮の超小氷期の「最悪の」局面ではけっしてなかった。超小氷期の最高潮局面は、一六世紀末（一五六〇―七〇年以降）にあらためて身をもって知ることになる。そして一七世紀初めに、小氷期の絶頂（一五九〇年から一六四〇年）の典型的な局面となる。それは、それ自身、一三〇〇年から一三八〇年まであるいは一五六〇年から一六〇〇年までの氷河前進に規模の点で匹敵する、一八一五年から一八五九年[54]あるいは一八一二年から一八六〇年の期間に起きる後世の同じような膨張の最大局面に先立つ、この分野で最後から二番めの「増大局面」である〔付録4「アレッチ氷河の変遷」参照〕。

つかのまの暑い年――一三五一年と一三六〇年

やはり相変わらず、黒死病以後のことである。しかし今度は、年単位か一年未満の短い期間である（アレッチ氷河やゴルナー氷河についての、プフィスターやホルツハウザーになじみのある氷河学的長期の話ではない）。

これから、きわめて単純に、氷河学の外の、歴史学者の仕事に立ち戻ろう。そしてしばし、重商主義あるいは、一三五一年、より正確にはその年の一月三〇日の経済分野における国王の介入政策から発する「誰にでもわかる易しい問題」に注意を向けることにしよう。

ルイ一一世〔フランス王、在位一四六一―八三年〕は、優秀な歴史学者たちがどう思おうと、「重商主義」あるいは、より適切な語でいえば、経済への王政府の干渉、を発明したりは絶対していない。それが、財の生産のためになり、また、（少しあとでわれわれが取り組む一四八一年から一四八二年にかけての気候災害状況において）食糧不足時に国王によって主導された消費者のための小麦政策であるにしてもである。とにかく、一四八一年以前に確認された重商主義的パラダイムに関して、前述したように、正しい出発の日付は、一三五一年一月の最後から二番めの日（一三五一年一月三〇日）ではないというのだろうか。その日、ひとつの王令が、賃金の激しい上昇という事態に動揺した善良王ジャン〔フランス王ジャン二世、在位一三五〇―六四年〕の後援のもとに発布された。この賃金高騰は、その少し前にパリその他の地方[55]で黒死病が引き起こした大量死による人口減少によって生じたものである。国家君主ジャンはこうして、権力によって賃金上昇を制限し、王の配慮により、以後賃金上昇は原則として、ペスト禍直前の水準の三分の一以下に定めたのである。これは、経済への国家の介入の最初の表示であり、何よりも飢饉の王であり、飢饉と闘うために実質的には何もしなかった強情王ルイ一〇世時代の一三一五年に起きた前回の（飢饉による）災害のときには、実際に例をみることのなかったことである。

善良王ジャンの伝記作者がはっきりと主張しているように[56]、一三五一年のこのフランス王令（一三四九年と一三五一年に発せられた同じたぐいのイングランドにおける法令とときを同じくしている）もまた、疫病後に対処するという動機に加えて、黒死病に少し遅れて気候によって引き起こされた食糧危機を原因とするというのだろうか。この食糧危機は、王令の公布前、一三五一年という年の一月から、いやさらに以前の一三五〇年一二月から被害をおよぼしていたようである。われわれは、一四世紀なか頃のこれら法令状況を含む、こうした仮説を前にして、本書の中心課題である歴史気象学的[57]課題へと誘(いざな)われる。激しい食糧危機が一三五一年に起きたが……、だがそれはジャン善良王の王令のあと、この法令の何週間あるいは何カ月もあとだったということは、依然として真実である。ドゥエでは、一三四七年から一三四八年にかけてのペスト禍の最中も直後もずっと、小麦とオート麦の価格は非常に落ち着いていた（一三五〇年以前の価格について）。理由は単純で、一三四八年夏秋からフランス北部の消費者数が激減して、備蓄された小麦が豊富にあったからである。しかし一三五一年一〇月には、すべては変わっていた。一三五〇年一〇月と比べて一三五一年夏期の価格は、（小麦が）三・一九四倍、（オート麦が）三・一八九倍になった。両方とも三倍以上になったのである。そして、一三五二年一〇月（ドゥエで使われていた暦の月表記）から、小麦については価格が半分に下落した。オート麦の価格も下がったが、小麦程ではなかった。したがって、まず間違いなく、激しくはあるが一過的な、こうしたパン価格の短期的突出点すなわち「急騰」に関して検討しなくてはならない問題点は、一三五一年の穀物収穫である。ところで、この急激な短期的価格上昇のまったく単純な気象学的理由は、のちにおそらく、善良王ジャンの冬（一三五一年一月末）の王令で明らかになる。一三五〇年から一三五一年にかけての冬は、わかっている限りでは[59]たしかに寒かったが、一月三〇日の王令以前は、少しも農業に不都合ではなかった。事態は、この法令公布以後に悪化する。この場合の主要語彙は、熱波の襲来、干ばつ、小麦粒の日照り焼けである。トゥールネをご覧いただこう。晴天で暑い夏、一三五一年六月一五日（新暦、すなわちグレゴリオ暦）に雷雨。果実の実りが早かった。「一三五一年のブドウの収穫は早かった[60]。穀物の刈り入れは早かった。ワインは上質だが、量は多くない。小麦とオート麦の収穫量は少なかった」（強調は筆者。トゥールネに近いドゥエでの小麦とオート麦の価格急騰は、一四二〇年、一五五六年、一七八八年、一八四六年等のように、暑さと乾燥によって容易に説明される）。前掲書はさらに、「野菜、エンドウ、ソラマメ、オオヤハズエンドウの収穫がよくなかった」と述べている。これ以上はっきりしたことはわからないが、欠乏する穀物を補うはずの（マメ科から得られる）代用食物もまた、一三五一年夏から不足していた。最低限いえること、それは、この不幸な一三五一年の春夏秋にはソラマメも充分なく、エンドウもたっぷりなかったということである。やはりドゥエに近いブリュージュでも同様だった。「五月に非常に暑かった。暑夏。暑さのために不作」。もっと平凡に、過度の乾燥を伴う小麦粒の日照り焼けと呼ぼうではないか、そうすればすべてがはっきりする。暑さの被害を受けた地域の地理的境界は、少なくともアンジェまでおよんでいる（上質のワイン、しかし量はわずか。酷熱の乾燥状態の典型的ワイン醸造学）。そしてランブール〔ベルギー北東部〕では、果実は豊作、ブドウの収穫もよかった。ライン川沿いのフランクフルトとマインツでも同様だった。マインツでは「大乾燥でライン川の水位は非常に低かった」。最後にストラスブール。「平年より早くブドウの花が咲いた。五月中旬にはフェアユスが採れるだろう〔フェアユスとは、完熟前のブドウの酸味のある果汁。ジャン＝ルイ・フランドランによれば、昔、中世の料理に利用されていた〕。さらにストラスブールだが、小麦の花も平年より早く咲いた。「シュピーレ〔ドイツ西部の都市〕とヴォルムス〔ドイツ西部の都市〕の地方では、七月二日（新暦）以前に収穫がおこなわれた。ワインの品質はよかった」。実際、フランス・ドイツ・オランダでの、日照り焼けをおこした、穀物に有害な乾燥は、事実上一三五一年春からその年の末まで続いて、いつもながらか少なくともそれに類した結果を招いた。一三五一年のなか頃に起きて数カ月続いた食糧不足は、純粋に気候的・農業的出来事（気象史学者にとって夢である）であるということを付け加えておこう。というのは、その時期には軍事行動は記録されていないからである。ヴァイキンとシャンピオンによる（すばらしい）データ時系列は、乾燥した気候の優位を確証している。この期間、一三五一年六月一五日（新暦）にヴァランシエンヌ〔フランス北部の都市〕を襲った大雷雨と五月のドイツでの大雨以外には、河川の氾濫はなかった。シャンピオンの（フランスにおける洪水の）

データ時系列についてみると、ヴァランシエンヌの例外はあるが、一三四八年から一三五二年のあいだ、すなわち一三五一年については確実に、洪水はなく、先の規則を確認することができる。

こうして、この一三五一年についての短いモノグラフは、以下の二点を明確にしている。

一　まさしく小麦に有害な純粋な日照り焼けの年であり、気象学的に類似しているが政治的意味においてはるかに重大な（恐ろしい）一七八八年、一七九四年、一八四六年にも同様のことが再見できるという点で教訓的である。常に変動性に満ちた小氷期には、その本来の流れに逆らって、非常に高温で、「線のように連続しない」逆説的気まぐれがある。

二　したがって、われわれの「規制に関する」小さな問題は解決した。一三五一年一月末の冬期における、[62]賃金規制に関する善良王ジャンの王令は、次の夏にならなければ起こらないこの不作とはなんら関わりはない。不作の、気候における不都合な前提は、問題の法令の公布後である、数カ月後の一三五一年の春・夏・初秋になってやっと乾燥した高温という局面で生じるのである。繰り返しいうが、それが、善良王ジャンの優れた伝記作者[63]の考えである。この王令は、同様な施策がとられたイングランドでのように、（一三四八年のペスト禍後の、多くの人が死んで賃金が過度に高騰した）状況にすべてはかかっていた。ゆえに結局は、ペスト禍後（一三四九年から一三五〇年）の人口状況次第であった。こうして、一三一五年や前世紀にはまったく考えられていなかった、ある種の重商主義、すなわち（最低限の）国家による介入主義の萌芽がみられるのである。こうした介入主義は、たしかに、一三四八年以前にその起源を持ってはいるが、だがそれは、観念的で理論上のものだった。この介入主義は、元来、トマス（中世のスコラ学者、トマス・アクィナス。一二二五年頃―七四年）的理論から正当化の根拠を得ている。だがその点についての分析は、高度に教義上の問題であり、本書の「気候・気象的な」関心からわれわれをあまりに遠くへと引き離してしまう危険性がある。

＊

ところで、一三六〇年の収穫もまた、高温の年あるいは極端に高温な夏にだいたい典型的な、「日照り焼け」の一撃の犠牲になったのだろうか。事実としては、常に完璧に情報を持っているギィ・ボワ[64]〔現代フランスの中世史学者〕は、様々な指標から、一三五八年から一三六〇年にかけての小麦価格の激しい上昇を指摘している。一三五九年一〇月から一三六〇年一〇月の期間における小麦相場の激しい上昇を記録した、「ドゥエの市場価格表」によって十全に確証される直感である。したがって、一〇月から翌年の一〇月までのあいだに、一三六〇年の春から夏にかけての量に関して否定的な穀物収穫結果が出たのだ。このことについて、パリ地方のブドウの木が凍った（一三六〇年五月一九日）ことと、なによりも、一三六〇年の八月に先ほど述べた日照り焼けの一撃があったかもしれないことに符合する乾燥と高温があったことを指摘しておこう[65]。これら様々な指摘はすべて、ワロン語地域からセーヌ川流域の諸盆地までの地域にあてはまる。一三六〇年夏の、穀物に有害な、日照り焼けを起こす焼けるような乾燥は、ヴァイキンの非常に入念な研究（I, 1, p. 232）によって確認される。彼は、一三五九年から一三六二年までのあいだに河川の氾濫は一度もなかったことを指摘している。このことは、一三六〇年夏に、おそらく穀物に有害な乾燥と日照り焼けがあったであろうと特徴づけることに寄与するものである。

＊

小麦にとって有害なこれら一三五一年と一三六〇年の夏の暑さの襲来（一三六〇年は寒い春と組み合わさってなおのことだった）は、一三四五年から一三七四年までのあいだに非常にまばらに出現した暑夏のうちに含まれる。このような夏には、壮観さの点で、一三五一年、一三五二年、一三六〇年、そして一三六一年にしかお目にかかることはない。実際には、一世紀以内という長期のトレンドは、一三四〇年代の寒冷な一〇年間や一三五〇年から一三八〇年までの氷河の最大状態(アレッチ氷河)、それに引き続く一三八〇年の氷河の最大状態(ゴルナー氷河)が示していたように、むしろ冷涼化に向かっていた。しかし、そのことは、短期的な変動性のレベルでは、一時的な乾燥や日照り焼けの襲来を少しも妨げはしない。先に挙げた四つの年(一三五一年、一三五二年、一三六〇年、一三六一年)は、そのうちの二年(一三五一年、一三六〇年)は小麦に被害を与えはしたが、高温と乾燥に向かういくつかの例を提供したにすぎないのである。

厳冬——一三六三年から一三六四年にかけて

さて、小氷期の本来の系譜については、一三五〇年から一三八〇年までのゴルナー氷河が示すように、一世紀にわたる冷涼期の一層典型的な様々な「凍結」期間がみられる。こうして、一三五四年から一三五五年にかけての寒さが厳しい冬(ファン・エンゲレンの指数七)と、特に一三六三年から一三六四年にかけての凍りつく冬(指数九!)がある。後者は、一三〇三年から一八五九年までのあいだの数世紀に限定される小氷期において最も寒さが厳しい七つの冬のひとつである。それはまた、もっと短い期間でみると、一三五一年、一三五二年、一三五四年、一三五五年、一三五九年、一三六一年、一三六四年、一三六七年、一三七〇年、一三七二年、一三七四年、一三七五年にお目にかかる、かなり寒いかまたは寒い冬の群に属している(Van Engelen, *History and Climate*, p. 111)。一三六三年から一三六四年にかけての冬は、その長さ(トゥールネで一九週間)と寒冷の程度によって、ファン・エンゲレンを含むオランダの研究者たちから与えられた、最大級のなかでも最高という評価にまったくふさわしいものであることを示している。この冬についてさらに注目しよう。一三六三年一二月二一日から一三六四年三月二四日（新暦）まで、ムーズ川〔フランス北部に源を発し、ベルギー、オランダを経て北海に注ぐ川〕がリエージュで凍結した。同地のクルミの木とブドウの木は凍結して枯れた。ワロン語地域で一四週間から一五週間凍結した。トゥールネでは大雪が降って、一九週間（？）も凍結したと先ほど述べた。[66] ブリュッセルとパリでも同様で、クルミの木とブドウの木がやられた。「ケルンとマインツで三カ月凍結。一三六四年一月一三日から三月二五日（新暦）までライン川が凍結し、ルーアンでも同様、ロワール川沿岸も同じだった（どちらの場合も川が氷結した）。ヴェニスの潟とその周辺の水面も凍結した。スイスの湖が凍結した。ストラスブールではコウノトリの飛来が二〇日遅れ、同地の薪の値段は非常に上がった。ローヌ川とガロンヌ川下流が凍結し、ムーズ川、さらにはジロンド川も凍結した。アヴィニョンでは一四週間凍結した。ブローニュでは二カ月半凍結した」。しかし、ドゥエでは小麦価格の上昇はなかった！　ドゥエのオート麦の相場が少し上がったが、それだけだった。ワロン語地域、ことにイル＝ドゥ＝フランス地方とアヴィニョンとモンペリエ周辺地方、ブローニュとブレスラウ（別名ブロツワフ〔ポーランド南西部の都市〕）で、積雪が多かった。この雪の覆いは、小麦の種が播かれた畑を保護する役割等を果たした。[67] 穀物収穫量は、（こうした積雪期のおかげで）収穫の半年近く前の冬の寒さの害を甚だしくこうむることはなかった。

＊

この一三六三年から一三六四年にかけて雪に覆われたことは、その帰結として、雪すなわち氷河の涵養に結びつくことになる。この涵養は最終的に、スイスという局地的範囲内で、一三八〇年から一三八五年頃、当時とてつもなく巨大化していたゴルナー氷河の絶頂期にいきつく。

一三六九年から一三七〇年にかけての食糧不足、そして一三七四年の大食糧不足

ゴルナー氷河の前進！　それは、冬期の積雪だけを原因とするものではない。それはまた、夏の氷河の消耗不足のなせるわざでもある。（氷河にとって増大を妨げる方向を示す）他の語で表現すると、不充分な消耗の局面のせいである。この点に関しては、特にゴルナー氷河やアルプス北部の氷河全般のこうした前進を招くものとして、一三五六年、一三五九年、一三六五年、一三六六年、一三六九年、一三七〇年、一三七二年、一三七四年、一三七八年の冷涼あるいは非常に冷涼な夏が挙げられる。[68]それらのなかで、本書の意図に照らして、教訓的な意味で、人間に関わる出来事が発生したことで特に注目される年である一三七〇年を選ぶことにしたい。[69]一三六一年一〇月から一三六五年一〇月までのあいだ、小麦一ラズィエール〔小麦の旧計量単位、約五〇リットル〕の値段（下落気味）は、ドゥエで〇・五から〇・七パリ・リーヴル前後で安定していて、一三六八年一〇月まではこの比較的低めの水準を超えることはなかった（ドゥエでみたように、一〇月の価格は、われわれには幸いなことに、その前の夏の穀物収穫によってかなり強く影響されることを思い起こそう）。オート麦のほうは、同じ時期に、一ラズィエール〇・二か〇・三トゥール・リーヴル前後だった。ところが、小麦については、一三六九年一〇月に一ラズィエール一・三パリ・リーヴル、そして一三七〇年一〇月に一・六三パリ・リーヴルになった。二倍、そして二倍以上である。それから……沈静。一三七一―七二年から、再び一ラズィエール一パリ・リーヴルに下がった（したがって、一三七一年以降は、一三六九年以前のゆるめの上昇部に比べてやや高所に位置するゆるめの下降部である）。おおまかにいって一三八九年、さらには、一四〇〇年以降まで、この状態が続く。特に人口が減少しているということを原因とする、抑制に傾いている一五世紀の前半における諸傾向は、農業気象学的危機に

際して、ときには短期的な「急騰」がないわけではないが、どちらかというと諸物価の下降方向に向かっている。同じように、オート麦の価格も、二倍高を経験し、一三六九年、とりわけ一三七〇年には、それ以前の一〇年間の水準のほぼ三倍になった。そして、一三七〇年以降に再び下降するが、それでも上昇以前の価格に比べて高止まりの価格差が続いた。[70] 小麦を餌にすることもある、去勢した食用雄鶏の価格についても同様である。何世紀にもわたって鶏肉の相場は、概して非常に安定しているのだが、一三六九年から一三七〇年にかけて二倍となり、そして一三七一年から一三七二年以降は再び下降したが、完全に元に戻ったわけではない。ところで、当然ではあるが、これらすべての場合において、われわれは名目価格を前にしているのである。価格は貨幣数値で計算されていて、受ける印象はそれぞれ異なりはするだろうが、気候要件によって生じる不作、あるいはそうした不作の二連続によって引き起こされた諸々の事態に本質的に由来する短期間（一三六九年から一三七〇年まで）の急騰に際しては、何ら変わるところはないだろう。

一三六九年から一三七〇年にかけて、ことに一三七〇年に、そしてそれ以降に、何が起こったというのだろうか。二種類の要因が関与したように思われる。それは、気候、[71] そして、適切な用語がないので「ペスト禍後以後」と呼ぶことにするものである。以下に説明しよう。

A 気候

一三七〇年における小麦の収穫量の減少とそれに伴う穀物価格の上昇は、明らかに、気象的悪条件のせいである。アルプス以北の広大な地域、プラハからメスまで、さらにはおそらくもっと西の地域について、その詳細[72]を知ることができる。この地域は、マインツ、アルンヘム〔オランダ東部〕、デベンテル〔オランダ中部〕、ブラウンシュバイク〔ドイツ北部〕、ブレーメン〔ドイツ北部〕、アウグスブルク、コンスタンツ〔ドイツ南部〕、チューリッヒ、バーゼルの諸地方を帯状に含んでいる。（一三七〇年に非常に上昇した）小麦価格がよく知られているドゥエの田園は、ボヘミアからロレーヌ地方の傾斜の穏やかなケスタ斜面、さらにはさらに西方にまで広がる、多くの地方にわたる広大な実態をも示している。

さて、ピエール・アレクサンドルによる一三七〇年の時間経過順の詳細に戻るとしよう。われわれの見地から、括弧をつけたりつけなかったりして、以下に忠実に引用する。

「一三七〇年春。乾燥して、少しの雨もない。三月、四月、五月に小雨もない。この乾燥で、すでに、穀物の収穫量が懸念される。」

続いて寒冷気候。大量で打ち続く降雨。七月二日（新暦）まで風が吹きつのる。

一〇月二一日、凍結（バーデン地方で。カール・ミュラーによる）。

河川の水位上昇。七月二八日（新暦）に洪水。プラハでも八月一五日に洪水。

雨のせいで、ほとんどどこでも小麦が不作。

一〇月にブドウの実が凍る。ワインは渋くて高値。

したがって、ドゥエ地方の小麦とオート麦（そして、小麦の餌をあてがわれる去勢した食用雄鶏）の価格上昇は何ら不思議ではない。この価格上昇は、以下の古典的あるいはむしろ逆説的な二重の気候的逆境のせいである。乾燥期間（一三七〇年春）はおそらく早期の日照り焼けを起こし、それに引き続く複数月におよぶ夏雨期は収穫前の小麦粒を腐らせ、刈り取られた麦束を畑で腐らせた。やや似たような二重現象は一七八八年にも再びみられる。いずれにしても、作物を腐らせる多雨な夏は、一三七〇年のであろうと他の年のであろうと、小氷期に限られるものではない。たとえば、本来の小氷期が始まる前でさえある一一五一年などのように、一度ならず知られている。

B　ペスト禍後以後

一三七〇年については、また同時に、もう少し長い期間について、ペスト禍後、より正確には「ペスト禍後以後」の影響に注意を喚起しなければならない。一三四八年の疫病による大災害と、一三六三年さらには一三六六年から一三六八年にかけてのペスト後遺症は、(当然) イル＝ドゥ＝フランスとパリ盆地全域の広大な耕地で人口を大幅に減少させた。住民の四分の一が減少？　正確あるいは完全に信頼できる数字を示すことは非常に難しいだろう。それでも、一四世紀半ば以降、フーケン〔現代フランスの中世史学者〕が明らかにしたように、「人口不足」はあった。したがって、経済活動の減少、特に需要の減少があった。その結果、小麦価格は、途中で何回か突然の上昇がなかったわけでないが、一三五二年から一三六三―六八年までのあいだ下落した。[74] この初めての小麦相場の下落は、そのまま長く続くことはなかった。なぜなら、生産のほうも高みから下降し、その結果、減少した人口と釣り合いが取れたからである。非常に冷涼な夏と穀物価格の最初の値上がりが同時進行したこと以外にはたいしたことを知らない一三六九年のあと、先に述べた不幸な一三七〇年がやってきた。[75] 一三七〇年、あるいは一三六九年から一三七〇年にかけての二年間はこうして、不作の結果、つかのま (長くてもせいぜい一年間のうちの三季節か四季節) であるにしても上昇の頂点にいたる価格の高止まり状態を再現させて、その状態はその後、一三六九年以前よりやや高い水準で持続した。この高止まり状態は、漠然と上昇したままだったが、耐えられないという程でもなく、一三六九年から一三七〇年の急上昇後 (続いてやや下降して)、少なくとも一三七一年から一三八九年まで続いた。こうして、気象上の短期的現象と非常に長期にわたるペスト禍後期の中期的現象とが、錯綜して絡み合って、一年間（一三七〇年）の甚だしい高価格あるいは二年間（一三六九―七〇年）の同状態、そして十数年間（一三七一―八九年）におよぶやや沈静した価格局面を現出させたのである。

一三七〇年の危機はまた、純粋に気候学的危機でもあった。一三五八年のジャックリーの乱〔イル＝ドゥ＝フランス地方を中心としてフランス北部に広まった農民一揆〕とそれに続く野盗と化した兵士による略奪は、きっかり一三五八年から一三六五年まで、イル＝ドゥ＝フランス地方を荒廃させていた。一三六五年のあとは[76]、ついに盗賊たちから解放された。一三七〇年の悪天候の負の影響は、戦乱や甚だしい犯罪（強盗行為）といった性格を有する寄生的要因が、それまでにすでに充分に人民を苦しめてきた気候、農業、食糧供給から生じた諸々の困難についての客観的な評価を過度に複雑にすることなしに、それ自体として、またそれ自体のために研究されることは可能である。環境荒廃についてのこうした澄明な純粋さは、これから度々繰り返されるであろうが、歴史家にとって利点となる。歴史家はのちに、一六三〇年、一六六一年、一八一六年等のような、はるかに生き抜くことが難しいが、いかなる寄生的な好戦性からも分離したまったく純粋な年において、こうした荒廃に匹敵する事態に再び遭遇することになるのである。

＊

さて、一三七四年から一三七五年にかけての飢饉[77]の番である。この飢饉は、南フランスと地中海北西部上空の低気圧性の気候循環に引き続いている。それは、長靴の形をしたイタリア半島の「地理的中心点」にある教皇領において発生した。そこで、以下に述べるような数年前に起きた事態と同様な事態を持続させた。一三七〇年から一三七一年にかけて、イタリアの同じ地域で食糧不足が発生し、どこでも食料品が高値となった。獣疫も同時に発生した。聖ペテロから受け継いだ地〔ローマ〕とスポレート公国〔ローマの北北東〕では小麦の「取引（輸出）」

が禁止された。オルビエート〔ローマの北北西の都市〕とグッビオ〔ローマの北の都市〕ではすさまじい飢饉になり……イタリア北部ではペストが流行していた。一三七二年、ペストはジェノヴァとベネト州〔イタリア北部、州都はヴェネツィア〕にとどまっていたが、食糧供給の状態は改善した。一三七三年になると、今度はペストがイタリア中央部で猛威を振るって農業生産について状況は再び悪化した。一三七三年のクリスマスから一三七四年の復活祭まで、教会の国土〔ローマ教皇領〕では乾燥が続いた。古来からの地中海的「乾燥」状況である。しかしフランス南部では、一三七四年四月初旬から同年六月末まで、休みなく雨が降り続いた。フランス南西部では、遠くまで災害が広がった。北方、ポワトゥー地方〔フランス中西部〕やシャラント地方〔フランス中西部〕までである。ワインが高値となり（一三七四年のブドウの収穫以降から一三七五年）、そしてそれにつれて少し遅れて（一三七五年から一三七六年）、サン＝ジャン＝ダンジェリ〔シャラント地方の都市〕とボーヴェ＝スュル＝マタ〔シャラント地方の都市〕で小麦相場が上昇した。[78] 小麦にとって大災害、まぐさについても同様である。ほとんど全域にわたって飢饉となった。一三七四年六月から七月、（収穫とその他諸々は）壊滅した。ミラノで、小麦その他の価格が急騰した。ペルージア〔イタリア中部の都市〕の司教総代理は、でたらめに独断的な対応措置（穀物輸送の封鎖等）をとったが、何も解決しなかった。一三七四年秋と一三七五年の冬と春のあいだ食糧不足が続いた。ついには、春になってやっと、こうした事態の経験がないではない都市自治体が活動するようになった。一三七五年の豊作は再び価格を低下させたが、一三七四年の不作が招いた飢饉による危機のいまださめやらぬ記憶は、一三七五年一一月に起きた教皇領におけるローマ教皇グレゴリウス一一世に対する蜂起の原因のひとつとなる。[79]

＊

言葉を換えれば、この食糧不足は、（所詮は口実ではあるが）一三七五年にフィレンツェが教皇グレゴリウス一一世と絶縁する原因となった。教皇は、フィレンツェ市民から、前述した一三七四年から一三七五年にかけての食糧不足による飢えに苦しむフィレンツェに小麦を輸送することを拒んだと非難されたのである。[80]

＊

ところで、「フランス（北部）」やオランダはどうだろう？　それらの地域では、一三七四年の夏はファン・エンゲレンによれば、やや冷涼のほう（指数四）であった。この夏は、一三七〇年から一三八〇年までの超小氷期の絶頂期の終わり頃にあった最後の一連の冷涼な夏に属している。この超小氷期の絶頂期は、繰り返すが、一三六五年、一三六六年、一三六九年、一三七〇年、一三七二年、一三七四年、一三七八年の冷涼な夏を含んでいる。それでは、一三七四年はどうだったのだろうか。不確実だが凶兆を示すものがいくつかみられる。ドゥエで、一三七三年に一ラズィエール〇・九七パリ・リーヴルと、小麦価格はかなり低めであった。ところが、一三七四年一〇月に一・二〇パリ・リーヴルに値上がりした。そして一三七五年一〇月になると、穏やかに、〇・九五パリ・リーヴルに再び下がった。この値段は、それまでとその後のほとんど上限水準である。オート麦は、一三七四年にはほとんど上がらなかった。去勢された食用雄鶏の値動きはなかった。したがって、一三七四年におけるドゥエの食糧指標は、明らかに動きは限定的であった。ブドウの収穫のほうも、やはりわずかな警鐘程度であり、のちほど試みるが、その収穫量をはっきりと計ることが残されているだけである。ブルゴーニュ地方のブドウの収穫日は、一三七三年は九月一九日（新暦）で、一三七五年は九月二一日だったということだが[81]？　両方とも、ワインに適した気候である。ところで、これら二つのあいだにある一三七四年には、ブルゴーニュあるいは北イタリアについてみると、ブドウの収穫は、九日か一〇日遅い一三七四年九月二八日である（デュボワ本人がわれわれに提供してくれた、未刊行の「ブルゴーニュの」データ時系列による。日付は新暦）。夏は冷涼多雨だったのだろうか、それともただ単に、前後の年より涼しかっただけなのだろうか。モーリス・シャンピオンが作成した洪水の歴史を参照しよう。一三七四年、セーヌ川はトロワ〔パリ盆地の東部、セーヌ川中流域の都市〕で氾濫した。他の情報はない。[82] モンペリエでは、はっきりとより明確である。「一三七四年、大量に死者が出て、続いて軍隊用に小麦が徴発されたために食糧不足になり、街は荒廃しているところに、一〇月一三日（新暦）に起きたレ川〔モンペリエ郊外を流れ、地中海に注ぐ川〕の大洪水が水車も人も家畜も押し流した。この洪水は、たくさんのキラン〔フランス南西部、ピレネー山脈麓の都市〕産の大きな木材が、貯蔵されていたラット港〔モンペリエ南郊、地中海に注ぐレ川の港〕から海に押し流されて失われたことによって、この街の記録簿に記録された」と、デグルフィユは述べている。また、この年は、「モンペリエの霧がブドウの実を腐らせた」[83] と記録されている。しかし、シャンパーニュ地方とブルゴーニュ地方では、まあまあの小麦収穫があって、モンペリエに搬送させることができた。おかげで、近隣の街では小麦に八フローリン〔旧通貨単位〕払っているのに、クラパ[84] の街では五フローリンだった。

最後にアルザス地方では、ストラスブールの文献が明解な事例を示している。「一三七四年に、ライン川で三つの洪水があったが、一三四三年の洪水程ではなかった。最初の洪水は、新年の一二日め、二つめはサンタニェスの祭りの最中（一月二一日）、三つめはセント・ヴァレンタインの日（二月一四日）に起きたのだが、これら三つの洪水の合間には、川の水かさは常に通常の水位より人の背丈の半分ほど高い状態だった。そのため、一年を通じて食料品の値段が非常に上がったので、貧乏人は食べるものに事欠いた。街も田舎も、悲惨さは同様に深刻だった」と、クーニンショウヴェンは記している。さらに、同時代の年代記作者であるストラスブールのアルベール[85] は、一三七四年の項で以下のように述べている。「公現の祝日〔一月六日〕とセント・ヴァレンタインの日とのあいだに、ライン川が三回氾濫した。そのあいだ、渡し船でなければステリング川は渡れなかった」。

他の手がかりを示そう。イングランド南部、ウィンチェスターでは[86]、一三七四年については、小麦の収穫量が一時的に減少してマイナス一八・三となった。たしかに、問題にしている年におけるイングランドの気候データをわれわれは持っていない。しかし、収穫量の五分の一近くの減少を考えると、一三七四年のイングランド南部には、気象的になんらかの突然の異変があったと考えるのはまったく当然のことである。それはなんだろうか。おそらく、すぐ近くの大陸部で目を引く事柄を考慮すると、異変というのは、湿潤、冷涼、寒冷、腐敗のほうに傾いた事柄である。[87]それに、ロンドンではなくパリ盆地のパリ周辺地域では、農産物の「量的」傾向は、今しがた述べた事柄に符合している。すなわち、否定的である！　サン゠ドゥニ大修道院の会計帳簿では、[88]この一三七四年という年には、（基準年である）一三四二年から一三四三年にかけての一三三ミュイに対して、四・五ミュイの小麦収穫しか得られていない（一三七四年から一三七五年にかけての収穫後の期間、収穫直後の備蓄最大期で、販売と自家消費をする前の時期について）。農民たちは、他の取引の支払いをしたうえに、いかに少額であろうと、サン゠ドゥニ大修道院参事会員たちからの借金を返すことさえできなかった。未払い延滞金の形で五〇パーセントまで減損した場合もあった。ギィ・フルケンは、一三七四年のこの返済額の「減損」を、一三四二—四三年と比べて、そのあいだに出現した大危機、その終了後の危機によってさらに深刻さを増したペストと戦争とによって説明している。しかし、一年という短期に理由を求めることもできる。一三七四年は、サン゠ドゥニの数値データが示しているように、その直前と直後の年に比べて例外的に悪い年であったと確信できる。その特異性からして、この年は、近接する他の年々と比べて、一時的に非好適な気候の被害をことさらにこうむったと思われる。この場合、サン゠ドゥニ大修道院の会計帳簿が、残された記録によると、格段に恵まれない一三七四年という年に文字通り行きあたることを偶然の女神は望んだのだ。こうして、生活に必要な物を記録するという行為が思いがけず、これらの極端な欠乏事態を偶然発見させてくれたのである。

最初の基本的かつ総体的確証は、クルト・ヴァイキンによる優れた編纂書である『気象史』〔*Witterungsgeschichte*〕

のなかにある。[89]一五世紀間をカバーする、四七〇ページにおよぶこの書物においてヴァイキンは、一三七四年の多雨による災害に一二ページしか割いていない。一三七三年一〇月（悪条件に対してひ弱な種播き時期）から始まり、一三七三年から一三七四年にかけての冬の初めと、特に一三七三年のクリスマスについてである。「コンスタンツ湖とライン川諸地方、そしてドイツ南西部地方で、四月まで洪水があった」。セーヌ川流域でも、この時期被害があった。それから、一三七四年一月から二月、ラインラント、アルザス、ワロン語地域、マインツの市街と郊外、そしてシュバーベン〔ドイツ南部〕、バイエルン、ライン川・マイン川間で河川の氾濫。二月、プラハでも同様。三月、ライン川地方で洪水。一三七四年一〇月、モンペリエでレ川氾濫等。最後に、またもや、われわれの基本データの範囲を広げるために以下に助力を仰ぐのはピエール・アレクサンドルである。この研究者は、今述べた、ヴァイキンがチェコとドイツとフランスにおいて調べた洪水だけでなく、この作物を腐らせた一三七四年という年に生じた遅くて不作のブドウ収穫をも、網羅的な仕方で記録した。このベルギーの歴史学者は特に、セーヌ川流域、ライン川流域、モーゼル川流域、ベーザー川〔ドイツ中部〕流域について言及するだけにとどまらなかった。彼はまた、オック語地域〔フランス南部〕、イタリアのアルプスの南側地方、「長靴」の北半分の地方について考察した。彼は、バーゼルでは八月以外は雨が降り続いたこと、アルビ地方〔フランス南部〕、ロラゲ地方〔フランス南部、トゥールーズ南東部一帯〕、ビテロワ地方[90]〔フランス南部〕、ガスコーニュ地方〔フランス南西部〕、で小麦が不作だったことを指摘している。モンペリエでは、一三七四年二月二二日から七月二日（新暦）まで、ほとんど切れ目なく雨が降り続けた。一〇月一一日か一三日（新暦）に洪水が発生した。雨のせいでブドウの収穫が悪かった。カルカッソンヌ地方〔フランス南部、ピレネー山脈北東麓〕の平原ではジロンド地方〔フランス南西部、ガロンヌ川下流域、大西洋に面する〕まで、過度の降雨のために小麦の収穫が失われた。プロヴァンス地方、リグリア地方〔イタリア北部〕、ロンバルディア地方〔イタリア北部〕

で、同じように穀物に有害な大災害。リュネル、エグ・モルト、アレス〔モンペリエの東〕、コンタ・ヴェネサンの低地ラングドック地方〔南仏、地中海沿岸地方〕の小麦畑についても同様だった。[91] ミラノ地方では、一三七四年三月から七月にかけて、五カ月間大雨が続いた。そのために、穀物と、当時「野菜」と呼ばれていた豆類が不作だった。おそらくは、ロンバルディア地方の他の地方でも……。レッジョ〔イタリア北部〕では、冬は暖かくて乾燥していたが、四月初めから大雨だった。同様に、フェラーラ、リミニ、フィレンツェ、シエナ、アッシジ、オルビエート、スポレート……では、空から滝のように大雨が降ってきて、収穫が水浸しになった。[92] 一時的に寒冷・湿潤化した広大な地域で、大陸から地中海にまでこうした事態が広がったのをみると、全体像はかなり明確であるように思われる。それは、おそらくそれほど激しくはなかったであろうが、一八一六年六月から七月にかけての気象状況に匹敵する。一八一六年のものは、冷たくて湿潤な寒波を伴った、ヨーロッパの広汎な部分を覆う巨大な低気圧がもたらした。それは、グリーンランドあたりの西北方から吹きつけてきた。ノルマンディー地方、パリ地方、ピカルディー地方といった、こうした場合には昔から低気圧に覆われる地方だけでなく、例外的に遠方まで、ラングドック地方、イタリア北部、次いで中部さらにはリヨン湾沿いの地域までをも、過度に冷やしたのである。[93]

一三七四年に、同じように北西からの寒気に襲われて、ヨーロッパの温暖な地方（フランスの北半分、ドイツ西部と中央部、チェコ地方）はおそらく、なんらかの食糧上の困難に陥ったと思われる。しかしもっと南、少なくともオック語地域では、発生したのはまさに本物の飢饉だった。それはこれまで、フィリップ・ヴォルフ〔現代フランスの中世の経済社会学者〕を除いて、中世史研究者のあいだでは過小評価されてきた。だが、繰り返しいうが、モンペリエにおいては、純粋に質的な用語（後述のデグルフィユとシャンピオンの評価を参照）で指摘されているのに対して、トゥールーズでは、はるかに精確なデータが使用できる。ヴォルフは以下のように述べている。「一連の暗黒の年は、トゥールーズがその歴史で経験した最も恐ろしい食糧不足のひとつと共に一三七四―七五年に始まった。諸議論の記録から事態の推移をたどることができる。一三七三年の収穫からしておそらく良くはなかった[94]。一三七四年の収穫は、さらに悪いと予想されていた。一三七四年七月、トゥールーズ市参事会員たちは、モンペリエの商人たちが提供してくれた小麦で備蓄を用意するために議論している。それから数カ月のあいだ、パン用軟質小麦の価格[95]は上昇し続けた。通常は約四フランしていた一ケースが、一三七四年一一月に一二フランに値上がりし、一二月には一六フランになった。市参事会員たちは、ルエルグ地方〔フランス南部〕とオーヴェルニュ地方〔フランス中央山地主要部〕まで、みずから、あるいは人を派遣して穀物を探した。これら穀物を待つあいだ、彼らは以下のような厳しい措置をとった。最高価格を固定した。穀物が市外に出るのを防ぐために市の門を閉じた。闇取引に対抗して夜の巡回をした。彼らはまた、イングランド産の小麦が到着するのを保証できるよう休戦を請うために〔当時、フランスとイギリスは百年戦争の最中だった〕国王に手紙を書くことと、四旬節のあいだに肉を食べることを貧しい人々に許可するよう懇願するために教皇に手紙を書くことを話し合った。だが、最高価格をコントロールすることは不可能だということが明らかとなった。三月と四月には、一ケースの小麦が三二フランで売られていた！　結局、ルエルグ地方の小麦によって端境期の需要を満たすことができた。しかし、一三七五年の収穫量は、依然として豊富ではなかった。一年中、耐乏生活を送り、遠方まで、値段がいくらであろうと、貯蔵された穀物を探し求めなければならなかった。なぜなら、フランス南部全域と地中海地方のすべての地域が、同じ危機に瀕していたからである。ペストが再び流行したりもした。最終的に、一三七六年の大豊作が、これらの被害と苦痛に終止符を打った」。

他の補足的情報が、同じフィリップ・ヴォルフの、彼の『トゥールーズ史』よりもさらに詳細に叙述されたトゥールーズについての大部の学位論文中[96]にある。一三七四年に記録した（食料品の）価格の頂点は、ヴォルフが作成したグラフによって、生活が厳しかった一四二〇年と一四三二年の両年よりも一層上昇が激しく、最も高かったことが知られる。もう一度、このバラ色の街トゥールーズの歴史家に発言させよう。「一三七四年から一三七五年にかけてが、飢饉の年のなかで最悪だった。グラフの価格曲線は、一三七五年三月と四月に頂点に達し、おそらくそこには投機の影響をみる必要がある。投機筋は、隠匿している一三七四年の収穫の在庫を市場に投入するための最後の何カ月かを待っているのだ。それが、一三七五年三月から四月の高値がさせようとしていることなのだ」。こうして結局、変動の激しさに襲われた。一三七四年一一月から一三七五年四月までに、小麦一ケースの値段は約三〇〇パーセント上がった。一三七五年から一三七六年の、翌年の収穫期は、非常に異なった様相を呈した。資料は、これについては一律であると、ヴォルフはいっている。「初めは、一三七五年の収穫が平年並みであり、前年の鮮烈な記憶のせいで、小麦一ケースの価格はかなり高いままだったが、一三七六年の収穫の見通しが非常によいことと、慎重に小麦の備蓄をしたことで、一三七六年三月末から価格は急速に下がった。その結果、どこでも同じ価格となって、平常に復した」。その他の「麦類」の価格はというと、雑穀類の価格グラフは、少なくとも部分的には、小麦の価格グラフの正しさを裏づけている。「一三七五年一一月から一三七六年八月までのあいだ、価格の低下は五〇〇パーセント以上だったことに注目しよう。価格のひとめぐりの結末としては、並外れた変遷である」。

ヴォルフのこれら二つの文献は、以下のような、いくつかのすばらしい提案を含む、あるいは示唆している。

一、気候的状況、すなわち「過剰降水」によるものである一三七四―七五年のトゥールーズの飢饉は、きわめて重大なものであることが明らかとなった。せいぜい人口学的データが欠けているだけである。だが、この食糧危機の結果ペストが発生したとの言及は、充分に状況を物語っている。

二、危機は、トゥールーズだけにとどまらず、北部地方も南部地方も、イタリアもオック語地域も、さらにはオイル語地域（フランス北部）にまでおよんで、全般的であった。これは、全体的な気象変化の流れに原因がある。

三、市当局が公示する最高価格というむなしい試みにもかかわらず、小麦市場は、事実上自由放任状態であり、競争を維持していた。

四、君主国家は介入しなかった。もっとあとの時代、ルイ一一世の時代とはおおきな違いである。他所同様、多少とも効果的な何らかの緊急策をとることは、市庁の仕事だった。政府は、無力の淵でまごついているか空回りしていた。そのため、暴動の扇動者たちは政府を放っておいて、市当局を非難した。「気候の国家的政治問題化」はなかった（なぜなら、小麦については、国王政府の政策はなかったからである）。

五、副次的穀物は今回は、生産量の不足のせいで、価格上昇のすさまじい上下変動に巻き込まれた。古典的だが、雑穀類がそうだった。貧しい人々のせいで需要過剰となった。彼らには、小麦は手が届かなかったからである。

*

ともかく、史料編纂的情報源の発掘により、一三七四―七五年の二年間は独自の特徴を持っていることがわかった。通常より南にコースを外れた、西あるいは北西からの湿った大気の動きは、低気圧によって生じる事態が例年はパリ盆地とロンドン盆地にもたらす悲惨な運命を南の地域にも経験させたのである。それは、一六三〇年から一六三一年、一六四二年から一六四三年、一六九二年から一六九三年、そしてまたいうが、一八一六年に、再び現出する状況である。

寒くて湿潤な一三七四年は、それまでの、夏がはっきりと乾燥して春は暖かかった一三世紀の大半と違って、並外れたことは何もないが、春が冷涼で夏が暑夏でも冷夏でもなかったことで際立っている一三七〇年代の一〇年間に属している。一三七四年まではどちらかというと冷涼である一連の春夏を含んでのことである（Van Engelen, *History and Climate*, p. 111）。これら一連の冷涼な春夏は、切りのいい数字でいうと一三八〇年から一三八五年のあいだ、アルプス氷河をその最大状態[97]に保っていた。

イングランドとフランスにおける一三八一年から一三八二年にかけての大事件

一三八一年五月半ばから七月二〇日までの大ブリテン島（イングランド南部）における有名な反乱（ワット・タイラーの乱[98]）は、本質的には税、いやむしろ反税を原因とするものである。一三八一年のこの島の穀物収穫量が、冬の初めに雨が多かった結果、平年より一五パーセント低かった（Titow, *Annales*, 1970）。この事態が、さらに、ある種の欠乏感、小麦不足の（不安な）予想、民衆の抗議行動にいたるという予想を醸成するかまたはその原因となったのだろうか。私の知る限りでは、いかなる文献史料によってもそう断言することはできない。ただ単に、大陸の北西部では、一三八一年という年は、（夏とブドウの収穫については）一三七七年から一三八一年までの相対的に冷涼で作物の収穫が遅い年々のサイクルの終わりに位置しているということを指摘しておこう。これらの年は、ときには、低気圧気味で、小麦の収穫を腐敗させるものであって、これらすべては、一三八一年夏の終わりに大幅な小麦の値上がり（ドゥエ）を並行して伴った。したがってドゥエでは、チトーのデータとの並行関係があったといえるが、それ以上のことをいうことはできない[99]。

＊

一三八二年三月にパリで発生した、徴税反対のマイヨタン蜂起[100]についても述べよう。この蜂起は、一三八一年一〇月のサン・レミの日にドゥエで記録された、小麦とオート麦と去勢した食用雄鶏の価格が顕著に大幅上昇して頂点に達した[101]直後あるいはその流れを受けて発生した。この反乱を引き起こした民衆の不平不満は、シャルル六世による間接税の復活に純粋に結びつけられるのだろうか。それとも、こうした民衆の不機嫌を説明するためには、さらに追加的な要件、穀物相場の上昇による食糧供給面での不安を援用すべきなのだろうか。その問題はまだ解決されていない[102]。

第3章　クワットロチェント――夏の気温低下、引き続いて冷涼化

中世の農業気象学

たとえ複数年間あるいは単年相互間に関わるものであろうと、ただひとつの微小な歴史に陥らないようにしよう。ここでは広い時間幅で、一三五一年から一三七五年までの、より全般的な農業気象学的研究に取り組むことにしたい。そして、さらに幅を広げて総体的に、探究は一三五一年から一四五〇年までの全期間を「包み込む」ものとなる。この種の研究は、結果としてもたらされる情報の多様性によって、問題点についての事情をより明瞭に理解させてくれるだろう。はたしてそれは、期間幅が一世紀におよぶ、ひとつの気候的・農村的モデルとなるのだろうか。小氷期が人間におよぼした影響について、農村の生産者の世界をとおして、われわれに必要な情報を提供して……。こうして実施された調査研究は、われわれの研究目的に直接的に関わる。なぜなら、あらがいようもない発達状態で、確実で、昂然とそびえ立つ巨大な氷河を作るのは、降水（山では雪）の多い冬と冷涼多雨（曇りがちで冷涼、高湿度）な夏である。こうした氷河の前進は、実際、それ以前の状況と相関して、氷河上部における雪の過度の涵養と下部における夏の氷河消耗の不足とによって説明される。これら二つの季節的特性――多雨な夏と降水の多い（高山では降雪が多い）冬――が同時期に重なると、穀物の不作が繰り返し起こって人口に損害を与え、人々はその「実験用モルモット」となったのである。フランスの南端、より一般的には西地中海の国境地帯では、農業と人間の関係のパターンは異なるであろう。というのは、北部地方では幾層倍も小麦にとって好条件となる「反湿潤性」、いいかえれば強い乾燥は、通常の気候ですでに過度に日射しを浴びてもともと充分に乾燥している南部地方ではしばしば、小麦にとっての悪条件になるからである。また本書では、間接的にでもなければ、「南部」問題をあつかうことはほとんどない。

気候・気象・農業の総合研究というものは存在しており、それは利用することができる。中世後期については、ウィンチェスター司教区の広大な諸領地のなかのロンドン盆地に関するものがある。こうした調査研究は、イギリスの歴史家ジョン・チトーの業績に依拠している。この研究者は、毎年の継続的な穀物収穫量をその一世紀におよぶ（一三五一年から一四五〇年）平均との比較で関係づけている。彼はまた、これら毎年の収穫量を決定するまでにはいたらないにしてもそれに影響を与えた気象条件を指摘している。考察された百年間で、七八の季節がこうした気候・農村関係についての「二股」分析の対象となっている。

季節についての調査研究が問題になっているのだから、ここではまず、先決処理方式にしたがって、チトーによって忠実に受け継がれたウィンチェスター司教区の書記たちの流儀にならって、検討対象となる季節を構成するものは何なのか思い起こすことにしよう[1]。まず冬は、四桁で示される年号については一月から二月である。たとえば、一三五〇年の冬は、（あらゆる気候の史料編纂についてそうなっているように）一三四九年一二月から一三五〇年一月と二月にまたがっている。だが、中世のウィンチェスターの人々にしたがえば、この冬の期間は、われわれの時代よりももっと長かった。（たとえば一三五〇年についていうと）一三四九年の秋の終わりから一三五〇年の春の終わり（四月?）までだった。「夏が始まる日付が明確に記されたことはなかったが、夏というのは五月、六月、七月であるようだった。夏は、いつも、七月三一日に終わるとみなされていた」、とチトーは言葉を継いでいる。秋（実際は収穫と同義語）は八月一日に始まった。そしてそれは九月二九日に終了するとみなされていた。二一世紀の現代の公式な秋の始まりの八日後である。しかし、穀物の収穫が遅い場合には、いくつかの文献では——それらにおいては、繰り返しいうが、秋は依然として収穫を意味している——、こうした状況で、例外的に長い秋について述べることを少しも気にしていない。ときには秋は、ついには万聖節、すなわち一一月一日までにおよぶこともあったのである。

このような条件の下で、先に挙げた一三五一年から一四五〇年のあいだに認定された七八の季節についての「気象」のうち七〇が、過剰であるか過少であるか、いいかえれば湿潤か乾燥かという、降水に関わるものだった。こうして他よりも際立つ七〇の年は、次に以下のように分類される。

・湿潤な冬という特徴を持つ一四の年。

・夏または秋、もしくは両方に非常に湿潤な期間を有する二八の年。すなわち、現代の語義による春の終わり（五月）から現在の秋のかなりの部分を含んでいる。

・乾燥した夏を持つ二六の年。われわれの分類学によれば、そのうえさらに、それらのいくつかのあとには湿潤になる秋の期間がなかった。

・最後に、乾燥した冬は二つしかない。もっとあったのかもしれないが、われわれの研究すなわち「チトーに依拠した調査研究」は、前記一世紀の範囲内で、農業（穀物栽培）の分野で収穫についてマイナスの気象またはプラスの気象として表れた特記すべき特徴ゆえに、その時代の筆録者たちによって書き留められた諸季節のうちの、地球規模の状況を示す史料に限定している。

まず、イングランドおよび北西ヨーロッパのような温暖な気候において最も困難なものに分類されるタイプについて考察しよう。それは、長期的にみて（過度に）湿潤な冬である。冬の期間は、場合によっては、一〇月・一一月から三月・四月までである。過度に湿り気の多い冬は、危険な季節的様相である。なぜなら、小麦にとっては、（かならずというわけではないにしても）しばしば有害だからである。耕作に（作業を困難にすることによって）繰り返し被害を与え、種播きと苗に害をおよぼす一方、雑草と、発芽途中の種子を食べるカタツムリには好条件となる。検討対象期間のウィンチェスター司教区の記録中で、一四のこうしたタイプの多湿の冬を調べてみよう。これら一四の湿潤な冬のうちの一二で、このような影響をこうむる穀物の年間収穫量の減少がみられる。

<table>
<tr><th></th><th>A</th><th>B</th><th>C</th><th>D</th><th>E</th></tr>
<tr><td></td><td></td><td>対象となる季節数（全78）</td><td>Bのうちで収穫量が減少するか、あるいは減少することになる季節</td><td>反対に収穫量が増大する季節</td><td></td></tr>
<tr><td>寒冷</td><td>厳冬</td><td>8季節</td><td>Bのうち5で収穫量が平均7%減少</td><td>Bのうち3で収穫量が平均19.3%増加</td><td></td></tr>
<tr><td>湿潤</td><td>湿潤な冬</td><td>14季節</td><td>Bのうち12で収穫量が平均12.7%減少</td><td>Bのうち2で収穫量が平均13.6%増加</td><td rowspan="2">合計42の様々な湿潤な季節のうち、35（83.3%）は収穫量が平均10.3%減少し、7（16.7%）は収穫量が平均8.7%増加した</td></tr>
<tr><td>湿潤</td><td>夏とそれに引き続く秋共に、あるいは夏またはそれに引き続く秋のどちらかが、非常に湿潤</td><td>28季節</td><td>Bのうち23で収穫量が平均9.7%減少</td><td>Bのうち5で収穫量が平均6.7%増加</td></tr>
<tr><td rowspan="2">乾燥</td><td>夏が乾燥して秋が湿潤でない</td><td>26季節</td><td>Bのうち11で収穫量が平均8.5%減少</td><td>Bのうち15で収穫量が平均15.2%増加</td><td></td></tr>
<tr><td>乾燥した冬</td><td>2季節</td><td>Bのうち2で収穫量が平均8.5%減少</td><td>収穫量増加なし</td><td>たった2で、あまりにも事例が少なく、有効性のある結論を導き出せない</td></tr>
</table>

平均一二・七パーセントの減少である。この湿潤な冬のリスト中の二つだけが、同じ穀物収穫量の平均一三・六パーセント増を示しているにすぎない。たしかに、無視できない例外ではあるが、一般法則を確認していると思われる。

夏期の極度に湿潤な期間と、その夏自身の直後に続く秋の極度に湿潤な期間についてはというと、その影響は今しがた指摘した湿潤な冬とほとんど同様に有害である。八五・七パーセント（一四のうち一二）という出現率であることをみたように、湿潤な冬は穀物収穫に不都合だった。ところで、「反対側の季節」（前述のように定義した湿潤な夏秋）というカテゴリーにおいては、知られている二八の場合について、冬のパーセンテージをほんのわずか下まわる八二・一パーセントという同じような比率が確認される。すなわち、二三の「両方とも湿潤な夏秋、あるいは夏か秋のどちらかが湿潤な夏秋」（当該の八二・一パーセント）においては、平均して九・七パーセントの穀物収穫量の減少がみられる。[2] これに対して、（残りの一七・九パーセントにあたる）二八のうちの五つの場合では、平均六・七パーセントの収穫量の増加があった。「過度に湿潤であるということ」は、ほとんどの場合、否定的な結果をもたらすということができる。それではここで、湿潤な冬（一四）と「両方あるいはどちらかが湿潤な夏秋」（二八）とをまとめよう。そうすると、四二の湿潤な季節事例が得られ、そのうちの三五（八三・三パーセント）の場合において、平均して一〇・七パーセント（他の計算方法によると一〇・一パーセント）の穀物収穫量の減少を伴ったことになる。そして、四二のうちの七つの場合（すなわち一六・七パーセント）だけに、平均して八・七パーセントの収穫量の増加があった。

まず、状況として、湿潤な、それも過度に湿潤な冬が問題であるように思われる。これが危険である！　そしてまた、湿潤多雨な夏については、「霧で曇った空にかかる湿気で霞がかった太陽」が危険である！　夏は広く解釈され、実際は夏から秋、すなわち、五月・六月から九月・一〇月までだ。夏は、これら六カ月のあいだ、多雨な期間が出現する機会を数多く与え、それらの期間は数週間しか続きはしないのだが、もし小麦の成熟、そして刈り取りの重要な段階に重なると、有害なものとなる。それらは、こうして、穀物にとってきわめて主要な要件のうちでも制限的あるいは確定的なものなのである。英仏海峡の南、明確に南方ではあるが中緯度に位置する地方では、（アルプスの）小氷期もまた、このような冷涼湿潤な季節からそれなりの利益を得た。冬の豊富な雪（平地では大雨だが、山岳地帯ではこうした形で表れる）、西から大西洋を経てやって来る熱帯低気圧模様の状況や移動性低気圧によって生じる、冷涼多雨な夏ゆえのわずかな氷河消耗等である。低気圧があまりにはびこると、小麦には敵となり、氷河には友となる。春ではなく、冬と夏（チトーが示したように英語の語義では秋）では、過度の湿気は、ロンドンやパリの緯度では、小麦の収穫に対する基本的な制限要件である。しかし氷河のほうはこうした湿潤要件を好む。なぜなら、それは氷河の涵養に加勢し、消耗を抑えるからだ。

それでは、乾燥は常に穀物収穫にとって好条件だといえるのだろうか。夏においては、大概の場合そうである

（だがそれだけである）。こうした命題はおおむね妥当である。チトーによるリストでは、二六の期間が乾燥した夏に対応する。そして、それぞれ、秋にきわめて湿潤な期間が引き続いてはいない。ところで、全体としてかなり乾燥したこれら二六の夏秋のうちの一五が収穫量を一五・二パーセント増加させており、この上昇自体はまったくすばらしいものである。それは、この段落でこれまで記してきたように、収穫量の平均増加率のピークのうちで上位に位置する。レヴァント地方〔東地中海地方〕原産の外来植物である小麦は、乾燥して（一般的には）暑い夏を好むということを繰り返し考慮するならば、こうした上昇は理にかなっている。だがこの分野では、何も大仰にいうべきではない。そうではなくて、その関係は一義的なものではないといっておこう。異常乾燥は、われわれの地域の気候のもとでも、小氷期の時代であっても、穀物にとって好ましくない条件となりうる。スペイン、ラングドック地方、プロヴァンス地方、イタリアといった太陽と青空の地方については、まったくそのとおりである。そこでは陽光に事欠くことはなく、したがって、ナルボンヌやアルルあたりでは、たとえ一年か二年の期間であっても、穀物に有害で砂漠化するような乾燥の危険性を覚悟せずに、そのような事態（「日焼け」）が生じることはない。だが、こうしたことは、小氷期においてでさえ、パリやロンドンやオランダの盆地についてもやはりあてはまるのではないだろうか。たしかに、あまりにも頻繁に水害に襲われる気候のもとにあっても、日照りはしばしば訪れるが、穀物生産者たちはそれを嘆いたりはせず、穀物倉庫を満たしている。われわれの手元にあるリストでは、一五の乾燥した夏が穀物の収穫量を一五・二パーセント増加させたのに対して、一一の乾燥した夏は八・五パーセント減少させている。

これらの乾燥（北部地方のものであっても）が過度になると、豊穣で生産性を高めるものではなくなって、反対の作用を引き起こす。そうなると、乾燥はまったく有害なものとなる。のちほど再び言及するが、パリ地方だけでなく、当然トゥールーズ地方にも最悪の乾燥と飢饉をもたらした一四二〇年をご覧いただきたい。そして二〇〇三年（猛暑！）を……。過去に起きた出来事は思い出される価値がある。なぜなら、フランスの北部地方では、いくつかの干ばつは、場合によってはまだ穂についている種子の日照り焼けを起こしたりして、おそらくは純粋に人為的な要因と絡み合って、とてつもない結果を招くこともある。そのようにして、一七八八年には、一七八八年から一七八九年〔フランス大革命の年〕にかけての消費者向けの小麦収穫量が非常に少なかったために……。ロベスピエール〔フランス革命期、ジャコバン派の指導者。一七五八―九四年〕の時代、一七九四年夏の日照り焼けは小麦の収穫量を減少させて、一七九五年の食糧不足の春に、牧月〔共和暦の第九月、現在の暦の五月二〇日―六月一八日〕の空腹暴動を招来した。一八四六年には、何カ月も続いて穀物収穫に損害を与えた日照り焼けを起こした暑さと乾燥が、一八四七年の経済危機と……一八四八年初めのヨーロッパにおけるいくつかの革命を引き起こすおおきな要因となった。

乾燥した冬については言及しないほうがいいだろう。というのは、われわれの有する史料はこの種の事例では二つしかあつかっておらず、穀物収穫についての影響は有意的ではないからである。

結論をまとめよう。「北方地方の中世研究」の分野では、一年のうちの二つの大季節〔夏と冬〕において「過度に湿潤である」ということは、各年に季節的に生じた事例の大多数の場合において、小麦にとって危険であることが明らかになった。乾燥（頻繁に暑さを伴う）は、小麦にとって良いことが多いが、常にというわけではない。過度になると、今度は破壊的になり、少数派ではあるが、その重要性は否定できない。

チトーが作成した史料によって丹念に調べた「乾燥・湿潤」のデータをひと渡り検討したが、場合によっては危険な、寒さというもうひとつの変数についてまだ少しも検討していない。おりよく小氷期という期間なのだから、ときおりはこうした考察に時間を割くことがよいと思われる。

実をいうと、気温の問題については、われわれの史料は、実際に生じた典型的な年単位の冷却化、すなわち、いくつかの厳しい冬しか取り上げていない。こうして、チトーの史料では八つの寒さ厳しい冬について言及がある。五つという少なからぬ事例で、収穫量が七パーセント減少している。これはおもに霜害の結果で、大地に播かれた種が寒さで死んだからである。特に、発芽して地表に芽を出そうとするときに、おりよく雪に覆われていなかったためにやられたものもある。しかし、こうしたことは、われわれの知っている数少ない事例のなかでしばしば起こることで、多数派でさえあるのだが、そうした場合だけというわけでもない。なぜなら、農民たちは知っていたように、寒さが厳しい冬ならばこそ、大地に播かれた種子にとって好適なこともあるからだ。そうなる場合は、雪が降って、あまり薄すぎない雪の層を地表に残してくれるだけで充分なのである。この雪の層は、必然的結果として種子を霜から守ってくれる。さらに、小麦に害をなす昆虫やカタツムリやナメクジは、いとも簡単に霜にやられる。それだけで儲けものなのだが……。こういうわけで、やはり霜害を出した特筆すべき三つの冬が、平均して一九・三パーセント増という文字通り多大な収穫量増をもたらしても驚くにはあたらないのだ。スタート時の好適な冬のおかげによるこうした穀物収穫量の増加は、文献資料によれば、イングランドにおいてでさえ、ときにはある年または連続した数年間にわたって認められる「大陸性気候」型の季節連続図表のなかに出現することがある。これはすなわち、今みたような、どちらかというと種子に好適な地表状況タイプのかなり寒いある冬の場合である。そして、暑くて乾燥した（だが過度に暑くて乾燥してはいない。なぜなら、日照り焼けをまぬがれるに都合がよいから）夏が後に続く冬である。ようするに、小麦が、特に好むとまではいかないにしても、かなり好むのは、冬・夏の二重すなわち「二股の」気象局面なのであり、このことはフランス北部地方でもイングランドにおいてでも同様である。この種のものとしては、ウィンチェスターにおける一四一九年を挙げよう。冬は冷たい北風が休みなく吹きつける厳しい様相。夏は非常に乾燥。秋は、特筆すべきものなし。その結果は、まぐさの欠乏（乾燥）、そして一一・一パーセント増という、かなりの[3]穀物収穫量の増加だった。

ようするに、地中海地方とは違って温暖な緯度に位置するわれわれの地方、西ヨーロッパの「ちょうどまんなか」の地方にとって、なによりも危険なのはまさしく、過度の湿潤さである。乾燥は、思いもかけない成り行きによってか、あるいは限度を超えるかで、日照り焼けを起こさない限りは、むしろ良いことであったようだ。

寒さについては、特に冬の寒さの場合は、その影響は良否入り交じっている。最良の結果になるか、最悪の結果になるか、すべては、その作用のしかた次第である（たとえば、雪が降るかどうか）。

*

さてそれでは、ホルツハウザーが研究を進めたように、まず一四世紀、続いて一五世紀のアルプス氷河について、詳細な分析にかかることにしたい。ホルツハウザーは、最初は、アレッチ氷河の氷舌端が最大になったのは一三五〇年であるとした。だが、ことの性質上当然おおよそであるこの年の、「世紀の中央値」すなわち世紀のまんなかという性格を考えると、最大状態の精確な「位置づけ」かどうかは確信が持てない。一四世紀の前半なのか後半なのか。しかし今、そしてこのすぐあとも、ホルツハウザーとプフィスターの分析をほとんどそのまま引用しようと思う。プフィスターは、みずから精査した気候・気象学的データから、一四世紀の氷河最大状態はもう少し遅くて、一三八〇年頃であったに「ちがいない」という結論に達した。事実、（すでに極度に湿潤で、氷河の消耗を妨げる一三一〇年代のあとの）一四世紀のほぼ中央の時期である一三四二年から一三四七年にかけての、並外れて降水量の多かった期間は、そんなに急速に、そんなに早く、特にそれ程強力に、一三四八年あるいは一四五〇年からの氷河の伸展に反映したとは思われない。一三四〇年代に消耗がほとんどなかったことによって次第に最大化していく氷河の、増大と涵養と下降の潜伏期が必要だった。それゆえプフィスターは、小氷期における最初（中世）の氷河最大状態について、一三八〇年前後の年代を提案したのである。この年であれば、

「大アレッチ氷河」と、成長の遅い恐竜である他のいくつかの同種の巨大な氷河は、増大し、膨張して、一四世紀のまんなかと最後の四分の一のあいだ、ゆうゆうと身を横たえるために必要な時間的余裕を持つことができた。こうして確信が得られた(まったく控えめにではあるが、ル=ヴェリエ〔フランスの天文学者。一八一一―七七年。計算によって海王星(一八四六年発見)の存在を推定した〕と「彼の」海王星を思わせる)。ホルツハウザーは、ゴルナー氷河で、一連の化石化したカラマツの幹を発見した。そして、年輪年代学のおかげで、彼はそれらの年代をぴったりと特定した。これらの幹は、この氷河の大前進の正確な時期は長い一四世紀中でも一三八五年という年であることを明らかにしたのである。これ以降[5]、トレチェント〔一三〇〇年代を示すイタリア語〕の期間のこのアルプスの巨人の全履歴をたどることができた。一三二二―二七年頃から、ゴルナー氷河はすでに(しばらく前から)攻勢に出ていて、前進した位置にあった。それは、小氷期後、したがって小氷期以後における現代の最初の後退のあとの、まだ控えめな拡張期であった一九四九年に再び占める位置である。この時期(二〇世紀のまんなか)は、現代の温暖化が、のちの二〇〇〇年頃に発揮する反氷河的活動をまだ十全には果たしていない。中世後期に話をとどめて、この(一九四九年に等しい)一三二七年の氷河伸張は、ホルツハウザーのいうことを信じるなら、五五四年間、すなわち西暦七七三年(まだ西ローマ皇帝になっていなかったシャルルマーニュ〔フランク王(八〇〇年以降西ローマ皇帝)。七四二―八一四年〕が、ロンバルディア人たちに脅かされていた教皇の領地、ローマ教皇領の聖ペテロの世襲領に、援助の手をさしのべるためにイタリアに遠征した年)[6]以降、これまでにゴルナー氷河がまだ達したことがなかった規模である。この五〇〇年(九世紀から一三世紀まで)の過渡期の期間は、かならずしも中世温暖期に一致するわけではないが、時代的には中世温暖期を間違いなく包んでいる。この期間は特に、トゥベール〔現代フランスの中世史学者〕によると、カロリング朝〔フランク王国後期の王朝。七五一―九八七年〕末期からカペー朝〔フランス初期の王朝。九八七―一三二八年〕初期の長子の家系の諸王にいたる農業の大復興期全体を含んでいる。

それは、われわれにとって最も重要なことだが、前述したように、夏が好天であった一三世紀（ゴルナー氷河とアレッチ氷河における氷河後退期）を含んでいるのである。

ゴルナー氷河の歴史学者は、しかし、一三二七年で歩みを止めはしない。ゴルナー氷河は、このあと前進を続け、一三四一年におけるあらたな伸張は、後年の一九三七年から一九四五年にかけての伸張に匹敵する。この二〇世紀の九年間は、その少しあとの一九四九年の位置よりもやや前進しており、一九四九年の位置は一九三七年から一九四五年の位置よりわずかに後退している（したがって、一九四九年以降の位置は一三二七年の位置に等しい）。一四世紀には、前進しつつある氷河を相手にしているのである（二〇世紀には後退しつつある）。ゴルナー氷河の攻勢はさらに続く。一三四二年から一三四七年にかけての、おそらくは雪が多く（特に夏が）湿潤な、非常に寒い年は、強い涵養と特に微弱な消耗という効果をおよぼして、氷河に長期的結果をもたらした。こうして、ゴルナー氷河の氷舌の最大伸張は、一三二七年から一三八〇年のあいだ[7]、年に一八メートルから二〇メートル前進するテンポで進んだ。気象データと氷河データとは符合している。季節によって寒冷あるいは冷涼だった、全般的に氷河に好適な一四世紀は、一三〇〇年から一三八〇年まで続いた。そしてとりわけ夏については、もちろんあらゆる気象学的変動性を考慮に入れてだが、一三四一年から一三七四年[8]まで続いたのである。こうした期間は、一四世紀の（切りのいい数字でいうと）最後の一〇年間の初め[9]に終わりを告げた。

このゴルナー氷河の前進は、この時代、アレッチ大氷河の前進とほとんど変わるところはない。グリンデルワルト氷河もまた、一三三八年頃前進した。ローヌ氷河は、同時期厚さを増し、特に一三五〇年から一四〇〇年のあいだに最大規模にまで伸張した。同様のデータが、グルグル氷河とオーストリアのゲパチュ氷河、グルグラー氷河、ジィモニ氷河から得られる。[10]

＊

一三八五年以降、傾向は反転し、アルプス氷河は、知られている限りでは、穏やかな後退を始める。[11] クワットロチェントについては、スイス山脈にあるアレッチ氷河という大気象台にガイドを任せよう。「山、この偉大な目撃者はそびえ立ち、見渡している」（ヴィクトル・ユゴー）。もちろん、これにもゴルナー氷河から得られたデータを付け加えることにしよう。アレッチ氷河もまた、どうみても、一三八〇年頃に最大状態になった。というのは、プフィスターとホルツハウザーの後年の研究によると、以前把握されていた一三五〇年という年は三〇年程のちに移動させるのが適切なようである。

この二つの大氷河の一三八〇年頃までの前進は、一五九〇年から一六五〇年と一八一五年から一八六〇年のあいだの前進（アレッチ氷河とゴルナー氷河から得られたデータによる）[12]に匹敵する、並外れて強力なものとみなされるべきである。それから、一四〇〇年のすぐあと、一四一二年頃といっておこう、アレッチ氷河は、その氷の甲羅の円い天井部分が実質的に「しぼんだ」。そのため、最大化しているエンドモレーン〔氷河が運搬してきた岩石が氷河の周囲に堆積したもの（モレーン）のうちの氷河の前面・末端部分〕上と、わずかに氷が融けたエンドモレーンの縁に沿って樹木が生えることが可能になった。このような状態は持続したと思われる。一四五五年から氷河は、一九二〇年の状態よりも長さが短くなって、それまでより高い位置にあった。しかし氷河は、こうした後退にもかかわらず、驚くほど縮んでしまったごく最近の二〇〇〇年よりも、はっきりと巨大だったことは間違いない。一五世紀全体を通じて、アレッチ氷河は、一八五〇年に最高潮を迎える小氷期と、今日われわれが知っている極度に縮小した氷河との過渡期である一九三五年から一九四〇年のあいだよりも、小さくなったことはなかったといっておこう。したがって、アレッチ氷河は、クワットロチェントの期間に巨大な規模を保ってはいたが、最大状態であることはもはやなかった。一四五五年から一四六一年にかけての相対的「最小状態」、ようするに控えめな状態のあと、わずかに拡大したことが一五〇四年に確認される。これは、気候についていえば、ごくわずかな冷涼化（降雪の増大）があったことを証明している。その後一五〇四年から一五八八年まで、氷河は、一四五五年にわずかに容積を増しはしたが、依然として一五〇四年の控えめな状態のままだった。氷河が、明確に、再び前進を開始するのは一五八八年からであり、一六〇〇年には（以後持続する）最大に達し、一六五三年頃まで数十年間持続する〔付録4「アレッチ氷河の変遷」参照〕。こうした一五八八年以降の氷河前進は、通例どおりの時間的遅れによって、のちほど再論する（一三〇〇年から一三八〇年にかけてのものに続く、小氷期における第二回めの氷河大前進）一五六〇年以降あるいは一五七〇年以降の気候の間違いのない再寒冷化に結びつけられる。これら二回の大前進の間隙に、一三〇〇年から一三八〇年の期間よりもやや温暖で、一五六〇年から一五七〇年頃までそのまま続いたと推測される気候によって、一三八〇年から一四五五年にかけて記録された、多少の変動を伴う軽微な温暖化――氷河融解が起きたと考えられる。それは、ようするに、比較的温暖であった一九〇〇―六〇年の参照基準期間に近い気候であるが、先程言及した軽微な気候の起伏と留保事項を考慮すると、二〇世紀に比べて、特に冬に幾分寒い期間を含んでいた。この一五世紀の（きわめて相対的な）やや温暖な気候は、（春夏については）一四一五年から一四三五年のあいだに、温暖のピークを迎えた。それから一五〇〇年頃まで（やはり夏について）非常にわずかながら冷涼化し、その後（一五〇〇年から一五六〇年のあいだ）暖かくなったようである。いずれにしても、本格的で厳しい寒冷化は、一五六〇年よりあとになってやっと訪れたのだ。一四一五年から一四三五年までの夏の「高温」については、このあとすぐ、ブドウの収穫によってあらためて語ることにしよう。とにかく、曲線グラフをもとに、一五世紀における相対的温暖さは、特に夏についていえるということを指摘しておこう。クワットロチェントの他の季節、おもに冬は、年平均気温と同様に、二〇世紀におけるよりもはっきりと寒かったし、明確に、より大陸性気候的であった（Van Engelen, *History and Climate*, 2001, p. 114 ; Buisman, *Duizend...*〔『西暦千年の天候、低地地方の風と雨』〕, vol. 4, pp. 707-708）。こうした観点からすると、シャルル六世〔フランス王。在位一三八〇―一四二二年〕からシャルル八世〔フランス王。在位一四八三―九八年〕までのあいだ、少なくとも冬については、小氷期あるいは小氷期的気候のなかにいた、というかそのぬかるみのなかをさまよっていたのである。このことについては、いずれまた述べることにしよう。

一五世紀の時代区分――気候、戦争、政治

問題としている期間についての気候的データそれ自体を検討することが残されている。一六世紀、特にその前半（一五六〇年頃まで）については、気候的データは今では充分に研究されている（この期間については後章参照）。しかし、一五世紀は、この点では、長いあいだ未知の土地のままであり、ファン・エンゲレンら、オランダ、ベルギー、イギリスの研究者たちがそのベールの端をはがし始めたのは、やっと最近になってからである。低地諸邦における気温異常の一〇年ごとの平均を示すグラフによると、一三〇〇年から一三八〇年までは間違いなく冷涼期だった。これに反して、一三八〇年代と一三九〇年代に対応する二つの一〇年間は、明らかに再温暖期（前者）、そして単に気温温和期（後者）だった。次いで、一四〇〇年代から一四三〇年代に「またがる」四つの一〇年間は、平均的か暖かかった。これはまさに、一四世紀末、特に一五世紀の最初の四〇年間か五〇年間に起こったと同様な、氷河がやや後退するに好適以外の何ものでもない状況である（ゴルナー氷河、特にアレッチ氷河について先に述べたことを参照）。ファン・エンゲレンはまた、当然おおよそではあるが、（慎重に計測された事象データにもとづいて）冬と夏についての温度測定値を提案している（*History and Climate*, p. 114）。これらのデー

14・15 世紀における夏（6 月・7 月・8 月）の平均気温

年	気温(℃)
1275-1300	16.5
1300-1325	16.1
1325-1350	16.3
1350-1375	16.1
1375-1400	16.7
1400-1425	16.5
1425-1450	16.4
1450-1475	16.3
1475-1500	16.0

タは、全般的に、七七五年から二〇〇〇年におよぶ期間についてのものので、特にわれわれの主題については、一四世紀から一五世紀にかけてと一六世紀に関わっている。夏については、以下の数値が得られる。対象となる「一四世紀前半」の四分の三の期間について、連続する三つの二五年間（一三〇〇—二五年、一三二五—五〇年、一三五〇—七五年）の夏の全体平均気温は、一六・二℃前後である。これに対して、一三八五年から一四五〇年までの夏期のゆるやかな氷河溶融の準備期と進行期の四分の三世紀（すなわち、一三七五—一四〇〇年、次いで一四〇〇—二五年、最後に一四二五—五〇年）については、一六・五℃もしくはそれ以上という、はっきりと高い夏期の平均気温が得られる。アルプス氷河は、氷舌端の反応、いいかえれば「充足」に要するある程度の遅れを考慮すると、一四世紀の初期から、端数のない切りのいい数でいえば、一三八〇年頃までと一三八〇年以降の数年間（?）に前進したようである。そしてその後、前述したようにいつもより強い夏の暑さのために氷河の消耗が強まり、氷河はいくぶん後退した。これらすべてのことが氷河の後退を説明するものであるが、それらは表面には表れない。

さて反対に、[13] この世紀の後半の二つの四半世紀（一四五〇—七五年と一四七五—一五〇〇年）は、一六・三℃と一六・〇℃というふうに、次第にやや冷涼になり、一四五五年から一五〇四年のあいだ記録されたように、問題の氷河はわずかに再前進したことが知られている。一六世紀末と一七世紀初め、さらには一九世紀初めの氷河大前進に比べて、この「再前進」がいかにわずかばかりのものであったにしても、再前進ではある。

＊

こうした一〇分の一℃の詳細なデータを冷笑する人々も、おそらくはいるだろう。だが、そういう人々は間違っている。なぜなら、これらのデータは、浩瀚で信頼できる文献的・統計的研究に依拠したものだからである。しかし、ファン・エンゲレンのデータ時系列を活用するほうが、より単純な方法だろう。もう一度振り返ってみよう。一三〇〇年から一三八〇年までは氷河の大前進、一三八〇年代から一四五五年までは氷河のささやかな後退、一四六一年から一五〇四年までは氷河のささやかな前進、だった。さて、ファン・エンゲレンにおける夏の気温については、平年並みの夏（指数四、五、六）と涼しい夏あるいは冷夏（指数一、二、三）に対して、暑夏や猛暑の夏（指数七、八、九）だった。ファン・エンゲレンについては、単純化するために、一三八〇年から一四五五年までの期間はある程度の氷河後退によって特徴づけられることをみた。反対に、一四五五年から一五〇四年までの期間は、同じ氷河がゆるやかに前進した。もし、広く考えて、暑夏あるいは猛暑の夏（指数七、八、九）という数表示を、一三七五年から一四五〇年までの期間に高まった氷河の消耗の因数と考えると、（この七五年間について）判明している七二の夏のうち合計で一三、すなわち一八・〇パーセントが暑夏あるいは猛暑の夏である。そのあとの、ささやかな氷河再前進によって特徴づけられる期間（一四五五年から一五〇四年まで）には、こうした前進に適合した一四五〇年以降の半世紀に遭遇する。実際、暑夏あるいは猛暑の夏は、わかっている五〇のうち七つ、すなわち一四パーセントだけである。一四世紀の前半は（夏の暑さが厳しかったため）消耗が強まり、その後、世紀後半は夏がいくぶん涼しくなったため弱まった。

平年並みの夏（ファン・エンゲレンにおける指数四、五、六）は今は無視して、涼しい夏あるいは非常に涼しい夏か冷夏（指数一、二、三）に注目しよう。一三七六年から一四五〇年までのあいだに、こうした夏は、七二のうち六、すなわち八・三パーセントある。しかし、一四五一年から一五〇〇年のあいだでは、五〇のうち一〇、つまり二〇パーセントのようである。これらの数字は聖書ほどの意味はないにしても、一四世紀の最後の四半世紀と一五世紀の前半の期間には涼しい夏は明確に少なかったのだから、氷河の後退について消耗が強まったことを示していると思われる。そして一五世紀後半には、(より多くの涼しい夏のせいで)消耗は弱まって、氷河を大きく育てて活動的にし、(ずいぶんささやかな規模ではあるが)氷舌端は再び前進した。こうしたことは、観察された事実によく対応している。

*

一五世紀前半についてのこれらの評価は、世紀後半が多少冷涼であったのに対して、おおまかにいえば、かなり多年にわたって、ある程度気候的に温和だったことに影響されてのことである。これらすべては、一時的にゆるみはしたが終わることはなかった(クワットロチェントの)小氷期の範囲内でのことであり、私がこれまでいってきたように、これらの評価は、総体的研究データにもとづく全体的評価であると同時に、細部的研究データにもとづく分析結果でもある。場合によれば、これら二つの研究データは、これまでのいくつかの段落で述べてきたデータとは、部分的あるいは全面的に異なることもあるが、それはまた、相互の研究協力にさらなる信頼を付け加えもするのである。

一、全体的評価――一三八〇年から一四三〇年の期間、四季について、場合によっては幾分暑いか温暖な季節があったことを示す、シャバロヴァとファン・エンゲレンの最近の論文(*Climatic Change*, vol. 58, n° 1-2, May. 2003)にみられる(figure 7 の一三八〇年から一四三〇年の期間の概括的にとらえた五つの一〇年間についてのグラフ)。

二、細部的分析――私が入念に整理した、私自身の調査研究とラヴァル、デュボワ、プフィスターの大業績から抽出された(実質的に一三七二年から連続している)ブドウの収穫日の毎年のデータ時系列は実際、非常な早期収穫の年が続いたことを際立たせて、一四一五年から一四三五年までの期間の春夏が暑かったことを示している。この時期における唯一の例外は、一〇月六日（新暦）になった一四二八年の収穫である。非常に特殊なこのケースを除いて、問題の期間の他の二〇の年はすべて、九月二九日以前の収穫であり、しばしば非常に早熟だった。まさにこの時期、ほぼ二〇年間にわたるすばらしい日照、「太陽光線」が到来して、氷の強度の消耗のあとで、アルプス氷河を全力で後退させたのである。ファン・エンゲレンとその学派の業績、そしてプフィスターやホルツハウザーの業績[14]があれほど完璧に描き出した一五世紀初めの温暖期、さらには夏の高温期の最も特徴的な瞬間が現出したのは、このとき、一四一五年から一四三五年のあいだである。こうした状況下で、われわれは、最も一般的事象から最も詳細な事象にいたったのである。一四一五年から一四三五年までのあいだの高温の夏の持続期間に匹敵するようなものは、一四世紀の最後の三分の一の時代から二〇世紀の第三四半期まで途切れることなく続いてきた、ブドウの収穫日の数世紀にわたる毎年の記録の集積において、その前（一三七二―一四一四年）にもあと（一四三六―一九七七年）にもみられないか、仮にあったとしてもきわめてまれである。

＊

さて、エルネスト・ラブルースなら年単位あるいは複数年にまたがるといったであろう短期の話に移ることにしよう。

これについては、われわれの分析は二つの期間に分かれる。

一、内戦によって錯綜したフランス・イングランド間の紛争の期間、すなわち一四一〇年から一四五三年（この最後の年は、ボルドーからのイングランド軍の最終的撤退の年である）。

二、次いで、以下の期間。伝統的な時代区分にしたがって、一四五三―五四年から一四九八年（シャルル八世の死）までとしよう。この約四五年間は、「国内」あるいは対外的紛争があったにもかかわらず、全般的に国内的平和もしくは半平和状態が支配して、経済復興がおおいに促進された。もちろんこのことは、「道化（どうけ）戦争」〔フランス王シャルル八世幼少期、摂政を勤めるルイ一一世の王女アンヌ・ドゥ・ボージューに対して大封建諸侯が起こした内乱。一四八五―八八年〕や、ルイ一一世〔フランス王。在位一四六一―八三年〕とシャルル突進公〔ブルゴーニュ公。在位一四三三―七七年〕が対立したフランスとブルゴーニュ公国との紛争を過小評価するものではけっしてないが……。食糧不足と飢饉は、それに付随する事態と引き続く疫病とによって、一時的に悪化した気候の影響を一層強め、そうしてさらに追加的に民衆の苦難な状況に重くのしかかり、さらに、食糧不足と飢饉はどちらも、一四五三年までの、シャルル六世〔フランス王。在位一三八〇―一四二二年〕の晩年とシャルル七世〔フランス王。在位一四二二―六一年〕の統治初期に当たる百年戦争後半に発生した兵乱による被害によって具現化し、一層悪化した、ということを繰り返し指摘してきた。戦争は、勝手気ままに引き起こされるこうした苦難のせいで被害が増し、さらには拡大した。したがって、一五世紀前半を通じて、兵士による乱暴狼藉の増大に伴って、食糧危機の発生がみられた。これらの事態はまた、一四一九年から一四三九年までのあいだ、気象、食糧、疫病、人口……そして事件としての観点から、気象が幾度か悪化したり（ときどきは）穏やかになったりすることで、よりはっきりと、いわば後世の教訓となる程明確にされるが、戦争によって激しさを増して、最悪の状態となることはあっても、最良となることはまずなかった。

三、一四五三年以降、まったく平和ではないにしても、少なくとも戦争がまれで間遠になり、戦死者が非常に少なくなって、社会を破壊することが少なくなった。「国土解放」以前の時代はそうではなかった。ギィ・ボワが「広島モデル」と名付けた、一四二〇年から一四四〇年までの最も悲惨な地獄の時代は格別そのような状況でもなかった。一四五〇年以降の気候は、ときには不愉快なものだったがそれだけのことで、なるほどいくつかの食糧危機を再度引き起こしはするけれども。これら食糧危機のうちで深刻だったのは一四八一年から一四八二年にかけてのものである。しかし、「フランスの」人口はまだそれほど多くはなかったし、一五世紀後半の力強い復興、すなわち経済成長と人口増加とが損害を限定的なものにし、小麦価格のグラフを平らにして、食糧不足さらには飢饉の数を減少させた。食糧不足や飢饉は依然として、背後に隠された農業気象学的状況を雄弁に語っている。だが、これらの飢饉が自然の諸要件のいたずらや人々にもたらされる災害をクローズアップする頻度は、これ以降減少した。

それではまず、一四世紀の前半、いや最初の四〇年間をみてみよう。これらの年月は多くの多様な情報に富んでおり、それらの情報は、人間と気象環境とのむずかしい関係についてはときには悲劇的であったりもするが、すべては、戦争によって際立ったものとなり、程度を強められ、複雑化されている。

一四〇八年の冬

最初に、一四〇七年から一四〇八年にかけての冬である。気象は非常に厳しかったが、人間に対する被害は中程度だったというべきだろうか。[15]「中央ヨーロッパからパリまで、そしてプロシアから北海まで」、ジャン・サラメア〔フランスの地理学者〕は、ピエール・アレクサンドルの余勢を借りて、重要な論考を付け加えた。厳寒の始まりは、新暦で一四〇七年一一月二〇日である。凍るような寒波は、「どんなに早くても」一四〇八年二月五日にならなければ後退しなかった。プラハでは、やっと二月二三日になってからである。のちに、一四〇八年は寒かったといわれることになる。ディジョンにおけるブドウの収穫は一〇月二日（新暦）だった。こうした冬のせいで、ブドウと果樹（さらには穀物）の一部が枯れ、このことから、おそらく気温がマイナス二五℃まで（?）下がったと思われる。それは一〇七七年その他の厳寒期以降で、ファン・エンゲレンのデータ時系列中の八つの厳冬（指数九）のうちのひとつであり、そのなかでも、（一三〇三年から一八五九年におよぶ）小氷期における七つのうちのひとつに数えられる。

南仏と地中海地方は比較的寒さを免れた。この現象の発生源は古典的なものである。秋のいつもの偏西風が一四〇七年九月一九日か二〇日頃に遮られて、非常に強力な高気圧が北海とブリテン諸島上に居座り、北東あるいは東からの速い大気の流れを発生させて、非常に冷たいシベリアからの空気を大量に南側にもたらした。だがこの冷たい空気は、大局的には地中海沿岸にはおよばなかった。「地中海上にある種々の低気圧がその北側斜面で」、フランスやドイツ方面の大陸部における「東からの大気の流れを強めた」。その結果、この一四〇七年から一四〇八年にかけての冬は、一七〇九年の有名な同様の冬よりも寒さの点でひどかった（?）にしても、農業に対する、すなわち穀物生産に対するきわめて重大な結果をもたらしはしなかった。ピエール・アレクサンドルはおそらく、フランドル地方における小麦の収穫量減少を指摘したのだろうが、多少は樹木に害をなした冬同様、不作は一四〇八年の遅い収穫時の秋頃の暴風雨によるものである。この暴雨風は、八月末の過度の降雨という形で現れた多雨な夏の被害を受けていた刈り取り直前の収穫物を、極端なまでに激しく打ちのめしたのである。[16] イングランド南部でもやはり、これら穀物にとって有害な秋の暴風は厳冬と共に記録されている。これらの結果、一四〇八年、ウィンチェスターでは小麦の収穫量が一二・二パーセント減少した。[17] こうした事態に伴って小麦価格は上昇したが、それは大陸でだけだった。ドゥエでは、一〇月における小麦価格はパリ・リーヴルを基準とすると、一四〇四年（最安値の年）に一パリ・リーヴルにつき〇・六五ラズィエールだったのが、一四〇五年と一四〇六年に一パリ・リーヴルにつき〇・七五ラズィエールになり、次いで一四〇七年に一パリ・リーヴルにつき〇・九一ラズィエールとなり、一四〇八年にはとうとう最高値の一パリ・リーヴルにつき一・四ラズィエールになった。(一四〇七年から一四〇八年にかけての)厳しい冬のあとに、漠然と多雨で嵐が多い夏が続いたため、この一四〇八年という年は「厳しい年」になったのである。その後、一四〇九年から一四一五年にかけて小麦価格は下がってゆき、一ラズィエールが一パリ・リーヴル以下に落ち着いた。気象状況が悪かったせいで、一四〇八年には二重に一時的異変に襲われたのだ。しかし、一年という時間幅においては、ときに劇的な状況ではあったにしても、絶対的に悲劇的というわけではなかった。「ドゥエの」価格上昇は、気候とはまったく関係のない出来事によっても度を増したのである。というのは、オルレアン公ルイを殺害したばかりのブルゴーニュ公〔ジャン〕が、一四〇八年九月に、トンゲレン〔ベルギー北東部の都市〕近くのオテの戦いで、ドゥエから遠くないリエージュの反乱軍をまさに粉砕したばかりだったからである。[18]

一四〇七年から一四〇八年にかけての冬は、そのすぐあとに冷涼な年(一四〇八年)が続くという、厳しくて寒冷に向かう気候傾向が強い時期だった。しかし食糧については、繰り返しいうが、中程度の危機にすぎない。なぜなら、一四〇七年から一四〇八年にかけては、冬という局面からみると、厳寒が続くなかで寒気がゆるむ期間がまったくなかったからだ。それに対して一七〇八年から一七〇九年にかけての場合は、一時的にそうした暖かさが生じたことによって、小麦の胚珠が小さな緑の頭を種子のひだの外に出し、すぐそのあとにやってきた寒波に陽気な祝祭後ただちに頭をもぎ取られて全滅することになる。一七〇九年の冬は、まったく豊穣さに欠け、色々な点で破壊的だった。

一四一五年から一四三五年まで――晴れ間

一四一五―一七年から一四三五年までは、(一四二八年を例外として) 春、特に夏に陽射しあふれる二〇年から二一年間の期間である。それは、「近衛騎兵の乗馬ズボン」あるいはベルギーでいうところのズワーヴ兵の乗馬ズボンである。すなわち、暑い夏が続き、晴れた空が繰り返し青く染まるのである。これら二つ、ほとんど二つの一〇年間は、きっと農業、特に穀物栽培に好適だったことだろう。低地諸邦は、われわれが問題にしている一四一五年から一四三五年までの高温の夏の二〇年間と比べてもう少し長い期間まとまって (一四〇六年から一四三七年まで)、他の百の気候外の要因のはざまで間違いなく高温の夏の恩恵に浴した。ファン・デル・ウィー〔現代ベルギーの経済史学者〕が、フランドル地方の中世最後の経済的繁栄として提示した、一四〇六年から一四三七年の期間だ。アントウェルペン周辺の農業復興、そしてこの大貿易港の産業ブームと経済発展。これらはすべて、なるほど気候とは関係ないが、百年戦争と呼ばれる戦乱によってオランダは荒らされなかったので、農村における経済基盤は、気象的に好適な期間のおかげをこうむって、一四一五年から一四三五年までの二〇年間、原則として、快適に光を降り注いでくれた好天の夏の恩恵を受けることができたのである。[19] とにかく、ファン・エンゲレンのデータ時系列中において、フランドル地方と同時期にオランダでも、ほぼ似たような年代進行で同様な高温の夏の期間がみられるのである。[20]

これに対して、英仏百年戦争とフランス・ブルゴーニュ戦争とが損害と荒廃を与え続けているヴァロワ朝のフランス王国では、天候による恩恵はなかったとまではいわないが、きわめてわずかだった。これについてはあとで触れることにしよう。フランス王シャルル六世に対するイングランド王ヘンリー五世の宣戦布告に続き、アルフルール〔ノルマンディー地方の港湾都市〕の攻囲（一四一五年）、アザンクール〔フランス北部の都市〕における惨敗（同年）、ブルゴーニュ軍によるパリ占領（一四一八年）、トロワ条約とそれから生じた諸々の被害（一四二〇―二一年）、モー〔パリ東方の都市〕の攻囲（一四二一―二二年）、クラヴァン〔ブルゴー地方の都市〕の戦い（一四二三年）、ジャンヌ・ダルクの軍事行動（一四二九年）、イングランド軍に対するゲリラ戦（一四三一―四四年）に続けざまに揺さぶられている国においては、あちこちにみられる部分的復興の兆しにもかかわらず、また、一時的ではあるが気候環境と……文化的な安定にもかかわらず、経済復興のための余裕はほとんどなかった。

ほぼ二〇年間におよぶ、全般的に好適であった夏の暑さはまた、ときには反対に、一時的な不都合、さらには重要な害も引き起こしたということを付け加えておこう。またもや、日照り焼けと干ばつが……。一四二〇年の場合がそうだった。

一四二〇年――日照り、日照り焼け

一四二〇年である。一四一五年から一四三五年の期間のかなり特徴的な早期のブドウの収穫の年のうちで、一四二〇年という年は[21]、北部地方、南部地方共に他の年と異なっている（これからみるように、南部、特にトゥールーズ地方で顕著である）。ブルゴーニュ地方だけに限定すると、六〇〇年におよぶラヴァル〔一九世紀フランスの経済史学者〕のデータ時系列中でディジョンにおける一四二〇年のブドウの収穫は、知られているうちでは最も早いものに属する（新暦八月二五日）。まるで二〇〇三年のようだ！ ピエール・アレクサンドルによって収集された、この年――高温と乾燥――についての類似のデータは、知られる範囲については、事実上西ヨーロッパ全域（フランス北部と南部、イタリア北部、ドイツ西部、低地諸邦）におよんでいる。最初は、メス〔フランス東部、モーゼル側沿いの都市〕についてのデータ[22]だけにしておこう。このデータは、対象となる他の地域に例外なく対応している。「メス、一四二〇年。春中好天で暑い。四月一〇日（新暦）にスズランが咲く。果実は早熟。四月一〇日にイチゴ、五月九日にサクランボ、五月一〇日にソラ豆とエンドウ豆が熟し、五月一五日にライ麦、五月一九日に料理用ブドウ汁が採れ、七月一日にブドウの実がほぼ熟し、七月三一日（？）にワインの新酒ができた。果実はどれもみな（穀物はかならずしもそうでないが）、豊作で廉価だった」。全般的に、一四二〇年のブドウの収穫は、平年より一カ月早かった[23]。夏は、ファン・エンゲレンの指数で極端に暖かい、最高の指数九であり、しかもそれは、暖かい冬のあとに続いた。小氷期の期間、指数九の夏は九つしかない（それらは、一三二六年、一四二〇年、一四二二年、一四七三年、一五四〇年、一五五六年、一七八一年、一七八三年、一八四六年である）。そのあと二〇〇〇年までは、指数九の夏は現代の温暖化期に三つある。それは、一八五九年、一八六八年、一九九四年である[24]。さて一四二〇年に立ち戻ると、暑さの波は、その年の二月から五月まで続き、この期間に対応する利用可能な多くの確実な生物季節学的データ[25]すべてが間違いなく、この年は、一九〇一年から一九六〇年の期間の平均気温より二から三℃高い気温だったことを示している。アキテーヌ地方からトゥールーズ地方にかけての地域（アルビ地方）では、五月二五日（新暦）から穀物の収穫が始まった！　そして、西ヨーロッパ全域において、地方によって緯度が少々南によっていようが北によっていようが、この年に互いに甲乙つけがたい早熟なブドウの収穫日の記録は挙げようとすればきりがない。これらすばらしい高温は（このような状況で何度も繰り返されたように）、東部地域においても、穀物の豊作をもたらした。まさにブリューゲルの絵に描かれているような青空のもと、よく熟して穂が重く、好条件で収穫されたみごとな小麦である。シュトゥットガルト〔ドイツ南部の都市〕、ライン川中下流域からウエストファーレン〔ドイツ、ライン川とウェザー川のあいだの地域〕等も同様だった[26]。だが他の地域、「わがフランスでは」、西ヨーロッパの西方に位置しているので、一四二〇年の膨大な日照時には、豊作を約束する暖かさなどというにとどまらなかった。焼けつくような日照りであった。深い淵のような青空であった。イングランドからフランスを経てオック語地域〔フランス南半部〕まで一直線に、ウィンチェスターからパリそしてイル＝ドゥ＝フランスからアキテーヌまで続く「プランタジネット家の領土」では、麦の穂は、日照り焼けにあい、なぎ倒され、縮こまっていた。実際、イングランドでは、一四二〇年の穀物収穫量は「穀物不足」の水準であった。穀物の収穫量は、ブリテン島南部（ウィンチェスター司教区）では二三・一パーセント減少した。この地域では、夏は非常に乾燥し、ウィンチェスターの牧草地では、降水不足のために必要量を確保できず、農耕用の牛に与えるまぐさを買わなければならなかった。[27]

フランスではどうだっただろう。オック語地域とオイル語地域〔フランス北半部〕というフランス本国における一四二〇年の状況は？

「オイル語地域」、特にイル＝ドゥ＝フランス地方と、今日ではフランス領になっている極北の地域では、一四二〇年に小麦価格が大幅に上昇して、一四二〇年から一四二一年にかけての収穫後の期間中ずっと続いた。ドゥエでは[28]（アントウェルペン[29]でも同じだが）、一四一九年一〇月に小麦一ラズィエールの価格が〇・六五パリ・リーヴルだったのが、一四二〇年一〇月に〇・七七パリ・リーヴルになり、一四二一年一〇月には一・〇四パリ・リーヴルになった。二倍である。小麦の餌で育てられている食用雄鶏の価格も（少し）その影響を受けた。三年連続して、順に、一ブロック〇・〇九パリ・リーヴルから〇・一一パリ・リーヴル、そして〇・一二パリ・リーヴルに値上がりした。もっと南では、トロワ条約（一四二〇年五月）後にいくつかの激烈な突発事態が起きたことが原因で首都パリ周辺で戦争があったために何も改善されなかった。一四二〇年の待降節〔クリスマス前の四週間〕から、パリの一市民[30]が、広がりつつある飢饉について触れている。「また、［一四二〇年一二月に］小麦と小麦粉の値段があまりにも高くなったので、パン用軟質小麦一スティエが、パリの中央市場で当世通用の貨幣で三〇フランした。その他の小麦も高値だ。ひとつ二四パリ・ドゥニエ以下の値段のパンもなかった。パンは全部がふすま〔ぬか〕で、一番重いもので二〇オンスかそこいらだった。今日このごろは、貧乏人や貧しい司祭には厳しい時代で、ミサのときでも二パリ・ソル〔昔の通貨単位。スーともいう。一二ドゥニエに相当〕しかあげない。貧しい者は、パンではなくキャベツやカブか、パンも塩も入っていないそれらのスープしか食べていない。また、クリスマス前〔一四二〇年〕にあまりにもパンの値段が上がったので、四ブラン〔フランス革命前の小額貨幣〕したものが八ブランする。それでも、夜が明ける前にパン屋に行って、親父か下僕に酒を一リットルか半リットル渡して、やっとパンを手に入れることができる。でも、手に入れられたら文句をいっちゃいけない。八時にでもなれば、パン屋の戸口は大勢の人が押し合いへし合いで、パンを目にするなんて誰にも思えない。哀れな神の被造物たちは、野らで働く亭主たちや、家にいる飢えて死にかけている子供たちのために、金のせいや人混みのせいでパンを手に入れられないと、そのあと、パリ中で哀れな嘆きや愁訴の声を耳にするのだ。小さな子供たちが叫ぶ、『飢え死にしてしまうよ！』。一四二〇年、パリの街中の堆肥の山の上で、一〇人、二〇人いや三〇人の男の子や女の子たちが飢えと寒さで死にかけているのがみられた。子供たちが、『ああ！　飢え死にするよ！』と叫ぶのを聞きながら、人の心はつれなく、慈悲もないものか。だが、貧しい住民たちは、子供らを助けることができないのだ。なぜなら、パンも、小麦も、薪も、石炭もないのだ。」

われらが年代記作者のひとりが、暗く書き残したように、「一四二一年、飢饉が猛威を振るった」のだ。

事実、一四二〇―二一年の収穫後の期間を通じて、セーヌ川沿いの市場では、穀物の価格が高騰した。フルケンによれば、ライ麦は、一四一五年以前には一スティエ六から九パリ・スー程度だったが、すさまじい価格上昇が起きた。いつも変わらず青すぎる空のせいで、収穫が平年より一〇カ月早かった一四二〇年の大穀物不作のあと、一四二一年五月には、三から四パリ・リーヴルになった。パリ地方一円のオート麦の価格については、一四一五年から一四二一年四―五月までのあいだに二〇倍になった！　通貨のインフレーションによる価値下落は、こうしたほとんど信じられないようなプロセスに、当然おおいに貢献した。しかし、それは単独で作用したのではない。なぜなら、悪気候と大被害をもたらす戦争とが怪物のように結合した結果産み落とされた娘である食糧不足によって複雑化したからである。（イングランド軍に対する王太子シャルルの）軍事作戦はこの時期にむしろ強まったように思われる。いずれにしても、この軍事行動だけが問題というわけではない。それを証明するものとして、一四二一年夏のかなり良好な穀物収穫のせいで、パリ周辺地方のライ麦の価格が、一四二一年の九月に三パリ・リーヴル、一〇月に二・五一パリ・リーヴルに下がり、一四二二年から一四二三年には最終的に二パリ・リーヴル前後に落ち着いた。このことは（反対推論により）、一四二一年に先立つ一四二〇年夏のきわめて重大な意味を持つ穀物収穫が不作であったことをよく示している[31]。それはまた、自由放任主義者や絶対自由主義者もしくは自由主義経済学者たちがあとで振り返ってもらしたあらゆる繰り言がどうであろうとも、一四二〇年には、旧経済体制のいかなる時期とも実質的に同じ様に、小麦についてはすでに少なくとも地域的な自由放任経済体制下にあったということを思い起こさせる。なぜなら、都市の中央市場において価格を決めるのは、だいたいが、豊富な場合もあれば欠乏ぎみな場合もある供給量、さらには、自由主義経済主義者たちには古典的な需要と供給の法則だったからである。（周知のように悪結果に終わった）小麦相場に上限を課すことは、アンシャン・レジームが終焉したのち、すなわちフランス革命の絶頂期（一七九三年から一七九四年）にならなければ始まらない。それ以前は、ときおり上限を設定する試みはあったが、実際に効果があったというよりは精神的なものだった。

＊

南仏では、パリ盆地よりもずっと高温・乾燥に弱いので、一四二九年は悲しむべき年となった。「アルビでは、三月から四月にかけてと五月は非常に乾燥した。五月には、二回以外はまったく雨が降らなかった」。暑い年の典型的な早熟である。アルビでサクランボが四月一六日（新暦）に熟した。ライ麦は早熟で、刈り入れが五月二五日（新暦）から始まり、不作だった……示された気象経過から考えて、日照り焼けと干ばつのせいに違いない。パミエ〔アリエージュ〔フランス南部、ピレネー山脈北麓〕の都市〕で不作。そして、シエナ〔イタリア中部の都市〕周辺でも小麦が不作。リグリア地方〔イタリア北部〕で早期のブドウの収穫（新暦九月一三日）。論理かつ事実からして、すべてが一貫している。これらの結果、一四二〇年から一四二一年にかけての収穫後の期間に、トゥールーズで小麦価格が高騰した（一四一九年に一箱一三スーだったのが、一四二〇年に二六スー、一四二一年に五六スーになった。これは、フィリップ・ヴォルフ〔現代フランスの中世の経済社会学者〕がきわめて精緻に推定した高騰であるが、[32] 通貨インフレーションのみが理由であるとした点で彼は過ちを犯している。ヨーロッパ的というよりはアキテーヌ地方特有の気象が、間違いなくおおきく関わっているのだから）。ともかく、一四二〇年から一四二一年にかけての収穫後の期間は、一千万人程の命が段階的あるいは断続的に失われて、一三二八年に二千万人だったフランスの人口が一四四〇年に一千万人になる下降スパイラルの途中にいくつかあるなかで、無視できない段階のひとつである。当然、飢饉後に相関的に発生したり、飢饉とは関係なく発生した伝染病が飢饉を促進した。それは、ずっとのちにジョレス〔フランスの社会主義者。一八五九―一九一四年〕がまったく別の経緯で指摘することになる、次々と連結するあの名高い引き金なのである。

実際、一四二〇年夏の暑さと食糧不足の一撃のあとには、気候的にも食糧の点でも困難なこの事態の結果発生した日和見的な疫病が続いたに違いない。（他の夏が暑かった年々、一七〇六年、一七一九年、一七七九年の場合のように）乾燥して、なにより焼けるように暑い何カ月ものあとに、なかば干上がった河川の汚染によって発生したのは、ペストだったのか、それとも単に赤痢だったのか。ともかく、飢えから病気になるという危機によって生じた大量死という事実自体について、フィリップ・ヴォルフがトゥールーズで収集した資料は明解である。「ペリゴール〔ボルドー東方地域〕寄宿学校の記録のおかげで、以下のような一四二〇年の疫病に関する詳しい情報がある。九月一三日金曜日、大量死を恐れて多くの学生が街を去ったので、小修道院長は寄宿学校の給食を減らした。一二月、小修道院長は、ブドウの農作業のための人手を探すためにロデス〔トゥールーズ北東の都市〕に行った。トゥールーズでは、疫病のせいで稀少になっていたからである。一四二四年のある公式文書のなかでほのめかされているのはおそらくこの疫病のことだろう。その文書では、法学博士ジャン・ドゥ・ゴラン殿が、トゥールーズ近郊の小作地の小麦とまぐさと鶏肉を消費したと非難されている。その小作地は彼の友人のひとりの所有地で、そこに教授は、大量死の時期、家族と使用人と馬を連れて避難していたのである。一カ月ののち、彼はまさに、庇護者に報いることもなくその避難所で死んだのである」。一四二〇年の飢饉・疫病複合は、間違いなく、（現在の）フランスの国土を隅から隅まで襲った。なぜなら、カンブレー〔フランス北部の都市〕やカンブレー地方でも、この同じ年に非常に多くの死亡者があったことが、ユーグ・ヌヴーによるこの年および他の数年についての詳細な研究でわかっているからである。[33]

＊

極端に暑くて乾燥した一四二〇年という年は結局、一三八五年から一四六一年のあいだのアルプス氷河のある程度の後退に貢献した、（かならずしも常に災害を引き起こすわけではなく、それどころか、しばしば穀物栽培に好適でさえある）非常に温暖だった夏の仲間に数えられる。最も暑かった年のうちで、ファン・エンゲレンと共に、一三八五年、一三九〇年、一四〇〇年、一四二〇年、一四二二年、一四二四年、一四三四年、一四四二年、一四四七年を挙げておこう。そして特に、何度も繰り返し指摘した一四一五年から一四三五年のほとんどの期間を。この二〇年間の暑い夏の期間は、一五世紀の前半、とりわけその後半の四分の一世紀間における氷河下流部の（氷河の上流における気候的因果関係による作用によって生じた）後退に関わっている。

一四二二年から一四三五年まで、ギィ・ボワの考察

焼けるように暑かったトラウマ的な年だった一四二〇年（と一四二〇年から一四二一年にかけての収穫後の期間における残滓）のことを一時忘れよう。このあまりにも暑すぎて乾燥しすぎた一四二〇年という年は、厳しい軍事的政治的錯綜によってさらに状況が重大化したのである。もっと一般的に、やはり一五世紀中で、今度は適切な方向で、気候から穀物収穫、さらには人間にいたる出来事の推移を別の角度から取り上げてみよう。一四一五年から一四三五年までにしばしば訪れたすばらしい季節（ようするに春と夏が暑かった）は、人口その他についての大災害が引き続いて荒地化した（一三四八年から一四五〇年まで）災いの世紀に典型的な災害被害を、ときには軽減したのだろうか。これら約二〇年間の好季節は、一〇年か二〇年のあいだ、農業生産、特に穀物生産にあちこちで与えたプラスの刺激によって不幸を一時的に和らげたのだろうか。たしかに、ギィ・ボワは、ノルマンディー地方さらにオート＝ノルマンディー地方についての学位論文において、[34] 一四二二年から一四三五年のあいだの、たとえ脆弱であるにしても、いくつかの復興の兆候を指摘している。[35] 彼は、パリ・ルーアン・ディエップ〔英仏海峡に面した、ノルマンディー地方の港町〕・イングランド間の交通網におけるこの期間の河川・海上交易の繁栄を指摘している。イングランドはルーアン地域とパリ地域を占領していたので、したがって理の当然ながら、セーヌ川は商業的結合の役割を果たすことができた。事実、こうしたイングランドによる占領は、一四二四年以

降の一〇年か一二年のあいだ様々な程度で、幾分とも恩恵をもたらすものであった。ようするに戦争は、特に一四二四年から一四二八―二九年までのあいだ小康状態であり、とにかくこうして中心とみなされていたノルマンディーについてはしばしのあいだ、周辺での出来事だった。全体的にみれば、そうでないところも多々あったにもかかわらず、フランスの広大な西部地方は、一四三五年まで、相対的小康状態の恩恵を受けていた。それに対して、パリ・ルーアン間の河川交通の恩恵を受けた諸活動にもかかわらず、パリ地方は、主要な軍事衝突と野盗の略奪行為が繰り返され、もしこういう言い方ができるなら、ノルマンディーの諸地域と比べてうらやましくない運命の恩恵に浴したのである。これらの地方の穀物倉（コー地方〔ノルマンディー地方、セーヌ川河口北部地域〕）は、少なくとも当面は補給された。一四二〇年と一四三二年を除いて、一四一五年から一四三五年までの好天の夏にはこうして、ときには、様々な好影響をおよぼす時間がたっぷりあった。そのうえ、イングランドによる占領は、一四一八年から一四二三年の政治的・軍事的大動乱後のノルマンディー地方に秩序の回復をもたらした。ともかく現地の人々は、社会の上層から下層まで、イングランド軍と部分的に再提携した。この地方は、「たちまち、いつもの晴れ晴れとしたといっていい顔を取り戻した」。たしかに、領主たちの財産は完全に元のように活性化したというにはほど遠いが、何にもまして重要な農村の生産力の「基本的」回復は、生産力の本来的な虚弱さにもかかわらず、さしあたって、より確かなものであることがはっきりしたのである。したがって、一四二三年から、ノルマンディー地方では経済的飛躍の指標がみられる。一四三一―三二年頃まで、農業生産はプラスの伸張局面で発展していることを示している。他の指標として、ギィ・ボワによれば（*Annales ESC*, 1968, pp. 1274-1275）、一四二三年から一四三一年と一四三四年から一四三六年の期間のルーアンにおける小麦価格の急落がある。さらにまた、これと並行して、一四二五年から一四三一年頃のドゥエや、一四二二年から一四二八年いや一四三七年までのウィンチェスターにおける小麦価格は比較的落ち着いていた。英仏海峡の両岸で、太陽はあらゆる人々に対して決然として輝いていたのだ！　こうした小麦価格の下落は、少なくともノルマンディー地方においては、通貨面での復調に反映するだけにとどまらない。価格下落はまた、市場におけるある種の緩和の表れであり、「小麦生産と農業生産全般の復調の結果生じたのである」。もっと簡単にいうと、このとき人々は、平和（たしかに不安定ではあったが）と農村の復興の始まりによって生まれた娘である一連の豊作に遭遇したのだ。しかしそれはまた、生え茂った小麦に好都合な、太陽の光をたっぷり浴びた春夏が一〇年以上続くという蓄積の娘でもあった。その結果、やはりギィ・ボワによれば（*Crise du féodalisme*, pp. 293-299）、「耕地の再支配が徐々に進むこと」が可能になり、一四三〇―三一年の文書記録にはっきりとみられるようになる。この復興は、いずれにしても、おずおずしたところがあり、一四三二年の大規模な食糧危機によって一時的に妨げられることになる。こうして一四二二―二三年から緒についたプラスのプロセスは、一四三六年、次いで一四三八年の収穫が端緒となる一連の戦乱と飢饉によって結局は中断される。そのことについてはあとでみるとして、今は、いわば誰でもが直感的に知っていること……を確認するに充分な程度には知っている。繰り返しになるが、太陽は誰にでもあまねく輝いたのである！　一四一五年から一四三一年そして、一時的にマイナスのぶれはあったが、一四三五年までの期間、「太陽」は、アゾレス高気圧が局地的に通常よりもたっぷりと光り輝く季節を連続して振りまいてくれたおかげで、特にノルマンディー地方で、農業のある分野での一時的な「増産」に多大な助力をしたのである。この増産の、おそらくは主要な、他の理由は、一時的におさまって平穏をもたらした軍事的・政治的・行政的状況に求められる。

繰り返しみてみよう。百年戦争は、何から何まですべて血塗られたひとつの塊というわけではない。全体をそっくり黒と赤で塗ってはいけない。この時代は、ゴシックの絵画写本の分野では中世文化の頂点に達したといったのはベルナール・グネ〔現代フランスの中世史学者〕ではなかっただろうか！　美術と小麦と気候の歴史といった分野をまぜこぜにしてはならない、というのはもっともである。だが、たとえばノルマンディー地方では、一四二四年以降そしてそれに続く一〇年間に、いくつかの良い、あるいは「さほど悪くない」時期を経験したのである。その「陽の光」は、一六六三年から一六七二年までのコルベール主義〔フランス絶対王政期の政治家コルベール（一六一九―八三年）が推進した全般的重商主義〕の最良の時代の陽射しに匹敵する。あるいは、摂政時代とポスト摂政時代の一七一八年からの一〇年以上、いや二〇年間のものにさえ比べられる。しかし、コルベール、オルレアン公フィリップ〔一七一五年から一七二三年までルイ一五世の摂政。一六七四―一七二三年〕そしてフルリー〔ルイ一五世治下の政治家。一六五三―一七四三年〕の時代には、人為本来の要因（政治、経済……）が、三〇〇年前とは違ってはるかに好適になっているのである！　そのため、たまたま農業に益する気象上のプラス要件が、一八世紀には、中世後期のノルマンディー地方におけるよりもずっと目にみえるものとなり、はるかにはなばなしいものとなるのである。しかしながら、ベッドフォード公爵〔百年戦争末期、イングランドの幼王ヘンリー六世のフランス摂政〕（一四三五年死亡）のイングランド行政府は、気候のおかげで、またベッドフォード公爵の善政のおかげで、しばしば「発展性があって」好ましい一〇年以上のあいだに、悪い結果しか得ることができなかった。ルーアン地方の比較的好適な期間、二つのうち続く災害にはさまれた、オート＝ノルマンディー地方についての歴史研究者たちによって無視されていた期間、を明らかにするためには、ギィ・ボワのような並外れた研究が必要だったのである。

一四三二年

だが、一四三二年から、場面の前景を占めるのは、小麦生産に不向きな期間としておきまりの結果が生じることが知られている、冬が寒冷で多雨な（七月まで）年である。一四三二年、百年戦争中の英仏間の戦闘はもっと

「南の地域でおこなわれた」ので戦乱を免れたドゥエでは（コミーヌ〔フランスの歴史学者。一四四七年頃—一五一一年〕[37]によって賞賛された、低地諸邦南部でのブルゴーニュ勢力による輝かしい長期の平和の時期〔一三六九—一四七七年〕である）、小麦価格は前の年より五六パーセント上昇した。一四三三年も引き続いて、わずかに低くはあったが、依然として天井値に張り付いていた。そして一四三四年から相場の再下降があり、一四三二年の「ドゥエの小危機」前の一四二〇年から一四三一年までの期間よりも低い水準まで下がった。パリでは、一四三二年の通常年以下の作柄に支配された一四三二年から一四三三年にかけての収穫後の期間に、一四三二年末から一四三三年上半期の高値が顕著だった。それは、パリの「一市民」によって、以下のように明らかにされている。「この一四三二年には、小麦が払底し［…］、一四三三年の万聖節〔一一月一日〕まで［穀物の］高値が続いた。収穫期前は小麦も値段が高かったが［…］、六月末［もしくはもう少しあと］からオート＝セーヌの穀物倉庫に小麦が到着し始め［…］、一四三三年八月の穀物収穫はすばらしいものだった」[38]。実際、ボラン女史によれば、[39]パリの穀物価格は、一サンティエにつき一四三一年に二・七六リーヴル、一四三二年（おそらく年の上半期）に二・二五リーヴルだったが、一四三三年（同前）には五・五〇リーヴルになった。これは、前述の一市民が充分認識していたように、一四三二年の穀物不作の結果一四三二年から一四三三年にかけての収穫後の期間に春の高値が価格を押し上げたということだろう。（史料編纂上の）「西へのかたより」によって以下のことが詳細にわかる。ギィ・ボワの非常に信頼できるノルマンディー地方についての数値データによれば、[40]この一四三二年の穀物不作によって発生した価格高騰は、一四三二年一二月と一四三三年六月のあいだに、理屈通り、はっきりと頂点に達したことが確認できる。最高値は、一四二九年から一四三一年の「通常の」三年間の一ミュイ二〇トゥール・リーヴルに対して、一四三三年の五月から六月にかけて（穀物収穫の直前）の一ミュイ六四トゥール・リーヴルだった。それからまた三〇トゥール・リーヴル、二〇トゥール・リーヴル、ついには一〇トゥール・リーヴルとなり、一四三三年八月から一四三六年まで階段を下るような価格下落だった。皆、一息つけた。喜び、うれしくて泣けた。[41]軍事作戦と平坦なノルマンディー地方の治安の悪さが、一四三二年から一四三三年にかけての収穫後の期間において小麦不足を悪化させ、その結果として価格上昇を促したことはいうまでもない。だが、この点についても論拠が必要である。ルーヴィエ〔ルーアン南東方の都市〕の包囲は、この町の周辺地方に武装した兵たちによる略奪行為をもたらしたが、[42]それは一四三一年の下半期にすぎない。それとは反対に、一四三二年から一四三四年のあいだは、和平を結ぶという名目のもとに、軍事状況はノルマンディー地方では安定しており、「一種の戦闘中断という小康状態が一四三五年まで続きさえしたのである」。[43]こうしたいくぶん神の和協的な、無規律な兵士の群れによる掠奪がほぼない状況のなかで、気象は存分にその役割を演じることができた。気象は、今度は、災いをたっぷりもたらすものであった。一四三一年秋から一四三二年の収穫期までは、きたるべき収穫に不都合な天候要件に満ちた、秋・冬・春・夏の三重、四重の季節であった。これらの気候要件は、周知のように間違いなく、各月ごとに、イル＝ドゥ＝フランス地方で、すべてを超多雨、寒冷、冷涼、湿潤の方向に持って行ったのである。一四三一年の万聖節から一二月三一日まで雨が休みなく降って、霜が降りた。それから、一四三二年一月一三日から一七日間、セーヌ川が凍った。一四三一年から一四三二年にかけての冬は非常に厳しかった、とバウスマンは述べている。[44]一四三二年三月、洪水が発生した。豪雨の表れである。洪水は、ルーアンの市庁舎広場や首都パリのモベール地区と「マレ〔語義は沼地〕地区」を四月八日まで一面の水面に変えた。ソラ豆の収穫は失われた。一四三二年四月は、雹（ひょう）と雪、そして霜だった。果樹の芽がやられた。シャルトルが「敵軍」に占領され、そのためパリの市場でパンの価格が再び上がったが、これは戦争面での出来事である。これに気象が加わる。一四三二年五月まで寒さと霜が続いた。六月には雷雨と雹が頻発した。最後には、七月に二四日間も雨が降った！　穀物収穫は、冬の寒さと春の霜とその後の雨によってひどい損害をこうむった。前述したように小麦価格が高騰してその後も続くということはよく理解できる。パリの現実は、トゥールーズでもまた現実であった。こちらでは、一四三二年から一四三三年にかけての収穫後の期間に小麦とパステル〔プロヴァンス語で小麦粉を練ったパスタ生地のこと〕の価格が騰貴した。[45] ヨーロッパの中央部と北西部（フランス、ドイツ、低地諸邦、イングランド）についてみると、もっと苦難が少なかったというわけではない。そこでもやはり、豪雨と霜だった。最後に八月は、[46]暑くて乾燥した月になる。それは、一四三二年九月一八日というかなり早いディジョンでのブドウの収穫の説明になる。だが、小麦にとっては、まだ穂が茎についていはするが、もはや手遅れであった。真夜中の鐘は鳴ってしまった。小麦はすでに、一四三二年六月から七月のあいだにあまりにも雨に打たれすぎていた。穀物の価格は、一四三二年の最初の七カ月のあいだ災禍によって準備されていた、一四三二年から一四三三年にかけての最悪の収穫後の期間の末になっても、かなりときがたってでなければ再び下降しなかった。それは、やっと一四三三年七月の最初の土曜日からだった。「この新しい年の小麦とスープはとてもおいしくなる」。高い死亡率は、すべて、結節と炭疽、ようするにパリではやったペストのせいだった。このペストは、それに先立つ小麦とライ麦の不足とある程度まで相関がある。[47]

カンブレー地方の農業史に詳しい学者である、今は亡きユーグ・ヌヴーによれば、一四三二年の食糧災禍はカンブレーでもみられる（その年は死者が大量に出た）。[48] 同様の、気候・農村関係と人口・食糧関係の不幸な事態は、おそらく（現在の）フランス全土の脇腹にぶち当たったと思われる。それは、あいかわらず一四三二年についてであるが、ラングドック地方にまでおよんだ。[49] こうして北から南まで広がった飢餓地帯は、カタロニアの北国境でやっと止まる。カタロニアは、あきらかに災禍を免れた。この年、カタロニアから南仏に小麦を輸入することができたのである。[50] 一四三一年から一四三二年にかけての穀物に不適な厳しい冬は当然、フランス王国全体からピレネー山脈にまでおよんだ。この冬、スコットランド北部とスウェーデン中部に中心を置くシベリア高気圧が、カナリア諸島からサルディニア島を経てペロポネソス半島までずらっと並んだ一連の「南の」低気圧に向かって顕著な影響をおよぼした。[51]

一四三八年——犬や豚が食べていた死んだ子供たち

『中世辞典』[52]のなかで飢饉という語に捧げられた重要で重厚な項において、アンリ・ブレックは「飢饉は一四三〇年頃に蛇のように紆余曲折を経て生起している」と記している。少なくとも気候温和な西ヨーロッパの国々については、[53]たしかに、厳密には「一四三〇年頃」というよりは、一四三二年、次いで一四三八年に飢饉が発生して、その結果一四三二年から一四三三年にかけてと一四三八年から一四三九年にかけての収穫後の期間を悲惨なものにしている。

一四三二年（氷河に不都合できわめて穀物に好適な暑い夏が一四一五年から一四三五年にかけて見事に連なった流れのなかにありはするものの）、それは、非常に寒い冬と霜の多い春と、非常に雨が多い初夏に突然襲われて、その後は、八月に暑い好天の夏のなごりあるいは暑い夏の残滓が続いた。この不幸な不意打ちは、概して好適だった二〇年にわたる傾向に反して、今しがた指摘した一四三二年から一四三三年にかけての収穫後の期間の食糧不足を引き起こした。これに対して一四三八年には、一四三六年以降、一連の「南の」暑い夏から抜け出し、一四一五年から一四三五年までの二〇年間より長期にわたって冷涼で部分的に多雨な夏に典型的な仕方で関わりを持つことになる。それは、こうした食糧不足の場合に何度も遭遇した夏であるが、この際には戦争による惨禍に織り込まれて、いつものように悪天候の悲しい結果を非常に重大化させたのである。

一四三八年、フランス軍とイングランド軍の、あるいはフランス軍どうしの戦闘をまぬがれたドゥエでさえ、小麦価格の上昇が次第に進み、次いですさまじいものとなった。

パン用軟質小麦一ラズィエールのパリ・リーヴル表示価格(54)

一四三三年	一・二七五
一四三四年	〇・七四
一四三五年	〇・七五
一四三六年	〇・七八二
一四三七年	一・九〇
一四三八年	**三・〇五**
一四三九年	一・四四

やはりドゥエでのことだが、オート麦についても危機が迫っていた。さらに、去勢した食用雄鶏も、通常の穀物飼料がないので品薄となり、一四三八年には、一四三四年から一四三六年とその後の一四四〇年から一四五四年のあいだの両期間における食用鶏の上限価格と比べて五八パーセント値上がりした最高値となった。一四三八年には、稀少になったものは高値になったのである。パリでは、状況がもっと良いというわけではない(55)。むしろもっと悪いといっておこう。なぜなら、気候に加えて、戦争が割り込んだからである。すなわち、パリ地方では一四三三年から一四三六年が高値だった(一四三二年から一四三三年にかけてのつらい収穫後の期間の「非常に厳しい一撃」のあと、一スティエが一四三二年に二・二五トゥール・リーヴル、一四三三年には五・五〇トゥール・リーヴルだった)。一四三四年から一四三五年には、パリにおける小麦価格は再び下落して、一スティエ一・

三七トゥール・リーヴルから一・八九トゥール・リーヴルのあいだを上下した。だが……

一四三六年　一・六八
一四三七年　四・〇六！
一四三八年　五・九五!!
一四三九年　四・一八！

それから一息ついた。一四四〇年以降は、価格は一スティエ一トゥール・リーヴルと二・一トゥール・リーヴルのあいだに収まった。それからまもなく一四四五年から、パリを中心にした地方の価格は、一スティエ一、、、、トゥール・リーヴルか、概してそれ以下だった。おそらく、一四四五年から数年のあいだ、一四四九年まで、神の和協と祝福の結果をもたらすトゥールの休戦条約（一四四四年）〔フランスとイングランド、二二カ月間の休戦条約締結〕の良き影響が一四四九年までおよんだのだろう。しかし、一四三八年、いやむしろ一四三七年から一四三九年にとどまろう。パリに次いで、当時は常に、ノルマンディー地方が重要で、ギィ・ボワによると以下のようであった。

ルーアンにおける穀物価格(56)

一四三五年　小麦一ミーヌ〔旧穀物計量単位、パリでは約七八リットル〕が一〇から一二スー前後
一四三六年　低価格
一四三七年　価格上昇。前記の小麦価格が二三スーになり、五月から一二月のあいだは三七スーにまで値上がり!!

一四三八年から一四三九年にかけての収穫後の期間（致命的）。一四三八年一〇月一七日から一四三九年五月まで、ノルマンディー地方の前述した小麦価格は、八〇スーあたりを上下し、その後一四三九年五月から一四三九年七月一七日までのあいだ一〇〇スーから一一〇スーまで上昇した！

それから、こうした実勢を超えると同時に半ば投機的なバブルがはじけて急激な価格下落。三五スーから四〇スーに下がり（一四三九年末）、一四四〇年には二〇スーから一五スーになった。

ノルマンディー地方の推移は、起こった事柄の点では、いまわしいものである。一四三五年末に、イングランドに反感を持つフランス人の抵抗であるコー〔ノルマンディー地方、セーヌ河口北部〕の農民暴動（最初は成功した）が発生し、イングランド軍の恐ろしい鎮圧が続いた。不作と略奪、これはギィ・ボワ[57]が（ノルマンディー地方における）「広島タイプ」と名付けるのを少しもためらわない事態。飢餓から誘発されたり自然発生的だったりする疫病も発生した。耕地の放棄、未開墾地の拡大……。

こうした事態において、気候だけが問題ということはない。しかし、だからといって、罪がないというわけにはいかない。一四三八年の死のメロディーにおいて、気候はそれなりの役割を演じた。とにかく、様々な状況証拠がそのことを物語っている。たとえば、パリの一市民が、おそらくは一四三八年五月から確実に洗礼者ヨハネの祝日（六月二四日）まで豪雨があったことを書き留めている（*Journal d'un Bourgeois*..., éd. Colette Beaune, 1990, pp. 376-378）。したがって、青物（キャベツ、シオデ〔ユリ科の植物〕、イラクサ[58]……）は豊富だった。キャベツとカブは安かったが、これらの雨とその雨の結果生じた不作のせいで、パンはずっと値上がりし続け、「豚に与える黒ソラ豆」もまた高値だった。洗礼者ヨハネの祝日には、穀物にとって有害な、起こりうるすべての不利な条件が現れた。豪雨で増水したセーヌ川が氾濫してグレーヴ広場〔セーヌ川に面した広場、現在のパリ市庁広場。当時はパリの主要な物資の荷揚げ場所だった〕を水浸しにして、洗礼者ヨハネの祝日の宵の灯火をいつものように灯すことができなかった。一四三八年六月の最後の一〇日間は、寒さが他の日々と比べて厳しかったので、二月か三月なのではないだろうかと思うほどだった。[59] 一四三八年から一四三九年にかけての収穫後の期間の極度の小麦高騰に際し、この一市民は翌年の洗礼者ヨハネの祝日には、パリとルーアンのあいだのセーヌ渓谷の中下流全域におけるパンの原料についておこなわれた泣き女たち〔葬式に雇われて泣き悲しむ〕によるラメント〔死者に対する哀悼を表す音楽〕に、並外れた悲観的面持ちで加わった。「このところの大雨のせいで、洗礼者ヨハネの祝日の一週間ほど前に青物は安くなったが、小麦はみな相変わらず高値で、上質の小麦は一スティエが良貨のフランで八フラン、豚の餌にする小粒の黒ソラ豆が一ボワソー〔穀物の旧計量単位、約一二・七リットル〕一〇ソル〔スーと同義〕する。洗礼者ヨハネの祝日にはセーヌ川があまりに増水したので、グレーヴ広場の十字架〔当時、キリスト磔刑をかたどった巨大な十字架が立っていた。現在の市庁広場には現存しない〕あたりをかなりの水が流れた。洗礼者ヨハネの祝日は非常に寒かったので、二月か三月のようだった……。洗礼者ヨハネの祝日の夜は市役所の前に大きなかがり火がしつらえられたが、例年のようには点火されなかった。さきほどいったように、水がたくさんあって十字架のあたりを流れていたからである。[…]パリは非常な小麦高である。というのは、パリの周りにたむろしている盗賊に通行税を取られるか全部巻き上げられることなしには何物もパリに持ち込むことができないからだ〔これは人為的な高騰要因であって、気候的なものではない〕。冬の聖マルタンの日〔一四三八年一一月一一日〕頃に種を播いたのだが、上質の小麦は七フラン半、いやもっとするのだから……」。

「同じように、この時期〔一四三九年の冬の終わりと春〕はルーアンでも値段が高い時期であり、粗末な小麦一スティエが一〇フランするし、食糧は皆値段が高い。そして、毎日、路に小さな子供たちが死んでいて、それを犬や豚が食べているのを目にする」。

悪天候、一四三八年の不作、農村そして都市のなかでさえ全般的（基本的）に治安が悪いのだが、オート＝ノルマンディー地方の、さらにはパリ地域の人口は、深くトラウマを負いながらも試練から抜け出して、この世紀後半に少なくとも部分的に正常な状態、確実な平和への復帰が導き出す復興へと向かうのである。[60]

穀物生産には不適な一四三八年、攻撃的な気象、わずかな穀物収穫量、度重なる疫病、戦争はこうして、分かちがたい複合を作り出した。それは、本書ですでに言及したように、フランスの人口を階段を下るように減少させる事態を引き起こす結節点であり、人口は最終的に二千万人から一千万人もしくはそれ以下に落ち込んだのである。この時期「ジャンヌ・ダルクの急降下」は聖女の死後もずっと続き、ジャンヌ・ダルク没後およそ一〇年程も持続した。

*

不吉な一四三八年はまた、フランス国外の、「百年戦争」によるわが国の落ち込みとは無縁で国内が平和な国々においても気候・穀物の大被害を与えた。イングランド南部では、一四三八年の穀物の収穫量は冬の降雨と「結露」のせいで最初から大損害をこうむった。[61]ウィンチェスターでは、穀物価格が二倍以上、さらには三倍以上になった。これらの価格は数年後には再び下降する。大陸では、一四三八年の豪雨は、非常に理にかなった型どおり当然な時期に「フランス国土」のずっと彼方で確認される（ヴァイキン）。冬（一四三七年一二月から一四三八年一月）の洪水が、まさにドイツとオランダの諸地方で発生した。一四三八年三月の洪水のほうは、おそらく解氷の結果にすぎないであろう。しかし、パリで一市民が指摘した洗礼者ヨハネの祝日の洪水はオランダでも話題になった。エルベ峡谷で記録された乾燥については、一四三八年七月二五日にならなければ始まらないので、それまで水浸しで腐ってしまった小麦を救うには遅すぎた。プロシアでの乾燥はかなり長期間におよび、聖ミカエルの日〔九月二九日〕まで続いた。

フランスでは、少なくとも、一四三八年は、戦乱と気候・降水・農業複合による究極の壊滅状態と同時であった。そしてそれは、不幸を追い払うための最後の悪魔払いの儀式の前であり、環境災害の連鎖に（最終的に）とどめを刺すことができるかもしれない平和による幸福への回帰の前のことだった。災害は、兵乱が横行したシャルル六世の治世とシャルル七世の治世の初期に戦争の惨禍によってあまりにも増幅され、諸方に蔓延しすぎていたのである。

＊

ここでは、ある単純な細部を付け加えるが、それは雄弁に物語る。一四三八年にノルマンディー地方とときを同じくしてブリュージュがすさまじい飢饉に見舞われていたとき、ブリュージュの港スリュイスで、ペロ・タフールというスペイン人旅行者に、ミサの最中にひとりの女性が近寄ってきた。その女性は彼を自宅に連れて行き、自分の若い娘をふたり彼に紹介した。彼女は彼が気に入ったほうの娘を差し出すという。どうして？　なぜなら、その女性は飢えでほとんど死にかけていたのである。数日前から小さな魚一匹しか食べるものがない。彼女の二人の娘も同様だった。タフールはその女性に、このような提案は二度としないよう懇願した。そして彼は彼女にヴェネツィア金貨六ドゥカートを与えた。その金額があれば、一家はもっと良い年になるであろう一四三九年を待つことができるだろう。「飢饉はこれまでで最悪であり〔常套的誇張だが、ドゥエの穀物価格から判断すると根拠のない話というわけでもない。この価格は、一三二九年から一四三七年までの全期間を通じて最高値であり、一四八一年から一四八二年にならなければ超えられないからである〕、それに続いて恐ろしいペストが大被害を引き起こした」とタフールは付け足している。いつもの筋立てである。

一四三八年についての結論としては、われわれの資料は、六月が多雨で七月末と八月が乾燥した夏であることを物語っている。この「両極端の」交互運動は、小麦の収穫量が壊滅的（飢饉を引き起こす）だったことと、バーデン地方についてのわれわれの資料によれば、二カ月後におこなわれた一四三八年のブドウの収穫が上質、さらには豊富なワインを生産するものであったことを説明するであろう。[63]

*

これらの飢饉についての結論（一四二〇年、一四三二年、一四三八年）

さて、イル＝ドゥ＝フランスとノルマンディー地方の三つの大飢饉（一四二〇年、一四三二年、一四三八年）という同型の三つの年に焦点をあててみると、最初の飢饉は過度で乾燥した暑さが原因であり、他の二つは寒さ、冷涼さ、湿気、腐敗にもとづくものであって、それらはおそらくまた、当然のことながら気象それ自体とは何の関係もないイングランド・フランス・ブルゴーニュ間の紛争の戦乱状況に、おおいに「特権的に」結びつけられていたということを認めるにやぶさかではない。しかしながら、一四二〇年、一四三二年、一四三八年というそれぞれあまりにも多くの死亡者を出したこの悲惨なトリオは、のちのユーグ・ヌヴーの詳細な研究によれば、カンブレー地方〔カンブレー、ドゥエを含むフランス北部地方〕においては、一五世紀前半に長期間続いたやや穏やか、あるいはさほど深刻でない死亡者数グラフの基本的推移線から外れた三つの事態であることがよくわかる。ところで、これらカンブレー地方における戦乱による波乱は、同時期、フランス王国のノルマンディーやパリ地方での災禍とは異なった低地諸邦の特異な歴史と深く関わっている。したがって、気象の「三連続」（一四二〇年、一四三二年、一四三八年）が問題なのであり、三回にわたって繰り返された気候的悪環境から生じたその実態は、戦闘や軍事衝突による不測の事態[64]を凌駕するものだった。軍事衝突は非常に事態を悪化させるものであるが故に、地方により、そしてどの「国」に属しているかによって地域ごとに様々である兵乱被害の年次継起事項ではあったが。

＊

いずれそう呼ばれるように、気候史あるいは飢饉史は、中期的には政治的・軍事的年次経過から生じた結果のいくつかに微妙な差異を（強く）与える傾向がある。一四三一年のジャンヌ・ダルクの火刑のとき、聖女のこうした悲劇にもかかわらず、戦の女神はすでに顔の向きを変えていたと考えられる。シャルル七世は、その王国を回復しつつあった。イングランド軍はいまや、「退路」上にあった。だが、民衆（特にノルマンディー地方の民衆）の不幸という点では、最も重大な試練は一四二〇年以降であり、まだこれからだった。一四三二年から一四三三年、そして一四三八年から一四三九年である。これらの試練は、死亡者数の点で前者（一四三二年）より後者（一四三八年）が上まわっており、死亡者数は（すでに人口の点で重大事態になっていた一四二〇年から）一四三三年まで次第に増加してさらに悪化し、（さらに一層悲惨な）一四三八年にいたる。[65]こうした死亡者数が次第に増えていく様はヌヴーのカンブレー論における特化したグラフにはっきりと表れている。ギィ・ボワは、一四二〇年、一四三二年、一四三八年とテンポを上げて増大していく悲劇をいずれ明らかにすることになる。[66]気象はこうした事態について言い分がある。結局のところ、ベッドフォード公爵死後のイングランド軍によるオート＝ノルマンディーとバス＝ノルマンディー占領による害悪が事態を大幅に悪化させたのである。占領軍が最終的に英仏海峡の彼方へ向かって撤退を開始する一四四〇年[67]にならなければ完全にこうした状態から抜け出すことはできないのである。無頼な兵隊の群れがフランスの外に出て行くことによって、一五世紀後半になって、気象・農業史の画期の新しい章が開かれることになる。一五世紀後半には、戦争自体はまだときには起こりはするが、気候的困難から生ずる単純な災いが過度に重大化する程までに深刻な影響を与えるというようなことはもはやなくなる。気候的困難は、当然ながら、シャルル七世の治世末期（ひかえめに）とルイ一一世〔フランス王。在位一四六一―八三年〕（最後には厳しく）の治世下にも常に存在したが……。

一四四一年から一四九五年までまばらに出現する暑い夏

一四三八年の不幸な出来事のあと、（ある程度の冷涼化にもかかわらず）収穫にプラスの影響をおよぼしたと思われる高温で好天の夏のグループがいくつかみられる。こうして、一四四一年と一四四二年はブドウの収穫が例年より早かった（それぞれ九月一八日と一三日で、ファン・エンゲレンによれば、暖かい夏と非常に暖かい夏である）。これらの夏は二年間の小麦の低価格をもたらし、一四三八年から一四三九年の惨めな収穫後の期間の災いを忘れさせた。そして、一四五七年から一四五八年の二年の暑い夏も同様である。この二年は、ブドウの収穫が例年より早くて、やや暖かい夏と非常に暖かい夏であり、小麦価格は下がりっぱなしで、災害は全くなかったが、やや高値であったその前と後の数年とは異なっていた。百年戦争の亡霊は五年前に追い払われていたことを忘れないでおこう。一四六一年と一四六二年についても同様のことがいえる。二つの暑い夏、一〇年の幅の範囲内で、小麦価格低下のサイクルをスタートさせた穀物の早い実り。ブドウの収穫が九月一四日だった一四六四年には価格はおおきく下がった。このときはまた、「百年戦争後」のすばらしい時代でもあった。すでに経済の復興と再生が広汎に始まっており、気候に従属してはいないけれども、ときには気候の好状況に支えられもした。

再度いうが、（しばしば夏が冷涼になる点で）一四三六年から、そして（氷河が幾分大きくなるという点で）一四五五―六一年から始まる一五世紀の気候的第二期を否定しない。したがって、この第二期が、一四一五年から一四三五年までの長きにわたって陽光に恵まれたすばらしい時期とは違って、より冷涼で、氷河にとってより好適（過度にというわけではない）だったということを否定するものではない。しかし、国内の平和と戦後の経済成長が一四五〇年以降およそ五〇年以上にわたって築いてきた発展促進要件に加えて、好天の夏も
またときどきはあって、場合によっては、まだ人口がそれほど多くないことと、シャルル七世治世末期、ルイ一一世治世下そしてシャルル八世〔フランス王。在位一四八三―九八年〕、ルイ一二世〔フランス王。在位一四九八―一五一五年〕……と続く、長期におよぶ平和な復興による全般的な経済的活力とを考慮すると、概して適切だった小麦の収穫を得ることに貢献したのである。

こうした観点からみると、一四七一年から一四七三年までの三年間は非常に興味をそそる。好天のもと、ブドウの収穫は早く、穀物の収穫にも恵まれた。穀物は豊富で低価格だった。パリにおける小麦相場はこの三年間、一貫して一スティエ〇・六七トゥール・リーヴル前後かほぼそのくらいをわずかな上下の変動幅で維持した。この世紀後半のかなり後年（一四五一年、一四五六年、一四五九―六〇年、さらにのちの一四七四年から一四七八年）になると、穀物価格は通常一スティエ一リーヴルを超える。一四七一年から一四七三年までのこの（植物生育期における）暑い年が三年続いた期間の中で、特に一四七三年という非常に注目すべき年について述べておきたい。この年のワインとライ麦の大収穫が、それらの異常な早熟さを証明している（ディジョンにおけるブドウの収穫は八月二九日）。ドイツ西部とスイスにおける年輪年代学の研究によれば、幾世紀にもわたるきわめて長い期間の比較対照において、極度に乾燥した暑さが原因で、一四七三年の樹木の密度[68]が最高であることが明らかにされている。小麦価格の大幅な上昇がまったくみられなかったことが、乾燥した高温にもかかわらず日照り焼

けがなかったことを示している。これは単純に、高温乾燥のピークが乳状の小麦の種子が成熟しつつある危険な瞬間に重ならなかったということであり、一四二〇年、一七八八年、一七九四年そして特に一八四六年のように、真に日照り焼けが起きたような年とはおおきく異なっている。とにかく、一四七三年というすばらしい年に対して、まさに飢饉の年はその九年後、夏に作物が腐る一四八一年にならなければ再びめぐってこないのである。
最後にここで、一五世紀末の何回かの気温の温暖さについての結論を述べよう。一四九四年と一四九五年についてである。

一四九四年と一四九五年の二年は、どちらも一四七三年の記録にはおよばないものの、非常に暑かった。ディジョンにおけるブドウの収穫は、一四九四年は九月一八日、一九四五年は九月一二日で、一四八四年から一四九九年の全期間を通じて早熟の最高記録だった。バーデン地方ではこの二年間、非常に上質のワインを産した。小麦の収穫量は、太陽に強く暖められたので、良好だったに違いない。なぜなら、この二年間、パリ、ドゥエ、リヨンで穀物価格は最低水準だったからである。特にパリでは、一四九四年と一四九五年の小麦価格の最低状態は、一四七四年から一四九三年までと一四九六年から一五〇八年までの期間の（その時々によって）やや高めだったり非常に高かかったりした基本的価格水準からかけ離れていた。ドゥエとリヨンでも、同様の特徴がみられた。一四九四年と一四九五年の非常な好天の二年間、北部および中部の多くの地方では、太陽は間違いなく光り輝いていたのである。[69]

言い方を変えれば、この九四年・九五年の「二連勝」での小麦価格の低さは、考えられるすべての場合を下まわっている。この二年はそれぞれ、一スティエ〇・五九トゥール・リーヴルと〇・五八トゥール・リーヴルだった。これは、一四九五年以降もその後数世紀のあいだも、絶対値で、決して再びお目にかかることがなく、一四七四年から一四九三年のあいだでもかつて経験したことのない低小麦価格相場の二年連続だった。シャルル八世が、その後かなり長期にわたって繰り返されるイタリア戦争の最初の戦争を、心安んじて準備し、それを遂行できたであろうことは理解できる。彼は、王国からの出撃基地に関して、少なくとも穀物については、経理部やそれに代わるものに対する糧秣の補給にまったく問題はないことを確信していた。

われわれは、一五〇〇年から一五〇四年にかけての、作物の成長期後に通常より暑い、さらには乾燥した一群の年についても言及しようと思えばできるが、それは次章、一六世紀についての問題であろう。

涼気

さてわれわれは、一五世紀後半とその少し前の暑さ、あるいは温暖さについて注意を喚起してきた。だが、一四三六年から一四九九年までの期間、気候傾向はむしろ（冬と連動することなく）夏が冷涼であることがあったというアルプスで、ささやかな、非常にわずかな氷河前進が記録されたことを説明してくれる。この氷河前進は、その前の半世紀のあいだ氷河が総体的に後退していたことと対照的である。

こうした夏の冷涼化のうちで、（ブドウの収穫が遅かった日付とファン・エンゲレンのデータとによって）一四四五―四六年、一四四八―四九年、一四五三―五六年、一四六五―六八年、一四七四―七七年、一四八〇―八一年、一四八五年、一四八八―九三年、一四九六―九七年のものを挙げておこう〔付録5「ブルゴーニュ地方のブドウの収穫日（一三七二年から一五〇〇年までの年次データ）」と付録6「ブルゴーニュ地方のブドウの収穫日（一三七二年から一五〇〇年までの年次データの〈三年間の移動平均〉）」を参照〕。

これらの冷涼期については、一四八〇―八一年の厳しい年を除けば他のどの年も、特に一四五三年以降再建のまっただなかにあったフランス経済の高度な健全さと活力を考慮すれば、人民に対する穀物供給のおおきな障害となるような結果をもたらすことは少しもなかった。しかし、(一四七四年から一四七七年の)春夏が冷涼だった四年間にやや長く並行して一四七四年から一四七八年にかけて五年間小麦価格が少し上昇した(一時的に、一スティエ一トゥール・リーヴル以上の高値が天井値となった)ことは指摘しておきたい。特に一四七七年は、こうした一時的価格上昇が最も激しい年で、この年はパリの小麦は一・三二トゥール・リーヴル、そして(収穫後の期間まで長引いて)一四七八年は一・三五トゥール・リーヴルだった。この一四七七年はいくつかの問題を生じさせたようである。ディジョンでのブドウの収穫は一〇月一一日で、一三七〇年以降一四七八年までのあいだで最も遅く、ファン・エンゲレンの指標によると夏は指数三(涼しい)、一四七六年から一四七七年にかけての冬は指数七(厳冬)だった。そしてバーデン地方では、ブドウ粒が凍ったりブドウの花が開花しなかったりして、ブドウ栽培には悪い年であった。これらはみな、どちらもあまりよい前兆ではなかったが、結局一四七七年と一四七七年から一四七八年にかけての収穫後の期間の(穀物の)被害は非常に限られたものであることが明らかになった。人々にとっては、それが基本的問題であった。

寒気と雨についての純粋なトラウマ――一四八一年

一四八一年の多分に恐ろしい出来事について、それほど多くを語ることはしない。それまでたくさんあったような、作物が腐る年である。このような年はこれからも多くあるだろう。しかし、ことさら危険で、激烈な年ではあった。ドゥエでは、一三七〇年から一四七七年のあいだ、小麦価格は一ラズィエール一パリ・リーヴル以下であり、高値の場合でも二パリ・リーヴルを超えなかった。かつてない高値の年である一四三八年でも、三・〇五パリ・リーヴルまで上がったのが最高だった。しかしそれも、すぐに通常水準の一パリ・リーヴルかそれ以下、あるいは一パリ・リーヴルと二パリ・リーヴルのあいだにまで下がった。一四七八年と一四七九年には、二パリ・リーヴルの相場はわずかに超えられた。フランドル地方における戦争の脅威だろうか。ギヌガット〔現在のフランス北部、パ＝ドゥ＝カレー県〕においてフランスの自由射手隊〔小教区ごとに選抜された免税の恩典を受けた弓射手隊。一四四八年、シャルル七世が創設〕の戦闘（そして敗戦）があった（一四七九年八月）。そして一四八〇年、平静に復したようである。ドゥエでは一ラズィエール一・六パリ・リーヴルまで再び下がった。だが、一四八一年、そして一四八二年がやってきた。今度は、すべての記録が……上の方に向かって破られた。一四八一年に一ラズィエール三・一五パリ・リーヴル、悲嘆すべき一四八一年の収穫後の期間には六・七パリ・リーヴルになった。一三七〇年（ドゥエにおいて水曜会〔フランス革命以前の、高等法院における長官主催の司法講習会。当初水曜日に開催されたのでこの名がある〕が始まった年）以降こんなことは絶えてなかった。そして一五五三年まで再びお目にかかることはないのだが、それはただ単に銀の流通過剰によるインフレーションに起因する長期におよぶ種々の理由によるものであり、一六世紀の別のことがらである。

一四八一年から一四八二年にかけて何が起こったのだろうか。

まず、また繰り返すが王国の臣民たちにとってはともかく、歴史学者にとっては非常に幸せなことに、ある一年もしくは、「科学的に純論理的な」とまではいわないが気候学的に純論理的な二年間が対象となるといっておこう。戦争はまったくない。「どこにおいてもまったく平穏である」と、ルイ一四世ならいうだろう。どこにおいてもというのは、フランスおよびその周辺のことである。気象学は、農作物の収穫に対して思いのままに振舞う時間をたっぷりと持っている。さて、一四八〇年と一四八一年は、気候と農業という点で複雑な問題を提起している。ディジョンでの（各年の）ブドウの収穫は、一〇月九日と一七日だった！　こんなことは、単独の年としては一四七四年以来一度もなかった。さらに、二年続けてこれほど収穫が遅い年は一三七二年からこのかた絶えてなかった。より熟した収穫をあげようというブドウ栽培業者の思惑ゆえにブドウの収穫がこの一世紀ほど遅れがちだったことを考慮しても、この遅れの記録は衝撃的である。

そして河川の氾濫である。テベレ川、ドナウ川、ライン川、マイン川、ザーレ川〔ドイツ、エルベ川の支流〕が被害を受けた。[70] チューリンゲン地方〔ドイツ中部〕、ザクセン地方〔ドイツ東部〕、ザルツブルク、ヘッセン地方〔ドイツ中部〕で豪雨、そして夏の期間（一四八〇年七月二二日）アルザス地方でもそうだった。豪雨は七月から八月にかけて、ロレーヌ地方、ケルン、ストラスブール、フライブルク〔ドイツ南部〕を襲い、七月二二日頃にバーデン地方、フランクフルト、バーゼル、ビンタートゥール〔スイス北東部〕、シャフハウゼン〔スイス中西部〕、そしてベルン州のトゥーン、さらに七月二五日にはストラスブールを含むアルザス地方におよんだ。八月六日には、アール川〔スイス中部、ライン川の支流〕、モーゼル川、ライン川が、特にメス、バーゼル、ストラスブール、ケルンで大被害をもたらした。[71] 流れに漂う揺り篭のなかにいた赤ん坊が、川船の船頭によって拾い上げられて命を救われた。裁判所はこの船頭に、その子を引き渡すよう命じた。だが、ストラスブール市当局はその子は心優しい船頭のものであるとした。船頭はその子を実の子のように慈しみ、きちんと育てた。

この一四八〇年もののバーデン地方のワインは、質量共に非常に良かった。[72] ブドウの粒も株もあまり被害を受けなかったことは確かだ。小麦とオート麦と食用雄鶏の価格はといえば、やや下がった。[73] このことは、穀物収穫が損なわれたことも、鶏が通常の量の小麦の餌を与えられなかったことも示してはいない。一四八〇年八月六日の最後のにわか雨のあと、その後に射した強い陽射しがまだ茎に実っている状態そして刈り取られて束になった状態の穀類の水分を取り除いたのだろうと私は想像している。幸運な乾燥である。だが、最悪の事態がやってくる。

最悪の事態。それはまず、一四八〇年から一四八一年にかけての冬だ。特にフランドル地方では非常に寒くて雪が多かった時期がいくつかあったようだ。一四八〇年一二月二六日から一四八一年一月一三日まで、(他の事象に比べて)非常な寒さが際立っており、しかもそれは長引いた(のちに、一七〇八年から一七〇九年にかけての恐ろしい冬のあいだ、多少とも規則的な間隔で襲う氷点下の寒さの繰り返しを思わせる)。エスコー川〔フランス北部に源を発し、ベルギーを北東流して北海に注ぐ〕は「寒さに捕らわれて」、一月から三月までのあいだ、氷の上を歩いて渡ることができた。「ドイツ諸邦では」子供たちが揺り篭のなかで凍えた。ポーランドがモルドバ〔ロシア西部〕で対峙していた四万人のトルコ兵のうちの大部分が「凍え死んだ」。誇張があるにしても、こうした文言は強い印象を与えずにはおかない(74)。フランスではルネ・ガンディヨンの優れた研究(75)が、C・イーストンがそれでこと足れりとした冬についての適切ではあるが簡潔な指摘に比べて、より詳細な焦点をあててくれる。ガンディヨンは、「一四八〇年から一四八一年にかけての冬はかなり遅く始まった」といっている。しかし、当時の年代記のすべてがその強さを強調しているとおり厳しいものだった。「寒波は一二月の二三日から二七日のあいだに始まり、翌年の二月六日から八日にならなければ終わらなかった」(グレゴリオ暦だろうか)。

「気温の急激な降下と相まってとてつもなく激しい風〔間違いなく北あるいは北東からの風〕が、畑に播かれた種子をすぐに死滅させた」(またもや、おそらくは誇張だろう。しかし、一七〇九年の経験は、非常に厳しい冬は、いくつかの条件が与えられれば、冬に播かれた種子の少なからぬ部分を死滅させることがあるし、その後播かれた春の大麦についてもそうなりうるということを示している)。「この乾燥した寒さに引き続いて、大雪が降り、リヨン地方では積雪が二ピエ〔旧計測単位。三二・四八センチメートル〕か三ピエに達した」(この積雪は、もっと早く積もっていれば、畑に播かれた種子を保護してくれただろうが、遅すぎた。種子の(部分的)死滅はすでに起こっていた)。ファン・エンゲレンは、一四八〇年から一四八一年にかけての冬に、一七〇九年と同様、八の評点をつけざるをえなかった。これは、最高級の評点(非常に厳しい)であり、小氷期の期間中七回しかなかった最高指数九が現れるまで超えられることはない。すべての河川が、大きかろうが小さかろうが、流れが速かろうが遅かろうが、オロン川〔フランスアルプス山脈を流れる川〕、サルト川〔フランス西部、ロワール川支流メーヌ川の支流〕、オティオン川〔フランス西部、ロワール川の支流〕、ヨンヌ川〔フランス中北部、セーヌ川の支流〕、マルヌ川、セーヌ川、ロワール川、ガロンヌ川、ソーヌ川、イゼール川〔フランス南東部、アルプス山脈地方を西流してローヌ川に合流する川〕のように、完全にかあるいは部分的に氷結した。馬や荷馬車が重い荷を積んで、たいした危険もなく、それらの川を「渡ることができた」。「この厳しい気温は多くの死を引き起こした。それは、巡礼者、旅人、社会の落伍者、そして家畜や野生動物までも襲った」（実際には、少し割り引いて考える必要がある。そして、一七〇九年、さらには一七四〇年の、類似の指摘が非常に多く見受けられる無数の事例がよく示しているのは、死亡者はおもに、厳冬のあと数カ月後に発生した飢饉によるものであり、凍死者あるいは寒さが原因で流行した病気による死亡者は、気候的な不慮の出来事とその結果生じた事態を原因とする死者数についての調査においては少数派にとどまるということである。なぜなら、気候異変の結果は、穀物にとって現在と将来におよぶ不幸であるから、その後数カ月、さらには半年単位で数年間にわたって続くからだ）。一四八〇年から一四八一年にかけての冬のあとに生じた解氷は、「橋や水車の破壊を引き起こす洪水を伴ったのである」。人々は予防策を取り、これら施設の周辺の氷を割ったが、防ぐことはできなかった。歴史のその後の経過はさらに良いというわけではない。今回は、一七〇九年の事態だけにとどまらなかった。それは、一六六一年あるいは一六九二年から一六九三年にかけてのようだった。「天候の良い季節」もしくはそういわれている時期である春から夏、さらには秋の初めまでが雨によって完全に損なわれたのである。今度は、——一四八〇年とは悲しい違いで——雨が、決定的なやりかたで、少なくとも部分的に農作物の収穫に決着をつけた。「あらたな雷雨がほとんどあらゆる地方で発生し[76]」、洪水が大規模に再来した。「洪水は一四八一年七月にピークに達し［…］、九月まで続いた」……。冬によって引き起こされた被害は、その後フランス北半部で倍加した。冬の寒さの厳しさに北部ほどには曝されなかった南半分では、ヴレ地方〔フランス中央山地東部〕の例のように、度を超した夏の雨が、もっと高緯度地域で冬がすでに始めていた破壊の仕事を完遂したのである。そこでは、このような場合に生じるいつものお決まりの結果がみられた。被害は、イチジクを含む果樹にまで広がり、ワイン価格と、当然小麦価格とが高騰し、たとえばパン用軟質小麦の場合は五倍から六倍になったといわれている(このことについてはのちに再度触れることにしよう)。物乞いをする人々や単なる流民が集まったということが、リヨン、トロワ、カオール〔フランス南西部の都市〕、アングレーム〔フランス西部の都市〕、ランスで報じられている。飢饉時の食糧は、のちにピエール・グベール〔現代フランスの歴史学者〕が一六六一年から一六九三年までのボーヴェ地方について述べることになるものと、一四八一年にはすでに同じであった。すなわち、「草の根」、炭火で焼いた生キャベツと生カブの芯はすべての飢饉で有用であった。また、ル・ピュイ〔前記ヴレ地方の中心都市〕地方でのように、農民たち、少なくとも貧しい農民たちは、彼らの哀れな腹を満たすために「口髭と呼ばれる雑草を探し求めた[76]」。一四八二年一月にまたもや洪水が起こるが、その後の収穫には考慮すべき程の被害はもたらさない。それに対して、一四八一年の飢饉がもたらした暗い影は、いつもどおり、その後の疫病によって影響範囲を広げた。そしてこの疫病は、飢饉の厳密な時間枠を超えて、一四八二年から一四八三年にまで続いたのである。ところで、ライ麦の麦角病は発生したのだろうか。ともかく文献は、一七〇九年のように、「分別を失って川に身を投げる、あるいは逆上した人のように高みから落ちたり」、または「熱狂状態に陥って激高して死にいたる[77]」といった病人について語っている。

*

いずれにしても、文献のロマンティックな誇張というものを考慮したほうがいい。だがそれでも、基本的事実は何かしらぞっとするようなものを持っている。冬が過ぎて河川の氷が融けるのとは関わりなく、豪雨に引き続く一四八一年の春から夏にかけての洪水は、ガンディヨンが示したようにフランスにおける現実ではあるが、それはまた西ヨーロッパ、そして中央ヨーロッパにおける現実でもあった。洪水が、スイスでは一四八一年五月二〇日にフリブール〔スイス西部、フランス語圏の都市〕で起きた。次いで、五月二三日にブリュージュ、五月二五日にプラハ、六月六日にビスマール〔ドイツ北部、バルト海に臨む港湾都市〕（メクレンブルク地方）[78]、六月八日にまたプラハ、六月一〇日にマイセン〔ドイツ東部、陶磁器で有名な都市〕（ザクセン地方）、七月一三日にトロワ、七月にコンスタンツ湖。そして一二月になって、穀物の収穫とブドウの収穫が終わったあと、ロレーヌ地方で明確な形で再び洪水が発生した。そしてこれ以降、（農地についての）気象経済学的歴史は、わが国の場合、洪水の繰り返しにはあまり関わりはない。その後の年々も、降雨によって引き起こされる河川の氾濫はたくさんあるが、それまで程破壊的ではなく、結局はありふれたもので、穀物には重大な結果をもたらしはしない。さて、決定的年である一四八一年に戻ろう。ブドウの収穫日は取り返しのつかない事態であった。それは、ブルゴーニュ地方においては、ディジョンで一〇月一七日だった。これは一四四八年以降、一八一六年（インドネシアのタンボラ火山の超噴火によって地球全域もしくは一部に火山灰がまき散らされた翌年の夏のなかった年）までのあいだで最も遅い日付のひとつである。この、水準をおおきく下まわった一四八一年のブドウ収穫後は、バーデン地方では、いわば洪水後で火山灰噴出のために気温が冷涼になったあとということで、ワインは、酸っぱくて質が悪く、量も少なかった。一四八一年については、比較の意味で、ディジョンにおけるブドウの収穫が（旧暦で）一〇月九日、すなわち（新暦で）一〇月一七日だった一三六六年を引き合いに出すことができよう。この年は、かならずや春と夏が非常に冷涼で、（ドゥエで）四月から八月にかけての洪水を受けて小麦価格がきわめてはっきりと頂点に達したことで注目される年である。[79]

一四八一年には小麦が特に被害を受けた、それがその年にドゥエの市場で起きた小麦価格の激しい例外的な上昇が示している事実である。一三八六年から一五〇〇年までのあいだ、ドゥエの穀物相場はほとんど常に、パン用軟質小麦一ラズィエールにつき一パリ・リーヴルを下まわっていた。緊迫した状況においても世紀単位の価格状況を甚だしく超えることはなく、一・三パリ・リーヴルあたりを上限としていた相場は、最悪（もしくは「最悪のひとつ手前」）でも、一四八九年に一・六パリ・リーヴル、さらに一四七八年から一四七九年にかけて二・二パリ・リーヴルだった。ところが、一四八一年には三・五パリ・リーヴルに上昇し、一四八一年の不作（その影響は一四八二年夏まできわめて広汎にみられた）直後の一四八二年には六・七パリ・リーヴルという頂点に達したのである！　驚くべきことだ。この北国の市場において長いあいだ絶えてみられないことだった。前に引用した文献資料は、中世後期の通常年（一四世紀末と一五世紀全体における単年、いやむしろ数年）に比べて小麦価格が五倍、六倍になったことを問題視する点でまったく正当である。

残るのは、「フランス」国境（一五世紀におけるまったく慣例上の国境！）内で一四八一年から一四八二年にかけての飢饉による死亡者数の数字を求めることだろう。一六九三年から一六九四年にかけて、この国境内の地域で通常よりさらに百万人以上多くの死者が出た。一七〇九年には、それよりさらに六〇万人多かった。一四八一年はおそらく、これら二つの致命的な年と同じくらい深刻だった。「気象による」食糧不足については、まったく同じタイプの年だったといえる。ただ、フランスは当時、後世の二つの年より人口が少なかった。おそらく、一四八一年に一三〇〇万人から二五〇〇万人だったろう。一七〇九年よりも、「すべての季節」がとほうもない被害を受けた一六九三年から一六九四年にかけてのほうにより近かったことを考えると、一四八一年の気候によって引き起こされた飢饉の災禍による通常を上まわる死亡者の数は、（一六九三年や一七〇九年から一七一〇年にかけてとは違って）戦争のない時代の真っただなかでも、男女合わせて数十万にのぼったに違いないといっても、間違いではないだろう。

国家の介入

一四八一年から一四八二年にかけての時期は、一三一五年の飢饉と比べておおきな違いがあることを指摘しておくのが適切と思われる。この一三一五年という年は、はるか昔の、周知のようにウィリアム・チェスター・ジョーダン〔現代アメリカの中世史学者〕によって充分解明されている、もうひとつの終末期である。ルイ一一世の治世末期（王は一四八三年に他界した）、国家は民衆の飢えに介入あるいは介入しようとしていた。このとき国家は、それ自身の存在と憐憫の情によって民衆を統治していたのだろうか。一四世紀初めの数十年の期間には、穀物について憐憫のほうは少しも目にみえはしなかったのだが。一五世紀の最後の四分の一もしくは三分の一の期間には、「重商主義」あるいは「介入主義」が発達したのだろうか。言葉はさして重要ではないが……。

まず、微妙な違いがあるといおう。だがそれでも、一三一五年から一四八二年まで続く継続性は指摘できる。それは都市である。強情王ルイ一〇世の時代（一三一五年）、都市はみずからに直接関わりをもつ都市住民、特に飢饉の犠牲となった貧困層を援助しようとした。そして一六六年後にも同じことをする。ここで、一五世紀の「良い点」を挙げると、こうした動きを始めたのは、都市化したフランドル地方だけにもはやとどまらず、フランス（都市部）が、少なくとも災害被害を受けた地域の北部地方と中部地方で、一四八一年から一四八二年にかけての悲惨な収穫後の期間に飢えに瀕した人々のために力を尽くしたのである。

だが、都市より「上位のほう」はどうだろうか。国家、王の統治規模では。ルイ一一世は、遠い昔のルイ一〇世と違って、食糧不足による災害を改善するために、充分ではないにしても、少しは努力するのである。一一代めのルイは、なるほど、飢饉の初期になにがしかの受動性は発揮した。なぜなら、飢饉はすでに明確になってきていて、一四八一年の夏（非常な不作）から一二月まで切迫した様相だったからである。そしてルイは、これら六カ月のあいだ、食糧供給の問題については少しも動かない。数週間が過ぎた。一四八二年一月、飢饉が最高潮に達したとき、早すぎたということはなく、われらが主人公は目覚める。小麦の高値におののいて、彼は、小麦の自由流通を宣言するのだ！　こうして彼は、三世紀早いが、あらかじめ確認された理論は少しもなく、ショワズール〔一八世紀、ルイ一五世治下の政治家〕やチュルゴー〔一八世紀フランスの政治家、重農主義経済学者。ルイ一六世に登用されて経済改革に取り組んだ〕の行政府と表面的には類似の、非常に革新的な勅令を「告示した」のである。もちろん、この「ルイ一一世的決定」の効果はまったく理屈上のものに過ぎないか、ほぼその程度のものだった。そして、一四七〇年から一四九〇年にはまだかなり人口が希薄だった王国の穀物事情は、かつて一四二〇年から一四三八年のあいだに経験し、その後一六世紀の一五三〇年以降、特に一五六〇年以降に出現する、繰り返し飢饉に見舞われた時期に比べて、相対的に恵まれていた、あるいは非常に恵まれていた。しかし、この一五世紀の最後の四半期においては、こうした法令が首尾よく完遂されるに必要とする道路網と海上輸送および陸上輸送が欠如していた。それらは、ルイ一四世そして特にルイ一五世やルイ一六世の時代には一層密に充実しており、ショワズールやチュルゴーの穀物取引の自由化政策の、相対的さらには一時的な成功を保証するのである。それはともかく、ルイ一一世は、一四八二年にひとたび踏み出すや、もはや立ち止まらなかった。彼は、さらに、商人に対して小麦を備蓄することと王国外に輸出することを禁じる。それはおそらく、司法はともかく警察網がない状態で、そして水も漏らさぬ充分な税関チェック線もないのに、適用することは難しい（矛盾した？）法規制だった。買い占めをする者に対する戦いのために家宅捜索が想定されていた。前述した法令にもとづく一四八二年一月七日の王令書についてみると、王は、パリのプレヴォ〔奉行〕とすべてのバイイ〔一二世紀末に創設された国王代官。

地方の行政、司法、軍事を担当した〕およびセネシャル〔国王が任命する最高位の地方行政官〕に対して、その写しをすみやかに送付することを保証している(それは、現代における知事宛の通達に匹敵し、知事は間違いなく昔より有能であろう)。多くの親任官僚が、王の意志を実現するために主要都市に派遣された。これらの都市のリストは、歴史学の見地からいえば、役所の指導者たちが食糧危機に対する政策を実施した他の小さな町や村の資料によって補強することができる。こうして、一四八一年から一四八二年についての飢饉地域の概略地図を研究者に提供する都市の分布図を編纂することができる。ここで、親任官僚の派遣については、ルネ・ガンディヨンの研究成果によって、コンピエーニュ〔パリ北東の都市〕、サンリス〔パリ北東の都市〕、トロワ、アンジェ〔ロワール川下流域の都市〕、トゥール、そしてカオールの名さえも挙げられる。そして、これらにとどまらず、リヨン、再度だがトロワ、カレー、ランス、アングレーム、パリとロワール峡谷、レンヌ〔ブルターニュ地方の中心都市〕、ボーヴェ、サンリス(再掲)、トゥール等、ようするに(特に超低気圧性の天候に見舞われた)パリ盆地のような河岸のない、セーヌ川とロワール川沿いの盆地を挙げることができる。これらの地域では、穀物は一四八一年の過剰な降雨には極端に被害を受けやすかったのである。他方、はるかに日照に恵まれたフランス南部地方では、事態は逆である。南仏では、乾燥と、度を超した降雨がないことが事態を限定的なものにする要件をなしている。したがって、一四八一年から一四八二年にかけての飢饉は、小氷期のフランスの歴史においてしばしばみられるように、夏に湿潤で低気圧気味で暴風雨が多い冷涼な気象による、優れて気候的に北方的災害だった。このような状況において、王たちの意思と相関して、あるいは無関係に、繰り返し起きる他の事態がある。一四八二年に、商人たちは、合法的に与えられた先買権を利用した。彼らは、パンの原料を手に入れるためにそれらの生産地に一斉に散ったのである。これらはみな、諸都市の積極的対応に跳ね返ることは避けられなかった。パリ高等法院の構成員たちにひそかに煽られた(すでに、気候の政治化だ!)、不満を抱く群衆による様々な不穏な動き、すなわち食糧暴動に見舞われて、諸都市は、すでに一四八二年一月七日に国王が発布していた自由あるいはそれらしくみえる商取引政策を撤回させようとした。ボーヴェその他で、麦を大量に消費するビールや麦酒類の生産を禁止しようとした（だが、北国の人間にビールを飲ませないようにしようというのだろうか）。そして、外国産の穀物輸入に課せられる関税が、輸入促進のために一時的に廃止された。ガンディヨンはそう考えたにせよ、これらの施策によって穀物が豊富になったと考えるとしたら、それは誇張であろう。王権側としては、被災地域に対して税の軽減措置をほどこした。これによって生じた税収不足は、おもに、食糧不足に少しも見舞われなかった地方が収めた税金が上がったおかげで補われた。この場合、おそらくほとんど効果がなかっただろう（なぜなら、国家はまだその政策を実現する具体的手段も、人民の幸福とは何であるかについての明確なヴィジョンさえも持っていなかった）。これら一連の施策について大事なことは、こうして採用あるいは公示された公式措置の実際の結果というよりはむしろ、前例のない国家規模でおこなわれた食糧に関する規制の意図自体である。クーン〔二〇世紀アメリカの科学史家。パラダイムの概念を提唱〕やフーコー〔二〇世紀フランスの哲学者。西欧近代合理主義が生み出した諸観念のエピステーメーについて考察した〕やアルチュセール〔二〇世紀フランスの哲学者〕の語彙でいうなら、われわれは新しいパラダイム、それまで存在しなかったエピステーメー、すなわち認識論的断絶を眼前にしているのである。これ以降、国家は食糧問題に介入する。それは新たな家父長的支配であり、のちに聖書にまで先例を探し求めることになる。こうして成立した国家介入主義は深化してゆく傾向を強めるが、この国家権力がより責任性を強める姿勢は、ブーメラン効果により、国王が改善の責を担おうとしている諸々の災害とそれに対する無力さによって、（力量の乏しい医者に対するように）悪事態の責任を負うとみなされる国王に対する不評が高じる危険性を増大させることになるのである。なぜなら、飢饉を治療する医者としてのルイ一一世は、その善意にもかかわらず、ラエンネック〔フランスの医師。一八一六年に聴診器を発明した〕よりはシャルル・ボヴァリー医師〔『ボヴァリー夫人』

の主要登場人物。凡庸な医師として描かれている〕に近いことが明らかになるからである。これは、のちにエルネスト・ラブルースが「政治家への責任転嫁」と呼ぶものであり、諸々の被害は気候あるいは能力の足りない農民のせいにすべきものであった。結果的に革命運動的な出来事が生ずるこうした責任追及は、一四八一年から一四八二年のあと、はるか後年になって、重大な結果を目にすることになる。それは、一七八八年から一七八九年と一八四六年から一八四八年、さらに……。

*

さて事態の詳細をみよう。一四八一—八二年の飢饉——この語はおおげさすぎるということはない——については、要点を明らかにしてくれる優れた地域モノグラフを利用できる。それは、中世末期のトゥールの街についての大研究の著者であるベルナール・シュヴァリエ〔現代フランスの歴史学者〕によるものである。実際、「われわれが考察している期間については、食糧不足ではなく飢饉として語るように促す最も厳しい事態は二つに限定される。一四八一—八二年に襲来した最初のものは、フランスのほとんどいかなる地域も無傷で放ってはおかなかった。トゥールでは、一四八一年二月に終わる厳しい冬が河川の解氷を発生させて、最初の洪水被害を引き起こした」と、この研究者は書いている。同じ年の五月に、河川の氾濫。春と夏の豪雨は、収穫を立ち腐れさせ、続いて河川を増水させて、その濁流が河川間の土地を押し流して荒廃させた。一四八一年九月から食糧不足が始まった。それは、一四八一年一二月と一四八二年一月に恐ろしい飢饉となった。トゥール地方の農民たちは破滅し、ジュエ゠レ゠トゥール〔トゥール南郊の都市〕の富農でさえ、牛馬を奪われて、一四八一年のクリスマスには「何もかも失って、妻子をうち捨てて路頭に物乞いをしに行かざるをえなくなった」。実際には、この能力ある男は、小麦と二頭の牛を飼うに足るだけのものを盗んだのである。そして、一四八二年七月の赦免状の恩恵にあずかった。

善良な伝道者たちが後世主張するほど「司法」は常に厳しかったわけではなかった。ベルナール・シュヴァリエはなおも付け加えている。都市でも「窮状は変わらず」、「飢えを訴える貧民」のためになすすべもなかった。なぜなら、大災害は全般におよんでいることが明らかであり、「ボース地方〔パリ盆地南方、ロワール渓谷にかけて広がる大穀倉地帯〕の小麦を回復させる」方法はなかったからである。一四八二年の収穫はかんばしくなく、災害を追い払うには充分でなかった。一四八三年五月になってもまだ、穀物備蓄は完全には元に戻っていなかった。収穫後の期間をしのぐのは容易ではなかった[80]。

その上、一四八二年には、M・ボラン夫人によって引用されたいくつかの文献に[81]、この年の食糧不足（誘導因子）を誘導結果である伝染病等の病因に結びつけた強固な関係が示されている。特にトマ・バザン〔一五世紀、ノルマンディー地方のリジュー司教、フランス王シャルル七世の顧問官。『シャルル七世伝』の著者〕の、疫病、感染症、様々な身体の不調を取り上げた数行を引用しよう。「少なからぬ疫病と様々な感染症が飢饉から発生し、食糧の欠乏につきものである感染症にかかって、多くの死者が出た」。これらの病による惨禍は、飢饉と適正な食糧の欠乏とからまさに直接由来したものである、とバザンは述べている。

いずれにせよともかく、最も被害をこうむった王国北部と中部は、厳しい状況で起こったと思われる一時的な損失にもかかわらず、けなげに、あるいは「まあどうにか」、一四八一―八二年の気候・食糧ショックに耐えたのである。事後の復興は、力強く迅速なものになるだろう。一四三二年と一四三八年の飢饉による惨禍とはおおきな違いである。一五世紀の後半三分の一の期間に社会状態が改善あるいは「以前ほど悪くなかった」理由はかなり単純である。一四五三年以降、いくつかの小さな内戦（ルイ一一世の時代）や対外戦争（対ブルゴーニュ戦）はあったものの、比較的平和な状態になっていた王国は、そのあいだにおおいに豊かになった。ルネッサンスの始まり、国土再建、そしてさらに復興！　その証拠として、税収の桁外れな増加。それはたしかに、ルイ一一世の断固とした政策のせいであるが、また、特に王国が豊かになった、敢えていうが王国が肥育されたおかげである。イングランドに対する百年戦争後の二、三〇年間に、フランス王家の税収入（タイユ〔所得に応じて徴収した直接税〕、エード〔飲料等に課した間接税〕、そして非常に付随的な国王直轄財産）は、一四六〇年の一七五万リーヴルから一四八三年の四六〇万リーヴルに増加したのである！　こうした税収の増加は、当然、ある意味では、その下にある経済飛躍を雄弁に示している。このような状況において、二年間の一時的打撃がないというわけではもちろんないが、一四八一―八二年の大食糧危機に立ち向かうことが可能となる。[82] 一四二〇年、一四三二年、一四三八年にはこのようなことはなかった。少なくとも同じ程度には。非常に異なった状況のもとに、一八世紀には、さらに一層ダイナミックに同じようなプロセスが生起することになる。一七一〇年から一七四〇年にかけての飢饉と（その延長としての）一七四〇年から一七八九年にかけての飢饉の沈静化は、（ときには）もっと好適な「気象」の反映だった。だがそれはまた、本当のところ、経済的観点からはまだ「原始的な」ルイ一一世の時代には態勢が整っていなかったが、この頃にはすでに気候環境によって引き起こされる農業災害に立ち向かうにはるかによく武装していた、光明の時代〔啓蒙の時代〕におけるフランス経済の力強い、もしくは驚異的ともいえる発展でもあった。

*

いずれにしても、一四八一年は、凍りつく冬に引き続く冷涼多雨な春夏となった低気圧模様の気象状況をみごとに描き出している。この一四八一年という年は、その直後にとどまらず、やや冷涼な夏が繰り返し出現した一四三六年から一四九七年までの長期の様相をも雄弁に物語るものである。この期間、冷涼さの程度の変動はあったものの、アルプス氷河はやや厚みを増した。この期間内に、すでに前述したが、一四三六年、一四三八年、一四四五年、一四四八年、一四五一年、一四五三年、一四五四年から一四五六年、一四六三年、一四六五年、一四七〇年、一四七七年、一四八〇年、一四八一年、一四八五年、一四八八年、一四九一年、一四九六年、一四九七年といったきわめて顕著なものに限って、冷涼あるいは非常に冷涼な夏の一族を挙げておこう。これらの夏はどれも模範的なものである。一四八一年は、(一四三八年のように)極端で非常にトラウマ的な一例にすぎず、あわただしく引き続く「一族」の他のものから抜きん出て[83]、まったく冷涼多雨な年だと人の口の端にのぼるほどに冷涼さを際立たせたのである。

第4章 好天の一六世紀（一五〇〇年から一五六〇年まで）

一三世紀は、乾燥し、さらには暑い夏とやせ細った氷河とによって定義された。一四世紀は、一三〇三年から一三八〇年までのあいだ、小氷期の最初の襲来を刻印し、特に一三一五年頃、こうした状況における人間にとって不都合な事態を招来した。一五世紀は、全期間について明瞭に調べられているわけではないが、冬は依然として寒かった。そして、そのなかほどは、一四一五年から一四三五年までの春夏の高温で陽射しあふれる好天の一時期[1]の結果、アルプス氷河が縮小してある程度後退したことによって特徴づけられる。だが一五世紀は、その一〇〇年間の最後の三分の一の時期に氷河が少し再前進したものの、一五六〇年から一六〇〇年（そしてそれ以降）の一六世紀後半にみられるように、アルプス氷河の強力な前進を示すことはなかった。

一六世紀はといえば、このような観点からすると、特に『一六世紀における気候の変動性とその社会的影響範囲』〔*Climatic Variability in 16th Century Europe and its Social Dimensions*〕と題された、クリスティアン・プフィスターとルドルフ・ブレージル〔現代チェコの気候史学者〕による大集成に収められたすばらしい研究の数々のおかげで、気候的かつ時系列的にほぼ完全に知られているという利点がある。この一六世紀の最初の（温暖な）六〇年間とその後の（冷涼な）四〇年間との明確な対比にもとづいて、私が『気候の歴史』[2]において一九六六年以来提唱してきた確固たる結論が、プフィスターとブレージルとグレイザーによってまとめられた、気候の変動性についてのこの該博な研究の結果、完璧に確認され、裏づけられ、細述され、精確になり、非常に広汎に範囲を広げたのである。

一六世紀――四季

のちほどまた立ち戻るが、われわれが歴史学者たちに周知させるよう力を注いだように、アルプス氷河が一五六〇―七〇年以降おおいに前進して一六世紀の末頃にはその氷舌端がほとんど最大にまで伸張したことはよく知られている。一五〇〇年から一五六〇年までの期間はごくわずかしか氷河が生成されず、それ以降は逆に氷河が膨張するという状況を支配した気温と降水の条件はどのようなものだったのだろうか。

一六世紀の気温、特に最後の三分の一の期間の気温は以下のようだった。一五六〇年代以降、全般的に年ごとに気温が冷涼になっていき、(年によって多少の差がないわけではないが)季節もそれぞれ個別に冷涼化していった。ここに、一六世紀の最後の三〇年間に起きた前述のアルプス氷河前進の原因となった要件が求められる。なぜなら、のちに再論する降水量は別として、因果関係は、A(気温)からB(氷河)へと、数年の時差でAB間の時間的下方へと移るからである。(冷涼な夏のせいで消耗が弱まったおかげで)上部で新たに形成された氷が、さらに豊富な降雪によって増大して、ずっと下方の氷舌まで下降して、場合によっては損害をこうむって悲嘆に暮れる山岳住民たちにその結果を知らしめるのである。

実際、一五六〇年から一六〇〇年までのあいだ、この期間の四つの一〇年間の年間平均気温は一九〇一―六〇年の参照基準期間の年間平均気温より〇・五℃低かったようだ。[3] この参照基準期間の平均気温は、一五三〇年から一五六〇年までの比較的温暖だった気温状況に近い。この気温状況は、ことの性質上明らかに、一六世紀の最後の三分の一の期間における再寒冷化に先立つものである。それは、ようするに、どちらかといえば温和であった「フランソワ一世の治世末期からアンリ二世の治世期」の様相を具現化しており、こうした様相は、同様の観点からすれば、われわれの快適な二〇世紀前半に匹敵するものである。すなわち、気候的に快適という点で一致しているということである。

さて特に冬については、一六世紀におけるその気温は一九〇一年から一九六〇年の期間の平均気温よりも全般的に低かった。例外は、一五二〇年から一五二九年までと一五五〇年から一五五九年までの「異常に」温暖あるいは平均的だった一〇年間であり、後者はそれに引き続く一五六〇年以降の「小氷河形成期」の直前に位置している。これと反対に、一六世紀の最後の四〇の年は、冬については四〇年間一貫してより寒く、すでに指摘したように、拙書『気候の歴史』で事態は数量化されている。一〇年ごとを基準に計算したうえでそれら四つの一〇年間の平均を比べた場合の冬の気温のマイナスあるいはプラスの偏差についてのプフィスターとブレージルによる冬の指数は、私自身の著書とまったく一致していて、一五〇〇年から一五五九年までの期間が「マイナス〇・三五」にすぎなかったのに対して[4]、一五六〇年から一五九九年までの期間については「マイナス〇・六八」だった。

春は、一六世紀全体をとおして[5]、一九〇一年から一九六〇年までの参照基準期間よりも〇・三℃から〇・八℃低かった。最も冷涼だった春は、この点では相対的に孤立している一五二〇年から一五二九年までの一〇年間(一五二九年から一五三〇年前後の気候的・人為的大災害についてはのちほど触れることにする)のほか、(こうした観点からは厳しい春だった)一五六〇年代以降、一五七〇年から一五九九年まで間断なく規則的に継続する。一六世紀末の冷涼さについては、スペインでは、春の多雨と洪水が非常に顕著で、破壊的でさえあり、飢饉から病気にかかる率の増大へと向かうベクトルによって、この世紀末のイベリア半島における疫病の大流行と関連づけることもできるだろう。バルトロメ・ベナサール〔現代フランスのスペイン近現代史学者〕は、もしこういっていいなら、一九九八年に発表されたバリエンドスとマルタン＝ヴィッド〔共に現代スペインの気候学者〕との気候学的業績[6]にあらかじめ呼応している古典的著作のなかでこれらの疫病について研究した。だが、このテーマにおいて問題にすべきは春だけではなく、四つの季節のスペインにおける気候学的局面の総体であるのはもちろんである(以下を参照)。

一六世紀の夏。それは重要な季節だが、高温ではなかった。少なくとも一五六〇年以降は。それでも、「ヨーロッパにおける気候という観点からみて」、夏については一六世紀の「始まりはよかった」。端数のない数字でいうと、一五〇〇年から一五二〇年まで、特に一五〇〇年から一五〇六年にかけては温暖で、その後中庸であった。だが、一五二一年から一五三〇年までの一〇年間は次第に冷涼多雨になり、とりわけ一五二六年から一五三一年にかけてはそうだった。プフィスターのいうところを信じるなら、そして彼に全幅の信頼をよせる理由があるのだが、「一五二九年の夏は、過去五世紀間で最も寒くて降水量の多い夏のひとつだった」[7]。それから、一五三二年から一五四四年まで非常に好天な夏の期間があり、一九〇一—六〇年の参照基準期間（夏期）よりもやや高温（摂氏一〇分の二度か一〇分の三度）でさえあった。これら暑い夏が続いた期間中には、一五四一年から一五四四年までの湿潤で作物を腐らせる一連の夏がありはしたが、一五三四年から一五三六年までと一五四〇年と一五五六年から一五五九年までの高温で乾燥した夏が、この一五三二年から一五六七年までの非常に生産的な好期間における模範的様相を示すものだった。一六世紀の最後の三分の一（一五六七年から一五九九年まで）の期間の夏は、これとは反対に、少なくとも〇・四℃程、二〇世紀前半の基準期間以下に気温が下がった。われらのスイスとチェコの研究者は、一五八五年から一五九八年までのあいだに一四の冷涼もしくは非常に冷涼な夏を数えている。そのうちの八つの冷夏は連続していて、一五九一年から一五九八年まで途切れることなく続いた。この八つという連続は、半世紀のあいだで、この種のものとしては唯一であろう。冬を別にすれば、他の理由のうちでこのことが、この世紀末の氷河の急速な発達ひいては攻撃の原因である。これら氷河の発達は、われわれが対象にしている今回の場合、「ただ単に」夏期の氷河消耗がなかったことによる。こうした、夏らしくない低温な夏が続くなかで、たとえば一五九〇年のような、暑い夏がひとつポツンとあっても、それだけでは冷涼傾向をくつがえすことはできない。コスタ・ブラバ地方〔スペイン北東端、地中海岸〕で六月五日と六日に雪が降った一五八六年の夏[8]はといえば、実際少なくともフランスでは、作物を腐らせるほどではないにしても冷涼な部類に入ることは明らかである（ファン・エンゲレンの指数で三の冷涼。ディジョンでは一〇月二日にブドウが収穫された。通常は一〇月三日）。

一五六九年から一五七三年には、さらに夏の激しい雨、それに伴って標高の高いところでは雪が降った。その結果、一五七二年から一五七三年（あるいは一五九一年から一五九七年か）にかけて半ば飢饉の状態になった。後年、一五九一年から一五九八年までの全体をとおして再び同様の降水・積雪複合をみることになる。低地や窪地に降る長雨。山岳地帯での降雪。アルプス氷河のいかなる縮小もない。三〇年（端数のない数字で一五七〇年から一六〇〇年まで）という長期にわたってそれらをおびやかしたのは、むしろ肥満であり、重くのしかかるこうした様相はきわめて特異なもののようにみえる。

*

秋についてはどうだろうか。一五〇九年から一五二〇年まで、その一〇個ほどは際立って冷涼もしくは寒冷だった。しかし一五二一年から一五六〇年代の半ばまでは、低地より高地のほうで、暖かな秋が支配的だった。一五四〇年から一五四九年までの一〇年間（農業の面では、ときには神々に祝福されたのではなかったか）は、秋としては特に暑かったようだ。インディアンサマーあるいは小春日和というべきだろうか。それから、小氷期が、まず気象の点で、次いで氷河の面で最高潮の様相を呈した。この世紀の最後の三分の一、おおまかにいって一五六五年以降、今度は、秋は涼しかったようである。ただし、一五九〇年から一五九九年までの「最後の」一〇年間は、当然そうなるだろうという推論に反した例外だった。それは、他の三つの季節における寒さの通例とは異なり、まさに暑さと寒さのあいだを揺れ動くことになる。それでもやはり、伸張しつつある氷河に（氷河の消耗がなく、したがって、雪の蓄積が増大したことによって）秋がさらなる支援を加えたということに変わりはない。こうして、一五六五年から一五九〇年までずっと、涼しいか寒い秋が続いた。

秋の降雨。一五一八年から一五二四年までのつかのまの湿潤な秋を除けば、一五六八年から一五七六年と、一五九二年から一五九八年の期間に激しい時期を迎える一五九〇年代にならなければ、秋雨はその勢いを強めて洪水を伴うようにはならない。これらの豪雨は氷河にとってまったく好適であり、氷河は、一一月とはいわないまでも一〇月までは上流の源に雪がぎっしりと溜まって、いつものように少し遅れて[9]、いずれ下流の氷舌まで氷の層を形成するのである。

暑い一六世紀——猛暑と穀物

さて今度は、数十年におよぶ地球規模のモノグラフをいくつか取り上げることにする。まず、一五〇〇年から一五五九年までの一六世紀の最初の六〇年間をみてみよう。これらの年は(全体がというわけではないにしても)穏やかでときとして激しい暑さに彩られている。

これら一二の五年間をとおして、春夏については、以下に述べるように、全般的にブドウの収穫が早い暑い年が続いた。以下に、本書の趣旨にしたがって、「人間の」歴史にとって最も注目すべき年に注目することにする。

A　一五〇〇—〇四年あるいは一四九八—一五〇四年。これら五年間(あるいは七年間)にわたって、ディジョン地方のすべてのブドウの収穫は平年より早いか、かなり早かった(K. Briffa, 2003 によれば、一五〇四年は、その年全体として、北半球全域でこの五〇〇年間で最も暑かった一二の年のひとつでさえあった)。

B　一五一六年と一五一七年。一五一六年は、作物の生育期に、ことのほか暑かった。ブドウの収穫が新暦九月一一日と、当時としては記録的な早さで、猛暑の一四七三年(八月二九日のブドウの収穫)以降匹敵するものがない。この記録はその後、一五三六年(九月八日のブドウの収穫)まで破られることはない。一五〇二年以降初めて、聖マルタンの日(一一月一一日)の頃のパリにおける小麦の値段(したがって、直近の収穫物が品薄になったため上昇傾向の一一月の価格）が、一スティエにつき二リーヴル（すなわち二・二五トゥール・リーヴル）を超えた。日照り焼け、あるいは干ばつのせいだろうか。それともその両方が起きたのだろうか。だが、それはまさしく、数年間もしくは一〇年にまたがる程度の短期間の価格上昇であり、一六世紀全体におよぶ長期的な全般的物価上昇の影響とばかりはいえないということを記憶しておこう。

C　一五二三年と一五二四年。早熟の二年間、後者は特にそうだった。ディジョンでのブドウの収穫は、一五二三年は八月二六日だった。そして、通常は一〇月にブドウの収穫がおこなわれる、標高のせいで収穫が遅いサラン（フランス東部、ジュラ地方）のブドウ園での収穫は一五二四年で九月二五日だった。イル＝ドゥ＝フランス地方では一五二四年九月一三日だった。実際、一五二四年五月半ばに大干ばつがあり、「乾燥で作物がだめになった」。五月二四日、聖ジュヌヴィエーヴの聖遺物箱の行列がおこなわれた。数日後、雨が降った。穀物の収穫量を減少させて、一五二四年五月から一五二五年五月までの小麦価格を高騰させた日照り焼けが襲ったのは、おそらくは一五二四年の「乾燥した五月」、五月二四日の少し前だったのだろう。五月二五日、（六月二四日まで続く）乾燥した灼熱の暑さは、トロワの街の一五〇〇棟の家屋と五つか六つの教会が灰燼に帰した大火災の要因になった。この問題を熟知しているボランとムヴレによれば、一五二四年から一五二五年にかけての収穫後の期間に起きた食糧不足は、一五二〇年から一五六〇年までに発生した四つの大食糧危機のひとつであるという。[10]

D　一五三六年から一五四〇年までこの一四年間は、やや涼しい年と定期的に交代しながら、高温の年がみごとに連続した。[11]この約一〇年間の樹木学のグラフとブドウ収穫学のグラフにはノコギリ状のギザギザサインが現れる。

まず一五三六年である。ディジョンにおけるブドウの収穫は九月八日だった。七月、八月、九月は暑くて乾燥していた。[12] 当然ながら日照に恵まれて、小麦の収穫もまた、このような場合常に起こりうる日照り焼けという突発事態に襲われないという保証はなかった（なぜなら、偶然の一致しだいだからだ。すなわち、高温の最大期と小麦粒のつかのまの乳状期とが数日間偶然に重なると、小麦粒は蒸発して死にいたる）。結局穀物収穫は豊かだった。事実、一五三六年から一五三七年にかけての収穫後の期間における穀物価格は、一五三五年から一五三六年にかけての収穫後の期間と比べて下がった。これは、こうした高温状況で起こりがちな予期せぬ日照り焼け（と過度の乾燥）に突然襲われるということもなく、豊作にあずかって力ある高温と日照のまったくの賜物だった（これに反して、二〇〇三年には多少ともそうした被害があった）。

E　一五三八年。（ディジョンにおける）ブドウの収穫はかなり早く、九月二〇日だった。この年は、日照り焼けが起きたようだ。一五三七年から一五三八年にかけて（収穫後の期間）、パン用軟質小麦の価格は一サンティエにつき一・九六トゥール・リーヴルだったが、一五三八年から一五三九年にかけての収穫後の期間には三・一六トゥール・リーヴルになった。穀物相場の上昇は、一五三八年、特に市場が小麦不足の兆しを認識した七月から顕著に始まった。そして、一五三九年から一五四〇年にかけての収穫後の期間になって二・五六トゥール・リーヴルに下がる。

F　ついに一五四〇年である。この年は極度に高乾燥高気温だった。[13] しかし、ジュラ地方（サラン）でのブドウの収穫は遅く、九月六日だった（日付はすべて「新暦」、グレゴリオ暦である。M・ラヴァルがディジョンについて記した一五四〇年の日付は間違いなく誤りである）。それどころか、一五四〇年の三月から一〇月までの八カ月間はすべて暑くて乾燥していた。[14] ブドウ収穫学的見地からみた度合いは、われわれの二〇世紀における一九四七年の夏がそうであるよりもさらに一層顕著だった。一五四〇年については、クリスティアン・プフィスターが二つの業績[15]のなかで、この年の高温による影響について数多くの衝撃的な詳細を示している。河川が、(ライン川を含む)大河でさえも干上がって、歩いて渡れた。太陽の陽射しをふんだんに浴びて熟成した一五四〇年もののワインは糖度が非常に高いので、発酵したあとはまるでシェリーのような食前酒になった。それらのワインは二千年紀の最後の世紀まで非常な高値で売れることになる。それはともかく、気候学の話をしよう。一五四〇年六月、中心をビスケー湾に置くアゾレス高気圧が、イングランド南部からラテン地方の二つの半島〔イベリア半島とイタリア半島〕まで、ヨーロッパの西部と中央部全域を覆った。低気圧は、北の北極方面や東のロシア方面へと追いやられた。「アゾレス」高気圧が引き起こした現象は、七月にはさらに発達する傾向を示し、いわゆる「核」は中央ヨーロッパの方へと移動した。西からやってくる低気圧は依然として押しとどめられており、スイス中央部では七月に一滴の雨も降らなかった。八月になると、高気圧はあいかわらず広大に広がっているが、その東端が後退し始めた。とにかく……一五四〇年には、こうした極端に温暖な状況ではときどき生じる不幸な偶然である、短期の衝撃的な日照り焼けの被害はまったく受けなかった。したがって、穀物収穫は「完璧に」この好天気の恩恵に浴した。この年にはパン用軟質小麦とその他の小麦の価格はまったく上昇の動きを示さず、事態はその反対だった。収穫後の期間における穀物価格(八月から翌年の七月までの相場の平均)を提示するというムヴレとボランの手法は、われわれの対象とする問題についてのあらゆる懐疑主義を排除することを可能にする。これらの穀物価格は、一五三八年から一五三九年にかけての収穫後の期間は三・一六トゥール・リーヴル、一五三九年から一五四〇年にかけては二・五六、一五四〇年から一五四一年にかけて(非常に豊富な日照の結果、一五四〇年は豊作だった)は二・三八、一五四一年から一五四二年にかけては二・九二であり、続く四つの収穫後の期間、一五四二年から一五四三年にかけて、一五四三年から一五四四年にかけて、一五四四年から一五四五年にかけて、一五四五年から一五四六年にかけてはそれぞれ、二・五五、三・三〇、四・〇四、六・三八だった。一五四〇年の収穫とそれに続く期間である一五四〇年から一五四一年にかけての暑い年は、一連の小麦価格の流れのなかで桶の底に落ち込んだようにくぼんでいる。太陽に感謝！　まず間違いなく、こうした事態が起こるのに不可欠な夏の最小限の降雨が（一五四〇年の四月から六月頃に）あったと思われる。そのおかげで小麦は日照り焼けをまぬがれ、その結果お日様の恵みを享受して、これほどまでに豊かに実ることができたのだ。ドゥエ[16]でも事態はまったく同じだった。ロワール地方からパ＝ドゥ＝カレー地方までのパリ盆地の穀物生産者たち、そしてその消費者たちはさらに、この年は幸せだった。彼らは存分に、好天と豊作を享受したのである。一五四〇年の極端な高温乾燥はまた、中央ヨーロッパ、中東ヨーロッパといった東方にもおよんでいた。ルドルフ・ブレージルが、クラクフ〔ポーランド南部の都市〕大学の学長であったビームという名の人物による、（ビームがクラクフ地方で体験した）[17]世界中におよぶ極度の乾燥についての記録のなかから収集したチェコにおけるデータがそのことを示している。

＊

次の五年間のうちで、一五四五年が同じような条件のもとに推移したが、食糧に関しては一五四〇年程には恵まれなかった。ブドウの収穫はたしかに早かった。ディジョンでは新暦の九月一四日だった。バーデン地方では、関連する記録によって以下のような評価が確認できる。ワインは豊富で良質である。春から夏にかけて、少なくとも支配的傾向としては、きっと暑くて、多少は乾燥していた。クリスティアン・プフィスター[18]がこうした評価を裏づけてくれる。一五四五年の九月は、降水が不足して、ブドウの実の糖度は高かった。そしてベルン地方の山地では、成長期後である秋の樹木の木質密度は高かった。すなわち、これは乾燥の印であり、すでに一四七三年に同じ状況に遭遇している。一四七三年もまた、気候的には日照に恵まれ、樹木学によれば、晩秋の樹木の木質は水分不足のために非常に堅かった。

なるほどそうではあるのだが、一五四五年のほうは、花嫁はあまりに美しい、つまり季節はあまりにも暑くて乾燥していた。繰り返しになるが、他の焼けつくように暑い年（一五四〇年）にはつきものの現象、日照り焼けと行き過ぎた乾燥はあったのかなかったのか。一五四五年の三月一四日から五月一三日まで、パン用軟質小麦の価格は、この世紀の（気候とは関わりない他の理由による）インフレにあおられてはいたが、まったく純粋に人為的な原因によって起こったこの長期のインフレを考慮しても相対的に低かった。パン用軟質小麦の価格は、一スティエにつき三・五トゥール・リーヴルを前後していた。この一五四五年は、おそらく、好天による豊作が期待されていた。だが、一五四五年五月一三日から、経済的指標は赤の点滅信号に転じた。警報である！　パン用軟質小麦と他の穀物の価格は、まだなんとか対処できる程度（というのは、一五四六年から一五四七年にかけての収穫後の期間には再び価格が下がることになるからだ）の上昇を開始した。まだ乳状の種子を焼き焦がす日照り焼けが襲ったのは、この頃、あるいは一五四五年五月一六日の直後だったに違いない。五月一六日にはまだ、パン用軟質小麦の価格は、一スティエ三・六三トゥール・リーヴルだった。一五四五年六月六日に四・一トゥール・リーヴルを超え、九月一九日には五トゥール・リーヴルになった（収穫は平年以上ではないことが目でじかに確かめることができたか、あるいはそう確信せざるをえなかった）。一五四六年三月三日に六・一トゥール・リーヴルを上まわり、五月二九日に八トゥール・リーヴル、六月五日に九トゥール・リーヴル、六月九日から六月三〇日までは一一トゥール・リーヴルだった。なんと厳しいことだろう！　次の収穫の直前のこれら六月の数週間は、一五四五年の四月末から五月初めに比べて三倍の価格である。最も貧しい人々のうちで食料の蓄えがない者は、腹のベルトを締めた。もっとも、これらの人々がベルトというものを締めていればの話だが。さて、ことのついでだが、多くの自由主義経済学者たちは歴史上の事象について思いをいたすことが少ないとはいえ、供給（不足がち）と需要（その一般的傾向からして縮小することがない）の法則は、現在では情け容赦のないものだが、フランソワ一世やアンリ二世の治世下においても、ルイ＝フィリップの時代と同様、有無をいわせぬものだった。穀物価格は、みたところ良好な収穫に対応して、一五四六年七月になってからやっと徐々に下降した。そして、一五四六年一〇月九日から、食糧危機前の三トゥール・リーヴルという（中期的な）通常価格に下がった。しかし、不安は強いものだった。ムヴレと、今は故人となったボラン女史は、この一五四五年から一五四六年にかけての出来事を、一五二〇年から一六二〇年の期間にパリ地方で起きた、一六世紀における九つの重大な食糧危機[20]のうちのひとつに挙げているのである。

G　そして、すばらしい一五五六年がやってくる！　この年は、このうえなく暑く、焼けつくようだった。ブドウの収穫は、全般的には九月一日だが、ディジョンでは、一五五五年が一〇月二四日だったのに対して九月五日〔付録7「ブルゴーニュ地方のブドウの収穫日（一五〇〇年から一六五八年まで）」参照〕、スイスのフランス語圏では、一五五七年に一〇月一七日なのに九月一三日だった。これは早熟の新記録である。まるで二〇〇三年にいるかのようだ。もちろん、一五五六年以降、そしてそのずっとのちも、一八世紀、一九世紀、二〇世紀におけるブドウの収穫は、特にブルゴーニュ地方では、ブルゴーニュ産の一級品の基本要件である、より上質なワインを得るために人為的に遅らされたのだが。このことによって、長期的観点からは計測器は少々ゆがめられることになりはするけれども、だからといって一五五六年のスイスにおける記録がかなり特異なことには変わりはない。知られている限り、そして私がこれまで述べたように（サランにおけるブドウの収穫は一五四〇年九月六日だった）、さほど多くの日照り焼けが起こらなかった焼けるような一五四〇年よりも一五五六年の最大日照はずっと強いが、それほど「好感が持てる」ものでなかったことが明らかになっても、それでもやはり特異である。主任司祭アトン[21]は、この一五五六年の暑く乾燥した時期を以下のように書き留めている。「大干ばつの年で、金曜日か復活祭前日の土曜日以降、聖体の祝日の一回を除いて、一滴の雨も降らない。[…]六月四日か五日頃に四、五時間程雨が降って、大地の諸々の物をおおいに喜ばせた。前に述べた乾燥のせいで非常に早熟な年で、平年より一カ月近く収穫が早まった。パリ周辺では、五〇〇アルパン〔農地面積の旧単位。地方によって異なり、二五から五〇アール〕以上のライ麦畑が六月初旬から刈り取られた。〔ライ麦は毎年早く実るのだが、一五五六年の状況はそうしたライ麦にしても極端に早熟だった〕……粒の大きな穀類〔パン用軟質小麦等〕は七月一日から収穫された」……。アトンはさらに続けて、「だが、特に乾燥のせいで収穫はたいしたことはなかった。そして、三月の春播き小麦はことにだが、〔冬播きの〕パン用軟質小麦も、とにかくすべての麦を粒がかなり小さいうちに刈り取った。これらの麦は、雨が降らなかったので、ほとんど生長することができず、茎も穂も、その大部分がさやからやっと半分ほど出ただけだったが、たいへん味が良かった」。こうして、(二〇〇三年のように)品質は良かったが、量は少なく、この量的不足が、一五五六年から一五五七年にかけての収穫後の期間の一二カ月のあいだ価格高騰を引き起こした。パリの市場価格表は、残念なことに、一五五六年については欠落しているが、ピカルディーでは[22]、パン用軟質小麦は、同じ計量単位につき、一五五五年に一〇スーだったのが一五五六年一二月に二六スーになったが、一五五七年一月には二〇スーになり、幸運なことに一五五八年には六スーにまで下がった。優れた農業開発領主であるグベールヴィル[23]は、自領地のコタンタン半島〔フランス北西部、英仏海峡に突き出たノルマンディー地方の半島〕でもまったく同じことが起きたと記録している。一五五六年六月一日(バス=ノルマンディー地方で例外的に夕刻に小雨が降った日)に、この夕方のにわか雨が降るまでは「四月初めから雨が降っていなかったので、ひどい乾燥のために小麦は深刻な打撃を受けて、大桝一杯のパン用軟質小麦が二二スーにまで値上がりした」、と彼は書きしるしている。高温は、さらに、一五五六年七月に山火事を引き起こした。普段は湿度が高いノルマンディー地方では非常にまれなことである。「七月二二日の昼食の後、グピエールに行ってみると、とても激しく燃えさかっていた」とグベールヴィルはいっている。一〇人ほどの男たちが火を消そうと忙しく立ち働いていたが、適当する容器（大きな桶）がない。水場は遠くて、太陽の熱は炎をさらに大きくしていた。七月二三日、われらがノルマンディーの紳士は、「岩山の上の林の［強調筆者］火を消そうとさらに三時間立ち働いた。すさまじい熱さだった」。七月二三日には、激しいにわか雨が降って火炎を水浸しにした。繰り返しになるが、パリ地方では、この猛暑の一五五六年については部分的にしか穀物価格を知ることができない。それらは、一五五五年の七、八月から一〇月までの期間の平均価格で、一スティエ三・一三トゥール・リーヴルだった(24)。ところが、一五五七年の五月から七月にかけては、一五五六年の不作の衝撃を受けて、一スティエ六・一、さらには六・一三トゥール・リーヴルになる（ほとんど二倍）。それから、一五五七年の比較的適正な収穫を得たあとの一五五七年から五八年にかけての収穫後の期間には、以前の低価格帯である三・五トゥール・リーヴルに下がる。一五五六年の極端に乾燥した高温の鉄槌は、飢饉を引き起こすことはまったくなかったが、その過激さによって、小麦の生産にむしろマイナスの結果を生じさせる原因となり、その波及効果として、価格（上昇）の遠因となり、パンを買う人々の迷惑となって、多少とも資金繰りに困る事態に陥らせたのである。反対に、イル＝ドゥ＝フランス地方の農場主たちは、幾分かの利益、あるいはおおきな余禄を得たと思われる。

＊

一五五六年(一五五六年から一五五七年にかけての収穫後の期間)の、数値に表れた穀物の高価格は、リールで特に明瞭に示されている。この街は、パリの食料市場価格表が多く残っていない点を補ってくれる。パリの食料市場価格表からは、(リールやピカルディーの)他の情報源によるとこの一五五六年という年はフランス北部地方では、イングランド同様、容易には越しがたい厳しい年であったにもかかわらず、何の情報も得られない(空白)。イングランドにおいては小麦と麦わらの価格が著しく高騰して、(やはり一五五六年から一五五七年にかけての収穫後の期間のことだが)死の悪循環が、そのまぎれもない指標である結婚数と妊娠数の大幅な減少と共に始まったのである。[26]

*

一五五六年という高温乾燥の年はまた反対に、おそらくは質と量の両方の点で、あの高貴な飲み物の生産にたいへん良い影響を与えたという特徴を持っている。東部の地方では特に、以下のように明言するカール・ミュラーの言葉をとりあげよう。一五五六年の焼けるように暑い夏のおかげで、バーデン地方では非常に上質なワインができた。ナントのワイン輸出量は目にみえて多かった。[27] この集積地は、一五五四年から一五五五年にかけて一万五〇〇〇樽のワインを輸出したが、一五五五年から一五五六年にかけては一万七〇〇〇樽、一五五六年から一五五七年にかけては二万三〇〇〇樽だった。こうして、ワインの出荷量は大幅に増加し、その後一五七一年から一五七二年頃にはピークに達するのだが、それはそれで、本質的には経済学的な別の話ということになろう〔付録9「一五五六年の猛暑(ワイン)」参照〕。また同時期一五五六年には、海水の蒸発を非常に好適に促進する日照のおかげで、食塩の輸出についても拍車がかかった[28]〔付録10「一五五六年の猛暑(塩)」参照〕。最後に、一五二三年から一五六二年まで続いた春夏が温暖な期間の最後の極端に高温な局面は、この期間の終末の年である一五五九年に明確に出現した。一五五九年三月から春は暖かく[29]、少なくとも全体的傾向としては春から夏にかけて高温が続いて、九月八日の早熟なブドウの収穫となった。ところで、こうした三月から九月までの高温は、都合よく分散していたのだろう。なぜなら、いかなる日照り焼けあるいは極端な乾燥の局面も、このすばらしい年に悪い意味で「王冠を捧げに」やってきはしなかったからである。一五五九年の穀物の収穫量は、すばらしいものではないにしても（われわれには不明である）、少なくとも充分だったことがわかる。というのは、イル゠ドゥ゠フランス地方の小麦価格は、一五五九年から一五六〇年にかけての収穫後の期間、実質的に安定していたからである。ピカルディー地方では少々上昇したが、それ以上のことはなかった[30]。

＊

ルイ一二世の統治からアンリ二世の統治の期間、特に一五六〇年以前について、一五〇〇年から一五六一年までの「温暖期」あるいは相対的温暖期の六〇年間の、ときにはマイナスの影響をいくつか強調した。それは、周知のように、一五六二年から一六〇一年にかけて（あるいはそれ以降も）出現する、小氷期の様相の昂進期に先立つ時期だった。だが実際、これら一六世紀の初期の六二年間については、「高温」かつ「高温・乾燥」あるいはそのどちらかによってもたらされた諸々の危機に関していかなる誇張もするべきではない。その点の証明については、（一五〇〇年から一五六一年までの前記六二年間のうちの）「九月年」すなわち一〇月一日以前の九月中にブドウが収穫できた、典型的に温暖あるいは単に標準的であった四四の年から検討を開始することができるだろう。しかしさらに念を入れて、一五三四年から一五五九年までの戦前（宗教戦争以前）の、夏が最も暑かった二六年間に絞って検討することにしよう。われわれの調査研究の観点からすると、これらの年には優れた利点がある。なぜなら、これらの年については、ディジョンその他の地方におけるブドウの収穫日の確かなグラフ〔付録7「ブルゴーニュ地方のブドウの収穫日（一五〇〇年から一六五八年まで）」参照）、そのうえさらに、様々な穀物の月ごとの価格、高騰期についてはほとんど毎日の価格の継続的情報が利用できるからである。

（好天の一六世紀において夏期とブドウ収穫学の観点からいえば）高温の年のうちに数えられる一五三四年から一五五九年までの年々に限定して、場合により温暖もしくは猛暑であったこの期間に発生した穀物の高騰のリストを検討するなら、前年あるいは翌年もしくは前後の年に比べてパン用軟質小麦の価格が二倍以上になったのは（一五四五年から一五四六年と一五五六年から一五五七年の）二つの収穫後の期間しかない。消費者にとって二倍あるいはそれ以上の打撃を与えたのだが、これら二つの場合は日照り焼けと干ばつによって説明がつく。だが、こうした事態はそう頻繁に起きたわけでも、意地の悪いものでもなかった。全般的には、フランソワ一世とアンリ二世の時代（一五三四年から一五五九年）の好天の太陽は、この二つの年以外の年々には、穀物を焼いたり焦がしたりするよりはむしろ、たっぷりと陽射しをそそぎ、暖めて生育を促進したのである。それは驚くほどのことではない。なぜなら、（まれではあるが、ときには重大化する）不慮の事態を除けば、これらの年は高温と（過度ではない）多少の乾燥をさえ好んだからである。われわれば、もともと中東の出身ではないのだということを、飽きることなく繰り返しいっておこう。

一五二一年——湿潤な冬の腐った「果実」

前述した状況とはいくぶん異なる記録については、「温暖な一六世紀」中に生じた気候と穀物に関わる事象、具体的には、のちの一五六〇年以降のような気候と食糧不足に関連する事象を挙げるにとどめておこう。アゾレス高気圧は、ときとして、穀物収穫に対して否定的で日照り焼けか干ばつを起こす場合を含めて、穀物の収穫量の不健全さ（一五二四年と一五四五年の前述箇所参照）の指標となる、それなりの言い分を持っていることもある。しかし一般的には、アゾレス高気圧は穀物収穫には幸いし、しばしば青く晴れ渡った好天の一六世紀（一五〇〇年から一五六〇年）の夏空は、小麦の収穫量には好影響をもたらすことが多かった。

反対に、作物を腐らせる低気圧相の年（気候の変動性ゆえに、この気候の良い時代にも一度ならずあった）は、ときとして困った結果をもたらすこともあった。

ここで、好天の一六世紀とも呼ぶことのできる、われわれが対象としている最もよく知られている期間（一五二〇年から一五六一年まで）に起こった重大な食糧不足を四つか五つ振り返ってみよう。それらのうちのいくつかは、「日照り焼け・干ばつ」という事態によって引き起こされたということができる。それは、この気候的に温暖であった四〇年間の文脈のなかでは論理的にうなずけることである。それらは、たとえば、一五二四年と一五三八年と一五四五年、そしておそらくは一五五六年の穀物収穫に対応する。これに対して、他の二つの食糧不足は検討すべき課題を提起している。一五二一年と一五三一年、すなわち一五二一年から一五二二年にかけてと一五三一年から一五三二年にかけての収穫後の期間である。われわれの話についてきているのならおわかりいただけると思う。多雨によって腐った……。さあ本題に入ることにしよう！

食糧不足の様相が現れたのは一五二一年の収穫後の期間であることは疑う余地がない。一五二一年から一五二二年にかけての（イル＝ドゥ＝フランス地方での）収穫期後の価格は、一五二〇年から一五二一年にかけてが一サンティエにつき二・六八リーヴルだったのに対して四・五リーヴルだった（一五二二年から一五二三年にかけては一・五九リーヴル）。したがって、一五二一年から一五二二年にかけて穀物相場は、それ以前に比べて二倍に急角度で上昇したが、その後はそれ以上に大幅に下がった。すなわちその後、一五二三年の豊作の結果、この世紀の長期にわたるインフレ傾向にもかかわらず小麦相場は再び大幅に下落した。（これ以前あるいは今述べた）

短期的な価格上昇については、一五二一年四月一三日から始まったのだが、それは、一五二一年の穀物が不作になるだろうと取引業者や消費者が知ったとたんだった。[32] 高値は一五二一年のそのあとの期間中ずっと続き、一五二二年七月一二日まで上昇を続けて、七月二三日に、一五二二年の過剰な収穫物が市場に届いたとたん、ほぼ一挙に暴落した。[33] 高等法院の弁護士であるニコラ・ヴェルソリ[34]はこう断言している。一五二一年五月半ばから、突然起こった「驚くべき高値」とそれによって引き起こされた「パリの貧民たちの耐えがたい窮乏」、そして、その後の殺伐とした時期と暴力沙汰、そして一五二二年の大豊作の結果生じた八月の驚くべき価格暴落を書き留めている。ヴェルソリは、パリ中央市場ではパン用軟質小麦の価格が六分の一か七分の一になったと書いているが、これは少々誇張されているにしても価格傾向をよく示している。

一五二一年の不作を引き起こした気象の大混乱はときを追って明らかにされる。ブドウの収穫は平年並みの時期におこなわれたし、ローザンヌでは間違いなく平年より非常に早かった。したがって、作物の生育期（春から夏にかけて）は当然ながら暑かった。せいぜい、一五二一年の五月に、何回か雨が降りすぎて刈り取り前の穀物に害を与えたくらいで、そのときは聖ジュヌヴィエーヴの聖遺物箱が出御する事態となった。[35] 一五二〇年から一五二一年にかけての冬は暖かく（ファン・エンゲレンの基準では指数三、温暖）、そのため、種播き穀物にとって有害な昆虫やカタツムリや雑草の繁殖に好適であったにしても、暖冬自体は悪いことではない。しかし、知られている限りでは、一五二〇年から一五二一年にかけての冬は非常に湿度が高くて気圧が低かった。一五二〇年八月二四日から一五二一年三月一五日までの期間、すなわち八月末、九月、一〇月、この冬全体を通じてそうであり、そのあいだ、一五二〇年一二月（ストラスブール）、一五二一年一月（スイスとルクセンブルク）、一五二一年二月（ブレーマーハーフェン地方〔ドイツ北部、現ブレーメン州の一部〕）、そして一五二一年三月中旬（シュレスビヒ＝ホルシュタイン〔ドイツ北部、ハンブルクの北方〕）……の降水量が記録されている。したがって、ドイツ、アルザス、低地諸邦、そしておそらくフランスのこれら諸国に隣接した地方（フランスではデータが他所よりまばら）では、秋から春にかけて全般的に非常に湿潤なために穀物について確認できる有害な結果をもたらした年だったのだろう。特に、前年の秋に種播きされた小麦にとってどちらかといえば有害な、温暖湿潤で低気圧で作物が腐る冬にわれわれは行き当たったのである。反語として、あるフランシュコンテ地方の農業についての（早とちりな）証人の、一五七二年一二月という日付のある格言を喜んで引用することにしよう。「冬が乾燥していれば、翌年は豊作になる」。一五二〇年から一五二一年にかけて、穀物収穫にはまだ間があったり直前であったりした時期の条件については、これとは全く反対の状況が優勢だった。[36]

低気圧相――一五二六年から一五三一年まで

好天で、多くの場合陽光あふれる一六世紀、すなわち「温暖な一六世紀」（一五〇〇―六〇年）の期間中には、相対的にはもっと長期にわたる好天期の途中に第二番めの、気圧が低くて作物が腐る低気圧相の期間が出現する。この「期間」は一五二六年から一五三一年まで続く。これら六年のあいだ、通常は九月にブドウの収穫がおこなわれることが多いディジョンでは、一五二七年は一〇月五日、一五二八年も一〇月五日だった。サラン（ジュラ地方）では、ブドウ栽培はたしかに晩生なのだが、それにしても……一五二六年、一五二七年、一五二八年、一五二九年は、それぞれ一〇月一一日、一〇月二六日、一〇月二二日、一〇月三一日であり、いかにも遅かった。ローザンヌでは、一五二八年と一五二九年は、一〇月九日と二〇日だった。そして再びサランだが、一五三一年は一〇月八日だった……。それでは、この一五二六年から一五三一年までの冷涼な連年を考察してみよう。一五二六年（ブドウの収穫はやや遅かったが、それだけのことである）は、特筆するような出来事はなく過ぎた。小麦価格は低いままだった。一五二七年、この年は本当に収穫が遅かった（前記参照）。この年は、天候に誘発されたある程度の小麦価格の上昇とときを同じくしている。実際、ニコラ・ヴェルソリによれば、一五二七年の四月から五月にかけての長雨は小麦畑に被害を与え、五月末には、宗教的行進と哀願のために聖ジュヌヴィエーヴの聖遺物箱を「持ち出さ」なければならないほどだった。[37]全般的に、一五二七年四月から六月は非常に雨が多かった。[38]いずれにせよ、——ゲルマニアを含む——ヨーロッパ大陸全体（フランスの北部および中部地域、ビュルテンベルク地方〔ドイツ南部地方〕、ドイツ）は、一五二七年の三月から七月あるいは九月のあいだ、繰り返し河川の広範な氾濫の被害に遭ったのであり、[39]これらすべてには非常に寒い五月が添えられていた。[40]こうした状況なので、一五二七年の穀物収穫はあまりよいスタートを切ったわけではなく、また一五二七年産のワインの品質も悪影響を受けたのである。[41]パリの市場における穀物価格はといえば、春の降雨とそれによってきたるべき収穫について予想される悲観的見通しを受けて、一五二七年四、五、六月から上昇し始めた。小麦相場のこうした高止まり状態は、パリでは一五二七年から一五二八年にかけての収穫後の期間中続くことになる、しかも重大な「人為的」影響なしにである。一五二八年夏以降の推移は、さらに悪化が加重していく過程だった。一五二八年もまた、春から夏にかけて、収穫が遅れることが明らかになった。ブドウの収穫が一〇月四日だった等。一五二八年の穀物の収穫量は平年以下だった。春、とりわけ四月……そしてボース地方[42]〔パリ盆地南部の穀倉地帯〕は、またもや多雨だった。穀物価格は上がり続けた。一五二八年から二九年にかけての収穫後の期間で、一スティエ三・六六リーヴル。これに対して、一五二七年から一五二八年にかけては二・二八リーヴル、一五二六年から一五二七年にかけては一・五一リーヴルだった。これらは、いつまでも持続するわけでもない最低価格についてだが。パリでは、一五二八年から一五二九年にかけての収穫後の期間は、物事はまあまあ平穏に経過した。皆歯を食いしばった。だがリヨンではそうではなかった。パン用穀物の備蓄は減少していて、次の（一五二八年から一五二九年にかけての）収穫後の期間は、様々な指標によれば、やはり平年並以下だと予想された。こうして、一五二八年の一〇月、一一月から価格上昇に直面して、不満がくすぶった。そして一五二九年四月末に暴動が勃発した。これがソーヌ川とローヌ川との合流点での大蜂起である。穀物倉庫は略奪を受けた。暴動後の鎮圧時に一一人の扇動者が暴動参加の代償を自らの命で支払った。[44] パン価格高騰に対する典型的な暴動であり、ギルドやプロテスタントの介入はまったくなかったのである。[45] しかしながら、暴動は食糧危機に終止符を打ったわけではなかった。なぜなら、一五二九年の後半は湿潤で作物が腐る季節に見舞われたからであり、しかもそれはかつてないほどのものだった。この年のブドウの収穫は非常に遅く、サンリスで一〇月三一日だった！　バーデン地方の年代記作者たちの記述には容赦のない筆遣いがひしめいている。一五二九年の夏は湿潤で寒く、ワインは味が悪くて酸っぱい……。事実、一五二九年の五月、七月、八月、九月はことに寒く、この冷涼な天候は、セーヌ渓谷からクラクフ〔ポーランド南部の都市〕までを途切れなく覆った。これは二千年紀の後半における「夏がなかった年」のうちの主要なもののひとつである。一六二八年、一六七五年、一八一六年……と同様。プフィスターによれば、[46] ドイツ語圏では、農業にとっては非常に困難な期間だった。ニュルンベルクでは、一五二九年七月から一五三〇年七月にかけて小麦価格が急上昇した。パリではもっと穏やかだった。パン用軟質小麦の相場は、一五二九年から一五三〇年にかけての収穫後の期間には上昇したものの（一スティエ三・四八トゥール・リーヴル）、一五二八年から一五二九年にかけての収穫後の期間程にはならなかった（三・六六トゥール・リーヴル）。結局一五二八年から一五二九年にかけての時期というのは、一五二九年四月の大蜂起とときを同じくしていたのだった。パリ周辺地域の状況は、一五三〇年から一五三一年にかけての収穫後の期間（パン用軟質小麦一スティエが四・一六トゥール・リーヴル）と一五三一年から一五三二年にかけての収穫後の期間（同四・六七トゥール・リーヴル）に特に悪化していく。この後年の収穫後の期間については、もちろんボランとムヴレが一五三一年から一五三二年にかけての食糧不足の大きな原因のひとつとして挙げた一五三一年の不作のせいなのだが、この食糧不足は一五二六年から一五六一年のあいだに起きた六大食糧不足のひとつである。すなわち、これら六つのうちの、多雨の年に起きた二つの食糧不足のうちのひとつ（もうひとつは一五二一年）であり、他の四つは、この温暖な三五年の期間において日照り焼けと乾燥によって引き起こされている。この四つは、一般的には小麦には概して好適な一連の好天の年に生起しているが、（一五五六年のように）乾燥と高温の極端な高みまでのむやみやたらな急上昇があったわけでもなく、快適なこれら六〇年間において典型的な好天の季節の好条件のもとで起きている。

さて、湿潤気味だった一五三〇年と一五三一年の二年について話をとどめておくと、ブドウの収穫は非常に遅かったわけではないというか、むしろ逆だった（ディジョンで一五三〇年九月一五日、サンリスとローザンヌで、それぞれ一五三一年八月八日と五日）。しかし、一五三〇年には、セーヌ渓谷とロワール渓谷やフランドル地方とホランド地方で多くの洪水があった。ヴァイキンは、もっと正確にこれらの河川氾濫の時期を指摘している。一五二九年一一月と一二月に、イル＝ドゥ＝フランス、オランダ、ビュルテンベルク地方そしてアウグスブルク地方。そして一五三〇年一月にパリ、ルーアン、さらにはジュラ地方とスイス。一五三〇年四月にエルベ渓谷。七月にバーゼル。八月にチューリンゲン地方とマンスフェルト〔ドイツ北東部、ザクセン＝アンハルト州の都市〕地方。イル＝ドゥ＝フランスについて特に注目すると、一五二九年一一月と一五三〇年一月の過剰な大降水は、種が播かれて大地に落ちた直後だっただけに一層小麦粒に有害だったことは、必然的に明らかである。一五二九年から一五三〇年にかけては、ほぼいたるところで過剰に降水があったために、小麦の苗にとっては良くなく、引き続く価格高騰は結局のところ、日照り焼けや干ばつが起きたせいではぜんぜんなくて、まったくその反対だった。そして、とうとう一五三一年、一月にイル＝ドゥ＝フランス地方に洪水が起きる。[47] それ以前同様に特筆すべきものだった。これについてもやはり、ヴァイキンが最も詳しい。一五三〇年一〇月にローマで洪水が発生。たしかにフランスからは遠いがしかし、一一月には、小麦の苗には危険な大出水がイングランド、パリ、オランダ、フランドル地方の南北両地方、ブラバント地方〔ベルギー中部、中心都市ブリュッセル〕（大増水）、ゼーラント地方〔オランダ南西部地方〕、フリースラント地方〔オランダ・ドイツにまたがる北海沿岸地方〕で洪水が起きた。一五三〇年一二月、オランダで洪水。[48] 一五三一年四月、オーバープファルツ地方〔ドイツ、バイエルン南部地域〕とアウブスブルク地方でも洪水。一五三一年五月、マイセン〔ドイツ東部〕、ザクセン〔ドイツ東部〕、エルベ渓谷、ドレスデン〔ドイツ東部〕で降雨。そして最後に七月にオランダ。多雨のため作物が腐った年、何も獲れなかった年である。一五三一年（より正確には一五三一年から一五三二年にかけて）の穀物価格高騰は、こうしたあちこちを移動する過度の降水によって説明できる。パリにおける穀物相場の上昇はときを置かず劇的だった。一五三〇年七月から一五三一年三月のあいだ、三から四トゥール・リーヴルであって、すでに廉価ではなかったが[49]、一五三一年四月に四トゥール・リーヴル、五月・六月は五から六トゥール・リーヴル、七月一日から八月二日にかけては六トゥール・リーヴルかときには七トゥール・リーヴルになった。この最後の数字は、対象にしている期間における最大値にあたり、一五三一年から一五三二年にかけて（一五三一年の収穫期後）の最も厳しくて危機的だった収穫後の期間の平均でも四・六七トゥール・リーヴルだった。一五二〇年から一五二一年にかけてと一五四四年から一五四五年にかけてとのあいだの期間における最高値の一二カ月（すなわち三一年七月から三二年七月まで）だった。

もちろん、これら一五二七年から一五三一年までの困難な年月のあいだ、すべての人々が常に飢えに苦しんでいたとまで主張するわけではない。貧しい人々はそのはるか以前から最大の被害者であり、この困難な六年のあいだにもそれほど厳しくはない時期もあったことは知られている。しかし、問題の六年間（一五二七年から一六三二年まで）は、ものごとをおとしめる言葉である危機という語によって特徴づけられるに充分値することには疑問の余地はない。一九六六年以来私は、急速に増加しつつあって、しばしば不足する食糧を求める人口をかかえる階級の存在によって生じる貧困者の問題[50]は一五二七年から一五三〇年頃に始まった、と指摘してきた。このとき以降、物乞いが増え、食糧不足もしくはそれに近い状態が繰り返し起こり、長期にわたるだけでなく周期的に起こる小麦価格の高騰ということが世に蔓延した。一例として、一五三〇年にヘンリー八世が、乞食は場合に応じて、拘束されるか、むち打たれるか、手足を切断されるか、縛り首に処されると定めた、文言上は残酷な法律を発布したことを思い起こそう。用いられている言葉はきついが、チューダー朝のイングランドでかならずしもこの法律に規定された体刑が実際におこなわれたというわけではない。だがそれでも、この条文は当時の時代風潮の特徴を示しており、貧困状態が深刻になりつつあるという事実が根底にある危機を表してもいる。こうした危機は気候によって全面的に説明されるにはほど遠い。危機はむしろ、増加しつつあるというか、すでに大増加を遂げていた西ヨーロッパの人口と、他方一時的に変調をきたして降水過剰となった天候との不調和によって起こったのである。天候が、農業にとって通常より有害になったためである。

　一五二六年から一五三二年にかけての危機、それはこの六年間を超えて危機として持続するものではなかった。なぜなら、一五三二年から一五三三年にかけての収穫後の期間以降一五六一年までのあいだ、多雨のために起きた深刻な食糧不足には見舞われなくなるからである。いやむしろ、すでに述べたように日照り焼けもしくは干ばつによる危機が何度かあった（一五二四年、一五四五年、一五五六年の不作）。一五六二年以降は反対に、天候は悪化してゆき、一五二六年から一五三一年の期間よりもはるかに長期におよぶ食糧危機がしばしば発生する。このことは、（宗教戦争とそれによる悲惨な状況が促進したのだが）一五六〇年以降の宗教紛争（それ自体がすでに多くの人命を失わせた）期に過度の降水（と霜害）による第一級の飢饉が発生したことを容易に説明してくれる。

＊

一五二六年から一五三一年のあいだの低気圧による気圧低下期の年収穫についての記述を終了するにあたって、ピエール・シャルボニエ〔現代フランスの中世史学者〕の重要な研究業績が、一五二九年春の降雨によってオーヴェルニュ地方に（おそらくは一五二八年の穀物不足を反映し、一五二九年の穀物不足を先取りする）飢饉が発生したことと、それに先立つ多少とも降水の多かった一五二一年から一五二二年にかけての食糧不足を確証したということを記しておきたい。そのほか、一五四五年にはクレルモンやパリにおける日照り焼けと干ばつによる食糧不足が指摘されているようである。[51] すべては順番にめぐる……。

第5章　一五六〇年以降

——天候は悪化している、生きる努力をしなければならない——

氷河の新たな伸張

われわれは、好天の一六世紀について、いわば「自分の地所をひとまわりみてまわった」。冷涼あるいは過度に湿潤な期間がいくつかあった(一五二一年の冬、そして特に一五二六年から一五三一年の六年間には春夏の期間に低気圧のせいで氷河がおおいに前進した)。とにかく、支配的印象は以下のようなものである。多くの好天の夏。ときには一五二四年、一五四五年、一五五六年のようにあまりに好天すぎて高温乾燥になって不都合な年もあった。だが、これらいくつかの場合を除けば、気候の良い季節に非常にタイミングよく小麦粒が成熟するという、穀物生育にとって非常に好都合な過程に適合した好天の夏が一般的だった。再度いうが、気候の良い季節という表現はまったくそのとおりだった! 穀物生育過程は、当然、まったく人為的な要件にもまた多く依存しているが、ヨーロッパは全般的大発展のさなかであり、地域的にみれば、一五世紀後半以降、厳密には一五六〇年まで、フランス王国は概して内部的平和状態にあった。全般的歴史は、気候的変動と、一時的に戦乱のない基本的には政治的な出来事という純粋に人間社会の変動との、こうしたおおよその時代的同時性について、気前がよくはないが、かといってけちというわけでもない。

アルプス氷河の復活

さてそれでは、本題の構成要素である、端数のない数字でいえば一五六〇年から一六〇〇年の期間の小氷期第二期の凍える局面に移ることにしよう。前章ですでに、最も優れた著者たちによる説得力ある分析を引用して、一六世紀の一〇〇年間における四つの基準となる季節について述べた。ここで今一度、一五六〇年以降の氷河の伸張（その気象的原因の観点から）と、特にアルプス山脈の諸斜面における「効力」の観点から一五八〇年、さらには一五九〇年以降の伸張を思い起こす必要がある。後年、啓蒙の時代（一八世紀）になるとベルンの自然学者ベルンハルト・フリードリッヒ・クーンは、彼の著書『氷河のメカニズムについての試論』〔*Essai sur le mécanisme des glaciers*〕（1787）において、自然の驚異的な革命があったと判断する。彼はまさに、その革命は一六世紀末頃に起きたと思われると述べている。その時期、「スイスとサヴォワ地方の氷河はその通常の境界を越えて発達し、耕地を少しずつ浸食していた」。クーン以降、この事態についてのわれわれの知識は非常に増加し、精緻になっている。一九六六年以降、私は自著『気候の歴史』において、以前はムージンが、それから私自身が収集した適切な文献資料をまとめた。[1] それらの資料は、一六世紀の最後の数十年間と一七世紀の初期の期間におけるシャモニーその他の氷河の攻勢を子細に物語っていた。実際、一五八〇年から、メール・ドゥ・グラース（「レ・ボワ氷河」）は、レ・ボワの村というよりは小集落に近接して、小氷期におけるその最大位置に近づいていた。一五八九年に、アラレン氷河は非常に下がってきてザース峡谷を塞いでしまった。一六〇〇年に、メール・ドゥ・グラースは、今日の氷河の先端より一キロ以上下流の地点に達した。アルジャンティエール氷河はといえば、モレーンもしくは「日々成長する」氷河自体で七軒の家を覆ってしまった。これらの家は、その建築年は不明だが、これらに関する文献資料を解説している氷河学者たちのいうように、少なくとも一世紀にわたる過去の成り行きを熟知していたこれらの家の建設者は今回のような氷河の侵入があっても安全であると考えていた、と想像することは理にかなっているといえる。メール・ドゥ・グラース、それも一六〇〇年から一六〇一年にかけての成果[2]に話をとどめると、一六一〇年の日付のある報告書についてここで述べることにしたい。この報告書は、一〇年ほど前に「氷の海〔メール・ドゥ・グラース〕」によって引き起こされた災害について以下のように振り返っている。「レ・

ボワ氷河という氷河［メール・ドゥ・グラース］は、それを見る者に激しい恐怖とおののき与えた。それはシャステラールの村と耕作地全体の大部分を破壊し、ボンヌヌイ［地元の方言ではボナネ］というもうひとつの小さな村をそっくり押し流した」（『気候の歴史』一九一頁）。

＊

アレッチ大氷河については〔付録4「アレッチ氷河の変遷」参照〕、かつて一三八〇年頃（前述参照）に最初の最大規模の伸張（本来の意味での小氷期との関連において最初であり、この伸張が小氷期の始まりを示唆していた。この小氷期自体は一八五九年から一八六〇年にかけての頃まで、標高を上げたり下げたりしながら持続することになる）を記録していた。一三〇〇年から一三二〇年以降開始されたこの一三八〇年の最大規模の「最初の伸張」（ゴルナー氷河においても同様である）は、それ以前の伸張（西暦一千年紀に記録された、その前の伸張）よりも一層前進している。その前のというのは八五〇年から九〇〇年にかけてのいわばカロリング朝期の伸張である。一三五〇年のアレッチ氷河の最大伸張は一三八〇年頃まで次第に増大し続けるが、これは、一二九〇年から一三〇〇年に始まって少なくとも八〇年におよぶ氷河の先端の前進の結果である。この一三八〇年という年代以後、アレッチ氷河は、一五九〇年から一六五〇年にかけてと一八二〇年から一八六〇年にかけて起きた周知の同様な最大伸張とまったく同じ様態を示すことが予感される。一三八〇年のアレッチ氷河の前進記録は、中世後期から近代を経て現代にいたる小氷期（一三〇〇年から一八六〇年までの小氷期）の、いわば（地域的）始まりの第一歩をなすものだった。一四世紀の最末期のアレッチ氷河は、そのあと後退し始め、さほど大幅ではないにしても後退は明確に一四六一年まで続いた（だがそれは、ルネッサンス後、すなわち一五六〇年以後の大前進時に一層遠くへジャンプするための一時的後退だった。このことについてはあとで立ち戻ることにしよう）。とにかく、アレッチ氷河は一三九〇年以降後退してやや上流の「位置につき」、一四五五年から一四六一年頃には、のちの一九三五年から一九四〇年の頃の位置に近い標高かあるいは山のもっと上方の斜面に身を置いた。それでもこの一五世紀半ば頃にはまだ、一九七〇年から一九八〇年頃に縮んでアルプスの高みにおおきく後退したアレッチ氷河の縮小してささやかになった位置よりも下流にとどまっていた。二〇世紀の末期に温室効果による否定的影響をおおいにこうむったと思われる、非常に浸食が進んで鳥の尻肉のように小さくなってしまった二〇〇一年のアレッチ氷河については語るまでもない。

先を急ぎすぎないようにしよう。年代的には、やっと一四五五年から一四六一年あたりまでできたにすぎないのだから。さてその後、一六世紀が近づく頃から世紀初めにかけて、「アレッチ」(話を単純にするためにこう呼ぼう)は一五〇五年の少し前に少々前進して、「一五一〇年に、その先端が前進したことによってオベリデリンという名の牧草地の灌漑用水路(木製)を突き破って破壊した」。この一五〇〇年から一五一〇年にかけての控えめな攻勢は、高くのしかかってはいたものの、一九二六年にこの氷河が占めることになる相当な(だが結局はそそり立つ高所ではない)標高を超えるものではなかった。一五一〇年という基準年以降の七〇年間の期間、アレッチは、一九二六年から一九三五—四〇年までの期間にもっとゆっくりと伸展するが、充分な高位置のあいだをいったりきたりするのだ。すなわち、一五一〇年から一五八〇年の期間のアレッチは、小氷期の最高潮期(一七世紀)と、のちの二一世紀初めの温室効果の現状において記録されるような極端な収縮状態との途中にある。

とにかくまだ、われわれは一六世紀にいるに過ぎない。一五六〇年代から気候変化ではないにしても気候のプロセスの変化があった。こういっても今回はいいすぎという程でもないだろう。この世紀の最後の四〇年間における寒冷化は、かなり一様な様相ではあるにしても、四季に応じて場合ごとに多様な足取りを示した。しかし四季節の年平均レベルでは、一五六〇年、さらに一五七〇年(Luterbacher, 2004)は、単純に指標としてみれば転換期だった。それ以降の四〇年のあいだ（一五六〇年から一六〇〇年まで）、「この四〇年間について計算された年平均気温は、一九〇一年から一九六〇年の期間の平年値よりも〇・五℃低かったのだが、その前の一五三〇年から一五六〇年までの三〇年間については一九〇一年から一九六〇年の期間の平年気温とほぼ同じであり、一五〇〇年から一五三〇年までの期間だけがこの平年気温よりも〇・三℃低かった」。また、氷河を増大させる降水量も、一五六〇年から一六〇〇年の期間は（一九〇一年から一九六〇年の期間に比べて）七・六パーセント超過しているのだが、一五〇〇年から一五三〇年の期間では四パーセントの超過であり、一五三〇年から一五六〇年については一パーセントの超過に過ぎない。気温が低めで降水量（標高が高いので雪）がより多くもたらされたというこれら二つの記録された事柄が、近代における氷河大伸張を開始させ、（一五六〇年から一六〇〇年にかけての大攻勢のあと）小氷期の壮麗な第二段階を現出させることになったのであり、この第二段階はその後一六〇〇年から一八六〇年まで、伸張と後退それぞれの方向に揺れ動くということがあるにしても、特に一六五〇年から一五八〇年にかけての氷河最大期以降（一六八〇年以後はアルプス氷河の短期的で穏やかな後退）たっぷり二世紀半にわたって続くのである。ところで、最大化の第一段階は一三〇〇年から一三八〇年にかけてだった。さて、ことに一五九〇年代の一〇年間に夏期の降水量が多かったこと（穀物生産にとっては非常に「制約的」、さらにいえば不都合である）は、一六世紀末から一七世紀初めにかけて氷河の最大化に貢献することになる。

そう仮定すると、おもに一五六〇年から一五七〇年の期間以後、それまでより降水が多くてより寒くなったことがアレッチのような巨大氷河の氷の再充填が上流から下流に向けて、つまり高所に位置する氷の供給池から下方の氷舌の最先端まで反映されるにはさらに数年、おそらくは二〇年ほどの年月を要したことだろう。事実、アレッチは一五八一年になってやっとその真の前進を始めるのである。だがその年からの攻勢は激しかった。

アレッチ氷河の氷舌端の前進

	全体的前進	年平均の前進
一五八一年から一六〇〇年	五六〇メートル増加	二八メートル
一六〇〇年から一六七八年	一〇〇〇メートル増加	一三メートル

アレッチ氷河は、一六〇〇年から一六七八年までの期間、一六世紀末よりも穏やかではあるが前進し続けたことがわかる。それはまさしく、他にも兆候はあるが、一七世紀の前半四分の三のあいだ非常に顕著な小氷期状態が（その内部ではいくつかの変動は避けられないにしても）執拗に持続したことの指標である。グリンデルワルト山麓の氷河もまた証言をもたらしてくれる。この小氷期は、一六〇〇年以降、一七世紀初期のあいだ、気温の冷涼もしくは低温の度合いの点で夏期よりも冬期のほうが寒かった。[3]

＊

今述べたグリンデルワルトの「山麓氷河」はすでに、ルネッサンスとフランスの宗教戦争の時代の気候指標としてその力量を示していたことを記憶にとどめておこう。

実際、一五三五年にこの氷河の氷舌端は、サント＝ペトロニユの礼拝堂という遺跡によって位置を標定すると、一九二〇年にこの同じ氷河の先端が占める位置の「三〇〇もしくは四〇〇メートル下方に位置していた」。この一九二〇年という年は、年代的にすでに小氷期の外であり後世に位置するが、それでも氷河の大々的な後退期に合致しているわけでは決してないということを考慮しよう。グリンデルワルトの一五三五年は、一九二〇年よりも氷河が伸張していて、すでにしっかりと小氷期のなかに位置しているということである。それから、一五三五年以降、一五三九年頃に少々の前進（?）がみられた。次いで一六世紀のまんなかの三分の一の期間の、夏期が比較的温暖で氷河の発達を妨げる氷河消耗のはげしかった数年間におそらくはある程度の後退があった(Luterbacher, 2004)。それらの年のうち一五四〇年は「極端に暑かった」[4]！ しかしここでもまた、重要なのは一五八一年から一六〇〇年にかけての氷河の力強い前進である。これにより、すでに比較的前進していたグリンデルワルトの下方氷河が一五三五年の位置から五六〇メートル前進した。シャモニーにおけると同様、農家の納屋その他の建物が、物を押し潰すこうした途方もない攻勢の犠牲になり、その結果、同時期における他の類似の氷河と同じく、一六世紀の最終期からこの大氷河が巨象のように膨大であることを宿命づけた。この状態は、一六四〇年から一六四三年頃、いやその先まで、一七世紀の前半中変わらないのである[5]〔付録2「グリンデルワルト下方氷河（スイス）」参照〕。

*

ローヌ渓谷の氷河については、一五四六年の日付のあるセバスチャン・ミュンスターの文献について私が一九六七年以来提唱していた分析が、その後スイスの氷河学者たちによってなされて、全面的に肯定され増補された[6]。一五四六年、ローヌ氷河はすでに非常に発達しており、おおまかにいって一八七三年から七四年にかけての氷舌端の位置を占めるかもしくはそれよりも少し前方にあった。それでもまだ、一八五六年の史上最大の位置よりは数百メートル後方にあり、当然ながら一五九〇年から一六〇〇年にかけての位置よりも後方だった。実際、モレーンのというよりはそのなかに巻き込まれていた化石化した樹木の年代測定によって、一五九〇年から一六〇〇年以降に一五四六年の状態よりも明らかに発達していたローヌ氷河の前衛の位置を確証できる。それは一六世紀の最後の三分の一の期間の常態化した氷河伸張であるが、このローヌ渓谷においては、グリンデルワルトやシャ

モニー……あるいはクルマヨールほどには文献史料によって正確な位置を確定することはできていない。(7)

ブドウ園の記録

氷河と気温あるいは降水量による推定の他、一五六〇年前後については、一六世紀の気候の全体的変動についてのもうひとつの総合評価がブドウの収穫日から得られる。(まず)われわれが手にしている一三七二年から一五五九年までの世紀を超えたブドウ収穫学のデータ時系列は、長期にわたってほぼ安定していることがわかっている。一三七二年から一三八九年までの期間の初期は、ディジョンでは平均してグレゴリオ暦の九月二一日にブドウの収穫がおこなわれている。一五四〇年から一五五九年の期間については平均九月二四日である。これら二つの期間の差異は、一六世紀中頃は一四世紀末に比べて三日遅れだが、少しも重大ではない。ファン・エンゲレンによれば、対象となっている一三七〇年から一三八九年と一五四〇年から一五五九年のそれぞれ二つの二〇年間はどちらも、冷涼から暑い期間へと移行する「平年並みの」春夏の年のカテゴリーに含まれており、小氷期の影響を特に強く受けているわけではない(本章参照)。さらに、気候に恵まれたフランス・ルネッサンス期(一五四〇年から一五五九年)のブドウ栽培者たちは、より上質なワインを手に入れるために少し遅れて(二、三日遅く)ブドウを収穫したようなのだ。市場の状況はフランソワ一世とアンリ二世治下なので、消費者は、シャルル六世の時代の人々はまだ求めることのなかった水準にまでワインの品質に厳しい要求を突きつけたからである。シャルル六世の時代の人々は、周知のように戦争と兵隊の乱暴狼藉によって引き起こされた諸問題に長年苦しめられ、宗教戦争前の好天の一六世紀を特徴づける非常に「豊穣な」経済状況に比べてずっと惨めな状況しか味わうことができなかった。気候に関する「人為的」という人間の意向にもとづく行為は、すでに顕著になっていた

年	9月1日から数えたディジョンにおけるブドウの収穫日の平均日数	ディジョンにおけるブドウの収穫日を同じくする年の数
1490-1499	30.2	9
1500-1509	24.6	10
1510-1519	31.1	9
1520-1529	21.0	6
1530-1539	25.4	9
1540-1549	22.2	6
1550-1559	24.9	10
1560-1569	30.6	8
1570-1579	28.4	9
1580-1589	29.2	10
1590-1599	27.7	10
1600-1609	28.0	10
1610-1619	25.8	10

出典：A. Angot, 1883 [= 1885], pp. B42-B44
（1540 年については、あまりにも遅すぎるため、明白に誤った日付として考慮しなかった）

気候の影響の上に重なって、おそらくこの場合、後世にブドウの収穫を意図的に遅らせるときと同様、一八世紀におけると類似した方向への役割を果たしたのである。

*

一六世紀に関するこの研究の現段階で、ブドウの収穫日についての世紀内あるいは一〇年単位相互の変動についてここで少々述べておきたい。上の表は、ディジョンにおける一〇年ごとのデータである。

一五六〇年から一六〇九年までの五〇年間はかなり明確に他と異なっている。ブドウの収穫が遅く、春秋が冷涼で、諸指標がわれわれのブドウの収穫日についての総体的グラフ（LRL-Demonet, 1978）における一五六三年から一六〇一年の期間に類似している。一五〇〇年から一五五九年までの期間、平均して九月二五日にブドウの収穫がおこなわれているが、一五六〇年から一六〇九年までの期間は九月二九日である。四日遅く、（春夏の）氷河の消耗はさほどではなかった。一六一〇年からもっと早期のブドウの収穫に戻る。もちろん平均である。一五〇〇年から一六〇〇年までの期間の年ごとのグラフを子細にみると、一五六〇年以降の様態の変化は非常に暑い春夏が最も少なくなっていることに由来していることがわかる。この年以降（一五〇〇年から一六〇〇年までの期間）、高温の春夏は出現しなくなる。この方向へのさらなる原因はまた冷涼な春夏の数が最大になることでも強められる。

＊

一五〇〇年から一六〇〇年さらには一六一〇年までの期間にこうして挿入されるブドウの収穫の顕著な遅れは、一三八〇年から一五五九年の期間そしてもっとのちの一七三〇年から一八四〇年の期間にもう一度ディジョンで記録される、軽微な収穫の遅れとはおそらく性質の違うものだろう。これら（一五世紀から一六世紀と一八世紀から一九世紀の）一世紀を超える二つの期間においては、人間の都合に起因した長期にわたる、部分的には人為的な収穫の遅れである。消費者の味覚が洗練され、（まずルネッサンス期、そして一九世紀へと続く啓蒙の時代という）好状況に恵まれた時期の、長期熟成させたブドウの実から上質なワインを作りたいというワイン業者の欲望が原因なのだ。それに対して、一五六〇年から一六〇〇年の期間は、経済にとって非常に不都合で、経済を破壊しさえする宗教戦争のさなかだった。さらに、一六世紀のブドウ収穫の遅れは結局のところ、シャルル九世の治世からアンリ四世の治世、すなわちヴァロワ朝末期からブルボン朝の開始までの四〇年間（一五六〇年から一六〇〇―一〇年まで）しか続かなかった。問題はもちろん気候である。なぜなら、一六一〇年さらにはもう少し前からその後数世代にわたって、ブドウの収穫日の平均は（常にではないにしても）しばしば、気象論理からして、一六世紀前半の比較的早熟な日付に再び戻るからである。一五六〇年から一六〇〇―一〇年までの非常に特殊な晩成の期間は、小氷期の四〇年間の突然の高揚、気候的に特異な期間として際立っている。この突然の高揚はまた、アルプス氷河の顕著な攻撃的膨張となり、一五九〇年から一六〇〇年さらには一六〇〇―一〇年にかけての期間、結局それは次第に明確になる。

低（あるいは高）品質のワインについてのデータ時系列もまた参考になる。質が悪く酸っぱくてさらには酸化したワインの生産年はおのずからその裏に、冷涼な夏の傾向を示しているということである。

＊

もうひとつ事態を確認してくれるデータがある。それは、幸いにも数値化できるブドウの収穫日から得られたファン・エンゲレンの夏の指数である。しかし、「質的評価」にやや傾きすぎているのでおそらく、単純なブドウ収穫学よりも複雑で情報過多な指数だといえる。だが、そうだからといって誰が非難できようか。

ワインの低品質度の 10 年単位の指数

年	指数	年	指数
1453-1462（年）	＋ 30	1543-1552	－ 39
1463-1472	－ 3	1553-1562	－ 2
1473-1482	－ 34	**1563-1572**	**＋ 18**
1483-1492	＋ 16	**1573-1582**	**＋ 18**
1493-1502	－ 21	**1583-1592**	**＋ 12**
1503-1512	－ 27	**1593-1602**	**＋ 26**
1513-1522	－ 18	1603-1612	－ 15.2
1523-1532	－ 6	1613-1622	－ 14
1533-1542	－ 24		

逆説的だが、プラスの数値はワインの低品質度を示し、マイナスの数値は高品質度を示していることを思い起こそう。

もちろん、この表の基本データ（Karl Müller, *Geschichte*.., 1953, p. 188sq.）は概略的で、ときには不確実なこともある。これらのデータは、1563 年から 1602 年までの期間について、ひじょうに明確なトレンドを浮かび上がらせるとともに、ブドウの収穫日とアルプス氷河が同時に（はるかに精密な方法で）示している再寒冷化への傾向を特に他のものとは独立しておおまかな方法で証明する度合いに応じてしか価値を持たない。

ファン・エンゲレンの指数は、一五三〇年から一五五九年までの期間については五・二（平常）であり、一五六〇年から一五九九年までの氷河発達期前の四〇年間については四・四五（やや冷涼）水準、そして一六〇〇年から一六一九年までの二〇年間については四・七（平常の「区分きざみ」の下方ではあるが、平常）である。次頁にこれら一〇年ごとの指数の詳細を挙げる。

＊

この表をひとわたり眺めたうえで、一六世紀の最後の四つの一〇年間における大幅な冷涼・寒冷化のおおきな

夏についてのファン・エンゲレンの指数

対象となる10年間	指数	
1530-1539	5.7	「好天の16世紀」の終わりのこれら3つの10年間の平均は5.2＝「平常」（ファン・エンゲレン独自の指数に対応した分類による）
1540-1549	4.5	
1550-1559	5.4	
1560-1569	4.3	あらたな超小氷期への気候的入り口の4つの10年間。平均指数は4.45＝やや冷涼（ファン・エンゲレンの分類）
1570-1579	4.8	
1580-1589	4.1	
1590-1599	4.6	
1600-1609	4.7	平常化した小氷期の最初の2つの10年間（17世紀初め）。平均指数は4.7＝平常だが、まだやや冷涼にひじょうに近い。
1610-1619	4.7	

出典：*History and Climate*, 2001, p. 112.

気候変動と氷河学の研究成果から知られる小氷期の昂進をどのように説明しようか。かなり後年の一七世紀末の期間については、現代の気候学者たちは、多少とも成功裏に、一六九〇年代の一〇年間の大寒冷気候をマウンダー極小期（ルイ一四世治世下に含まれるこの一〇年間における太陽黒点数の顕著な減少）によって説明しようとする。一七世紀における太陽と地球上のある種の気候的状況との、この非常に特別な関係が完全に証明されたというにはほど遠いにしても、それでもなお、一六九〇年代（の夏）についてと一六四六年から一六八四年までの期間（の冬）については、考えうる、さらにいえば納得できる説明要件である。それに対して一六世紀の最後の四〇年間については、太陽の「恒常性」と太陽の熱放射の起こりうる範囲内の現象的変動並びに一一年という通常の周期とは別な太陽黒点の増減変動は、今日知られている限りでは、事実として生起した一五六〇年以降の厳しい小氷期へと向かう因果関係を証明できるようなものではない。こうした小氷期激化に導くような本来的に地球上の要因はといえば、はるか後年の一八一六年にインドネシアのタンボラ山の爆発的噴火（一八一五年四月）後のように、火山灰で地球を覆って一時的に気候を寒冷化させた火山噴火のせいだといわなければならないのだろうか。実際、一五三五年から一五八五年のあいだ、それまでよりやや活発な火山活動による火山灰と冷涼化の影響があったようだが、信頼できる研究者の見解によれば、[8]こうした火山活動と一八六〇年以降の小氷期との関係は年代的観点から非常に曖昧でほとんど証明できないままである。それでは、気象学上の「促成栽培」的な観点で、一五六〇年以降寒冷化に向かう長期間の純粋に地球的な他の因果データ系列を参照することができればいいのだが。そうしたデータ時系列のうちに北太西洋の深層水の温度変化が挙げられるのではないだろうか。こうして、地上から海中へ、いやむしろ大気中から海中へ、そして大気の因果関係から海中の決定条件へと導かれることになりそうである。謎の解明は場所の変更にすぎない。すなわち、解答は北太西洋振動[9]の変動のなかにあるのではないだろうか。そして実際、期待をいだかせる結論がこの分野におけるいくつかの研究から導き出せるようである。(「文系で」そのうえ農村を専門としている)歴史学者はこれらの問題について意見を表明するには不利な立場にある。最も簡単なことは、こういう場合には気象学とか海洋学とかの専門分野の、より精密な(Luterbacher, 2004)見解や判定を待つことである。

＊

定義からして三カ月間であるが故に必然的に部分的である季節的なデータのほか、一年もしくは少なくとも三月から九月か一〇月までの長期にわたる植物生育期についての概観が、一六世紀に関して、またしてもブドウの収穫日から得られる。このデータは、種子が生育する時期である春と夏の気温と、場合によれば(晩成の年には)初秋の気温(?)を多少とも反映している。ブドウの収穫日は、すでに指摘した寒冷化と完全に「ぴたっと合っている」。寒冷化は、一五六〇年代から記録され始め、一六世紀の最末期(さらにはそれ以降)まで続いた。この寒冷化は、小氷期の第二番めの絶頂期（一五六〇年から一六〇〇年、そして一七世紀の大部分）にあたっている。小氷期の最初の絶頂は一三〇三年から一三八〇年までと記録されている。

ブドウの収穫日の動態をよりよく説明するために、いったん季節的分析に立ち戻ろう。西ヨーロッパと中央ヨーロッパの春は一五六〇年代からはっきりと寒冷化（春としてはことに寒い）したことはすでにみた。そして、一六〇〇年さらには一六〇九年まで、春については同じだった。一五六〇年以降のすべての一〇年間は、同じようなものかまたは顕著に冷涼だった。一五五九年以降の寒冷気候への転換は、夏についてもやはりこの世紀の末まで明確だった。[10]秋のほうは、一五六五年から寒冷化して、一五九〇年代になってやっと幾分暖かくなる方向への少々の改善がみられた（これに関しては、この最後の時点で秋は別の動きをすることになる。なぜなら、一五九〇年代は冬春夏の三つの季節では寒く、したがって「氷河に好意的」だったからである）。ブドウの収穫は一五九〇年代には最も遅くても九月末から一〇月三〇日（新暦）のあいだにおこなわれたので、「初秋のこと」だから、秋はほとんど重要でないという人もいるだろう。だが、この一五六〇年以降の冬夏秋の（寒冷気候に向かっての）同一歩調はなにかしら印象的であり、一六世紀の最後の四〇年間のブドウの収穫の遅れ（と氷河の前進）を十全に説明するに充分であることに変わりはない。数多くの寒い冬とおそらくは大雪との同時襲来によって氷河の前進は「増幅された」のである（Shabalova and Van Engelen, *art. cit.*, 2003, p. 233, graph. « LCT Winter »）。この五〇年にわたるブドウの収穫の遅れ（端数のない数字で一五六〇年から一六一〇年まで）は、実際一五六〇年から非常に明確で、特に一五六三年からは春と夏、さらには秋の冷涼化が原因であることをいっておこう。それは、もちろん変動を伴いながら、完全に消滅することなく、それどころかその後ずっと一六〇一年まで続くことになる。

一五六二年から一五六三年にかけての「飢饉」

さてそれでは、人間の歴史、短い歴史のことである。寒冷傾向であってグリンデルワルトとシャモニーの諸氷河の最後の最盛期にいたるまで氷河にとって好適であった四〇年のあいだに起きた、一五六〇年以降の大食糧危機は小氷期に、もっと正確にいうとこの小氷期の絶頂を準備する気象要件に結びついているのだろうか。もちろん、小氷期の絶頂とそれを準備する気象要件がなくても、宗教戦争とヴァロワ朝の末期状態と歩み始めたばかりのブルボン朝初期といった外部的要件が絡んだあの時期には、ひとつあるいはいくつかの食糧難、すなわち食糧不足さらには飢饉くらいは起きたことだろう。だがその背景、その「様態」はおそらく異なっていたことだろう。そのようなわけで、この「様態」について自問自答してみたいと思う。そうするためにもう一度、われわれの認知の「テント」をパリ盆地の中心に張ることにしよう。この広大な地域、拡張すればロワール川沿岸の南部地域までをも含む地域における気象・食料市場価格表と穀物に関する文献記録がほとんど完璧に残っていることがわれわれをこの企てへと誘うのである。

ボランとムヴレによって作成された非常に精密な年表によれば、この種の最初の食糧不足は、一五六二年の不作によって生じた一五六二年から一五六三年にかけてのものである。食糧不足はイングランドでもみられ、一五六二年から一五六三年にかけての収穫後の一年間には小麦と大麦と麦わらの価格が高騰した。そしてまたこの期間には同時に、(イングランドの)死者の数もおおきく増え、結婚数と妊娠数が減少した。[11] 英仏海峡の北と特に南におけるこれら厳しい事態の進展は、第一に、湿潤で作物を腐らせる冬……そして低気圧に支配された夏の結果である。事実、一五六二年一月にロワール川とメーヌ川〔ロワール川の支流〕沿岸地域で大洪水が起こった。[12] これについて雨量学者のモーリス・シャンピオンは、ルヴェのアンジュー地方の情報豊かな日記を以下のように引用している。一五六一年、「聖カトリーヌの日［一五六一年一一月二三日、すなわち新暦で一二月三日］に雨が降り、[13]［一六五二年］一月まで降り続いて大増水を起こしてアンジェの全橋を超えて流れた」。この洪水はロワール地方で激しかった。というのも、ブルノがいうように[14]「哀れなソミュールの街［ロワール川渡河地点の標高三〇メートルに位置する都市］は大被害をこうむっている。一月［一五六二年］に市内の中小河川が恐ろしく増水して、街の近くでロワール川の堤防が切れて、市街近くと近郊で二つの木造の橋が水に押し流されたからだ[15]」。セーヌ川流域でも同様だった。シャンピオンは以下のように述べている。「一五六一年、九月末に雨が降り始めた。雨は、短期間少し霜が降りたほかは、間断なく二月まで降り続いた。トロワの近郊全域がこうした悪天候の影響を受け、住民たちは水没した家をうち捨てなければならなかった。街の近くのセーヌ川の水が達した範囲外の、干拓された泥炭質の沼地に位置する場所は、何カ月も水に覆われていた。ノートルダム＝デ＝プレとモンティエ＝ラ＝セルの大修道院はお互いに吊り篭を使って行き来した[16]」。続いて一五六二年の夏のほうは、その「好季節」（!!）のあいだじゅうずっと気圧が低くて、温帯低気圧が発生した。プロヴァン［パリ南東方の都市］の街と田園について主任司祭アトンに発言の機会を与えよう[17]。この聖職者は以下のように記している。「今年［一五六二年］は、ブドウの木が六年前以前と同じくらい豊かにブドウの実の房をつけた。そしてブドウの房は四月、五月、六月と見事に長く伸びて、六月にはほとんど一ピエ［中世の長さの単位。三二・四八センチ］以上になった。それらの実が花をつけようとする頃、人々は、今年はたくさんのワインが採れるだろうと期待して大桶や発酵槽や樽を底まで念入りに点検しておいたほうがよかろうと思っていたのだが、地上のすべてを統べたもう主は、そうなることをお許しにはならなかった。夏に入る六月の初めから、季節は最悪になった。冷たい雨が降り続いて大地の御宝がすべて失われる事態を引き起こしたのだ。夏のなかば以降は春とは違って気候は悪くなった。春は、その初めから暑さを恵み、そうして大地の御宝の生長を早めた。ところがその後、ブドウの木が花をつけ始める頃には大地はその様相を露わにし、木も実も次第に悪くなっていって、予想していた半分の収穫しか得られないほど悪化した。雨と雪が雨は降り続き、毎日が凍えるほど寒く、六月二四日の洗礼者ヨハネの祝日には雨と雪が一緒に降った。その日は一日中、あまりにも冷たくて、衣服を着込んでも寒くて街路や戸外に長く居続けることはできなかった。寒さでブドウの木は強い寒気に耐えられなくて、身体を温めるために家の中で火をたかずにはいられなかった。寒さでブドウの木は大打撃を受けて三分の一しか残らなかった。小麦も今年は開花期にこの冷たい雨に遭ったために同じようにおきな打撃を受けた。かなり実をつけはしたのだが［特にカンブレー地方では。一五六二年についての以下の記述参照］、畑で発芽してしまい、収穫時には不作となって、好天時のようには小麦粉をもたらさなかった。今年は季節がまったく変わってしまった。春の好天は冬に訪れ、春に夏が来て、夏に秋が来て、秋に冬が来た。ほとんど一年中、河川の水量は多くてあふれ、夏は水量が冬よりも多かった。人々はセーヌ川からかなりの量の干し草を引き上げて平原に集めたが［イングランドでも同様だった］、ほとんどは引き上げられず乾かせなかった」。（雨が多くて）干し草のよくできた年に豊作はない〔ことわざ〕……。実際、一五六二年に穀物と小麦粉の欠乏で食糧難が発生し、この食糧難はボランとムヴレが入念に調整した地震計[18]〔比喩的表現か？〕によって記録されている、この二人の研究者が一五四七年から一六二〇年まで、もっと精確には一五六一年から一五九二年のあいだに起きた非常に精密な基準にもとづいて厳密に判定した、この種の五つの大食糧難のうちのひとつである（これに対して、一七世紀初めはこの観点からすれば非常に平穏である）。

しばらく一五六二年に歩をとどめよう。この年以前から小麦価格は、一〇年以下の中期的期間幅の枠内で穏やかにではあるが一貫して上がり続けていた。すなわち、「最低価格の」収穫後の一年間（一五五七年から一五五八年、一スティエにつき三・四四トゥール・リーヴル）から、一五六一年から一五六二年の収穫後の一年間（一スティエ五・四三トゥール・リーヴル）まで。それが、一五六二年から一五六三年にかけて（不作のあとの収穫後の一年間）七・八〇トゥール・リーヴルに突然急上昇し、その後、一五六三年はある程度の収穫量に恵まれたのを受けて、一五六三年から一五六四年にかけて四・三三トゥール・リーヴルに下がった。これらの数字は、一見したところさほど衝撃的ではないが、現実には週単位あるいは月単位という非常に短期間においては極めて劇的な展開である。一五六二年一月三日から六月までの期間の最高値[19]はまだ一スティエ五トゥール・リーヴルにすぎなかった。次いで、一五六二年七月から九月までが六トゥール・リーヴル（直近の不作の心理的インパクト）、一〇月から一一月までが七トゥール・リーヴル、一一月から一二月までが九トゥール・リーヴル、そして一五六三年七月一〇日までは週によって九トゥール・リーヴル、八トゥール・リーヴルあるいは七トゥール・リーヴルだった。明らかに一五六二年夏の穀物欠乏が、次の（一五六三年）夏まで一時的に経済法則を課したのであり、翌年の夏が結局、一五六三年のまあまあ良好な収穫によってある程度の豊富さを確保したことによって負債を返済することになる。こうした、とにかく変動の激しい価格の上昇曲線のそれぞれの次元で、貧困とペストがいつもの二重唱にふけり、このような状況では常のことであるが、お互いにエレベーターを戻してくれた借りを返し合った。もう一度、卓越した目撃証人である主任司祭アトンの話に耳を傾けよう。「ほとんどフランス全域にただよう腐臭。全能の主はその怒りをフランスに示そうと望まれ、すでに述べた戦乱に加えて、一年の季節がひっくり返って大地の御宝が減少して穀物価格の高騰が予見されるが、そのうえさらにもうひとつの災いがはびこるのを許される。腐臭ただよう疫病のせいでフランスのほとんどすべての街に死の影が訪れ、それらの街の住民の数をおおきく減らして人口減少を引き起こす。特にパリではこの病がまる一年以上続いて二万五〇〇〇人以上が死んだそうである［fol. 201 v°. du *Journal d'Haton*］。この疫病が広がったのは、パリ、ポントワーズ、ジゾール、ルーアン、ボーヴェ、モー、コンピエーニュ、ラ＝フェルテ＝スー＝ジュアール、シャトー＝ティエリ、ソワッソン、ランス、シャロン＝アン＝シャンパーニュ、トロワ、シャティオン＝スュー＝セーヌ、ラングレー、ディジョン、トゥルニュ、シャロン＝スュー＝ソーヌ、ボーヌ、マコン、リヨン、ラ＝シャリテ、ブルジュ＝アン＝ベリ、ジアン、オーセール、サンス、ブレ、ノジャン＝スュー＝セーヌ、ムーラン、コルベイユ、エタンプ、オルレアン、トゥール、ヴァンドーム、ポワティエ、ラ＝ロシェル、ムーラン＝アン＝ブルボネ、サンセール、ヴェズレー、モンタルジである。そしてフランスの他のすべての街もほぼ同様だった。プロヴァンは今年はこの疫病を免れたが、前にも述べたように去年は少々動揺した。田舎に行くのは非常に危険なことであるし、この病気がはやっている村や街で住むところをみつけることは極めて困難だ。この病気は今年の聖レミの祝日のあとまで続いた」。

それまで少しずつ広まっていた（以下のプロヴァンの場合を参照）このペストは、一五六二年の食糧危機のとき、すなわち一五六二年から一五六三年にかけての収穫後の一年間に一挙に流行する。[21] それからこの期間のあと沈静化するが、一五六七年さらには一五七〇年から一五七一年にかけてからやっとおさまる。ビラバン博士の「多数の都市の」リスト[22]はこの点について雄弁に物語っている。ペストは以下のように猛威を振るった。

一五五八年　アミアン、サン＝マロ?、トゥールーズ
一五五九年　アミアン、サン＝マロ、トゥールーズ
一五六〇年　アミアン、カルカッソンヌ、ドラギニャン、パリ、レンヌ、トゥールーズ
一五六一年　アミアン、クロミエ、オルレアン、パミエ、パリ、ペルピニャン、トゥールーズ
一五六二年　アジャン、アミアン、アンジェ、シャロン＝スュー＝マルヌ、ディエップ、レクトゥール、リズュー、ムーラン、ナルボンヌ、オルレアン、パミエ、パリ、ペルピニャン、トゥールーズ、トロワ
一五六三年　アジャン、エクス、アンジェ、オーリアック、ボルドー、ブローニュ、カストル、シャロン＝スュー＝

マルヌ、クレルモン＝フェラン、アスパリオン、レクトゥール、ル・アーヴル、リモージュ、ルーダン、マルセイユ、モーリアック、ミュラ、ナント、ヌヴェール、ペルピニャン、レンヌ、ロデ、サン＝フルール、サン＝ジュリアン、サン＝マロ、サン＝ティリエ、サルラ、ストラスブール、トゥールーズ、トロワ

一五六四年　エクス、アミアン、オーシュ、アヴァロン、ブール＝アン＝ブレス、ブローニュ、シャロン＝スュー＝マルヌ、シャロン＝スュー＝ソーヌ、シャンベリー、ディエップ、ディジョン、ガップ、グルノーブル、イソワール、リモージュ、リヨン、ル・アーヴル、マコン、モンベリアール、モンテリマール、モンペリエ、モルレ、ヌヴェール、ニーム、ペロンヌ、カンペール、レンヌ、サン＝ジャン＝ドゥ＝モリエンヌ、サン＝マロ、サルラ、サンス、ストラスブール、トゥールーズ、トロワ、ヴァランス、ヴィトレ

一五六五年　アノネ、オーシュ、ボルドー、ブール＝アン＝ブレス、シャロン＝スュー＝ソーヌ、ドール、ガップ、グルノーブル?、リヨン、マコン、モルレ、カンペール、リオン、サン＝フルール、サン＝ジャン＝ドゥ＝モリエンヌ、トロワ

一五六六年　オータン、アヴァロン、アヴィニョン、ボーヌ、ブール＝アン＝ブレス、シャンベリー、ショーモン、ディジョン、マコン、パリ、ルーアン、サン＝フルール、トロワ

一五六七年　オータン、アヴァロン、ボーヌ、ディジョン、マコン、パリ、トロワ

一五六八年　アンジェ、アルマンティエール、オーセール、アヴァロン、ブザンソン、ナント、パリ

一五六九年　オーセール、アヴァロン、ブザンソン、カストル、ガップ、ナント

一五七〇年　アヴェーヌ、ガップ、ナント

一五七一年　アミアン?、カンブレー、ヴァランシエンヌ[23]

年	前掲一覧表によるペストに汚染された都市数
1558	3
1559	3
1560	6
1561	7（停滞）
1562	15（2倍増、飢饉と同時か？）
1563	30（さらに倍増、飢饉と同時か？）
1564	36（ペストの緩やかな流行拡大）
1565	16（流行縮小）
1566	13
1567	7
1568	7
1569	6
1570	3
1571	3（1571年に最低になり、1572年から「再びペスト流行は上昇に向かう」）

前掲の地理・年次一覧から得られる数字は、ペストによる災禍の急速な拡大とそれに続く頂点について事態を彷彿とさせる。

飢饉、いや一五六二年から一五六三年にかけての非常に食料が欠乏した期間は、ご覧のように、ペストの悪影響を受ける都市、いやむしろ汚染された都市が一五六一年（一五六〇年にはまだそれほどではなかった）の七から一五六二年の一五そして一五六三年の三〇へと増える過程で、誘因としての、あるいは少なくとも勢いを強める役割を果たした。その後ペストは、ずっと勢いを弱めはしたものの（「拡大の減速」）、マイペースで一五六四年に拡大を続け、一五六三年から一五六四年にかけてと一五六四年から一五六五年にかけて再び減速して……それからまた上昇するかもしれない小麦価格とは関係のない動きだった。

厳密に数量的観点からすると、この場合それが重要だといわなければならないのだが、死者が最も多かったのは一五六三年、穀物価格の非常に急激な上昇の影響とペストの影響が一緒になったときである。ビラバン博士による基本ブラフの推移をみると、一五六三年は一五六〇年から一七九〇年の期間におけるフランスにおける死亡者数が最も甚だしい頂点に達した時期であることがわかる。それは、「膨大」といえる、一六九四年の死亡者数の最大値を上まわっているのだ。ここでさらに、一六九一年から一六九五年までの最大死亡者数を挙げておこう。

一六九四年の死亡者数最大値をそのうちに包摂しているこの期間に、フランスは、慣例的に考えられている六角形のフランス本土の国境の枠内で、一直線に急上昇する死亡者数とそれに付随する出生数の減少によって一七一万七〇〇〇人の住民を失った。ところで、「フランスの」（すなわち「六角形の本土国境内の」）人口は、一五六一年には一六九一年の人口とほぼ等しかった。したがって、一五六二年から一五六三年にかけて「食糧不足・ペスト」複合は、死亡者数の増加と出生数の減少によって、ほぼ百万人に相当する、いやあるいは一七〇万人（？）「近くの」フランスの人口減少を引き起こしたと考えられる。故に、この一五六二年から一五六三年にかけての「気候・飢饉・ペスト」複合は、その結果として膨大な死亡者を発生させた、わが国の社会史において第一級の重要度を持つ出来事なのだが、わが国の優れた歴史学者たちから非常に過小評価されてきた（後出の注（37）参照）。歴史学者たちは、シャルル九世と母后が一五六四年から一五六六年にかけて民衆の声に耳を傾けるためにフランス全土をめぐった魅惑的な旅のほうにより多くの関心をいだいており、また誰もそのことで歴史学者たちに不満をいだかない。民衆はその直前、この若き国王の「大周遊」に先だって大量に死亡してしまっていたことは結局忘れられてしまった。今日（この仮定はいかにも現実味があるが）、一六世紀から一七世紀までと二一世紀初めとのあいだに総人口が三倍になっていることを考慮して、わが国で三百万人もしくはそれ以上の最大死亡者数を生じさせるような人口上の大災害のほとんど直後に、トゥール・ドゥ・フランスやパリ・ダカールに報道の肝心部分を捧げるような新聞やメディアを想像してみる必要があるだろう。

もちろん、これらについては、一五六〇年に勃発した一種の内戦を考慮に入れる必要がある。内戦は一五六三年三月一七日にアンボワーズの和平で……暫定的におさまるが、だからといって、飢饉とペストの危機によって引き起こされた死の波が、その後の九カ月のあいだ、それ以前より一層激しく押し寄せてくるのを押しとどめることはまったくできなかった。大兵乱期（百年戦争、宗教戦争、フロンドの乱）に実に頻繁にそうであるように、気候・飢饉・ペスト・戦争複合があって、小氷期の（まさにこの場合は小麦栽培に不利な）気候状況が、自分に与えられた役割を果たしたのである。伝染病そして初期には戦争[26]といった第三、第四の影響とみずからの影響とを組み合わせたので、気候は単独で演技したのではけっしてないのではあるけれども。

ともかく、一五六一年から一五六二年にかけての気象（一五六一年から一五六二年にかけての冬、一五六二年の春、一五六二年の夏は極端に湿潤だった）は、一五六〇年代から準備され、一五九〇年から一六〇〇年頃にピークに達する氷河の前進にぴったり合っている。平地と高地の国々での非常に湿潤な冬、それは山岳地帯の高度においては著しく雪の多い冬であり、氷河の涵養に貢献して、その後の氷舌は伸張する。作物を腐らせる多雨な春と夏はしたがって冷涼で、これらの氷河の溶融すなわち消耗はない。これは引き続く年々に生ずる他の氷河伸張への貢献のうちのひとつでもあり、生成時の氷河の伸張と三、四〇年後に起こることになるアルプス氷河の氷舌端が次第に伸びて最大になるのに貢献する。

一五六五年から一五六六年にかけての食糧不足

ペストに加えて、一五五〇年から一八〇〇年までのあいだでフランス最大の一五六三年の死亡危機[27]と時期を同じくする一五六二年から一五六三年にかけての食糧難によって、通常を上まわる死亡者数が一〇〇万人に達した、あるいは一〇〇万人を超えたのだろうか。この非常に過酷な二年間のあと、小麦価格のデータによって、さらに四つか五つの文字通り主要な食糧危機を挙げることができる。それは、一五六五年から一五六六年にかけてと、一五七三年から一五七四年にかけてと、一五八六年から一五八七年にかけての食糧危機、それから地理的にパリに関わるがゆえにわれわれの「気候によるという」主題とは何の関係もない一五九〇年から一五九一年にかけての食糧危機、最後に一五九六年から一五九七年にかけての食糧危機である。

まず、一五六五年から一五六六年にかけての事態は、現代の研究者たちの分析によれば、一五六五年の不作を「発生させ」、その後の一二カ月にわたる食糧不足の生みの親でもある、凍えるような冬(一五六四年から一五六五年にかけて)と明らかに相関関係があるとされている。この食糧不足は、一五六〇年以降、一五九〇年から一六〇〇年のあいだにピークを迎える小氷期もしくは超小氷期の観念と少しも矛盾するものではないといってもいいくらいだ。この対象期間の穀物の推移は精確に数値と日付で示すことができる。収穫後の期間の価格は以下のとおりである。一五六四年から一五六五年にかけて(A)パン用軟質小麦一スティエにつき四・六九トゥール・リーヴル。しかし一五六五年から一五六六年にかけて(B)は一〇・七〇トゥール・リーヴル。最後に、一五六六年のそれ以前と比べて適正な収穫を受けて、一五六六年から一五六七年にかけて(C)は七・三五トゥール・リーヴルに下がった。したがって、価格はAからBまでに二倍以上上昇して、指数一〇〇から指数二二八になった。月単位もしくは週単位を詳しくみると、これらの価格は、一五六四年と一五六五年の初めに一スティエにつき三から四・一トゥール・リーヴル、それから一五六四年から一五六五年にかけての冬によって引き起こされた被害を人々が少し遅れて意識し始めて、種播きした畑の発芽が次第に思わしくなくなるのを観察する時間があった。一五六五年五月五日に一スティエ五トゥール・リーヴルに達し、五月二三日に六トゥール・リーヴルになった。実際の収穫量(春の頃にはもはや先物予想ではなくなっていた)は、人々の不安を確かなものにし、あおり、さらに深刻なものにした。一五六五年八月四日から一四日に七トゥール・リーヴルになり、次いで八トゥール・リーヴルに、そして八月一八日から二九日には一〇トゥール・リーヴルになった。一五六五年九月五日から一五六六年五月二二日までのあいだは、一時的に九トゥール・リーヴルに下がることはあったが、一〇トゥール・リーヴルあるいは一一トゥール・リーヴルを少し上まわる状態のままだった。ついに、穀物倉庫が空になるか空になりつつあるので、一五六六年五月二九日から六月一二日までのあいだは一二トゥール・リーヴルになり、六月一五日に一三トゥール・リーヴル、六月一九日に一五トゥール・リーヴル、七月一、二、三日に一五トゥール・リーヴル、七月四、五、六日に二一トゥール・リーヴル（最高値）、七月八、九、一〇日に一四トゥール・リーヴル、七月一一、一二、一三に一六トゥール・リーヴルになった。そのあと、[29]価格は再び下がった。前年の一五六五年の収穫より間違いなく「成果に期待の持てる」（一五六六年の）あらたな収穫が入荷して、穀物価格は抑制された歩調でゆっくりと下降した。しかし、さらにずっと妥当な価格である一スティエ五から六トゥール・リーヴルまで完全に戻るのは、一五六七年の五月、六月、七月になってからだ。これまでみてきたように、ここでは、パンの価格が比較的安定していることに慣れた「西暦二〇〇〇年の」わが同時代人には思いもつかない状況が現出しているのである。なぜなら、シャルル九世の時代には、パンの価格相場は小麦の価格相場に合わせてスライドしていたのだから。

したがって、一五六四年から一五六五年にかけての冬の厳しさによって引き起こされた一五六五年から一五六六年にかけての食糧不足は、最初は心理的レベルの現象だったが、その後一五六五年五月（悲観的期待の心理）から一五六六年七月（嘆かわしい事実）までは完全に現実の事態（食糧倉庫がだんだん空になっていく）だった。値段が四倍になり……。

この期間における（冬の）気象学的原因は何だったのだろう。それらは、またしても、プロヴァンの主任司祭クロード・アトンの年代記に見事に詳細が述べられている。この聖職者の覚え書きを「電報風な」文で引用しよう。一五六四年から一五六五年にかけての冬は、始まりは「暖かく優しい」。一五六四年一二月二〇日（新暦の一二月三〇日）から、ひどい霜、厚く積もった雪、非常に強い風、屋内で水やワインが凍る。凍ったワインを袋に入れて運ぶありさまだった。クリスマス（すなわち、新暦の一五六六年一月三日と四日）には、ブドウの木とクルミの木が凍って枯れた。一四八〇年と同じくらい寒い冬だと、アトンは付け加えている。彼はおりにふれて、何人かの古老のいうことをよりどころとしている（実際、一四七九年から一四八〇年にかけての冬あるいは一四八〇年から一四八一年にかけての冬は、どちらも実に寒かった［ファン・エンゲレン］[30]）。聖嬰児祭の日（一五六四年一二月二八日すなわち新暦一月七日）に、多くの男性の足と手と男根が凍ったことが記録されている。雄鳥や雌鳥のとさかが凍った。子羊が死んで生まれ、雌豚の子豚（赤子）もだめだった。一二月末は一一日間寒さが続いた。それから、一月（旧暦）始めに暖かさが戻った。一月五日（新暦一五六五年一月一五日）に再び霜が降りた。一月二八日（新暦二月七日）まで三週間凍った。「この二番めの霜でブリ地方〔パリ盆地東部〕では、風が地面の雪を吹き飛ばして、播かれた小麦の根が、ガラス成形工程の徐冷のように、一度暖められてから再び徐々に冷やされたために、畑一面の小麦がすっかり凍ってしまった。この危機を免れたのはごくわずかだけだった」。（先に詳しく描かれた一五六五年から一五六六年にかけてのその後やってくる食糧不足が、心理的期待の次元で事前に思い描かれるのはこの時点だった）。事態が自覚される！　それから、一月二八日（新暦二月七日）にまた再び暖かくなる。そして一月三一日（新暦二月九日）にまた霜が降りた。あいかわらず同じ程度の厳しい寒さで、（先ほど述べた）聖嬰児祭の日まで、さらに一層低い気温まで下がることはなかった。「貧しい人々は、身体を温めるための薪がないので、ずっと寝たままだった。彼らは、二四時間に一度、食べるためにしか起きなかった……。待ち遠しい！」パリでは、薪は大変高く、「人々は不要な家具を燃やした」。一五六五年二月七日（新暦）の解氷は突然きた。そのせいで、プロヴァンで川が解氷して洪水が起きた。結局、長く厳しい冬は、一七〇九年のように、全部で一〇週間の長きにわたり様々な事態を生じさせながら続いた。最終的な解氷（新暦で三月末あるいは四月初め）のあと、農夫たちは小麦の苗に大被害が出たことを確かめた。苗の一部は寒さで死んでいた。ブリ地方はイル＝ドゥ＝フランスの他の地方より大きな被害を受けた。ラングドック地方とプロヴァンス地方は、非常な寒さを経験したが、緯度がより南で、そのため寒さが弱かったおかげで少しも収穫が損なわれることはなかったようである。

一五六四年から一五六五年にかけての長く厳しい冬は、一七〇九年の冬と比べるとやや穏やかだったが、パリ地方と低地諸邦とイングランドに深刻な被害を与えた。[31] この「悪い季節」は、一六世紀の最後の四〇年間の超小氷期の昂進期に典型的な西ヨーロッパで引き続いた長くて厳しい冬の一家族に属しており、この四〇年間のうちには、一五六一年の冬、そして特に一五六五年、一五六九年、一五七一年、一五七三年の冬がある。[32] 一五六五年の冬についていては、当時の気候の良き観察者であるアトン[33]はまた、ある年の気候とそれに続く年の農業との関係の観点から、初期の長くて厳しい冬によって引き起こされた食糧不足の知識豊かな立会人であることを確認することができる。ボランとムヴレによって使用された食料市場価格表とぴったり一致して、この聖職者は、一五六四年から一五六五年にかけての有害な結果を招く冬の延長線上にある一五六五年から一五六六年にかけての収穫後の期間に、パン用軟質小麦の生産に特化した地方で小麦価格が非常に高騰したことを指摘している。パリ地域、ブリ地方、イル＝ドゥ＝フランス地方、ヴァロワ地方、ソワッソン地方である。ライ麦や「春」大麦[34]の最良の生産地域はそれほど被害を受けなかった。[35] われらが司祭のいうところによると、それはシャンパーニュ地方、ブルゴーニュ地方、ロレーヌ地方の場合である。他の心配事に忙殺されていたので、フランス王国は、明らかに事態に介入することが必要だとは思わなかった、もしくはほとんどそう思わなかった。ところが聖職者たちは、王国ほどけちではなく、飢えた貧民たちの意向に対して気前がよいとさえいえた。一例として、少なくとも、サン＝ソヴール＝レ＝ブレ＝スュー＝セーヌの小修道院長ジャック・ドゥ・ラ・ヴーの場合はそう思える。貴族にして在俗司祭であるこの人物は、幾百人もの不幸な人々に「耐えられないほど食料が欠乏することなく、それらの人々をどうにか一日養うに足る」だけの量のパンを毎日配ったのだ。[36] ピカルディー地方やブリ地方といった食糧不足の地域からやってきたひどく貧しい人々の何人かは、被害がより少ないシャンパーニュ地方に行くことができて、「そこで体力を回復する」か、ときには腹一杯食べたために死んだ（Haton, *op. cit.*, p. 51）。全体として、厳しい食糧欠乏状況にはあったが、大量に死亡者が出るというほどまでにはいたらなかった。それが、一五六二年から一五六三年にかけてのその前の食糧価格騰貴とはおおきな違いである（イングランドでは、一五六五年から一五六六年にかけての収穫後の期間の高価格が生じたと同時期に死亡者が通常より少し多かった）。この年の政治的出来事（ジャン・ブティエ他によると）、それはカトリーヌ・ドゥ・メディシスとシャルル九世という二人の厳めしい旅人のフランス巡幸だった。南仏から北へと向かう王家の行列は、アキテーヌ盆地では重大な「食糧上の」困難には会わなかったが、ブロワに到着する、一五六五年のロワール川流域の収穫少ない夏になると問題が生じた。こうした状況を受けて、若き国王は、明らかに状況がもっとよいムーランの方向へ迂回する行程を選んだ。少年君主は、ルイ一一世やルイ一四世とはおおいに違って、民衆への食糧補給を実施しようなどとは一瞬たりとも考えはしなかった、と今一度いっておこう。しかし本当のところをいえば、一五六五年には、財力も政策も、そして行政意欲も欠如していたようだ[37]。それまで穀物を栽培していた土地にブドウの木を植え付けることを禁止するのがせいぜいだった（後出、一七二〇年から一七三九年についての章〔本書第10章〕参照）。

*

最後に、一五六四年から一五六五年にかけての「小氷期」型の悪天候が原因となって一五六五年から一五六六年にかけて起きた食糧供給不足において、宗教戦争といわれている戦争は基本的には重要ではないということを指摘しておこう。なぜなら、一五六三年三月（アンボワーズの和平）から一五六七年九月末（モーの不意打ち、そして聖ミカエルの日のニームでの虐殺）まで停戦状態にあったからである。しかしながら、治安状況は非常に不充分で、生産も市場も、兵乱後（一五六三年以降）と兵乱前（一五六七年以前）の紛争による緊張下に苦しんでいた。（戦争中の一五六二年と両戦争間の一五六五年に）二つの大食糧難が起きたことによって、秩序が乱れた状況における食糧供給網がどうなるかはっきり示された。気候が悪い（超小氷期）せいではあるが、それだけではなく、人々の心に絶えず警報を発し、その事実をまったく正当化できない、砲撃や軍靴の音や兵乱による非道行為のせいでもある。戦争というものは千変万化のカメレオンであり、その発現であるマイナスの諸事態は、ほんの一時的な停戦もしくは部分的休戦の期間中においても、多様である。経済状況がもっとよく組織されたというか不備がより減じた一七世紀においては、飢饉は間違いなくもっと間隔を置いて起こり、それぞれの飢饉は、数年おきではなく（たとえば一六六一年と一六九三年のように）数十年離れていた。実に繰り返し混乱に見舞われたシャルル九世の治世時には数年おきが普通で、特に重大事という程のものでもなかったのだ。

＊

われわれの関心を引きつけている年の場合については、一五六四年から一五六四年にかけての冬は、ファン・エンゲレンの冬の分類の最大評点である九とみなされていることを、ついでながら指摘しておこう。霜の期間が長かった。一五六四年一一月から一五六五年四月まで、少なくとも（旧暦）一二月二〇日から三月二四日までで、パリだと（新暦）一五六四年一二月三〇日から一五六五年四月三日までということになる。[38] 小氷期の期間（一三〇三年から一八五九年まで）で、凍りつく評点九に値する長く厳しい冬は七つしかない。

＊

南仏の状況。ラングドック地方では、[39] 一五六四年から一五六五年にかけての「寒い季節」の気候状況は、北方ほど収穫に被害を与えなかったにしても（当該の年にほとんど上昇していない[40]トゥールーズの穀物価格を参照）、良かったわけではけっしてない。国王陛下の「大周遊」の途上、シャルル九世が一五六五年一月にカルカッソンヌを訪れたときに、司祭アトンがブリについて描写したような、とてつもない降雪があった。現在のオード県で激しく襲いくるこの雪は、一五六五年一月一二日から二二日までやまなかった。カルカッソンヌの高所の街に閉じ込められたシャルル九世は、暇つぶしに、雪の防壁を造らせて部下の兵士たちにその守備をさせ、「上下二つの街に住むカルカッソンヌの人々はそれを襲撃しなければならなかった」。宮廷人たちと現地民は国王軍に負ける。下の街では、国王来駕の機会に建てられた凱旋門は雪のために壊れたが、国王は青い制服を着た現地の五〇〇人の騎兵に迎えられた。これが、この機会に若き君主が慣例にしたがって（？）、「寒さで青くなった裸の美少女たち」の歓迎の挨拶を受けたというオード地方の伝説の起源なのだろうか[41](!?)。オード地方のなまりで「さぁぁぁぁむい」といってみてください……。

一五六五年から一五六六年（続き）――飢えの年、そして驚嘆の年

ガロンヌ川沿岸地方から（一五六五年二月の結氷期後あるいは積雪期後の解氷によっておおきな被害を出した）ロワール渓谷沿岸地方へと移ろう[42]。そして思い切って現在のフランスの北の外れ（すなわち低地諸邦南部）まで再び北上しよう。そこでの一五六五年の穀物の収穫量は、まさに極端に少なかった。「カンブレズィ（フランス北部、ベルギー国境に近い都市）の二つの大きな聖界領主が徴収して実際に手にした（つまり滞納と割引を考慮して）『小麦』による賦課租を例に取り上げてみよう。これら二つの領主の現物収入は、ほとんどすべて、最大三・六年もしくは九年の期間幅で請け負わせた所有する財産（領地）と封建的諸権利（一〇分の一税あるいは物納地代）から得

られる。一五六二年（三年前の例として）の支払額と運命の年である一五六五年の支払額とを比べてみよう。聖ジェリ参事会の穀物徴収部については、一五六二年に七六五四マンコー[43]〔昔この地方で使用されていた容量単位〕、一五六五年に五三〇二マンコーを得ている。すなわち、三一・七パーセントの急激な落ち込みである。聖ジュリアン施療院は、一五六二年に一二六六マンコー、一五六五年に八九七マンコーを受け取っている。二九・一パーセントの減少である。これら二つの領主の『小麦』収入が約三〇パーセント減少したということは、土地保有者は所属する小作人のこうむった不幸に敏感に影響されることを想定すると、収穫量が少なくとも二五パーセント減少したことを意味する」。収穫量の不足の原因はほとんど疑う余地はない。気象的なものである。[44]「計量担当者」は、異常に低い納付量あるいは例外的に高まった割引を以下のような決まり文句で正当化している。「小麦が欠乏しているため」、「今年は実りがなかったため」あるいは「今年は実りがなくて大地がほとんど収穫をもたらさなかったため」。こうしてここでもまた、深刻な食糧危機が一五六五年をクローズアップしている。こうした事態は妊娠の減少という形で人口面に反映して、翌年の出生数の減少を招き、次いで、その少しあとに減少を補う反動が生じた。妊娠から九カ月後のことだが、サン＝ティレール＝アン＝カンブレズィにおける出生数は、一五六四年から一五六五年にかけてが一一で、一五六五年から六六年にかけてが一八だったのだが、一五六六年から一五六七年にかけて八に減少し、一五六七年から一五六八年にかけては二六に上昇した。たしかに、一五六六年から一五六七年にかけての急落の勢いは部分的には、カンブレー周辺を吹き荒れるユグノーの聖像破壊運動の風のせいかもしれないが、聖画像破壊者の蜂起は一五六六年八月になってからだし、その後北へ向かったのである。[45]ところで、妊娠数の急落は一五六五年一一月と一五六六年一一月のあいだだった。したがって、出生数の急激な減少の主要な原因は、「古典的な」気象・食糧危機である。[46]

＊

一五六五年から一五六六年にかけての食糧不足は、低地諸邦南部（おそらくは北部も）の、政治、穀物……宗教といったあらゆる種類の当時の状況に解きほぐせないほど錯綜して結びつけられている。一五六五年一一月から一二月以降（最悪の収穫のあと）、飢餓の春（一五六六年）まで、「ベルギー」と「北方」の文献記録は、当局による民衆の貧しさに関する言及や放火の恐れや食糧暴動等について私たちに語ってくれる。その後、一五六六年五月から六月より、前年秋から高騰していた小麦価格がやや下がり始めて、一五六六年夏からほぼ完全に再び下降していった。（予想される）一五六六年の収穫は、一五六五年の収穫より間違いなく良いことが明らかになった。社会問題は、これ以後下火になって、政治・宗教に道を譲る。クトゥナーに親しい飢えの年（一五六五―六六年）は暴力的で聖像破壊を進める「キリスト教的」復活の活動が華々しい驚嘆の年（一五六六―六七年）に姿を変える。聖像破壊者たちは活動中だ。一五六六年四月から、ある程度の宗教的寛容を求める「ゴイセン〔乞食党。スペインによる迫害に抗して一五六六年に結成されたネーデルラントの新教徒貴族の同盟〕」（実際には、多くは貴族である）の誓願が、翌年の新しい様相（現実には、ときとして狂信的だった）を予感させた。一五六六年冬と春の社会不満は、特にその年の七月から八月にかけて爆発した宗教的抗議をあおったのだろうか。それはおおいにありうる。一五六六年六月（六月三〇日より前）からの、都市に反対して小麦の搬入を封鎖するという農村部のプロテスタントの提案はパンから聖なるものへの移行を招いた。人為的な食糧不足という手段によって、彼らはどのみちいずれ起きるであろう……大衆行動をより大規模に引き起こすことを願ったのだ。こうして、凶作をもたらす気象から、「正当な動機に」促されて民衆を飢餓に追い込む行動を企てる事態へと移行した。農耕に不都合な気候を課した天の意思は、天（至高の神）を新たな狂信者たちにとって都合のいいものにする飢饉の陰謀に道を譲ったのである。一五六五年から一五六六年にかけて飢饉に襲われ、次いで一五六六年から一五六七年にかけて極端な聖像破壊運動に襲われた低地諸邦の状況は、ジョルジュ・ルフェーヴル〔フランス革命を主対象とした歴史学者〕が描いたようなノール県の農民の状況とは異なるものである。ノール県では、一七八八年から一七八九年にかけての（激しいものではないが精神的におおきなショックを与えた）食糧危機に引き続いて、食糧に関連する暴動的姿勢、次いで農村のアンシャン・レジームと一七八九年時のアンシャン・レジームそれ自体に反対する直接的な抗議行動が起きた[47]……。

*

一五六六年はどうか。それは、ジャン・ボダン〔一六世紀フランスの初期重商主義者〕が『歴史を平易に知るための方法[48]』において、諸文明の地理学についての気候決定論に関する古代ギリシャ人の古い理論をよみがえらせた年でもある。しかし、変動する気象から生じる地域的不幸の本来の意味での歴史は、その当時、むしろ地方の司祭たちの関心事であり、その点について、降雨と食糧不足に好奇心をいだいていた主任司祭アトンは、信心深く迷信深いとさえいえる『共和国[49]』の将来の著者よりもずっと強い感受性を示したのである（この「ボダン的」点については、カール・シュミット Carl Schmitt, *Ex captivate salus*, Paris, Vrin, 2003, p. 156 参照）。

一五七三年の穀物価格高騰

先立つ二つの穀物価格高騰（一五六二年から一五六三年にかけてと一五六五年から一五六六年にかけて）と年代的に近い、一五七二年から一五七三年にかけての収穫前の気象によって引き起こされた一五七三年から一五七四年にかけての収穫後の期間における食糧不足さらには飢饉もまた、一五六二年から一五六三年にかけての期間にならって、明らかに程度は他のものより低いにしても、おそらくはペストのせいでもあるかなり多数の死者[50]を発生させた（以下参照）。とにかく、一五七三年から一五七四年にかけての時点で価格指標が非常に高くなったことは明らかである。

一五七三年から一五七四年にかけて、ほぼ一〇年の期間で穀物相場が二倍さらには三倍になるという食糧危機のピークがたしかにあった。

週単位に詳しくみると、最高値の上昇の波[51]は、一五七三年五月一三日から六月三日にかけてうねりとなって、二四トゥール・リーヴルまでに高まった。一五七二年のおそらく非常に平均的な収穫の備蓄は、このとき底をつき、一五七三年は不作だとの目前の見通しが価格を法外なまでに押し上げた。この一五七三年は不作であるという現実の衝撃が今度は、一五七三年の夏のあいだ中ずっと感じられて、六月三日から一〇月二日までのあいだ五カ月にわたって長く続いた。一スティエ二〇トゥール・リーヴルを超えた。一五七三年一〇月二四日から一五七四年五月一九日までのあいだ、それよりもやや低い一七トゥール・リーヴルもしくはもう少し高い価格で上限を維持したが、それでもずいぶん高値で、人々に精神的圧迫を感じさせた。一五七四年五月二二日から六月三〇日までずっと一五トゥール・リーヴル前後だった。それから、一五七四年は間違いなく豊作だとの確信に対応して値下がりが始まる。一五七四年七月三日から一〇月まで、かなり急速に価格が下落して、一四か一三トゥール・リーヴルだったパン用軟質小麦の価格は一五七四年一〇月末には六か七トゥール・リーヴルにまで落ち込んだ。

収穫後の期間におけるパン用軟質小麦の価格

（単位：トゥール・リーヴル／スティエ）

1568-1569（年）	5.35（10年間の最低値）
1569-1570	5.49
1570-1571	6.08
1571-1572	8.06
1572-1573	**11.38**
1573-1574	**18.06**
1574-1575	8.51

出典：Baulant et Meuvret, vol. I, p. 243.

このような経過から、一五七三年から一五七四年にかけての収穫後の期間のほとんどすべてに暗い影を投げかけた原因とすべきは、まさしく一五七三年のひどい収穫なのである。

ここでは、気候はマイナスの連鎖といういつもの役割を演じた。この観点からすれば、こうした事態はパリ地方ではドゥエにあてはまる。ドゥエでは、穀物やパン用軟質小麦やオート麦の価格……そして食用の雄鶏や多かれ少なかれ穀物で飼育されている食用の鳥の価格さえもが、一五七三年から一五七四年にかけて急騰したことがよく知られている。[52] イングランドについても同様の特異な出来事があり、[53] 一五七三年から一五七四年にかけて収穫後の期間に、穀物を筆頭にして、植物から生産されるすべての農産物（麦わらと干し草を除く）が値上がりし、人間の死亡数が少し上昇した（相関関係があるのだろうか？）。干し草のよくできた年には豊作はない。いくつかの年には例外がありはするが、飽きもせずこのことわざを繰り返そう。例外の年（特に一七二五年）には、過度の降雨のために干し草も穀物とほとんど同じくらい被害をこうむる。あの一七二五年という悪年にはとてつもなく大量の雨が打ちつけたのだ（後述参照）。

だが、一五七三年の不都合なプロセスの最初の原因、それはまず冬である。一五七二年から一五七三年にかけての冬は、播かれた種子がまだ地中にある段階で、極めて不快なものであることがはっきりした。問題の冬は、非常に「小氷期的」様相を帯びており、実際極端に寒く、一五七二年一一月初めから一五七三年二月まで非常に厳しかった。全体的に、一五七二年から一五七三年にかけての冬の季節は、この季節を修飾する語は多かれ少なかれ凍らせるという意味である点で、途中で一時的に解凍することなく、一五七二年一〇月から一五七三年の春の初めさらには四月まで続いた。この観点について、以下の諸地域についての証言はすべて一致している。[54] スウェーデン、デンマーク、ザクセン、エルベ川盆地、ザーレ川〔エルベ川の支流〕盆地、ベーザー川〔ドイツ中部、北海に注ぐ〕盆地（これら三つの川は一五七三年二月に凍結した）、そしてフリースラント地方、ホラント地方、フランドル地方、イングランド、ドイツ南部、オーストリア、コンスタンツ湖の一部が凍結したスイス北部、最後にムーズ川流域地方(一五七三年四月末に決壊を伴って解氷)とラングドック地方。[55] コンスタンツ湖の緯度まで湖や河川がしっかりと凍結したという事実がこの観点について充分雄弁に物語っている。

＊

イーストンの冬に関する論集ですでにずいぶん以前に提示されているこれらのデータは、ルーディガー・グレイザーとその同僚たちによる最近(一九九九年)の研究[56]である『寒く湿潤な年一五七三年』によって完全に確認されている。グレイザーは、ボヘミアからスイスまでの中央ヨーロッパ全域に、多くの湖が凍りついた(これだけでも厳寒に典型的な出来事である)長くてつらい期間があったと強く主張している。一五七二年から一月から一五七三年四月までのあいだに、長さは様々だが何週間かにおよぶ長い期間中切れ目なく大雪が襲来した。ファン・エンゲレンを含むオランダの研究者たちは、中央ヨーロッパに関しては一五七二年から一五七三年にかけての冬に、八という評点(非常に寒さが厳しい)をつけた。これは、一五六二年、一五九五年そして特に一七〇九年の冬と同じ高い評点で、いいすぎだ！　そうはいっても、一五七二年から一五七三年にかけての冬は、評点九と評価される八つの長期間凍りついた最大の厳冬の下にとどまるもので、それら九つの厳冬は、一〇七七年を除いて、他はすべて小氷期(一三〇三年から一八五九年まで)に属している。

実際、気候的には、一五七二年から一五七三年にかけての冬をどう考えたらよいのだろうか。[57] スイスの主な湖が馬や二輪荷馬車の重量を支える程にまで長期間――数週間――凍結したということは、気温がマイナス三〇℃まで下がったであろうことを示唆している(ようにみえる)。こうして、コンスタンツ湖は、この冬に、のちのファン・エンゲレンの基準の九に分類される一八三〇年のすさまじい冬のあいだの凍結期間よりも二倍の長期間凍ったままだった。全体的に、一五七二年から一五七三年にかけての冬は、シベリア高気圧に支配されており、「高気圧の中心はスカンジナヴィア半島上にあって、中央ヨーロッパに大西洋暖気団がやってくるのを防いでいた。北極からの大気の流入はその結果、カタロニア地方まで南下した」[58]。どれほど厳しかろうが、このような冬が穀物にとってかならず破壊的であるというわけではない。フランスの農業はそうではない経験もしており、雪が大地を厚く覆って種子を守ってくれるときには、過度の被害を受けることなく切り抜けている。この（一五七二年から一五七三年にかけての）冬については、穀物の収穫結果に関する直接情報をわれわれは持っていないが、その数カ月後の収穫の直前と収穫中と収穫後に小麦価格が極端に上昇したという事実自体が、これら冬の厳しい寒さがまったく吉兆でなく、おそらくは最初から大被害をもたらすものでさえあったことを推測させる。

いずれにせよともかく、この年のその後の経過は改善されなかった。一五七三年の春と夏、さらに秋の初めについて述べよう。良くはなかった冬のあとに、やはり非常に「小氷期的」な三季節が続いた。後年の、冬から秋にかけて寒く湿潤で農耕に不適な四季節が連続した一七四〇年を想起しないわけにはいかない。一五七三年のブドウの収穫は、ディジョンでは新暦一〇月一一日にならなければおこなわれなかった。その結果、品質は非常に低かった。この遅さは、この街ではすでに一五五五年（一〇月一二日）と一五二九年（一〇月六日）におおまかには経験済みであったが。すべての農業的観点から一五七三年は非常な不作であった。一五七三年と同じブドウ栽培学的記録は、一六世紀の最末期もしくは一七世紀初めの超小氷期最後の最盛期になってやっと現れるというか、ちらっとかすめる程度なのである。それは、一六〇〇年一〇月一四日と一六〇一年一〇月八日の、二年にわたる酸っぱくて未成熟な遅いディジョンにおけるブドウの収穫である。一五七三年にもう少しとどまるために、この年は、フランス北部とライン川という大河上流のドイツライン地方の緯度に、少なくとも三季節におよぶ錯綜した連続を引き起こしたといっておこう。たとえばバーデン地方では以下のようにいわれている[59]。すでに述べたような凍りつく冬。その結果、この地方のワイン問屋の守護聖人である聖ジャンの像が、深みまで凍った湖の上をミュンスターリンゲンまで行列を従えて御神渡（おみわたり）をした。そして、その後数カ月のあいだ、春の遅霜が降りてブドウの実を死滅させたと多くの証言が指摘している。夏と秋でさえ雨に濡れて、ブドウの実は熟さず、酸っぱいワインは酢になってしまった。

こうして、畑に植わっている状態の穀物とその収穫が長期にわたって被害をこうむったことが納得でき[60]、その論理的当然の結果、一五七三年から一五七四年にかけての収穫後の期間に小麦価格が上昇した。まず予想にもとづく上昇、次いで刈り取り人たちによって得られた乏しい収穫の結果、そして思わしくないその後の気象予想によって価格は上昇した。

結論。ファン・エンゲレンの指数によると、一五七三年の夏は冷涼とみなされる[61]。プフィスターの『伝承から知る気象』〔*Wetternachhersage*〕のなかで、一五七三年のうちではたった三つの月だけがそうした特徴を示している。五月、九月、一〇月で、これら三つの月はすべて指数的によって、冷涼湿潤であることが示されている。穀物に損害を与える一五七三年夏の降雨については、ピエール・シャンピオンによって収集された貴重な情報を利用できる。一五七三年六月二二日のパリ高等法院の登録簿にはさみこまれていた、以下の文言で構成された調書がある。「当法廷は、以前はヴァル・パルフォンと呼ばれていたヴァル＝ドゥ＝グラースの修道女たちによって提出された請願書について討議した。今月［一五七三年六月］一〇日に自分たちの修道院に洪水が押し寄せたと修道女たちは述べている。増水の激しさによって、外壁と俗人禁制の場所を囲む柵の一部が倒され、イグニからパリへ行く道の路肩や他の場所も壊れた[62]」。この場合、大雨が原因でビエーヴル川によって起こされた洪水のことを問題にしており、洪水はエソンヌ県の、現在のパレゾー区にある川の名前と同じビエーヴルという村の近くで起きた。ヴァル＝ドゥ＝グラース大修道院は、暗示されているように、当時は首都からかなり離れた、遠い緑豊かな郊外にあった。この僧院は一六二一年に移転して、パリ中心部のフォブール・サン＝ジャックの現在の場所に居を定めることになる。実際、ビエーヴル渓谷はしょっちゅう洪水にさらされていた。この渓谷は、それなりの仕方で、万一の場合、一種の自然の貯水池となっていた。一五七三年の五月（既述プフィスター参照）と六月の初めは非常に湿潤で作物を腐らせ、すでに冬に被害をこうむっていた穀物にとって不適な様相だった。気候事象の偉大な編纂者（この語の示す最高の字義で）であるドイツ人クルト・ヴァイキンは、一五七二年から一五七三年にかけての厳しい冬について、当然湖や河川の凍結のあとにくる解氷による増水状況を参照している。増水後の数カ月について彼は、ドイツ地域、デンマーク、低地諸邦では一五七三年の夏は雨が多かったことを確認しており、それは五月、六月、七月そして特に八月（ドイツではとても激しく雨が降った）だった。九月の前半と一〇月の初めも同様だった。このような場合しばしばそうなるように、河川があふれて水浸しだった。他の著述家や市場価格表[63]によって事実確認がなされてもなんら驚くようなことはない。小麦もブドウも腐り、価格は上がった。イングランドでの小麦価格曲線も結果的に上昇し、問題としている年に頂点に達した。

一五六二年から一五七四年までの悲しむべき総括

少し時間を前に戻してみよう。宗教戦争期の最初の飢饉（一五六二年）は甚大な死亡者数急増を招き、増加はその後も続いた。それは、やはり極端な災害をこうむった一六九三年から一六九四年にかけての収穫後の期間に匹敵するほどきわめて甚大だった。

食糧供給面での不幸と、当時広く蔓延し激しさを強めていたペストが組み合わされたことで、一五六二年から一五六三年にかけての、極端に増幅されたいくつかの原因が複合した大惨禍[64]は説明できる。一連のものの第二番めとなる一五六五年から一五六六年にかけての食糧不足は大量死の被害をほとんど出さなかった[66]。この食糧不足は、まだかなりの規模ではあるがすでに終息に向かっていたペストと時期を同じくしていたといわなければならない[67]。結局、宗教戦争期の第三番めの飢饉、あるいは食糧危機（一五七二―七三年）もまた、あまりペストの影響を受けていないことが明らかとなる[68]。だがそれは、一五六二年から一五六三年にかけて程すさまじくはないにしても、前後を死亡率の急激な上昇によってはさまれ、それ自体としてもフランスにおけるかなり顕著な死亡率を記録した[69]。全体として、一五六二年から一五七四年までの期間は人口の観点ではかんばしいものではない。それは、文化的原因によって引き起こされた五つの内戦の衝撃をこうむった。極度に不安定な平和の合間を置いて、一五六〇年から一五六三年[70]、一五六七年から一五六八年、一五六九年から一五七〇年、一五七二年から一五七三年、一五七四年から一五七六年の五つの戦争である。それらに、前述した、気候やそれ以外のものを原因とする三つの致死的な食糧危機（一五六二年から一五六三年にかけてと一五六五年から一五六六年にかけてと一五七三年から一五七四年にかけての収穫後の期間）が加わった。最後に、一五六二年から一五六六年にかけてのペストの大攻勢を挙げておこう。このペストの侵攻は、突発的発生の頻度をはっきりと減じながらも一五七四年まで続いた。こうして、二度にわたって激しく繰り返された、王国あるいはフランス北部における死亡者数の増加の説明がつく。第一回めは莫大な増加（一五六三年）、第二回めは、一五七三年から一五七四年にかけての食糧不足を含む一五七〇年代の最初の五年間の非常に懸念すべき、鐘楼あるいはドーム状の死亡者数の増加である。他方、出生率のほうは、一五四〇年前後が最大だった（好天の一六世紀の「上昇の名残」）。そして一五五〇年からのある程度の出生率減少がきて、小氷期に典型的な食糧不足とないまぜになったペストと戦争によってことさら虚弱になった一五六〇年代にどん底に落ちた。フランスの人口は、シャルル九世とあの小氷期の時代、あの最も激しい食糧不足の攻撃の「トリオ」（一五六二年、一五六五年、一五七三年）のときに間違いなく減少した。この場合、小氷期の（不快な）公現は、全般にわたって決定的ではないにしても根本的に無視できないやり方で、災害をもたらすものとして現れた。しかしイングランドは、一五六〇年から一五七五年のあいだに人口の面で大躍進した。これは、小氷期の相関的無害性をよく表しており、この時期英仏海峡の北では内戦がまったくなかったという事実に助けられて、エリザベス女王の王国において発展の好条件が結合したのである。フランスとは異なる好環境だ。一八一五年から一八五九年の期間フランスでも……エリザベス女王期のイングランドと同様の条件をみいだすことになる。一九世紀のこの期間は小氷期の最後の絶頂期だったが、近代化してもはや気候の攻撃にほとんど左右されないフランスの経済と人口はしっかりとした足取りで増大した。

典型的小氷期の危機――一五八六年から一五八七年、旧教同盟を待ちつつ

気候と食糧に関する次の大きな試練は、ボランとムヴレのきわめて精確な一覧表によれば、一五八六年にやってくる。それは、これからみるように、非常に小氷期的である。他の言い方をすれば、一五六〇年から一六〇〇年までの期間の多くの超小氷期的季節は、すべてが穀物栽培に対して敵対的であったわけではない。しかし、その災禍を招き「危険の事態を生じさせる可能性がある」という特性からして、それらの季節は、ときとして、一五六二年、一五六五年、一五七三年、一五八六年から一五八七年等がそうであったように、小麦の生産にとって非常に有害な気象状況を発生させることがある。なるほど、一六世紀の長期のインフレーションを考えてみると、その原因は貨幣と人口によるものであって気候によるものではまったくないか、あってもほんのわずかだが、一五八六年から一五八七年にかけての収穫期の価格は一五二〇年以降で最も高かった。結局、パリ攻囲（一五九〇年四月から八月まで）と関連して、一五九〇年から一五九一年にかけての収穫期の驚嘆すべき価格上昇（一スティ

エ三九・九一トゥール・リーヴル!)ということになる。この価格高騰は気候とはまったく何の関係もない。それから、一五九六年から一五九七年にかけて……。

詳しくはどのようなことが起きていたのだろうか。一世紀におよぶインフレーションにせき立てられた小麦価格は、もはや非常に廉価とはいえない水準にあり、一五八五年一〇月一六日から一五八六年二月二二日さらには三月八日まで一〇トゥール・リーヴル前後だった。三月八日からは、明らかに不作を見込んでの値上がりだった。いかなる理由によってだろうか。一五八五年の秋は非常に湿潤だったことは確かで、それは種播きには不都合で、危険でさえあっただろう。[71] この湿潤で作物を腐らせる秋の天候は他方、一五八五年のブドウの収穫を遅らせることに貢献した(一五八一年から一五八七年の期間で最も遅い一〇月七日だった)。一五八五年から一五八六年にかけての冬は、はっきりと寒かった。ファン・エンゲレンの指数は七である。最大は指数八(一七〇九年の冬)であり、この指数の究極の最大は九である。こうした一五八五年から一五八六年にかけての冬の寒さは、もし雪が適切に地表を覆ってくれれば、それ自体は穀物にとって必然的に有害というわけではない。だがあいにく、われわれは、この冬と、そしておもにその後について、トロワでの気候だけでなく小麦についての否定的な指標を持っている。一五八六年のデュ・アールの手稿[72]には以下のようにある。「水かさは再び非常に高くなった。三月二四日、トロワでは、フォブール・サン=ジャックの東の外れにあるマテュレン教会が浸水した。タンプル地区とコンポルテ地区も洪水に見舞われた。冬は非常に厳しい姿を現し、五月一一日まで冬を感じさせた。この時期、そして六月になってもなお川はあふれた。収穫は失われ、この街は、人間に覆いかぶさる三つの大災禍に同時に襲われた。ペスト、飢饉、戦争である」。

悲観的であり……非常に明快な文章である。それは、小氷期あるいは超小氷期である期間に典型的な細部をすべて示している。おかげでわれわれは、まず(春の)見込み価格が、次いで夏とそれに続く季節におけるもっと悪い予想による現実の価格が、次第に上昇していくのがはっきりしてくることを説明することができる。一五八六年五月一一日まで寒い春だった。三月、五月、六月と、激しくて狂ったような洪水が起きた。[73] その結果、不作はペストと戦争症候群、実際は特にロワール川沿岸と南仏とオランダ地方の戦争と組み合わさり、[74] われわれが進展を確認したように、収穫前、収穫中、収穫後、ようするに一五八六年から一五八七年までの、夏から夏までの収穫後の一年間のあいだ中、すべてが、物価をあまりにも高くし、さらに上がり続けさせたのである。ファン・エンゲレンは、一五八六年の季節すべてをまとめて湿潤と判定することをためらわなかった。[75] すなわち、一一月から三月まで続いた一五八五年から一五八六年にかけての「冬」、そして四月から九月までの一五八五年の「夏」。そのうえエンゲレンは、一五八五年から一五八六年にかけての冬を厳しいと評価した。小麦がどれほど被害を受け、その価格がどれほど上がったかということである。ブドウの収穫日がこの作物が腐る年から主要な結論を導き出している。収穫はかなり遅く、ディジョンで一五八六年一〇月二日だった。カール・ミュラーは、バーデン地方で、一五八六年について、あらゆる欠点を備えたこの種の生産年に関して彼になじみのある侮蔑的言辞を惜しげもなく振りまいている。「一五八六年は、大寒冷、はずれ年、ほんのわずかばかりのワイン、ブドウの木の花つきの悪さ［このことは春が冷涼湿潤もしくは晩霜であったことを物語っている］。どこでも、ブドウの実の収穫量は少なく、たったひとつの地方ブドウ園を除いてワインは酸っぱかった」。ヴァイキンは、[76] 一五八五年の一〇月さらには一一月にドイツで洪水が起こったことを指摘している。一五八六年一月にネーデルラントで厳寒。三月にエルベ川沿岸とエムデン〔ドイツ北部の港湾都市〕で解氷による決壊。シレジアで三月末に豪雨（シャンパーニュ地方のトロワでの三月二四日の洪水直後。妥当な東西の距離間隔）。次いで、一五八六年四月のドイツでのあらたな洪水、特にベルリンとチューリンゲン地方〔ドイツ中部〕。ボヘミアで五月に洪水。一五八六年六月、トゥーレーヌ地方で最高水位、チューリンゲン地方のザーレ川沿岸で豪雨。そして七月一二日にトゥーレーヌ地方でも。

一五八六年九月にロワール川沿岸地方（フォレ）で数百の家屋が被害を受け、数百人の人々と数万の（？）家畜までもが溺れた。[77]次いで九月にはオルレアン、トゥール、低地諸邦でも、そしてローヌ渓谷（アヴィニョン）でも同様だった。さらにロワール川沿岸で……きりがない。

他方プフィスターは、『伝承から知る気象』（*Wetternachhersage*, p. 295）でとりわけ、スイスにおける非常に寒かった一五八六年の四月に注目している。この種の冷涼多雨で作物を腐らせる年は、多かれ少なかれ特筆されるのだが（ときには一五八六年のように農業に被害を与え、ときには比較的非攻撃的なこともある）、このときはその後の三年間を特徴あるものにした。はっきりと小氷期的な三年間であり、夏は寒くて氷河の消耗を妨げ、当然ながら氷舌を伸張させた。ブドウの収穫は、一五八五年は一〇月七日、（われわれの関心事の）一五八六年は一〇月三日、一五八七年は一〇月八日だった。冷涼な三年で、非常に小氷期的だが、そのうち一五八六年だけは極端に深刻な被害をもたらしたことが判明している。しばしばあるように、気候的状況が問題で、穀物の成熟や刈り取った小麦の束の乾燥時という特に危険な短い時期に悪条件が偶然めぐり合わせるという事態である。冬に加えて、このように悪天候のために湿って非常に厳しい状況はどちらにとっても有害である。

とにかく、パリにおけるパン用軟質小麦やその他の小麦の価格が短期間上昇したことが非常によく説明できる。それは暗示的である。ここで具体的詳細を述べよう。無視できない基礎水準である一スティエ約一〇トゥール・リーヴルという「高めの底値」から価格上昇は始まった。この底値は、一五八五年一〇月から一五八六年二月二日までのあいだにゆっくりと広まった。それ自体にはなんら重大なことはない。すべては良い方向にも悪い方向にも開かれており、どうなってもおかしくはなかった。だが、レ・アール〔パリの旧中央市場〕では一五八六年二月二六日から三月八日にかけて一一トゥール・リーヴルに急角度で上昇した。[78]三月二二日に一二・五トゥール・リーヴル、次いで、四月一六日に一三トゥール・リーヴル、そして五月七日に一五トゥール・リーヴルになった。

それから、一五八六年五月一〇日から一五八七年三月七日（一九トゥール・リーヴル）まで、一六、一七、二一トゥール・リーヴル前後を揺れ動いた。人々は、まったく単純に、あるいは不安にかられて、一五八六年の不作をしっかりと確認した。それは、まず予想され、そして事実のあと、生産者、消費者、その他経済関係当事者たちの意識に記録された。ドゥエでも事態は同じだった。[80]一五八六年一〇月にパン用軟質小麦が一ラズィエール一六・五五パリ・リーヴルだった。前年一五八五年の一〇月には六・三六パリ・リーヴルだったので、プラス一六〇パーセントのすさまじい値上がりだ。これはおそらく、パリ周辺とルーアンとドゥエでの不作との全般的状況とあいまって、低地諸邦における戦争状況のせいでもあるだろう。穀物で飼育されているドゥエ産の食用雄鶏はといえば、一五八六年に一三六八年以来の最高値に達し、再びこの高値にまで上昇するのは、ずっとのちの一六二六年、[81]そして特に一六四〇年から一六四一年にかけてなのである！　さあパリに戻ろう。一五八七年三月以後、価格は急上昇した。貯蔵庫は空になり、もしくは空だといい張られたり、空だと思われたりした。それというのも、常に非合法な備蓄と闇市を画策する者たちはいるのだから。一五八七年四月に二〇トゥール・リーヴルになり、五月には二二トゥール・リーヴル、さらに二八トゥール・リーヴルとなって六月二七日まで続いた。七月には三〇トゥール・リーヴル以上になった！　最高値は居座り、七月二二日と二七日には三九トゥール・リーヴルの高水準にあった（パリ中央市場）。一五八五年末から一五八六年初めの最低水準と比べて、なんと四倍近くだ。まったく蓄えがなくなった貧民の顔と窮状が目に浮かぶ。その後、一五八七年の収穫はまあまあであるようにみえ、おかげで一五八七年の八月から九月にかけて価格は徐々に下がる。同様の価格低下が、食糧不足が過ぎたあとに価格が下がるという形で、ドゥエでも起きたことがうかがわれる。ドゥエについては、一五八六年一〇月（最高値だったことが知られている）から一五八七年一〇月までの秋の価格しかわからないのだが、一五八七年の妥当な収穫のあと平常価格に戻った。ドゥエのパン用軟質小麦の価格は、一五八六年一〇月と一五八七年一〇月という二つの日付のうちの最初の日付から二番めの日付までのあいだに下がっている。一ラズィエール一六・五五パリ・リーヴルから六・八九パリ・リーヴルに下落しており、平常期すなわち一五八四年から一五八五年の水準に戻った。食用雄鶏も、一二カ月隔たった先の二つの月指標のあいだで〇・二一パリ・リーヴルから〇・一六パリ・リーヴルへと価格が大幅に下がっている。一五八六年一〇月の最高値については、ここで補足しておくと、一三六八年から一六二四年までの期間で〇・二〇パリ・リーヴルのレートを超えたのは、初めてにして唯一であることも注記しておきたい。「非気象的」原因による一六世紀の長期にわたる物価上昇が、部分的に、この特に深刻な被害をこうむった一年に記録された価格上昇の要因だった。通貨、人口等の気候とは別の長期的状況による経済膨張効果をも反映した価格上昇である。しかし、一五八五年から一五八六年にかけて有害な結果を招く気象の腐った「果実」である一五八六年の不作の「短期的」特殊性は、市場価格表があけすけに直接的に暴き出してくれたおかげで[82]明白になった。

*

ピエール・ドゥ・レストワール[83]は、一五八六年から一五八七年にかけての食糧危機を一歩一歩たどった。一五八六年五月から、前年（一五八五年）の低調な収穫と五月の時点で予想されていた一五八六年の悲惨な収穫とにかんがみて、この時代の証人は、パリ中央市場で小麦一スティエが非常な高値になることと、「フランス全土」（引用のまま）と外国から乞食が大挙して押し寄せて来ると指摘していた。パリは、いつもながら、物乞いの共鳴箱だ。それというのも、豊かな都市だからで、貧窮者たちの必要に応えようと、首都の住民から特別の施しのための資金を徴収する程だった。一五八六年六月一六日、悪天候と大災害、民衆の悲嘆と逼迫、財政についての諸王令がアンリ三世の不人気を増大させた。それは、おそらくは正当ではなかったが、問題はそこにあるのではない。

一八四六年の穀物栽培に不利な大干ばつによって生じた一八四六年から一八四七年にかけての食糧危機が一八四八年二月の革命の温床になるのと同じように、一五八六年から一五八七年にかけての不作年が、一五八八年五月の革命的蜂起（陰謀を企み、バリケードを築いたり）の基本的要件のいくつかを構成したのだろう（そしてまた、一七八八年から一七八九年にかけての騒擾とさらに反抗的な食糧暴動に対する一七八八年の不作と価格高騰も同様だ。そこには、おのずと相互に連動するメカニズム、歯止め、始動装置がある。のちほど、フロンドの乱の謎についての章〔本書第8章〕を参照）。

レストワールはいう。一五八六年四月、貧しい村人たちが群れをなして、完全に熟していない麦を刈り取って、「抑えきれない空腹を満たすためにすぐさまそれを食べた」。農夫たちはそんなふうに食べるのを阻止しようとしたが……、もちろん比喩的ではあろうが、それならおまえらを食うぞと脅かされた。一五八七年五月、パリ高等法院は、国王がパリ市の歳入を差し押さえるという悪意ある行為に直面して、やはりレストワールによれば、「これ程値段が高くて悲惨な時期にパンを手にするという生活の財源を善良な民衆に対して差し押さえる」として国王を非難した。大災害を引き起こす気象から生じた旧教同盟前のフラストレーションが、またしても芽生えた。

一五八七年六月三日水曜日、パリ中央市場で小麦が一スティエ三〇トゥール・リーヴルで売られていたと、レストワールはいう。事実は、ボランとムヴレによれば、二七トゥール・リーヴルにすぎず、一五八七年七月七日にならなければ三〇トゥール・リーヴルにまで達しない。われらが著者が付け加えているところによれば、近隣の都市では三五トゥール・リーヴルとか四五トゥール・リーヴルだという！　首都はまだ、他都市ほど供給が悪くはない。「そのため、とにかく、パリには哀れな物乞いがあふれていた」。それらの人々はヴォージラール村方向のグルネル施療院まで押し戻され、一キロの小麦かパンを買う費用として国王から各人に一日五スーが配られた。それは、とにかく、肉体労働者の一日分の食糧として無視できないものだった……。だが、これら貧しい者たちはグルネルから逃げ出し、また市中心街へと逆流したのである！　かつてルイ一一世によって、そしてまた後年にルイ一四世とルイ一五世によって推奨されたような、食糧不足期における貧民に対する温情主義的な積極的救済政策は、王のこうした働きかけの効果はときには疑わしいにしても、ヴァロワ朝のアンリ三世の方針に沿うものであることが確認できる。結局は一八世紀末に君主制の消滅をもたらすことになる血のかよわないメカニズム、私は「民衆から施主に対して相関的で逆説的な不人気をもって迎えられる君主による救済の施し」といいたいが、このメカニズムはアンリ三世の時代にすでに存在しており、それなりの成果はあったのだが、だからといって、民衆から、現物による救援を受けた人々を含めてというか特にそれらの人々から、最悪のやり方として嫌われることをまぬがれなかった。

食糧不足による民衆の気持ちの高まりの最後の一幕は、まあまあの収穫が再び平穏を取り戻させるほんの直前、一五八七年七月二二日に、一スティエ三九トゥール・リーヴルというパン用軟質小麦の「最高」価格をもとにして演じられた[85]。すなわち、七月二七日以降、遅れめの収穫の結果相場が小刻みにゆっくりと下がっていく数日前だ。実際には、この二二日にパリ中央市場で、「好き勝手にとてつもなく高いパンを売っている[86]」パン屋たちに対して民衆が暴動を起こしたのだ。短期的（一五八六年から一五八七年にかけて）に、食糧の価格が激しく上昇したために、当時実質賃金は非常に低かった（Baulant, *Annales*, vol. 26, n°2, mars-avril 1971, pp. 478-479）。そのため、前記の暴動のあいだにパンが大量に盗まれた。商人たちが殺された。この件には何の関わりもないのに。そして、何軒かの商人の家も暴徒に押し入られた。なぜなら、製パン業者のためにパンの材料を貯蔵していると疑われたからである。「市場にあった、今回の問題の当人であるパン屋たちの大きな背負い袋と二輪荷車も焼かれた[87]」ことも付け加えておこう。これらの騒擾は、旧教同盟による一五八八年五月（旧教を支持するパリ市民が蜂起し、国王アンリ三世はパリから逃亡した）に一〇カ月ほど先立つということを注記する必要があるだろうか。パリ市民、細民その他は忘れっぽいといわけでもあるまい……。そして、その後数世紀のあいだも同様だろう！

＊

フィリップ・ベネディクトの、ルーアン市に関する（一五八六—八七年）卓越した分析は、レストワールによる、特に描写にたけたパリの描出のはるか先をいくことになる。このアメリカの歴史学者もまた、ノルマンディー東部における、一五八五年の平年並み以下の収穫と、やはり、一五八六年の最悪の収穫について述べている。さらに、ル・アーヴル沖でイングランド艦隊が、バルト海地域からやってきたライ麦を積載した輸送船を拿捕した。街では古典的な情景が発生した。飢饉、死、疫病の流行。（付随して発生した疫病によって）貧しい人々だけでなく裕福な人々も死んだ。「葬儀人夫たちは」普段の二倍働いた。織物製品に対する需要は、全般的景気後退と、それ以上に、購買力が小麦に集中したために激しく落ち込んだ。ルーアン市役所は、人口の五分の一を市の救援物資を受け取る人々のリストに登録した。一五八七年のまあまあの収穫と、小麦市場を再び満たすことを保障するロンドンとの外交的妥結にもかかわらず、欲求不満の感情は最高潮にまで高まり、フランス国王の不人気は頂点に達した[88]。一八世紀後半の似たような状況にいて「政治責任」が話題にのぼることになる。旧教同盟のプロパガンダは、一五八八年に関しては、短期間な（一五八八年から一五八九年まで？）経済的持ち直しが、ルーアンやセーヌ川沿いの他の諸都市の街角にみられるようであるにしても、これら幻滅の結果を活用するだけだった。

＊

一五八六年から一五八七年にかけての「収穫後の二年間」に集中した非常に深刻な食糧、さらには死の危機は、ジャック・デュパキエが示したように、特にフランスとヨーロッパ北部に起きたことである。それはさらに、この二年間おもに南の地方で流行していたペストの侵出を伴った。死に神が猛威を振るったのは（最低でも死者五〇万人、特にイル＝ドゥ＝フランス地方とパリ盆地）、一五八六年から一五八七年の二年間[89]、ことに北部地域であった。

＊

ほかでもない英仏海峡対岸の沿岸地方における、この一五八六年から一五八七年にかけての食糧危機は、間違いなくイングランドに影響をおよぼした（一五八六年から一五八七年にかけての収穫後の期間の小麦価格は最高値だった）[90]。反対に、アキテーヌ地方はこの食糧危機の影響を受けなかった。それはなんら驚くにはあたらない。ブリ地方やボース地方においては、夏に過度の雨が降ることは小麦にとって非常に有害である。だが基本的に、夏期の過度の降雨は南仏地方においては、残念な例外はあるものの（前述の一三七四年と後述の一六三〇年から一六三一年にかけて、一六四二年から一六四三年にかけて、を参照）、害を与える外的要因としてははるかに軽度である。すべては北よりはっきりと暑い南部地方の天気のせいだ。南国の天気が、作物を腐らせる多雨な夏によって起こる災害を、一三七四年と一六九二年の場合のように大規模な災害になる場合を除いて、地方的可能性のおかげで、追い払うのだ。一五八六年は、ガロンヌ川渓谷では、ほとんど有害ではなかった。トゥールーズでこの年、小麦価格がわずかに上がったが[91]、長くは続かなかった！

＊

食糧危機というこのつかのまの現世的複合において（ラテン語の形容詞 *temporalis* が併せ持つ「一時的」と「現世の」という二つの意味において、すなわちその持続時間幅が歴史年代的に位置づけられている）、気候（原因）、それと相関関係にあるペストその他の疫病、そして最後に兵乱の被害をもたらす紛争が、分かちがたく入り交じっているのである。戦争はまさに、発生のもとは「食糧」だった死の危機が繰り返され増幅されるという点で、かなり重大な役割を演じたのである。宗教戦争の第一段階の期間（一五六〇年から一五八八年まで）の二七年間に起きた四つのこの種の危機（一五六二年、一五六五年、一五七三年、一五八六年）、それは、五五年間に三つの飢饉（一六六一年、一六九三年、一七〇九年）「しか」なかったルイ一四世の親政期間と比べれば多い。太陽王の時代には（フロンドの乱以後）内戦がなかったことが、ものごとをうまく処理することになる。

戦争は、周期的に起こる飢饉の諸事態を一層悪化させる「後押し」をするのだろうか。実際、プロテスタント側と「極端な教皇至上主義的」旧教同盟側とによる宗教的戦闘は、（気象が原因でだいなしになった作物の一五八六年の成熟期をはさむ）一五八五年から一五八六年にかけての不作の期間と、前回（一五八五年から一五八六年にかけて）の収穫前の二年間の気候的悪条件に起因する価格上昇状態の収穫後の期間である一五八六年から一五八七年にかけてのあいだ、何度も話題になった。宗教的戦闘は気候とはなんの関わりもないが、気候のマイナスの結果をさらに重大化させる。アンジュー地方、ドーフィーネ地方、ペリゴール地方、ラ＝ロシェル地方、ポワトゥー地方における戦闘。それらはしばしば小競り合いである。軍事的には決定的なものではないが、治安不備の犠牲者である農民を意気消沈させる。穀物を積んだ荷車が都市へと通行するのを困難にする。内陸というより沿岸都市であるルーアンの例にそうしたことがみられる。そこでは、一五八六年から一五八七年にかけての飢饉は穀物生産に不都合な気象によって始まり……イングランドの海賊船によってさらに重大化した。海賊船は、平時であれば、大量の小麦袋を増援物資として岸壁に荷揚げしてルーアンの街を救ったに違いない船舶が到着するのを妨げた。これと反対に、一七二五年、カーンには幸運にも増援物資が到着する。イギリスの小麦輸入業者たちが、雨のために収穫が壊滅したバス＝ノルマンディー人を救うのである。

*

一五八六年から一五八七年にかけての気候・食糧危機は、不作という同様の理由の点でモンベリアール（フランス東部、ヴォージュ山脈南端の都市）でもまったく同じだった。[92] この危機自体は、本書の他の所でもお目にかかった同年の収穫後の期間のように、農耕にマイナスな気象によって引き起こされた。もう少し南のフランシュ＝コンテにおいて、リュシアン・フェーヴル[93]は一五八六年に亡くなったユゲット・ブルテンの場合について述べている。彼女は家具を一切遺さなかった。「なぜなら、物価高の歳月が原因ですべての家具を使い果たし（売り尽くし）て、そのあげくに飢え死にしたからだ」。驚くことはない……これよりもっと「適切に」いおうとしてもできはしないだろう。

*

さらに他の地方でもまた、一五八六年、いやもっとひろく一五六二年、一五六五年、一五八六年（非常に不充分な収穫）と一五九七年（もっとわずかな程度）は、実際スイスのアールガウ地方、エメンタール地方、チューリッヒ地方、ベルン地方は、隣のフランスとまったく同じように食糧不足だった。

*

一五八七年の特異な高死亡率は、一五八〇年代と一五九〇年代を通じてのフランスにおける死亡者数の非常な増加と新生児数の減少のひとつとして記録される（Dupâquier, *Histoire de la population française*, vol. 2, graphiques, p. 150）。その原因は多様である。気候の変調、背景としての食糧不足、そして旧教戦争も。平行して流行した疫病が、飢饉による被害と直接的あるいは間接的に戦争に起因する死とのあいだを仲介した。たとえば、パリでは、一五八六年にはすでに非常に多くなっていた（死亡者数一万六七二八人）埋葬数は、一五八七年に、一五四四年から一六四三年までの全期間における絶後の最高記録である最高値（死亡者数二万二三一一人）になった。[95] パリ攻囲による膨大な死亡者数（一五九〇年に死亡者数四万人以上）は例外であり、またもやわかりきったことをいうが、それは気候とは何の関係もない。

第6章　世紀末の寒気と涼気——一五九〇年代

特筆――一五九一年から一五九七年までの七年間

一五九〇年代は、一六世紀の他のすべての一〇年間と比べて、冬もしくは夏について、ことに寒い、少なくとも非常に冷涼な一〇年間である。第一に、一五九一年から一五九七年までの七年間、ジュラ地方に位置するため長期にわたって収穫がかなり遅いブドウ園であるサランのブドウの収穫日はきわめて遅く、一〇月一三日以降だった(一五九五年と一五九六年の二年の収穫日は不明)。他方、一五八二年から一五九〇年までのあいだで日付のわかっている八つのサランにおけるブドウの収穫日については、そのうち五つが一〇月一三日より前だった。同様に、一五九一年から一五九七年までのオボンヌ(スイスのフランス語圏)では、日付がわかっている六つのブドウの収穫日は非常に遅くて、一〇月一一日より遅いか非常に遅かった。これに対して、一五八〇年から一五八五年までのあいだでわかっている六つのブドウの収穫日のうち三つは一〇月七日と一一日であり、一五九一年から一五九七年までのずばぬけて遅い収穫より早いのである。さらにまたオボンヌでのことだが、一六〇〇年から一六〇五年のあいだで日付のわかっている四つのブドウの収穫日のうち二つは一〇月一一日よりずっと早い(九月二四日と一〇月三日)。したがって、一五九一年から一五九七年の期間に対するこうしたコントラストは、年代的に前後をはさんでいる。ローザンヌでは、一五九一年から一五九七年までのきわめて遅い収穫期間についてわかっているたった三つブドウの収穫日は、一〇月七日、一〇月一九日、一〇月一七日(一五九一年、一五九四年、一五九五年)である。これに対して、一五八〇年から一六〇四年までの期間でわかっているブドウの収穫日はすべて(一五九一年から一五九七年までのきわめて遅い収穫期間以外で合計七つ)は、一五八八年を唯一の例外として(一〇月一〇日)、一〇月七日より前だった。最後にラヴォー(やはりスイスのフランス語圏)では、一五九一年から一五九七年までの「地塁」（両端を仕切られた地理的隆起、ここでは収穫が遅いことを意味する）の形をした七年間のすべてのブドウの収穫日は、一五九一年が欠落してはいるが、一〇月四日より遅かった。他方、一五八二年（ラヴォーのこのデータ時系列の始め）から一五九〇年までの期間、すなわちたったひとつの欠落（一五八四年）を除いて日付のわかっている八年間で、一五八五年を唯一の例外として、ラヴォーでのブドウの収穫日はすべて一〇月四日より前だった。地塁のあとでも、すなわち一五九八年から一六一六年までの「地塁後」の一八年間で、一〇月四日より早いブドウの収穫日が一四ある！　結果的に、他所と同様ラヴォーでは、一五九一年から一五九七年までの七年間の遅い収穫は、これら二つの場合、はるかに早熟なその前とあとの期間との完璧なコントラストをなしている。そもそもアンゴは、一五八〇年から一六〇九年までの三〇年間のスイスのフランス語圏のブドウ園についての一〇年間ごとの平均を計算したときに、一五九一年から一五九七年までのこれほど遅くて決定的なブドウ収穫学的に有意な年数を包摂する一五九〇年代のこの驚くべき収穫の遅れに気づいていた。

スイスのフランス語圏におけるブドウの収穫日の一〇年ごとの平均

Angot 1885 による

	オボンヌ	ラヴォー
一五八〇―八九年	一〇月一二日	九月二八日
一五九〇―九九年	一〇月一六日	一〇月六日
一六〇〇―〇九年	一〇月一二日	一〇月二日

一五九〇—九九年の一〇年間、より精確には一五九一年から一五九七年までの春夏が非常に冷涼だったことは、スイスのフランス語圏では刺激的なことである。というのは、モンブランとメール・ドゥ・グラースというスイス・アルプスとサヴォワの氷河のすぐ近くだからである。局地的に冷涼多雨であったこれらの夏が、どのようにして「究極の手助け」をすることができたかよく理解できる。氷河の消耗がないので、シャモニーとグリンデルワルトの氷舌を一六〇〇年から一六一〇年の最大状態にまで成長させたのである。

構造的に収穫の遅いサランと違って、構造的に収穫の早いブドウ栽培地帯であるディジョンは最後のお楽しみに残しておこう。ディジョンでは、一五九一年から一五九七年までの状況的かつ気候的に収穫が遅かった期間のブドウの収穫はすべて、九月二五日に収穫された一五九五年を除いて、一〇月に、しばしば遅れ気味におこなわれた。それに対して、一五八八年から一五九〇年まで、ディジョンにおけるブドウの収穫は、三回のうち二回は九月二四日と一〇日におこなわれた。そして、一五九八年から一六〇七年までは、ディジョンでのブドウの収穫の一〇回のうち七回は九月二五日より前におこなわれた。ブルゴーニュ地方の一五九一年から一五九七年までの極度に寒い期間と比較して見通しがまったく逆である。私は二つの博士論文（*Paysans de Languedoc*, S. E. V. P. E. N. 1966 ; *Histoire du Climat depuis l'an Mil* vol. I, vol. II, Flammarion, 1983〔邦訳『気候の歴史』藤原書店、二〇〇〇年〕）で「一五九一年から一五九七年の」地塁のことを指摘した。北「フランス」と中央「フランス」とスイスのブドウ栽培地帯において七年間の寒い年があり、一五九一年から一五九七年までの問題となっている収穫のまったく遅い「地塁」は、数値データによって明確に示されていた[(1)]。

地域間の微妙な違いも付け加えておこう。一五九一年から一五九七年の期間とそれを包摂する一〇年間（一五九〇年代）は、スイスのフランス語圏では、一五八〇年代および一六〇〇年代と比べて極度に収穫が遅い最高度の地塁状態にあった。ディジョンでは、やはり収穫が遅かった一五九一年から一五九九年の期間というのは単に、一五六〇年代（一〇月一日）、一五七〇年代（九月三〇日）、一五八〇年代（九月二九日）とまったく同じように、当時常態であった遅めの収穫（一〇年間のブドウの収穫日の平均は九月二八日）であったにすぎず、一〇年の四倍、五倍の期間（一五六〇年から一六〇〇年）続く超小氷期の大危機の前の早熟な数十年間と対照をなしているだけである。このディジョンにおける早熟あるいは比較的早熟な一〇年間とは、一五二〇年代（九月二二日）、一五三〇年代（九月二五日）、一五四〇年代（九月二二日）、一五五〇年代（九月二五日）、そして一五六〇年代（九月二六日）である。しかし、地塁を形成してそびえ立つにしろ、前後に隣接する他の収穫の遅い一〇年間とひとまとまりになってブロックを形成するにしろ、一五九〇年から一五九九年までの一〇年間はやはり、氷期前の顕著な収穫の遅れによって強い印象を与える。これについては、ブドウの収穫日の平均についてのわれわれの研究（『気候の歴史』）を参照するのが最も簡単である。それらの収穫日は、一五九一年から一五九七年のあいだはすべて「一〇月」なのに対して、一五八〇年から一五九〇年の期間（七例）と一五九八年から一六一一年の期間（一〇例！）は、常にではないが頻繁に「九月」だった〔付録7「ブルゴーニュ地方のブドウの収穫日（一五〇〇年から一六五八年まで）」参照〕。

＊

これらのブドウの収穫日に、どちらかといえば暑い春と夏の前半におこなわれる（もし収穫が早いならば）「重要な情報をもたらす」穀物の収穫日と、冷雨で作物が腐ることなどない、穀物栽培に好適な前年の秋におこなわれる早めの播種という補足情報を加えることにしよう。ところで、これらの変数が逆の場合は、秋と翌年の春が冷涼・寒冷で、夏が過度に寒くて湿潤な状態は遅い収穫を「招く」。こうして事実がわかる。完璧で数値化されたプフィスターの適切なグラフによると、アルプス氷河に比較的近いスイスのドイツ語圏における穀物収穫は、一五九一年から一五九七年のあいだ（ブドウの収穫同様）非常に遅く、さらに一五八七年から一六〇〇年についてもそういえる（Pfister, *Klimageschichte*, graph. p. 92と末尾の表1—33）。

最後に、一五九一年から一五九七年のこの「つらい経験」の期間については、ファン・エンゲレンと彼の協力者たちが作成した夏の指標はわれわれのブドウの収穫日とちょうど合致している。一五九一年から一五九七年まで、ファン・エンゲレンは（*History and Climate*, p. 112）、われわれ同様、年ごとに冷涼な夏、さらには寒い夏だけを指摘しており、それらのうちの一夏だけが平均とされていることが確認できる。暑い夏はひとつもない。他方、当然ながら、一五九一年より前と一五九七年よりあとの同年数の期間には間違いなく日照に恵まれたいくつかの夏がときどきみいだされる。

冬については、このオランダ人研究者の貢献はもっと的を射たものである。一五八六年から一六〇四年まで彼は、非常に寒い冬、寒い冬、平均的な冬、しかいい挙げていない。それらのうちひとつたりとも暖かいとは紹介されていない。この観点からまた、一五九〇年代は年代的には、どちらかというと氷期的環境にあったことは議論の余地がない。

こうして一五九一年から一五九七年までの年月は、もっと長い特徴的な寒冷期の一部に含まれる。この非常に特殊な「期間」は一五六〇年代から明確になり、少なくとも一六世紀末まで続いたことをわれわれはすでに指摘した。当然、この一六世紀末は、アルプス山脈では、論理的に氷河の絶頂期に終わることになる。同様の寒冷現象は、ときには氷河の反応はもう少し穏やかではあるが、その後一六四〇年代、一六九〇年代、一七七〇年前後、そして一八一二年から一八二四年までと一八五〇年から一八五六年までの期間に出現する。

＊

一六世紀の最後の時期（少し年代的に上方にまで伸びるが）に足を止めるために、ワインの品質が悪かったことも思い起こそう。それは、六月・七月・八月が過度に冷涼だった印であり、[2] 一五六三年から一六〇二年の期間に最もひどかった。その前（一四五三年から一五六二年まで）とあと（一六〇三年から一六二二年……[3]）の期間と対照的であり、一五六三年以前と一六〇三年以降はどちらも、そのあいだにはさまれた一五六三年から一六〇二年の期間ほど酸っぱいワインが生産されることは全般的に少なかった。一五八五年から一五八七年までと一六〇一年から一六〇三年までのあいだの気候寒冷危機に入るすべてのワイン生産について一概にそういえる（後述本章末参照）。

だが、繰り返しいうが、この事実を持ってして、夏がどれほど冷涼寒冷であっても、一五九〇年代全体を黒く塗りつぶしてはならない。フランスにおいては、当時の主要な惨禍は戦争だった。戦争は一五九三年さらには一五九五年まで続き、アミアン地方では一五九七年までも続いた。そのあとやっと、地域によってそれぞれ日付は違うが、一息ついたのである。一五九六年と一五九七年は気候的に、したがって一五九七年と一五九八年は人口の面でときとして生きるに厳しかったにしてもである。このことについてはのちほどまた戻ることにしよう。

イングランド――天は仔牛のように涙を流した

気候と人間の歴史の観点からみて、その必然的「結果」のひとつ（小麦価格は農業の気象条件と消費者の運命とのあいだの橋渡しとなる）については、一五九〇年代はまったく単純だったわけではない。一五八九年から一五九〇年にかけての穀物相場のすさまじい上昇（パン用軟質小麦一スティエ一七・七五トゥール・リーヴル）、そして特に一五九〇年から一五九一年にかけての高騰（一スティエ三九・九一トゥール・リーヴル）は、気候ともイル゠ドゥ゠フランス地域の穀物収穫量とも何の関係もなかった。それは単に、アンリ四世による、旧教同盟に属しているパリ攻囲と、その後一五九二年まで激しく続く軍事作戦の「結果」である。そのうえさらに、フランス東部と北東部では、フランスとスペインとのあいだの紛争が次第に国境地帯へと遠のきながら、一五九五年頃さらにはもっとのちまで、突然の戦闘が発生した。

「気候・小氷期・穀物収穫・小麦価格」の食糧複合を明らかにするためには、多少涼しくて少し湿度が高いパリ盆地とほぼ似かよった気象の、エリザベス朝の平和のさなかにある国に目を向けるのがよいだろう。つまり、イングランド全般、そして特にロンドン盆地である。内戦による混乱はまったく存在しない。それもそのはずで、この国では、エリザベス一世治下とジェイムズ一世治下初期の教派間紛争の存在しない統治期で、それは一五六〇年から一六〇二年までとそれ以降である。前記の事実から、気象は、生態学的でない、端的にいえば人間的な、人為的な、戦争といったまったく異なる原因に由来するいかなる夾雑物もなしに、そのほとんど絶対的な影響を穀物収穫に対して思いのままに行使することができた。テムズ川の川岸に設置された風速計は、見事に風あるいは嵐の向きを指し示し、すぐ近くのフランスではあれほど頻繁だった兵乱の竜巻によって故障することはまったくなかった。この機会に、時間を少しさかのぼって、「海峡の彼方」に懐古的な一瞥を投げかけるのは理にかなったことである。一五三〇年代、一五四〇年代から一六〇〇年頃までをみてみよう。一五六〇年以前（したがって一五六〇年以降の四〇年間の寒冷化期以前）は、リグリーとスコフィールド〔共に現代イギリスの歴史人口学者〕によって収穫後の期間（六月から七月）をもとにして非常に端正に計算された人口不足[4]（死亡者数よりも出生数のほうが少ない）の年ばかりが、すでにわれわれがフランスについて確認した干ばつと小麦の日照り焼けの期間のあとに続いた。これらの期間ではまず、一五四〇年から一五四一年にかけての収穫後の期間（極端な夏の暑さが原因で赤痢が発生したのだろうか?）、次いで一五五六年から一五五七年にかけての期間が問題である。この二つめの非常に熱量の多い時期（猛暑の一五五六年）は、それ自体がすでに乗り切るのが困難だったが、ロンドンでは引き続き発生した事態として、穀物高騰に加えて、一五五七年と一五五八年に非常に多くの死者を出した疫病の襲来に見舞われた。この両年については、われわれの隣人である大ブリテン島の人々を殺したのは、直前（一五五六年）の食糧不足の推定上の娘である（インフルエンザを含む）同時発生した疫病ではないかと考えられる。一五五六年の焼けるような夏はおそらく、フランスで、一六三五年から一六三九年の期間と一七〇五年と一七一九年と一七七九年に同様の理由で生じたように、海峡の向こう側に死病である赤痢をも発生させたであろう。

*

それに引き替え、一五六〇年以降は、引き続きイングランドでの話だが、ヴァロワ朝の王国〔フランス〕における同様の事態が確認される。舞台装置の変更、さらにいえば気候の変更である。収穫と人間の生活に襲いかかって苦しめるのは、それ以前と反対に、もはや日照り焼けと干ばつではない。それは、場合によって冬のシベリア高気圧または作物を腐らせる低気圧の夏から生じる「寒冷・冷涼」である。その結果、全般的に増加していたイングランドの人口の推移のなかで、二つの非常に深刻な人口減少、簡単にいえば死亡者数が出生数を上まわる事態が以下のように引き起こされた。それは一五八七年から一五八八年にかけてである。困難な事態は、少なくとも部分的には一五八六年の惨めな収穫に由来する（フランスについてはその原因はすでに記述した）。凍りつく冬と湿潤で作物を腐らせる夏とによって引き起こされた一五八六年の惨めな収穫に、なお一層悲惨な一五八六年から一五八七年にかけての収穫後の一年が続いたのだ。

それから、厳しい気候とかんばしくない収穫の一五九六年から一五九八年までの三年間がやってくる。この三年間（一五九六年の収穫と場合によればその直前の収穫）については詳しく述べなければならない。

ここでは二つの考察が認められる。

(a) 様態の違い。フランスでもイングランドでも、一五六〇年以前には日照り焼けと干ばつ(一五四〇年、一五五六年)が大災害にいたった。これに対してそれ以降は、数十年にわたる気候の寒冷化のせいで、大被害を引き起こすのはおもに、凍りつく冬と湿潤で作物を腐らせる夏との複合である。

(b) 様態と大災害の程度とは別である。フランス(北半分)では、超小氷期(広く考えて一五六〇年から一六〇〇年まで)の寒冷・湿潤の高まりは、(宗教戦争という原因とあいまって)一五六二年から一五六三年、一五六五年から一五六六年、一五七三年から一五七四年(この二年にまたがる期間は、一五七三年の収穫に気候が多大なマイナスの影響をおよぼしたにもかかわらず人口にはほとんど損害を与えなかった)、そして一五八六年から一五八七年、最後に一五九六年から一五九七年の五つの収穫後の一年間に表れている。

これに対してイングランドでは、(これまた端数のない数字で)一五六〇年から一六〇〇年までの超小氷期は、人口グラフ上の二つのくぼみとして顕著に表れているだけだ(フランスにおけるように四や五ではない)。死亡者数と比べて出生数が少ないために生じた二つのくぼみである。これらは、繰り返すが、イングランドでは一五八七年から一五八八年にかけてと一五九七年から一五九八年にかけての収穫後の一年間(七月から翌年七月まで)で、これら二つの二年にまたがる期間に、当初の食糧危機の結果を疫病が長引かせたのは明らかである。この世紀の最後の一五年間は西ヨーロッパのほとんどどこでも、最も生きることが困難ではあったが、超平和で民衆に好適(大ブリテン島の内部では超平和であったということだ)なエリザベス一世治下においてさらに一層全般的だった。イングランドは概して、一五六〇年から一六〇〇年にかけての超小氷期の衝撃をうまく受け止めた。この島が、フランスに比べてずっと人口の絶対数が少なかっただけ恵まれていた。一五六一年から一五六六年のあいだのイングランドの人口は、おおまかにいって、三百万人でしかなかった。一五九六年には四百万人で、これに対して、たしかにずっと広大である伝統的な六角形のフランスの本土領域内の「フランス人」は二千万人だった。こうしたイングランドの農業は、「混合農法」に基礎をおいているため、海峡の南岸より明らかに「安定した」牧畜の占める割合がおおきいがゆえに、湿潤な年々をより容易に耐えることができた。湿潤な年々は、（一三一五年の場合のように）過度に湿潤にならなければ牛が好む牧草の豊かな年々なのである。

＊

その非常に入念な研究において、R・B・オウスウェイト〔現代イギリスの社会経済史学者〕は、上述したブリテン島の一五九〇年代の諸問題を検討した。彼は、一五九四年と一五九六年から一五九七年にかけての収穫後の期間とのあいだにチューダー朝のイングランド王国を襲った気候と食糧の「困難な事象」に特に興味を抱いた。一五九六―九七年のピークにいたるまでのイングランドの小麦価格の上昇は、低水準だった一五九二年の最高値から「出発した」。長らく平和であったこの大きな島では、繰り返しいうが、当時の純粋に経済的な事態を内戦が混乱させるようなことはまったくなかった。真に困難な最初の年（七月から翌年七月までの収穫後の一年）は、一五九四年（収穫の年）から一五九五年（パンを食べる人々がそれらを消費する期間）である。パン用軟質小麦は、その前の三年間は一クオーター〔イングランドの穀物計量単位、四分の一トン〕一八シリング（三年間）、次いで二三シリングだったが、この期間には三五シリングで販売された〔付録14「イングランドにおけるパン用軟質小麦の価格の短期的変化（一四五〇年から一六五〇年までの収穫後の期間）」参照〕。湿潤で作物が腐った年である一五九四年に急激に上昇したのだ。このことは他所、大陸西部のデータをみればうかがい知ることができる。ブドウの収穫が遅かった（ディジョンで一五九四年一〇月三日）。一五九四年の五月と七月と一二月は非常に寒く、七月は水浸しだった。[6] スイス北部では、五月二二日に霜が降り、（一二アンパン〔昔の計量単位。親指の先端から小指の先端までの距離で、約二〇から二四センチ〕の）鍾乳石が屋根から垂れ下がった。バウスマンとファン・エンゲレンの区分によれば、[7]一五九三年から一五九四年にかけての冬と一五九四年の夏はどちらも非常に湿潤で、（夏は）冷涼だったとみなされている。サー・トーマス・トレシャムは、ラシュトン（ノーサンプトンシャー〔イングランド中部の州〕）から妻に宛てて、情報総括風に、次のように書き送っている。「主よ、マリア様。ずぶ濡れで、涙に暮れた万聖節〔一一月一日〕（一五九四年）です。一番雨の多いこの季節の最も水っぽい日々さえも湿度の点で上まわる万聖節で、他に比べようもありません」[8]。街道は通行不可能で、あちこちで大洪水、「そのせいでイングランド民兵の招集も遅れ」、「雨と理不尽な寒さに襲われて」[9]、例年より遅くて不足がちな収穫なのだから、この先数年間は何もない。イギリスの歴史学者R・B・オウスウェイトもまた、季節が制御されないという特徴を持つ、やはり当然二年間にまたがる非常にシェイクスピア的な『真夏の夜の夢』[10]（一五九六年から一五九七年にかけて）を指摘している。「こうして風が、みずからのフルートが無益であることをみて、復讐するかのように、海から疫病をもたらす霧を立ちのぼらせる

〔疫病の感染をもたらすのだろうか？〕。霧は大地に降りてきて河川を増長・増大させ、河川はまもなく陸地にあふれ出た。牛は自分の首に巻かれたくびきを空しく引っ張るだけだった。農夫は汗水垂らしておおいに働いたが少しも成果がなかった。まだ青い麦は、ひげのある穂を形作る前に腐ってしまった。水浸しになった耕地では、家畜は瘟疫（えやみえき）〔家畜の疫病の総称〕に襲われて姿を消し、垣根で囲われた牧地は空っぽだった。カラスは死体の群れを喰いあさって肥え太った。石蹴り遊びの図は泥で汚れ、生い茂った雑草がこのうち捨てられた迷宮の細かい網目を消し去った。人間、死すべき兄弟よ、冬の娯楽を楽しみたいだろうが、もはや夜はクリスマスの賛歌にも聖歌にも満たされることはないのだ。なぜなら、豪雨を統べる月は、怒りで青白く光っている。月は地上の何もかも水浸しにして、リューマチと気温の逆転があちこちに蔓延しているほどだ。季節は悪くなっている。白い毛に覆われた霜が深紅のバラの花元にびっしりついている……。この不幸の一族はすべてわれわれのいさかい、激し

い対立が生み出したのだ。これほどの厄災を引き起こした責任は私たちにある。犯人は私たちなのだ……」。

人々は、シェイクスピアのすばらしい農業についての学識と、自然現象を引き起こすものであり自然現象に引き起こされたものでもある「自然」と緊密に一体化する能力とに驚嘆するであろう。わが国の作家や他の劇作家たちが実にしばしば失っている能力だ。少しのちの、ジョン・クルック〔一七世紀前半のロンドン市裁判官、下院議長〕がロンドン市長だったスキナーという人物についてみずから執筆した追悼演説中にある、似たような引用を記しておこう。[11] そのなかでは、一五九七年一月に「雲と闇が」喚起されている。「月は霧ともやのベールに包まれている。天は仔牛のように涙を流し、やむことがない。そして大地はどこも水で身動きがとれず、不毛の地になってしまった」。このような引用は、バウスマンとファン・エンゲレンのような優れた研究者たちのおそらく少し性急な結論に幾分色合いをつけてくれる。バウスマンとエンゲレンは、冬についても夏についても、一五九六年の雨にほとんど注目していない（Buisman, vol. 4 p. 713）。他の研究者たちは、理由がなかったわけではないが（これについてはのちほど戻ることにしよう）、この同じ一五九六年の空について「水門の扉を開くように」あけすけに多くを語った。雨が降る、雨が降る、羊飼いの娘よ。白い羊を連れて帰りなさい。少なくとも、豪雨から発生する瘟疫（えやみえき）が皆殺しにしてしまっていなければだが。

*

一五九一年から一五九七年までの、寒くて多雨で収穫が遅れた年々（大陸では六回または七回のブドウの収穫が連続して一〇月だった）のあと、当然ながらイングランドでは多くの場合、四年連続して小麦価格の上昇が続いた。特に一五九三年、一五九四年、一五九五年、一五九六年の頂点に達する途切れがちの急上昇が目を引く（次の表参照）。この上昇は一〇年内のものであり、人口の飛躍的増加と新大陸から希少金属〔銀〕がもたらされた

イングランドおける収穫後の１年間のパン用軟質小麦の価格表

（単位：シリング／クオーター）

地域	聖ミカエル祭から起算した収穫年									
	1590	1591	1592	**1593**	**1594**	**1595**	**1596**	**1597**	1598	1599
ケンブリッジ	18.76	17.10	15.83	**18.32**	**35.40**	**35.85**	**41.07**	**39.67**	22.87	23.89
ノリッチ	—	—	18.00	**24.00**	—	**42.50**	—	—	28.00	24.00
ロンドン	25.56	18.56	17.61	**25.62**	**36.56**	**40.34**	**47.61**	**44.40**	42.40	25.80
オクスフォード	—	16.33	14.95	**19.86**	**37.03**	**33.81**	**55.59**	**44.69**	25.07	21.23
エクセター	20.88	17,76	22.41	**28.63**	**38.88**	**32.00**	**62.94**	**39.92**	19.76	20.55
ノッティンガム	—	17.12	12.88	**16.00**	**33.68**	**33.33**	**44.00**	**47.44**	24.00	24.00
ワークソップ	31.11	18.00	18.44	**22.67**	**26.70**	**33.73**	**46.30**	**55.14**	—	32.00
ヨーク	26.00	24.00	20.00	**28.90**	**36.00**	**44.00**	**64.00**	**42.86**	28.00	31.00
ベヴリッジによるイングランド平均値	23.75	18.41	17.52	**23.00**	**34.87**	**37.09**	**50.07**	**46.18**	28.03	25.39

1593年から1597年までの期間のイングランドにおける穀物価格の上昇。聖ミカエル祭（9月29日）から起算した収穫後の1年間を基準に評価。したがって、「1597年」は、逆説的であるが1597年9月29日から1598年9月29日までである！「ハーヴェスト・イヤー」すなわち収穫後の1年間（Outhwaite, 1978, p. 368の上掲表参照）について研究したJ. Thirsk〔20世紀イギリスの社会経済史学者〕によって確定された年次記録（vol. 4, pp. 819-820）。大幅に価格上昇して高止まりした年（1593-1597年）は太字で表記。

ことによる一六世紀の数十年、百年続く長期的物価上昇の中におさまるにしてもである。一〇年内でかなり短期間の事態である一五九三年から一五九七年にかけての価格上昇は、その大部分がかなり短期的な特殊な原因によるものであり、オウスウェイトがそれらを農業気象学に関連づけるのは正当である。なぜなら、たとえば戦争に関連したといったような、他のいかなる原因もこの時期、海峡の向こう岸、少なくとも「国内」の範囲にはなかったからだ。イギリス人研究者はこの場合、一五九〇年代の寒くて多雨な連続する数年を引き合いに出すだけだが、それが、アメリカ大陸からの銀にもまして主要な説明なのである。

＊

オウスウェイトの分析に続く経過は予見できるし情報豊かなものであろう。穀物価格が上昇して最も厳しい年（一五九四年から一五九六年、さらには一五九七年）には、イングランドの「庶民」の購買力はおおきく落ち込んだ。パン用軟質小麦は少なくとも貧しい人々にはほとんど手の届かないものになってしまったので、購買力は二次的な穀物へと向かった。「死亡」率は最初ほとんど影響を受けなかったが、一五九六年、一五九七年そして「跳ね返りで」一五九八年の最悪の試練の年には大幅に上昇した。イングランドにおける死亡者数に対する出生数の超過は、大きな島なので多くて、一五九三年から一五九四年の期間(一五九三年七月から一五九四年七月までの収穫後の一年間)、年に四万一〇〇〇前後だった。それから、一五九四年から一五九五年にかけての収穫期後に五万三〇〇〇、一五九五年から一五九六年に三万三〇〇〇である。一五九六年から一五九七年にかけては六〇〇〇以下に下がり、一五九七年から一五九八年にかけては一万六五〇〇の不足になった。他の要因のなかで、一五九六年から一五九七年にかけての価格騰貴による危機と、それと同時あるいはそれに引き続く疫病を挙げなくてはならないのは明らかだ。一五九八年から一五九九年までと一五九九年から一六〇〇年までの収穫後の一年間になってやっと、大量の出生数超過(それぞれ、四万二〇〇〇と四万七〇〇〇という連続して多数の超過、生命は復讐する)の道に戻るのである。一五九六年から一五九七年にかけての、収穫後の一年間の作用によって一五九七年半ばさらにはそれ以降にさえおよんだ危機がこの島国の人口に引き起こした相対的なくぼみだといえよう。またしても、複数季節にまたがって本格的もしくは持続的に暑い期間が割り込むことなく寒冷湿潤が連続する一連の年々が出現したことが、規模を過大視することなど少しもできないような食糧危機が一五九六年からその後二年間にわたって海峡の対岸で拡大することを許す「偶然の一致」を生み出したのだ。オウスウェイトも、三〇二の小教区の事例を提示して、彼がわざわざフランス語で「食糧危機」と呼んだ一五九六年夏から一五九八年六月までに、その三分の一の小教区において五〇パーセントかそれ以上の死亡者数の増加をもたらした事態の規模を指摘している。丘陵地帯に位置しているために普段から小麦が欠乏していた小教区で特に被害がおおきかった。これに、小麦を求めての暴動、場合によっては酔っ払い(原文のまま!)や徒弟の暴動が付け加わった。これらの動機は似たようなもので、一五九六年、一五九七年そして一五九八年まで多数発生した。[12] 政府や他の当局は、様々な方法で対処しようとした。小麦ストックの押収、関係商人の統制、モルトとデンプンの製造禁止。スコットランドも被害を受けていた。特に、一五九六年から一五九七年にかけての低栄養状態、さらには栄養失調や疫病で大量の死者を出したスコットランド国境に駐屯するイングランドの守備隊の惨めな食糧状態から判断するとそうである。こうした厳しい事態の重なり合いに危険を感じて、枢密院は、一五九八年三月、麦の種を播いてある畑にもかかわらずエンクロージャーの拡大を助長したかどで告発されたバター・チーズ商人たちに対する攻撃を開始した（効果はなかったようだが）。彼らは、それ以前の二年間にすさまじい勢いで欠乏と価格高騰が顕著になりつつあった穀物の生産を犠牲にして牛の繁殖を促進したかどで告発されたのである。[13]

＊

興味深い最近の著作（*Tudor England*）[14]のなかに、ジョン・ガイ〔現代イギリスの歴史学者〕は、彼が一五九〇年代の経済的窮乏と呼ぶもの、すなわち「一五九四年から一五九八年の危機」と、特にエリザベス朝イングランドの、政治を含む、輝かしい歴史における一五九七年から一五九八年にかけての非常に厳しい年をみごとに挿入している。彼は、甚大な被害をこうむったのは特に、他より脆弱な生産性の低い丘陵農業地帯だったこと、それに対してロンドン、イースト・アングリア地方、南東部地方は、その平地の効率的な農場とバルト海からの穀物輸入が容易であるおかげで、被害を免れたということを思い起こさせた。総合的には、一六三〇年までで最大の急激な物価上昇（Joan Thirsk, *Agrarian History of England*, vol. 4, p. 820 表）と、一二六〇年から一九五〇年のあいだで最大の実質賃金の低下があった！　人口の五分の二が適正栄養摂取水準以下に落ち込んだ。それに応じて食糧暴動や犯罪が火の手をあげた。これらはすべて社会史上の症状ではあるが、……シャモニーやクルマヨールやグリンデルワルトの氷河の前進同様、急激な昂進と最高潮状態にある小氷期の症状でもある。英仏海峡の北では、女王の政府の社会政策（『社会規制勅令集』〔*Book of Orders*〕等）は結果的に発達しはしたが、少しのちのチャールズ一世の時代に実施される臨機応変な諸法規の規模には達していないのである。

ヨーロッパ大陸部

さてこうして今、いわゆる「超小氷期の最終期」における一五九〇年代のフランスの食糧危機（もしくは、互いに異なったイングランドの食糧危機とフランスの食糧危機）がよりよく理解できる。イングランドでは、穀物価格曲線は、一五九二年から一五九三年にかけての収穫後の期間から一五九六年から一五九七年にかけての収穫後の期間まで、農業、特に穀物の繁殖に不向きな水浸しの大地のうえにかなり短期間に冷涼としばしば過度の降水とが重なった年の影響で、一貫して上昇している。「天は仔牛のように涙を流した」。この点についてのオウスウェイトの証明は決定的である。

フランスでは、これと反対に（グラフ参照）、一六世紀の最後の一〇年間における価格上昇は二段階に分けて展開された。まず、戦争とパリ攻囲の影響で一五八九年から一五九一年にかけてすべてのものの値段が上がった。次いで、一五九二―九三年から徐々に平静になった。その後、（収穫を）制限すると同時に（価格を）上方に誘導する要件が農業気象学的攻勢を再開した。一五九六年の並以下の収穫は、当然一五九六年から一五九七年にかけての小麦相場にとって好ましくない収穫後の期間を招来して、降雨・価格・人口の三点セットに関してはまったく雄弁だった。

まず、前兆。パリやシャルトルのパン用軟質小麦価格の「一六世紀」最後のピークは、一五九六年の不作のあと、食糧貯蔵庫が空になり始めるか空になってしまった一五九七年春だった。急激な上昇は実際、一五九七年四月二日から同年七月三〇日におよんだ。イル＝ドゥ＝フランスとその南部地域ではもう何年も前から価格は安定していたが、一五九五年秋から一五九六年夏まで続いた収穫前の（害を受けた）穀物生育にとっての一年間の天候不良を問題視しないわけにはいかなかった。間違いなく、パン用軟質小麦の最終的成熟の危険な時期の（一五九六年の）春と初夏の出来事である。こうして、一五九六年六月二六日から、トロワ地方では六週間（ようするに、ともかく連続して）雨が降り続き、その結果「トロワの」聖マチュリン教会とサン・ジャック街のかなりの部分が浸水した。[15]この「晩春」と初夏の雨は、パリ地方とシャンパーニュ地方だけでなくスイス北部地方（一五九六年六月と七月は極端に湿潤冷涼だった）、[16]ドイツ西部地方[17]やベルギー（一五九六年五月三〇日、三一日）、そしてルツェルン（一五九六年六月二四日）やシュトゥットガルト（七月一一日、一二日）でも降った。この多少とも作物が腐る一五九六年の夏のあとの、一五九六年から一五九七年にかけてのフランスつまりパリにおける収穫後の一年間は、まったく飢饉の気配はなかった。それでもこの期間は穀物不足が目についたし、貧困層には……イングランドにおけると同様「わが国でも」、常態となっている貧しい庶民の悲惨な生活と、その時期に並行していた……あるいは「偶然に時期を同じくした」疫病のために高い死亡率という形で表れた。この点については、一五八九年から出発しよう。この年は、パリでは洗礼数が死亡者数と同数（どちらも一万二三三三）[18]である。当時とにかく墓場の街とみなされていた健康に悪い街としてはよい成績だ。次いで一五九〇年、アンリ四世によるパリ攻囲というとてつもない試練がやってくる。このとき、（出生数に対して）少なくとも（端数のない数字で）三万四〇〇〇の死亡者数の超過が数えられる……。それに続く数年は直前の攻囲の「二日酔い」が、ちょっとした悪天候と小麦の高値で、まだ好ましからぬ後遺症を感じさせた。すなわち、パリでの死亡者数超過が、一五九一年に九〇〇〇、一五九二年に七〇〇〇だった。そして、一五九三年には、事態は改善して、死亡者数の超過は九〇〇にすぎなかった。一五九四年と一五九五年には、再び落ち込み、死亡者数が超過した！　一五九四年に三五二〇、一五九五年に一四〇〇である。こうして一五九六年がやってくる。われわれはすでに、この年のいくつかの不幸を指摘した。それらは戦争に引き続くものではない。パリでは戦争は終わっていた。一五九六年夏の農業気象の結果である。夏を長くみて五月から七月まで、雨の多い季節だった。実際、パリでは、一五九六年は人口の落ち込みをさらに深めて、出生数に対して七三一〇の死亡者数超過だった。一五九七年は、避けがたい細菌感染症に襲われて（後に続いたのか？）悲惨な収穫後の期間が継続中（徐々に収まっていったが）だった。鐘の音、いや葬儀の弔鐘に違いはなく、六〇六〇の死亡者数超過だった。一五九八年になってやっと、相対的な平穏が戻ってきた（パリで一七〇〇の死亡者数超過しかなく、一六〇〇年には一〇〇〇の洗礼数超過になった）。一六〇一年も一〇〇〇で、そして一六〇二年には死亡者数に対して三三〇〇の洗礼数超過になった。ようするに、イングランドは、純粋に気候上の、それも悪い純粋に気候的状況下にある一五九〇年代に属する一五九六年という厳しい年と、一五九三年から一五九六年までの全般的に気候の厳しい時期を経験したのである。こうして、価格（グラフ）上に「隆起」、（隆起がひとつしかない）「ヒトコブラクダ」型の形が現れた。現代の歴史学者（オウスウェイト）たちの意見によれば、イングランドの穀物価格グラフは、農業生産がかんばしくない年がしばしば続いて、一五九二年の最低価格から一挙に飛び上がった（Joan Thirsk, *Agrarian History of England*, vol. 4, p. 819）。こうした上昇の果てに、一五九六年の収穫が非常に少ない結果になったのを受けてふくれあがったカーブは一五九六年から一五九七年にかけて頂点に達した。これに対してフランスでは、この同じ一〇年間に、隆起が二つあるグラフ、「フタコブラクダ」型[*]（グラフ）が現れた。最初の価格上昇は、ブルボン王国特有の純粋に軍事的な原因（パリ攻囲）によって一五九〇年早々に頂点に達した。二つめは、イングランドにおけると同様、一五九三年からの「超小氷期」のひとつの最大期による不愉快で不都合な悪天候の衝撃の総合であり、（収穫が大打撃を受けた）一五九六年と（その結果である収穫後の一年間である）一五九六年から一五九七年にかけてパン用軟質小麦の価格が最高値に達した（一五九〇年ほど深刻ではなかったが）。ロレーヌ地方では、一五九五年と一五九六年が収穫量不足だった（D. Schneider, « Productions...en Lorraine », *Rev. d'hist. mod. et contemp.*, 45-4, oct-déc. 1998, graphiques, pp. 726-731）。

＊

一六世紀の最後の一〇年間における「一連の寒冷年」の最後の年である一五九七年も、われわれにとって無関心でいられるものではない。それはまた、人口学的にかなり注目すべき結果を有する一五九七年から一五九八年にかけての収穫後の期間の特異な性格を規定している。一五九七年は、スペインに対する戦闘がアミアン周辺では続いていたが、（フランスにとって）国内平穏の年だった。だが、アンリ四世の臣民の「底辺に生きる庶民」にとって、たとえばピカルディー地方南部のように、非常にマイナスの結果（地域的かもしれないが）がなかったということではない。「気候」という要件は、農業の分野で、まったく自律的に、（北東国境沿いを除いて）戦争の害悪から生じる原因が複合した影響によって隠されたり変形されたりせずに、みずからの役割を演じることができるのである。

詳細をみよう。一五九七年は、冬に雪が多かった。それは、繰り返しいうが、最大攻勢のさなかにあるアルプス氷河にとって有益だった。この攻勢は一七世紀初頭、少なくとも一六一〇年あるいはその後に最高潮に達する。全体として、一五八五年から一六〇五年までの冬はすべて、多かれ少なかれ寒く、バウスマンのデータ時系列によれば（*Duizend jaar weer, wind en water in de lage landen*, vol. 4, p. 713）、少なくとも冬の一時期は降雪があって雪に覆われたとして紹介されている。これに対して、一五八五年までと一六〇六年以降は、雪の多い年と雪の少ない年との交代は、それぞれもっと自然に感じられてきたし、感じられるようにもなる（前掲書 p. 713-714）。フランドルとオランダの絵画は一六世紀末から一七世紀初めのこうした白い風景を反映している。[19] その結果アルプス氷河は、上方で過剰に涵養されて（いつも数年遅れて）常に下方へと押し出されて、恩恵を、過剰な恩恵さえ受けた。

しかし、一五九六年から一五九七年にかけてのこの特別な冬に話をとどめるなら、すっぽり雪に埋もれていたかもしれないが特別寒かったということはない。反対に、一五九七年になってからの作物生長期（三月から一〇月まで）については、非常に陽射しが少なかった。ディジョンではブドウの収穫が一五九七年一〇月一三日におこなわれる。これは一五八七年から一六〇〇年までの期間全体で知られている最も遅い日付である。サランで一〇月二九日、スイスのフランス語圏では一〇月七日と二二日であることも忘れてはならない……。他方、ドイツのコナラ属の樹木は、一五九七年の水分をたっぷり吸い込んで、標高の低い地域や中程度の地域では一年間で大生長した。樹木はおおいに喉の渇きを癒やしたのだ。その一五九七年の「年輪」は、一五九四年から一六〇五年までの期間で知られている最も厚いものである。[20] つまりそこでも、やはり、すでに述べたように冬の過剰な降雪と作物が腐る湿潤な夏の消耗がなかったので巨大な塊にまでふくれあがった「世紀末の氷河」の、超小氷期状態にどっぷりつかっているというのと同じである。実際、バウスマンのオランダおよび西ヨーロッパ全域の表では、[21] 一五九七年の夏は冷涼で湿潤だったとされている。この特殊な夏は、ファン・エンゲレンの基準では指数三であり、間違いなく冷涼な部類に入れられている。ヴァイキンによれば、一五九七年の夏は、ときどき間を置きながら六月から一一月まで猛威を振るった。チェコでも、一五九七年の夏の期間はどちらかといえば多雨で、六月は寒いという特徴があった。したがって、チェコでの穀物収穫は一一日遅れて（その結果九月一三日からの週におこなわれた）、ブドウの収穫は一五九七年一一月一日の数日前におこなわれた。これらはすべて平年より遅い！[22] 一五九七年のフランスにおける降水量については、めずらしく雄弁でないピエール・シャンピオンのせいであまりよくわかっていない。しかし、フランス北東部に至近なバーデン地方については、K・ミュラーが、一五九七年の夏は湿潤で寒く、あまりないことだが非常に酸っぱいワインができたと確言している。他方プフィスターは、フランス中央部東方に近いベルンとチューリッヒについて、五月、七月、八月、九月、一〇月は寒く、七月、八月、九月は湿潤だったとしている（Pfister, *Wetternachhersage*, p. 173, p. 176, p. 297）。一五九七年一〇月は、スイスの降水量については平年並み、フランス北部では湿潤だった（大雨がドゥラン〔アミアン北方の町〕の攻囲を中断させた）[23]。スイス北部では、一五九七年九月（寒くて湿潤な月）から、平年より非常に早い降雪が二度あった（*Wetternachhersage*, p. 176, p. 295）。

農業におよぼした結果をみよう。一五九七年は、スイス北部地方の一五地域中一一の地域で穀物が不足した。イル＝ドゥ＝フランス地方では、繰り返すが、国内が平和な時期のただなかにあるにもかかわらず、小麦価格が、一五九六年よりはやや安かったが、一五九七年にはかなり高いままだった。まったくイングランドと同様に[24]、一五九八年になって価格はようやく下がるのである。パリでは、こうした穀物相場の暴落は一五九八年六月になるまで始まらないし、特に一一月四日からはっきりとする。一五九八年の見事な収穫が秋とその後の季節に、小麦市場に次第に反映されるようになってからやっと、一五九二年から一五九三年にかけての収穫後の期間の相対的低価格以降高水準にとどまっていた価格が暴落する。これはイングランド同様フランスでもはっきりと時期が確定できる。一五九八年の収穫以降相場が瓦解した原因と、そのもとになった一五九八年以降数年間にわたって良好あるいは少なくとも適正な収穫がひそやかに繰り返された理由は、なんの神秘もなく明らかになる。ついには広く定着した平和による恩恵に加えて、ひとつは普通の夏でもうひとつは非常に日照に恵まれた夏という、一五九八年と一五九九年の二つの好ましい夏が穀物状況を回復させたのだ。北部地方のブドウの収穫日は、一時的に、このことを雄弁に物語っている。ディジョンでは、一五九八年九月二三日と一五九九年九月一三日である。ブドウの収穫は（当面）一〇月に終了している。シャルトルでも、一五九七年は小麦価格がかなり高く、価格曲線上で一五九〇年代の値上がりの「高くそびえる城の主塔」あるいは「地塁」の形状の一部をなしており、価格は一スティエ九から一〇トゥール・リーヴルだった。こうした高値は一五九四年から一五九七年まで続いた。シャルトルのグラフは、同年代のイングランドにおける価格とまったく同じ高水準の推移を示している。[25] 次に、やはりシャルトルでのことだが、この価格は、一五九七年一〇月に九トゥール・リーヴル九ソルだったのが一五九八年一〇月には五トゥール・リーヴルに下がった。先ほど話した、それまで数年間続いていた城の主塔は崩れ落ちた。主塔の形に隆起してから深く落ち込むこうした推移は、スペインとの和平（一五九八年五月二九日、ヴェルヴァン条約）との関連で多少とも説明できる。だが結局……まったく海戦だけにしても、イングランドもスペイン軍と戦争中だったが、そのことがこの島国内の穀物状況を混乱させることはほとんどなかった。ところでこのイングランド・スペイン戦争は、一五七七年から特にドレークによって始められたのだが、無敵艦隊に対して勝ち取った戦勝（一五八八年）ののちもまだ、一六〇一年まで続いた。スペインに対する武力紛争はフランスについては一五九八年五月に終了し、イングランドについては細々と続いた[26]という事実、スペインに関してのロンドンとパリの二つの王国間の違いは、穀物価格の状況をまったく変えはしなかった。穀物価格の状況は、英仏海峡の両岸で同じままだった。一五九四年から一五九八年の期間そしてさらにその後も、一五九六年から一五九七年にかけてがイングランド、フランスとも天井値で、一五九八年から一五九九年にかけてがイングランド、フランスともに値下がりだった。ほぼ一〇〇年近くにわたって長く続いた一六世紀の物価インフレーションを超えて、検討の対象になるのはまさに、ロンドン盆地とパリ盆地に年々共通する農業気象なのである。インフレーションそれ自体のほうは、貨幣の供給過剰と人口という、まったく気象と関係のない要件に結びつけられていた。[27]

*

われわれの関心を引く二年間にわたる穀物の複合症状は、以下のように規定できる。一五九七年は不作、したがって一五九八年夏まで小麦の高値のため一五九七年から一五九八年にかけての収穫後の期間は良くなかった。この小麦の高値は、その「標高の」高さの点で、この世紀最後の高価格だった。それはまた、一六〇〇年以降、アンリ四世のその後の治世期すべてとそれに続くメディチ家のマリ〔マリ・ドゥ・メディシス〕による摂政時代と比べても、価格の高さとして最後のものだった（この高値に匹敵するかそれ以上の価格が再びみられるのは、まったく同じように実感されはしないが、小康状態あるいは価格高騰が沈静化した好ましい二〇年間を経た後の一六一七年から一六一八年にかけての小麦価格の上昇のときまで待たなければならない）。

実際、一五九七年から一五九八年にかけての小麦があまりにも高すぎる困った「二年間」に関しては、葬列が日常的になる、死亡者数増加の危機を伴った（Dupâquier, *Histoire de la population française*, vol. 2, p. 150）。これ程ありふれたことはない。つまり、死亡危機はなんらかの戦争（ピカルディー地方）の残存物にはほとんど関わりはなく、場所によって相関関係がある場合もない場合もあるペストや食糧危機といった、マイナスの気候・収穫要因におおいに関わっていた。だがこのとき、めったにないケースだが、この二年間は出生数の深刻な危機に直面してもいたのである（前掲書 p. 150、フランスの全国総出生数グラフ）。この危機は、食糧危機の年に一般に遭遇する通常の出生数不足よりもはるかに悪いものだった。フランスでは、この深刻な出生不足の時期が（一五九七年と一五九八年の）連続する二年間に重くのしかかっていた。それは、一五八八年から一六九三年までの全期間中に出現した最大規模のものだった。まさに一世紀を超える期間で比類なき記録だった。さて、あまり遠くまで行くのはやめて、ひとまとまりの人口問題期間に限定しよう。それは、一五八八年から一六五一年までに記録された最も激しい出生数減少の「落ち込み」である。ほとんど三世代の期間で、あらゆる種類の困難に事欠かない。この一六世紀最末期の「出生数減少」という墜落現象は、兵乱による諸事態にはきわめてわずかしか原因を負わせることはできず、ソンム地域〔ピカルディー地方〕は別として、この時期にはほぼ完全に兵乱による諸事態は除外できる。出生数の落ち込みは、明らかに貧相な穀物収穫量と問題の（一五九七年から一五九八年にかけての収穫後の期間の）穀物不足のせいである。食糧危機の状況に対する対応として考えられる意図的な産児制限はこの場合たいしたことではない。それは「時流」に即したことではなかった。出生数の急激な下落はむしろ、既婚者の禁欲、女性の肉体的衰弱、食糧不足と窮乏による無月経、そして結婚の遅れといった、単一であると同時に多様でもある原因に由来している。これらの物理的、心理的あるいは決定的苦難はどれもすべて、（特に一五九六年から一五九七年にかけての）平年以下の収穫とそれによるパンの高値を原因として、一五九七年から一五九八年にかけて起きた食糧の、ということは経済的な危機から生まれた娘なのだ。

＊

程度はもっと低いにしても、やはり同時期に出生数減少期に見舞われたイングランドといくつか比較してみると、フランスの場合と違って、その時期を非常に精密に割り出すことができる。わが国では、洗礼数の減少がこの二年間（一五九七―九八年）にまたがる期間に重くのしかかっており、それは出生数が四分の一から三分の一減少したことに対応している。英仏海峡の向こう側では検討の対象となっている危機はそこまで深刻ではない。一五九七年七月から一五九八年七月にかけての収穫後の一年間のあいだ、なるほど死亡者数が超過し、通常は人口が躍進しているこの島ではいつもとは異なる。したがって大ブリテン島では（まったくフランス同様）洗礼数に比べて埋葬数のほうが多かった。特にイングランドでは、この収穫後の一年間（一五九七年七月から一五九八年七月まで）、出生数の絶対値が、一五九六年から一五九七年にかけての収穫後の一年間に比べて一四パーセント、一五九八年から一五九九年にかけての収穫後の一年間に比べて一九パーセント、減少した（E. A. Wrigley and R. S. Schofield, *Population History of England*, p. 497, 表の右部分）。わが国ではフランスの統計学の現状からして不可能だが、イギリスでは現在、収穫後の一年間を国家規模の年次的基準として使用できるおかげで、イギリスの歴史学者たちは、当該の出生数減少を月別に割り出すことに成功した。こうしてテムズ川流域地方から得られた結論はロンドンの王国とパリの王国の双方に適用できる。一五九六年から一五九七年にかけての数季節にまたがる悪気候、いいかえれば超小氷期型の冷涼湿潤な気候。一五九七年夏から一五九八年夏までの高値。その結果としての、ペストによって付随的に増加した死亡者[29]。そしてもっと根源的である、（前記の原因による純粋かつ単純な悲惨な状況によって引き起こされた）出生数減少という重大事態、それは一五九七年の不作と一五九八年の適正な収穫とにはさまれたもので、一二カ月にわたる死の危険の……さらには字義通りには「前年の七月から」始まった諸困難に終止符を打ったのである。

こういうわけで（あとでまた立ち戻るが、並行したり交差したりするフランスとイングランドの状況がそのことを確認する）、アンリ四世の「雌鶏のポトフ（貧者の生活を保障する政治。アンリ四世の言葉にちなむ）」が具体的な現実となりそうになるのは、一五九八年夏か秋以降になってからである。やっと一五九八年のような満足のいく収穫が景色を明るくし、平和が完全にその幸福な影響を人々に感じさせ、その影響が一〇年以上もしくはアンリ四世が死んだあともずっと長く続くと思われるようになってからである。

ブルターニュ地方の人口

イングランドでは、一五九六年から一五九七年にかけての食糧危機については（一五九六年から一五九八年までに「収穫後」を延長することも考慮に入れて）、困難な事態は純粋に気候に由来したといえる。この場合、事態を悪化させる戦争による影響はまったくなかった。戦争はなかったのだから。パリ盆地では、深刻ではないにしても、先程遠まわしに触れたように、同時期に似たような困難に直面していた。せいぜいのところ、かなりの苦痛といったところだろうか。ところがブルターニュ地方では、同じ年に、「飢饉」という言葉はいいすぎではなかった。この地方の最良の歴史学者であるアラン・クロワ〔現代フランスの歴史学者〕は躊躇なくこの語を用いた。[30] ロワール渓谷やイル＝ドゥ＝フランス渓谷とは違って、ブルターニュ地方内部での戦争が終わっていないだけになおさらだった。戦争は、一五九八年春まで多少とも散発的にだらだら続いた。[31] ブルターニュ地方の死亡者数は一五九七年三月から跳ね上がった。ナント司教区、レンヌ司教区（二〇小教区）、サン・マロ司教区（二三小教区）、そしてレンヌ＝サン＝ソヴール、ナント市（六小教区）、東ヴァヌテ（三小教区）、ドール司教区（六小教区）、さらにクーロン、フグレアック、イス、ムナック、コルヌ、ランルラ、特にモオンやベイニョンといった都市や村で死亡者数が最大になったのは一五九七年七月から八月だった。[32] ここではアラン・クロワの文章を引用する以外はない。彼の文章はまったく精確で、「気候と穀物収穫」問題とパリ地方とイングランド南部地方についてわれわれが述べたすべてのことと一致している。アラン・クロワはいう。「説明は単純である。一五九六年と一五九七年は小麦の高値と飢饉の二年間だった。反駁できない証言は豊富にあり、それらは一五九六年五月、それから特に、一五九六年の不作と一五九七年の不作のあとの困難な事態を強調している。ナント市は、一五九六年一一月から事態に対処したが、一五九七年四月に価格が一スティエ二三リーヴルまで上昇するのを阻止できなかった。これはそれまでの作柄の良かった年の一四倍（?）以上である。サヴネ〔ナント北西の都市〕では、主任司祭が、五月から七月の高値を人間の記憶にある最大の体験であると記している」。ルドン〔レンヌ南西方の都市〕では、有力市民のフランソワ・ロリエが日記で一五九七年のすべての小麦の例外的な価格を示して次のように付け加えている。「あまりにも食糧不足なため最も裕福な農民たちも飢え死にした」。ヴァンヌ〔ブルターニュ半島南岸、モルビアン湾奥にある都市〕もポンティヴィ〔ヴァンヌ北西の都市〕も田舎も逃れることはできなかった。プルカドゥック〔ヴァンヌ北方の都市〕では、一五九七年五月二日に、ライ麦一ボワソー〔昔の計量単位、約一二・五リットル〕の価格がパン用軟質小麦の価格と同価格にまで上昇して、三年後の一六〇〇年六月の八倍になった。レンヌでは、市当局はナント市よりも早く問題に取り組んだ。一五九六年一〇月から「食糧不足」が告知された。だが、一五九七年五月一六日に開始された審議事項簿は冒頭に「価格高騰と死亡者の年」という文言を掲げていたように、やはり無力だった。ヴィトレ〔レンヌ北東方の都市〕の地方総督は「田舎では、小麦が実らないため人々は草だけを食べて生きている。飢えて衰弱してゆくわが子を目にして殺してしまった父親が処罰された」と語っている。エヴラン〔レンヌ西方の都市〕では、フランソワ・グリニャールが、いつものようにクールに、「非常な小麦高価格」と書き留めている。ロスクエ゠スュー゠ムー〔レンヌ東方の都市〕では、一五九七年一一月に教区司祭が「今年はとても小麦価格が高くて死者が多かった」と振り返っている。ゲンガン〔ブルターニュ半島北部の都市〕の近くではルネ・フルリオが、ペロ゠ギレック〔ブルターニュ半島北岸、英仏海峡に面した都市〕の聖堂主任司祭のように一語一語忠実に裏づけをしている。

　この件については、ブルターニュ地方の状況の原因となる基本的気候情報はまったく明白というか、いやむしろ……どちらかといえば不明瞭である。(33) 一五九四年から一五九五年の期間は一五九四年一〇月から一五九五年七月まで寒かった。特に一五九六年と一五九七年はどちらも共に四月末から七月まで非常に湿潤だった。まだ続いていたブルターニュ地方内の戦争は、状況をさらにもう少し悪化させただけで、気象を原因とする食糧不足を飢饉のような状況もしくは全面的な飢饉に変えた。まず細菌感染が併発し、そのあと間をおかずに、型どおりのプロセスで飢饉の月日が続いた。「一五九五年にはなかった疫病が一五九六年四月にナントで発生し、激しくはないが何カ月にもわたって流行した。一五九七年に脅威は明確になった。特にナントでは四月一〇日から被害が出て、七月に極期を迎え、死亡者数がピークに達した。今回は、不幸はほとんどあらゆるところを襲った。レンヌは一五九七年六月から少なくとも九月まで、シャトージロン〔レンヌ東方の都市〕は七月五日から、ヴァンヌも同じ頃だった。カンペルレ〔ヴァンヌ西方の都市〕は一五九七年一一月である」。アラン・クロワの研究によって「日付が確認された」これら一連の警報は「一五九八年に間違いなく訪れた疫病の蔓延を予告していた」。それはプルスカ〔ブルターニュ半島西端に近い港町〕、ポンティヴィ、サン＝メロワール〔レンヌ西方の都市〕……で非常に明確だった。一方が他方を生じさせる、いつもの二重の引き金である。すなわち、まず飢饉。次いで、飢饉と同時だったりあとだったり……間をおいて発生する疫病！

特に始めから最後まで飢饉と疫病感染が重なり合った一五九七年についてみると、大量死はレンヌのサン＝トーバンで最大だった（住民の一一・九パーセントが死亡した）。他所については、同じ一五九七年に多くの死者を出しており、アラン・クロワが調査した都市部あるいは準都市部にある他の八つの小教区では、死者が出たための住民数の減少は五・七パーセントでしかなかった。この致死比率は一六九三年から一六九四年にかけての飢饉による全国の致死比率と（ブルターニュ地方については）ほとんど同じである。[34] イングランド、ブルターニュ地方さらにはパリ地方についての一五九六年と一五九七年の「世紀末の」最高潮期にある小氷期の季節ごとの多くの主要な事例においては、冷涼もしくは寒冷な気象による人間への致命的な影響がもっとよく測定されている。

この期間、もともとある気団と一時的に発生する気団との状況によって強められた南の方角にゆがんだ大西洋から襲来して雨を降らせる低気圧に次から次へともろに襲われたのである。

ドイツの調査――一六世紀末

ドイツもまたわれわれの研究に関して、やや異なった方向ではあるが、比較対照できる様々な要素を提出してくれる。東部の辺境のトルコ・チュートン間のいくつかの紛争は脇に置いて、アウグスブルク宗教平和令（一五五五年）のおかげで、宗教戦争が一五六〇年から一五九五年までフランスと、フランスと同じ状況にあったブルターニュ地方〔ブルターニュ公国は一五三二年にフランス王国に併合されたが、その後も完全な支配に屈したわけではなく、他国と結んでフランス王に刃向かうなど、長く独自性を保った地域だった〕を残酷にさいなんだのに対して、広大なドイツの地はイングランドとまったく同様、宗教戦争の悲劇を知らなかった。ことに、われわれに関しては、これらの悲劇はカレーとマルセイユのあいだで、穀物収穫にマイナスに作用してその価格上昇に「好意的な」気候的に否定的な要件の潜在的力を一層強めている。一六世紀の最後の四〇年間のフランスにおける食糧不足は、いつものように大部分は、特に超小氷期の期間（一五六〇年から一六〇〇年まで）の農業気象学的要件によって引き起こされたのは確かだが、「わが国では」よく知られた他のあらゆる種類の要素、なかでも気候のみによる原因をわかりにくくするというか……より被害をおおきくする、戦争によって一層重大化した。一五九〇年のパリのように、攻囲下で[35]、飢餓状態は完全に軍事・政治的原因によるもので気象はまったく関わりない状況さえ生じた。それとは反対に一五六〇年代から一五九〇年代までのドイツでは（イングランドのように）、強烈な周囲の騒音、つまり戦闘[36]、特に虐殺、小麦の流通を妨げる戦争関連の出来事等という騒音によって、超小氷期の影響が遮られたり、かき消されたり……あるいは増幅されたりすることは少しもなかった。その結果ライン川の向こう、ヴォージュ地方の東では、気候の史料はイングランドについて本章で強調した（前述）と同じ恩恵を享受したのである。さらによいことに、ドイツから得られる調査結果はわれわれの課題について完璧な説得力を持っている。[37] 超小氷期の期間中（一五六四年から一六〇〇年まで）の小麦価格の上昇率をみると、ニュルンベルクにおける急激で一時的な上昇は、一四九〇年から一五六三年まで穏やかな長い川のように「流れていた」、より温暖な（もしくは気候的に厳しさの少ない）期間中の二倍である。フランスやイングランドにおけると同様、やや広くみた一六世紀最後の三分の一の期間の度を超した寒冷・湿潤状況にはもちろん小氷期特有の影響はあった。この注目すべき発見をした二人の研究者、ヴァルター・バウアンファイント〔現代ドイツの気候学者〕とユーブリッヒ・ヴォイテク〔現代ドイツの気候学者〕は、年ごとの小麦価格（一三二一年間、一四九〇年から一六二〇年まで）と、その期間の気温と降水量との相関関係の方式を使用することによってこの結果に行き着いた。気温と降水量はそれぞれ、小麦価格測定期間と同期間の五二四の季節（冬、春、夏、秋）についてのものである。こうして得られた結果は決定的である。先に述べた寒冷相の期間（一五六四年から一六〇〇年まで）に、それ以前の数十年間に比べて価格の大幅な（上昇）変動があったと、この二人のドイツの研究者は断言している。このことは、一五六〇年代後半から一五九〇年代までの食糧危機（小麦価格が他の期間よりも急激に高値のピークを記録した）の影響が増大したということを意味する。ニュルンベルクの価格曲線のピーク[38]は実際、一五〇〇年から一五六〇年の期間に比べて一五六〇年以降の危険な時期には明らかに高所にあった。人々はこの期間にさらなる苦しみを味わった。こうしておこなわれたニュルンベルク地方についての相関関係集計は、われわれがしたのと同様に、冬の多雨と秋の低気温が穀物の不作と高価格と飢饉を引き起こすに重要だったことを強く示している。さて、それはそれとして、極端な年（われわれが指摘したような飢饉の年）について優先的に研究したわけではなく、一三二一年間（一四九〇年から一六二〇年まで）にわたる五二四の季節全体について作業をしたのだから、ライン川の向こうのわれらが研究者は巨大な夾雑音を発生させる。というのは、食べられる麦はドクムギと混ざっており、作柄のよい年と不作の年があるのだが、今たずさわっている研究においては不作の年がわれわれにとっての優先的な関心事だからである。われわれの研究は、基本的に（フランスの）超小氷期の期間における五つの重大な食糧不足を対象としている。一五六二年から一五六三年、一五六五年から一五六六年、一五七三年から一五七四年、一五八六年から一五八七年、一五九六年から一五九七年にかけての収穫後の期間である。したがって、われわれ独自のこれらの研究は、ドイツの二人の研究者の例のように、湿潤な冬と寒冷な秋（どちらも世紀末の氷河を非常に増大させた。大量の雪は冬季の氷河を涵養し、気候のよい季節末の氷河の消耗を弱めるか無にして増大させたからである）のマイナスの影響を活用するだけではなかった。われわれの本来の研究は、典型的にケースバイケースの歴史学者のモノグラフであり、統計学者のマクログラフィーではない。統計学者は、おもちゃのガラガラのように、休みなく、相関関係の事象をすり潰す、疲れることのない野菜ミル〔野菜をすり潰す料理器具〕を動かしている。われわれの研究は、先に述べた恐ろしい、少なくとも厳しい五つの年について、パン用軟質小麦にとって危険なパラメーター（日照り焼けを除いて）全体を活用した。それはプフィスターによって一九八八年の大研究で論じられたように、超小氷期の期間において飢饉を発生させたパラメーターであり、以下の通りである。[39]

一　秋（九月、一〇月）に過度の降雨

二　秋（九月、一〇月）に低温

三　冬（一二月、一月）に過度の降水

四　春（三月、四月、五月）に過度の降水

五　春（三月、四月）に低温

六　夏（五月、六月、七月、八月）に低温
七　収穫期（七月から八月にかけて）に過度の降雨
八　最後に、冬に非常に顕著で長引く降霜、充分な雪の層による保護なし

これら八つの要件の妥当性を得心するためには、先に述べた超小氷期における飢饉についてのわれわれの五つのモノグラフを読み返せば充分である。実際、超小氷期（一五六〇年から一六〇〇年まで）のあいだの先に挙げた八つの気候パラメーターが、当該の期間中の五つの飢饉あるいは食糧不足についてのわれわれの独自の研究だけでなく、氷河前進の絶対要件に、同時にどこまで完璧に一致しているかがよくわかる。氷河前進は、氷河の上部では雪となる過剰な降水による氷河の涵養と、特に春夏秋の期間における氷河の消耗の欠如、ことにクリスティアン・プフィスターが列挙した様々な季節における気温不足によって氷河の下方部の消耗がなかったことによる。

＊

こうして超小氷期の期間は食糧危機を一層重大化させたが、それでも、一時的な（一五六二年から一五六三年にかけてと一五八六年から一五八七年にかけて）すさまじく膨大な死亡者数にもかかわらず、長期にわたる戦争時を除いて、人口は結局かなりけなげに適応することができた（一五六〇年から一六〇〇年までの、一五八七年と一五九六年の特に困難だった年を例外とする、イングランドの人口の大増加を参照）。超小氷期は、寒さと湿潤というある種の型を示していて、その型が食糧危機を招いた。フランソワ一世とアンリ二世の時代（たとえば一五五六年）の不作時になんらかの役割を果たした日照り焼け・干ばつは、わが国の宗教戦争期にはもはや少しも人の口にのぼらなくなる。超小氷期の四〇年間（一五六〇年から一六〇〇年まで）の戦争による不幸な事態のうえにさらに加わった湿潤寒冷による飢饉というマイナスの結果を前にしてその姿を消したのである。日照り焼

けは、収穫、価格……ときには赤痢に襲われた腸を不安定にする要因として力強く戻ってくるのだが、それはもっとずっとのちのことで、一六三六年にちらっと、そして特に一七一九年、一七八八年、一七九四年、一八一一年、一八四六年にである。昔、一四二〇年にそうだったように。本書でいずれ、それにふさわしい章で……とりあげることがらである。

ブドウ園に対する気候の攻撃

前節でわれわれは、人々の糧となる小麦の問題をおおいに論じた。「畑はパンの父である」と、マルク・ブロックは少しおどけていった。だがその一方で、一六世紀の最後の三分の一もしくは数十年間の、小氷期の絶頂期の最も強烈な影響のひとつは、他の分野であるブドウ栽培に直接的に関わるものだった。ブドウの木は、その栽培の北限では、明白に、春夏さらには初秋に、全般的に例年より冷涼で湿潤な気候には非常に敏感であることを露わにする。[40]

私はすでに、一六世紀の最後の四〇年間においてはブドウの収穫日が平均して例年より遅くなっていたことを示してこのことを指摘した。それは、一五六〇年から一六〇〇年までの期間の氷霧に起因する本質的に気候的な原因によるのである。ワインの品質についての研究が、同様の表現を繰り返すが、一五六〇年以降の寒冷化という命題を確認した。一般的に、気候学的指標としてブドウの木は並外れた信頼度を持っていることを思い起こすとよいだろう。そして特に、年ごとの気候的変動性に対するこの植物の精確な反応を。「ヨーロッパという大ブドウ栽培地帯の北の辺境においてはことに」そうであり、ドイツ、スイスのドイツ語圏、オーストリア、アルザス・ロレーヌ地方、ブルゴーニュ地方、シャンパーニュ地方、オート゠ノルマンディー地方といった北辺ではより特有な仕方で反応する。[41] さらにまた、三月から九月まで、そして場合によれば冬から一〇月までではないにしても九月までの気候のあらゆる時点での、ブドウの木の恒常的で持続的な感受性にも注目しよう。毎年の変動もありえるブドウの収穫日の日付（いいかえれば「生物季節学的」データ）を超えて、そしてまた連年の生産年によってワインがすばらしく美味であったり失望する味であったりする品質評価を超えて、これからみるように、ここでは毎年のワイン収穫の量的規模に執着している。それは日程を重視したワイン醸造学の量的側面である。毎年生産される、したがって年によっておおきく異なるワインの品質は、クリスティアン・プフィスターがいうように、その年の六月から七月の気温と相関関係にあるのであって、……前の年の六月から七月の気温とではない（後出の一七一八年から一七三九年までの「陽射し」に関する章〔本書第10章〕を参照）。そのほか、遅霜（四月から五月）は、反対に、秋のブドウの収穫量を減少させることもある。ブドウの収穫量の敵となる同類の原因は、六月の過度の降雨に求められる。この過剰な降雨は、本書でしばしばお目にかかるが、多くの場合作物を腐らせる湿潤な夏の特徴である。それは、小麦にもブドウにもよくない。さらに、「激しい霜枯れを起こす」非常に寒い冬については、今度は、ブドウの収穫量の減少要因として検討の対象となりうる。今回はのちにフランスのブドウ園のかなりの部分（オリーヴ園も）が寒さで完全に破壊される一七〇九年と一九五六年の厳冬が引き起こすことになる壊滅的な損害にまではいたらなかった。だが、そこまで極端な事態までにはいたらなくとも、ほんとうに厳しい冬というものは実際、ブドウの株の大気にさらされている部分である枝におおきな被害をもたらしうる。この被害を受けると、数カ月あとの九月から一〇月に収穫される予定のブドウの実の量がおおきく減ることになる。

これらの基本データと小氷期の最高潮期についての考察にもとづいて、ランドシュタイナー教授〔現代オーストリアの社会経済学者〕の研究[42]は、地理的に「北辺の」四つのブドウ栽培地域を対象にしておこなわれている。それらの地域は、低地オーストリア、西ハンガリー、ビュルテンベルク地方〔ドイツ南部〕、チューリッヒ地域である。二つの一〇年間が綿密に調査された。小氷期の最盛期開始の時期と一致する時期である一五八〇年代と一五九〇年代である。量（ブドウの収穫後に生産・収穫されたワインもしくはブドウ汁の量）を示す文書史料は、修道会が運営する施療院の記録、税務古文書（「酒税徴収吏」によって課せられる税）、ブドウ畑を所有する諸機関古文書、そして単純に、フランスでは一部の無知な人々が現在でも正当な理由なしに批判し続けている教会一〇分の一税から抽出した。考慮された二〇年間の期間中の量的に不足しがちなブドウ栽培の年次資料は、地方によって一五八五年だったり（ライン渓谷のブドウ生産地）一五八七年だったり（オーストリアからハンガリー）するが、一六〇一年から一六〇三年まで続いている。ブドウ栽培は運任せの勝負だと、ワイン醸造学者のジュール・ミヨーはいっている。とにかくブドウの収穫は、年ごとに、抑制のきかないジーグ〔速いリズムのダンス〕を何度も繰り返し踊ることだと。だが、栽培に不都合な年が連年続いたことによる全体的な生産量減少は明らかである。こうしてオーストリアでは、一五八六年に一ヘクタール四五ヘクトリットルだったのが一五八七年には一ヘクタール七ヘクトリットルに減少したが、当時の二〇〇年来の平均値は一ヘクタール二〇ヘクトリットルだった。一六世紀末に何度も繰り返された、作物を腐らせる夏（一五八七年）、寒い冬（一五八六年から一五八七年にかけて）、凍るような冬（一五九四年から一五九五年にかけて）は、生産されたワインのヘクトリットル数を躍起になって引き下げた。しかも、「寒い季節の厳しい降霜はそれだけで、その後三、四年のあいだブドウの株の収穫量を減少させうるからなおさらである」。ブドウの木の（だめになった）枝が再生するにはそれだけの期間が必要なのである。オーストリア（ウィーン地方）では、税収と商取引と土地・企業活動のすべてのグラフ曲線が、一致して、一五八八年から一五九四年の期間ワインの生産が持続的に落ち込んだことを示している。一六〇〇年からやっと回復が確かなものになるのである。しかし、オーストリアのビール生産はそれを補うように、一五八八年から一六〇〇年にかけて大躍進を遂げる（*Climatic Variability*, graphiques, pp. 328-329）。「一六世紀末の」小氷期の高揚の最もめざましい影響のひとつがここに鮮明にみられる。消費習慣がおおきく変わったのだ。ワインからビールへの移行であり、それ以上でも以下でもない。

もっと先まで歩を進めて、スイスについて検討して、プフィスターと共に、一五八五年から一六〇一年の期間だけではなく、一六世紀の前半もしくは三分の二とは対照的に、気候を原因とするワインの収穫量（生産量）の減少という打撃をこうむった一五七〇年代から一五九〇年代までの期間のように、冷涼化してそれから寒冷化した好調・不調の波のある全期間を考えるべきなのだろうか。それは今後の課題[43]では……。

スイス、ロレーヌ地方、イル=ドゥ=フランス地方、アンジュー地方のブドウ栽培

エーリヒ・ランドシュタイナーのワイン・ブドウ生産というよりはむしろブドウ栽培を妨げる事象に関するこれらの結論（*Climatic Variability*, pp. 333-334）は、三世紀間におよぶブドウ栽培地の年ごとの収穫量についてのクリスティアン・プフィスターによって以前になされていた研究のおかげで予示されていて、そしてその後継業績として客観的支持を得た。ワインの年間生産量からみたブドウ栽培地の生産性が増す、もしくは最大になるかどうかは、第一に、その年の六月、七月、八月（特に六月、七月）の暑さが決定する。そしてこの決定因の四分の一はその前の年の同時期（特に七月）にかかっている。この前年の役割は、暑いことを期待されている夏の終わりまでに、ブドウの木の枝の木質を堅くする、すなわち収穫にとって好適な傾向だと確信できる（そうでない場合もあるが）翌年に、多くのブドウの収穫量を得るチャンスを用意することである。こうした状況下で、おもにワインの教会一〇分の一税の結果にもとづいてプフィスターが導き出した三世紀におよぶみごとなグラフ〔付録

パリ地方のワイン１ミュイの価格　　　　**パン用軟質小麦の価格**

	年区分	ワイン１ミュイの価格に対するジャカールの指数	データ数	1580-84 を 100 とした指数	中央値	中央値の指数	平均値	平均値の指数
	1580-1584	44	3	100	7.89	100	8.05	100
A	1585-1589	145	5	330	12.81	162	14.10	175
B	1590-1594	205	2	466	20.00	253	22.86	284
C	1595-1599	136	2	309	16.29	206	14.63	182
D	1600-1604	100	6	227	8.40	106	8.61	107
E	1605-1609	109	9	248	9.45	120	9.97	124

出典：ワインについては Jean Jacquart, *Crise*..., p. 767 ; パン用軟質小麦については Baulant et Meuvret, vol. I, p. 243.

16「一五二五年から一八二五年までのスイス中央部におけるワイン生産量」参照）をみると、一五二五年から一五六九年までは（例外がないわけではないが）、全般的にブドウ園の収穫がかなりよい期間であることがわかる。これらの収穫については、収穫にマイナスに作用する自然災害がほぼなかったこと（小麦についても、一五二〇年から一五六〇年の期間は水につかるよりは熱せられるほうが多かったことも参照）、一五四五年、一五五二年、一五五六年にブドウの大豊作になった陽光に恵まれた[44]生産年があったせいでもあるが。

反対に、一五八七年から一五八八年以降ワインカーヴに収納されるワインの量が減少すると、ランドシュタイナーは指摘しているが、プフィスターによれば実際にはもっと早く一五七〇年からである。しかも、一五八〇年頃に短期的に再び増加するにもかかわらず、その後、先に指摘されたように一五八七年から一五八八年以降[45]、たちまち量が減少したのである。この減少は一六〇一年から一六〇二年まで続くことになる（*Bevölkerung*, p. 88 のプフィスターの三世紀にわたるグラフ）。

一五七〇年から始まり、特に一五八六年以後のこの低収穫期のあいだ、最悪の年は一五八七年、一五八八年、一五八九年、そして春に霜が降りた一五九二年である（これについては、フランスのブドウ栽培地のうち最も東の地域にあり、ドイツ地域にもっと近いサランにおける非常に遅いブドウの収穫——一五八七年一〇月二九日、一五八八年一〇月一〇日、一五八九年一〇月九日、そしてもちろん一五九二年一〇月二二日！ を参照）。ここには、一五七〇年代から、さらには次の一〇年間のあいだに非常に明確になった小氷期の最盛期の年次進行がよくみてとれる。それから、促成栽培（アングロサクソン人の促成栽培）と共に、このドイツにおける小氷期の最盛期は一五八七年から完全に現実化する。こうした進展はもう一方で、論理的結果として、忠実な反映である一五九〇年代の末と一六〇〇年代初めに氷河のめざましい極端な膨張を引き起こした。この膨張は、アルプス氷河の心地よい最大期の状況下で、一七世紀の大部分のあいだ続くことになる。

ブドウ栽培の量に関するデータ時系列は、ドイツの諸地域についてはあるが、フランスでは現在のところ、この点で特に進んでいるアンジュー地方を除いて存在しないので[46]、その代わりに、フランスについてはワインと小麦の価格差に関する研究を実施した。この観点からみて、ジャカール〔現代フランスの歴史学者〕によって探し出されたイル＝ドゥ＝フランス地方のブドウ栽培に関するデータは先に提示された「ドイツについての」結論を完全に裏づけている（前掲したパリ地方の表〔前頁表〕を参照）。比較対照のため、中央値と平均値にしたパリのパン用軟質小麦の価格を参照しよう。戦争と不作が原因で変動して上方に偏ってはいるが、どちらも対象となっている期間の典型である。すなわち、パン用軟質小麦の価格は、一五八〇—八四年の期間から一五八五—八九年のA期間までのあいだに二倍にさえなっていない。B期間（一五九〇—九四年。一五八〇—八四年との比較）でも完全に三倍になってはいない。それから、その後の三つの四年間（一五九五年から一六〇九年まで）すべて、価格は段階的にゆっくりと下がる。それに対してワインの価格のほうは[47]、同じ比較基準で、A期間に三倍以上になり、B期間では四倍以上になっている。C期間でもまだ三倍である（「出発点の」一五八〇—八四年の四年間と比べて、一五九五—九九年の四年間）。世紀末の、ワインの価格のこうした差異を示す進展、持続的なスーパーインフレーションは、穀物相場のインフレーションより明らかに激しいものであり、実際には一五九四年以降終息する旧教同盟の戦争によるというように単純に説明することはできないだろう。農産物の欠乏を引き起こすこれらの戦争による打撃の結果であるインフレーションであることは絶対に確かだが、原則的に、飢饉の年には特にだが、ワインの供給よりもむしろ、不可欠な食品である小麦の供給にとってインフレーションはひどいはずだ。ワインは、こうした飢饉の状況においては、切迫度は二次的な消費物にすぎない。ゆえに、ワイン価格のスーパーインフレーションの責任は、最も置き換え不可能な要件である、ブドウ栽培地の「農業気象学的」に特殊な自然環境にある。ところでそのブドウ栽培の自然環境は、最盛期にある小氷期の悪気候にことのほか影響を受けていた。象のごとく巨大な小氷期は、一五八〇年から一五九九年までの二〇年のあいだ、気象とブドウ栽培についての資料によってみごとに跡づけられている。その証明は、ドイツとオーストリアについて説得力ある方法でなされているのである。[48] それは、ライン川の東と同様、ブドウ栽培の北限にはり付いた北の辺境に位置するだけになおさら説得的なパリ地方とアンジュー地方というフランスのデータによって完璧に裏づけられている（後出「フロンドの乱の謎」についての章〔本書第8章〕参照）。これらの地方は、一六世紀の最後の二〇年間、とりわけ一五八七年以降、特に一五九一年からの小氷期の大伸張に典型的な過度の湿潤と寒さの影響を非常に受けやすいのである。

＊

北に位置していて寒さに敏感なブドウ栽培地域であるトゥール〔ロレーヌ地方、モーゼル川沿いの都市〕でも、パン用軟質小麦の価格は、一五七三年から一五八六年の期間、平均で、一ビシェ〔旧穀物計量単位、二〇〜四〇リットル〕五フランだったが、一五八七年から一六〇一年の期間は、やはり平均で、[49] 一ビシェ八フランになった。これに対してワインの相場上昇はずっと激しかった。一五七三年から一五八六年の期間、平均で、一ヴィルリ（地方の計量単位）一五フランだったが、一五八七年から一六〇一年の期間には一ヴィルリ三七フランになった。

一五七三年から一五八六年の期間から一五八七年から一六〇一年の期間にかけてのロレーヌ地方のこれらの価格の上昇率は以下のとおりである。

小麦　プラス六〇パーセント

ワイン　プラス一四七パーセント

こうして、トゥール司教区における、小麦とワインとのあいだの価格の差異を示す進展と、（世紀末の）寒さと湿潤さの過剰……つまり小氷期に直面したときの、小麦よりもずっと被害を受けやすい北部地域のブドウ栽培の固有な不幸をみることができる。(50)

*

アンジュー地方のブドウ栽培地でも、教会一〇分の一税によると、一六世紀末にヨーロッパのワイン醸造学的に北の辺境（この場合はフランスの）におけるブドウ生産の落ち込みが非常にはっきりと注目される。ランドシュタイナー教授はすでに同じ観点からこうした落ち込みについて研究していたが、それは南ドイツ地域においてであった。この落ち込みは、アンジェ地域の一〇年単位のブドウ生産グラフにおいても非常に明確だった。しかもこの落ち込みは、南ドイツとオーストリアにおける一六世紀末のブドウ栽培者たちの活動の低下とまったく同時の一五八六年から一五九九年の期間に位置している。こうした状況から、フランス西部における旧教同盟による戦争がロワール渓谷沿岸地方にある種の経済的抑圧を課してブレーキをかける役割を果したにしても、そうした戦争の困った結果をただ単に目にしているのではない。厳しい冬と、特に春の降霜と繰り返される作物を腐らせる夏といった悪気候条件に引き続いて、一五八五年から一六〇〇年のあいだのどこかで起きた、ブドウ栽培の北部地域における物理的な収穫量減少という西ヨーロッパのおおきな現象に直面しているのである。これらはすべて、同時期あるいは少しあとのアルプス氷河の前進期に明確な超小氷期の昂進に典型的なものである（本書のグラフ集のなかの、アンジェ地方のブドウ生産についてのB・ガルニエのダイアグラム参照）。

エルネスト・ラブルースは、単純化すると、一七七八年から一七八一年にかけての四つの暑い夏のせいでワインの価格が暴落して、一七八〇年頃にブドウの生産過剰危機があったという。ここ、一六世紀の最後の数十年のアンジュー地方では、その反対だった。ブドウの生産減少危機によるワイン価格の上昇（穀物に比べて）である。すべては、一六世紀の最後の一五年ほどのあいだに一〇年以上続いた寒冷・冷涼傾向、ようするに小氷期もしくは超小氷期的な気候学的に重大な変動によって引き起こされたのである。

＊

この一六世紀末の気候的に悪しき不測の事態に関連したブドウの低生産とワイン価格の高騰の危機、それはフランス北部においても、ランドシュタイナーによるとブドウ栽培の北限地域に位置するドイツのワイン生産地域でそうだったように、より安価な代替え可能な飲料への購買力の移動によって、ビールの消費増加をもたらしたのだろうか。それはおおいにありえる。反対に、もっと衝撃的なのはロワール渓谷と英仏海峡とのあいだに位置する地域で、あまりに高くなりすぎたワインに対する代替え資源であるシードルに助けを求めたことである。この観点から、ノルマン人医師のジュリアン・ル゠ポルミエによる『第一シードル概論』が一五八九年に出版されたことは、リンゴ栽培の長い歴史におけるひとつの出来事というにとどまらない。[51] それはおそらくまた、一時的なものにせよ（ノルマンディー地方では決定的であったが）、あまりに高くなりすぎたワインから、典型的に土着的な、したがって廉価な飲み物としてそれ以降支持されるシードルへの、消費習慣における変化の指標でもある。

超小氷期と魔女狩り？

ところで、以下のAとBとのあいだに原因と結果の相関関係はあるのだろうか。

A　最も激しい年次進行期間における「近代の」小氷期（おおまかにいって一五六〇年から一六〇〇年までもしくは一五六〇年から一六四〇年まで）

B　魔術、少なくともそうであるとにわかに断定できない呪術行為ゆえの迫害

こんなふうに提起された関係は非合理的なものではない。というのも、魔女はしばしば天候の調子を狂わせたという理由で告発されたからである。この関係は、ヴォルフガング・ベーリンガー〔魔女を研究対象とする現代ドイツの歴史学者〕[52]は確かだと認めており、他のドイツ語圏の研究者たちは彼の分析は正しいとみなしている。ベーリンガーはなんといっていいいるのだろうか。この研究者はまず、他の研究者たちが、それが誤りであるか理にかなっているかはともかくとして、一五六〇年以前の魔女狩りの神学的な数十年の小康状態（？）について言及している。それから、歴史資料が対照的に示している、一五六〇年から一五六二年にかけての気候の悪い季節に関心を示している。ようするに、一五六〇年の作物を腐らせる夏にである（実際、フランス東部ではブドウの収穫がやや遅れ気味で、ディジョンで一〇月四日、サランで一〇月一七日、スイスのフランス語圏のオボンヌでは一〇月一九日だったのだから、春夏はかなり冷涼だったに違いない）。そのあとに、一五六〇年から一五六一年にかけての非常に寒い冬がくる（一五一五年から一五一六年にかけての冬以降最も寒いとベーリンガーはいっている）。

次いで、一五六一年から一五六二年にかけての、どちらかといえば暖かい冬……ライプツィヒではとてつもない大雪だったが！　最後に夏、一五六二年の作物を腐らせる春夏。大洪水が農産物の品質低下を引き起こし、人間と家畜に疫病が流行した。われわれはすでに、フランスにおける一五六二年の飢饉について詳しく論述したが、このドイツ人研究者と共に、中央ヨーロッパを打ちひしいだ一五六二年八月二日の非常に激しい暴風雨を強調しなければならない。その直後に、知的に最も後進的な地域で、収穫と家畜に害をもたらしたかどで告発された六三人の魔女が火あぶりになったのだ。この処刑はヴィーゼンシュタイク〔ドイツ南部の都市〕の直轄地域とその周辺地域を特に悲嘆に暮れさせた。[54] こうした激しい清めの炎はヴォージュ地方の彼方のプロテスタント聖職者たちのあいだに神学論争を引き起こした。処罰を正当とみなす職業人に対して、有名なヨハネス・ヴァイヤーのような勇敢で明敏なエラスムス主義者の著述家の何人かは、魔術が現実に有効で危険なものであるということに懐疑的で、モンテーニュ風の良識の立場の弁護人を買って出た。[53]

死にいたる拷問を基本にした魔女狩り術が、一五七〇年の飢饉による危機のあとドイツの諸地域に大々的によみがえった。この飢饉は（単純化していえば）その前の二年間の「壊滅的な寒さ」の結果だ。[55] 実際、一五六八年と一五六九年のフランス東部地方とスイスのフランス語圏とジュラ地方におけるブドウの収穫日は非常に遅く、ライン川の東でも顕著だった三年連続のある程度の寒さを確認する役割を果たしている。この寒さは、気候に悪魔のたくらみをなした罪で告発された人々に、不作という事態を介して、恐ろしい姿を現したということなのだろう。[56]

ベーリンガーは続いて（*Climatic Variability*, p. 340）、中央ヨーロッパで収穫が損なわれて農産物価格が上昇したために、一五七〇年代末からの魔女処断の新しい波が始まったとしている。事実、一五七九年は収穫が非常に遅れて作物が腐った。冷涼多雨な夏の三カ月、ブドウの収穫はディジョンで一〇月九日、オボンヌで一〇月二九日、ローザンヌで一〇月一八日！「それゆえ、裏づけ資料によれば（前掲書 p. 340）、一五八〇年に多くの魔女の火刑がおこなわれた」とわれらが研究者は述べている。一五八一年から、当時の文献によれば、豊作でかなり収穫が早かった一五八七年と一五八八年を除いて、一五八〇年代と一五九〇年代にかなり持続的だった不作のみによって構成された、魔女であるとの訴因を基礎に、暗黒、というよりは（火刑という語から）炎の一連の出来事が始まることになる。(57) 数年後に超氷期の頂点によって締めくくられる、フランスとイングランドにおいて魔女であるとの判決数が最高点に達した一五八七年と一五八八年について、ベーリンガーはあらゆる議論を引き合いに出して言及した。そして、ほどなくイングランド王ジェイムズ一世となるスコットランド王ジェイムズ四世の一五九七年の言葉を引用して、少なくともある程度の数の雷雨と嵐は悪魔が手を貸していると説明している。

＊

ベーリンガーはそのとき、彼の唯一かもしれない証明を構成する強みのひとつに取り組んでいた。われらが研究者は非常に収穫の遅かった一六二六年に強い衝撃を受けた。ブドウの収穫は、ディジョンで一〇月一日、アルザス地方とジュラ地方とベリー地方で一〇月一二日と一三日、スイスのフランス語圏で一〇月一七日だった。だが一六二六年という年には特に、五月の最後の一週間に霜が降りるということがあった。七日間程のあいだ一時的に冬が戻ってきたようだった。

より正確には、本来なら植物の開花の真っ盛りであるはずの春の植物生育期のさなかの一六二六年五月の最後の七日間か八日間に、冬になったのである。「気温が激しく下がって、湖や川が凍って、寒気はブドウの実、場合によってはブドウの木にさえ襲いかかった」。優秀な研究者たちと共に、それは、五月については過去五〇〇年間で匹敵するものがない、極端で短期的な激しさのなかで起きた現象だと考えるべきだろうか。結局は下層民が魔女を非難し、いやおうなく司教諸侯がその後に続くのだが、それによる魔女たちの苦しみは一六二九年まで続くことになる。というのは、「晩霜の被害」という罪を着せられた結果、バンベルク〔ドイツ南部、バイエルン州北部の都市〕、ビュルツブルク〔ドイツ南部、バイエルン州北西部の都市〕、マインツの地域で数年のうちに魔女のうちの総計四〇〇〇人が火あぶりになったからだ。これらはすべて、二人の司教侯とひとりの大司教侯と二人の神聖ローマ帝国選帝侯（これらの侯の肩書きは場合に応じて相互に交換できる）[58]の庇護のもとにおこなわれたのである。

＊

やはり（小氷期に典型的な）気候の冷涼状態を魔術と結びつけるもうひとつの衝撃的な偶然の一致が、さほど東にいかないところでだが、今度は一六世紀の最も困難な時期のあとに、一七世紀の一六四四年に起きた。神聖なドラマというよりは呪われたドラマが今度はブルゴーニュ地方で起きたのである。雹によって小麦がだめになったと、オータン〔フランス中東の古都〕のカプチン会修道士ジャックが語っている。そのとき生長期だったブドウの実はといえば、それもまたやはり一六四四年春の霜によって非常に被害を受けた。農民たちはこの件で様々な「魔女」を告発し、そのうちの何人かは、その年の七月から事態にとても動揺していた非常に理非をわきまえたランスの大司教エタンプ・ドゥ・ヴァランセ猊下の非難を浴びて、地方判事の命令で火刑に処された。確かなことがわかっているこの場合、小氷期に（とりわけ）典型的な有害な天候（春の霜）と魔術の妄想との関係は「根拠がある確実なもの」にみえた。しかし、だからといって、この関係を一六世紀末と一七世紀初期に、悪魔的所行を引き起こす要件として一般化するには、まだ越えなければならないかなり長い階梯があるであろう……。一六四四年三月とおそらく四月初めの厳しい寒さは、とにかく、特にスイスでしっかりと確認されているし、オータンのジャックとランスの大司教の言葉に（対象となっている年については）確固とした根拠を与えている。もっと細部にわたって既述したアルザスの年代記作者たちは、ブドウの実にとって致命的だったこれらの降霜は、一六四四年の四月二八日、二九日と五月八日、一九日だったとしている。しかしながら、非常に暑い好天の夏がブドウの収穫を少しも遅らせることなく（ディジョンで九月一五日）、品質もよかったが、量は平年並以下だった。[59]

＊

こうしてなされたベーリンガーのアプローチは、この節ではわれわれにとっての控えめな好敵手にすぎないが、実際多くの関心事を提示する。それはともかく、（ロレーヌ地方を別にして）フランスの深部では、アルフレッド・ソマン〔フランスで活動している現代アメリカの歴史学者〕による一六、一七世紀のフランスでの魔術についての博識な研究は、農業にとって不都合な気象学の分野で、特に雹を降らせるものとして活動した魔女もしくは男性魔法使いについてほとんど教えてくれない。ほとんどの場合、男性であろうと女性であろうと、魔術を弄するこれらの人物は人間や家畜の頭脳に呪いをかけるのに忙しく、雹や干ばつや洪水や寒さの被害を受けやすい植物に対しては呪いをかけてまわりはしないのだ。その一方、ソマンの年代記録は小氷期の「ピーク」のひとつ（寒さと作物を腐らせる夏について）とぴったり一致している。[60] このとき、一五八〇年代と一五九〇年代の魔術行為に対する死刑は最多である。イングランド領のエセックス〔イングランド東部〕についても同じかもっと多くさえあった（Soman, *Sorcellerie et justice criminelle*, chap. XV p. 2）。一五七五年から一六〇四年まで、イングランドでの魔術行為を罰する刑の執行は最も多かった。だが、こうした事例の年代的一致についても過度に一般化することはできない。その庇護のもとで約二万の火刑に点火させた一〇人のドイツの司教侯は、一五八一年から一六三七年のあいだの様々な時期にその地位にあったのだから。まさしく小氷期の期間だったが、すでに六〇年にわたる期間であり、そのため気候と悪魔の関係を結びつけるのはやや的外れである。スコットランドでは、魔術行為の年代的最多期は一六二〇年と一六七九年のあいだにきっちりと位置しており、これもまたもうひとつの「年代的区切り」である。スコットランドにおける最悪のパニックは一六六一年から一六六二年にかけてであり、フランスにおける雨によって引き起こされた深刻な飢饉、そしてジャージ島〔大ブリテン島とフランスとのあいだの島〕北部での食糧高騰と同時である。しかしこの深刻な食糧不足はハドリアヌスの長城〔イングランド北部、スコットランドとの境界線近くに古代ローマ帝国皇帝ハドリアヌスが二世紀中頃に築かせた軍事的防衛壁〕の北側でも蔓延していたのではなかっただろうか（おおいにありうることだ）。一六九〇年代のスコットランドの真の大飢饉については、ちなみにこの種のものとしては最後のものだが（後出「マウンダー」の章の最後〔本書五〇五頁以下〕を参照）、この一七世紀最後の一〇年間の悪魔的行為に対する刑の執行数は、一六四〇年から一六六九年までの魔女弾圧期三〇年間のうちのどの一〇年間におけるよりも一〇分の一の数であった（一六九〇年から一六九九年までが二五だったのに対して、これら各一〇年間はどれも三〇〇から四〇〇の執行数）。スコットランドの気風はおそらく、一七世紀末に少し変わったのだろう。多少理性的になったがしかし、スコットランドの魔女に対する死刑執行がまったくなくなるかほとんどなくなるのは一七一〇年以降である。スウェーデンでは、魔女や悪魔に対する司法的殺人は一六六八年から一六七六年までが最盛期で（Muchembled, *Magie*, 1994, pp. 207-211　後出の注（65）参照）、最悪と最悪より少しましな状況が交差するかなり変化の多い数年にまたがる気候状況の最中だった。デンマークでは、同様の状況であって殺人を犯す重大な時期は一六一〇年代以降（実際は気候的にさほど悪くなかった?）、なかでも一六二〇年代中である。ノルウェーでは、[61] 一六二〇年代（デンマークと同様の状態と、おそらくそのために発生したであろう恐るべき疫病感染が並行した）と一六六〇年代だった。後者は、スコットランドやスウェーデンのように、初期を除いて夏については特に寒いということは少しもなかった一〇年間（一六六〇年から一六六九年まで）

である。アイスランドでは、一六〇四年から一六二〇年までである。フィンランドでは、魔女狩りはスウェーデンの影響のもとに一六六〇年から一六八〇年の期間に最高潮に達したが、最初は暑くてその後寒くなるという組み合わせの気候学的に非常に入り交じった状況においてだった。

こうしてわれわれは、地理的・時間的におおきな差異に直面した。これらの差はすべて、どれもこれも終わりのない小氷期の「さなか」に含まれるのだろうか。これらの条件下で、(議論の余地ない小氷期と悪魔崇拝もしくはそう思われるものが明白な関係にあった)一六二六年を解明するベーリンガーが使用したものに匹敵する多くのモノグラフ、他の呪われた年にも有効な同種の多くの研究が、気候学・地獄複合に対するドイツ人学者のこの実り多き直感の有効性を明確に知るために実行されるべきであろう。現在すでに、古代からの悪魔恐怖症的不幸を持っているドイツ(おそらくロレーヌ地方までおよんでいる)は、「内向的」といわれるわが国フランスよりもより豊穣な調査領域を提供してくれるに違いない。フランスでは、ある種の先駆的な合理主義のプレグナンツ〔ゲシュタルト心理学の用語。知覚された像が最も単純で合理的な形にまとまろうとする傾向〕が他所よりも早く、一六世紀末にすでに明確になっていたので、当時は小氷期に結びつけられる気候を原因とする災害のあれこれについて悪魔のせいにするということの被害がいくぶん制限されたようにみえる(?)。概してフランス、イングランド、スペインでは、魔術を諸罪の犯人だとする考えから脱するのは文化がもとになっていて(高等法院のメンバーは哲学者たちより前に……理性の光に照らされてさえいた)、実際一六一〇年以降、特に一六二〇年よりあとである(Alfred Soman, *Histoire, économie et société*, quatrième année, 1985, n°2, pp. 179-201, 特に pp. 196-200)。ゆえに、小氷期の沈静化、一六六二年あるいは一六八〇年以降、特に一七一七年以降のかなり明確な沈静化とはほとんど関係のないことなのである。

*

さて、少しのあいだ、雹に特有な問題に取り組んでみよう。雹を降らせる魔女[62]は、われわれの悪魔研究において、たしかに小氷期のルネッサンスもしくはバロック後の絶頂期より前の、古くからの登場人物である。それはヨブ記と聖トマス・アクィナスに常に典拠を求めることのできる、一五世紀の一四三〇年代からの決まり文句に対応してさえいた。有名な『魔女に与える鉄槌』〔一四八六年にドミニコ会士で異端審問官のハインリッヒ・クラーメルによって書かれた魔女についての論説〕はまさに、一四八六―八七年以降に、それらをおおいに引用している。ローザンヌ、そしてフライブルクで、裁判記録の中で、一四三八年と一四五七年にいわゆる雹を降らせた魔女として告発されたこの種の女性にお目にかかる。ロレーヌでは、一五九〇年代に、告発された者およそ千人近くの事例のうちの二二パーセントが雹を作ったとされた。状況からして人々は、当時最高潮だった小氷期の影響のせいだと思ったのだ。一五六八年にヌシャテル〔スイス西部〕で、浮浪者のクローディア・ブリュネが丘の頂上で裸で踊って雹を作った。ジュラ地方では、小氷期において、雹は「教皇至上主義者」の判事とプロテスタントの判事とを神学的に区別する機会を提供した。バーゼルでは、「近代の」小氷期の開始前の一五四六年と一五五〇年の裁判において「雹を作った女」の告発は主要なものだった。一五二九年のフランシュコンテ、一五五四年のモンベリアール〔フランス東部〕でもそうだった（同じ特徴）。そして一五七一年のスイスのフランス語圏でも。フライブルクでも一五〇二年に同様の非難の声があがった。しかし、小氷期の真最中をすでにすぎたせいなのか、それともまだ完全にそうなっていないせいなのか（!?）、物理的に不利な状況にある魔女は、水が雹に変わるに充分な高さまで空中に水を投げることができなかったのである！　一五六〇年（温暖な好天の一六世紀の終わり）も同様だ。三つの雹を作る試みがなされ、三つとも失敗した。だが一五七〇年に、ことはもっとうまく運んだ。またもや小氷期にある（⁉）ジュネーヴでは、一五六二年と一五七〇年にいくつかの事例があるが、しかしこのプロテスタントの国では、魔術行為に対する告発はもはや雹を相手にしないで、悪魔である目印の方にずっとおおきな関心を向けた。ローザンヌでは、一五二四年の裁判では雹作りはまだ機能していたが、小氷期であろうがなかろうが、プロテスタント化したためにこの超自然的な技は一五三〇年から一六〇〇年にはずっとまれになって、そのかわり広く広まっているカルヴァン主義にもっとよく合う他の悪魔の所行が増えた。一六世紀のチューリッヒでは、五件に一件以上の割合（一二五件の告発のうち二八件）で雹が出現するが、一六〇〇年以降この比率は下がり、告発の一二パーセント（七〇〇件のうち八六件）にすぎなくなる。事実として、カルヴァン主義の悪魔論は一般に、その理論書で一五七〇年にも一六五三年にも、雹を作ったことに対する告発を無視するか論駁（ろんばく）している。そしてはっきりともっと重大だとみなしている、悪魔にかかわってはいるが気候とは別個である他の不満に焦点をあてている。またフランスの悪魔論も、カトリック側ではあるが、パリ高等法院の開明的な判事たちの感化度に応じて同様な慎重さを示している。雹は、特にペルシュ地方〔パリ南西方向〕では、当該の書類には事実上存在しない。しかしその他の地域ではかなり記載されている。これに対して、バーゼル司教区のカトリック小教区群においては、一六〇九年から一六一七年の期間に記録された七四の懺悔のうち二六に雹が出てくる。特に一六〇九年から一〇年にかけて（五件の刑執行）と一六一二年が多かった。トゥールでも一六一九年から一六二二年までの期間同様であった。一六六九年、小氷期が一時的に沈静化したカトリックのヴァレで、ひとりの魔法使いが雹を作った。その男はオオカミに変身し（一回）、狐に姿を変えた（二回）。義理の姉妹と近親相姦の罪を犯し、自分の家畜と獣姦した。これに対してプロテスタントのほうは、雹についての奇妙な迷信をうち捨てた。彼らはファウスト〔自己の欲望を満たすために悪魔と契約を交わした一六世紀初めのドイツの伝説上の人物〕に関心を集中させ、悪魔との契約や告発された者の身体あるいは皮膚に刻印された悪魔の印といったような確実性のあるものに関心を持ったのである。

よく考えてみると、小氷期と、雹を魔術によって作ることとのあいだには相関性がないわけではないが、かなりゆるいものである。年次を追って考察すればそれだけ、カトリックの信仰対プロテスタントの宗教改革という宗教的差異が問題となってくる。これら教義上の対立は、環境とは少しも関わりない時間と空間に様々な違いを導き入れる。

*

結局、物理的現象としての雹自体は、小氷期に密接に従属しているのだろうか。何度も繰り返すが、暑い大気が進入して気温の大幅な差に直面することによって雹は発生する。一七八八年七月がそうだったように。

*

この問題を終えるにあたって、一五三九年にヨハン・ブレンツ[63]という説教師が、雹が降る責任を魔女による魔術的あるいは悪魔的仕掛けのせいにする説に巧妙に反駁していたことを付け加えておこう。しかし、われわれの歴史の第二千年紀の小氷期が一三〇〇年代に産声を上げるよりも昔からしっかり根を張った俗信を破壊するにはもっとずっと多くのものが必要だった。

*

結局、雹、そして一般的に悪天候の開始による悪魔的行為に対する迫害（A）ともう一方の小氷期の始まりとそれに続く気候変動（B）という、二つの一連の出来事は、お互いにわりあいに独立していた。しかし、B（好

1850 年から 1860 年頃のアルジャンティエール氷河

スイス人あるいはドイツ人の作者によるこの版画には以下の注記がある。« *Nach Photographie arrangirt von I. Rohdock ; G. M. Kurz sculps.* ; Druck und Verlag von G. G. Lange » アルジャンティエール氷河はほとんど後退を始めていない。まだ 1770 年頃にソシュールが語った特徴的なジグザグの形をしている。氷河の先端は平野と村の近くにある。© D.R.

1966 年頃のアルジャンティエール氷河

上と同じ視点からマドレーヌ・ル＝ロワ＝ラデュリが撮影したこの写真では、一世紀にわたる後退がはっきりと見られる。氷河のジグザグの下方の枝分かれした部分は水になっており、氷河によって削り取られた前方にある巨大な岩がむき出しになっている。モレーンはカラマツに覆われている。村は少し大きくなっているが、教会といくつかの家は容易に見分けがつく。© D.R.

ましくない気候）からA（魔女に対する迫害）へと向かう相関関係もしくは共通する部分がときどき姿を現す。その証拠、あるいはせめて目印としては、イングランドについてのトーマス・プラッターの息子のみごとな文章の一節を読めばよい[64]。「イングランドでは、生きて活動しているたくさんの魔女を目にする。以下が、私が他人から聞いたその理由である。魔女を死刑にしないということに原因があるのだ。そしてそれは次のようなエピソードの結果である。女王が海を航行していた。大勢の魔女たちが嵐を起こして女王を死なせようとした。ただ、人々がいうには、ひとりの魔女が祈って、その嵐が起こるのを妨げた。そのあとその魔女は自分のしたことを告白した。当然、他の魔女たちは全体の意見にしたがって、多くの突風や雷や雹を巻き起こす手を緩めることなく続けた。だが事態は決着がつき、魔女たちは死刑にされなかった[65]」。プラッターは、プロテスタントではあるが、魔術を使うことは、死刑に値しないにしても罪であるという観念を受け入れていたことがわかる。なぜなら雹を降らせたり、嵐を起こすのは……。

一五九九年時点のプラッターのこうした考察を延長すると、理論的に小氷期にあった一五九〇年代には特に北海のフランドル地方の海岸で嵐がことのほか多かったことは事実である（A. M. J. de Kraker, *Climatic Variability*, p. 297, graph. and texte）。まったく同じ年代進行だったライン盆地のマイン川〔ドイツ南部、ライン川の支流〕沿岸の洪水についても同じことがいえる（前掲書 p. 256, graph., R. Brazdil による）。したがってこの点について、間違いなく何重にも根拠のあるヴォルフガング・ベーリンガーの注目すべき命題になんとしてでも反駁しようというもっともな理由はまったくない。それらは今後のための素案……。

第7章

小氷期その他（一六〇〇年から一六四四年まで）

「補強された」氷河の最大状態

われわれはついにヨーロッパに関して、氷河の分野で、一六世紀の最後の三〇年間もしくは四〇年間に（他と比較して）極限状態にまで高まったあと、典型的な小氷期、より的確にいえば安定した小氷期にいたった。私はこれから一七世紀の初期さらには中期について語ろうと思う。

スカンジナヴィア地方では、氷河最大期についてのデータが一七世紀末以前については存在しない。しかし、アイスランド[1]はもう少し古い時期についての有用な指標を提供してくれる。この大きな島の沿岸地帯に次第に近づいてくる「海」氷の影響は、一六世紀末、さらには一七世紀初めにことのほか強く、一六〇一年にこの現象の絶頂を迎えた（この年はまた、低地諸邦とフランスで平年より二倍寒かった。ブドウの収穫は、ディジョンで一六〇一年一〇月八日、サランとオボンヌで一〇月二二日、ローザンヌで一〇月一八日だった。遅い！　そしてやはり一六〇一年だが、ファン・エンゲレンの等級で冬の指数が七［寒さが厳しい］、夏の指数が四［やや冷涼］である［*History and Climate*, 2001, p. 106, 107, 112］）。

前著において私は、サヴォワ・アルプスにおいて、すでに一五六〇―八〇年からはっきりとしていて一六〇〇年頃歴史的最大となったモンブランの諸氷河の攻撃[2]を詳しく描写した。アングロサクソンの科学がこの点についての私の結論を明確に追認してくれた。理系の学者であった、非常に博学な亡きJ・グローヴ女史[3]が以下に書いたように。『『気候の歴史』一九七一年版[4]でラデュリは、モンブランの氷河の動きについて入手できる最も完璧な他に抜きんでた一幅のタブローを提示してみせている。独自の古文書資料による彼の入念な手際によってここまで明らかになったのである』。サヴォワ地方では、前述の最大状態は少なくとも一六一〇―一六年まで続き、その後、最大状態での安定化のプロセスに入って、氷河によって、三〇年間、四〇年間、さらには五〇年間もしくはそれ以上その状態を持続することになる。[5]

オーストリアでも同様で、エッツ渓谷〔オーストリア西部、チロル地方〕で、ヴェルナート氷河の最大状態が一五九九—一六〇一年に出現した。[6] サヴォワ地方のモンブランとオーストリアのエッツ渓谷とのあいだの相関関係は完全に満足のいくものである。

この他、偶然にはまったく依存していない「一致」がいくつかある。アラレン氷河の最大状態、一五八八年のグリンデルワルト下方氷河のエンドモレーンによる表土貫入、一五九五年のジエトローツ氷河〔スイス南西部ヴァレ州の氷河〕の大前進途上で起きた壊滅的な家屋倒壊、一五九四年から一五九八年にかけてのル・リュイトールのアオスタ氷河の増水である（これらとその後の事態については *Histoire du Climat*, pp. 167-227 参照）。これらすべての出来事が並行して起こったこと以上に、グリンデルワルト氷河の特に下方氷河から最も注目すべきデータが得られる。それらのデータは一九六七年の私の研究においてすでに言及されており、それ以来さらに詳細な評価対象となっている。H・J・ツムビュール〔スイスの美術評論家〕は特に、下方氷河を描いた約三〇〇の視覚資料（絵画、デッサン、版画）と上方氷河に関する一八八の視覚資料を入念に検討した。それらの資料はすべて、一七世紀、一八世紀、一九世紀のもので、ヨーロッパの数多くの図書館に保存されていたものである（Zumbühl, 1980）。

こうした多角的な検討の結果、「グリンデルワルトの二つの氷河は、一五九五年から一八六〇年の期間、それ以降の状態よりも明らかに伸張し、広範囲を覆っていた」といえそうである（ただし、いくつかの暑い夏の結果として、一六八四年頃かなりはっきりと一時的な氷河最小状態になったのを例外として）。グリンデルワルトその他の地域において氷河が大伸張したこの二六五年のあいだ、問題になっている最初の氷河最大伸張は一五九五年から一六四〇年までの四五〇年間であることが確認できる。同じ地域において後年にこれに匹敵する状態をみいだすのは、端数のない数でいうと、一八一五年から一八六〇年の期間である〔付録2「グリンデルワルト下方氷河（スイス）」を参照〕。

有名なインゼル

一五九五年から一八六〇年までのグリンデルワルトにおける氷河大伸張の「内部状況」については、下方丹頂[7]（下方の岩のインゼル〔氷河や雪渓の上に露出した小島状の岩や藪〕あるいは下方の円形突起？）と呼ばれる非常に特異な帯状の岩が実用的な目印の役割を果たしている。一五八八年から一六四〇年まで、この目印は下方氷河の氷の下に埋もれていて、氷河の先端はそれを下流方向に六〇〇メートル超えている程だった。その後、この目印は、一七世紀の前半から……一八七〇年頃まで氷の下に埋もれたままだった。それでも一六八五年頃、夏の暑さの（一〇年間近くの）短期的なうねりのあとに、この丹頂はかろうじて姿を現して露出した。一七二〇年とその後の一七四三年には、「氷がインゼルの前方一〇〇メートルから三〇〇メートルまで前進して、完全に隠れてしまったが、一七二〇年から一七四三年の期間中は露出することがあった」。このように、氷河は一七二〇年、次いで一七四三年に、一七世紀末の夏の冷涼さ、幅を広げて「一七〇九年」の夏の冷涼さと、一七四〇年の夏の冷涼さとを、それぞれ積分したのである。一七七〇年から一七八〇年のあいだに（一時的な後退のあとの）あらたな前進があった（一七七〇年前後に挿入された諸季節それぞれの冷涼・多雨・多雪の期間に対応している）。一七八八年から一八一一年の期間はこれと反対に、後退状況にあり（温暖化のより広範な環境における一七八八年、一七九四年、一八〇三年、一八一一年に記録された干ばつ・日照り焼け期を参照）、丹頂は一七九四年から一八一三年のあいだ露出した。一八一五年から一八六〇年にかけての第三の超小氷期の期間中に丹頂より下流方向への第三番目のあらたな氷河前進があり、この岩のインゼルを越えた（最初の二つの超小氷期の期間は、周知のように、一三〇〇年から一三八〇年と一五九五年から一六四〇年さらにはそれより後年までである）。丹頂のこの帯状の岩の最終的露出については、一八六七年から今日まで常に確認されており、一九八〇年頃には、グリンデルワルトの下方氷河のやせ細った氷舌端は、この有名なインゼルよりも一九〇〇メートル上方に位置していたようである。[8]

＊

アレッチ、ゴルナー、シャモニーのアルプス氷河に関する、ホルツハウザーの最近の大業績と私の業績は、一七世紀の最初の四〇年間（グリンデルワルト下方氷河）、四四年間（シャモニー）、五三年間（アレッチ氷河）、七〇年間（ゴルナー氷河）に、それぞれの氷河が恒常的に最大状態であったことを確認した（アレッチ氷河の場合は、さらに最大を超えて常に前進してさえいた）。最後の例（ゴルナー氷河）においては、氷河の最盛期（一六一六年から一六二三年までと一六六九年から一六七〇年まで）がずっと持続する事態を目のあたりにしていて、それは切りのいい数字でいうと一五六〇年から一六二〇年までの、ゴルナー氷河のかつてのみごとな拡大の有終の美を飾るものである。われわれにとってより身近な、以下の年次進行を使用することが許されよう。宗教戦争期における小氷期の攻勢、すなわちナントの勅令以降、リシュリューの死までとマザランの最初の宰相在任期までの数十年にわたる氷河絶頂期（グリンデルワルト氷河、シャモニー氷河）、あるいはフロンドの乱の終息期（アレッチ氷河）、またはコルベールの財務総監在任期の良き時代とオランダ戦争の前兆まで（ゴルナー氷河）。

＊

厳密な意味でのそれぞれの氷河成長期の出発点と終息点は、だいたい同じである（一六世紀の最後の三分の一と世紀末）。しかし長期におよぶ最大状態期間がどのように終わるかは多少異なり、対象となる氷河によって、一六四〇年、一六四三年、一六五三年、一六六九年である。こうした違いは驚くべきことである。違いは、それぞれの標高の違い、多かれ少なかれ巨大な容積に応じて、多様な氷河が異なる反応を示すことに由来する。だが、年次経過にとって重要なことは以下の微妙な違いにあるのではない。グリンデルワルト氷河は一五九三年から一六四〇年にかけて節目となる最大状態に達し、その後やや縮小した。その少しあとにシャモニー氷河が最大となり（一六四四年）、アレッチ氷河がそれに続いた（一六五三年）。さらに遅れてゴルナー氷河が最大になった（一六七〇年頃）。それらはまったくもって年次進行の装飾にすぎず、氷河ごとの容積の不均衡とそれぞれ対象となる氷河の伸張の時間的差異によって、恐竜のようだったり（アレッチ氷河）、単にゾウのようだったり（シャモニー氷河）するが、こうした装飾は、「基本となる」最大状態に様々な継ぎ足し的飾りを刺繍するか付け加えているのである。一六〇〇年から一六四〇年、そしてさらに……。

＊

寒冷・冷涼・湿潤期の諸増進効果を急速に氷河構成に取り込んだ氷河もある。それが、モンブランの西斜面の「四大氷河」、メール・ドゥ・グラース別名「レ・ボワ氷河」、ル・トゥール氷河、アルジャンティエール氷河、レ・ボソン氷河の場合である。一六四一年以来それらの氷河の先端はそれぞれの同名の村であるレ・ボワ、ル・トゥール、アルジャンティエール、レ・ボソンの近くにあった。そして一六四四年にはまだそこにあった。気候のよい季節になると定期的に氷河から豪雨の様な急流が下りてきた。急流は、一六四一年六月にひとつの集落をそっくり壊滅させた。一六四八年、町の会計法院の傍聴官であるエリアス・ドゥ・シャンプロン宛のシャモニー住民たちの嘆願書は氷河の下降を非常に明確に断言している。「前記の小教区でつい最近起きた損害、壊滅的破壊、洪水に対するとりあえずの緊急措置を実施してくださいますようなにとぞお願い申しあげます」。

「前記の氷河が山の高みから下に降りてきて、前記の小教区を今にも完全に破壊してしまいそうで、氷河はその小教区の家屋や畑の近くまできていて、刻々と畑に近づいております。このことは代理人たちに常に滅びる危険に瀕しているという強い懸念をいだかせているということをご考慮ください」。

一六四二年五月二八日のシャモニーの「良識者〔都市共同体によって選出されて裁判に関わる有力住民〕の報告書」はもっとずっと明確である。「さらに、レ・ボワ氷河と呼ばれる前記の氷河は〔…〕日に日に前進し、八月には前記の土地からマスケット銃の射程のもう少し先のところまで近づいていて、四年ものあいだこのように同じことが続けば、前記の一〇分の一税徴収区〔の耕地や牧草地〕を完全に破壊してしまう危険がある。これらの氷河にはなにがしかの呪いがあるという噂もあったので、聖体拝受をする人々は、(キリスト昇天祭に先立つ三日間の)祈願行列が通りかかると、この危機から護り、安全を保証してくれるよう主のご加護を嘆願するためにその列に加わった。ラ・ロズィエールの一〇分の一税徴収区では、ル・トゥールという村で見たということだが、一六四二年一月頃に突然多量の雪と氷が押し寄せてきて、二軒の家と四頭の雌牛と八頭の雌羊を押し流したが、それに巻き込まれた一人の少女は一日半のあいだ雪の中に埋もれていたのに怪我もなかった。今では、流された二軒の家の石の残骸しかなく、こうした状況を見たのは二年ほど前である。このル・トゥールの村はル・トゥール氷河に非常に脅かされており、〔…〕その氷河からはアルヴ川というのが流れ出ていて、氷河は村に近づいて広がりつつある。ラ・ロズィエールのこの場所は、最大規模のアルジャンティエール氷河に脅かされており、氷河はおおきく前進していて村を流しさる危険があった。結局、降りてきて氷河の上に落ちかかった雪崩が日に日に次第に村に近づいてきて、牧場と耕作可能な耕地を押し流した。耕地は種播きがされたばかりで、わずかばかりの大麦が数季節の大半を雪の下で過ごして、三年たって全部を収穫することができたが、摘み取った麦粒はその後腐ってしまい、それを食べるのは貧しい人々だけで、いつものように種播きをするために他の種を買いに行って、気を遣い、人々は栄養不良のために黒ずんで、恐ろしく憔悴しきってみえた」。

こうしてル・トゥール氷河、アルジャンティエール氷河、レ・ボワ氷河と、哀しく数えあげたあと、レ・ボソン氷河も崩壊して、この出来事を指摘した一六四三年三月一一日の「嘆願」は、一六四一年から一六四三年のあいだの最も劇的な事態だと位置づけている。「モンカールの一〇分の一税徴収区で、三週間ほど前、レ・ボソン氷河があまりにも激しい勢いで切れて、その村の土地の三分の一を流しさった。［…］それから二年ほど、氷河は奔流となって、多くの土地や家、納屋、穀物倉庫などの資産を濁流に飲み込み、廃墟にし、破壊して、先に述べた小教区をすっかり荒廃させた」。二カ月後の一六四三年五月、レ・ボソンでは状況は良くなっていない。住民たちは「レ・ボソン氷河の氾濫で多くの家財が水害を受けて失われ、［一六四三年］五月六日にモンカールの一〇分の一税徴収区の土地の一部を押し流し、続く九日にこの氷河は氾濫して、すぐさま駆けつけた嘆願者たちをあっというまに流しさった。この氾濫はこの一〇分の一税徴収区を完全に破壊したと思われる」。

すでに言及したレ・ボワ氷河はといえば、レ・プラツのほうに非常に下降してル・ピジェの斜面の上に覆いかぶさったので、アルヴ川の流れをふさぐのではないかとさえ思われた！　ジュネーヴの司教補佐で聖フランソワ〔フランソワ・ド・サル（一五六七―一六二二年）、ジュネーヴ司教を務めた〕の甥であるシャルル・ドゥ・サルは警戒態勢をとっていた。一六四四年五月二九日、彼はシャモニーの総代たちの来訪を受け、「彼らの小教区は巨大な氷河の麓の標高が高くて狭隘で山が多い渓谷にあり、そこに氷河が剝離して落ちてきて、あたり一帯に大被害をもたらして、彼らの家や家財が完全に廃墟となるのではと脅かされているが、これは彼らが犯した罪に主が罰をお与えになろうとしているのではないか」と再び申し出た。司教は彼らを支援すると約束し、一六四四年六月初めに、およそ三〇〇人の行列を率いて「山の高みから張り出した巨大で恐ろしい氷河が今にも完全に廃墟にしようと脅かしているレ・ボワの村に」赴いて、「典礼に則って厳かに」祝別を授けた。それから司教は、「アルジャンティエールという村のすぐ近くまできている長い氷河」と「ル・トゥールという村に迫ったもうひとつの恐ろしい氷河」に、そして最後に二日後に「レ・ボソンにある四つめの氷河」を祝別しに行った。

この文献史料とその前の資料が明らかにしたように、氷河は今日よりも村々にずっと近く、すぐ間近にあった。ル・トゥール、アルジャンティエール、ラ・ロズィエール、シャトラール、レ・ボワ、レ・プラツ、レ・ボソンといった小村は文字通り氷河の先端に縁取られていた。それらは今日では、繰り返しいうが、林やモレーンや谷や、綿状のものに覆われて滑りやすい岩にたっぷり一キロメートルは隔てられていて、行列が通るのは非常に困難である。シャモニーを訪れる現代の旅行者は、古い版画でも見ない限りは、このような状況を思い描くことは難しいだろう。これらの氷河は、一六四四年には、高齢で痛風にかかっていただろう行列の人々と司教が近づいたり登ったりするになんの問題もなかった。最も顕著な前進はレ・ボワ氷河の前進で、一六四四年には、シャモニー渓谷を堰き止めて湖に変えていたに違いないと思われる。

たいへん幸運なことに、司教の祝別は効果があって、脅威を遠ざけた。あたりを厳然と支配していた氷河は、一六六三年までゆっくりと後退し、その年の日付のある文書に以下のように記録されている。「二五年前から氷河が下がってきて大被害を与え、そのうちのレ・ボワという氷河がアルヴ川にあまりにも近づいたため、氷河が川の流れを堰き止めて湖か池の形になってあふれるのではないかと思われたので、これらの氷河に憑いている悪魔を祓ってくれるようジュネーヴ司教のエブロン猊下にお願いした。それから氷河は少しずつ後退した。だが、氷河が占めていた土地は草木もなく荒れ果てていて、生き物も草も、なにもない」。

一六〇〇年と同じように、一六四〇年から一六五〇年頃にこのように書き留められた最大状態はアルプスのほぼ全域で見受けられたようである。というのも、増大したアラレン氷河で、一六四〇年の壊滅的氷河融解によって先に述べた河川の閉塞が起きたからだ。アラレン氷河は四年後も依然として拡大を続けていて、ザーゼル・ヴィスパ川を堰き止めつつあった。アブヴィル渓谷のピエールによるヴァレ地方〔スイス南西部〕の地図（一六四四年）は、実際、湖水を氷の堤防に取り囲まれて満々と水をたたえたマットマルク湖を示している。したがって堤防は前進位置にあったのだ。ル・リュイトール氷河でも同様だった。一六四〇年の河川分断によって堰止め湖が形成され、それは一六四六年にも再び生じた。

アレッチ氷河のイグナチオとジュピター

もっと標高が高くて巨大なアレッチ氷河は、一七世紀前半、とりわけ一六二一年から一六二二年にかけてと一六二五年から一六二八年（涼しい夏）にかけて、そして一六四〇年から一六五〇年までの期間に活発だった氷の成長、すなわち最小の氷河消耗を「消化する」のにある程度の時間をかけた。アレッチ氷河の最大規模の戦略的確立と安定はまさに一七世紀前半であった〔付録4「アレッチ氷河の変遷」を参照〕。しかし、この期間におけるこの氷河の「戦術的」大前進は、シャモニーではもう少し遅く、一六五三年だった。他より遅い反応だが、それだけに一層劇的で、印象深く、圧倒的である。ジッテン〔スイス南部、ローヌ川上流の都市〕の古文書資料館に保存されているイエズス会の古い文書によると、「この年〔一六五三年〕、多年にわたって前進を続けていたアレッチ氷河はとてつもない高みに達していた。氷河は非常に広がって、すでにナテルゼーに隣接する牧場を脅かしていた。

差し迫った災害を免れるために、ナテル村の人々はイエズス会士たちが施設を持っているズィダーに使者を送った。村人たちは助言を請い、贖罪のための苦行とその他キリスト教の善き行いをして主の怒りを静める用意はできていると表明した。［…］結局、シャルパンティエ神父とトマ神父がナテル村の人々のもとにやってきた。一週間、彼らはこの小集団の人々に主の教えを説いて成果をあげた。そしてひとつの行列が氷河へと向かい、四時間歩いたのち到着した。その道のりのあいだ、雨の降るなかをかぶり物もかぶらず、人々は代わる代わる声を合わせて歌った。運命の地に着いて、行列の参加者は神聖なミサと短い説教を聞いた。蛇の形をしたこの氷河の前進が食い止められますよう、そしてまた、もうこれ以上広がらないよう氷河に手綱をつけてくれますようにと、天国にいるすべての聖人の名において祝別が授けられた。祝日の大祭の悪魔祓いの式が執りおこなわれた！　我らが聖イグナチオ神父〔イグナチオ・デ・ロヨラ、イエズス会の創立者のひとりで初代総長〕の名のもとに捧げられた水が氷河の先端に注がれた！　氷河の前部のまさにその場所に円柱が立てられ、その上にこの聖なる長老の肖像が置かれた。それはまさに、敗走する部下の兵士たちにではなく、貪欲の権化であるこの氷河に対して停戦の命令を下すジュピター〔ローマの最高神。気象現象をつかさどる〕の姿そのもののようだった！　この聖人の御利益に対する信頼は報われずにはいなかった。イグナチオは氷河を動けないようにして、これ以降氷河は前進の歩みを止めた。これらはすべて一六五三年九月に起きたことである」。

こうして、荒れ狂う氷河に祝別を与えたアレッチ氷河のロヨラとジュピター、シャモニー氷河のシャルル・ドゥ・サルは、アルプス氷河の恐るべき進出を止めるために一六四四年から一六五三年の期間にそれぞれ一致協力して努力した。だが、なぜ氷河はこのように発達したのだろうか。そのおおきな要因は、もちろん、「一七世紀の」全般的気候である。この間、氷河は常に巨大だった。したがって氷河は、ときに非常に膨大になって農耕にとって危険となるのにたいした努力は要しなかった。だがそれはまた、かつては一五九〇年代、今は一六四〇年代における特別な欠如のせいでもあった。極端に冷涼で作物を腐らせる夏、遅いブドウの収穫、飢饉、非常に抑制された氷河の消耗度、そして一六四〇年から一六五一年まで連年一二の冬のすべてが絶えまなく雪が降る高所において氷を涵養する（J・バウスマンによれば〔*Duizend...*, vol. 4, pp. 715-716〕、雪はそうすることしかできない）という特徴を有するこの一六四〇年代は、文字どおり、すでにそれに先立つ数十年間に非常に巨大になっていたアルプス氷河の増大を促進したのである。こうした条件のもとでは、スイスでもサヴォワ地方でも、小氷期における最大状態のひとつが一六四四年から一六五三年のあいだに生起したことは驚くにあたらない。

＊

ゴルナー氷河は、同様の戦略的最大状態における戦術的前進をもっとゆっくりとおこなったと考えるべきだろうか。ゴルナー氷河の場合、一六一六年から一六二三年以来記録されていた長期にわたる最盛期の最後を飾る、一六六九年から一六七〇年頃明確になる戦術的前進のことである。いずれにしても、コルベール時代のこの最後の「ゴルナー氷河の前進」は、シャモニー氷河（一六六四年から一六六九年まで）、ヴェルナート氷河（一六七六年から一六八〇年まで）、ル・リュイトール氷河（一六七九年から一六八〇年まで）、アラレン氷河（一六八〇年から一六八二年まで）、シュヴァルツェンベルク〔オーストリア西端、ボーデン湖でスイスと隣接〕氷河、における多少とも短かったり長かったりする「氷河最大状態」という同様の出来事にかなり一致する類似性を示している。最後のシュヴァルツェンベルク氷河は、その「背中に乗せて」、氷河の先端まで巨大な青い石、蛇のような形をした二四万四〇〇〇立方ピエの大きな塊を運んできて、一六八〇年かすぐそのあと頃最大に達したエンドモレーンの上にうち捨てていった（*Histoire du Climat*, I, p. 225）。一六四〇年から一六五四年までのほとんど一四年間のささやかな後退のあとのグリンデルワルト氷河の戦術的反撃のことも述べておこう。それは一六六四年頃（シャモニーのように）最高潮になり、その結果としての冷涼で、ことに湿潤な諸季節の影響をまとめて……若きルイ一四世治下のフランスにおける一六六一年の飢饉を発生させたのである。

＊

氷河前進の最終的「停止線」の時期についてのこうしたわずかなばらつきは結局、スイスとサヴォワ地方の最大級の氷河がすべて同様だった、「アンリ四世からルイ一三世までの」、正確には一五九五年から一六四〇年までのルイ一四世以前の時代に長期間広く展開したおもな氷河最大状態と比べて、非常にルイ一四世時代的な刺繍模様にすぎない。さて、その気象的原因とそれが生じさせた人間に関わる事態とはいかなるものだったのだろうか。

寒く、雪の多い冬？

一五六〇年から一六〇〇年の期間は、総体的に、微妙な差異がなかったわけではないが、四季節とも気温が「落ち込んだ」状態にあり、場合によっては、その前の「好天の一六世紀」（一五〇〇年から一五五九年まで）と比べて過度に雨が降った。これらすべてが、必要な時差を経て、当時にまことに特徴的なアルプス氷河の前進に結びついた。一七世紀、「寒さ問題」はそれほど攻撃的ではない。だが、依然として顕著な寒冷という特徴はあり、小氷期のたしかな痕跡は保持していた。

そうした特徴は、冬に毎年通有で、おそらく秋もそうだったのだろう。ヨーロッパ大陸の気候傾向としては、夏はさほど冷涼ではなく、短期的にではあるが、参照基準期間（一九〇〇年から一九六〇年まで）における温暖または暑いという測定値にほとんど近かった。一六三六年、一六六六年、一六八四年頃はこのような状態だった。

一六〇〇年から一六二〇年以降、アルプス氷河はたしかに依然として巨大だった。だが、一六世紀後半に比べて通常よりもずっと活動的であるということはなかった。ただし、ゴルナー氷河は一六七〇年頃まで増大し続けた。このことは、一七世紀がある程度冷涼さらには寒冷であって、まったく驚くほどの大きさになっていた氷河がそのままの規模で存続することを保証していたことをよく示している。とにかく、一六〇〇年から一六七〇年の期間のアルプス氷河の発展の規模やその状態維持は、冬が寒く、とりわけ（高所では特に）雪が多かったことを証言している。これら凍るような、極度に雪の多い冬は、こうして氷河にとって強力な栄養供給源として機能した。その結果氷河は、たっぷりと栄養補給されて、一六世紀末の歴史的最大状態と同じかほとんどそれに近い巨大さのままであり、場合によれば、短期間あるいは中期的にめざましい前進をすることさえあったのである（一六四三年シャモニー氷河、一六七〇年ゴルナー氷河）。

当該の冬についての詳細を以下に示そう。少なくともオランダでは、オランダより少し南に位置するアルプス北部で生起したと思われる事態を明らかにしてくれる、間接的ではあるが貴重な情報が得られる。一六〇一年から一六〇五年の期間、オランダのすべての冬は多雨もしくは多雪だった。一六〇八年から一六七四年までも同様であり、多雨でも多雪でもない、すなわち乾燥した冬は六七の冬のうちたった一一（一六パーセント）しかなかった。一六一九年、一六二三年、一六二六年、一六二九年、一六三二年、一六三七年、一六三九年、一六五三年、一六五四年、一六六一年、一六六五年である。今挙げた一一以外の八四パーセントを占める圧倒的多数の冬は、たっぷり雪を供給し、氷河の地帯で雪はすぐさま氷となっただろう（これらはすべて、Buisman, vol. 4, pp. 714-716 によるが、一六六二年については F. Lebrun, *Mort en Anjou*, pp. 502-503 による）。アンジュー地方とオランダとスイスの年代的推移は同じだと仮定して、それはおそらく事実だったであろう。したがって、一六一〇年代には乾燥した冬はひとつしかなく、一六二〇年代には三つ（一六二三年、一六二六年、一六二九年）だった。一六三〇年代についてはやはり三つ（一六三二年、一六三七年、一六三九年）、一六四〇年代はひとつもなかった。一六四〇年代は実際、シャモニーとスイスの氷河膨張に非常に好適だった。一六五〇年代は二つ（一六五三年、一六五四年だが、そのかわり一六五五年から一六六二年までの七つの湿潤な冬があった）。最後に、一六六六年から一六七四年までオランダの冬はすべて雨が降ったり雪が降ったりして湿潤だった。とりわけ多雨多雪の冬、したがって山岳地帯の氷河に好都合だった冬は、一六〇八年から一六一八年までの一一の年と一六四〇年から一六五二年までの一三の年で、氷河に好都合なだけ穀物栽培には不都合だった（一六四〇年から一六四三年、一六四七年から一六五一年の期間は穀物が高騰した）。最後に、一六五五年から一六六二年までの七年を超す湿潤。ただ、一六六六年から一六七四年までの九年間は、その代償として、一六六四年から一六七一年まで連続した暑い夏を伴った（*Histoire du Climat*, II, pp. 198-199 ; Pfister, *Klimageschichte*, p. 127）。もちろん、氷河を最大化するのに反映する山岳地帯における降雨と降雪の補給は、超小氷期における氷河伸張のさなかにある一五七八年から一六〇〇年までの二三年間についてのオランダの調査によって判明したデータ時系列においては、前章でみたように、もっと明確で持続的である。これら二三年のうち二年だけ（一五八〇年、一五八五年）が、J・バウスマンの調査によって、冬は多雨でも多雪でもなかったとされる。すなわち、全体に対して全部で九パーセントであり、九一パーセントの年は多雪ないしは多雨だった。したがって、一五七八年から一六〇〇年の期間の湿潤多湿な冬の割合は、一七世紀の初めの四分の三の期間よりもさらに高く（一六〇八年から一六七四年の期間の八四パーセントに対して、一五七八年から一六〇〇年の期間はいずれにしても冬に降水が多い年が九一パーセントを占めていた）、こうした条件下において、アルプス氷河は一六世紀の最後の二〇年間におおいに前進したが、一七世紀の一六〇〇年から一六七四年の期間は「ぎりぎりまで膨れて」最大状態で静止して、その後多少とも地域的にいくらか余分に突出する程度だった。そして、一六四〇年から一六五九年までのグリンデルワルトのようにわずかに後退することもあったのだが、以前、一六〇〇年から一六四〇年の期間に記録された最大状態を部分的に取り戻す新たな前進もあった。こうした前進はグリンデルワルトでは一六六〇年から一六七一―七二年に起きた。

冬の気温

さて、多雨ないし多雪という降水量の次に、気温について語らなければならない。一七世紀、わけてもその初めの四分の三の期間の「気温を計る」ということはまず、再度いうが、冬と夏との区別をするということである。季節という点では、切りのいい数字でいって一五六〇年から一六〇〇年までの期間はきわめて単純だった。ちょっと簡略化すれば、気候の固有の変動性を考慮に入れると、冬は寒く（そして雪が多い）、夏はかなり涼しかったか非常に冷涼でさえあった。アルプス氷河は、冬の大雪に突き動かされ、夏の疑いえない冷涼さのおかげで氷を蓄えて、非常に前進していた。

一七世紀には、歩調を合わせた発展はより複合的である。アルプス氷河はたしかにほぼ恒常的に巨大なままだったが、一六世紀の最後の三分の一の期間に記録されたように攻撃的で持続的に前進していたというよりは、最大状態で静止していた。氷の巨大な塊は、一六〇〇年以降に獲得したみずからの位置におとなしくとどまり、引き続き膨大なままだったが、下方に新たな領域を占めることはもうしない。氷河はその場を保持する。ただし、いくつかの場所では前進を続けるが、一六〇〇年以前よりもはるかにゆっくりとしたペースである。たとえば、アレッチ氷河やゴルナー氷河の場合がそうである。

しかし氷河は、すべての場合、一七世紀には巨大で長大なままだった。というのも、高所であるその場では降雪が多くて、寒い冬によって充分氷の供給を受けたからだ。一七世紀の冬の寒さ、まさにそれだ！　だが同時に、一八六〇年から一九六〇年頃[9]よりも顕著な秋、特に春の寒さもあったのではないだろうか？　一六〇〇年から一六八四年までの冬[10]――一一月、一二月、一月、二月、三月――の平均気温は一・五℃かそれよりも低かったのに対して、一九〇〇年から一九七〇年までの「現代の」参照基準期間における冬の平均気温は二℃から二・五℃で推移している。

子細にみると、個々の年によって寒いとか暑いといった変動性を超えて、一七世紀は、全般的に冬が寒いという長期的な傾向[11]にもかかわらず、一六二五年から一六三三年の期間、ことに一六二八年から一六三三年まで[12]、暖かいかもしくは平均的気温という特徴を有する冬がかなり連続した。これら温暖あるいは平年並みの冬は、特に一六二五年、一六二七年、一六二八年、一六三〇年、一六三一年、一六三三年は湿潤または多雪でもあったが[13]、まさに大農業地域（パリ盆地等）において、種播き後の初期には生長に不適で、若芽には冬の過度の湿潤さのため有害という条件を生みだすことになった。このことは、一六二五年、一六二六年、一六三〇年さらには一六三一年の不作の結果フランス北部に発生したいくつかの激しい食糧危機[14]を説明するに役立つであろう（これについては、とりわけ一六三〇年から一六三一年にかけての収穫後の期間についてまた立ち戻る）。

一六二五年から一六三三年までのこれらの冬の最小限の寒さ、さらには相対的暖かさについては、この一時的（ほとんど一〇年間に近い）最低の冷凍化傾向についてのバウスマンのリスト[15]がやはり典型的である。なぜなら、一六二三―二四年の厳しい冬と一六三三―三四年の寒い冬とのあいだのすべての冬は、一六二六―二七年（寒い）だけを除いて、平年並みあるいはかなり温暖と判定されているからである。したがって、このほとんど一〇年近い期間で、九の冬のうち八つが平常（四冬）か温暖（四冬）だった。

*

しかし、この世紀の第二四半期の初め、最初の三分の一の終わりの温暖な冬（ときとして種子にとって有害なこともある！）、まさに厄年である一六三〇年と単純にいっておくが、それを別にすれば、その反対に、一六八四年までの一七世紀全般、とりわけ第一四半期と後半（Schabalova *et al.*, *art. cit.*, 2003, p. 233）は、むしろ寒いかもっと厳しい冬に特徴づけられる。したがって、まさしく小氷期であることは明白である。

反対に、夏期については充分良い知らせがあるのだろうか。一七世紀は完璧に小氷期だったのだろうか。その夏は、一九〇〇年から一九六〇年までの参照基準期間の夏とほぼ同様に暑いか温暖だったのだろうか。さてやはり、冷涼な夏が顕著に続く期間がいくつかあった。一六二五年から一六二八年と一六三二年から一六三三年さらには一六三四年までの期間である（ブルゴーニュ地方、ジュラ地方、スイスのフランス語圏がこれらの期間すべてにそうであった）。ファン・エンゲレンのデータ時系列とアンゴのブドウの収穫日はこの点で完全に一致している。また同様に、これらの同じ地域では、広くとれば一六四〇年から一六五〇年までのフロンドの乱直前とフロンドの乱中は冷涼な一〇年間であった。より正確には一六四〇年から一六四三年までと一六四八年から一六五〇年までというのが厳密である。一六九〇年代は世に知られた寒い夏がくるが、それについてはのちの章で改めてじっくりと述べることにしよう。たしかなのは以下のことである。一七世紀は、一七〇〇年から現れて一七五七年にピークを迎え、その後少し穏やかになるような、夏の強い再温暖化は経験しない。だが、一七世紀における小氷期（寒冷）の真の要件、それは夏ではなく、何よりも冬なのである（Luterbacher, 2004）。

＊

一六〇二年から一六一七年まで、広くいえば一六〇二年から一六一九年までは、様々な観点から注目すべきである。まず、そしてわれわれの対象とする問題とはまったく独立的に、それは平和の時代である。ささやかな「内戦」（その恐ろしい名にはほとんど値しない）、一六二〇年頃までマリ・ドゥ・メディシス期を混乱させたが食糧にはさしたる影響がなかった取るに足らない紛争は無視しよう。実際、食糧に限れば、それらの波及効果はほとんどゼロだった。他にも原因はあるが特にこのため、この一五年から一七年のあいだ「市場価格」（小麦価格曲線）は健康、いうなれば低空飛行が続き、一六〇八年（厳冬）とそれよりもう少し重大な一六一七―一八年に、さほど深刻でない二度の小麦相場の突然の上昇があっただけである。

第二に、依然として全般的小氷期状態にあるものの、アルプス氷河は全体的に（依然として拡張していたゴルナー氷河を除いて）、一六世紀の最後の三分の一あるいは最後の一〇年間におこなった尋常でない前進を停止した。その後氷河は、それほど後退しないか、まったく後退しないか、ほんのわずかだけ後退したりした。氷河はなお巨大なままであり、対象となる氷河はそれぞれ（順に、メール・ドゥ・グラース氷河、グリンデルワルト氷河、アレッチ氷河、ゴルナール氷河……）、一六四〇年以降もしくは一六五〇年以降、あるいはそれよりやや遅く、ときにはあらたな攻撃を仕掛けたが（戦術的）、それは非常に前進した位置（戦略的）からだった。

第三に、これが一六〇〇年から一六二〇年までの期間小麦価格が落ち着いていたもうひとつの理由なのだが、気象は、季節によって、一六世紀の最後の一〇年間ほど寒くないか冷涼でなかった。一五九一年から一五九七年の期間、すべてのブドウの収穫は毎年、一五九五年のみのディジョンを唯一の例外としてすべてのブドウ栽培地域で、一〇月におこなわれた。しかも、収穫の遅延はぎりぎり一六〇一年まで続いたのである（Angot, 1885, pp. B43, B44, B71）。それは数が多く、こうした状況にいだく印象はあきらかに寒冷あるいは冷涼に偏っていると、誰しも意見が一致することだろう。そういわざるをえない。ところが、一六〇二年から一六一六年さらには一六一九年までの期間は、舞台の情景が変わったことは明白で、たしかに氷河は巨大なままだが、春と夏は全体として一五九一年から一五九七年の期間ほど冷涼でなく、はっきりいって、より暖かかった！　ブドウの早熟が再び話題に上るようになったのである。アンゴが計算した一〇年単位の平均値（1885, pp. B43, B44, B71）はそれを示している。

一般に他よりも早熟な土地であるディジョンでは、一五九一年から一五九七年までの重大な七年間のブドウの収穫は平均して一〇月三日におこなわれた。しかし、一六〇〇年から一六〇九年までの一〇年間は九月二八日になり、一六一〇年から一六一九年までの一〇年間は九月一六日である。一時的な春夏の冷涼さは、不規則でないこともなかったが、とにかく一六一七年頃と一六二〇年頃、特に一六二一年に感じられた。

ブドウの収穫日の平均

地　名	1590 年代	1600 年代	1610 年代
オボンヌ	10 月 16 日	10 月 12 日	10 月 8 日
ラヴォー	10 月 6 日	10 月 2 日	9 月 30 日

アンリ四世そして摂政期——雌鶏のポトフ

さて今度は、一七世紀の最初の二〇年間を詳しくみていこう。年代的にもっと限定すれば、氷河は一六二〇年まで（そしてその後も）誰の目にも明らかなほど巨大だったが、全体的には神々の恵みを受けた一六〇二年から一六一六年あるいは一六〇二年から一六一九年までの期間について語ることになる。これら氷河が、依然として最大級の規模のままであることについては、一六世紀末の前進がまだ終息していないことと非常に降雪が多くて氷河上部に氷を増補させる冬がまだ続いていることによって、おそらく説明がつくであろう。冬の降水量についての前節の文章に話を戻すために、一五八六年から一六〇五年まですべての冬が例外なく多雪であったことを再確認しておこう。しかも、一六〇八年、一六一一年、一六一二年、一六一四年、一六一五年、一六一六年、一六一七年、一六一八年、一六二〇年、一六二一年、一六二二年等も冬は多雪だった[16]。このことは、降雪がさほどでもなかった一六〇八年を除外するとして、少なくとも一六二〇年まではさして被害を生じなかった。

雪の層が場合によっては保護の役割を果たして、種子を保温の白いマントで覆って……。いつもこの話に戻る！

しかし、一六〇二年から一六一六年までの、同時期の冬の寒さと対照的な好天で暑い春夏の期間[17]については特に、プフィスターと共に一六一六年の非常に暑い夏[18]について記しておこう。雪が厚く降り積もったことが特徴的で、穀物の種子に対して害よりも益をもたらした一六一五年から一六一六年にかけての厳しい冬のあとにやってきた、一六一六年六月から七月のすさまじい熱波は、その後現在までの五世紀間で最も強いもののひとつだった。[19]この年には一時的な干ばつがいくつかあったにもかかわらず、一六一六年の降水量[20]は全体的に適度で、その結果穀物の収穫とブドウの収穫は、少しの水分とたっぷりの暑さのおかげで質量共に素晴らしいものだった。たとえば、この年、スイス高原での収穫は、教会一〇分の一税から計算して、その前後の年に比べて過剰であった。

パリでは、一六一六年のパン用軟質小麦の価格は、一スティエ九トゥール・リーヴルと一〇トゥール・リーヴルのあいだをいったりきたりしていた。これは、一五九九年から一六一六年の全期間の価格の平均水準と同じ価格だった。イル゠ドゥ゠フランスはこうしてスイスの事態を確認してくれる。一六一六年の小麦の素晴らしい収穫と市場価格表。一五九九年から一六一六年までのパンの原料になる小麦のパリへの供給は容易だった。他方、一六一六年のアルザス地方のブドウの収穫は一七世紀で最も早く、生産されたワインは高品質だった。バーデン地方でも同じだった。冬は寒く夏は暑いという超大陸的な気候が出現した素晴らしい結果である。

＊

翌一六一七年についてはパン用軟質小麦に関しては前年ほど楽観的ではいられない。というのも、以前、一六〇八年の収穫時にすでにちょっとした警報（警鐘）があった。一六〇八年から一六〇九年にかけての収穫後の一年のあいだに、結果として、実質的に価格が上昇するというささやかな出来事があったのである。一六〇八年の収穫は、どちらかといえばスイス高原での平均より低かった。一五九六年から一六二〇年の期間で最も厳しいといわれる一六〇七年から一六〇八年にかけての厳しい冬が引き起こした局部的穀物不足に関連して、パリで無視することのできない程度の小麦価格の上昇があった。[21] この冬は、ファン・エンゲレンの数値区分で八、すなわち冬の寒さの最高のひとつ手前と評価されている。この凍りつく冬は、イタリア、フランス、イングランド、オランダ、ドイツで一六〇七年一二月二〇日から一六〇八年三月半ばまで続いた。荷馬車が渡れる程までに河川が凍った、等々。ブドウの木やクルミの木が一部枯れた。穀物も多少被害を受けた。その分一六〇八年の夏は冷涼かつ湿潤で、とりわけ六月に雨が多くてブドウの収穫が遅れ、九月はまったくだめで、やはり雨が多い一〇月中になった。[22] 実際、ブドウの実の摘み取りは、ディジョンで一〇月一日、ラヴォーで一〇月七日、オボンヌで一〇月二〇日、サランでは一〇月二四日にさえなった（Angot, 1885）。

一六一七年には、「穀物問題」は明らかにもっと深刻だが重大事態にはいたることはなかった。パン用軟質小麦のパリ周辺地方での価格はそのとき、一五九九―一六〇〇年以来、一スティエ八トゥール・リーヴルか九トゥール・リーヴルを静かに維持していた。例外は、先に述べたように、少し年代が離れた一六〇八年から一六〇九年にかけての収穫後の期間（一三トゥール・リーヴル）であるが、それは一六〇八年のやや不足気味の収穫のせいだった。

ところがこれらパン用軟質小麦の価格は、通常の規則を追認した一六〇八年の例外を除外すれば、一七世紀の最初の一六年間に共通する一スティエ八から九トゥール・リーヴルというこいつもの天井値から、一六一七年から一六一八年にかけての収穫後の期間にかなり唐突に一四トゥール・リーヴルに上昇する。実際、スイス高原では小麦の収穫は全般的に、かといって全地方ではないのだが、平年作以下だった（一二の教会一〇分の一税徴収区のうち八つ）。ブドウの収穫はあちこちで一〇月だった。ディジョンで平年より遅く、フランシュ＝コンテ地方とスイスのフランス語圏では非常に遅かった（ローザンヌで一一月一一日！）。すでにその前の一六一六年から一六一七年にかけての冬は、比較的暖かかったけれども、湿潤だった[23]（これは種子と若芽に好適というにはほど遠い）。一六一七年の夏は比較的冷涼で[24]、それはまた株についている収穫前の実にとってかならずしも好ましいものではない。ともかく非常に重大ということは何もない！ パリにおける死亡率[25]は一六一七年にまったく上昇せず、下降さえした。一六〇八年も同様だった。一六〇九年にパリの死亡者数は少し増えた。だが、わずかに知られているところでは、食糧価格の上昇というよりは疫病の影響である。価格上昇は相対的にわずかだった。しかし、一六〇四―〇五年から一六〇八―〇九年（名高い冬）までの数年間の五〇パーセント近い小麦価格上昇の結果、パリにおける結婚数（一六〇八年と一六〇九年）と出産につながる妊娠数（同前）の顕著な減少に注目しよう。そこには、それ自体で明確な心理的不安（物価）さらには生理的不安（厳寒？）の兆候がみられる（Biraben, 雑誌 *Population*, 1998, pp. 232-233）。事実として、この年パリにおける実質賃金はあきらかに低下した（Baulant, 1971）。

繰り返しいうが、全体的に、細かい不意の出来事があったにしても、一七世紀の最初の二〇年間は、程度の違いは別として、善良な民衆にとってどちらかといえば好意的だった。アンリ四世の雌鶏のポトフ〔民衆の生活を保障する政治。アンリ四世の言葉にちなむ〕は、この王の最後の一〇年間の治世下に仕込み始められ、そして権力の座にあったマリ・ドゥ・メディシス〔アンリ四世の妃。王の死後即位した幼少のわが子の摂政となる〕の初期一〇年間にとろとろと煮込まれたのである。この幸運な期間は、もちろん平和、そしてまた一五八七年や一六三〇年のようなタイプの大気候災害がなかったことのおかげである。さらにまた、好適な気候状況下で一五年以上にわたって穀物が比較的豊富だったおかげでもある。宗教戦争後の農業の生産の回復と増大という経済的躍進期に、毎年、そして一〇年、さらに次の一〇年と、穀物の備蓄を維持し、更新し、補充したのである。この期間は、とにかく背後に横たわる気候から独立して自律していた。

一六二二年のイングランドの飢饉

一六二〇年代と一六三〇年代初めについては事態は同じようにはいかない。まず、非常にリアルで悲惨な、イングランドにおける一六二二年（一六二二年から一六二三年にかけての収穫後の期間）の飢饉に注目しよう。この飢饉は大陸では「透かし」のように存在はするが非常に緩和されたものになっている。次いで、一六二五年から一六二六年にかけての収穫後の期間と一六二六年から一六二七年にかけての収穫後の期間の穀物価格の上昇に注目しよう。この上昇は、そもそもの始まりは一六二四年から一六二五年にかけての収穫前の生育が遅かったことによる。そしてなかでも、一六三〇年から一六三一年にかけてのアキテーヌ地方からロワール川沿岸地方におよぶ飢饉にも影響したが、それについてはあとで詳しく述べよう。もっと東方で始まった三十年戦争も、少なくともフランスの南半分で一六二一年から再発したフランスにおける宗教戦争も、課税圧力が高まりはしたが（それも初期だけだが……）、どちらも一六二一年以降の物価の下落には何の影響もなかったことを付け加えよう（Baulant et Meuvret, vol. II, pp. 152-153 参照）。一五九九―一六〇〇年から一六二〇―二一年（収穫後の期間）までパン用軟質小麦は、ほとんど常に一スティエ一〇トゥール・リーヴル以下だった。一六二一―二二年から一六三二―三三年まではほとんど常に、一二トゥール・リーヴル以上で、それよりずっと高いかほぼそれに近いかになり、続いて再びいくぶん下がる。

＊

一六二〇年から一六二一年にかけてと一六二二年は、いたる所で、ブドウの収穫が遅いか非常に遅く、(ディジョンの一六二〇年九月二八日と一六二二年九月二四日を除いて)すべて一〇月だった。クーンバッハ(黒い森地方)〔ドイツ南部、バーデン・ビュルテンベルクのカールスルーエ地方の都市〕では三年連続したことが知られている。サランでは一年。ブールジュ〔フランス中部の都市〕では三年連続(一六二〇年一〇月八日、一六二一年一〇月二三日、一六二二年一〇月三〇日の収穫)、オボンヌでも(一〇月九日、一一月五日、一〇月一二日)、最後にローザンヌでは一六二〇年一〇月一二日だった。(先に述べた一六二〇年と一六二二年のディジョンを除いて)これらすべてのブドウ栽培地域は、他の年ならいつも九月にブドウの実を収穫しているのに、一〇月に収穫することになった。したがって、これら三年間はしばしば春夏が冷涼湿潤だったのであり、そのなかにはディジョンでやや早い収穫に恵まれた一六二二年も含まれる。そのうえ一六二一年と一六二二年にはボーヴェの生育限界ぎりぎりのブドウ栽培地で、地元産ワインの価格が極端に高くなり、これはブドウの収穫が悪天候に見舞われて収量が少なかったことを示している(P. Goubert, *Beauvais et le Beauvaisis*, vol. II, graphiques, p. 102)。一六二〇年から一六二二年の三年間(特に一六二一年から一六二二年)はこうして、一六二五年から一六三〇年頃に様々な形で再びお目にかかる冷涼サイクルの幕を開けたのである。ゆえに、繰り返しになるが、この点で明らかにもっと好条件だったアンリ四世とマリ・ドゥ・メディシス期の一七世紀の最初の二〇年間と対照的である。一六二一年と一六二二年の二年間は、ブドウの収穫以外にもおおいに注目すべきである。一六二〇年から一六二一年にかけての冬(一六二〇年一一月から一六二一年三月まで)は寒さが厳しかった(ファン・エンゲレンの指数七)。一六二一年の夏は非常に冷涼だった(指数二)。一六二一年から一六二二年にかけての冬は寒かった(指数六)。一六二二年の夏はやや冷涼だった(指数四)。多少の差異はあるが、夏にしても冬にしても、冷涼または寒いという域を出ない。一年がこの二つのような季節で推移する状況が二年も連続する事態には、一五八六年から一五八七年の飢饉の二年間（それぞれ四季節とも雨が多く、寒さが厳しい冬、やや冷涼な夏、寒い冬、極度に冷涼な夏が続いた）以来お目にかかることはなかったし、またこうした事態は、同じように厳しい二年間（非常に寒さが厳しい冬、やや冷涼な夏、寒い冬、極度に冷涼な夏）である後年の一六九七年と一六九八年まで出現しない。これら一六九七—九八年の二年にまたがる期間には、フランスと、特にスコットランドと北欧諸国で様々な程度で食糧上の困難に見舞われたに違いない。一六二一年と一六二二年の二年間は、ほぼ一貫して寒冷・冷涼・湿潤だったので、こういう場合に不可避な、可能性がある、いや起こるかもしれない飢饉についてはその出現の可能性を持つもので、実際、イングランドでは、英仏海峡の北が飢饉の様相にあった一六二二年から一六二三年にかけての収穫後の期間に具体的な形で現実のものとなるのである。

一六二〇年には深入りしないようにしよう。始まりにすぎないのだから。一六二一年をみよう。黒い森で一〇月二三日にブドウの収穫。ディジョンで一〇月一六日！　ベリーで一〇月二三日！　スイスのフランス語圏では一一月五日!!　全地域でこの年は非常に収穫が遅かった。それでは一六二一年から一六二二年にかけての冬から始めよう。オランダでは非常に寒かったが、バウスマンによれば幸い雪が多かった。その結果、アルザス地方とバーデン地方でブドウの株が二月に凍って、春に根元で刈り込まなければならなかった。それは、まもなく三十年戦争が被害をおよぼすことになるアルザス地方のブドウ栽培者やブドウ摘み取り人たちには関わりのないことではあったけれども。一六二一年の春、なかでも四月は冷涼だった[26]。バウスマンによればオランダの夏は非常に冷涼だったが、ルブラン〔現代フランスの歴史学者〕はアンジュー地方についてやや違った見方をしている。相互に少し離れた地域で対照をなしているのである。ロワール渓谷は、ライン渓谷下流地方の気象と常に同じというわけではない。それはともかくとして、一六二一年夏に穀物は多くの地方でほとんど被害を受けないか、まったく受けなかった。パリでパン用軟質小麦の価格が少し上がったが（気象のせいであると同時に、気候とは関係のない政治的・軍事的原因?)、スイス高原では小麦の収穫はよかった。だが、モンベリアール〔フランス東部、ドイツ国境近くのブルゴーニュ＝フランシュ＝コンテ地域圏にある都市〕周辺では一六二一年は穀物にとってかなり悪く推移した[27]。読み書きができ、こまめに精確な記録をとっていたパン屋は書いている。「一六二一年一月に小麦の値上がりが始まった」。このパン職人を信用するならば、それは厳冬と関わりがあるのだろう。特に一六二一年四月にひどい雪と寒さが他の月よりも際立ち、新緑の穀物が凍ったのだ。収穫時には穂は空だった。四分の一リットルの小麦が、一六二一年一月に二二スー、八月に三〇スー、一二月に四五スーになった。この同じ一六二一年の不作はモンベリアールでも明らかだった(反対に、スイスでは少しも明確ではない)。不作はまた、モンベリアール地方では、二次的穀物であるオート麦、大麦にもおよんだ。一六二一年一二月六日、この地〔当時モンベリアールは神聖ローマ帝国の領域でビュルテンベルク公が治めていた〕の摂政であるルイ＝フレデリック公は、パンの材料となる食料品輸出禁止令を公布した。これらの小地域領主たちは結局、たとえば大きな王国レベルのルイ一三世やリシュリューやマリ・ドゥ・メディシスといった人々よりも、食糧に対する民衆の憂いをずっと身近に感じていたのである。フランス王国、少なくともフランス北部規模の食糧政策を講じることができるようになるには、ルイ一四世とコルベール、そしてルイ一五世を待たねばならなかった。それは民衆の側からの要求が跳ね返ってくることは避けられなかったが……。気候はこうして諸制度のなかを経ながら長い歩みを続け、その歩みは一八世紀にはさらに明確になるであろう。

*

とにかく、モンベリアールは、多少災害に見舞われたにしても、世界の中心ではない。一六二一年は結局、フランスやスイスで過度にひどい年というわけでもなかった。

＊

一六二二年については同列に語ることはできない。この年は、大陸諸国では少しもいとわしい年ではなかった。再度繰り返すが、真に悲惨な事態は英仏海峡の彼方で起こった。それは近代におけるイングランド最悪（？）の飢饉であるとイギリスの歴史学者たちは主張する。海峡の南では、パリ地域の穀物価格が上昇を続けたにすぎない。一六二〇年から一六二一年にかけての収穫後の期間に小麦一スティエが一〇トゥール・リーヴル。そして一六二一―二二年に一二トゥール・リーヴル、一六二二―二三年に一四トゥール・リーヴル（最高値）。次いで、一六二三―二四年に一二トゥール・リーヴル、一六二四―二五年に一一トゥール・リーヴル（年間最安値）まで再び下がる。消費者と市場価格表の入念な制作者にとって好ましいこうした事後の価格低下の過程で、たっぷりと陽射しを浴びた素晴らしい一六二四年夏の幸福な影響に遭遇する。ブドウの収穫は、ディジョンで一六二四年九月一四日、ブールジュでは九月一六日で、この年の六月、七月、八月は穀物の収穫に非常に好適で素晴らしいものだった。

だが一六二二年に話を戻そう。パリでは、破滅的ではないにしても、最高値を記録した。スイス高原では、七つの教会一〇分の一税徴収区のうち六つで収穫が減少した。パリにおける死亡者数は上昇に歯止めがかからなかった。一六一七年から一六一九年までの年間死亡者数は八〇〇〇人から九〇〇〇人だったが、一六二〇年に一万人（端数のない数にしてある）、一六二二年に一万三〇〇〇人、一六二二年も一万三〇〇〇人、一六二三年にはついに一万五〇〇〇人になった〔付録17「一六六一年から一六六二年にかけての収穫後の期間における飢饉によるパリ地方の死亡者数」参照〕。最も高い最後の数字は、一部、この年に首都で流行したペストによって説明できる。しかし一六二一年には、パリにペストはなかった。[28] したがって、小麦の供給が需要に少し足りなかったために食糧の価格が上がったことが、当時のちょっとした悲惨な状況に時宜を得て発生したなんらかの疫病が広まることを通じて、死者の増加にある役割を果たした可能性がある。

＊

これらすべては、もしイングランドで同時期に、一六二二年から一六二三年にかけての収穫後の期間のイングランド飢饉の引き金を引くに決定的だった一六二二年の不作がなかったならば結局、まあ短期的な、アンシャン・レジームによくある成り行きのなかでときどき起きる哀しい些事であっただろう。一六二二年の惨めな収穫によって海峡の北で発生した飢饉は、結局一六二二年から一六二三年にかけての収穫後の一年の全期間続いた。しばらく、ドーバー海峡を北に渡ってみよう。

一六二二年から一六二三年にかけての収穫後の期間のこのイングランドの飢饉は数字からみてとれる。まず、収穫月である七月から翌年七月までの収穫後の一年間の農産物価格をみよう。フランスでは、少なくとも夏が暑くて収穫の早い年は小麦の収穫は六月におこなわれる。フランスと比較して「北に位置する」イングランドでは、そういうことは少なくて（二〇〇一年を除く）、一七世紀の収穫は一般的に、早くて七月、通常は八月から九月、最悪の状況だと一〇月になることさえある！　したがって英仏海峡の向こうでは、収穫後の期間のパン用軟質小麦の価格は、一六二〇年にその一〇年間の最低指数三六六を記録した。これは一五九三年から一六四九年までの全期間、そしておそらくそれ以前を含めて最低だっただろう[29]（指数一〇〇は、はるか以前の一四九一年である）。一六一九年から一六二〇年にかけての冬はかなり寒かったが、雪が多くて、そのために播かれた種子がよく保護された。夏はさほど暑くない、というよりはその反対だったが、乾燥していた[30]。ようするに、パン用軟質小麦にとって理想的条件であり、小麦はそれを利用せずにはおかなかった。小麦価格指数にスライドする卵の価格も、

イングランドにおけるパン用軟質小麦の収穫後の期間（7月から翌年7月まで）の価格

（1491年を指数100とする）

年	指数
1620	366
1621	598
1622	763
1623	573

出典：J. Thirsk, *Agricultural History of England*, pp. 820-821

ロンドンその他で下がった。小麦も卵も豊富にある証拠だ。一六二〇年夏の相対的乾燥はイングランドのまぐさの価格上昇によって確認できる。比較的乾燥していたためにこの食料品が品薄であった証拠で、他方穀物は豊作だった（まぐさのない年は小麦が豊作）。まぐさの価格は、一六一六年から一六二三年までの全期間中最高だった。一六二〇年はまた、メイフラワー号のピルグリムファーザーズ〔信仰の自由を求めて絶対王制下のイギリスから北アメリカに移住した一〇二人のピューリタンたち〕がプリマス〔イングランド南西部の港〕から現在のマサチューセッツ州〔アメリカ大西洋岸北東部〕まで大西洋を越える旅をした年でもあった。さてフランス（少なくとも北部）でも、一六一九―二〇年と一六二〇―二一年はパン用軟質小麦の価格は低かった。[31] フランスでこれ程の「低価格」に匹敵する価格に再びお目にかかるのは、コルベールの恩恵に浴したきわめて小麦価格が低い年である一六六八年から一六六九年にかけての収穫後の期間までない。その前の一六六九年から一六七〇年にかけての収穫前の期間は状況的に、一六六八年と一六六九年の二つの好天の夏のおかげをおおいにこうむっている（ディジョンにおける両年のブドウの収穫はそれぞれ、九月一九日と一一日である）。

しかしながら、一六二〇年の直後、イングランドの状況は悪化する。穀物価格はかなり急速に上昇していき、平年並以下、ようするに一六二〇年におよばない収穫であったことがうかがわれる。

最低価格から最高価格まで、価格は二倍を少し超えている（一〇八パーセントの値上がり）。大陸では、ときどき人が飢えで死ぬことに慣れている。それほど慣れていないイングランドではこの二倍の高値は非常に悪く受け取られ、価格高騰は国の北部とスコットランドで一層深刻だったようである。データをざっと一通りみると、寒かった一六二一年から一六二二年にかけての冬(だが雪が多かった)と、特に冷涼で非常に雨が多かった一六二二年の夏のせいであるようにみえる(Buisman, vol. 4, p. 714)。それはともかく、英仏海峡の北で一六二二年から一六二三年にかけての収穫後の期間に急激に価格が上昇したことは、一六二二年に地方的さらには全国的な不作があったことを示している。それは他のすべてのパン材料価格の上昇要因にまさっている。リグリーとスコフィールド[32]は一六二二年の「貧しい収穫(poor harvest)」について語っている。それは経済を沈滞させたが、南部の穀物刈り取り人たちの給与を過度に下げるほどまでではなかった。それに対してスコットランドでは穀物不足はことに切実で、価格はずっと大幅に上昇した。本来のイングランド地域では、「局地的人口危機への影響は一六二二年の不足した収穫の直後から現れ始めた。[…]収穫量不足がより深刻な北部では、一六二二年の不作後間を置かず死亡率上昇危機への反映がうかがえた」。危機は「一六二三年いっぱい」高水準で持続し(Wrigley and Schofield, p. 666)、一六二四年春に下限の水準に下がった。一六二二―二三年のものとは別の死亡率上昇危機があらたに一六二四―二五年に発生するが、それは気候・収穫複合とは関係なく、一六二五年の後半七月から九月にかけてロンドンで流行したペストのせいらしい(前掲書 p. 666)。バーミンガム〔イングランド中部の都市〕とノリッチ〔イングランド東部、ロンドンの北東二〇〇キロメートルにある都市〕を結ぶラインの北の、一六二二―二三年の期間に本来の食糧危機に見舞われた小教区では特にそうだったが、もちろんそれらの地域だけではなかった(前掲書 p. 676)。発展が遅れていて豊かでない北イングランドが、少なくとも最後の飢饉の年と思われる一六二二―二三年まで、飢饉に対して他よりも脆弱であり、他方、経済的により発展していた南イングランドは食糧不足にはうまく耐えられたが、この大きな島の北部よりもはるかに高密度に張りめぐらされた都市や道路網によってたやすく移動・拡散する疫病に対してはそれ程ではなかったかのように、すべては進行した。本書において他よりも特に関わりのある一六二二年から一六二三年にかけての飢饉・死亡率危機に話を戻すと、その影響は、とりわけシュルーズベリ〔バーミンガムの北西七〇キロメートルの都市〕とノリッチを結ぶラインの北でみられた(前掲書p.676)。総計で、イングランドの小教区の一八パーセントが一六二三年にこうして(食糧不足の)被害を受け、一六一八年から一六二一年の期間に年間約一〇万人の死者だったのが、一六二二年に一一万九〇〇〇人、一六二三年には一四万三〇〇〇人になった。全人口に対する死亡比率において、このイングランドにおける飢饉が与えた衝撃は、フランスにおける一六九三―九四年の大食糧不足の衝撃の四分の一であり、やはりフランスにおける一七〇九―一〇年の食糧不足に比べても三分の一である。比率の観点を持つことが必要である。

この他、例によって、これら運命的な飢饉の二年間はケント州〔イングランド南東部〕からスコットランドにかけて出生数と結婚数が大幅に減少したが、一六二四年とその後数年間に急速に回復する。[33] 一六二三年のあと、イングランドではまた他の大量死の事態が生じるが、それは疫病の感染を基礎とするもので、食糧不足を原因とする程度はさほど高くはない。この大きな島はすでに近代化が進んでいるので……。当然ながら、フランスに対する自国の優越性を強調することに絶対的にこだわるイギリスの歴史学者たちのまったく正当な愛国心を考慮しよう。彼らの国では一六二三年以降、もはや人が飢え死にすることはないそうである。しかし、一六四九年にもロンドンで、飢えた者が何人か出ている(後述参照)。だが、繰り返すが、そしてそれはまったくイングランドの名誉であるのだが、イングランドにおける食糧危機を原因とする人口損失は英仏海峡の南よりも明確に少ないのである。

一六二二年から一六二三年、スコットランドのデータ

他方スコットランドでは、その地域の歴史研究者たちは、一六二二―二三年の飢饉はイングランドにおけるよ

りもひどかったとみなしている。そのうえ、イングランドと違って、これが最後の大食糧不足というわけではない。というのは、スコットランド人は一六九七年に、今度は最後の、もうひとつの大危機に見舞われるからである。

エジンバラでは、一六二〇年から一六二二年までで、パン用軟質小麦の価格がほぼ二倍になり、一六二三年には一六二〇年を指数一〇〇として二一五になった。(34) G・ホイットリントンとI・D・ホワイトの『イングランドの歴史地理学』に記されているこの食糧不足は、「明らかに災禍に満ちた気象学によって誘発された一六二一年と一六二二年の惨めな収穫の結果である」。冬はおそらく寒く、夏はきっと一六二二年の低気圧によって作物を腐らせるように湿潤だったことは明白である(なぜなら、ときとして穀物を死滅させる高温を発生させることもあるアゾレス高気圧は当時、スコットランドのような高緯度では夏には間違いなく存在せず、したがって一六二二年の春から夏のあいだ、もっと南にはなかったことはたしかである。そのためこの二季節のあいだ、イングランド、オランダ、北フランスを低気圧と湿った空が縦横に行き交った)。一六二二年末と一六二三年のスコットランドの死亡率は、スコットランドのあちこちの村の小教区記録簿のグラフから読み取れるように、食糧危機とそれに相関する疫病という毒を注入された「果実」であることは間違いない。この危機はその後さらに、数カ月にわたって続くのである。

再び本来のイングランド地域について

もっと精確にしようと目を年次推移に近づければ、大陸の研究者たちにあまりにも過小評価されているサロルド・ロジャーズ〔一九世紀イギリスの経済学者〕が作成した価格のデータ系列によって、この一六二二年(一六二二年から一六二三年にかけての収穫後の期間）のイングランドの飢饉の精密な年次推移を明確に知ることができる。ケンブリッジでは、[35]一六一八年から一六一九年にかけての収穫後の期間、パン用軟質小麦の価格は一クオーター〔イギリスの計量単位。二八ポンド〕三〇シリングだった。この数字は一六一九―二〇年に一クオーター二二もしくは二四シリングに下がり、最高の収穫に対応して最低の価格となる年（この場合一六二〇年）である一六二〇―二一年に一クオーター一八もしくは二〇シリングに下がる。ところが、一六二一年一〇月から一一月には、一クオーター三七シリングになる。一六二一年の収穫はずば抜けてよかったのではなかったに違いないというか、それどころではなかった。まだ大災害らしきものはない（これらはすべて、Thorold Rogers, *History of Agriculture and Prices*, vol. 6, p. 32 以下 , pp. 36-37, vol. 5, p. 192 以下、p. 270 以下による。一六二二―二三年とその前後の価格についてのこれ以降の文章も同様）。

一六二一年から二二年にかけての冬は、すでに不安の源だったのだろうか。ともかく、一六二二年一月・二月・三月には一クオーター四一シリングだったのである。一六二二年四月から不作あるいは平年作以下の作柄が予想された（あいかわらず数カ月前からの見通しもしくは期待）。こうして一六二二年四月から六月に一クオーター四四シリング、七月に四五シリング、八月に四九シリング、九月に五五シリングになった。実際の収穫を目にして、これらの超悲観的な予想は八月・九月から確認されたものとなった。夏の雨はなにもよい方向に向かわせることなく、それどころか、収穫、次いで畑にある刈り取った麦束、何もかもすべて腐らせた。一〇月から一二月まで、勢いは弱まらなかった。一クオーター一二シリング、五九シリング、五五シリング。そして一六二二年から一六二三年にかけての冬の最高値のなかでも最高価格がやってくる。一六二三年一月に一クオーター六〇シリング、二月に五八シリング。イングランドの民衆のうちの貧しい下層階層にとって非常に不快なものとして先にわれわれが叙述したあの三月から七月までの期間は、食糧倉庫の小麦の備蓄は払底して、一クオーター五八シリングあたりを漂流し、五月は五七シリング、六月は五〇シリングと、また最高価格となった。最終的には、あらかじめ予見された見通し（八月）あるいは実際の成果（九月）に応じて、一六二三年の収穫がすべてを調整することになる。事実、一六二三年八月にはすでに一クオーター四四シリングに下がり、九月には三六シリングになる。これは少しも驚くにはあたらない。一六二三年の夏は適度に暑かったことがわかっており、したがって小麦には好適で、ブドウの収穫もディジョンで九月一六日と、それまでよりも明らかに早くて、ファン・エンゲレンの指標で六（暖かい）だった。これ以降飢饉は終息し、一六二三年から一六二四年の収穫後の全期間を通じて一クオーター三六から三八シリングを前後する。大ブリテン島ではもはや、一六三〇年から一六三一年にかけての収穫後の期間まで、（途中で何回かの値上がりや値下がりはあるにしても）穀物についての重大な警報は記録されない。一六三〇年から一六三一年にかけての収穫後の期間は英仏海峡の両側で悲惨で、パン用軟質小麦の価格が、ケンブリッジで一クオーター六四シリング、北フランスさらにはフランス西部地方でもそれに相応する値段だった〔付録14「イングランドにおけるパン用軟質小麦の価格の短期的変化（一四五〇年から一六五〇年までの収穫後の期間）」参照〕。

ともかく、一六二二年から一六二三年にかけての、イングランドのコーンウォール地方〔大ブリテン島南西端地域〕あるいはイングランドのケンブリッジ地方における収穫後の期間すなわち飢饉の一年は、まったく他から孤立していて、特殊な深刻さが集中したという特徴を有している。ヨーロッパ大陸の北西部（ブルターニュ半島は少しも食糧不足でない）もまた、この一六二二年から一六二三年にかけての収穫後の期間という短い期間に、気候・食糧複合による何らかの苦痛を受けて多少とも食糧不足になったかもしれないにしてもである（Guy Cabourdin, *Terre et hommes...*, vol. I, p. 210 以降によれば、ロレーヌ地方では食糧不足であった。「一六二二年から急激な価格上昇」、地域的な半食糧不足）。しかし、三十年戦争下にある大例外のドイツは別として、ナンシーにおける食糧に関する緊張状態は、ケント州とスコットランドのあいだでのようなほとんど悲劇的状況の水準にも深刻さにもまったくならなかったのである。

＊

この一六二二年（一六二二年から一六二三年にかけての収穫後の期間）のイングランド・スコットランド飢饉については、一般的に、農業史についてのイギリスの主要研究誌である*Agricultural history review*に一九六八年に掲載されたW・G・ホスキンズ〔現代イギリスの地方史学者〕の詳しい解説を読むことができる。著者は書いている（後記の注参照）。「一六一八年と一六一九年は豊作だった。一六二〇年は人間の記憶のうちで最も素晴らしい、みごとな穀物収穫であった。これに匹敵する収穫をみつけようとするなら一六六八年〔春と夏が非常に陽射しに恵まれた年。前述および後述参照〕を詳しく調べなくてはならないだろう。しかし一六二一年から一六二三年の期間は例年とうって変わって湿潤で、一六二二年の壊滅的な収穫のうちにそのピークを迎え、翌一六二三年春に数カ月の飢饉となった。リンカーンシャー〔イングランド東部〕のある地方名士のジェントルマンが、彼の配下の農場経営者や農民たちの多くが自分の農場や羊の飼育場を手放さなければならなかったことを嘆いている。［…］何千人もの貧民たちが自分の持っているなけなしのものを売り払い、犬や老いた馬の肉を食べていた」。ウィルトゥシャー〔イングランド南部〕の紡績工たちは、小麦が稀少になったので給料に関する要求事項を表明した。しかし繊維産業地域と北部地方では失業のために払うお金がないので、（北部の）物価は予想したほどには上昇しなかった！　もちろん地域ごとの微妙な差異は考慮する必要がある。ステュアート家の王国の北部地域は、経済的に他よりも発展が遅れていたので、農業と商業の近代化のさなかにある南部よりもより多く被害を受けた。本来のイングランド域内では、穀物栽培に恵まれていない丘陵地帯や牧畜地帯は、ステュアート家のジェイムズ一世治世の最後の数年間のこの食糧不足から一層多くの被害を受けた。

デヴォン州とコーンウォール地方

あるイギリスの歴史学者チームが、この危機の気候的・年代的・経過状況的環境について、季節単位、さらには月単位あるいは週単位の期間ごとに、(デヴォン州〔イングランド南西部コーンウォール半島の州〕とコーンウォール地方〔大ブリテン島コーンウォール半島の最南西端地域、デヴォン州の左隣〕の) 地域的影響に取り組んだ。トッド・グレイによれば、一六二二年(一六二二年から一六二三年にかけての収穫後の期間)の激しい衝撃は、一六〇六年、一六〇八年(厳冬)、一六三〇年(アンジュー地方とアキテーヌ地方も同様)、そして一六四〇年代の末期の大ブリテン島における同様な大災害の流れのなかに位置づけられる。非常に超氷期的な厳冬である一六〇八年(一六〇七年から一六〇八年にかけて)の冬は、英仏海峡のかなたで、多かれ少なかれ穀物の種を「殺した」。そして、次の季節まで居座った。春にデヴォン州で季節外れの極端な豪雨によって播かれたばかりの大麦に被害を与えた。一六二二年にこの州では、八月一八日の嵐が襲来したとき、七艘の船が流され、一六二〇年の豊作の記憶はあちこちで薄れてしまった。ステュアート家の王国の他の地方では、少なくとも夏の前半は湿潤だった。だがこの夏は、充分に不愉快なもので、降雨が制御できないことから生じたベト病によって収穫が全滅した。小麦粒が枯れるので、穂にあるうちに食べた。一六二三年二月、不作で収穫がなかったあとの典型的な空腹状況に際して当局は、麦を消費するビールの生産禁止令を公布した。この災害の原因としては、理由がないわけではないが、寒くて多雨な冬と湿度の高い(あまりにも高湿度な)夏とが考えられている。それに加えて、新大陸のタラを求めて遠洋航海をする漁師たちは、大洋を越える旅に必要な食糧需要を考えて、自分たちの船の船倉に食糧をできるだけ多く詰め込んで、誰はばかることなく、一六二二年の不足がちな収穫後の貧弱な小麦の備蓄をさらに減らした。デヴォン州とコーンウォール地方とウェールズ地方の陸地では、再度いうが、収穫後の一六二二年一一月から一六二三年四月まで困窮期が続いたようである。ビールの生産、すなわちビールを生産するために麦でモルトを作ることを再三禁止している。貧困の拡大と、パン用軟質小麦と大麦の欠乏がうかがえる傍証が数多くある。英仏海峡のかなたの、ジェイムズ一世時代の同時代人も、現代の地域史研究者やイギリス史研究者たちもこれらの問題について研究した。一六二二年の収穫前の季節について常に、冬と春が寒く、なかでも夏が湿潤であったことのせいだとされたが、日照り焼けもしくは干ばつを引き起こした高温の夏に責任があるとされたことは一度もない。この場合、小氷期に典型的な超冷涼は他のものに置き換えられない前提要件であり、一六二二年の典型的なこうした湿った寒さはイングランド、ことにデヴォン州とコーンウォール地方というこの国の南西のケルト系の人々が住む半島ではよくあることだ。だが、「われわれの国では」、コーンウォール地方と対称をなす（より南に位置する）ブルターニュ地方は、そのような寒さと湿気の被害をほとんど受けていないようである（A. Croix, *Bretagne aux XVIe et XVIIe siècles*, vol. I, p. 280 以降）。このことは、カーディフ〔ウェールズ南部にあるウェールズ最大の都市〕やロンドンやアムステルダムの緯度には、災害を招きやすい北極からやってくる低気圧の格好の通り道があるということを示しているようである。それに対して、ブレストとオルレアンを結ぶ軌道上ではそれほど攻撃的ではない。この点について、職業的気候学者たちが、まさにこの時期の西からの大気の流れの適切な地図を、その独自な特徴と特定の地域への分布状況と共に、われわれに示してくれるだろうことを期待する（デヴォン州とコーンウォール地方、さらにその他の地域についてのそれ以前のすべての情報については以下を参照。Todd Gray, *Harvest Failures in Cornwall and Devon...*, *The Corn Surveys of 1623*, Institute of Cornish Studies, 1992, pp. 1-19, pp. 22-45 他随所。Roger Wells, *Famine in...England*, Alan Sutton éditeur, Gloucester, 1988, pp. 202-203 他随所。Susan Scott *et al*, *Human*

Demography and Disease, Cambridge University Press, 1998。これらの地方および地域史の調査において多大なる手助けをしてくださったルネ・ヴァイス夫妻に謝意を表します)。

＊

どちらも飢饉の年だったイングランドの一六二二年とイングランド・フランスの一六三〇年は、またのちに再論するが、一六二一年から一六三二年の期間の高密度で出現する低気圧の支配する夏の大集団に属しており、一六〇二年から一六一六年の期間の明らかにより好天に恵まれた夏（LRL, *PDL*, éd. vol. II, p. 966, graph. 1）と対照的であることに留意しよう。場合によっては危険なこうした状況が一六二二年（イングランド）や一六三〇年（フランス）のような第一級の大飢饉もしくは大食糧不足をいくつか発生させるには、穀物栽培地域で栽培を制限するか逆境に陥らせる要因に味方するいつもの偶然の小窓が開けば充分なのである。

＊

それにしても、気候の分野で、このイングランドの飢饉をどのように説明しようか。この国では当時、対外的にも国内的にもいかなる戦争の影響もないのだから、なおのこと純粋に気候による飢饉なのである（R. E. Dupuy et T. N. Dupuy, 1986, p. 549)。それは、気候歴史学者にとって絶好の目標である（一六六一年のフランスも参照)。たしかにわれわれは、大ブリテン島の一六二二年の気象データを持ってはいない。しかし、西からの大気の流れと一六二一年と一六二二年にイングランドに雨を降り注いだ低気圧性の嵐が通る同じ経路に位置しているオランダの状況経過は、側面的ではあるが、その説明に有効である。

＊

まず一六二二年の不作を原因とする正真正銘の飢饉は、ジャン＝イヴ・グルニエ〔現代フランスの経済史学者〕が他のところで強調したように、二年間にわたって準備されるということを指摘しよう。すなわち、一六二一年の平年並以下の収穫（農業気象的悪条件の結果。家畜飼育についても同様）、次いで一六二二年の最悪の収穫。これがまさにイングランドで起こったことである。食料品の価格は一六二一年の収穫後の期間から上昇し始め、一六二二年の収穫後「急上昇」した。事実、オランダの一六二〇年から一六二一年にかけての冬はまったく厳しかった（ファン・エンゲレンの評価区分で非常に寒さが厳しい指数八であり、一六〇八年の「厳冬」に近い状況だった。Luterbacher, 2004 も参照）。この事態は、その後の収穫にとって好ましくない結果をいくつかもたらした。一六二一年二月から、オランダでは（Buisman, vol. 4, p. 338）、冬穀物であるパン用軟質小麦の苗、カブ、そしてキャベツの苗が広範囲にわたって凍った。イングランドでは深いところまで凍ったテムズ川が零細な商人たちの小さなバラックに覆われ、そのため（農業とはなんの関係もないが）魚がなくなった。極度に寒くて乾燥した春のあとすぐに、しばしば作物を腐らせる一六二一年の夏がきて、この年のイングランドの収穫はいくつかの問題を抱え込んだことも付け加えよう。デヴォン州では雨が成熟の最終段階の小麦をすっかり打ち倒し、そのため収穫が一一月一一日にならなければ終わらなかった（Buisman, vol. 4, p. 342）。こうした状況で、ブドウの収穫は、ディジョンで一六二一年一〇月一六日、ブールジュと黒い森で一〇月二三日、スイスのフランス語圏で一一月五日にやっとおこなわれた。間違いなく、一六二一年の夏から初秋にかけては非常に寒かったのだ。しかし、翌年の一六二一―二二年の収穫前の期間が与えることになるものに比べれば、損害はまだわずかだった。翌年は、英仏海峡の北では収穫を準備する諸条件が壊滅的で、その結果一六二二年から一六二三年にかけての収穫後の期間は大災害だった。

それでは再び、一六二一年秋のこの問題に移ろう。一六二一年の湿潤な夏のあと、一〇月から一一月にかけて冷涼、多雨、降霜、好天と天候はめまぐるしく交代した。一六二一年から一六二二年の厳しい本来の冬の期間は一二月中旬に始まり、二カ月続いた。ルール地方〔ドイツ西部〕(アンジュー地方も?)では一六二二年二月四日まで河川が凍った。アイスランドでも一六二二年の冬は非常に寒く、例年以上で、異常に氷が多かった。ここまではまさしく強力な小氷期である。一六二二年の春と夏については、サフォーク州〔イングランド東部〕のちょうど同じ緯度に位置していてほんのわずかしか離れていない低地諸邦は、より西に位置するステュアート家の王国で起こっている悲惨な出来事について証言することができる。低地諸邦の収穫とそれよりも悲惨なイングランドの収穫は特に、非常に湿潤な春夏の被害を受けていた。ロッテルダムでそれは明白で、一六二二年五月三日から大嵐があった。この年の六月は湿潤だったが、変動がないわけでもなかった。七月は天候が変わりやすく、陽射しに恵まれた日と雨の日が同じくらいだった。八月は、中旬は陽射しがあったが、雷雨が頻繁にあり、にわか雨もあった。低地諸邦では、ときどきではあるが、たしかに充分な陽射しがあり、……もっと南の北フランスでは一六二二年のブドウの収穫はさほど遅くなかった(ディジョンで九月二四日だが、それでもフランスとスイスの各所では一〇月になり、一〇月一一日、三日、一二日などだった)。全体的にみると、過剰な降雨のせいで、一六二二年の夏の三カ月間の穀物の収穫に最も被害を与える経過は多様だった。イングランドと、もとよりアイルランドはもろに被害を受けたのは確かである。この地域は大西洋低気圧が襲来する最前線に位置しており、この夏は南にややコースからそれた低気圧の夏のルート上にあったからである。大陸部も同じ被害を受けたが、イングランドよりはるかに程度が軽かった。ザクセン地方〔ドイツ東部〕、チューリンゲン地方〔ドイツ中部〕、エルベ川からマクデブルク〔ドイツ北東部〕までの渓谷地帯も夏に雨が降る天候の被害を受けた。プロヴァンでは、五月八日から、この地方の容易に流路を変える川であるヴルズィ川が雷雨のあとに大氾濫した（Champion, *Inondations*, II, p. 113)。一六二二年五月一一日に、フランクフルト＝アン＝デア＝オーデル〔ドイツ東部〕で雹が降り、洪水が発生した。五月二五日に、ザクセン地方で激しい嵐があった。六月五日と六日に、ランスで豪雨があった。六月八日に、中央ヨーロッパで五〇日連続の雨が始まった。チェコの諸地方では、一六二二年七月から八月に、大雨のために、パン用軟質小麦とライ麦とオート麦の収穫が中断されたり、ときには九月初めまで遅延した（Brázdil et Koryza, *15th to 17th centuries*, 2000, p. 83)。ヘッセン方伯ヘルマン四世の領地〔ドイツ中部〕では、一六二二年の春と夏に雨の日の最大日数が記録された（Rüdiger Glaser, *Klimageschichte*, p. 141)。

ようするに、一六二二年の非常に冷涼な夏は申し分なく多雨だったと断言するには充分である。大陸部は、ロワール川から、ライン川を経て、エルベ川までその被害を受けた。イングランドはといえば、あまりにも水浸しになり、そのため最下層の民衆は多少とも飢えに苦しみ、フランスの北半のフランス人やオランダ人[36]やドイツ人やチェコ人よりもはるかに苦しみながらこの悪い時期を生きたのである。

*

そうではあっても、大陸諸国の民衆の受けた苦しみを過小に評価するのはやめよう。被害を受けたのは島国だけではない。一六二二年から一六二三年にかけての収穫後の期間の大ブリテン島の食糧不足は間違いなく（イングランドより程度は軽いが）低地諸邦南部とロレーヌ地方にまで広がった。気候傾向は英仏海峡の東の地方とほとんど違わないのだ。たとえば、リールでのパン用軟質小麦一ラズィエールの価格（平均）は、一六二〇年と一六二一年には五・八二パリ・リーヴルだったが、一六二二年に八・七二パリ・リーヴル、一六二三年に一二・二〇パリ・リーヴルになり、一六二四年に一〇・〇三パリ・リーヴルに下がった。英仏海峡の北では特に、そして南でもやはり、一六二二年から一六二三年にかけての収穫後の期間の有害性についてこれ以上うまくいい表すことはできないだろう。イングランドほど悲惨ではないが、一六二二年の小麦価格高騰の危機は今日ベルギーやオランダと呼ばれている地域でも非常に明白である。一六二一年と一六二二年のあいだで、（イープル〔ベルギー西部の都市〕では）パン用軟質小麦の価格は一六二一年（一六二〇年に比べてすでに値上がりしている年だが）を指数一〇〇として、一六二二年に指数一二一になり、やはり同じ期間にアルンヘム〔オランダ東部の都市〕で指数一四七、ユトレヒトで指数一二二、ヘントで指数一二三になった。少しも破滅的な価格上昇ではないが、状況によれば意味のあるものである。こうした穀物価格は、低地諸邦では、一六二二年の値上がりした（「一六二二―二三年の」古典的価格上昇）同水準がほぼ一六二三年まで持続して、一六二四年にならなければはっきりと下がることはない（A. Lottin, *Lille, citadelle...*, p. 33 特に p. 403。Archives de la *London School of Economics*, series Beveridge, dossier J3 参照）。

＊

今回われわれは、ルッジェロ・ロマーノ〔現代イタリアのマルクス主義系歴史学者〕が詳しく検討した、一六二二年に起きたより広範囲にわたる（ヨーロッパ・アメリカ）危機についてのマクロ地域的な特殊な側面に遭遇しただけなのだろうか。この危機の決定要因は気候とほとんど関わりのないものだが、少なくともイングランドとスコットランドについては何らかの気象的要素はある。これらの地域は、この時期、ヨーロッパ、さらには大西洋地域の一般的状況の当事者であったことを忘れてはならない。

「一六二二年の危機」とはつまり以下のようなものである。諸々の小規模な宗教戦争、だが現実にはそれほど小さなものではないのだが。そして三十年戦争に関わる初期の困難な事態。しかしこれに関してまた、一六二〇年代初期の経済危機についても少し述べておこう。ルッジェロ・ロマーノ[37]は、ヨーロッパ経済は、一六二〇年代に顕著な衰退期にあったとみなしている。彼はこれについて、ユゲット・ショニュ〔現代フランスのラテンアメリカ史研究者〕とピエール・ショニュ〔現代フランスのラテンアメリカ史研究者〕が調べたアメリカのスペイン植民地からセビリアにやってくる船舶の到着数を用いている。一六二一年から一六二五年までの五年間は、非常にはっきりとした湾曲の出発点である。それまで続いていた上昇が突然途切れたのだ。そして衰退が始まる。セビリアでの物流についても同様のことがみられる。このときから、重量的にだけでなく価格的にも減少したとみられる。次に、エーレ海峡〔デンマークとスウェーデンの国境の海峡〕を経てバルト海と北海を結ぶ航路については、関係船舶数は、運命の年(一六二〇年)以前は四〇〇〇、さらには五〇〇〇をおおきく上まわっていたが、その後の四〇年間で三〇〇〇かもう少しにまで減少する。この点について、アクセル・クリステンセンの研究はニーナ・バンクの研究を完全に裏づけている。さらに、ルッジェロ・ロマーノは、一六二〇年以降アルジェリアでの海賊行為によるオランダ船の拿捕が大幅に減少したおかげだとすることをためらわない。なるほどそうだろう。レヴァント〔東地中海〕貿易も以前のままでは済まないし、ヴェネツィアで徴収される港湾税と通商税のどちらの額も一六二〇年以降減少する。アメリカの大歴史学者F・C・レーンの調査はこのことについてきわめて精確である。ダンツィヒ〔ポーランド北部、バルト海に臨む旧ハンザ同盟都市。ダンツィヒはドイツ語名で、現ポーランド名はグダニスク〕、リガ(ラトビア)、プロシア、クルラント〔リガの東方地域の古名。現在はラトビアの一部〕からの穀物輸出の減少のほうは、一七世紀の三〇年代から激しくなる[38]。ダンツィヒでは、その量的・価格的減少をたどることさえできる。ブエノスアイレスの港における輸出入と南大西洋におけるポルトガルの船団の黒人奴隷売買といわれる貿易活動についても同じ状況である。そしてまたもやヴェネツィアだが、ラシャの生産が同時期に減少した。布地も同様。ロンドンからのイングランド産ラシャの輸出[39]も、エーレ海峡を経由してバルト海沿岸地方に向けて西から東へと運ばれ

ブドウの収穫日の平均

	1610-1619(年)	1620-1629	1630-31639
クーンバッハ（黒い森）	10月12日	10月16日	10月12日
ディジョン	9月26日	10月1日	9月20日
サラン	10月12日	10月17日	10月4日
オボンヌ（スイスのフランス語圏）	9月8日	10月15日	10月11日

るイングランド産の布類の輸出も全般的に減少した。「これでもうたくさんというわけではない」、なぜなら、一六二〇年以降イングランドのラシャ生産企業の徒弟の採用も減少したからである。先に述べたような空をおおいに曇らせる気候は、大西洋の非常に広範にわたるこの状況において、もっぱらヨーロッパ北部と大ブリテン島という小部分にしか関与していない。

それはともかく、ロマーノの分析とは別個に、正確を期すためには以下のようにいわなければならないだろう。一六二〇年から一六三〇年という連続する一一年間は、（前に述べたように）しばしば暖かかった冬と、春夏については、遅めのブドウの収穫とが注目される。そして、一五九一年から一五九七年までと一六二〇年から一六三〇年までと（端数のない数字で）一六四〇年から一六五〇年までの、春夏が冷涼で氷河の消耗を促進するには不向きだった年々を、時間的に遅れて生じたアルプス山脈（シャモニー氷河、グリンデルワルト氷河、アレッチ氷河、ゴルナー氷河）における一六四〇年から一六五〇年までの様々な氷河前進と明確に関係づけることができる[40]。「ブドウ収穫学的に」決定的な役割を果たした一六二〇年から一六二九年までの一〇年間については、結局その前[41]とあとの一〇年間よりも収穫が遅い、すなわちより冷涼だったといえる。

一六二九年から一六三〇年――冷涼な一〇年のあと、水浸しの二年間

一六二〇年から一六三〇年までの期間にブドウの収穫が遅れる比率が高いことは、こうした集中が生じることを明らかにする他のデータがあることを指し示している。プフィスターによれば、「超小氷期」のマトリクスである一六世紀の最後の数十年間を考えさせるという。プフィスターが明言するところでは、[42]一六二一年から一六三〇年までは、「春は平年より平均〇・八℃気温が低く、夏は一〇パーセント湿度が高かった。一六二三年と、とりわけ一六二四年の寒い冬のあと、一六二五年から雨の多い冬と遅い春が六年続き」、一六二七年と一六二八年に非常に寒くて湿潤な秋があった。さて、毎年の季節ごとの詳しい記録があるのだから、遅いブドウの収穫に一時[43]戻ることにしよう。あいかわらずディジョンだが、一六二〇年は九月二八日だが、一六二一年は一〇月一六日になる。少しのちの一六二五年、やはりディジョンで一〇月四日（しかし、収穫日が判明している他の五つのブドウ栽培地域で平均して一〇月一二日、アンジュー地方も同じ）。そしてまたディジョンで、かなり熟成が早いブドウ栽培地域にもかかわらず、一六二六年一〇月一日、一六二七年一〇月一五日！、一六二八年一〇月一四日。スイスにおける科学的調査[44]は一六二七年一月から六月までの六カ月間の寒さを指摘している。一六二八年四月から九月までの六カ月も寒く、一六二九年三月と一六三〇年五月も寒かった。「湿り気」についての記録では、一六二七年一月から六月までの非常に湿潤な六カ月間、一六二八年四月から八月までの五カ月間、そして一六三〇年五月の湿潤を記しておこう。大地は一度ならず水浸しになったに違いなく、そういう事態は常に農民たちの、とりわけ小麦の好むものではない。フランソワ・ルブランは、フランスの西半分について、こうした資料を補強している。アンジュー地方で一六二五年の湿潤な夏、一六二六年の非常に湿潤な夏、一六二七年の非常に湿潤な

春と夏、一六二八年に湿潤な春があったことを確認している。そして特に、一六二九年の一〇月、一一月、一二月と一六三〇年の一月、二月、三月、四月はすべて、アンジェ周辺では非常に湿潤もしくは湿潤だった！　そのため一六二九年一〇月から一六三〇年四月まで七カ月間豪雨が続いた。自由地下水層は大幅に上昇したに違いない。もう充分である。それは一六六一年と一六九二―九三年に再びお目にかかる、世に知られた災害を結果的に生じる事態である。

*

こうした状況下で、一六二七年にあちこちで起きた小麦の不作について、まず一言。スイス高原では、七つの教会一〇分の一税徴税区のうち五つが不作で（Pfister, *Bevölkerung, in fine*, tabelle 2/7. 1）、それらはすべて非常に作物の生長が遅くて寒い年（ディジョンでのブドウの収穫は一六二七年一〇月一五日）のせいだが、この食糧不足が、それに先立つ一六二五年から一六二六年にかけてと一六二六年から一六二七年にかけて（ブドウの収穫はそれぞれ、一六二五年一〇月四日と一六二六年一〇月一日）の二つの「収穫後の期間」程高くはないにしても、高止まりしていた小麦価格にとっておおきな出来事だったわけではなかった。こうした小麦価格高と不作という事情が、あらたにブドウの木を植えることを禁止することを目的とする一六二七年のルイ一三世の決定を促したのだろうか。フランスにおける反ブドウ栽培法[45]は、イングランドにおける反エンクロージャー法におおよそ対応している。小麦が不足するか不足の危険が迫るとすぐさま警鐘が鳴らされ、肉牛のために畑を牧草で覆うことを禁止したり（イングランド）、耕地をブドウ畑に変えることを禁止した（フランス）のである。だがその結果は、しばしばうわべだけの対策であるこうした緊急法令が期待する水準にまで達するとは限らない。

＊

一六二九年から一六三〇年の超湿潤だった困難な二年間については、アンジュー地方の小麦は、種播き（一六二九年末）から緑の穂が形成される（一六三〇年春の終わり）まで、すなわち一六二九年一〇月から一六三〇年四月まで、非常な被害を受けたといえる。「徹底的にやられた」といってもいい！　だがそれでも……。当然、古文書にどっぷり浸かったフランソワ・ルブランは、一六三〇年七月にアンジュー地方に陽が射したことをみつけ出し、その結果ブドウの収穫は遅くなかった（ディジョンで一六三〇年九月二〇日）。だが小麦については、それまでの過度の降水のために数週間早く収穫し、もはや取り返しがつかなかった。

この一六三〇年の「被害」はスイス北部にまで記録されており、そこでのその年の穀物収穫は良いとはまったくいえなかった[46]。なかでも、小麦価格は一六三〇年夏の不作直後に高騰した。パリでは、一六二九年五月から一六三〇年五月まで一スティエ一一トゥール・リーヴルだったが、一六三〇年六月から一三トゥール・リーヴルになり、前年夏の不作の結果として食糧倉庫が空になった一六三一年二月から同年六月までは二一か二三トゥール・リーヴルになった。疫病があとを引き継ぎ、死者数の最大は一六三一年九月から一〇月にかけてだった[47]。

この「被害」はまた、超冷涼・湿潤・暖冬もあるにせよ、寒さと過剰な降水とを内包した一六二〇年から一六三〇年が、またもや、収穫と食糧の不慮の事態への偶然の扉を一度ならず開いたことの表れだったともいえる。だがそれは、この一〇年間のすべての年が穀物不作だったことを意味するものではない。いやそれどころではない。なかでも一六二四年という素晴らしい年がある。ディジョンで九月一四日というずば抜けて早いブドウの収穫、そのうえ一六二三年から一六二四年にかけての冬は雪が多かったので[48]穀物の種にはよかった。一六二四年の素晴らしい夏は適度に降雨があった。八月は霜もなく日照に恵まれた。ワインは豊富で上等だった（バーデン地方[49]。一六二四年から一六二五年にかけての収穫期の小麦価格は、一六二四年の奇跡的な豊作のおかげで、四季(夏、秋、冬、春そして初夏)を通じてかなり低いところまで下がった。リシュリューは、決然として新しい施政を順調に開始した。しかしこの一一年間(一六二〇年から一六三〇年まで)全体としては、通貨的理由、軍事的理由、人口上の理由、そして気象学的理由(全体としては困難な一〇年間)といった価格相場の上昇を見込めば、小麦価格の一〇年以上にわたる上昇の動きは明白である。一六三〇―三一年(一六三〇年の収穫)の収穫期は、この観点からすると格別ひどかった。一六二二年(一六二二年から一六二三年にかけての収穫後の期間……そしてイングランドに飢饉)も、前述したようにわれわれのこうした見解の栄誉を受ける資格があったことを思い起こそう。

それはともかく、一六三〇年のアンジュー地方の穀物収穫、すなわち一六三〇年から一六三一年にかけての収穫期に、博学なガイドと共に戻ろう。フランソワ・ルブラン[50]はこの件について、一六三一年と一六三二年にペストが「その猛威を取り戻した」と記している。それもそのはずだ! ペストに好都合なことがある。「一六三〇年から一六三一年にかけての食糧危機とそれが引き起こしたすさまじい悲惨な事態[51]はとりわけアンジェにおけるこの疫病の再発を部分的に説明する」。死に神についての歴史家は以下のようにこの街の甚だしい物乞い状況に注意を促す。仕事のない職人、飢饉に土地を追われた農夫。ルーヴェという人物が書いている。「一六三一年二月、街路、教会、[地域の]宮殿に物乞いがたくさんいた。物乞いたちが施しを求めてやってくる家々の戸口では家人が思い悩んでいた。飢えと寒さを堪え忍んでいるために衰えてみすぼらしい子供たちを連れた物乞いたちを見るのは哀れをもよおす」(**F. Lebrun, *Mort...*, p. 316**)。王国と地域の当局、「治安当局」、プレヴォ裁判所、救貧院、上座裁判所、そして市当局は、それぞれできることをやった。しかし、地方長官体制による新しい権力と、おもに女性によって構成された聖体会〔一七世紀始めにヴァンタドゥール公アンリ・ドゥ・レヴィの発意によって結成された〕(おそらく間違ってだろうが非常に悪く評価されている）の介入によって、中央政府といわゆるパリ中央集権体制が、再び食糧不足に落ちいったアンジュー地方を含む事態に主体的に対処できるようになるのは三〇年後（一六六一年）になってからのことである。一六三〇年から一六三一年にかけての収穫後の期間の飢饉自体、とりわけアンジュー地方の飢饉については、一六三一年二月・三月からペストが併発して、「小麦相場が夏に崩壊して」、その後まもなく市場に正常に供給がおこなわれるためには、一六三一年の豊作[52]が必要だった。[53]

＊

もっと南のアジャン地方〔フランス南西部〕でも、同様の原因で似たような結果が生じた。一六二九年秋から一五三〇年の冬と春まで続いた長雨、特に一六二九年一二月と一六三〇年の三月と五月がひどかったが、そのために一六三〇年の穀物収穫がおおきく損なわれた。その結果、同時代の人々によれば、一六三〇―三一年は「大飢饉[54]」の年となった。それ以前からの食糧の高値と一六二九年から徐々に流行し始めたペストを背景として起こったものである。

＊

一六三〇年早々、不足が見込まれるその年の収穫を予想して、ヴァランス＝ダジャンで貧しい人々の要求集会が催された。過度に笑いものにされすぎる傾向のあるガストン・ドルレアン〔ルイ一三世の弟、オルレアン公。一六〇八―六〇〕も、民衆に対する翌年の食糧供給が悪い状況にあることを確認した。アジャンで一六三〇―三一年の冬が近づくと、食糧倉庫はみな空っぽになり、特段に厳しい様相となった。一六三〇年一一月から一六三一年五月まで、ラペイルの一軒の農家の家族が八人（年齢を問わず）相次いで死んだ。死体は畑に積み上げられた。ノートルダム＝ドゥ＝ピネルとサント＝カトリーヌ＝ドトリーヴの村あるいは農村小教区では、助任司祭フィロリが一〇五人の餓死者を続けざまに記録している（原文のまま）。これらは、栄養失調と死とのあいだに疫病が介在しなければ、アンシャン・レジーム下で人が飢えのために死ぬことがあると認めるのを拒む控えめな姿勢の人口学者たちへの告知である。サント＝リヴラド＝ダジャンの村では、通常は年に五〇から一〇〇の死亡者数であったが、（一六三〇年夏から翌年の夏までの）一二カ月にわたる飢饉のあいだは六九〇人だった。まさしく食糧不足の直接的あるいは間接的影響だった。なぜなら、この地域でペストがあとを引き継ぐのは一六三一年七月になってからだからだ。

貧しい村人たち、あるいは裕福な村人たちさえも、毎週のパンを買うために、「猫の額ほどの土地を」捨て値で売るか切り売りした。市参事会（市すなわち市役所）と三部会は、街でも「アジャン地方」でも、おしなべて動揺した。救済措置が、場合に応じて、救貧院、保険担当部局、市参事会、住民総会、領主、金銭の貸し手や借り手の団体といった地方レベルで実施された。国王あるいは国家という中央レベルの介入はまったくなく、地方州がせいぜいだった（トゥールーズとボルドーの高等法院）。紛争が増加した。カトリック系共同体は、プロテスタントを擁護したとしてユグノーを非難した。「教皇制礼賛者」である聖職者たちはプロテスタントに対してことのほか辛辣だった。彼らは、穀物の配給においてえこひいきをしているとプロテスタントを非難した。アジャンとボルドーの「市の機関」が活動を開始した。人々は、貧しい日雇い労働者たちが体力的に悲惨な状況におかれて、飢饉による衰弱のために一六三一年の穀物収穫作業とブドウ収穫作業に従事できなくなるのではないかと憂慮した。一六三一年二月早々、小麦の備蓄は最低になった（貧しい者にはそうで、ある一定の生活の余裕があれば蓄えがあるので、飢えた無産階級に転落しなければ、飢え死にはしなかった）。アジャンの市庁によって再度開かれた議会は負債を背負うことにした（飢饉とペストのために一六三〇年前後に負ったこれらの負債は、一六六〇年代にコルベールによって実施される債務整理まで、南仏の諸自治体に重くのしかかることになる)。カルヴァン派教会との抗争などもうたくさんだ。人々は、プロテスタントとカトリック半数ずつで構成される地方高等法院の王令部のほうに向き直って支援を求めた。アジャンの市当局は、万策尽きて、小麦を購入した。アジャンの街の五つの市門を開いて、惨めな死にかけている貧しい人々が外部から入ってくるままにさせた(一六三一年二月一日)。他所に向かってガロンヌ川を航行する穀物を積んだ川船は検査され、拿捕された。紛争がトゥールーズの高等法院に提訴された。負債は、元金と特に利子さらには利子の利子が積み重なって、様々な債権者たちが市に対する差押えをしようとした。実際、司教に借り、司教区の助祭長である司教の兄弟に借金をした。アジャンはこの期間の終わりには八万リーヴルの負債を背負い込んだ。ともかくこの高位聖職者は自身が議長として総会を主宰した。市は、被災者に直接お金を配った。こうして一六三一年五月には、貧しい者はそれぞれ一日に一スーを受け取った。雑穀の粥の配給はペストのために不可能となり……。アジャン地方の三部会はこの困難な時期の終了を宣言することになる……。これは、一地方的あるいは数地方にまたがる飢饉ではあるが、国家的規模の飢饉ではまったくなかった。だが歴史学者にとっての関心事は、この飢饉が、飢饉という事態を深刻化させ、夾雑物でかき混ぜたり方向をねじ曲げたりする戦争行為の介入のない、純粋に食糧不足の状態において生起したということである。はるか後年になってキッシンジャー[56]本人によってリシュリューの外交の傑作として敬意を表されたアレス王令〔ラングドック地方のプロテスタント勢力の最後の拠点を軍事制圧してフランス国内のプロテスタントの軍事的安全地帯を廃止するが、その信仰は許可するという寛大な措置によって宗教戦争を収拾した王令。ただし、日付は一六二九年六月二八日〕がまさに一六三〇年に発せられたのだからなおさら明確に確認される。この王令は、ほとんど一五年間におよぶ南仏地方の宗教戦争のあとに平和を事実としてもたらした。この王令は、その単純で議論の余地ない善行性をもってしても、それだけでは、過剰な湿潤さを始めとする天候不順による気候的厳しさに見舞われていたアジャン地方、さらに広くはアキテーヌ地方あるいはアンジュー地方の繁栄を維持したり回復させることはできなかった。

＊

一六三〇年から一六三一年にかけての収穫後の期間に影響を与えたこの一六三〇年の収穫については、ジル・ベルナールほかのつい最近の優れた著作『ポワトゥー地方とシャラント地方の歴史』[57]（二〇〇三年）の二四六頁も参照することができる。「ポワティエでは一六三一年にパンの値段が四倍になった」。ポワトゥー地方の田舎のポール＝ドゥ＝ピルの主任司祭の談話は状況の悲惨さをよく要約している。「一六三一年は、小麦が高値で稀少であるために、今生きている人間が知っていて語ることのできる最も哀れさと悲惨に満ちた年のひとつである。[…]金銀をもってしても手に入れられないのだから貧しい者たちは道端で飢え死にしている」。

＊

ヌアイエ＝モペルテュイ（ポワトゥー地方）の村では、一六三〇―三一年の死者数は一六〇〇年（データ時系列の始めの年）から飢饉だった一六六一年のあいだで最高を記録した。[58]

＊

ブルターニュ地方[59]もまた、一六三〇年と一六三一年の平年並以下の収穫という事態に見舞われた。アンジュー地方やアジャン地方と同じ状況（多雨で食糧不足）で、それはフランス西部、すなわち大西洋岸の広大な地域におよんだ。すでに一六二六年は、夏に雨が多かったので、ブルターニュ地方のライ麦にとってあまり好ましくなく、村では食糧不足のきざしがあった。一六二六年の夏はファン・エンゲレンの基準で指数四（やや冷涼）でしかなく、パリでも一六二六年から一六二七年にかけての収穫後の期間に穀物価格のかなり高い最高価格が記録されている。しかし、一六三〇年の不充分な収穫と一六三〇年から一六三一年にかけての収穫後の期間はまた別の話で、さらにひどかった。一六二九年一〇月から一六三〇年四月までアジャンとアンジュー地方について特記された過度の湿潤さによる事態（前掲F・ルブランによる）は、クエノン川〔ノルマンディー地方とブルターニュ地方を分けてモン＝サン＝ミッシェル湾に注ぐ〕の西にもおよんだ。アルモリック〔ブルターニュの古称〕半島は、イングランドやアキテーヌ地方同様、大西洋からやってくる低気圧に直撃された。一六三〇年夏からの小麦不足、サン＝マロ〔ブルターニュ半島北岸の港町〕、ヴァンヌ地方〔ブルターニュ半島南岸地方〕、レオン地方〔ブルターニュ半島北西部〕で食糧価格が高騰した。「飢饉を疫病が引き継いだことによって、ナント」とそれに隣接するポワトゥー地方「における一六三一年春の並外れた死亡者数増大が説明できる」[60]。ナントでは、二つの施療院で、一六三一年春の死亡者数が通常値の八倍となった（前掲書、diag. 66、p. 292）。ナントの司教座大病院では一六三一年の春の終わりに、二カ月で五二四の死者を数えた。現地の当局は、上級から下級まで、それぞれできる限りのことをした。王政はほとんど動こうとせず、ブルターニュの行政府（三部会）、高等法院、市当局、そして民衆の扇動者たちが奮戦したが、中途半端な結果に終わった。他方、リヨン、ディジョン（「ブドウ栽培者たちの反抗」〔Emmanuel Le Roy Ladurie, *Annales. Économies, Sociétés, Civilisations*, 1974, Vol. 29, No. 1, pp. 6-22 参照〕）、カーンでも、一六三〇年二月、四月五月、六月に、やはり食糧不足による民衆蜂起が発生した（François Lebrun, in *Journal de la France*, p. 740 ; ディジョンについては Boris Porchnev, *Soulèvements populaires en France*, Pairs, SEVPEN, 1963, p. 135）。

＊

ロワール渓谷、フランス南西部、ブルターニュ地方について充分時間をかけて述べた一六三〇年から一六三一年にかけての収穫後の期間の食糧不足は、リールとその周辺地方にもあてはまり、これらの地域では小麦が、一六二八年から一六三〇年までの通常年には八・五パリ・ルーヴルだったのが一六三一年には一三・二六パリ・ルーヴルになり（一六三二年に一五・三〇パリ・ルーヴル）、その後陽射しが戻って危機が去って一二パリ・ルーヴル前後に下がり、一六三三年から一六三九年には一〇パリ・ルーヴルになった。[61]

*

より総合的にいうと、一六三一年のフランスにおける（総体的）[62]死亡者数のピーク（とりわけ一六三〇年の不作、したがって一六三〇年から一六三一年にかけての収穫後の期間と一六三一年の飢饉の春に相関する）、それは知られているうちで最悪のもののひとつである。たしかにそれは、一五六三年、一五八七年、一六三六年、一六九四年、一七一〇年、一七一九年、一七四七年の死亡者数の水準にまでは達しない。だが、ビラバン博士が彼の一五六〇年から一七九〇年までの「死亡者数」グラフで番号を付けた八つの死亡者数のピークのうちに数える（第八番め）に充分なほど注意を引く。さて、一六三一年について、およそ数十万人の死亡者数という「ピーク」は、出生数を上まわったといえるのだろうか。逆に、一五八七年、一五九八年、一六五三年、一六六二年、一七一〇年、一七四二年、一七四八年程には落ち込まないにしても、出生数の顕著な窪み（ある種の出生率低下）が生じている。一六三一年はこうして、第二級ではあるが（「第一級」は、もっと深刻な大災害である一五六三年もしくは一六九四年に留保しておこう）、世に知られた深刻な災害なのである。一六三〇年、いやむしろ多少とも地獄的様相を示した一六三〇年から一六三一年にかけての収穫後の二年にまたがる期間は、通常より多い死亡者数と通常より少ない新生児数を考慮すると、どうみても全国的人口減少が起きたと解釈できる。しかもそれは、繰り返しになるが、数十万人の減少である。[63]

＊

イングランドについても同じことがみてとれる。一六三〇年から一六三一年にかけての収穫後の期間に、小麦価格の上昇。結婚数と妊娠数の減少。

＊

一六三〇年から一六三一年にかけての収穫後の期間は、一連の災害で、特にフランスの西半分に打撃を与えたが、また転機の年でもあった。ドイツ人ならWende〔転機〕というであろう。マリ・ドゥ・メディシスと守旧的な大貴族の一派が王の不興をかった、一六三〇年一一月一一日の「裏切られた者たちの事件〔マリ・ドゥ・メディシス等がリシュリューの失脚を画策したが、ルイ一三世はリシュリュー支持を表明した〕」。反スペイン政策の実施。これによって、五年後に戦端が開かれる。当時、政治と飢饉との関係を一番強く感じた人物、それは間違いなくガストン・ドルレアンである。彼は、一六三一年の前半のあいだの民衆の不幸をはっきりと理解した。ルイ一三世への手紙（一六三一年春の日付）で、その年の飢饉のさなかにおける食糧不足を非常に的確に描写している（Arvède Barineによって引用された文 *Jeunesse de la Grande Mademoiselle*, Hachette, 1901, pp. 50-60）。

＊

気候についての、[64]この一六二〇年から一六三〇年もしくは一六二〇年から一六三一年の期間の報告を締めくくることにしよう。凍りつく冬あるいは多雨な冬と低気圧の夏（一六二〇—三〇年に典型的に付随した）の年

（A）がすべて、かならずしも食糧危機（B）を引き起こすとは限らない。こうした年は、食糧危機、すなわち負の要因が実際に使用される（一六三〇―三一年）か、あるいはそうでないか（一六二七―二八年）、という不幸な可能性を提供するだけである。

しかし、逆方向にみれば、最盛期の小氷期（一五六〇年から一七一七年まで）においては、食糧危機（B）は事実としてすべてAのタイプの年に起きている。一五六二年、一五六五年、一五七三年、一五八六年、一五九六―九七年、一六三〇年、そして一六六一年、一六九四年、一七〇九年……等。

猛暑

だが、将来の不幸な事態を考慮しないとすれば、直接的に関わりを持たない年はどのような影響をおよぼすのだろうか。一六三〇年代は、その後半に五回ほどの非常に好天に恵まれた夏があったことによって特に注目される。一六三二年と一六三三年はまだ収穫が遅かった（ディジョンで、ブドウの収穫がそれぞれ一〇月四日と一〇月七日）。しかし一六三四年にはすでに「それほど悪くなく」（一〇月三日）、一六三五年から一六三九年までの五年間は素晴らしかった。

ディジョンにおける一六三五年から一六三九年までのブドウ収穫日

「すべて」九月！

一六三五年九月二一日

一六三六年九月四日

一六三七年九月三日
一六三八年九月九日
一六三九年九月二〇日

これと反対に、フロンドの乱前と乱中である一六四〇年代は、再び非常に冷涼化する。そのなかで一六四一年だけが唯一、一五世紀から二〇世紀までの期間の北半球で最も寒かった一二の年のひとつであることを思い出す必要があるであろうか……（Briffa *et al*, 2003）〔付録7「ブルゴーニュ地方のブドウの収穫日（一五〇〇年から一六五八年まで）」参照〕。

一六三〇年代の暑い夏に話をとどめよう。一六三九年を別にすれば、全般的に乾燥した夏であり、クリスティアン・プフィスターはこの期間について、乾燥という考えを非常に強調した（*Bevölkerung*, p. 127）。その点を認めたとして、とにかく、一六三六年は、非常に暑くて普通に降水がある夏のせいでことのほか作物に好適であった(65)。リシュリューの後援のもと、ルイ一三世の王国は〔三十年戦争に〕参戦した（一六三五年）にもかかわらず、豊富な収穫が展開した。好気候のもとにあるといえる。国の広大な部分が小麦の下で押しつぶされそうだった。小麦価格は下がり、その後も低いままだった。総体的に、特に一六三五年さらには一六三八年のようにしばしば（間を置いて）寒い冬と(66)、平均的冬（一六三六年、一六三七年、一六三九年）と、暑い夏とによる対照に富んだ気候だった。それらのうちのなにものも小麦にとって不都合でなかった。それどころか、小麦はこの種の冬夏の「大陸的」対照を嫌うものではない。先に述べた穀物価格の低下がよりよく理解できる。（一六三〇年の平年並以下もしくは残念な収穫後の）一六三〇年から一六三一年にかけての収穫後の期間は、価格相場が高騰して、ロワール渓谷とブルターニュ地方とアキテーヌ地方で正真正銘の飢饉が発生していた。パリでは、一六三〇年から一六三一年にかけての収穫後の期間に一スティエの小麦が一九・五四トゥール・リーヴルまで上がり、一六三一年から一六三二年にかけてでも一八・五一トゥール・リーヴルだった。ところが、一六三三—三四年から一六三九—四〇年までは、年によるが、一スティエ一三か一二あるいは一一トゥール・リーヴルに下がった。相対的にではあるが、まさに充足だ。フロンドの乱前（次いで乱中）の価格は一六四〇—四一年から再び上昇して、最初に一六四三年、二番めに一六四八年から一六五〇年にかけてピークとなる。

したがって、一六三三—三四年から一六三九—四〇年のあいだは、食糧が「廉価」な素晴らしい七年間である。とりわけ、その前後の期間の平均を一〇パーセントから一五パーセント上まわる一〇分の一税の小麦収量をあげた、スイス北部における一六三六年の素晴らしい収穫に賛辞を送ろう[67]。実り豊かなブドウの収穫についても、一六三六年はそれ相当の収量をあげ、一六三七年はさらによかった[68]。おなじみの年代記作者カール・ミュラーによれば、ワインの品質も（三十年戦争といわれる戦争にもかかわらずバーデン地方では）時宜にかなった出来であり、少なくとも一六三四年、一六三六年（高品質）、一六三七年、一六三八年（秀逸）はそうであった。

さてそれでは、民衆はこうした充足の恩恵に浴しただろうか（戦争は除く。それは無視できるものではない）……。ある点ではそういえる。または、「そうだが、しかし……」である。ともかく、一六三六年は、暑さ、小麦、ワイン、すべてが新記録の年であるが、悲しい驚きが歴史学者を待ち受けている……。

＊

一六三六年は、気象記録者に好ましくない印象を与えた。まったく素晴らしい食糧事情にもかかわらず、この年には死亡者数の激増があった。一六九四年ほどではないが一五八七年よりは悪かった。おおげさにいっているわけではない。通常より五〇万人近く死者が多い？　食糧危機は、この年にはなかったのだから、関わりはない。

まったくか、ほとんどない。小麦価格は、一六三一年から一六四四年までの全期間で一六三六年ほど低かったことは一度もなかった。

したがって、一六三六年におけるこのタナトス〔ギリシャ神話の死の神〕の支配については、他の事柄、他の要件を発見しなければならない。ペストだろうか？　もちろん。一六三六年には、この病に汚染されたフランスの都市は五一をくだらない。しかしそれが充分な理由だろうか？　一六二八年に、その一年間に同じくペストに汚染された都市の数は八〇にのぼった。一六三〇年には、もう少し多かった。一六二九年についても同様である。しかしそれでも死亡者の数は、（一六三一年でさえ）一六三六年の記録に達しなかった。だからこの件（一六三六年）については、多くの死者が出たことの追加的理由を考えよう。つまり、人口の大被害の基本単位が、通常より百万人超過まではいかないにしても、少なくとも五〇万人過多である場合である「大量死」の場合に人口学者たちによってすでに何度も責任を問われた、赤痢である。それが一六三六年、一七〇四―〇六年、一七一九年……の場合である。ここでわれわれが問題にしているまさに一六三六年の事態について、ひとつの基本的な文章を引用しよう。「この一六三六年は、街や村、いたる所で非常にすさまじかった疫病と大量の死者によって、（リール地方で）記憶すべきものであった。[69] あちこちで多くの人の命が奪われ、その中には高熱や赤痢などで死んだ膨大な人々は含まれていない。すべては、あらゆる害悪の真の苗床である戦争が引き起こしたのである」。

今回の事象のまさに同時期に書かれたこの文章は、「北国の人」ジャン・ドゥ・ラ＝バールによるものである。彼は、やはりこの年にペストがリールに流行した（ビラバンによる）にもかかわらず、ペストについて言及していないことに注意しよう。ラ＝バール殿は、大量死の原因として、他のなににもまして、戦争に関連して発生したとする「高熱と赤痢」を指摘している。こうした「関係」はたしかにもっともらしくみえる。だがこの赤痢というのは、身体に高熱を発しさせるもので、E・エレンによれば（注（69）参照）、フランドル地方やブラバント地方〔ベルギー中部、中心都市はブリュッセル〕でも発生しており、一六三六年の非常に高温の夏に多かれ少なかれ相関しているし、この夏は、六月・七月・八月に極端な乾燥のピークに達し、廉価な小麦……素晴らしいワイン等を恵むみごとな収穫をもたらしている。赤痢が、とりわけ、河川の水位を下げて、その分汚染がひどくて不潔にし、その川から得る飲み水のなかで赤痢菌や大腸菌やサルモネラ菌やその他の、赤痢を発生させる細菌を繁殖させる高温の夏に関係があるということ、それは間違いない。[71] 特にプフィスターは、一六三六年の五月・六月・七月が灼熱の暑さだったことに加えて、なかでも五月は格別に暑くて乾燥しており（*Wattemachhersage*, p. 295)、どれも一致して同じ結果を示している教会一〇分の一税の数値をもとに、スイス高原ではどこでもみな素晴らしいパン用軟質小麦の収穫を上げたと特筆している。フランソワ・ルブランのほうは、一六三六年だけでなく、一六三九年、一七〇六年ついには一七七九年の赤痢の感染におおきな関心を示している。この研究者は、これらの個別な疫病と、夏の高温から（汚れた手による糞便接触や清潔でない水を飲むことによる等）人間同士の感染に移行する段階との関係を繰り返し強調している。こうして引き合いに出された一六三六年、一六三九年、一七〇四—〇六年、一七七九年（列挙はこれにとどまるものではない。一七一八年と特に一七一九年をこれに加える必要がある。この二年とも夏が燃えるように暑く、赤痢が発生して容易に通常より四百万人多い死者数にまで達した死の年である）[72] という赤痢が流行したすべての年、これらの年すべてが九月中に、早期あるいはきわめて早期のブドウの収穫をしていて、夏が暑かったか、少なくとも暑い期間がかなり長くてブドウの実の摘み取りが急がれて……そしてまた、今問題としている下痢を伴う恐ろしい疫病、とりわけ赤子に乳児期中毒症を発生させて（当時）多くの幼児の死亡をもたらしたということは、非常に注目すべきことである。当然ながら、赤痢は、寒い年も、冷涼・多雨で作物が腐る夏にも発生するし、さらには食糧不足や貧困が原因でも発生する。一七四〇年がそうである（John D. Post, *Food Shortage...*, pp. 217-225 以降)。

一六三〇年の腐った収穫に続く一六三〇年から一六三一年にかけての惨めで不作の収穫期と、そして他方、一六三六年の暑い夏の結果きわめて多くの死者を出した赤痢（とペスト）の年、ようするに一六三六年とからなる地獄のカップルは、気候・人口学の分野で、「寒さと暑さ」もしくは「冷涼と暑さ」という二重に致死的なモデルとなるような、過度の冷涼湿潤とそれに続く平年の平均をおおきく上まわる暑さとの両極端の組み合わせから（数年の間をおいて）生じたと思われる。同様な「二重唱」というよりはむしろ三重唱が、今度は人口学的というよりもはるかに政治的・心理的意味合いが強いのだが、やはり多くの被害をもたらした後年の「三年セット」すなわち一七八七年・一七八八年・一七八九年に再びみられる。このときは、湿潤と高温乾燥と雹とが入り交じり、フランスの政治状況が、その必要もないのに、まったく異なる理由で非常に混乱した一七八九年という危険な年に深い影響をおよぼす程になる。その理由とは、気象よりずっと深く精神に関わっていた……。

一六三〇―三一年と一六三六年の前者の「地獄のカップル」のほうは、一六三〇年代さらには一六四〇年代初期までの全体にとって、フランスの人口の飛躍的増加を損なった。フロンドの乱（一六四八―五三年）が、本質的に政治的・軍事的・人口的で、付随的に気候的・人口的なあらたな大災害を引き起こすのを待ちながらのことである。

＊

これらのことから、気候、非常に小氷期的であるが単純にそれだけではない気候は、旧型の社会（一七四二年以前、最悪の場合一七一二年以前の社会といっておこう）の人口にはっきりとした影響を与えるのだということを記憶にとどめよう。（寒さ、冷涼、湿潤、ときとして高温乾燥の結果生じる）食糧危機、それは多くの場合疫病に引き継がれる。そして、（夏の高温乾燥の結果としては）赤痢が発生する。これら二つのどちらの場合も問題なのは、まず栄養不足になり、次いで細菌に感染する消化器官である。

＊

赤痢は、暑くて乾燥した気候の良い季節に結びつけられる。このことについては、フランソワ・ルブランとアラン・クロワが入念に収集した一六三九年のアンジュー地方とブルターニュ地方に関するデータを利用することができる。この年は、一六三五年から一六三九年までの夏が暑い五年間の結果としてのかなり暑い年であり、それ以上のものではない。ブドウの収穫は九月で、かなり早い。ディジョンで一六三九年九月二〇日である。だが、とにかくロワール渓谷とブルターニュ地方で問題なのは、一六三九年の初夏から初秋までの乾燥である。アンジェ周辺では、一六三九年の六月、七月、八月、九月、一〇月を乾燥が支配した。[73] このことはクリスティアン・プフィスターを喜ばせたに違いない。彼は、一七世紀前半を通じて乾燥時期が散在していたと積極的に主張しているのだから。しかし、ブルターニュ半島からロワール川沿岸におよぶこの乾燥は一地方的か数地方的なものであるため、ほとんど知られていない。同年内のオランダにおけるデータ時系列に同様な乾燥は認められない。結局、もっぱら「フランス西部における」乾燥局面であって、「低地諸邦における」ものではない。だがスイスにおいては少なくとも一〇月に、それほど顕著ではない高温乾燥異常が認められる。[74] 一六三九年一〇月は実際、ここでわれわれが問題にしている衛生状態については無視することはできない。「その月の最初の頃から、赤痢という恐ろしい疫病が」、同時に激しい勢いで「アンジュー地方の多くの小教区を襲った」。疫病は、七月から流行が始まっていたオート＝ブルターニュ地方からやってきた。一〇月から一二月までの三カ月のあいだに、アンジュー地方では、場所によっては死亡者数が四倍、一〇倍、あるいは一五倍、一六倍にものぼった。[75] 犠牲者の六五パーセントは、子供か二〇歳未満だった。[76]

ブルターニュ地方では、[77] 夏の赤痢は、主任司祭やその他の証言者たちによれば、その一六三九年の夏の乾燥とその前の三季節にはっきりと関係づけられる。ブルターニュ地方の疫病は、九月に拡大し、一〇月初めにピークに達して、一一月末にかけて徐々に下火になった。都市部よりも農村がより多く被害を受けた。埋葬数は、実数として、通常の平均の三倍もしくは四倍である。最も被害を受けたブルターニュ地方の諸地域では、人口の八パーセントから一〇パーセントが死亡した。子供と「二〇歳未満の者」が、地域によって、犠牲者の四〇パーセントから六〇パーセントにのぼった。

*

氷河学者に以下の質問が投げかけられる。一六三五年から一六三九年まで、いや一六三四年から一六三九年までのあいだ、もしそのブドウ収穫学的データが完全にわれわれのデータと一致し、さらにはそれを補強してくれるF・ルブランを信じるとすれば、温暖か暑いか非常に暑い六もしくは五の夏あるいは春夏が切れ目なく(ずっと「じゅずつなぎに」)あったことになる。ディジョンでのブドウの収穫はすべて九月中だったということができる。一六三五年九月二一日、一六三六年九月四日、一六三七年九月三日、一六三八年九月九日、一六三九年九月二〇日……。したがって高温の五年間で、そのうちの一六三六年を例示的個別研究の目的で他と区別して取り上げた。さてそこで質問。「これらの夏の暑さは、一六〇〇年あるいは一六二〇年以降非常に巨大になって非常に下方まで降りてきた氷河の下流で、まず寒さで膨張して暑さでもろくなった氷舌端の『内部』に破壊的な断絶を引き起こしたのだろうか?」。一六三六年にツェルマット地方で、非常に巨大になっていた氷河から、ビエスまたはヴァイスホルンと呼ばれる氷河が破断したことを指摘しておこう(邦訳『気候の歴史』二二七頁参照)。この年、氷河の崩壊は、崩れ落ちたのは「氷河全体」だという(過剰な)印象を住民が持った程すさまじかった。

この大災害は、氷河の下のランダ村で一五人の死者を出した。一六四〇年にも、モンブラン山塊のル・リュイトール氷河で同様のことが起きて、増水が続いているときに氷河の堰ができて……そしてその堰止め湖が決壊した(前掲書)。

＊

状況の急変。フロンドの乱以前とその最中、まあ一六四〇年から一六五〇年までは、二回にわたって（一六四〇年から一六四三年と一六四八年から一六五〇年）、フランス王国の北半分と気候的に隣接する地域（スイス、ロンドン盆地、アルザス地方からバーデン地方、低地諸邦……）において明確な気候の冷涼化がみられる。アルプス氷河が、この世紀のまんなかの戦略的であると同時に戦術的な非常に顕著な前進によってそのことを証言してくれる。一六四四年にシャモニー氷河、一六五三年にアレッチ氷河、ゴルナー氷河は一六七〇年まで前進した。規模の大小による氷河の反応の違いは、年代的な少々のズレを生じさせたが、一六四〇年から一六五〇年までの一一年間（一六四四年から一六四七年にかけての暖かい期間は除外して）の「冷涼化」の傾向は議論の余地がない。一六三五年から一六三九年までのあいだ――五年間――ブドウの収穫は九月中で、早熟もしくは非常に早熟だった。

ディジョンのブドウの収穫日

一六三五年　九月二一日
一六三六年　九月四日
一六三七年　九月三日

一六三八年　九月九日
一六三九年　九月二〇日

実際、一六三六年・一六三七年・一六三八年は極めて早熟であり、この五年間は全般的に「平年より早い」ことが記録されている。

ところが一六四〇年から、繰り返すが、場面は転換する。ディジョンのブドウの収穫は、一六四〇年は一〇月一日、一六四一年は一〇月三日、一六四二年も一〇月三日、一六四三年は一〇月一日である。他の地方のブドウ産地でも同じ傾向である。これらの結果、それ以前の冷涼さも積み重なって、一六四四年にシャモニーで氷河の前進が起こる。次いで、間をおいて、一六五三年にアレッチ氷河。こちらは、一六四八年から一六五〇年までの冷涼な夏を反映して氷河の消耗が少なかったからである。

最初の冷涼期（一六四〇―四三年）後と二番めの冷涼期（一六四八―五〇年）の前との中間期には、ブドウの収穫については、中休み、冷涼のやわらぎ、一時的冷却があった。そして再び（四年間の）九月中のブドウの収穫があった。

ディジョンのブドウの収穫日

一六四四年　九月一五日
一六四五年　九月一一日
一六四六年　九月一七日
一六四七年　九月一八日

一六三五年から一六三七年までの五年間を支配していたのは猛暑の夏というわけではけっしてなかった。しかしそれでも、これからみるように、穀物収穫については、一六四〇年から一六四三年までの厳しい四年間に比べて緩和的期間であった。

春夏についての、前述した一六四〇年から一六四三年までの四年間のあの厳しさは、冬についてはまったくみられず、他の冬より温暖な程度である。常に情報豊富なバウスマンはいかにもオランダ的な精確さで、一六四〇年から一六四三年までの冬（いつものように前年一二月から）の「質」を記している。

一六三九―四〇年　平年並み
一六四〇―四一年　寒い
一六四一―四二年　かなり温暖
一六四二―四三年　平年並み

冬についての卓越した年代記作者であるイーストンもまた、前記の四年間の厳しさに少しも驚いていない。そしてファン・エンゲレンはこのことを裏づけている（*History and Climate*, p. 112）。

したがって、何よりもまず、われわれのこれからの見通しにおいて、一六四〇年から一六四三年までの冷涼、さらには寒い春夏を強調しておく必要がある。それらの春夏は、状況からして、やや冷涼あるいは過度に湿潤に見舞われたパン用軟質小麦の価格上昇と一緒になっているということは間違いないのだから。

まず、一六三五年から一六三九年までの夏が暑かった期間を通じてパン用軟質小麦の価格は低く、暑夏の影響

A 小麦とブドウの収穫年	B ディジョンのブドウの収穫日	C 収穫後の期間におけるパン用軟質小麦の価格	D 対象となる収穫後の期間
1635	9月21日	13.02	1635-1636
1636	9月4日	13.45	1636-1637
1637	9月3日	12.40	1637-1638
1638	9月9日	11.95	1638-1639
1639	9月20日	11.74	1639-1640

小麦とブドウの収穫年	ディジョンのブドウの収穫日	収穫後の期間におけるパン用軟質小麦の価格	対象となる収穫後の期間
1639（再掲）	9月20日	11.74	1639-1640
1640	**10月1日**	**13.78**	**1640-1641**
1641	**10月3日**	**13.55**	**1641-1642**
1642	**10月3日**	**18.19**	**1642-1643**
1643	**10月1日**	**19.57**	**1463-1644**
1644	9月15日	14.62	1644-1645

を受けた他の諸々のものに比べて特に低廉だった。

穀物価格については、すでに低かった価格水準がさらに下がったことが明白である（C欄）。だが、フランス王国は一六三五年から「公然たる戦争」に突入している〔フランスはスペインに宣戦布告して、三十年戦争に直接介入した〕。王国はあちこちで、穀物が稀少な、したがって高価格な状態または「地域」を生みだしただろうし、そうに違いない。だが少なくともイル＝ドゥ＝フランス地方のような北部の大市場ではまだそういう事態にはなっていない。燦々とした陽射しに礼をいうべきだろうか？

反対に、一六四〇年代の春夏が冷涼な最初の期間（一六四〇—四三年）に入る時期は小麦価格の上昇と一致している。

収穫の遅い年が出現するやいなや（一六四〇年の穀物収穫とブドウの収穫、そしてその後）、パリ周辺地域のパン用軟質小麦の価格は上昇し始めた。実際、知りうる限りでは、スイス高原では小麦の収穫量が不足になった。収穫量は相対的に低下し、端的にいえば一六四〇年と一六四一年に減少した。一六三九年の陽射し輝く年に比べてこの二年は、だんだん年ごとに収穫量が低下した[78]。

収穫の遅れ！　それは、一六四〇年から一六四三年のあいだ[79]、ブドウの収穫と同様、湿潤のため当然ながら非常に収穫が遅れていた穀物の収穫にも打撃を与えた。一六四〇年と一六四一年の二つの夏が冷涼だっただけでなく、これらの年の二つの冬は過度に湿潤であったことを付け加えておこう。それは私たちの位置する緯度ではパン用軟質小麦が非常に歓迎しないことである[80]。

しかし、一六四〇年から一六四三年までのグループについていえば、小麦供給の観点から最も危険だったのは、穀物の収穫とブドウの収穫が最も遅れた二年、すなわち一六四二年と一六四三年なのである。作物の生長する季節（小麦にとって三月から八月、ブドウの木にとっては三月から初秋）に冷涼と過度の湿潤が古典的な負の役割を果たした。それでもスイスでは、この観点での事態はかなり良く経過した。だが、パリ盆地という小麦生産の要地の中心において、穀物の栽培状況は明確に、より緊迫したものとなった。一六四二年（穀物収穫は遅く、ブドウの収穫は、ディジョンで一〇月三日、サランで一〇月一七日、スイスのフランス語圏では一〇月一四日と二三日だった！）、八月から小麦価格は突然大幅に上昇した。価格は一六四三年七月まで高止まりした。このことは、一六四二年の平年並以下の収穫が原因で一六四二年から一六四三年にかけての収穫後の期間は穀物不足が生じたことを示していると思われる[81]。

一六四三年に事態は好転せず、悪化さえした。再び収穫は遅れた。ブドウの収穫は、ディジョンで一〇月一日、クーンバッハで一〇月一五日、サランで一〇月二三日、スイスのフランス語圏でも同じだった。ブドウの花の開花時あるいはその翌日に強い雨が降り（ゆえに花流れが起きた）[82]、これらすべてが小麦の成熟にとって危険な瞬間に重なった。その結果、パン用軟質小麦の価格は一六四三年から一六四四年にかけての収穫後の期間中ずっと、一スティエ一九トゥール・リーヴル前後の高値だった。この高値はあらかじめ予想されていた。それから、一六四三年夏に平年並以下の収穫が現出してから、その後の見通しにしたがって一六四四年夏まで続く。結局豊作となって不足から解放してくれる一六四四年の収穫が穀物倉に納められると価格はおおきく下落する(前掲表参照)。したがって、ムヴレとボランが一六四二年から一六四三年にかけてと一六四三年から一六四四年にかけての収穫後の期間を、彼らが食糧危機と呼ぶ段階に位置づけたのは理にかなっている。まったくそのとおりだ! たしかに当時のフランスは戦争中だったが、戦闘は、国内の大穀倉地帯よりも北あるいは南でおこなわれていた。戦闘は価格に重くのしかかりはしたが、取引対象となり自国内消費する穀物収穫量については、依然として気象要件が支配的だった。だが原因という点では、一六五一―五二年には同じようにはいかないだろう。このときは、諸侯によるフロンドの乱の地域を荒廃させる戦闘がパリのすぐ近くで起き、小麦価格の激しい上昇に主要な影響を与えて、その結果として飢饉を招いたのである。

他の地方では、一六四〇年から一六四三年にかけての悪天候によって生じた食糧面での困難は誇張されるべきではない。それらは現実に起きて、かつての一六三〇―三一年の場合のように広がったと思われる。食糧難は南西部まで広がり、一六四三年に食糧暴動が起きた(Y.-M. Bercé による)[83]。一六四二―四三年にルエルグ地方〔南仏の一地方の旧名〕でもまぎれもない飢饉が起きた。この飢饉は日照が多すぎることとはまったく関わりがない。それよりもむしろ、フランス北部で起きていた事態と並行的に、やはり多雨で雹が降る悪天候に関わっている。

*

この世紀の第五番めの一〇年間(一六五〇年までの一五四〇年代)の最初の四年間(一六四〇年から一六四三年まで)における、こうした非常に冷涼な春夏の最初の出現のあとに小休止、もしそう呼びたいのなら晴れ間が

収穫年	ブドウの収穫日	パリ地方のパン用軟質小麦の価格	対象となる収穫後の期間
1643（再掲）	10月1日	19.57	643-1644
1644	**9月15日**	**14.62**	**1644-1645**
1645	**9月11日**	**11.12**	**1645-1646**
1646	**9月17日**	**13.35**	**1656-1647**
1647	**9月18日**	**15.90**	**1647-1648**
1648	10月1日	21.35	1648-1649

やってくる。それは上の表中の太字で示された四行の年（一六四四年から一六四七年まで）に対応する。

　こうして一六四四年から一六四七年のあいだ、ブドウの収穫日は再び九月中になる。小麦の収穫はより早期になされ[84]、五月・六月の太陽は、低気圧期に特徴的な大きな雨雲に隠されることが少なくなって輝きを増した。小麦価格は、小麦が暑さで成熟してある程度の収穫量が戻ってきたために下がった！　たとえば、ブドウの実の摘み取りがことのほか早かった一六四五年は、当時のブルゴーニュ地方の主任司祭マシュレのいうことを信じるなら[85]、「すさまじいワイン」、いいかえればアルコール度数の高いワインの年であった。

＊

　フラッシュバック。先に述べた一六四〇年から一六四三年までの冷涼あるいは超冷涼（一五四二年）な四年間は、地方によってかならずしもまったく同じというわけではない年次推移をもたらした[86]。スイスでは、精確に計量した結果、小麦の収穫量が不足していることが明らかになったのは、特に一六四〇年と一六四一年の収穫である。とりわけ一六四一年の穀物収穫は非常に遅く、小麦の刈り取りはおそらく困難で、収穫量は少なかったことを示している[87]。フランス北部と南西部では、この連年続く過度に冷涼な四年（一六四〇―四三年）のあいだ、一六四二年から一六四三年にかけてと一六四三年から一六四四年にかけての収穫後の期間に影響した（穀物価格の上昇）一六四二年と一六四三年の平年並み以下の収穫をさらに一層嘆いていた。[88]

＊

ズーム。一六四三年の食糧危機はさらに、中央山地地方とその北西および西にもかなり広がったことが判明している。小麦価格の上昇は、そのためなお一層民衆（あるいは、世にいう「庶民大衆」）を税の徴収に対する拒絶反応に駆り立てた。徴税は、極端に高騰した食糧に購買力がもっぱら集中する貧窮化のさなかには耐えがたいものに感じられたのである。この危機はまた、ポワトゥー地方、オニス地方〔フランス西部、大西洋岸の旧州名〕、アングーモワ地方〔フランス西部、現在のシャラント県にほぼ相当する旧州〕、サントンジュ地方〔フランス西部の旧州〕、イソワール〔中央山地北部の都市〕……等でも、「収穫後」すなわち一六四三年の収穫後の期間の一二月に生じた激しい反税感情[89]とも無縁ではない。

こうした角度からみると、ラングドック地方（イソワール）とラングドイル地方（ポワトゥー等）の様々な地域での行動は、一六四三年夏に、もっと追い詰められたルエルグ地方で同時期に記録されたものとそれほど変わらない。ヴィルフランシュ＝ドゥ＝ルエルグ周辺での蜂起に先立つ、アヴェロン〔中央山地南西部の県〕の住民による反税嘆願は、一六四三年春直後から当地で記録される飢饉によるある種の困惑を引き継いだものである。

＊

食糧暴動は実際、小麦が不足した一六四二年から一六二三年にかけてと一六四三年から一六四四年にかけての収穫後の期間の、よく知られている特徴を強調している。一六三〇―三一年のように、低気圧性で作物を腐らせ小麦に不適当な気象は、ロワール渓谷に被害を与えたが、南西のアキテーヌ地方とアヴェロン地方にまで南下した。パンを求める下層民の騒擾は、穀物収穫不足を経て少なくとも暴動を伴う、いつもの気象の政治化につながっている。総合すると、アングレームとポワティエからボルドーとロデス〔トゥールーズ北東の都市〕まで、イヴ＝マリ・ベルセ〔現代フランスの歴史学者〕が調査した地域では、これら一六四〇年代前半の食糧騒動の大多数は一六四三年の三月と一二月のあいだにあり、一六四二年と一六四三年の二つの不作あるいは平年並以下の作柄の影響を示しているようである。[90] 抗議行動（あるいは反対に行政による反抗議行動）の記録は、基準内であると同時に多様である。小麦粉がないためにパンが作れないというパン屋たちの宣言。市の門、さらには港の荷役岸壁での反パン屋暴動。小麦輸送に対する夜襲。結局、暴力の横行のうちにパン屋は命からがら屋根の上に逃げる。女性たちの暴動（「一番金切り声を挙げる者たちに」パンの配布！）。買い占め人がため込んだ小麦が貯蔵されている販売店への抗議もまたおこなわれた。その向かいの、行政や政府の収容所の中では暴力行為の犯人が処罰されないことに苦情が寄せられる。これら様々な事件の犯人は、実際には現に飢えているというより将来の不安に悩んでいるのだ。行政当局のほうは、パン材料が街道を自由に輸送される事態を拒む。そうした自由がもっと幅広く他の悪用の機会を与えて秩序安寧を害するのではないかと危惧してのことである。[91]

＊

この一六四二—四三年の期間は、南西部地方においてのみ不愉快なものであった。当時ルエルグ地方と呼ばれていたアヴェロン地方でははっきりと大災害をもたらした。一六四三年四月、ルエルグ地方の上層部で、地方監察官の権限を有する国務評定官ピエール・ドゥ・モリヌリが調査を実施した。[92] 彼は一〇ほどの小教区を経めぐった。そして各小教区で、農業労働者、富農、機織り工、市参事会員等、一般にその地方の慣習で文字が読み書きできない様々な住民たちに質問をした。

初期の証言はすべて一致している。洪水に続いて、春のにわか雨、水たまり、雹。収穫は、三、四年前から（一六四〇年から）深刻な被害を受けた。そこには、これまで何度も想起した、生き物を死に絶えさせるような湿潤で冷涼もしくは寒冷な四年間（一六四〇―四三年）が認められる。一六四二年にはさらに、現地民たちは「雹に打たれてまったく収穫がなくその年を過ごした」。誇張されているとはいえ、この評価は少なくとも傾向を示しはしている。たとえすべてがほんとうに失われたわけではないにしても、「ほとんど収穫がなかった」といえよう。もう少し穏やかな他の証言者は、一六四二年に種籾は収穫しなかったといっている（ガスパール・イサラの証言。二頭つないだ牛四組が耕す小作地を思わせ、その農地からして彼はかなり大きな農業経営者もしくは農地所有者である）。異なる村の二人の農村公証人はもっと精確である。彼らは、一六四〇年、一六四一年、一六四二年（三回）、一六四三年の雹による災害を記録している（「二日前から」一六四三年四月の最後の一〇日間に入っている）。小麦価格は四、五倍になったらしい（繰り返しいうが、昔からきわめて高値の時期である四月）。一方、状況がそれほどひどくなかった下流の地方では二倍にすぎなかった。三年間で、パン用軟質小麦は一スティエ五〇スーから、三倍以上の一六〇スーになったと、サヴィニャックの〔イエズス会の〕コレージュの校長（主任司祭）は主張している。パリでは、同時期にやはり複数年にわたって価格上昇があったが、上昇幅はそれほどでもなく、プラス六一パーセントだった。ルエルグの主任司祭はおそらく誇張したのだろう……。

アヴェロンの住民たちは「飢えた」。彼らは、紳士方、すなわち「暮らし向きのいい方々」の慈善がなければ、パンを食べるのは週に二、三回だった。ラ・シャペルという小教区内のサン＝ジョルジュという小村で、「多くの住民が一四日間まったく食べずに過ごした」（少なくとも彼らはそのために死にはしなかった）。思慮深い人口学者たちが教えることをすべて無視していうが、実際に人々が飢えで死んだ一六三〇―三一年のアジュネ地方〔フランス南西部〕とは違う。「住民のほとんどは飢えている」と、ある富農は繰り返しいっている。土地は放棄され、多くの世帯が死んだ。人々は、家畜と家具を売り払い、物乞いをして、他国に流れ出た。全般的貧困化と特に経済状況を考えると、税は重すぎた。証言者が多少誇張していることもありえるが。こうして、この地方で「あらたなクロカンたち〔クロカンの乱。一五九三年から一五九五年まで、フランス南西部に起きた反税の大農民反乱〕」の反税蜂起が起こった。反徒たちは一六四三年六月（例によって「端境期」）にヴィルフランシュ＝ドゥ＝ルエルグに入った。総勢一三〇〇人、太鼓を打ち鳴らし、燃えるたいまつをかざし、四人の職人に率いられていた。この蜂起の果てに、一六四三年一〇月、かなり過酷な鎮圧がおこなわれる。気象から反乱まで、減少していく穀物収穫とそれに引き続く飢饉を経て、円環は閉じられた。

第8章　フロンドの乱の謎

……そして、一六四七年以降、より厳密には一六四八年から、再び困難の時代が始まり、それにさらに災害が見舞う。フロンドの乱から生じる政治・軍事的かつ同時進行的な繰り返し襲いくる障害（戦争による農業中枢の破壊、生産と陸上・海上輸送への打撃、農産物生産者たちのあいだに広がる信頼の喪失とその結果としての彼らの自閉的行動、市場の正常な機能を阻害するあらゆる種類の混乱）、まさにこの要素が、食糧供給の混乱と純粋かつ単純な陰画とが記録されている帳簿においてもっぱら主要なものとなる。それでもなお、気候は自分のパート、この場合は安定を乱す「小曲」を、ときには悪意を抱くオーケストラの他の楽器と奏者と共に奏で続ける。気候は、言葉上や実際の戦闘の激しい騒音と熱狂に加えて、しばしば辛酸をなめさせる気候特有の原因から生じる諸要素をもたらす。

一六四八年から一六五〇年まで
——冷涼な春夏の三年間、穀物価格の上昇、フロンドの乱とのまったくの偶然の一致か部分的に因果関係があるのか

発端。高等法院のフロンド（それはまた、下層民の不満に依拠するフロンドでもある）は、小麦価格が上昇する渦中で起きている。この上昇は、小麦の成熟の善し悪しを決定するに決定的な役割を果たす、諸季節が連続して冷涼化し、湿潤化したことによって（最初は）引き起こされた[1]。

温暖な年（二つの収穫後の期間。一六四四年から一六四五年にかけて一スティエ一四・六二トゥール・リーヴル、一六四五年から一六四六年にかけて一一・一二トゥール・リーヴル）の小麦相場の最低水準から始まって、冷涼さが次第に強まって最高に達するにつれて、パン用軟質小麦の価格が次第に上がって上昇カーブを描いた。一六四六―四七年、一三・三五トゥール・リーヴル。一六四七―四八年、一五・九〇トゥール・リーヴル。一六

フロンドの乱の期間は収穫が遅かった

A 年	B ブドウの収穫日の平均 (HCM II, p. 198 より)	C A 欄の年の収穫年に続く収穫後の期間のパン用軟質小麦の価格	
1644	9月21日	14.62	1644-1645
1645	9月17日	11.12	1645-1646
1646	9月26日	13.37	1646-1647
1647	9月26日	15.90	1647-1648
1648	**10月3日**	**21.35**	**1648-1649**
1649	**10月7日**	**28.96**	**1649-1650**
1650	**10月2日**	**24.38**	**1650-1651**

四八―四九年、二一・三五トゥール・リーヴル。一六四九―五〇年、二八・九六トゥール・リーヴル(最高値)。一六五〇―五一年、二四・三八トゥール・リーヴル。こうした小麦相場の大幅な上昇は、少なくとも最初は、おもに気候を原因とするものだったがまた、フロンドの乱によって生じた様々な不幸、危機、略奪によって高みに押し上げられた。フロンドの乱は一六四九―五〇年にならなければ価格高騰に有害な影響をおよぼさないのだが、一六五一―五二年は戦争による大災害の最たるものだった。ところで、フロンドの乱以外にも、イングランド(Thirsk, *op. cit.*, p. 821, col. « *Average all grains* »)、低地諸邦、ケルン……等あちこちで同時期に価格上昇がみられる。それにしても、小麦にとって生育期が本当に暑くて好適な年であったことを示す非常に早期の収穫がおこなわれたのは、一六四五年と一六五三年だけだったことを確認するのは衝撃的だ。これに対して、フロンドの乱直前と乱中の七年間(一六四六年から一六五二年まで)は、まあまあ晩収穫か極端に晩収穫(穀物収穫については、一六四八年と一六四九年、なかでも一六五〇年)だったことがわかっている。(2) ブドウの収穫と穀物の収穫共に、この七年間は遅かった。

＊

一六五〇年の、かなり遅い、ブドウの収穫を例にとろう。収穫は、クー

ブドウの収穫日の平均

年	クーンバッハ	ディジョン	サラン	オボンヌ	ラヴォー
1630-1639	10月12日	9月20日	10月4日	10月11日	9月28日
1640-1649	**10月17日**	**9月26日**	**10月14日**	**10月17日**	**10月10日**
1650-1659	10月6日	9月25日	10月9日	10月11日	10月9日

出典：Angot, 1885, p. B-44, pp. B-71-72

ンバッハ（黒い森）で一〇月一一日におこなわれ、サランでは一〇月一九日！　だった。ロン＝ル＝ソーニエ〔フランス東部、ジュラ山脈西麓の都市〕で一〇月一一日、ラヴォー（スイスのフランス語圏）で一〇月一八日、ミュルーズ〔フランス、アルザス地方南部の都市〕で一〇月一五日（Claude Müller, *Chronique...Alsace*, XVIIe siècle, p. 143)。アンジュー地方でもやはり「遅く」て、一〇月のブドウの収穫だった（F. Lebrun, *Mort...*, graph. pp. 502-503)。これらはすべて、その土地あるいは地方の通常よりもはっきりと遅かった。ゆえに、一六四八年、一六四九年、一六五〇年の「フロンドの乱初期」（前半）三年間を収穫の遅い三年間としよう。一六四四年から一六四七年までの四年間はやや陽射しがありはしたが、一六四〇年代全体はやはり同じく収穫が遅いという特徴があったことを付け加えておこう。

この一六四〇年代の一〇年間は、一六四〇年から一六四三年までと一六四八年から一六四九年まで（実際は一六四八年から一六五〇年まで）の冷涼な年によって非常に「重苦しくなり」、春夏の期間は全体的に「肌寒かった」。したがってこの一〇年間は、夏に氷河を縮小させる消耗を阻害し、一六四三年頃、特に一六五三年さらには一六七〇年までの、シャモニー氷河とアレッチ氷河とゴルナー氷河の前進に非常に重大な意味を持った。

フロンドの乱初期の三年間に話をとどめよう。一六四八年、一六四九年、一六五〇年である。ブドウ収穫学的にいうと、収穫の遅い三年ということになる。これらの年は、（気象を原因とする）基本型の観点からみると、食糧不足に関わる経済状況的諸事象からはみ出ているようである。これらの諸事象は、フロンドの乱の、明らかに非気象学的な戦時の全般的状況推移に「綾織り模様を縫い込んで」いるかのようである。それは実際、年次順になっている。（ささやかに）一六四八年、次いでもっと深刻度を増して一六四九年と一六五〇年である。

まず一六四八年だが、この年にはたいしたことはなかった。事実としては、この厳しい年に起きた大きな民衆の動揺と制度上の変動は、パン用軟質小麦の価格の上昇はあるにしても、基本的に反徴税（一六四八年一月）と（高等法院の主導による）政治的なものだったようである。バリケードの日（一六四八年八月二七日）〔パリの民衆蜂起〕は、小麦価格の非常に穏やかな上昇としか時期が重なっておらず……、おそらくは値上がりとは関係がないと思われる。しかしボルドーでは、一六四八年八月に、小麦についての正真正銘の下層民による騒擾あるいは下層民同士の騒擾が起きたことを記しておこう。これは、海路による輸出用の小麦袋の船積みに反対するもので、小麦が不足するのではないかと恐れた細民はこの積み込みを時宜に合わないと判断したのである。[3]

次に一六四九年をみよう。今度は、何にもまして含蓄の多い政治的・軍事的理由に比べて、気候の果たす役割は無視できない。一六四九年は、きわめてフロンドの乱の影響がおおきかったが、また食糧不足、少なくとも穀物不足でもあった。まず、一六四〇年から一六五〇年までの「一一年連続」の期間で収穫の遅い年すべて（一六四〇—四三年と一六四八年—一六五〇年の二「組」、全部で七年）のうちで、一六四九年が最も「歩みが遅かった」。ブドウの収穫は全体の平均で一〇月七日、これは一六二九年から一六七三年の期間で最も遅い日付である。この前後の、フロンドの乱中のブドウの収穫は一六四八年一〇月三日と一六五〇年一〇月二日だった。

さて「穀物収穫」についてみるとしよう。一六四九年はスイス高原における小麦の刈り入れもやはり遅く、この地方での遅さの絶対的記録のひとつを保持している。[4] 一六四九年はまた、プフィスターが一年、また一年と回顧したスイスの教会一〇分の一税徴収区の八六パーセントで穀物収穫量[5]が不足した。それはスイスだけではないという（他所、イングランド人でさえも、自分たちの国での「一六四九年の飢饉」について好んで語る。これについてはのちにまた立ち戻ろう）。ともかく、アルザス地方は確かである。このとき（一六四九年）はドイツ内の平和の最初の年で、三〇年間続いた戦闘が終わったばかりだった。しかし、一六四九年二月二三日から三月五日まで大雨が降った。小麦はこれを好まなかったのではないだろうか。事実、こうした状況と、これまでみてきた収穫の遅れがまとめて示す同種の他の多くの状況とを考慮すると、「前年（一六四八年）の収穫から得られた小麦粒」との比較で、つまり「この一六四九年には冬に播いた種［一六四八年から四九年にかけての前年の冬の直前に播かれた］の三分の一しか収穫できなかった」ということである[6]。したがって一六四八年に比べて一六四九年は（アルザス地方では）冬小麦の収穫量が三分の二減少したということになる。誇張だろうか。おそらくはそうだろう。しかし、アルザス地方における減少傾向は、先に引き合いに出したスイスの傾向と同じであることがわかっている。下げ相場であって上げ相場ではない。そのうえ、ストラスブールからミュルーズまでの気候学的指標はとにかく悲観的なもので……みな一致している[7]。一六四九年、それは湿潤寒冷な年で、ブドウの収穫日と穀物の収穫日がこうした評価を裏づけており、いつまでも霜が終わらなかった。一六四八年から一六四九年にかけての冬（ファン・エンゲレンの等級で指数七）は、一六四九年五月まで寒く、それは穀物の発芽とブドウの木の芽生えの開始にとって非常にマイナスであった。これらすべてが、被害にあったモンベリアール地方で一六四九年から一六五〇年にかけての収穫後の期間によく知られている小麦価格の上昇を引き起こし、アルザス地方と隣のスイスでも悪天候と不作のために……また一部のアルザスの住民たちがいうように、スウェーデンの粗暴な兵隊の乱入[8]によって同様であった。

*

一六四九年の「気候・収穫関係」についての決定的情報は低地諸邦から、特にバウスマンとファン・エンゲレンのデータ時系列から得られる。これら二人の研究者は、一六四八年から一六四九年にかけての寒い冬（指数七、寒さが厳しい）と冷涼な夏（指数三、冷涼）とを報告している。絶対値のおおきい数は冬が寒かったことを、絶対値の小さい数は夏が涼しかったことを示している。一六四九年の夏は湿潤で低気圧に支配され、したがって本書のこれまでの分析のようにしばしば、状況としては穀物に不適だった。一六四九年は、冬が寒く、それに加えて夏が涼しい。典型的な小氷期型だった。

一六四八年から一六四九年にかけての冬についてくどくどいいはすまい。一六四八年一一月にセーヌ川とドゥー川〔フランス中東部、スイスとの国境地帯を流れる川〕が氾濫した。一二月は寒かった。一六四九年一月は、雨、霜、雪。中央ヨーロッパでは、小河川が一八週間にわたって凍結した。一六四九年二月一日、テムズ川が凍った。イングランドで三週間ずっと寒くて（二月）、おまけにこの年は飢饉が発生する。これについてはのちほど立ち戻ろう。ヘッセン地方、そして特にカッセル〔北フランスの都市〕では、一六四八年一一月から一六四九年三月まで霜が降りて、その霜の「期間内」で雪の日が三二日あった（おそらくは、雪が降り、そして地表を覆っていたのだろう）。北フランスと中央フランスでは、ロワール川沿岸で一月に、セーヌ川沿岸とマルヌ川沿岸で二月に大洪水が発生した。これらの大洪水は、大雨によるもので、単に雪や氷が溶けたせいだけではない。再び北フランス、そしてイングランド。三月に、その直前までの冬の期間よりも多くの雪が降った。アブヴィル〔フランス北部の都市〕では、最後に雪が降ったのは一六四九年四月二日で、最後の霜は四月六日（アルザス地方と同日）だった。この年の四月の残りの日々は雨だった（やはりアブヴィル）。

さて、一六四九年の夏。オランダの研究者によれば、涼しかった。五月一七日と一八日は大雨。六月と七月は広範に天候不順。六月二五日から三〇日と七月一七日から二〇日までは暑かった。しかし七月二六日から八月八日まで湿潤で風が強かった。同じ期間、エセックス〔イングランド東部の州〕地方では湿潤に移行した。ネイメーヘン〔オランダ南東部の都市〕では夏に雨が降り、まぐさが水浸しになり、小麦は畑で腐った。[9] ドイツその他の地方では、ハレ〔ドイツ中部の都市〕で五月一九日、ニュルンベルクで五月二〇日、バーデンとアヌシー〔フランス南東部、アルプス山麓の都市〕で六月一六日、ナウムブルク〔ドイツ中部の都市〕[10]とザール地方で六月一八日、プラハで七月二日、ザルツブルクで七月一九日から二〇日まで、それぞれ雨が降った。北フランスでは、五月は絶え間なく雨が降り、その後断続的に降って、ときには土砂降りになった。前出のアブヴィルのある市民は、ネイメーヘンのように、「一六四九年七月二六日と二七日の異臭を放つ〔原文のまま〕濃い霧が小麦にとって有害なのは明らかだった」[11]と記している。これ以上上手に表現できようか。ノイシュタット〔ドイツ中部の都市〕では、一六四九年は寒くて湿潤で、ほとんど夏はなかった。収穫物の上に雹が降った。ワインは酸っぱかった、等。

雨と霧を通しての一幅の克明な絵画である。スイスからアルザスを経てオランダにいたる南北の軸上で、冬も夏も、小氷期の典型的な一六四九年という年に遭遇する。結果として貧弱な穀物収穫、そして、またもや、イングランドでの「飢饉」！ 一六五三年のアレッチ氷河の（この一六四九年とその前の数年間の状況に対応した）大前進も少しも驚くにあたらない。

＊

さらに西、フランスの今日の西部国境にあたる地帯は、北部地域と共に、一六四九年はもっと運に恵まれていたということはできない。この地域は、戦争と気候による食糧不足と疫病とによって、手ひどく扱われ、したたかに殴られていたとさえいえる。リールでは、「白いパンを作る小麦」の価格は、一ラズィエール一一・一五パリ・リーヴル（一六四〇年代の一〇年平均の底値。暑かった一六四五年）だったが、一六四七年に一三・〇四、一六四八年に二〇・五〇と上昇し、一六四九年に、一五八九年から一六七〇年までの全期間を通じての最高値の二三・一八になった。あざやかなものである。価格が二倍以上になり、貧しい人々に分かち与えられる施しはどんどん増えた。一六五〇年四月三〇日、不充分な穀物収穫の九カ月後に迎えた長引く空腹の春、リールのある主婦に率いられた食糧暴動は、一六四九年から一六五〇年にかけての収穫後の期間である悲惨な一年から引き出された結末である。一六四九年の貧弱な穀物収穫、飢饉、ペストそして兵隊がこの不幸の責任を分担している[12]。

アミアンでも事態は同様であった。ピカルディー地方の歴史研究者である今は亡きピエール・デヨンは、半世紀以来体験したことのない規模と程度の価格上昇の波を指摘している。海表面の激しく揺れ動く運動を研究している専門家たちがいうように「極悪な波、ピラミッド」である。「一六四七年、一六四八年、一六四九年に、市場価格表に一定で憂慮すべき価格の上昇が記録されている。一六四九年秋に突然、状況は破局的様相を呈した。パン用軟質小麦は、三年前には一スティエ三〇ソルより少し高かったのが、一六五〇年七月には一四五ソルで売られた。災いが深刻だっただけに、いかなる凪もこの突風によって引き起こされた損害を修復することはできなかった。一六五一年も市場への供給は悪いままだった。またもや七月に、上質小麦は一〇〇ソルで取引された。一六五二年春でもまだ、一スティエ一〇五ソル以上で、一六五二年の収穫が安心に足るものであると確信できてからやっと落ち着いた[13]」、とデヨンは書いている。

他のところでデヨンが書いているように、軍事占領は一六四九年から一六五〇年にかけてのアミアンの危機を一層深刻にしたのはいうまでもない。だが、ちょうど一六四九年の収穫時には軍事行動は停止しており、気候による打撃を受けた不作の影響はやはり重大であった。

デヨンの記録は適切なので、それだけにフロンドの乱中、戦争中、さらには一六四九年から一六五〇年にかけての収穫後の期間における「気候に起因する」高値と、翌年にやってくるはずの一六五〇年から一六五一年にかけての収穫後の期間における「気候に起因する」高値とのあいだの持続性をよく示している。そしてさらに、一六五一年から一六五二年にかけての収穫後の期間もまた、多少の気候的土台の上に、今度は危険に満ちた兵乱の決定的優位が混合されたものだった。

パリとその周辺地域でも、一六四九年一月七日から三月・四月までの都市攻囲戦（パリ攻囲）と、さらにそのうえ、その前数カ月間の寒冷湿潤な気候不順[14]の被害を受けた一六四九年の不作とが重なって、一六四九年から一六五〇年にかけての収穫後の期間における小麦の最高値が出現した。それは、一五二〇年のパリにおける市場価格表の初期以来最大の高値で、一六九三―九四年のもう少し上の「最高値」を記録した期間までの最高値でもある。ジャン・ジャカールは当時の同時代人からあまり多くの語を直接借用していないが、（一六四九年の）大災害時の小麦を「霧雨におおわれ、黒い斑点が出て、熱に襲われさえして、踏みつぶされ、兵隊に徴発された」と指摘している。気象学と戦争学との怪物同士の結婚である。この同じ年にアルザス、スイス、低地諸邦北部、ピカルディー地方について前述したことは、パリ地方にも広くあてはまる。[15] エルブフ〔ルーアンの南、セーヌ川沿いの都市〕では、一六四九年春のパリ攻囲の軍事行動から離れていて戦闘の被害をあまり受けなかったが、一六四八年九月の上質小麦を指数一〇〇とすると、一六四九年一月から七月の期間で指数一三〇だった。しかし、一六四九年八月になったとたん、[16] エルブフ周辺の収穫不良をみて（雨のために倒れたという[17]）、指数一三五になった。それから一六四九年九月から一〇月に指数一九〇になり、一六五〇年九月から一二月になってやっと指数九〇もしくは一〇〇に下がった……。

*

一六五〇年の収穫はどうだろうか。われらがモンベリアールの年代記作者たちは、[18] この年は非常に雄弁で、冬が暖かすぎて寒くなるのが遅く、それから雨の多い春がきて、これらはみな穀物に被害を与えて、ブドウの収穫を遅らせたと語っている。パリ周辺でも同じ苦情が聞かれ、結局やはり高騰した小麦価格は少しずつしか下がらなかった（一六四九年から一六五〇年にかけての収穫後の期間に一スティエ二八・九六トゥール・リーヴルだったのに対して、一六五〇年から一六五一年にかけては一スティエ二四・三八トゥール・リーヴル）。兵隊につきものの災禍と荒廃は依然として続いていたというのが現実である。一六五〇年のスイスでの、少なくともいくつかの収穫の実数（ベルン、チューリッヒ等）は、教会一〇分の一税徴収区の大部分、大きい区でも小さい区でも、非常に適正な穀物収穫であったことを示している（Pfister, *Klimageschichte*, p. 166 以降）。

*

木が森を隠してはならない。スイスには過度に厳しくはなかったこの一六五〇年は、長い目でみれば、一六四〇年から一六五〇年までの大災害全体を忘れさせるものではない。特に一六五一年から一六五二年までの二年間を通じて、気候の影響は依然として残っていた。おそらくは目立たず、ささやかなものだったろうが、次第に戦争の影響の下に押しつぶされて表面上はみえなくなっていた。まず、一六五一年の（貧弱な）収穫について、その一六五一年から一六五二年にかけての収穫後の期間まで続いた事態とそのあいだの兵乱に打ちひしがれた状況を交えて少し述べよう。確かなデータに依拠すると、一六五一年の収穫は、疑いなく、スイス北部では教会一〇分の一税徴収区の大半で一六五〇年に比べて不足であった。一六五二年と比較すると大幅に少なかった。一六五一年のこの農民たちの収穫不足の気象的原因、それは単純に、一六五〇年から一六五一年にかけての極度に多雨な冬、とりわけ一六五一年一月である。このときの洪水は、たまたま起きた解氷のせいではなく、まさしく冬の過剰な降雨のせいであり、雨は小麦の種子に被害を与えたのだ。こうした気候の点ではすべての地域が同じだった。モンベリアール、アルザス地方、低地諸邦、イル゠ドゥ゠フランス地方[19]。そして、戦争が事態を極端なまでに深刻化させた。パリ周辺で、一六五一年から一六五二年にかけての冬、そして春、一六五二年の初秋さえも、戦闘と被害をもたらす軍事行動がやまなかった。そのため、パン用軟質小麦の価格は、一六五一年から一六五二年にかけての収穫後の期間にはほとんど三〇トゥール・リーヴルにまで上昇した。そして一六五二年の恐ろしい春である。この年の死亡者数はとてつもなく急上昇して、パリ周辺の数十の村で六倍になった。[20] 妊娠数も相関して減少した。パリでは、イル゠ドゥ゠フランス地方から中央山地までの全国的規模では、四〇万もしくは五〇万の死亡者が出た。パリでは、一六五二年に死亡者数四万三〇〇〇人。通常の年では二万人くらいである……。これらの事態における気候は、この非常に特殊なコンサートにおいて、もはやささやかなパートしか演奏していない。兵乱をもたらす戦闘こそが、たて続けに、大災害の大太鼓をたたいていたのである。

＊

もちろん、これらフロンドの乱の厳しい年々を、気候が主要な役割を果たしはしなかった期間だったとはいうまい。一六三九―四〇年の湿潤な冬から一六五〇―五一年の非常に湿った冬の終わりまで、中期的に、冷涼な年月のひとつのというよりは二つの連続期間があった。一六四〇年から一六四三年まで、春夏の訪れが遅く、フロンドの乱前の冷涼の季節サイクルということができる（前章末参照）。それから、一六四四年と一六四五年さらには一六五六年と一六五七年に頂点を迎える過渡的に暑い春夏を経たのち、フロンドの乱中のサイクルが出現する。気候的に、一六四八年から一六五一年の最初の数カ月まで冷涼もしくは寒冷で、一六四八年、一六四九年、一六五〇年の三年間ブドウの収穫が遅かった。政治面では、一六四八年から一六五二年まで様々な紛争があった（ブルゴーニュ地方とボルドー地方については一六五三年を参照）。

前者のサイクル（本質的に気候的現象）は、一六四二年から一六四三年にかけての収穫後の作物が腐る冷涼多雨な期間に生じた穀物不足の時期と、その結果として起きた一六四三年春の食糧暴動[21]の時期に頂点に達した。「一六四三年春、オート＝ブルターニュ地方全域とヴァンヌ地方で全面的に価格高騰となり、それは民衆の騒擾、非難、あるいは暴動さえ招いた」と、クロワは厳しい状況にあるブルターニュ地方について書いている。「食糧不足」、そして「飢饉」さえもが問題となったのである。(22)

＊

後者のサイクル（フロンドの乱中）は、本質的に政治と戦争に関わるもので、気候は付随的である。しかし、気候の役割は無視できない。一六四〇年から一六五〇年の低気圧が支配的だった期間の冷涼な季節のもとで、特に一六四九年から一六五〇年にかけての収穫後の期間に食糧危機に行き着く。この危機は、一六四九年という小氷期的な年（厳しい冬、涼しい夏。Van Engelen, *History and climate*, p. 112）の典型的な出来事であり、一六四九年の反体制的軍事的事件と絡み合って、北部地域のフランス人および民衆全般にかなり厳しい試練を課した。一六五一年から一六五二年にかけての収穫後の期間はさらに事態は悪かったが、気候はこの場合もはや端役でしかない。これからは、戦争の女神と不和の女神が、陰謀と、壊滅的事態を伴うかそれを内包するこの全期間を通じて、最悪の悲劇の本質的部分を描くのである。

＊

総体的にみると、モーリス・アギュロン〔現代フランスの著名な歴史学者〕がいうように、まったく「原因の割合」、いいかえれば「時期を同じくする六つの革命」（*Six contemporaneous revolutions*, Roger Bigelow Merriman, Oxford, Clarendon Press, 1938）の、環境面、行政面その他の決定要素あるいは決定を含意する要因の問題であり、フロンドの乱以前とフロンドの乱中についてのわれわれの考察の流れのなかで少なくとも側面的に検討対象となる問題である。すなわち、メリマン〔二〇世紀前半のアメリカの歴史学者。スペイン帝国についての大著がある〕によれば、以下の半ダースほどの革命に関わるエピソードである。カタロニアの革命もしくは準革命（一六四〇年五月から一六五二年まで）、ポルトガルの革命もしくは準革命（一六四〇年一二月から一六六八年を限度とする二、三〇年間）、ナポリの「革命」（一六四七年から一六四八年まで）、フランスのフロンドの乱（一六四八年とその後の四年間）、イギリスの革命（一六四〇年から一六五九年まで）、一六五〇年からのオランダ北部における革命的で確実に権力分散化的諸事態。ようするに、君主たち、もしくはただ単に支配者たちに対する政治的混乱の一〇年である。「運勢の星は王たちに対して恐ろしいものだった」と、ある記録文学者がのちにいう。だがそれはまた、しばしば冷涼で作物を腐らせ、小麦に不都合で、特に減少した食糧のせいで食糧不足と価格高騰が頻発した一〇年でもあった。人々は、政治的なものと気候的なものとの二つの一連の事態に直面したのである。この二つはお互いにまったく独立したものだが、たとえば一六四三年のように（反体制的な、食糧供給問題の半政治化）、ある種の関係を維持した。そして疑問の余地なく一六四九―五〇年に、悪天候と邪悪な兵士が結託した。一六五二年の人口の大被害の根本的原因は、いつもの減少（飢饉、疫病……）に加えて何よりも戦争にあるとはいえ、おそらく悪気候要件が完全にはなくなっていなかった一六五一―五二年の厳しい年もそうだったのだろうか（?）。ところで、これらいくつかの年次グループ（一六四三年、一六四九年、一六五一年）は本質的にフランスに関わっているので、同様の研究手法を、ルイ一四世のフランス王国の気象と比較的類似したヨーロッパ北部や中央部の諸国に対して適用したとしてもおそらく役に立たないだろう。同じように温暖で降水に恵まれているイングランドとオランダがそうである。地中海性あるいは南方性気候の諸国（ナポリ、カタロニア、ポルトガル）に対しては（同じ考え方にしたがっておこなわれる）異なったアプローチが適用されることだろう。これらの国々では価格高騰、食糧不足、気まぐれな価格変動は、ちょうど中央に位置する温暖な「われらが」ヨーロッパと同じではない、反対の気候の複合状況において発生する。これら「南方的」複合状況は実にしばしば、乾燥に関わりがある。たとえ小氷期が、その寒冷さと冷涼さと過度の豪雨とによって、地中海の北岸に、深刻な被害を伴うなんらかの影響をおよぼすにしても、やはりそうなのである。[23]

＊

しかし、フランスの北半、そしてより一般的には、湿潤温暖で、それゆえ過剰な降雨に脅かされている北西ヨーロッパに話をとどめておこう。まず、（気候の観点から）フロンドの乱の生態学的環境にきわめて部分的に照明をあてるのに貢献するものとして、アラン・クロワが、フロンドの乱によって生じた現象の（パリ地方という）震央ではなくその辺境に位置する周辺地域について述べた、とても美しい文章を引用することにしよう。以下、ブルターニュ地方について語るつもりである。アラン・クロワは書いている。「一六四八年から一六五二年のフロンドの乱の歳月は毎年、小麦が高値の年だった。高値の原因は、収穫の貧弱なことと、おそらく南西あるいはパリ盆地の『上流の地方』［これらの地方は、気象や兵乱による様々な理由で穀物不足の状態にあった］へのいきすぎた輸出だ。特に一六四八年から一六四九年にかけてと一六五一年から一六五二年にかけての収穫後の期間についてこの種の言及が多いが、一六四九年一一月と一六五〇年八月にもみられる。しかしかつての困難な時期（特に一六三〇年）にお目にかかるものほどの危機感はない。［…］問題になるのは、小麦の価格上昇、輸出に反対する民衆の行動、予想される食糧不足、あるいは現実に起きている自分たちの地域外での食糧不足である。これらの言説と不満はすべて、オート゠ブルターニュ地方の大都市と大消費地からやってくる」。

さてそれでは詳細、ブルターニュ地方の詳細だが、再度アラン・クロワを引用しよう。「一六四八年七月三日から輸出のためレンヌで『小麦が著しく高騰した』。一六四九年一月、食糧不足が予見されたためナントで穀物買い入れが決定された。[…]四月にレンヌでまた高騰がささやかれたが、ナント市当局は食糧不足に見舞われたラヴァルに小麦を送ることを受け入れた。一六四九年一一月一二日、レンヌの高等法院は州内の食糧不足について調査することを決定した」。この時期レンヌの人々は、「小麦は日ごとに値上がりし、そのため食糧不足の危険がある。[…]一六五〇年八月ナントで価格高騰。一六五一年九月三日にまたもや食糧不足が予見されたので、三日後にレンヌ市は最初の対策を講じた。小麦は一六五一年二月になってもナントで相変わらず高値のままで、サン＝マロの住民たちは一六五二年四月に輸出に反対する抗議行動を起こしたが、一六五二年七月四日から『大抑制』(大幅な改善)が報じられた。一六四九年にフジェール〔レンヌ北東の都市〕について用いられた『飢饉』という用語は、フジェール市の歴史学者ルブティエによるものである」(Alain Croix, *Bretagne*, vol. I)。

子細にみると、フロンドの乱期の気候要件は一六五一年にはっきりと表れていた。アラン・クロワは続ける。[24]「一六五一年の穀物収穫は特に、めったにない湿潤の被害をこうむったと思われ、一月に一六世紀以降で最も激しい河川の増水に見舞われた(ナントには非常に多くの証言が残っている。サン＝クレマン、サン＝ニコラ、サント＝リュスという小教区と、そしてR・デュシュマンの日記によればレンヌとメルデュリニャックでも)。これらの洪水の影響はおそらく、反対に、少なくとも牧草地をおそった乾燥によってさらに深刻化した」。アラン・クロワの分析には、文章的「魅力にあふれた」精妙さと並外れた緻密さが感じられるであろう。もちろんこれらの分析は、気象的に、そしてさらに兵乱の害が悪く絡み合った一六五一年の、北部や東部に位置する地域におけるもっと深刻な状況についてわれわれが語ったことがらに、細部にわたって一致している。実際、一六五一年一月と二月はアンジュー地方で非常に降水が多く、[25]三月初めは寒くて難儀であった。シャンピオンは、フランス王国の北半分で一六五一年一月に大洪水がいくつもあったことを指摘している(I, pp. 18, 77, II, p. 260)。洪水はまったく雨のせいで、解氷や融雪のせいではない。バウスマンもまた一六五〇年から一六五一年にかけての冬を湿潤として描いている。他方一六五一年の乾燥した夏（アラン・クロワはそういった）については、牧草地と、すでに冬の湿潤の害を受けた穀物にとってもおそらく好ましくなかったが、理の当然として暑かった（それは乾燥とうまく合う……）。なぜなら、ディジョンでのブドウの収穫は、すべて「一〇月におこなわれた」一六四八年、一六四九年、一六五〇年の遅い収穫と好対照をなして、九月二二日だったからである（本章初めの収穫日参照）。

フロンドの乱中のブルターニュ地方の事例は、非常に情報に通じていたアラン・クロワ教授が考える以上に多くのことを教えてくれる。ブルターニュ地方のヴァンヌの状況経過ほど、フランス北部さらにはイングランド南部の農業生産変動を忠実に反映するものはほかにない。それは、事例ごとに、一七二五年、一七八八年等の不作あるいは平年並以下の作柄を忠実に記録している。一六四三年から一六四九年までの、「上質のパン用軟質小麦」についてのヴァンヌのデータからこうして知ることのできる、年代的にはフロンドの乱前と乱中の七年間の収穫結果は以下のように記録されている。

ヴァンヌ地方の教会10分の1税

（現物納入：単位はペレ。1ペレ＝1.7ヘクトリットル）

年	上質のパン用軟質小麦の収穫量
1642	72.1
1643	102.9
1644	102.9
1645	120.2
1646	90.1
1647	77.9
1648	84.8
1649	77.9

出典：T. Le Goff dans Goy et LRL, Prestation..., vol. II, p. 590

フロンドの乱直前とフロンドの乱中の期間の初年は、この地方の収穫量の減少をはっきりと示している。この地方は、春から夏にかけての大西洋低気圧をもろに受けたのであり、それらの低気圧はその後、パリ盆地とロンドン盆地を通過して、ときにはやはり不愉快な結果をもたらすことになる。この生産減少は、ジャン・メイエ〔現代フランスの、メキシコを主要対象とする歴史学者〕がみごとに記述したとおり[26]、パリ地方で指摘されたような軍事的・政治的・反体制的な外的災害とは何の関係もない。ブルターニュ地方では、「フロンドの乱は諸身分と高等法院とのあいだ

アンジュー地方におけるワインの教会10分の1税

（B・ガルニエによる）

年	ピスコンの小ワイナリー（複数）	ラ・パンティエールワイナリー
1636	128	35.5
1637	156	40
1638	154	49
……	……	……
1641	114	43
1642	**54.5**	**20.5**
1643	**52.5**	**20**
1644	**59**	**29**
1645	102	33
1646	140.5	38
1647	**49.8**	**18**
1648	**39.5**	**14.3**
1649	**62.5**	**21.5**
1650	**49**	**21**
1651	**65**	**23**
1652	115	38
1653	150.5	38.5

出典：J. Goy et LRL, Prestations, 1982, vol II, III, pp. 556-558.
ワイン生産量減少期（1642-1644, 1647-1651）は太字で示し枠で囲ってある。

のさして激しくない紛争（一六五一年から一六五三年まで）にすぎなかった」からである。メイエが引用した一六五一年から一六五三年にかけてのこれらささやかな高等法院に関わる混乱については、私が先に述べた[27]この世紀の初期（特に一六四八年と一六四九年）のフロンドの乱期の平年以下の収穫のあとの年が対象となっている。メイエが取り上げた期間は、純粋に気候・自然的で本質的に「農業的」原因に関わっているのである。

ブルターニュ地方の教会一〇分の一税に続いて、同じくフロンドの乱期とその他の期間について、アンジュー地方におけるワインの教会一〇分の一税が提供してくれるすばらしい情報に注目しよう。ワインの一〇分の一税は、ワインの生産量減少、一六世紀末（一五八六年から一五九九年まで）の非常に「小氷期的」減少を知らせている。南ヨーロッパ各地におけるワイン生産量のすべての指数がこうした減少をみごとに示しており、これらの地方はワイン生産の辺境ではあるが、神聖ローマ帝国にとって不可欠のものである。一〇分の一税はまた、フロンドの乱前（一六四二年から一六四四年まで）とフロンドの乱初期（一六四七年から一六五一年まで）の（気候に起因する）二つの窪んだ撓曲（とうきょく）〔地層の彎曲（わんきょく）を示す地質学用語〕もみごとに示しているこれらは、一六三六年から一六三八年、そして一六四五年と一六四六年、最後に一六五二年から一六五四年の、特に夏が暑かった年のあいだにはさまれた寒冷または冷涼なワインの不作年である。

＊

一六四七年、一六四八年、一六四九年は、春夏の季節の進みが遅くて寒く、特にあとの二年は収穫が平年並以下だったが、パン用軟質小麦が早熟で豊作だった一六四五年の暑い年から遠いか（一六四七年）、はるかに遠かった（一六四八年、一六四九年）。それに加えて、一六四八年から一六四九年にかけての冬は非常に厳しく（ファン・エンゲレンの分類で指数七で、バウスマンもこれを支持している）、さらに一六四八年、一六四九年、一六五〇年の夏は寒く、これらの年は過度に湿潤で洪水に見舞われて作物が腐った[28]。なかでも、一六四八年、一六四九年、一六五〇年、一六五一年、一六五二年、一六五三年、一六五四年の夏といっておくが（この語を季節的に幅広くマクロ的に解釈する）、これらの年に低地諸邦で夏に大洪水が起きたことを記しておこう[29]。そしてもちろん、これらの出来事、さらには現象として穀物に有害な打撃は、いずれの年も、災禍や飢饉といった事態をそれ自体に内包するものではなかったが、特に一六四〇年代末頃に、またもや偶然の窓が何らかの大災害や突然の食糧危機の襲来に対しておおきく開かれた。もちろん、アメリカの歴史学者ビゲロー・メリマンがしたように、フランスだけでなくイングランドも含む西ヨーロッパ的意味でこれらの年を理解するとすれば、フロンドの乱期には政治

（まず始めに政治！）程決定的ではないが現実に、気候的に攻撃的要素はあった。歴史学者、とりわけ気候史学者というものは、同時にいくつもの楽器を演奏するものでなければならず、グローバルなヴィジョンを引きだそうとするには、様々なデータを考慮するのである。[30]

気象の詳細

われわれはオランダの研究者であるJ・バウスマンとアーリアン・ファン・エンゲレンという栄誉ある名前を冒頭で繰り返し挙げ、最高の礼をもって記した。われわれはこれから、彼らと共に、一六四〇年代末と一六五〇年代初めという驚くべき期間について（当時の気候の「霧」にもめげず、あるいはそれ故に）もう少し明確にみていくことにしよう。

ここでは「フロンドの乱の」という形容詞を便宜的に時代名称として使おう。人間にとっておそらく不都合であったであろう気候史の観点と、ときとして食糧が不足しただろう穀物収穫史の観点からみて、最も興味深い「フロンドの乱」期は一六四七年（もちろんフロンドの乱以前）と一六四八年・一六四九年・一六五〇年である。とりわけ興味深いのは、穀物収穫が遅かった後者の三年間である。[31]実際、一六四六年から一六五二年の期間は穀物の収穫が遅れた。ブドウの収穫もまた遅かった。なかでも、一六四七年はやや遅く、ことに一六四八年、一六四九年、一六五〇年はブドウ収穫学的に遅くて多雨な三年間だった！　穀物の高値もしくは非常な高価格は、フランス、イングランド、低地諸邦で、一六四七年から一六五三年までの七年間、あるいはこれら三国相互のあいだで多少とも異なる微妙な差異に応じて、少なくとも（一六四八年から一六五三年までの）六年間に対応している。

ここでは年次・気象学的細部がきわめて重要である。これについては、バウスマンのデータを記することにしたい。本書の読者の多くは、この歴史学者が書いている言語であるオランダ語をかならずしもよく知ってはいないだろうから。

まず、一六四八年から一六四九年にかけての収穫前の期間。冬はかなり暖かく、夏はかなり涼しかった、とバウスマンはいう。詳細はこうだ。一六四七年一〇月は、雨と風、少々の霜、ヘッセン地方で寒さ。一一月は、雨、風、寒さ、雪、霜、一一月末にアイススケートができた。冬自体はかなり暖かく、強い印象を与えるものではない。一月から二月にかけて霜の期間がいくつかあり、それから三月までまた雨と雪。ミュンスターで一二月から河川の増水。

一六四八年一月、ハンブルクで非常に荒れた天候となり（西からの暴風雨）、二回のおおきな高潮（一月一一日と二月二四日）が学校や風車に損害を与え、地下倉庫にあった多くの商品をだいなしにした。

一六四八年三月は反対に、霜が降りて雪が降って、まさに冬だった。小麦畑はこの遅い寒さの被害を受けなかっただろうか？　一六四八年一月から六月まではまた、ウェストファリア条約が実施された。

一六四八年の夏は、全体として、収穫前の作物にかなり好ましくなかったようだ。いくつかの文献が、一六四八年の雨が多い天候と毎日雨が大地に打ちつける様を語っている。またもや、天は仔牛のように涙を流した。カルヴァン主義的罪の虜になっている国にネーデルラント人の涙を降りそそいだのである。まぐさは水浸しとなり、小麦は畑で腐った。「フランス北部では、春は五月半ばまで多雨だった。それから、五月に二週間の晴天があり、八月に四日間の晴天（それは夏の雨のちょっとしたほほえみにすぎない）があった。五月三一日から九月まで、この四日間以外は絶え間なく雨が降ったからだ」。アブヴィル地方では「小麦は畑で穂についたまま発芽した」。ある牧師によれば、「夏の大気はあまりにも大量の雨を運んできて、穀物は水を吸いすぎて、畑で天の恵みが死んでいく。もうたくさんだ」。一六四八年夏の他の文献も付け加えている。「主の家や自分の家にいるときも毎日毎日絶え間なく雨音が聞こえていた。私たちは、この結果作物が腐ることを考えていた。この雨は私たちの心に降るかのようだった。背筋に寒気が走った」。

さらに、一六四八年八月八日のマーストリヒト西方の雷雨と一六四八年九月三〇日のオランダ地方の暴風雨も問題だった。イングランドでも事態は同様だった。夏は天気がよくなく、一六四八年八月一六日から九月三日まで大雨が猛威を振るった。相変わらずいつもの歌だ。まぐさが腐り、小麦も腐った。小麦はまだ畑に生えていたり刈り取られて束になって積んであったりした。九月。状況の強弱はあるものの、同様の叙述（雨）が依然として続き、家畜も農民も運がなかった。大陸では洪水はかなり少なかったようだ。細かくて絶え間なくしとしと降る雨だったからだが、それだけに穀物には有害だった。それでも、六月にシレジア、八月にスイス、九月にバイエルンで洪水があった。全般的にブドウの収穫は遅かった（ディジョンで一〇月一日、フランス東部とスイス他のブドウ栽培地ではさらにずっと遅かった）。ワインの量は少なくて酸っぱかった。結論として、穀物収穫については、一六四七年から一六四八年にかけての収穫前の期間は、一四世紀以来、いやそれ以前からのヨーロッパの歴史で、こうした状況において何度も繰り返し遭遇して周知となった低気圧性気象といういつもの理由で、まさしく災害を引き起こすものだった。フロンドの乱があろうとなかろうと、パリだけでなくイングランドや低地諸邦のあちこちの市場価格表で穀物の高値が記されても少しも驚くにはあたらない。

一六四八年から一六四九年にかけての収穫前の期間についても同じことがいえるか、事態はもっと悪い。一六四八年から一六四九年にかけての冬は厳しく、一六四九年の夏は冷涼だったとバウスマンはいっている。イングランド、フランスの北半分、低地諸邦では、一六四八年から一六四九年にかけての冬はしばしば寒く、ときには湿潤だった。そのおもな不都合は、一一月から三月まで、地域によれば四月までの五カ月もしくは六カ月のあいだそれが続いたことである。穀物にとって悪いスタートだったのだろうか。われわれの情報源は、アルザスを除いて、それを明らかにしていない。アルザスでは、一六四八年から一六四九年にかけての冬は、一六四九年の来たるべき収穫にとってまったくの災害として描かれている（Claude Muller, *Chronique..., XVIIe siècle*, pp. 135-136）。一六四九年の小麦の欠乏はこのほか、ナミュール〔ベルギー中南部の都市〕でも指摘されている。

一六四九年の夏については、いくつかの暑くて乾燥した時期はあったが、一六四九年の「気候の良い季節」は全体的に、バウスマンが評したように冷涼という形容詞が当てはまる。この夏の期間を通じてかなり頻繁に訪れた降雨のせいで、草もまぐさも多かれ少なかれ水に浸かった。小麦は畑で腐った（少なくとも部分的に。というのも、評価というものは常に災害の程度を誇張するから）。六月から七月にかけてと九月の大雨は、ドイツ、サヴォワ、オーストリア、低地諸邦で洪水となった。われわれはすでに、アブヴィル地方での小麦に不都合な七月末の湿った悪臭を放つ（原文のまま）霧を引き合いに出した。ノイシュタット〔ドイツ中部の都市〕では、ハールト・ブドウ園で「ほとんど夏がなかった」（原文のまま）寒くて多雨な夏について話が交わされた。ワインは酸っぱく、収穫は遅かった（一〇月七日）。一六四九年だけでなく一六四八年と一六五〇年は、ドイツの中低標高地帯で木の年輪は水で膨らんで厚かった[32]。この一六四九年に低地諸邦南部（現在のベルギー）で続いているというか、資金不足でだらだらと長引いていた小さな戦争（ハプスブルク家の部隊といくつかのフランス分遣隊との戦闘。一六四九年にイープル占領）は、低地諸邦北部の小麦市場には何の影響もなかった。この地方での高値は、外部的被害である軍事行動とは関わりなく、それだけになおさら、上昇していつまでも高止まりしているのは気候に左右されているのである。

さてそれでは、「フロンドの乱」期の三年間についてのわれわれのモノグラフの第三番めである一六四九年から一六五〇年にかけての収穫前の期間をみよう。出だしはよかった。バウスマンは冬は普通だったといっている。場合によって、温暖、高温、乾燥または多雨のいくつかの期間があった。小麦は畑で快適にすごしていた。春も満足できるものだった。問題なのはむしろ夏である。晴天の日はいくつかあったが、雨と風が多かった。六月にザクセン地方、七月にドゥー川地方で洪水があった。ファン・デル・カペレンという人物が以下のように書き留めている。「一六五〇年の夏いっぱい河川が高水位だった結果、まぐさが水に浸かり、降り続ける雨によって腐った。小麦やその他の『実』のなる作物もすべて腐り、ハツカネズミにやられ、特にオランダではノネズミの被害にあった。ネズミは大挙して現れて、あらゆる種類の作物、ニンジンやホースラディッシュさえも食べ、かじった。[…]ブレーメンとハンブルクのあいだのハデルン地方で八月六日、雨が非常に強くなって四時間後に家々に浸水した」。フランドル地方は、七月末から強い雨の被害を受けていて、畑の小麦は堆肥になりつつあった。ネイメーヘン〔オランダ南東部の都市〕では、夏は「湿っている」と書かれている。ノイシュタット・ワイン街道では、五月に雹が降り、夏にも降った。ワインは少ししかできず、品質も悪かった。フランス北部と中東部でのブドウの収穫は一〇月だった(本章初め参照)。イングランドのエセックス州についての情報は非常に少なく、全貌はわからないが一致している。一六五〇年五月一九日、にわか雨。八月一九日にジョスリン師は書いている。「雨が降って、非常に悲しい日である。畑は水があふれている」。九月二七日と一〇月初めも雨が降った。

したがって、一六四八年と一六五一年同様、一六四九年から一六五〇年にかけてフランス、低地諸邦、イングランドで一斉に穀物の価格が高騰したのは、何ら不思議ではない。こうした高価格は、単にフロンドの乱による特殊フランス的なあらがいがたい騒ぎのせいだけでなく、少なくとも気候温暖な北西ヨーロッパの「まんなかの」大国(フランス北部と中央部、イングランド、低地諸邦)において、穀物に不都合な低気圧性の様々な気候的経緯もまた関わっていたのである。それが、とりわけ収穫が遅かった三年間であり、一六四八年、一六四九年、一六五〇年に穀物の収穫もブドウの収穫も遅延し、この三年間の樹木の年輪は、その直前と直後の薄い年輪と対照的に、水分を含んで膨れて厚かったのである。この三年間がフロンドの乱の引き金となったわけではないし、そのような仮定はまったく根拠がないのだが、まさしく前述のような気候タイプ（……そして戦争）によって引き起こされた平年並以下の収穫の結果生じた穀物の高価格のために、民衆のあいだに鬱積した雰囲気が醸成された。それは小麦価格が高騰したときに現れる古典的な、不満の声を上げる素因（ほとんどフロンドの乱と関わりないが、アラン・クロワの *Bretagne* 参照）であり、のちにフランス革命のときに他の事例をみることになる。ことさら政治的で党派的な不満はこうして、食糧不安の意識が全般的にいきわたることによっておおきくなる。これらはすべて、少なくともパリ周辺では、一六五二年春夏のフロンドの乱終結時の大災禍のときに非常に重大化する。この大災禍については気象はほとんど影響しておらず、パリ周辺でおこなわれた激しい軍事行動が、穀物収穫の喪失と、軍事・政治的経緯から生じた食糧事情の悪化と、それと同時に発生したと思われる疫病との結果、膨大な数にまで膨らんだ死亡者数の決定的要因である。結局これが、部分的ではあるが、フロンドの乱の謎の一部始終の展望について、農業気象学的観点から提案できる構図である。その委細は、繰り返しいうが、より全般的には、基本的に政治的、反体制的、軍事的な次元に属している。気候の色調は、ややもすれば食糧について不満で、極端な場合には食糧不足もしくは飢饉の様相を帯びた雰囲気を醸成したにとどまる。だがこのことはまた、民衆、あるいはその一部に体制破壊の考えを「活発化させもした」。さて、フランスの外、いくつかの大国あるいはそれほどおおきくない国――イングランド、低地諸邦、ドイツ――へと広く目を向ければ、われわれの視野を拡大できる。そうすれば、いくつかの補足情報が得られるだろう。

イングランドの争乱

イングランドでは、気候・食糧・価格・食糧不足・疫病・人口減少の古典的関係は（フランスで、宗教戦争期

収穫後の期間におけるイングランドの様々な穀物すべての平均価格

（7月から翌年の7月までの収穫後の期間：1484年を指数100とする）

1640-41（年）	708
1641-42	649
1642-43	**640**
1643-44	**565**
1644-45	**600**
1645-46	**663**
1646-47	847
1647-48	1091

出典：Joan Thirsk, Agricultural History of England, vol. 4, p. 820.
（第1回目の内戦期1642年8月–1646年8月中の収穫後の期間は太字で示し枠で囲ってある）

にある程度までそうであったし、フロンドの乱期にもまたそうであるように）複雑で、それは、一六四〇年代、状況によってはもう少しのちまでの、革命に端を発する内戦の干渉によって複雑になったのである。イングランドにおける最初の内戦は一六四二年八月から一六四六年八月までである。第二回めは一六四八年三月から八月まで。第三回めは一六五〇年六月から一六五一年九月まで。しかし、これらのイングランド内、またイングランド対スコットランド、さらにはイングランド対アイルランドの戦争は、少なくともこの大きな島の南部では、価格曲線に決定的な影響を与えていない。これらの価格の肝要な部分については、特にベヴァリッジ〔二〇世紀前半のイギリスの社会経済史学者〕とサロルド・ロジャーズの研究業績中にある非常に多くのデータによって知られており、それらはロンドン、オックスフォード、ケンブリッジの価格である。ネーズビ（チャールズ一世に対するクロムウェルの勝利。一六四五年）、プレストン（スコットランド軍がクロムウェルに敗れる。一六四八年）、ウースタ（クロムウェルの勝利。一六五一年）における決定的戦いは三つともステュアート王家の敵が勝利を収めたのだが、これらの戦いは、ロンドンやオックスブリッジといった主要な穀物生産盆地の北に位置する地方でおこなわれた。当該の価格情報がもたらされるそれらの盆地はまさに、他にもまして穀物収穫量を反映している。

そのうえ、このイングランド第一回めの内戦は、驚くべきことに（この点で、フランスのフロンドの乱や宗教戦争との比較は実行停止となる）、不都合な事態も不快な事態、つまりそうなればイングランドにおける小麦相場を上昇させるような事態、を生じさせなかったようなのだ。この戦争は、繰り返すが、一六四二年八月から一六四六年八月まで続いた。つまり収穫後の期間の四重奏（一六四二―四三年、一六四三―四四年、一六四四―四五年、一六四五―四六年）とも呼べる期間の農業的観点からして同時期の期間である。したがって、穀物価格に対するこの「戦争」の影響は微弱、さらには無であった！

これが事実である。前掲の表によれば一六四二年から一六四六年までのこの第一回めの内戦は小麦価格の格別の上昇を経験していないか、あるいはほとんど影響はない。かつての宗教戦争期のフランスや近時のフロンドの乱期のフランスとはなんと違うことだろう。この両期間は、小麦価格をつり上げるほど破壊的で、またその価格上昇のために悲惨だったのだ！

第二回めのイングランドの内戦は一六四八年三月から一六四八年八月までだった。この内戦は穀物価格にある程度のインフレ方向への刺激を与えたようである。

さてこのあとは、国をまたいで、ロンドン・パリという、われわれの関心事であるフランスとイングランドの価格動向をご覧に入れる。

収穫後の期間の穀物価格

（前掲表に続き、類似の資料にもとづく。出典は前掲表と同じ）

1646-1647（年）	847
1647-1648	1,091
1648-1649	1,073

数値の差異にもかかわらず、一六四六年から一六四七年にかけてと一六四七年から一六四八年にかけての収穫後の期間に両国ともほぼ同方向に穀物価格が上昇していることがみてとれる。パリ盆地とロンドン盆地とで互に比較的類似した農業・気象学的現象は、英仏海峡の対岸に位置して比較的密接な関係にあって、ドーバー海峡の北方向と南方向へと事態を並行

パン用上質小麦の収穫後の期間の価格

（イングランドの価格はすべての穀物の平均価格ではなく、前表の数値とは差異がある）

収穫後の期間（年）	フランス（リーヴル／スティエ）	上昇率（対前年比％）	イングランド（1484年を指数100とする）	上昇率（対前年比％）
1645-1646	11.12		590	
1646-1647	13.35	20％	804	36％
1647-1648	15.90	19％	997	24％

出典：Baulant et Meuvret ; Thirsk

1649-1650 年から 1652-1653 年までのパン用軟質小麦の価格低下

（単位：シリング／クオーター。表下の文章を参照）

収穫後の１年間		常用年〔1月1日に始まる1年間〕	
1649-1650（年）	55 ～ 60	1650	55
1650-1651	44	1651	48
1651-1652	39	1652	33
1652-1653	29	1653	25

出典：Thorold Rogers, vol. 5, p. 201 sq. et p. 270. William Beveridge, *Prices and Wages in England*, p. 208 sq.（チャーターハウスにおけるパンの価格。サロルド・ロジャーズによる上記数値と同じ傾向を示している）の数値によってもまったく同様な経過。

的に進行させる傾向があるのだからなおのこと、ブルボン朝の王国の北部と大ブリテン島の南部で同じような役割を果たしたに違いない。イングランド側では、一六四八年の軍事的出来事は、それが明確にロンドン盆地の北方地域でのことだったのでほとんど支障にはならなかった。それは、ロンドン・オックスフォード・ケンブリッジの三角形地帯の物価の観点からはおおきな役割を持たなかった。だがそのことはまた、小麦相場と……テムズ川沿岸地方に対する軍事的事柄の影響をまったく否定するということを意味するものではないが。同じことが、一六四八年七月一杯まで軍事的出来事がなかったイル＝ドゥ＝フランス地方にも、もっとはっきりと指摘できる。フロンドの乱のようなタイプの戦争の衝撃は当然、少し遅れて始まる（シャラントン〔パリ東南郊の都市〕の戦い。一六四九年二月一六日）。

三つめのイングランド内戦は、一六五〇年六月から一六五一年九月まで続いたといってよいだろうが、これもまた、幸運に恵まれたイングランドのロンドン・オックスフォード・ケンブリッジの三角形地帯より北での局地的なものだった。この第三番めの戦争は、常にありえる「兵乱」の影響にもかかわらず小麦価格を上昇させることはまったくなかった。というのも、実際、「小競り合い」であろうとそうでなかろうと、これらの価格は、あまり残虐ではなかったと思われるこの戦争中、収穫後の一年間の範囲をとっても常用年の範囲をとっても、低下傾向を示しているからである（前記表参照）。

とりわけ、一六四八年から一六四九年にかけての収穫後の期間の「食糧価格」に影響を与えた一六四七年から一六四八年にかけての収穫前の期間の気象に興味を惹かれる。そしてまた、イングランドの消費者について一六五〇年から一六五一年にかけての収穫後の期間に反映した一六四九年から一六五〇年にかけての収穫前の期間も検討しよう。

イングランドにおける穀物全体の価格

（1484年を指数100とする。収穫後の期間）

比較的廉価な3年間	1644-1645（年）	600
	1645-1646	847
	1646-1647	663
高値の3年間	1647-1648	1091
	1648-1649	1073
	1649-1650	1023

すぐ近くのオランダの気象データとイングランドの諸情報によって、イングランドの一六四七―四八年は穀物にとって非常に不都合であり、それは特に夏のあいだ過度に湿潤だったことによるということがわかっている。ゆえに一六四八年から一六四九年にかけての収穫後の期間の価格は大幅に上昇し、人口にある程度影響が出た。一六四八―四九年以降、収穫後の期間以降だが、英仏海峡の北では古典的な死亡者数超過が生じ（プラス六七〇八人）、結婚数が減少して（マイナス七四三二）、九カ月後の一六四九年から一六五一年にかけての収穫後の期間後の出生数に比べて妊娠数がおおきく減少した[33]。一六四八年から一六四九年にかけての収穫後の期間におけるイングランドの死亡者数のピークは一六四八年一一月から一六四九年六月までである。価格のピークについては、一六四四年・一六四五年・一六四六年の比較

的廉価な三年間と一六四七年・一六四八年・一六四九年の高値の三年間とはきわめて対照的である（付随的に、「一六四七年・一六四八年・一六四九年の」イングランドにおける三つの不作もしくはそう推測される事態については、本書記載の参考文献の他、G. E. Aylmer, *Rebellion or Revolution*, Oxford University Press, 1986, p. 116を参照されたい）。一六四九年から一六五〇年にかけての収穫前の期間も同じような「雰囲気」と思われる。作物の生長が遅く、非常に湿潤で、穀物や他の作物に不都合で、イングランドとオランダの二国は穀物価格上昇の雰囲気に包まれ、そして一六五〇年から一六五一年にかけての収穫後の期間に死亡者数が多少増加した[34]。これらの困難な事態は（場合によってはそれ自身が外部からの災厄である軍事的事象と組み合わさって）英仏海峡の北に半食糧不足もしくは完全な食糧不足と、多くの場合疫病を経由して相関的あるいは結果的な死亡者発生という、おきまりの連鎖を引き起こした。この複合的現象、それを海峡のかなたの史料編纂は「一六四九年の飢饉」という単純化した適切な語で包括的に表現したのである。飢饉という語は、チャールズ一世の処刑によってことさら陰鬱になった革命の年月に不愉快な、さらには侮蔑的な意味合いをもたせた。こうした観点から、フランスとイングランドとのあいだ、そしてある程度まで低地諸邦にもときには食糧不足を原因とする価格高騰の運命的一致がみられる[35]。だがホラント州〔オランダ西部地方〕は、巧みに窮地を脱することができた。この地方は、その巨大な海運業のおかげで、オランダ商人に好都合な小麦価格高から利益を得た。それは受けた被害を上まわるものだった。しかし、他所同様、最も貧しい人々にとっては議論の余地がない苦しみが始まった。ロンドン、パリであろうがリールであろうが、またアムステルダムだろうが、どこであろうと、彼らは本来的に高値の被害をこうむるのだ。

オランダ――「謎」で不当な利益を得た国?

純粋な農業気象学の研究にとって、一般的にホラント州と低地諸邦北部はまったくうってつけである。ウェストファリア条約による平和は、一六四八年一月から六月までにこの地域に最終的に確立した。一六四八年六月五日、オランダとスペイン間の本来の三十年戦争はもはや悪い思い出にすぎなくなった〔スペインはオランダの独立を承認した〕。この思い出は消え去るには時間がかかるのだが。事実としては、世に知られた軍事的、もしくは準軍事的出来事がひとつだけ(少しあとの、本質的に海運上の紛争を除外すれば)あった。このたったひとつの悲喜劇は結局失敗した奇襲攻撃に終わった。それは、「善良公」オランイェ公ウィレム一世が一六五〇年七月三〇日からアムステルダム市に対して試みたものである。このささやかな軽挙は、人的被害も死者も出さずに、数日で終わった。まったく穏やかで少しも血なまぐさくない戦争だった。「攻撃者」オランイェ公は、挑発を受けたこの大都市から流出する意図的な洪水による昔から使われていた脅威に直面して、後退し、そしてあきらめたのである。それから数カ月後、若きウィレムの夭逝によって事態はすっかり解決される[36]。彼の死は、ちゃちな戦争を起こそうとするあらゆる下心に終止符を打った。それは、一六五一年から一六七二年までのオランダの並外れた繁栄の前奏曲だった。イングランドとオランダの海洋紛争が、少しのち、一六五三年に最高潮に達するのは確かであるが、それは厳密にはその年内に多少重大であったにすぎない。こうして、オランダにおける穀物価格上昇の傾向は、実際はその前(一六四八年から一六五二年までの)の四年間しか続かなかった。結局、この沿岸から離れた沖合での艦船どうしの戦争、もしくはこの紛争の見通しも、バルト海からの小麦の輸入の海上交通に少しも障害にならなかった。一六四〇年代末から一六五〇年代初めの小麦の販売価格の上昇の動きを察知した商売にたけたオランダの小麦商人にとって素晴らしい日々であった。したがってパンの原料市場の運命は、内戦によって被害をこうむっているフロンドの乱中のフランスの北方のオランダで、その地方では幸運にも存在しない軍事行動による障害にまったく影響を受けることなく推移したのである。こうしたオランダでの価格上昇は単純に、北海さらにはバルト海の市場に現地で影響をおよぼす収穫不足に結びついていた。価格上昇は、ようするに、（この地域の軍事的観点からみれば）どちらかといえば異教派間の和協を進めているこの時期における小麦収穫量の物理的な欠損のせいだった。アムステルダムでは一六四八年から一六五二年の平和な期間を特徴とする時期と穀物不足である。こうした小麦、ライ麦等の農業収穫の量的不足は、オランダ、イングランド南部、今では平和になったドイツ北西部で記録されている。おそらくはバルト海地方、そしてもちろんフランス北部でもそうだっただろう。ただしフランス南部はそうではない。そのおおきな原因、それは、少なくとも三年間（一六四八年、一六四九年、一六五〇年）の気象状況、特に過度の降雨と低気圧状態である。

　この小麦価格の上昇は、もちろん適正でない収穫を示しているのだが、それを計量し日付を確定しておくのがよいであろう。値上がりは、一六四七年から、バルト海地方から舶来する小麦と地元の穀物共に、非常にわずかずつ始まり、まだオランダの全都市におよぶものではなかった（アムステルダム、レイデン〔アムステルダム南西の都市〕、ユトレヒト）。一六四八年には完全に明確になり、ときには激しいものとなった。値上がりは、小麦、ライ麦、大麦（秋まき大麦あるいは短大麦）の三つの穀物におよんだ。値上がりはまた、グダニスク〔ポーランド北部、バルト海に臨む都市。（旧ドイツ名）ダンツィヒ〕、カリニングラード〔ロシア西部、バルト海に臨む都市。（ドイツ語名）ケーニヒスベルク〕またはプロシア本土からの輸入品のほかオランダ産の穀物にもおよんだ（合計で一五の価格データ時系列を利用。これらのうち半ダースほどがプロシアおよびスラブ地方のもので、残りがオランダのものである）[37]。こうして、他所同様一六四八年に始まった相場の上昇に引き続いて、一六四九年にはすでに穀物価格のオランダにおける上限、「最高値」に達し、やや辺境といえる場合には（レイデンの大麦）この期間における極限価格であった。一六五〇年には、一四の価格データ時系列について価格の頂点が続いており、一例（カリニングラードの小麦）では極端で、極限の高値だった。一六五一年も依然として最高値状態（一五のデータ時系列中一三）であり、バルト海地方の二つのデータ時系列とオランダ内のホラント州・フリースラント州さらにはオランダ北部地域の三つのデータ時系列との合計五データ系列について最高価格であった。細民には無情で穀物商人には好ましい高値の三年間（一六四八―五〇年）もしくは四年間（一六四八―五一年）、明らかに最高値だった年一六五一年について注目すべき指摘が二つある。オランダの物価についての大歴史学者ポストゥムスは、われわれには望ましかった収穫後の期間（八―七月）ではなく暦年（一―一二月）について研究して、「一六五一年」の（消費者のうちの庶民大衆にとって）「悪い」結果は、たしかに一六五〇年の収穫不足（これは一六五一年の前半に間接的に影響を与えた）だけでなく、やはりおそらく不足であったろう一六五一年の収穫を反映していることに由来するとした。一六五一年の収穫はその年の夏前の期待と収穫後の現実を踏まえた現実的で悲観的な評価に深刻な打撃を与えた。他方、依然としてこの一六五一年についてだが、下層民への食糧供給のための穀物に与えた値上の危険な一撃に注目しよう。特にライ麦、そして付随的に秋まき大麦。一六五二年、依然として価格の最高域内にあった。一六四八年から一六五三年までの高価格上昇期全体で一三の価格データ時系列のうちに五つの極限価格がみられる。このような結果がみられるのはイングランドとオランダの海戦の開始のせいなのだろうか。一六五一年から一六五二年まで、上昇が続くなかで、他のいくつかのもっと激しい上昇のあとに生じた穀物価格の平均上昇率はまだ八パーセントだった。一六五三年にはとうとう、あれほど待ちかねた価格低下がやってきた。一六の価格データ時系列のうち一五で価格が下がった。ただひとつ依然として最も高価格だったものも、それ以前の四年間（一六四八―五二年）の最高価格とは（もう）まったくかけ離れていた。この価格低下はその

年	A	B	C	D	E	F	G	H	I	J	K	L	M	N	O
	パン用軟質小麦 ケーニヒスベルク〔バルト海に臨む旧東プロシアの街。現在はロシア領カリーニングラード〕	パン用軟質小麦 ヴェンデ〔旧東ドイツ〕	ライ麦 ケーニヒスベルク	ライ麦 プロシア	ライ麦 プロシアについての他のデータ時系列	冬大麦 プロシア	ライ麦 大聖堂参事会〔オランダ〕	ライ麦 ユトレヒト	パン用軟質小麦 レイデン〔オランダ、アムステルダム南西の街〕	ライ麦 レイデン	パン用軟質小麦 聖カトリーヌ病院	パン用軟質小麦 聖霊病院	ライ麦 聖霊病院	パン用軟質小麦 アムステルダム市立孤児院	ライ麦 アムステルダム市立孤児院
1645															
1646															
1647				+											
1648	+	+	+	+	+			+	+	+	+				+
1649	+	+	+	+	+		+	+	+	+	+	+	+	+	+
1650	+	+	+	+	+	+	+	+	+	+	+	+	+	+	+
1651		+	+	+	+	+	+	+	+	+	+	+	+		+
1652		+	+	+	+	+		+	+	+	+	+	+	+	+
1653					+		+				+				
1654															
1655															

出典：Posthumus *Preisgeschiedenis, op. cit.*
高価格の年には《+》の印をつけた。
欄AからFは、オランダの市場で高い評価を受けたバルト海地域産の小麦に関するものである。その収穫はバルト海地域の気象と、アムステルダムと西ヨーロッパ北部から需要動向とによって影響を受ける。欄GからOは、オランダにおける価格を直接的に反映しており、その地域の収穫とそれに影響を与える気候とに、それのみというわけではないにしても、より深く関わっている。

後続いて、さらに下がって……しばらくたって、「わが国」とそれにオランダでも、またもや降雨と低気圧に支配された夏が原因で発生した一六六一年の飢饉や食糧不足や価格高騰に対応する急激な価格上昇まで続いた（これについては後章参照）。

結局、R・ボス[38]と彼の同僚がみごとに示したように、一六四八年から一六五二年の期間は、オランダの物価、特にブレダ〔オランダ南部の都市〕のライ麦の価格グラフ上に高い塔のようなものを形成したのである。この四年間の上昇は（一六三〇年から一六九〇年までの期間に記録された庶民の食糧穀物としてのライ麦の明らかに平坦な通常価格に比べて）は、R・ボスのグラフ上で等倍から二倍になるのである。この一六四八年から一六五二年の小塔状の形は、島であれ大陸であれ、フランスを含む他の西ヨーロッパの地域に向けてのそのすぐあとアムステルダムから再輸出されて各地に再配分されることを考慮すれば、グダニスクやその他のバルト海諸港からアムステルダムに向けて送られる小麦の積荷に対するすさまじい需要を呼び起こした。

地理的塊、「地塁」のように隆起した、一〇年の半分という非常に短い期間の価格曲線、一六四八年から一六五二年までのこの価格の小塔を形成した期間をどのように説明しようか。だが、それぞれ多少とも平和になっていたイングランド人、そしてオランダ人にとっては、イングランドでは特に一六四八年以降、（一七世紀中頃の低地諸邦の場合は）「国内」の枠内で全域が平和になったのだが、彼らにとってそうした政治的・軍事的解明はまったく価値がないか、ほとんどない。われわれは（価格が最高に達した一六四七年以降の小塔のように隆起したこの五年間について）、多雨な夏と凍りつく冬という気候的決定要因の形でいくつものたしかな原因をみつけだした。食糧価格の激しい上昇のこうした気候的原因は、たとえカペー朝の王国の北部全域については血なまぐさくて耐えがたい内戦という典型的にフロンドの乱的な種々の諸々の思いを忘れることはできないにしても、おそらくフロンドの乱中のフランスにも当てはまるだろう。内戦は、地域的規模でだが、特に小麦価格そして総体的に検討された非常に多様な食糧品の価格の、フランス国内の多くの地方における上昇のもうひとつの要因となっている。再度いうが、ブルボン朝の王国においては（激烈な）政治が支配しているのである。しかし気候は、少なくともフランスでは、部分的にすぎないのだが、穀物価格の上昇によって火をつけられた、あるいはかき立てられた、下層民の不満の雰囲気を生みだした。そこには、反体制に傾く刺激として、そしてそれにはジャン・ニコラがもう少しのちにそうしたように、研究意欲をそそられるのだが、フロンドの乱のときに、パリそして地方でも食糧暴動が発生したのである……。

ようするに、フロンドの乱は、過度に低気圧的様相を示していた悪気候から生まれたものではない。そうした「生まれた」という命題を設定するとしたら、それは非論理的であり、荒唐無稽でさえあるだろう。しかし、いま問題にしている、ブドウ収穫学的には遅い年である一六四八年・一六四九年・一六五〇年という特別な期間のこの「悪」気候は、フロンドの乱という事件にとって、三カ国（イングランド、フランス、低地諸邦）にまたがる国際的規模で、さらなる爪のひと弾き、「テクストの裏に含意されたもの」、穀物価格の激しい上昇にいらだった消費者の不満に追加された挑発となったのである。それは新たな原因要素、民衆への刺激要件、騒擾増大の動機である。体制に対する抗議状況を多元決定するひとつの事態を目のあたりにしていたのだ。話をフランスにとどめて、事態を擬人化すれば、アンヌ・ドートリッシュとマザランは意図的に、民衆の不満とパンの原料のうち続く高値という「やっかいな事態」のこの特定の原因をないものにしていたのではないかといっておこう。この高値は、とめどなく連鎖して、一六四八年から一六五二年まで、年からその次の年へと続いた。それは、一六四九年の一月、二月、さらには三月まで、（政治的・軍事的騒擾のときに）パリでのような[39]深刻な食糧暴動を発生させた。それは知らず知らずのうちに、他の多くの憂い、高等法院や諸侯や兵隊たちから発する数多くの不安要件に加わった。実際それは、アンヌとジュールの政府、そして少年王ルイ一四世の王座をもろいものにした。

ケルン……そしてヘッセンのデータ

ドイツ、少なくとも西部では、ここでわれわれが関心を持っている時期（フロンドの時期）には、パン用軟質小麦とその他の穀物の歴史的環境はフランス北部、イングランド、本来的な理由で当然、低地諸邦とさほど変わらない。そういうわけで、チュートン人の国もまた、われわれが得たいくつかの結論を裏づけるかまたは否認するためのチェック検査、試金石、根拠を提供することができる。実際、フランス国内と同様（ユトレヒトとアムステルダム同様）、ケルンにおける食糧価格は、一六四五―四六年には低かった（われわれがイル＝ドゥ＝フランス地方で経験したのとまったく同じように、一六四二年と一六四三年の「ピーク」のあと）。一六四六年が過ぎて、一六六七年早々、パリ……それともエルブフにいるのかと思うくらいだ！　このライン川沿いの大都会での価格は再び上昇して、当然のごとく、本章で頻繁にお目にかかった、作物が腐り、夏が低気圧という（ついでだがフロンドの乱の）、われわれが検討した運命的な三年間である一六四八年、一六四九年、一六五〇年にピークに達した。しかし戦争もフロンドの乱も重大な障害も、ドイツの大河中間部の谷には関わっていない。なぜなら、三十年戦争は、われわれの東の隣人たちの地域では一六四八年初めに終わっていたからである。

それでは、元はゴール地方の東部国境に位置するケルンにおける一七世紀中頃のこの新たな価格上昇のサイクルの地域的理由は何なのだろうか。当然西ヨーロッパの状況に責任を負わせるべきなのだろうが、そうした表現は非常に漠然としている。実際、基本的説明というのは単純であることはまれである。フランス北部でのように、イングランドでのように、低地諸邦でのように、もっとはっきりと知られている方法で、一六四八年、一六四九年、一六五〇年の連続するきわめて重大な三年間の全季節にわたって、あるいはとりわけ春夏秋というほとんどすべての季節について、ドイツの平坦な国土における長雨、終わりのない降水を検討すべきなのだろうか。だがこの三年間は、「わが国では」どうしてもフロンドの乱を想起させずにはおかないが、ライン川の向こうには少しも関わりがないのだけれど。この世紀の前半末の一六四八年から一六五〇年までの三年間にいつも話は戻ってくる。実際、この三年間、ライン渓谷をたっぷり満たすだけの降水が冬以外にはあった。最大級に多量で、最大級に長引く、一六二一年から一六五〇年までの全期間にわたって止むことのなかった雨だった。われわれはそのことを、ヘッセン方伯ヘルマン四世の精確で系列だった量の豊富なメモによって知ることができた。彼は、三〇年にわたって日単位で雨の日を数えた。この方伯領のデータ時系列の終わりの極度に多雨な運命の三年間に、議論の余地なく降雨の最高記録が打ち立てられたが、その状況は記されていない。運命の三年間とは、一六二一年から一六五〇年までのおよそ三〇年間の記録のうちの一六四八年から一六五〇年までである。このことはヘッセンに対して有効だがまた、当然ケルン地方、そしてライン渓谷下流にもあてはまる。バウスマンもまた(vol. 4, p. 415)、彼の系統的なデータ表において、一六四八年・一六四九年・一六五〇年の夏が極端に多雨だった三年間を力説している。

全体的とはいえないが、少なくとも複雑さの点で、乱用されぎみの「フロンドの乱の」といわれる西ヨーロッパのこの期間は以下のように説明される。軍事的、政治的、体制批判的出来事が重なり合い(おもに、フロンドの乱のフランスと、革命のイングランドでは)、この特殊な出来事自体が、一六四八年・一六四九年・一六五〇年の三年間の法外に多雨な環境的様相に綾織り模様を織り込んだ。この様相は、四つの大国(フランス、イングランド、低地諸邦、ドイツ)では農業に不利で破壊的な力の影響を強く受けていた。この期間については、特にブドウの収穫日とこれら四国のうちの三国についてのバウスマンのすばらしい研究のおかげで気象が詳しく知られている。それはまた、ヘッセン方伯ヘルマン四世のメモによって、全体的に春夏秋が多雨だったと今日では評

ヘッセン方伯ヘルマン四世のメモによる雨の日数（1521-1650）

年＼月	1	2	3	4	5	6	7	8	9	10	11	12	年合計	冬	春	夏	秋
1621	8	10	15	12	10	11	15	14	13	11	6	13	138		37	40	30
1622	14	9	21	19	13	14	21	15	9	14	14	16	179	36	53	50	37
1623	8	8	10	8	21	25	3	9	14	9	6	15	136	32	39	37	29
1624	16	8	19	10	7	14	18	16	10	14	20	25	177	39	36	48	44
1625	16	12	19	17	10	17	13	11	10	15	9	10	159	53	46	41	34
1626	16	3	13	11	2	12	18	19	6	11	9	11	131	29	26	49	26
1627	22	17	11	16	16	19	10	12	16	9	11	14	173	50	43	41	36
1628	16	9	10	16	13	15	21	11	12	12	15	21	171	39	39	47	39
1629	15	13	11	13	15	8	19	7	14	8	8	18	149	49	39	34	30
1630	11	16	11	15	9	7	8	8	12	17	8	7	129	45	35	23	37
1631	14	12	14	8	8	10	9	11	10	5	9	13	123	33	30	30	24
1632	9	9	9	10	5	13	11	15	11	15	3	13	123	31	24	39	29
1633	8	4	13	10	9	26	10	21	8	15	15	18	157	25	32	57	38
1634	16	15	12	10	10	9	10	12	5	11	8	8	126	49	32	31	24
1635	6	22	17	15	16	9	12	17	14	9	15	20	172	36	48	38	38
1636	17	18	12	7	2	11	26	15	19	9	19	17	172	55	21	52	47
1637	9	13	16	15	10	10	20	18	18	13	16	20	178	39	41	48	47
1638	17	14	10	15	7	18	17	15	19	17	15	16	180	51	32	50	51
1639	13	13	8	14	8	14	25	22	9	5	14	18	173	42	40	61	28
1640	12	20	18	22	18	13	19	15	10	23	22	11	203	50	58	47	55
1641	14	19	16	16	13	16	19	16	10	11	19	19	188	44	45	51	40
1642	8	20	12	14	10	14	21	13	9	17	10	10	158	47	36	48	36
1643	19	18	16	13	13	15	14	14	21	11	12	9	175	47	42	43	44
1644	9	24	14	8	16	23	8	18	17	20	13	16	186	42	38	49	50
1645	13	8	14	14	12	16	21	18	19	16	11	13	175	37	40	55	46
1646	11	10	17	19	13	25	13	17	19	23	15	20	202	34	49	55	57
1647	16	4	9	16	16	19	21	20	12	14	13	16	176	40	41	60	39
1648	10	16	24	12	18	20	23	21	20	15	20	7	206	42	54	64	55
1649	17	9	20	11	19	15	13	18	15	23	14	14	188	33	50	46	52
1650	18	13	25	14	20	23	23	13	25	19	15	18	226	45	59	59	59

出典：Rüdiger Glaser, *Klimageschichte Mitteleuropas... Primus* Verlag (RFA), 2001, p. 141.
この表の年と季節ごとの数字（特に春夏秋について）を一瞥しただけで、1648 年、1649 年、1650 年の数値が容易に目に入る。穀物の収穫量をおおきく制限したこのいらだたしい 1648 年から 1650 年までの 3 年間は、どれほど持続的かつ激しく過剰な雨が降ったことだろう。1648 年、1649 年、1650 年のオランダにおける 3 つの夏について、Buisman, vl. 4, p. 715 はこれを裏づけている。表中では、本章の結論に直接関連する 1648 年、1649 年、1650 年の 3 年間のデータを網掛けにした。本章末で言及したケルンでの価格すなわちドイツ西部での価格の上昇については以下を参照されたい。D. Ebeling et F. Irsigler, *Getreideumsatz, Getreidepreise in Köln*, 1976, Böhlau-Verlag, Cologne et Vienne, vol. II, *in fine*, graph, II. 3 (*Mitteilungen aus dem Staats Archiv* von Köln, vol. 65 et vol. 66). また、ニュルンベルクにおける価格については以下を参照。同様の傾向を示している。Walter Bauermfeind, *Materielle Grundstrukturen im Spätmittelalter und der Frühen Neuzeit, Preisentwicklung und Agrarkonjunktur im Nürnberger Getreidemarkt von 1339 bis 1670*, Schriftenreihe des Stadtarchivs Nürnberg, 1993, p. 441〔表中の数値は原文のまま〕.

価されている。とりわけ穀物生産にとって不都合で、収穫は減少して価格は上昇した……。

このような状況で、言葉は類型的となる。不平やその他のいらだちが、民衆のあいだに絶え間なく蓄積される。そしてパリでもロンドンでも、下層民に胚胎されたそれに相関する不満が政治社会的あるいはごく単純に政治的危機を深刻化させる。気候については少なくとも、境界がなく、可能な限り複数の学問領域にまたがる研究を実践する歴史編纂の観点からは、フロンドの乱の謎はまさに解決したようにみえる、と今はいえるだろうか。

第9章　マウンダー極小期

無謬の太陽王……

小氷期は、端数のない数字で、一三〇〇年から一八六〇年まで続いた。この年代的区切りは、おおまかにではあるにしても、特に西ヨーロッパの状況によくあてはまるのだが、このわれらが「ユーラシア大陸の小さな岬」のずっとかなたについても明示的であることは明らかである。この小氷期（英語で little ice age）の枠内に、際立って冷涼な期間がある。マウンダー極小期（アングロサクソンの用語によれば Maunder Minimum）である。それは、一六四五年から一七一五年のあいだ、太陽黒点が全般的に長期にわたって減少したことによって特徴づけられる。マウンダー極小期の始まりと終わりの二つの年、一六四五年と一七一五年は、ほぼルイ一四世の治世の始まりから終わりまでを画している。初期はマザランのもとでの少年王の名目的権力の治世であり、一六六一年以降はこの君主の実質的な親政権力である。このように提起される年代的一致は偶然の賜物でしかない[1]。しかし、危機と復興（フロンドの乱と「コルベール時代」）、そしてその後の危機（「大王の治世の終焉」）という文脈のなかで、この一致には興味が尽きない。そのうえ、「マウンダー極小期」の終了（一七一五年）は、またもやではあるが、経済史と短期的な人間に関わる歴史との分野で共鳴している。実際、「わが国で」一七一五年以降はっきりする（後年の）生産と人口の回復はただ単に、非常に緊張した治世の終わりを告げ、より幸せな時代を迎えることができるルイ一四世の死去のせいなのだろうか。それとも、まったく単純に、ユトレヒト条約（一七一三年）〔スペイン継承戦争の講和条約〕を引き合いに出せばいいのだろうか。この条約は次世代にヨーロッパの平和を返してくれたのだから。そして、これら二つの原因に三つめの原因が付け加わるといってもよい（？）だろう。この時期に気候の改善があったようなのである。より正確にいうと、マウンダー極小期の終了の結果、気象学的に一時的な（少なくとも一七一八年から一七三八年までの二〇年間）再温暖化があった。それは景気後退、特に農業分野での不況から抜け出すのにおおいに好都合だった。この再温暖化は、一時的なものにとどまらず、変動がなかったわけではないが、少なくともヨーロッパと中国を含む北半球で一八世紀全体を通じて、[2]おそらく一世紀ほど続いたといわれている。この気候の温和化は人口にほとんどすぐに好結果をもたらした。復興状況において、それ程までに、人口はある程度農村の繁栄とそれまでよりも寒さの和らいだ、さらにはより温暖な季節の出現に依存していた。そうした季節は農業に対して、そして人間の生活状況の「直接的」改善に、格別の影響を与えたのである。冬は、ひとたび再温暖化すると、ややもすると広範囲の年齢層に死をもたらす呼吸器疾患の過度の流行に歯止めをかけた。暑すぎる夏は一般に、猛暑がいきすぎなければ、農業生産には好条件である。しかし暑すぎると、ときとして死を招く赤痢を発生させる。

この場合、このように仮定した状況において（一七一五年とそれ以降）、ある前提が、ヨーロッパと中国、ようするにユーラシア北部全域で、一八世紀のめざましい成長と呼ぶにふさわしい事態の始動あるいは前提が、それぞれ個性化した、ということができるだろうか。実際、本書においてのちほどこの啓蒙といわれる時代が検討対象となる。実のところ、啓蒙については、一七一五年から一七三九年までの期間に歩をとどめておくことになろう。というのは、この第I巻は、一時的に厳しい気候に傾く一七四〇―四一年の二年間をもって終わるからである。

だがここでは、まず、科学的文献と引き比べながら、その前の一七一五年以前、より正確には一六四五年から一七一五年までのマウンダー極小期を精査するのが適切だろう。また、結局ほとんど同じことになるのだが、天文学者その他の研究者たちに情報を求めよう。彼らは、古い時代から、地上に影響をおよぼした可能性がある結果の点からあの広大な太陽を中心とした事象の輪郭を明確にとらえようとしてきたからである。

一八八七年以来、ドイツの天文学者[3]F・W・G・シュペーラーが、七〇年のあいだずっと太陽黒点が稀少になっている、さらにはほとんどなくなるか単に消滅していたという事実を確認して、それが他と異なる事態であることを指摘した。この研究者によれば、それは一六四五年頃始まり、一七一五年頃終わった。シュペーラーはこうして、一六四五年以降の「長期の一七世紀」における最も注目すべき宇宙の出来事のひとつを明らかにしたのである。しかしこの発見は、少なくとも「ルイ一四世に関する」史料編纂あるいは文学の分野に注目して活動する、一七世紀を専門とする歴史学者たちを除けば、当時だけでなく現在にいたるまでもおおきな話題になってはいない。シュペーラーはこの事実を刊行してほどなく亡くなり、「たいまつ」はグリニッジ天文台のイギリス人天文学者E・W・マウンダーに引き継がれた。一八九〇年、次いで一八九四年に発表された二つの論文において、この研究者はシュペーラーの結論を再論し、発展させた。彼は、シュペーラーの結論から、「宇宙の不変性[4]」についての旧来の考えに反して、太陽は変化を免れなかったということを演繹的に導き出した。歴史はわれらが地球に悪しき影響をおよぼしていた。だがそれは、違った仕方で、われら人類が休みなくその周りを回っている星に関わってもいたのだが……。

　このイギリス人は、インスピレーションを与えてくれたドイツ人よりも幸運に恵まれていたというわけではなかった。マウンダーの考えは、同じく一八九四年に発表されたアグネス・クラーク〔一九世紀後半から二〇世紀初めにかけて、天文学、天文学史についての著述を発表したイギリスの女性作家〕の論文にもかかわらず、ほとんど完全な無関心の淵に沈んだ。その後次第に正しい判断を持つようになってきた分別ある研究者たちによって明らかになっていくように[5]、マウンダーは、「この太陽黒点の長期にわたる最小期」の期間、問題となっている四分の三世紀[6]のあいだ（一六五四年から一七一五年まで）は「北極光」はなかったか、少なくとも（付随的に）ほとんどなかったと指摘した。第一次世界大戦後、マウンダーは有名な黒点（一九二二年）について同じことを繰り返した。彼は七〇歳だった。彼はアグネス・クラークの論を引用して、シュペーラーが提案し、彼自身がヴィクトリア女王の時代に深化させた考えを再度主張したのである。すなわち、[7]

＊　一六四五年から一七一五年までの期間、太陽黒点の数は最小もしくはゼロだった。

＊　この七〇年間のまんなか、一六七二年から一七〇四年の期間は、太陽の北半球ではひとつの黒点も観測されていない。[8]

＊　一六四五年から一七〇四年までの六〇年間、結局、全部でたったひとつの太陽黒点群しかみられなかった。他方、こうした「群」はその後、一七一六年以降今日まで頻出する。

＊　検討対象である「ルイ一四世時代の」一四の五年間のあいだ、全部で「一握りほどの少数の」太陽黒点しか観測されず、そのうえ、黒点はすぐに消滅し、この七〇年間の合計数は、「マウンダー極小期」以前と以後の長い期間中に記録された「通常の」年のたった一年間の数よりも少なかった。「マウンダー極小期」の期間はまた、太陽の直径の非常にわずかな（プラスの）変動（ようするに天体の通常の活動の一部であるプラスまたはマイナスの微少な変動）と相関関係があったようである。しかし歴史学者は、こうした厳密な天文情報にはほとんど通じていないので、みずからの読者に簡潔に注意喚起する以外は、それらの事項についてまで「手を広げることは」控えるということは理解できるであろう。[9]

太陽のある種の「ストライキ」（一六四五―一七一五年）についてのこうした確認事項は、天文学者と気候学者の学界が確実に事実であるとみなしているデータもしくは評価の一部となっている。一九九八年にイースト・アングリア大学の気候研究ユニット〔イースト・アングリア大学に属する自然および人為的な気候変動の研究に携わっている機関〕で開催された歴史・気候並びに天文・気候シンポジウムにおいて、こうした多くの学者の一致した見解を確認することができた。先頃出版されたこの国際的なグループの研究（*History and Climate*, 2001）は、たっぷり二〇程の事例において、基礎的論文あるいはより簡潔な示唆的論文の形でマウンダー極小期に依拠している。マウンダー極小期はこの論集全体で自明な既知事項とみなされており、特にJ・リューテルバッヒャー〔現代スイスの気候学者〕の長大な大論文においてそうである。(10)

しかし、太陽黒点の地上からの眺め……黒点の欠如に限れば、これがまったく初めてではなく、むしろ話はそれどころではない。そもそも現在のように全研究者の意見が一致するはるか以前、マウンダー自身が先駆者として振る舞うのを控えていた。すでにルイ一四世の時代以降、啓蒙の時代に、このグリニッジ天文台のヴィクトリア時代の天文学者マウンダーが、正当にも一八九〇年と一八九四年に引き合いに出した様々な「天上の」観察者たちが、フロンドの乱以前とユトレヒト条約とのあいだのこの太陽黒点の欠如もしくは稀少さを報告していた。マウンダーは、彼ら自身でおこなった観察とその後の史料を参照した。太陽黒点の欠如もしくは稀少さは以下のようである(一六四五年から一七一五年まで)。これら過去の時代(一七世紀、一八世紀)の諸氏はすでに、こうした状態を、(それ以前の)ガリレオ、ルイ一三世、マザラン時代初期の太陽黒点や黒点群のプレグナンツ〔ゲシュタルト心理学の用語。知覚された像が最も単純で安定した形にまとまろうとする傾向〕について知っていたものと比較して、ある種の異常状態であると認識していた。一六四五年以降もしくは一七一五年以降この情報に通じていたこれら古典主義時代あるいは古典主義時代以後の天文学者たちのうちには、カッシーニ〔イタリア出身の天文学者、初代パリ天文台長。一六二五―一七一二年〕、フラムスティード〔イギリスの天文学者。一六四六―一七一九年〕、ラランド〔フランスの天文学者。一七三二―一八〇七年〕、ハーシェル〔ドイツ出身のイギリスの天文学者。一七三八―一八二二年〕……がいる。ジョン・エディ〔一九世紀後半から二〇世紀初めにかけてのアメリカの天文学者〕という人物がこの問題を演繹的に解明するにおいておおきな役割を果たしたのだが、特に一九七六年のものは、(11)ほぼ決定的な方法で「マウンダー極小期」を論拠をもって証明した。太陽学者エディは、マウンダー極小期の存在証明を、ようするにそれによって誘発された付随的相関的現象と関連づけたのである。それらの現象とは、当該の期間に少なくとも部分的に北極光が姿を消したこと、大気中に含まれる炭素14の割合が上昇したこと、この炭素14の増加（宇宙線〔宇宙空間を飛び交う高エネルギーの放射線〕の何らかの動きの結果）は「静かな太陽」期に結びついている。この「静かな太陽」期には日食のときの太陽光の輪の出現が非常に少ないこと等も付け加えておこう。ここでもまた、固有の能力不足のため、歴史学者は、これらの確認事項を記録し、それらをごく単純に読者に指摘することしかできない。

＊

総じて、まずドイツのシュペーラー、続いてイングランドのマウンダーという二人の天文学者が描いたようなこうした事象は、ここでわれわれが、マウンダーの論文[12]の翻訳というかむしろ要約しようとしすぎたわれわれの気遣いによって短くなった通訳文をこの場で提供するに充分な重要なものである。この論文は基本的に重要であることを主張し、その後今日まで繰り返し出版されて、その概要と細部と年次進行が全体として確認されている。繰り返し出版されたことにより、（気候的その他の）場合によっては生じるかもしれない影響を強調して、「マウンダー極小期」の時代区分を補強しもしている[13]……。

マウンダーは要約すれば以下のように述べている。「一七世紀最初の一〇年間に望遠鏡が発明されたことは、一六一〇年から一六一一年に、特にガリレオやシュペーラー等の太陽黒点の発見と系統だった研究につながった。黒点の一一年周期（ほぼ一一年）は二世紀後になってやっと確認されたのだが、この周期の発見が遅れた科学的に決定的な理由のひとつは、一七世紀半ばもしくはその少し前から一七一五年頃までの、黒点の（一時的あるいは数十年続いた）消失である」。

以下に、一六一〇年からのこれら太陽黒点の観察の簡略な歴史を示そう。この黒点発見に続く最初の数年間は、非常に多数の黒点の存在——もしくは活動——が記録されている。それから一六一九年に極少状態に移行し、一六二五年に非常に顕著な最多状態に復帰した。次の最少状態は一六三四年で、一六三九年に最多状態に代わった。もし、こうした連続が続いたとすれば（一七一五—一六年以降継続したように）、黒点にあふれた次の最多状態は一六五〇年頃始まるはずだったが、その頃にはきわめて少数の黒点しか現れなかった。実際、一六五二年一一月一四日から一六五四年八月一二日まで、ひとつの黒点も記録されていない。その後は、一六五五年二月九日から二一日までしか続かなかった唯一の黒点群が出現したあと、次に黒点が観測されるのは、一六六〇年四月二七日から五月九日のあいだ、ロバート・ボイル〔ロンドン王立協会会員。ボイルの法則で有名。一六二七—九一年〕によって可視化された大黒点が観測されるまでである。

一六六一年二月にヨハネス・ヘヴェリウス〔ポーランドの天文学者。月の地形学の創始者とされている。一六一一—八七年〕によって、そして同年一〇月にフォジュリウス（私はマウンダーによる固有名詞表記にしたがっている）によって観測された数個の小黒点を除くとすれば、カッシーニが巨大な黒点の出現（一六七一年八月九日）を書き留めた一六七一年までこの種の観測例は（他に）一切ない。このことは、前衛的な天文学者たちのあいだではセンセーションを巻き起こしたようだ。なぜなら、当時カッシーニは次のように強調しているからである。「天文学者がひとつもしくはいくつかの太陽黒点（カッシーニは彼の文章中で強調している）を観る機会を得てから今や二〇年が過ぎた。それ以前、望遠鏡が発明されて［一七世紀初め］からは、こうした黒点はときおり観測されていたのだが」。

王立協会の事務局長で『フィロソフィカル・トランザクションズ』〔*The Philosophical Transactions of the Royal Society*. 一六六五年創刊の王立協会の発行する学術論文誌で、現在でも刊行されている英語圏で最古、最長寿の科学雑誌〕の編集者であるオルデンバーグ〔イングランドで活躍したドイツ生まれの科学者。一六一八年頃—一六七七年〕は、太陽表面における「黒点の」

出現がまれであること、いやむしろそれがまれになっていくことに非常に強い印象を受けた。カッシーニの最新の観測結果を知って彼は、『フィロソフィカル・トランザクションズ』に一六六〇年四月二七日の黒点に関するボイルの報告書と適切なイラストを掲載する必要があると判断した。[14] 彼はまた、「パリで、卓越したカッシーニ氏が最近［一六七一年］、太陽表面に新たに黒点を探知したが、それ以前多年にわたって黒点はひとつも視認されたことはなかった」と注意を喚起した。

それ以前の一六四八年から一六六〇年までの期間、太陽には黒点がないという知見がかなりあった。そして、一六七一年の前記のカッシーニの黒点をまったく別個に発見したピカール〔フランスの天文学者。一六二〇―八二年〕は、この事態について「その出現を定期的に注意深く見張っていたにもかかわらずただのひとつも現れることなく一〇年が過ぎただけにひとしお素晴らしい」と断言している。一六六五年にイェーナでヴァイゲルは、多くの細かな事実とともに、当時の太陽の「純白な状態」（無垢でしみひとつない）を確認した。一六七一年から一七世紀末まで、非常にまれにしか黒点は観測されなかった。シュペーラー（「黒点」の最少状態のそもそもの発見者であるドイツ人。この現象がマウンダーの名を冠することになるのは多少公正さを欠く）は、一六七二年から一六九九年までの期間のこれら黒点出現のリストを提示し、マウンダーはそれを少々要約した。以下に、それにわれわれがさらに手を加えて簡略化したものを示す。

一六七二年　一一月一二日から二二日まで、（太陽の）南緯一三度。
一六七四年　八月二九日から三一日まで。
一六七六年　六月二六日から七月一日まで、南緯一三度に黒点ひとつ。八月六日から一四日まで、南緯六度に黒点ひとつ。一〇月三〇日から一一月一日まで、緯度不明地点。一一月一九日から三〇日まで、緯度不明地点。一二月一六日から一八日まで、南緯五度に同じひとつの黒点が三回出現。

一六七七年　同じ黒点が太陽の第四回めの自転期間中〔太陽は個体ではなくガス体なので、自転周期は緯度によって異なり、赤道付近で最も短い二五日程度〕に観察される。四月一〇日から一二日まで、他の黒点ひとつ。

一六七八年　二月二五日から三月四日まで、南緯七度に黒点ひとつ。五月二四日から三〇日まで、南緯一二度に黒点ひとつ。

一六八〇年　五月、六月、八月に複数の黒点を観測。

一六八一年　五月、六月に複数の黒点を観測。

一六八四年　キルヒ〔ドイツの天文学者。キルヒ彗星の発見者。一六三九—一七一〇年〕とカッシーニが、南緯一〇度で四月から七月まで、太陽の四自転周期のあいだに黒点ひとつを観測。

一六八六年　四月二三日から五月一日までと九月二二日から二六日まで、南緯一五度に黒点。

一六八七年　入念に観測したにもかかわらず、カッシーニはひとつの黒点もみつけなかった。

一六八八年　五月一二日、南緯一三度。

一六八九年　五月一九日から二二日と一〇月二七日から二九日まで、複数の黒点がつかのま出現。この「つかのまの黒点」から一六九五年五月までのあいだ、ラ＝イール〔フランスの天文学者。一六四〇—一七一八年〕はひとつの黒点も見ていないと指摘している。

一六九五年　五月二七日。黒点がいくつか出現。これ程大きな黒点が現れたのは久しぶりであると、ラ・イールは付け加えている。その後、一七〇〇年一一月まで黒点はひとつも出現しない。

一六九九年　ひとつも黒点が現れない最後の年。

注意書き　一六八九年一一月から一七〇〇年一〇月までのこの驚くべき、かつ長期で終わりのない「一〇年間」については、これを強調し、このの ち何度も繰り返し触れることになるだろう。この一〇年と一五カ月のあいだ、きわめて少ない例外（一六九五年の唯一の例外）を除いて、定期的で精度の高い頻繁な観測にもかかわらず私がいっていたように、黒点は事実上存在しなかった。ヨーロッパでは、温度計による観測が始まってから二〇世紀にいたるまでのあいだ最も寒かった一〇年間（ブドウの収穫日の記録がこの一〇年間の寒さを裏づけてくれる）である一六九〇年代が対象になっているのだから、天文学者や気象学者や気候学者たちが非常に注意を払っていたということは理解できる。一七世紀の最後の一〇年間のヨーロッパだけが唯一地球全体を代表するものではないということはよくわきまえているが、寒冷期を研究する歴史学者がこれらの現象に関心をいだくには最も遠い立場に身を置くべきではないだろう。ともかく、マウンダーのリストの流れをたどることに戻ろう、その最後の「部分」である。

一七〇〇年　一一月七日から一三日、南緯一〇度。次いで、一七〇一年一二月三〇日から一七〇二年一月二日まで南緯三一度。

一七〇一年　三月二九日から三〇日、南緯一二度。一〇月三一日から一一月一一日まで、南緯一二度。

一七〇二年　五月に黒点群二つ。一二月に黒点群ひとつ。それぞれ南緯一〇度、一一度、一二度。

一七〇三年　南緯二度に三つ（太陽の自転二周期間出現[15]）。そのほか南緯一九度と一〇度にも黒点出現。

一七〇四年　二月に南緯八度と一三度に、多数の黒点群。次いで三月一九日から二一日まで南緯一〇度。一一月二日から二九日まで南緯九度。

一七〇五年　多数の黒点が出現。そのうちひとつは四月に北半球に出現。一六四五年以降初めてである。

一七〇六年　五または六個の黒点。すべて南緯。

一七〇七年　南緯に九つの黒点群が散在。一一月二七日に出現した黒点群ひとつだけは北緯一六度。このことについてカッシーニとマラルディ〔フランスで活躍したイタリア生まれの天文学者。カッシーニの甥。一六六五―一七二九年〕は、（一七〇五年四月のものを除いて）それ以前に北半球で黒点はひとつも見た覚えがないと指摘しているが……。

一七〇八年　北緯の低緯度に黒点群六つ。

一七〇九年　一月と二月に南緯一六度、六度、一一度に黒点群三つ。二月九日から八月一八日まで黒点なし。八月と一一月に南緯六度か七度に黒点二つ。

一七一〇年　この年は、カッシーニもラ゠イールもマラルディもたったひとつの黒点しか見なかった。一〇月に南緯一二・五度に出現したものである。また、一七一〇年一〇月二九日から一七一三年五月一七日までヴュルツエルバウアー〔ドイツの天文学者。一六五一―一七二五年〕は、「毎日」観察していたにもかかわらず、ひとつの黒点も見なかった。

一七一三年　五月一八日から二六日まで南緯一六度に黒点ひとつ。

一七一四年から一七一五年　太陽の北半球の高緯度に多数の黒点が出現。

（われわれが簡略化したマウンダーのリストの引用終了）

実際、一七一六年に、（フランス）科学アカデミーの文献によると、「この一年間[16]には前年よりも多くの黒点を数えた。おそらくこの年以前のいかなる年もこの年ほどの黒点を数えたことはなかったであろう。二一の異なる黒点の出現を観測した」。しかも、同時にいくつもの黒点が姿を現すのを一回の出現とカウントしてである。二月、三月、一〇月、一二月だけが黒点がなかった。二つの黒点が同時に出現する現象は少しもまれではなかった。

こうした活動の力強い復活は、一七一八年に何よりも明確な最多状態を現出させた。それは、一六四五年から一七一四―一五年まで記録された太陽黒点の長期にわたる極少状態の終了を画したあらたな「黒点の」増加だった。「太陽の長い断食」の始まりと終わりの日を精確に知る、というよりはむしろ説明することは可能だろうか。「反黒点」というか「無黒点」が始まったのはたしかに一六四五年だろう。一六三九年に記録された前回の最多期はかなり弱々しいもので、それは一一年の太陽活動周期の半分の終わり（六年め）の、通常よりも際立った一六四五年の黒点消滅へと向かったのである。

この一六四五年の「極少」に続く数十年のあいだ、太陽の「沈黙」は、互いに時間的に孤立して、たったひとつの黒点がきわめてまれに出現することによって破られただけだった。[17] そして、一七〇三年から「黒点の」弱々しいよみがえりが始まり、続いて一七一〇年から相対的で部分的な「沈黙」となり、一七一五年から一七二〇年にかけての非常に活発な復活となった。

マウンダーは、こうした状況、かりにこういっていいのなら、状況の欠如において、太陽の周期の中断（停止）局面について語ることができた。もし、太陽に起きた、まったく例外的で、端的にいえば信じられない事態が問題となっているとすれば、読者はまさに今、驚くか懐疑的になるかもしれない。だが実際には、これ程知られてはいないが、過去にほかにも同様の最少があったようである。なかでも、おおよそ一四六〇年から一五五〇年までの、[18] シュペーラー極小期の名で呼ばれているものがある。それはもちろん、ドイツの天文学者シュペーラーの名をたたえるひとつの方法であった。彼は、死の数年前の一八八七年に初めて、その後「マウンダー」の名がつけられることになる極小期を発見し、[19] 研究した。（古典主義期のマウンダー極小期とルネッサンス期のシュペーラー極小期よりもはるか以前の）一一〇〇年から一二五〇年までの黒点が多くて重要な「大最多期」（マウンダー極小期の反対方向）もまた研究対象となるであろうか……。このように太陽の活動は変動に陥りやすいのだが、われわれにとって幸せなことにその変動は微細であり、太陽は概して、数多くの星、特に太陽のようなタイプの星と異なる行動はとらない。このような確認が受け入れられれば、それは健全な状態であるとみなされて、ケプラー以前に考えられていたように[20]、歴史学者であろうとなかろうと、「天上界の不変性」を信じる人々にしか衝撃を与えないだろう。マウンダーの付け加えるところによれば、先に述べた、年代が偶然同じであるがゆえにルイ一四世時代を想起させる時期における「停止」あるいは中断は、その七〇年間(一六四五年から一七一五年まで)に観測された黒点の総数が「最近の一世紀間に慣れ親しんでいるような」通常の最少期におけるたった一年のあいだに見られる数にほぼ等しい状態だった(この「最近の一世紀間」は、マウンダーの最後の論文の発表日を考慮すると、一八二〇年から一九二〇年に対応する)。

当然ながらマウンダーは、すぐさま頭に浮かぶ根本的な二つの反論を付け加えている。当時使用されていた観測機器の性能不足と観測者が少数であることである。したがって、「多くの黒点が」発見されないままであったかもしれない。だが実際には、黒点出現の確認にはかならずしも強力な望遠鏡の使用を必要としない。一九一九年に、四人の人が望遠鏡を使わずに自分の目で太陽を観測した。そして、一七世紀前半以来こういう場合に使われているまったく単純な日常の観測器だけでこの人たちは、「配置についていた」二五九日のうちの一一九日のあいだ黒点を見ることができた。いいかえれば、彼らは、観測期間の四六パーセントのあいだ「黒点を見る」ことができたのである。もしかりに、ガリレオやニュートン以後の時代の単なる眼鏡もしくは望遠鏡だけでも装備していたとすればどうだっただろう。いずれにしても、これらの機器はマウンダー極小期時代にはすでに、ガリレオやその他の、一六一〇年から一六一五年頃[21]の太陽活動が盛んでまだ数が多かった黒点の発見者や観測者たちの時代より明らかに強力になっていた。

さらに、マウンダーの時代には、観測者はすでに数多くいて、そして明敏だった。多くの名を挙げることができる。ボイル、ダーラム〔イギリスの天文学者。一六五七—一七三五年〕、フラムスティード、グレイ、偉大なハレー〔イギリスの天文学者。ハレー彗星の発見者。一六五六—一七四二年〕、フック〔イギリスの科学者。一六三五—一七〇三年〕。オランダのホイヘンス。フランスでは、ラ゠イール、マラルディ、ピカール、そして誰にもましてカッシーニ[22]。ドイツでは、スィヴェルス、ファゲティウス、フォゲリウス、ヴァイゲル、ヴュルツエルバウアー。実際ダーラムは、一七一一年から、観測と観測者にふさわしくない性質について、前もって反論に対して反駁していた。彼は以下のように断言した。「疑いなく、太陽に黒点が存在しないいくつかの場合には長い間隔がある。一六六〇年と一六七一年とのあいだ、次いで一六七六年と一六八四年とのあいだ、これらの期間中黒点〔実際、ないかまれだった〕は、多数の太陽観察者たちの目〔観測機器〕を逃れることは困難だったろう。彼らは、望遠鏡の助けを借りて、イギリス、フランス、ドイツ、イタリアはじめ世界中で太陽をずっと注視していたのである。しかも、シャイナー〔ドイツの天文学者。一五七五—一六五〇年〕の時代以来かつての観測条件がどうであったにしてもである」(シャイナーは、ガリレオと共に、太陽黒点の最初の発見者のひとりである)。ここでマウンダーが付言しているように、同じひとつの黒点が数人の観測者もしくは、少なくとも一人以上の観測者によって別個に発見されたかもしれないということが、天文学者たちが一七世紀の後半の三分の二の時期以降太陽を注意深く見張っていたのだということをよく示している。

この「黒点がない太陽」の「最悪」の時期は、非常に厳密には[23]一六九〇年代の一六八九年一〇月三〇日から一七〇〇年一一月六日までだった。すなわち、厳密に一一年と六日で、正常な太陽の活動周期だった。一六八九年から一七〇〇年までの一一年間だったのだが、「世紀末」の今回は、文字通り空(から)(ダーラムなら「黒点のない」といったであろう)の周期だった。このみたところ空の非常に長い一〇年を越える期間は、少なくともヨーロッパでは、近現代における寒さが「最悪」だった一〇年間に非常にぴったりと重なっている(一六九五年五月二七日頃の孤立した黒点がひとつポツンと出現したという例外はあるが）という事実は、それ自体ですでに充分興味深い。しかも、太陽観察の密度[24]（ほぼ二日のうち一日）は、一般的に一六六七年から一七二〇年の期間とそれ以降[25]、とりわけ重大な一六九一年から一七〇〇年のあいだはパリ天文台において非常に高まっていたのだからなおさらである。

その後、一七一四—一五年とそれ以降の大量の黒点復帰を前にして、一七〇〇年から（より精確にはその年の一一月七日から）まだ少数ではあるが黒点が再び出現した。一七〇〇—〇一年以降（一七一五年まではその後に比べてまだ少なかった）のこの回復は、天文学者たちがみな一致して観測して入念に書き留めた。このことは、「変化は本物であり」、観測技術の改良のせいではないということをよく証明している。たとえば、フランス科学アカデミーが発表した文献には、一七〇〇年まで黒点は見えなかったと記されている。「ところが一七〇〇年以降はわれわれの年次記録は黒点で満たされた。だがそれも一七一〇年までで、この年にはたったひとつしか見えなかった［一〇月、南緯一二度］」。それから、一七一四—一五年の衝撃的な回復まで、再び数年間黒点が途絶える——一七一三年五月にたったひとつ——。そのすぐあと、一七一六年に（後述参照）アカデミーは、それまでと同様の見解を発表したが、それまでの数十年間に絶えてなかった黒点の並外れた豊富さを指摘している。この一七一六年（マウンダー極小期の終点）以後数十年間、太陽活動周期は正常な周期を取り戻すのである。

＊

ひとつの疑問がまだ残っている。一六四五年から一七一五年までの期間記録された黒点の消滅、それは全面的ではなかったにしても、ともかくそれにもかかわらず、「黒点の」最多と最少との一一年の太陽活動周期はこの七一年のあいだ、たとえ「曲がりなり」にしても、依然として機能し続けていたのだろうか。マウンダーは、この問いに対して肯定的な回答をしており、彼のあとに続く人たちもそれを踏襲している。周期の高潮点である黒点の理論的最多状態は、ルイ一四世期の「七一年」の期間ほとんど活動的でなかった太陽の状況を考慮すると、つかのまで最小限ではあったが、原則となる年経過に忠実に出現した。こうして、一六六〇年（四―五月）に大きな黒点ひとつ、一六七一年（八月九日）にも大きな黒点ひとつ、一六八四年にもひとつ（太陽の自転四周期間持続）、一六九五年（事実上完全に黒点がない一〇年以上の期間中、五月二七日にぽつんとひとつの黒点が出現）、一七〇七年（今回は九群の黒点が離れて出現して無黒点状態から一挙に「離脱」）、一七一八年（直前の「マウンダー極小期」終了の結果生じた黒点過多）、そしてもちろん一七一八年以降の数十年間にも出現。E・ウォルター・マウンダー自身が、われわれのもどかしい翻訳が少しも感じさせることのない文体の才能を駆使して精確に記録している。「大洪水に見舞われた地域で、最も高い記念建造物や最も高い物が満面の水の上に頭を出し続けていて、鐘楼の尖塔や丘、塔、高い樹木が、それを見る者に水没した平原の建物配置の景観を再構成させてくれる。一六六〇年から一七一八年までの期間で、今しがた述べた黒点が出現した（例外的な）七年間は、一時的に下降して水没した曲線の突出した高点に相当するようである」。モスクワの北にある、スターリンがおこなった大ダム工事で広大な面積が水没した大平原を訪れて、水の底の村の位置を示すロシア正教の教会の球根形の丸屋根がかろうじて水上に出ているのを見る人は誰しも、旅行者であろうが他の目的で訪れた人だろうがみな、このイギリスの天文学者が使用した隠喩から生じる結果が雄弁であることを理解するだろう。

ウォルター・マウンダーはまた、「七〇年の周期」のあいだに黒点が非常に顕著に減少した他の指標に言及している。太陽活動周期の局部的な一時的中断に伴う地磁気のある種の沈静化に相関する北極光の消滅について述べている。ジョン・エディ〔現代アメリカの天文学者〕は、一九七六年に、「マウンダー極小期」の時期の、太陽のということはすなわち地球の、長期にわたる「オーロラ」あるいはむしろ反オーロラ期というテーマを詳細に再検討した。このテーマ（オーロラ）は、充分強固に確立したものであるようにみえるが、われわれが距離を置いていたいと考えている専門家たちのあいだで議論の対象となっている。歴史学者は、何度も繰り返すが、自然科学分野の恒久的な議論に属する専門的で難しい問題に首を突っ込むことはできないだろう。マウンダー極小期は、地球の大気に含まれる炭素14の比率の変動に関する研究によっても確認されたのだが、今日ではほぼ事実にもとづいたものとみなされているということと、問題となっている七〇年間に、地球の気候の様態、したがって結果的に農業と人口の様態に対するこうした太陽の変遷が与えたかもしれない——実効性があったのかそれともまったく影響はなかったのか——影響を評価するために、古典時代の歴史編纂はマウンダー極小期を入念に検討する責務があるということをいうだけで充分である。

この、マウンダー極小期が「ほぼ実際にあったであろうということ」、すなわちごく短期の実在は、われわれにとって追加的議論である。それによってわれわれは、先述したように、対象となる七〇年間（一六四五年から一七一五年まで）における太陽について、一年ごとに詳細に、少なくともみたところでは黒点活動が「停止」もしくは放棄するという継起的な動きをしていることを思い起こす。こうして天文学者マウンダーは、われわれの手を取って、ルイ一四世時代には出席よりは欠席のほうが頻度が高かった黒点から黒点へと、黒点群から黒点群へと、案内役をつとめてくれた。しかし、この七〇年間の奔放な補注のあとに、今や、高みに身を置くのも悪くはないし、この問題の最高のスペシャリストのひとりによる短くて内容密度の高い解説を、簡略ではあるにしても引用することがまったく時宜を得ている。最新の地球環境変化百科事典 *Encyclopedia of Global Environmental Change* (2002) 中の、われわれがここで要約する大論文の中でジョン・S・ペリーは以下のように書いている。「一六四五年以降、太陽黒点の数［紀元前八〇〇年からアジアとヨーロッパで時々、そして一六一〇年以降はガリレオの望遠鏡の助けを借りて、観測されてきたのだが］は急速に減少した。一六四五年から一七一五年の期間は、一七一五年以降の回復まで黒点は比較的まれな出来事になるか、なくなりさえした。これが、一八八七年から一九七六年までのあいだシュペーラー、マウンダー、エディによって指摘され、詳細に研究されたマウンダー極小期である」。こうしてきちんと確認したあとジョン・ペリーは、その結果としての影響、ようするにここで最もわれわれの関心を引く太陽の（……そして地球の）他の現象との相関関係に移る。「様々な情報源によって［天文学者たちが］のちに復元した太陽活動の状況によれば、太陽の放射照度［すなわち太陽の熱と光の放射を量的に計測したもの］は、この一六四五年から一七一五年の期間、大幅に減少した。［確かだろうか？］しかし、地球の大気圏外の宇宙空間から太陽を観察できる探査機器や衛星の使用のおかげで非常に精密な計測ができるようになったのは、最近二〇年間［一九八〇―二〇〇〇年］にすぎない。これらの計測値は、二〇世紀の『正常な』太陽活動周期中の太陽の過剰もしくは過少な放射［放射照度］の変遷は、全放射量の『一パーセントの数十分の一』程度のレベルにすぎないことを示している。他方、マウンダー極小期とほぼ同時期、全般的に今日より冷涼な気候状況が一六四五年から一七一五年までヨーロッパでは支配的だった。とりわけ、ルイ一四世時代の七〇年間この冷涼さに伴う例外的に寒い冬は、世界［地球］が当時小氷期の影響下にあったことを示唆している。最近の発見は、この厳しい寒さはかならずしも全世界的現象ではなくて、おそらくヨーロッパで特にそうだったという見方をある程度示している。だからといって、地球のヨーロッパ以外の地域で厳密に同時に起こったのではない様々な寒冷化を除外するものではない。冬の気候がおもに大西洋地域を支配する大洋の状況によって決定される大陸であるヨーロッパで、これほど明瞭な冷涼化は、海洋と大気を仲介として、太陽の熱と光の放射照度の変化とどのように結びついているのだろうか。それが究明しなければならない点である[26]」。

＊

マウンダー極小期という「太陽中心」期は、地球、特にヨーロッパでときを同じくして起きたが、それはまた、(地球の他の地域ではときに些細な程度であったにしても)気温が冬、ときには夏に「寒い状態」と同時でもあった。[27] それは一七世紀のいくぶん長い最後の一〇年間(夏)に最大となった。しかしこの「冷涼化」はまた、(一七世紀そしてより広くは、一三〇〇年から一八六〇年までの長い期間中の過剰あるいは過少な変動とときおりの中断を伴う)小氷期の「寒さに震える」状況の変遷においてはもっと長期なものの一部だ。したがって、以下の問いを発するのは当然である。マウンダー極小期は当時、すでに存在していた小氷期の「深刻化」の原因のひとつだったのだろうか。この「小氷期」は、特に一六四五年から一七一五年まで猛威を振るっていた。その前の期間(一三〇〇年から一六四五年まで)とあとの期間(一七一五年から一八六〇年まで)も様々に不安定で突然激化したりするのだが、それらは今脇に置いておこう。この質問に、様々な天文学者たちが肯定的な回答をしており、その先頭に今は亡きネズム=リブ夫人〔フランスの宇宙物理学者〕がいる。最新のアメリカの百科事典 *Global Environment* は、こうした肯定的回答をいわば、アングロサクソン人になじみのある表現によれば、ほとんど実際にあった既成事実とみなしてさえいる。当然、色々と真偽を確かめる必要のある結論なのだが……。ともかく、太陽の内部もしくは表面で物理的に起きたことについての詳細にはほとんど精通してはいない歴史学者は、この問題についての自然科学間の争いにおいてどちらかの側に立つという発言はせずに、愚を犯すことはしまい。これ以上発言せずに、特にネズム=リブ夫人たちによって提案された仮説のいくつかを記すことだけにしておこう。

ネズム=リブ夫人はまず、マウンダー極小期自体に関するいくつかのデータと、それとルイ一四世時代の想定された寒冷化との因果関係または単なる偶然の一致かもしれない関係について述べた。彼女はこうして、フランスは問題となっている七〇年間、太陽を体系的に観測することができたヨーロッパで(そして世界で)唯一の国であることをわれわれに思い起こさせた。すなわち、この七〇年間で総計二万五五五〇日のうち八〇〇〇日以上の有効観測がなされたのである。これは三一パーセントの有効観測時間である。観測はカッシーニ、ピカール、ラ＝イール等の総計である[28]……。

ネズム＝リブ夫人は「マウンダーの」理論を踏襲しつつ、さらに、一六六〇年六月から一七〇〇年一〇月まで太陽活動は極端に低下していることと、その頃出現した「太陽黒点」は（しょせんはまれだったが）、太陽の南半球にしかなかった（この問題専用の有名なダイアグラム「蝶のはね」によれば、黒点は「通常は」太陽の北半球にもある）ことを指摘している。「一七一六年から一七一九年までの黒点の豊富さとなんというコントラストであろうか。そのうえ、この期間、黒点は問題となっている太陽の緯度の観点ではもっと広い領域を覆っていた！」さらにまた、この同じ女性研究者によれば、黒点を取り巻く光っている地域である白斑もまたマウンダー極小期には縮小しており、一七世紀初頭にシャイナーが発見してその著書 *Rosa Ursina*[29] で描写しているような同様の白斑ともコントラストをなしていることを注記しておこう。一六六〇年から一七〇四年の期間（深化したマウンダー極小期）の非常に太陽活動が低かった時期の、いくつか出現した黒点が太陽の円盤上を回転する動きも通常より遅くて、彼女がいうには、たとえば二〇世紀の正常時にはそのようなことはないそうである。この黒点の回転の速度が遅い現象は一七〇五年から一七一四年までのマウンダー極小期の最終期の期間も相変わらず続いた。他方一一年の太陽活動周期については、われらが卓越した研究者もまた、誰もが知っているように一六四五年以前と一七一五年以降と比べてほとんど目にはっきりとは見えないし、外から知覚できる表情は「きわめて減少していても」、少し深いところでこの周期は依然として機能していたと考えている。ようするに、直接的に地球の歴史に関わり、当該の時代を対象にしている「地下世界の」歴史学者や気象学者の興味を引く示唆であり、ネズム＝リブ夫人は、対立する議論の対象となっている証拠にもとづいて、単なる偶然の一致である太陽王〔ルイ一四世〕治世の七〇年間中、太陽の光と熱量が〇・二パーセント減少していたという考えを提案するのである。彼女のこのパーセント評価は、一九九二年以降J・リーンとA・スクマニックがこの同じテーマについて多かれ少なかれ提案したパーセント数値と一致する。[30] これに近いパーセント数値を示唆している研究者たちもいるが、少し異なるだけで、〇・一パーセント未満ということはまったくない。

*

ネズム＝リブ夫人と一緒に研究した研究者グループ以外でも、総体的にこの問題について国際的コンセンサスがあることは事実のようである。ここでは、G・L・ウィズブローとウォルフガンク・カルコーフェンの最近の論文[31]にふれるだけにしておこう。この論文では、太陽活動の放熱面での軽微な低下（〇・一パーセントから、おそらくは〇・三パーセントまでのレベル）を伴うマウンダー極小期（一六四五―一七一五年、とりわけ一六七二―一七〇四年）と、同じ時期に地球の気候に寒冷期が同時発生的に出現したことのあいだに強い照応があることが強調されている。一七世紀自体が全体的にかなり寒かったが、特に最後の四分の一、なかでも最後の一〇年間は寒かった（これについては、Hulme *et al., Climates of the British Isles, Present, Past…*, Routledge, London, 1997, p. 188 のグラフを参照）。

特に北半球、なかでもヨーロッパで著しい「地球」上の平均気温の低下は、とにかく一六九〇年から一七〇〇年の期間に最低となり、確固たるものであった。[32] その元が太陽であることは是認できる。そしてとにかく、それによって地球が寒冷化するだけでも、——農業その他の——人間の活動に対する重大な歴史的出来事になっただろうと思われる。農業は本質的に気候の影響を強く受けるのだから。そして農業から、食糧不足とそれに並行する疫病とを経て、人口が間接的に被害を受けることになる。あるいはまったく単純に、人口は、呼吸器疾患をまき散らす寒い冬の結果として直接的に痛めつけられる。

＊

ここでは、仮説として、マウンダー極小期の地球大気への、したがって、最も「長く」みて一世紀の四分の三におよぶ「ルイ一四世時代の」地球の気候への直接的あるいは間接的影響、を問題にする。ようするに歴史（一六四五年から一七一五年まで）への影響である。こうした「太陽—気候—地球」的考察の二つの事例を簡略に提示しよう。ひとつは、アングロサクソンの権威ある雑誌『サイエンス』（二〇〇一年）に掲載されて正当性を得たモノグラフであり、もうひとつは、より広い視野で考察されたもので、スイスのグランデコールから出版されたプフィスターとリューテルバッヒャーによるモノグラフである（P.-D. Jones 責任編集の共著 *History and Climate*, 2001, pp. 29-54)。

最初に、全般的にいえば、これら最近の研究とその他いくつかの研究は、マウンダー極小期と、地球の気温および降水との関係について、いくつかのパラメーターのわずかな差異を浮かび上がらせてくれる。しかし、本質的なことはそこにはない。重要なのは、これらの研究が、そうした関係が存在し、しかもその関係が強いと（懐疑論者たちに反して）示唆していることにある。マウンダー極小期の影響（地球の軽微な寒冷化）は比較的確定的な「データ」に照応しているのだろうか。まずこの点について、『サイエンス』（二〇〇一年）の先に挙げた論文[33]をみてみよう。

論議を始めるに際して、過度に厳しい批評を前にして、七〇年間のマウンダー極小期の存在自体を今や自明のこととして受け入れたうえで、マイケル・マン〔現代アメリカの歴史社会学者〕を筆頭著者とする『サイエンス』掲載論文の著者たちは、（地球の）表面の気温が当時（おおまかにいって一七世紀の最後の一〇ないし二〇年間に）、北半球ではこの一〇〇〇年間で最も低い水準もしくは最低水準のひとつであったことを基本要件として認めている。なかでもヨーロッパの冬の気温は、通常の気温すなわち二〇世紀の気温に比べて一℃から一・五℃低かったという。著者たちはまた、一七世紀末（自分たちが証明したいと思っていることのために、一六八〇年は実際にはヨーロッパでやや暑かったということを無視している。ブドウの収穫はこの年、やや早かった[34]。だが少なくとも、無視したという欠点があるからといって、これら著者たちがマウンダー極小期の周期のなかで特に冷涼な年の試料によって彼らの観点をよりよく証明するために、一六八〇年ではなく、ことに寒い年、たとえば一六九五年[35]を選んで、いわば花嫁を実際以上に美しく見せたと非難することはしまい）と他との比較をしている。この比較というのは、彼らによれば寒い一七世紀末（実際には、一六八〇年は格別凍りつくような寒い年ではない）と、基本的にやや暑い一八世紀末との比較である。具体的には一七八〇年のことで、夏についてはフランスでは暑かった平均的な年である（一七八〇年は一八世紀末の再温暖化期の典型的な年である）。なぜなら、この年はブドウの収穫日が平年よりいくぶん早いので[36]、したがって一六八〇年と一七八〇年という二つの年は、北半球における実際の気温について、広く複数年もしくは数十年におよぶ期間の状況をよく表しているからだ（*The Holocene*, vol. 12, n°6, 2003, p. 764, p. 768 の K. Briffa *et al.* の論文参照）。

一六八〇年「対」一七八〇年というこの比較歴史学の問題については、「コンピューターによって」モデル化が先だっておこなわれた。研究者たちは、部門別に、オゾン層の役割を検討することにした。オゾン層は、太陽活動が盛んな時期には薄い。増大した放射はこの単純な層には好ましくなく、オゾンは容易に破壊される。反対に、オゾン層は太陽活動が弱い期間（黒点の一一年周期の最少期）には厚く、密度も高まる。マウンダー極小期は当然そうである。こうしてオゾン層が厚く、いわば大量に存在すると、より効果的なスクリーン層があいだに介在することによって地球方向への太陽の放射が減少することになる。そのため当時、ルイ一四世時代の寒冷化が生じた、あの寒冷化は実際にあったのだ！　地表ではマイナス〇・二℃から〇・四℃の冷涼さである。だが、それは地球規模（「地球全域」）での数値に過ぎない。気温の低下は、大陸規模をも含む、いくつかの地域ではもっとおおきいこともありえた。こうして、マウンダー極小期の〇・三℃程度のこのわずかな世界的冷涼化の枠内で、北アメリカとユーラシア大陸北部、なかでも西ヨーロッパ[37]と中国では特に、冬に一℃から二℃の寒冷化があったと思われる。サルガッソ海〔北大西洋の、メキシコ湾流、北大西洋海流、カナリア海流、大西洋赤道海流に囲まれた海域〕でおこなわれた海洋堆積物調査から、「対象範囲を広げる」様々な確実な情報が得られた。それらはまた、同じ時期にアイスランド周辺に（少なくとも）一℃から二℃の温度差がある氷が大量に存在していたことに関わっている。この情報によって、もちろんわずかな年差がないわけではないが、一六世紀（の後半？）から一九世紀前半（ここでは、マウンダー極小期を超える小氷期自体の時間規模に立ち返る）までのかなり長い期間、問題の冷涼化を演繹的に一般化することが可能になる。マウンダー極小期の期間、太陽の放射が数十年にわたって減少し、その放射も成層圏のオゾン層が（急速に）増大したために地表への到達時に減少したせいで、熱帯および亜熱帯地方において九月から二月まで、地表の温度は〇・四℃から〇・五℃低下したと思われる。冷涼化を強めるこうしたオゾン層の「高密度化」という介入がなくても、放射の減少だけで、より限られてはいるが、ある程度の冷涼化を引き起こすに充分だっただろうが、もし放射減少に「オゾン効果」がさらに加われば、いっそうの気温低下が起きたと思われる。

これら様々な指標は、太陽の「低温を強いる作用[38]」は比較的弱い（特にマウンダー極小期中に放射が弱くなったという意味で）にしても、ヨーロッパと中国を含む北半球においてとりわけ冬の気候変動（この場合気温の低下）におおきな役割を果たしたことだろう。そして、（一六世紀から一九世紀まで強弱を繰り返した）小氷期のあちこちで一時期そうだった。たとえば一八世紀の気温がもっと暖かかったときは、物事は反対方向に進んだ。どちらの場合においても、太陽の変化は何らかの役割を果たしたようである。それは、その時代に応じて、暑いとか寒いとかの影響を与えたのである。[39]

リューテルバッヒャーの考察

『サイエンス』（二〇〇一年）の「モデル化された」研究は、非常に興味深いがやや狭く絞られた方法で前述のようないつかの明確な要素（特にオゾン）に集中した。より広範な考察が（ほぼ同じ頃発表された）リューテルバッヒャーの論文で展開されている。この論文は二度繰り返し発表され、二版[40]は追加データとクリスティアン・プフィスターの貴重な協力をはじめとする他の補完的協力によってさらに豊かなものになっている。この著者たちもまた、既成事実として、いつもの年幅でマウンダー極小期が存在したということと、マウンダー極小期の期間中は地球規模で（地球の）平均気温が〇・三℃低下したことから出発している。気温低下は、特定の大陸と特定の緯度に属する地帯全域で、一年のうちのどれかの季節において、一層おおきいということがありえた。

二つの重要な論文でこうして詳細に研究されたリューテルバッヒャーとプフィスターその他の研究者の成果は豊かな内容を持っている。だがそれは、マウンダー極小期全体の枠内で、とりわけ「マウンダー極小期的」と思われる一六七五年から一七一五年までに限定されている。これらの歳月は、この太陽の一時的状況によって、特に中央ヨーロッパと西ヨーロッパで顕著だった気温の冷涼化を経験したようである。この冷涼化は、もっと穏やかだった地球全体の同時期における冷涼化を基本として、摂氏一度のレベルだったらしい。それは〇・数度低かった。この「ルイ一四世時代の」冷涼化は亜熱帯地方と熱帯地方にもおよんでいるが、本書ではこれらの地方はほとんどわれわれの関心対象ではない。ともかくヨーロッパ規模では、季節によるごくわずかな差異が決定的であるようだ。まず、オランダ戦争とスペイン継承戦争とのあいだ、一六七七年から一六八五年まで（Van Engelen,

History and Climate, p. 112)、その後の一五年間（なかでも一六八八年から一六九八年まで（前掲書））の「下限」に向かって、冬は明らかにだんだん寒くなっていったようである。この傾向は、特にシベリア高気圧から発した北極気団の南への伸張とときを同じくしている。一六八五年から一七一〇年まで、シベリア高気圧につながる高気圧が遮られて滞留し、容易に想像できるように西からの大気の流れは弱いという（気温を低下させる）状況下で、バルト海西部はおのずと凍った。こうした状況は、一六八四年、一六九五年、一六九八年、そしてさらに一七〇九年の大厳冬（ファン・エンゲレンの指数それぞれは、九、八、七、八）に典型的だった。この最後の厳冬は、その前の再びやや温暖になった冬のあとにきた。一九六一年から一九九〇年までの期間に比べて平均で「マイナス二℃」という、一六九五年から一七〇三年までの非常に寒さ厳しい春と一六九七年から一七一七年までの寒さ厳しい春、そして夏と秋の期間は、極北の寒冷な高気圧が南、特にバルト海方面に滞留することを強いられたが、ルイ一四世時代末には、大西洋からやってきていつもは東へと横切る西から東へ向かう低気圧の流れ、いいかえれば低気圧のルートが南へとコースから逸脱したために、さらに南に位置していたのである。このルートは、マウンダー極小期のあいだ、通常より南を通った。このルートが北緯五五度のラインより北に再び上昇したので（現在）、「通常の」（一九六一―九〇年）夏はそういうことはない。つまり、気圧はこのラインより北で高く、このラインより南で低いので、寒冷な一七世紀末には、気圧配置全体が通常より南へ逸脱していたために、一七世紀末の低気圧は、アイルランド（特に夏）、イングランドの南半分、フランス北部と中央部、スイス、さらにはフランス南部までも覆っていて、一九六一―九〇年と比較して夏の気温が〇・四五℃低かった（低地諸邦とパリ盆地では、一六八七年から一七〇三年のあいだ暑い夏はなかった）。結果として、暑く乾燥してパリ盆地での豊かな収穫に好適な素晴らしい夏よさらば、である。フランス、スコットランド、北欧諸国では、ルイ一四世の治世の後半は、極端な場合には、飢饉の時代または食糧難の時代だった。好天によりいともたやすく乾燥させて

穀物倉に運び込める穀物の豊作よさらば。さらば、というのは過度に一般化してはならない。だがおそらく、秋に安心して種播きをすることにも（多かれ少なかれ……）お別れである。それどころか、水浸しで、泥でぬかるんで、泥が靴にくっつく耕作地に種を播くのは困難である（一六九二年）。特にC・プフィスターが指摘したように（*Wetternachhersage*, p. 296）、凍りつくかほとんど凍った秋の月日がいくつかあったと思われる（北緯六〇度以南の大陸ヨーロッパの大部分と地中海地方でさえ、一六七六年一一月、一六八四年一一月、一六八八年一〇月、一六九四年一〇月といった寒い秋の月があった）。一六七六年の秋は、この五〇〇年間におけるヨーロッパで最も寒く、一九六一—九〇年の期間の平均と比較して六℃か七℃低かった。リューテルバッヒャーならこれに、一六九二年の冷涼多雨な災害的な秋も加えることができるだろう。

これらは（数十年間の四季全体のうちで）最悪の年（一六九二—九三年その他多数）であるにすぎない。なぜなら、マウンダー極小期の数十年間にはまた、ともかく、穀物に恵まれた良い年もいくつかあったからだ。リューテルバッヒャーによれば、火山の噴火もまた、火山灰の幕を地球の周りにばらまいてそれが広がり、太陽の光を遮るフィルターとなることによってマイナスの役割を果たしたようだ。この場合、火山の噴火は、フランス、スコットランド、フィンランド等で、飢饉が多く、霧に包まれ、強い風が吹きすさび、湿潤で作物が腐る、寒くて悲惨な一六九〇年代に特に明確だった、穀物の低収穫に追い打ちをかける貢献をした。

ようするに、リューテルバッヒャーと他の何人かの研究者のいうことを信じるとすれば、「マウンダー極小期は、その最もよく知られている部分はヨーロッパの小氷期の頂点ということになる」。一般に、一七世紀後半は、ヨーロッパ北東部では、冬の海面気圧（SLP, Sea Level Pressure）はかなり高かった。したがって北方圏では、こうしたプロセスによってフランス北部と中央部は冬の気圧の堰き止め状況にあって、寒気（厳冬……）がヨーロッパ中央部と東部に向かって吹き出したのである。春は寒く、低気圧の軌道が南に逸脱するという特徴があり、それは中緯度で典型的だった。夏は、東ヨーロッパ、中央ヨーロッパ、北ヨーロッパで今日より湿潤で、今日よりやや冷涼だった。これは、アゾレス高気圧がやや弱いか、（南に）引き下がっているかのせいで、また極前線が当時の平均的な位置よりも南に位置していたせいでもある。秋はヨーロッパ北部で明らかに気圧が高く、ヨーロッパの大陸部と地中海地方で気圧が低かった（したがって、一六九二年のようにフランスでは雨の多い秋となり、その結果種播きには不都合だった）。リューテルバッヒャーとプフィスターその他はまた他方で、「マウンダー極小期のいくつかの時期における気圧分布の独自な特徴」は、外部からの「強制力」（太陽放射のマウンダー極小期における消極的な変動、そして火山活動の積極的な変動）[41]による諸要件から生じているとしている。そしてまた、北大西洋における大気・海洋システムの内部的変動性（NAO、北大西洋振動）のせいでもある。リューテルバッヒャーはさらに、これらの結論を、性急で一層厳密な仕方で東ヨーロッパにまで拡大して適用している。このスイスの研究者は、マウンダー極小期の期間中の気圧状態に関するモデルと相関づけて、冬季のいくつかの相（ロシア北部とスカンジナヴィア半島上の高気圧と寒気団）のときに、これらの地方では一六七五年から一六七九年、一六八〇年、一六九五―九六―一六九七年、一七〇八―〇九年（この冬、カール一二世のロシアにおける敗走が起こるべくして起きた。これらすべてによってスウェーデンの大国としての地位が終焉を迎えた〔ピョートル一世率いるロシア軍がカール一二世率いるスウェーデン軍を撃破、北方戦争の転換点〕）に、極度の厳冬が同時に出現したと書き留めている。ロシアのいくつかの非常に寒い夏にも同様の相関関係がみられる。特に、一六九五年の夏である（K. Briffa, *The Holocene*, vol. 12, n°6, 2002, p. 764）。

*

ようするに、真実であろうがそれほどでもないにしろ、少なくとも地球では、マウンダー極小期は気候史学者に、一六四五年から一七一五年までのすべての年について、そのなかでも特に過去の気候学者と編年史家の集団によってこの観点から最もよく研究されていた一六七五年から一七一五年までの四〇年間について、きわめて都合のよい認識論的・年代学的な枠を提供した。しかしまさにわれわれはこの二つの知識、太陽についての知識（A　黒点……あるいはその欠乏、さらには不在）と気象学的知識（B　地球の大気変動）とで武装しているが、ある程度まで、AとBとの連結を解くことはできないのだろうか。

この点について、現在最も明確な見解のひとつであるクリスティアン・プフィスターの考察に助けを借りて自分の考えを述べることにしよう。[43]

A　まず、マウンダー極小期はたしかにあったようである。太陽黒点あるいはその視認性が先に述べた期間減少し、おそらく同時に、完全に証明されたわけではないが是認できる、太陽活動と「正常」水準の〇・二パーセントから〇・四パーセントのあいだと見積もられる光と熱の「放射」低下があった……。

B　この低下は、一六九〇年代に非常にわかりやすい形で、特に地球上の寒冷な気候的影響として表れた。不可知論の立場をとることにしよう。ようするに、四季という本来の場所において完璧に研究された地下世界からの随伴関係として表れたのだ。それは、二〇世紀との比較研究のおかげで一層適切に評価されている。

各季節の詳細は以下のとおりである。

一　冬。発達した高気圧がヨーロッパの北東部上にあり、これと対照的に、やはり強い低気圧がヨーロッパ中央部と東地中海上にある。冷たくて乾燥した北極の大気がヨーロッパ中央部に侵入し、クレタ島やポルトガル南部にまで寒波に伴って時々降雪がある。

二　春。アイスランドと北海の上にもっと高い高気圧がある。ヨーロッパ中央部に北極気団がより頻繁に侵入して、今日よりも寒い「春の」気候である。

三　夏。アゾレス高気圧はヨーロッパ中央部にほとんど張り出さず弱い。極前線と低気圧の軌跡は今日より南にある。ヨーロッパ中央部（と東ヨーロッパ）は二〇世紀よりも多雨で風が強い[44]。

四　秋。気候条件はすでに冬のものに近い。いいかたを変えれば、冬が、理論上は秋である頃からいつもより早くやってきた。

全体として、肝心な季節に過剰に雨が降るので、（年によって）やや あるいは非常に、農業、特に穀物には不都合な条件である。

AとBとの「連結解除」について語ることができるのは、歴史的・気候的「論述」におけるこの点においてなのだ。これが、少なくとも私の個人的な見方である。多くの科学者[45]がAのBに対する、いいかえれば、（太陽の）黒点最少状態の地球に対する影響という考えに関して意見を異にしているようである。というのも、太陽は、いわば、自分のことを地道にやっているのだし、地球は地球で自分の道を歩んでいるのだから……。マウンダー極小期は、これらの批判的な人々によれば、太陽の、他への影響が限られた一現象にすぎないということになるだろう。地球に対して重大な影響をおよぼすことができるようにと、ヘリオス〔ギリシャ神話の太陽神、ここでは太陽をさす〕[46]が放射する巨大なエネルギーに比べてあまりにも弱いのである。さしあたり、作業仮説として、AとB、いいかえればヘリオスとガイア〔ギリシャ神話の地母神、ここでは地球をさす〕とのこうした連結解除の妥当性を認めることにしよう。その場合でも、地球、特に一六七五年から一七一五年までのヨーロッパの気候の変遷についてのプフィスターとリューテルバッヒャーの分析は依然として実効性があり、とりわけ大気と季節に関する相違と変化と多様性についての注目すべき精度の点で最も現実に即した重要性を有している。たとえAの地球へのインパクトが否定されたとしても、そうした展望においてもなお、Bの有効性あるいは現実性はそのままである。一六七五年から一七一五年までの年々の連続する四つの三カ月間における地球の気候についての前記のプフィスターの叙述はその有効性を完全に保持している。それは、われわれのような純粋に地理・歴史学的考察をする研究者に、便利な参照枠とたしかな気象の年次経過を提供してくれる。惑星である地球上の気候変動に関する外部からの影響（太陽からの影響）のいかなるものも頭から排除することはしない。ガイアについても、火山の噴火の影響も大気・海洋システムの自動的影響[47]も退けない。しかし今後は、先に述べた「太陽を原因とするもの」に過度の気遣いをすることなく、一六七五年から一七一五年までの、さらに長くは一六四五年もしくは一六五一年から一七一五年までの期間の、これ以降取り上げるように、すでによく知られている気象から生じた本質的に人間に関わる現象（飢饉、死亡率、繁栄も）をもっぱら対象とする。そして、これを始めるにあたって、天文学者たちに心より謝意を表する。彼らは、マウンダー極小期（一六四五年から一七一五年、より厳密には一六七五年から一七一五年まで）における太陽と気候との関係に関する研究成果を惜しげもなく提供してくれて、とにかく、一七世紀と一八世紀を研究する歴史学者たちに著しい貢献をしてくれた。当該の歴史学者たちはこれまで、自然科学の学問的同僚からのこのような恩恵を常に意識していたわけではなかった……。

＊

周期的に循環する時間、作物を腐らせる夏、穀物の凶作……。マウンダー極小期は一六四五年から一七一五年までにおよぶ。その冷涼化の影響の痕跡のいくつかは一六四五年から一六七三年の期間からみられ、しかもそれは、リューテルバッヒャーがみごとな研究成果を挙げた一六七四年から一七一五年までの数十年間より前なのである。フロンドの乱（一六四八—五三年）は、ちょうど一六四〇年代の全期間のように、冷涼多雨な夏、とりわけ一六四八年から一六五〇年の期間は作物が腐る気候が顕著だったのだが[49]、これらの年月は脇に置いておこう。こうした夏は、一六四〇年から一六五〇年までのあいだ、多少の変動がなかったわけではないが、非常に明確に感じられた。われわれはすでに、前章において、フロンドの乱以前といわれる歳月（特に一六四一年から一六四三年の期間）と、もちろんフロンドの乱の歳月（一六四七年以降）とに言及した。それに立ち戻ることはしまい。たとえ、これらの年々がマウンダー極小期のものと想定される現象をすでに感じさせていたとしてもである。それはまさに入り口あるいは始まり……。

一六五八年——一九一〇年より悪い

このフロンドの乱期に別れを告げよう。時の経過に従って「マウンダー極小期」あるいはその代わりになるものを下のほうに向かってたどりながらもっと遠くへ行こうと努めよう。われわれは、避けがたく、最大級の作物を腐らせる夏に見舞われたいくつかの年に行き当たるだろう。途中で一六五八年を取り上げよう。その前に一六五〇年代について少し言及しないわけではないけれども。この一六五〇年代は、フロンドの乱が終息した（一六五三年）直後で、かなり幸せにみえたことを記しておこう。春・夏は全般的に暑くて穏やかな気候だった。一六五一年から一六五九年までのあいだ、ブドウの収穫日は早いか平年並みだった。最も冷涼だったのは一六五四年で（ブドウの収穫は、ディジョンで一〇月二日、クーンバッハで一〇月一七日、全般的には一〇月一五日で、スイスのフランス語圏では一〇月二〇日になりもした）[50]、この年の夏は雨と晴れがだいたい交互にあったが、九月は好天だった（バーデン地方）[51]。フランス北部地方では小麦が豊作だった。全般的に、一六五三年から一六五七年までの五年間、穀物はだいたい生産過剰ということができる。ともかく、小麦の供給は非常に適正だったといえる。[52] だが、一六五七年末から事態は悪化した。雨が、種播き、そしてきたるべき収穫に執拗に害を与えた。モリソー〔現代フランスの農村史の専門家〕は、イル＝ドゥ＝フランス地方の農民についての大論文で書いている。「降雨が事態を悪化させて一六五八年の収穫を無にした」。一六五七年九月（ロワール渓谷）、付随的に一六五七年一二月（ローヌ渓谷）、そしてとりわけ一六五八年二月は、ほんとうに河川の氾濫が多かった。[53] この二月には、セーヌ川上流がトロワで、下流がルーアンで氾濫した。さらに、もしこういう言い方があるなら、セーヌ川「中流」がパリで氾濫した。以下同様に、[54] ヴルジー川がプロヴァンで、ヨンヌ川とマルヌ川が全流域で、ロワン川がヌムール〔パリ南東の都市〕で、オワーズ川がポントワーズで、エーヌ川がソワッソンで、テラン川〔オワーズ川の支流〕がボーヴェ〔パリ盆地北部の都市〕で、ソンム川がアミアンで、スュゾン川までもがディジョンで！ この街では、一六五八年一月の氾濫が、「ディジョンはスュゾン川によって滅びる」[55] というこの土地のことわざを確証した。パリでは、洪水は一九一〇年のものよりやや規模がおおきく、浸水の高さが二六から三一センチメートル上まわった。[56] この災害は、他の原因にもまして、寒い冬が終わって、雪解けに引き続いて起きた。[57] 小氷期だからなのだろうか？ 水が「都市」の半分、右岸の都市部を覆った。[58] トロワからルーアンまで、セーヌ川が氾濫した。プロヴァンの下町は沼地のようになった。ヌムールでは（一六五八年二月二九日）、ロワン川の水が大病院の礼拝堂の戸口まで押し寄せた。モーでは、一六五八年二月二三日の雪解けで、大量の水の激しい流れのせいで水車がいくつかマルヌ川に押し流された。ポントワーズでは、カルメル会の修道院が冠水した。水が宿泊所の礼拝堂を完全に破壊し、プールと化したノートルダム教会では、墓を覆っている敷石が洪水ではがされていたので、内陣に穿たれた墓穴に落ちる危険を冒して、人々は長靴を履いて聖体を探しに行った。ソワッソンでも同様の経過だった（一六五八年二月二一日）。雨と雪解け。墓は根こそぎ倒され、壊れた。サン・クレペンの僧侶たちは孤立して飢え、その後ボートで救出された。ボーヴェでも同様だった（二月二二日から二五日まで）。降雨。雪と氷の溶融。カタツムリ門が損傷。側溝がすっかり増水して、ギャロップで走る馬並の早さで市場広場を横切った。アミアンで、そしてアブヴィルで、ソンム川が、結氷の二カ月後の寒気がゆるんださなかに、一六五八年二月二四日から三月五日まで厄介な結果をもたらした。下町では、小舟が縦横に走る街路網が水路と化した[59]。若きルイ一四世治下、類例をみない多くの地域におよぶ規模の大きさと、原因の複合性（雪の多い冬、解氷、さらに非常に大量の雨）とによって、一六五八年のフランス北部の河川の増水はフロンドの乱後の気候史における重要登場人物のひとりである。こうしてみると、一六三〇年から一六八七年までの期間、セーヌ川とライン川のあいだは基本的に乾燥した時期であったというスイス・プフィスター学派の論文は、完全に否認されはしないにしても、少々の差異がある。この六〇年近くの年月、最大級の量の水がほんとうに天から落ちてきたのだろうか。だがスイス人の住んでいる地域ではおそらくずっと少なかったのだろう。

農村も、一六五八年の洪水中とそのあと、都市と同じくらい被害をこうむった。この年のブドウの収穫は少し遅く、あちこちで一〇月だった。世に知られた六つのブドウ栽培地ではしばしば遅く、ディジョン（九月三〇日）を除いて、他所では一〇月一五日から二〇日だった。このことは、雪が降って寒く、作物が腐る冬に引き続いて冷涼な春と夏がきたことを示していると思われる[60]。アルザス地方とバーデン地方では以下のようだった。寒い冬、五月に霜、ワインは不良。ショワズィ＝オ＝ブフ〔パリ北東郊〕、スタン〔パリ北郊〕、ヴォルラン（ロワッシー＝アン＝フランス〔パリ北東郊、シャルル・ドゴール空港がある都市〕の近く）といったパリ地方の平野は、生育期にコムギツブセンチュウの害を受けて穂がだめになったか日照り焼けになった小麦で覆われていた。だがそれでも、春の終わり頃（六月初め）にほんの一時期陽が射したようである……。一六五八年の穀物収穫は、「一ヘクタールあたり八・八ヘクトリットル」（すなわち、一ヘクタールあたり七メトリック・キンタル〔計量単位、一メトリック・キンタルは一〇〇キログラム〕で、パリ地方における平年の収穫高の半分）に落ちた。まだ飢饉ではないが、それでも小麦の値上がりの原因である。一六五六年から一六五七年にかけて一スティエ一二リーヴル[61]だったパン用軟質小麦は一六五八年から一六五九年にかけての収穫後の期間には一七から一八七リーヴルに値上がりした。人間を養うことに寄与しない代わりに、一六五八年一月から三月までの幾度かの降雪は（前後を極端に雪の多い年、特に一六五五年、一六五六年、一六五七年、一六五八年、一六五九年、一六六〇年[62]にはさまれて）、アルプス氷河を異常なまでに涵養した、あるいは涵養しすぎたのではないだろうか。一六六〇年代初めからの、長期的・全面的というよりも短期的・局地的といえる巨大氷河の前進を考慮するなら、それはおおいにありえることだ。アルプス氷河上方で降雪が増えてそれが氷となり、その現象の結果がときを経て下方の氷舌へとおよんだのである。[63]

一六六一年――純粋な飢饉

それからほとんど間を置かずに、人々を責めさいなむ一六六一年が出現した。知られている限り、スイスでは（少なくとも穀物収穫については）比較的「正常」だったが、スイスのブドウの収穫は遅かった。それに対して、この年は、パリ盆地と低地諸邦で[64]、穀物に非常に危険なかなりの長雨と高すぎず低すぎもしない気温が特徴的だった。凍るように寒くはならないが、気温は全然暑くならなかった。[65]その結果は名状しがたい大災害だった。細部をみよう。一六六一年一月から雨がフランスの北半分に被害を与えるようになった。一六六一年一月一一日、増水したロワール川の、ソミュールより下流の三カ所、シュゼ、サン＝マルタン＝ドゥ＝ラ＝プラス、サン＝ランベール＝デ＝ルヴェで堤防（岸の護岸）が切れた。[66]ロワール川流域だけが問題なわけではない。この一六六一年一月には、「ヴォージュ地方で」河川の大氾濫が「橋や水車小屋を破壊し」、とりわけソルクスュールとコルニモンがおおきな被害を受けた。[67]冬の雨は、ライン川からロワール川まで、秋に播いた小麦にとって危険で、地中で腐る恐れがあった。二月から水の災禍は追い払われたようである。だが、いつかかならず痛い目にあうのだ。一六六一年の四月、五月、六月、七月、八月、九月は、フランス北部とオランダで非常に雨が多かった！　すべての気候史学者（J・バウスマンとカール・ミュラーを含めて）のなかで唯一、フランソワ・ルブランがフランス北部のアンジュー地方とバーデン地方[68]についてこの重大事を記している。こうして小麦の収穫が非常に困難になり、一部で収穫がなかった。刈り取った小麦の束が畑で腐った。やはり非常に湿潤だった一六六一年から一六六二年にかけての冬（一二月、一月、二月）についても同じことがいえる。だが実をいえば、（穀物の）災害は、すでに前年の夏から始まっていた。一六六一年四月から一六六二年三月まで（一六六一年一〇月、一一月、一二月に中断はあったが）、かなり持続的な降雨に見舞われた。他の利点はない代わりに、この長雨はある傾向を示している。またもや湿潤な天候である。気温のほうは、寒冷で有害であるということはまったくなかった。暑くもなく寒くもなかった、とルブランはアンジュー地方について述べている[69]。ドイツ人たちがいっているように、むしろ温暖で好ましかったと私は断言しよう。しかし、この総体的な「好ましさ」は状況を修復するものでは少しもなかった。なぜなら、この期間の初めから終わりまで、死の舞踏を踊り、大災害が続くままにした（一六六一—六二年）のは過剰な降雨だったからだ。こうした状況では、気温が高かろうが低かろうが、たいした変わりはなかった。

氷河がこのことを裏づけている。過度の降雨は、必然的結果として、高山では過剰な降雪となり、アルプスの氷舌をおおいに育てた。特にシャモニーの氷河だが、この氷河は一六四四年以降落ち着いていた、というかむしろ後退していた。ところが、一六六三—六四年から前進を再開したのである。こうして氷河は少し遅れて、いいかえれば「履歴現象〔物理学。磁性体や弾性体の性質が、以前の履歴に依存する現象〕」があいだに入って、一六五八年と一六六一—六二年に記録されたようなパリ盆地の大雨と相関して、アルプスの高地に降った大量の雪を反映させたのである。

＊

さて、低地、そしてわれわれの過酷な一六六一年に戻ることにしよう。一六六一年夏の収穫が、いまだ降り止まない雨によっておおきな被害を受けたので、パリ盆地の小麦価格は一六六一年から一六六二年の期間、とりわけ一六六一年七月から一六六二年七月までの「収穫後の一年間」に激しく上昇した。パン用軟質小麦は、パリの市場で、一六五四年から一六五八年まで一スティエ一二か一三トゥール・リーヴルだったが、一六五九年と一六六〇年にそれぞれ一七リーヴルと一五リーヴルになり、一六六〇年から一六六一年にかけて（夏から夏までの収穫後の期間）二五リーヴル、そして危機に見舞われた四季節の一六六一―六二年に三四リーヴルになったが、一六六二年の四月から七月までは四〇リーヴルもしくはそれ以上になった。この期間は飢饉の最も激しい三、四カ月であり、まさしく飢餓であった。春、サクランボの実る頃……雌牛はやせている頃である。しかしこのときは、赤く実った果実でもなければ牛の話でもなく、問題なのは小麦だった。収穫後の、一六六二年のこの飢えた春は、穀物倉庫が空になったとき、一六六一年夏の不作から教訓を引き出したが手遅れだった。パリの穀物価格は、首都の市場に新しい収穫が到着した一六六二年七月二六日と二九日のあいだになってやっと値崩れする。[70] それでも価格は依然としてかなり高く、次第に下がってはいくものの、一六六三―六四年まで二三リーヴルくらいだった。そしてついに、一六六二年七月二九日以降、完全にではないが、穀物事情がある程度緩和されたというのは本当である。あとから振り返ってみれば、この「災害」の本質的部分を発生させたのは、一六六二年夏まで食べることはできたとはいえ、一六六一年夏の非常に貧弱な収穫だった。一六六一年の、作物を腐らせる冬、春そして夏の連続に縁取られ、こうした季節のトリオに順次、種播き、生育、刈り取り、そして最終の小麦の収穫を攻撃されたのである。

*

一六六一年の夏。ご承知のようにしばしば雨が降った六カ月か八カ月のあと、収穫は壊滅的だった[71]。一六六一年九月六日から、ルイ一四世の王令によって小麦の輸出が禁止された。大被害を受けたアンジュー地方の外[72]でも穀物不足は広がっていた。フランス北部と西部でブルターニュ地方だけが貧弱な収穫の被害をそれほど受けなかった。それでもアラン・クロワは、この地方で哀訴の論拠をみつけた（フランスの南半分は北半分より乾燥高温なので、とにかくこのような水害による大災害の被害をまったく受けなかったし、ベズィエ〔南仏、モンペリエの南西にある都市〕の市場の小麦価格はこの一六六一―六二年の運命の二年間に下がりさえした。フランスの北半分について運命の、というのであって、地中海に面した南半分についてではない[73]）。不幸は、間違いなく、アンジュー地方とロワール川沿岸でのことで、これについては、アンジェ市長がコルベールに宛てた一六六二年一月二五日の手紙を引用すれば充分である[74]。「私がブルターニュ地方からすでに得た救援とさらに期待している援助は、オランダに期待しているものと共に、現在の悲惨な状況を緩和することでしょう」。オランダへの暗示がみられるが、これはおそらくバルト海地方からの小麦のことだろう。この地方は「わが国の被災地域」程には雨による被害を受けておらず、その小麦はアムステルダムからナントに送られて、それからロワール川をさかのぼることになる。それでもこれらの小麦はいかなる場合にも、アンジュー地方の都市にも農村にもおよんだ大災害を一時的に緩和するには充分ということはない。「食糧不足は〔都市よりも〕農村で一層深刻です。農民はパンもなく、施しによってやっと生きています」。地方長官は状況を過度に暗く描いているのだろうか。だが多くの死者が彼の分析を大筋で裏づけている。ブルターニュ地方やバルト海地方からの穀物の救援物資は実際、都市部に偏って配分されていた。当局の目からは、都市部は農村部よりも社会的騒擾が懸念されたからである。さらに、飢饉は、都市の外では、村民のかなり上層の人々にまでおよんだ。この同じトゥールの地方長官は、「施しを与えることを習慣としていた農夫たちは都市に施しを求めにやってくることを余儀なくされた」[75]と指摘している。当然ながら、この文章は尾ひれのついたものとして受け取らなければならない。いわゆる農村貴族に属する非常に裕福な農民はこれらの災害に抵抗できた。だが彼らほどの財産がない農村の同輩たちは、牛馬を所有していても、農村の無産者と同程度ではないにしても、同じく栄養不足に陥った。

*

そのうえ、食糧供給はまたもや、非常に栄養状態が悪い人々の口にまではほとんど届かなかった。オランダ[76]やブルターニュ地方（この活気にあふれた農業に恵まれた半島は昔から伝統的に[77]、スペインやロワール渓谷の奥地に穀物を輸出したいと望んでいた。ブルターニュ地方は、環境の変化に強い植物であるソバのおかげで、他の地方が飢饉の時に常に「救援物資のガラポン」を用意していた。このことはブルターニュ半島を、不作の年にはもっと東に位置する地方を救援できるようにしていた[78]といわなければならない）から輸入された小麦は、ブロワやオルレアンに向けてロワール川をさかのぼるには支障があった。沿岸住民が陸路や海路に構築したバリケード[79]によって止められたからである。こういうことは二〇世紀のトラクター運転手たちによる後世の発明品ではない。実際、古くから用いられていた手段だった[80]。欠乏という同じ視点からみると、ライ麦の相場の推移は非常に興味深く思える[81]。ライ麦は大幅な価格急騰がしやすい穀物である。パン用軟質小麦の場合よりもはるかにパニックになりやすい。黒パンの原料であるこの二流の穀物に向けられる貧しい人々の需要は、穀物不足が発生したとき、多くの場合激しくて緊迫したものであり、満たされることはない。それがアンジュー地方で起きたことである。ライ麦は、一六五三年から一六五九年までの「通常」年に一スティエ一四スーで売られていて、一六六〇年に二〇スーになった。ところが、大災害の春、一六六一年四月に七〇スーに跳ね上がった。フロンドの乱後と内戦後の一種の正常を反映していたそれまでの期間に比べて一五倍である。ルイ一四世の実際の統治の「到来」の一六六二年春、多くの貧窮者あるいはほとんど窮乏した人々は、一時的に、もはやライ麦を買うこともできないまでに追い詰められていた。パン用軟質小麦はいうまでもない。それでは彼らは何を食べて生きていたのか。あるいは、何が原因で死んだのか。本来の飢えそのものでなければ、食糧不足のうえに蔓延した疫病で死んだのだろうか。

トゥール（とアンジュー地方）の地方長官で大臣の弟のシャルル・コルベール[82]が提示した、一六六二年三月末からの情景も注目すべきものである。弟コルベールは明確に述べている。「この総徴税区［トゥールとアンジュー］を構成する三つの州は、想像を超えた悲惨な状況にある。一六六一年［七月］に実り［小麦］がまったく得られなかった。きわめてわずかな小麦が採れたが極端な高値である［実りが「まったく得られなかった」という誇張に注目しよう。報告者は、彼の総徴税区に兄が過剰な税を課すのを避けるために用心しているのだ］」。地方長官はさらに続ける。「次の収穫［一六六二年夏の収穫］が非常に豊富になるとは思われない［たしかにそうだ。しかし、それでも壊滅的にはならないだろう］。耕地の半分［誇張］は、働き手がいないので耕作されていない［農業労働者、あるいはその多くが死んだり、先に述べた疫病の流行のために病気でベッドに横たわっていた］。オート麦［春穀物］はまだ済んでいない［播かれていない］。悪天候と冬の天候不順のせいで今にいたるまで畑が耕せていない。さらに悪いことに、日に日にかさを増す大水が、すでに耕されて種が播かれた多くの耕地を水浸しにしてしまった」。地方長官は、一六六二年夏の、きたるべき「不作」については間違っていた。実際には、それは適正だった。だが、一六六二年一月、二月、三月の打ち続く雨、ということは当然大量の雨、については事実だった。雨は、一六六一年から一六六二年[83]、さらには六三年（夏）[84]までの湿ったこれらの年々に典型的なものだった。それらは、「マウンダー極小期」とその後の期間の範囲内でたびたびみられたもので、ときには小麦にとって危険だった。

ともかく、一六六二年夏の新たな収穫の結果、順調にというわけではないにしても、次第に穀物事情は緩和することになる。緩和は一六六二年七月二九日からパリ市場でみられた。ロワール渓谷では、ブルターニュ地方とオランダからの小麦とフランス南部からの穀物が到着して不足がある程度緩和された。穀物供給地であるこの南仏アキテーヌ地方では例年より収穫が早く、先ほど指摘したように、飢饉もなかった[85]だけになおさら穀物は安定していた。他地方からきたこれらの救援物資によって、「ロワール地方の[86]」地方長官府は原価で配給できたし、商人たちは、消費者取引所で、現金がなくとも信用貸しで販売した。この結果、当時アンジュー地方的温和さは美しい夢に過ぎなかったが、都市部とアンジュ周辺では状況は改善された。ともかく、一六六二年九月から一六六三年夏まで、ライ麦一スティエは三八スーにすぎなかった。状況は「前ほど悪くない」が、まだ完全に満足できるものではなかった。一六六三年の豊作以降になってやっとそうなった。

後戻りしよう。悪気候から多くの死者の発生まで、ほんの一歩でしかなかった。耕地があらかじめ弱っていて……雨と飢饉によって完全にダメになるのを待つばかりになっていれば、それだけ容易にその一歩は超えられる。はしか、しょうこう熱、天然痘、赤痢が一六六〇年からアンジュー地方で流行していた。一六六一年夏以後、とりわけ一六六二年春に定着した飢饉は何ら問題の解決にならない……、一六六二年五月、一六五二年から一六六〇年代初めにかけて三万一八〇〇人の住民がいた（この都市住民数は、一六〇〇—一一年の一〇年間にはまだ二万四八〇〇人にすぎなかったが、その後増加した）アンジェ市内外で八〇〇〇人の貧しい人々がいた。一六六一—一六六二年の飢饉は、減少の合図を送ることになる。このアンジュー地方の首都の人口は、三万二〇〇〇人（一六六〇年頃）から一七世紀末には二万六五〇〇人に減少する。

＊

一六六二年という恐ろしい年に話をとどめるために、五月一日のアンジェ市庁でのパンの配給のときに起きた悲劇的な混雑[87]でおよそ三〇人の死者が出たことを記そう。集まった貧しい人々のあいだに、「壮健な者は、女でも男でもみな捕まえられて、新大陸に送られる」という噂が広まっていた（アンジュー地方はフランス、特にロワール地方で、自由意志にもとづこうが強制されてであろうが、カナダ植民地への人口供給源の主要な地域のひとつだった[88]。フランスのアメリカ植民地へ、望んでだろうが意思に反してだろうが、植民者を送るということ自体は、摂政時代とそれ以降まで引き続いておこなわれる[89]）。数日後、こうした危機を乗り切るために様々な措置がアンジュー地方の県庁所在地に、実施されないにしても、布告された[90]。貧しい人々を送り込むために作業場が開設された（実際は、アンシャン・レジームに典型的なように、これらの仕事を与えるというポーズに後続する施策はまったくなされなかった。これと同様な、大規模で、より現実的で、より悲惨なことが、のちの一八四八年にパリ国営作業場のときに再びみられる。それはついに、その年の六月の流血の日々によって区切りがつけられることになる）。そして、アンジェ市庁は各小教区における貧しい人々の調査と、他所からきた貧しい人々を市壁の外へ追放することを求めた。この二つの措置は実効がなかった……。

＊

一六六二年六月、先に述べた七月以降の状況改善以前には、もうなにもかもうまくいかなかった。穀物の刈取りはまだで、市場は空、病院は満員。バターと小麦はない。悪性の感染症と危険な病気が、飢え[91]と、腐った食品あるいはキャベツやネギの芯などのみすぼらしい食べ物を食べたせいで蔓延した。農村地域で、率先して手本を示したのは主任司祭たちだった。彼らだけがささやかながら資産をもっていたので、信徒たちの神に見捨てられた惨めな状態を、たとえわずかにしても、改善できた。これら信徒たちは、ときにはある程度の救援物資が手に入る都市に住むという幸運に恵まれてはいなかった。救援の音頭をとるという点で、最も注目すべき聖職者のひとりは、他の誰にもましてウデン神父である。彼は、パリ地方からやってきた伝道師で、アンジュー司教の友人で、首都の慈悲深い貴婦人方から一万リーヴル近くを募金することに成功した。特に恵まれない田舎の人々に、施しとスープの形で募金を分配するという条件で、である。貧窮にあえぐ人々は、いくばくかの小銭を得るためにわら布団まで売り払ってしまっていて、床の上に寝ざるをえなかった。それはともかく、都市では、職人たちは失業に追い込まれた（失業という言葉は、一七世紀にはほとんど存在しなかった。しかしそういう事態は、飢饉や価格高騰の場合に広範にみられた。なぜなら、アンジュー地方ではまさに「誰もがそれぞれ極端に困窮していたので職人に仕事をさせない」ということができる。こうして職人たちは路頭で物乞いをする身に追い込まれた）。貴族や中産階級の令嬢方、もしくはそれらの何人かについては、もはや泣くしかなかった。もちろん涙は他人にみせずに（品位というものがあるから）。彼女らは、パンを得るためにスカートを質に入れた。死亡者のピークは一六六一年の後半六カ月と、とりわけ一六六二年の前半六カ月だった。飢餓による無月経、生殖の減退、結婚の減少（将来の計画を立てても、それがなんになろう？）は、妊娠数、したがって出生数を減少させた。特にひどく被害を受けたいくつかの村では、人口が二五パーセント減少した。王国規模でみれば、北半分だけが被害を受け、国全体ではなかった。フランス全体では、多くても、通常よりも五〇万人多い死亡者を出した「にすぎなかった」のだろうか。それは、一六九三―九四年（死亡者一〇〇万人以上）よりも少なく、一七〇九―一〇年よりも少ない。だがそれでも、二〇〇二年におけるフランスの人口規模である六千万人の場合なら、それは一〇〇万人以上の死亡者ということになる。戦争〔第一次世界大戦〕による損失のせいで、若い男性というほぼ唯一の年齢層だけが一五〇万人の死亡者を出すことになる一九一四―一八年と違って、「幸いにも」年齢と性別に均等に分布している。

*

今述べた大災害はアンジュー地方のものである。だがそれはまたパリ周辺地域のものでもある。

一六六一年におけるパリ南方の一六の小教区についてのモリソーのみごとなグラフは[92]、この危機における死亡者数と妊娠数の急激な減少、いいかえれば九カ月後の出生率の低下との関係に関するいくつかの側面を詳しく検討することに役立つ。これら一六の共同体において、死亡者数は一六六一年の夏の終わりから秋にかけてピークに達した。しかし妊娠数の減少は、一六六一年の四月から九月にかけて最も顕著に落ち込んだ。この時期に結婚数もおおきく減少したのだろう。ところが、一六六一年八月から九月にかけての小麦価格はその価格高騰の最高値（一六六二年春）よりずっと低かった。こうした状況からして、農村地域であってもある程度教育を受けた人々が将来を見据えて思慮のある対応をしたことがうかがわれる。夫婦は、災厄は数カ月後の翌年春にはもっと悪くなることを知っていて、何らかの手段による避妊、あるいは単純に性交回避と一時的禁欲とによって出生数を抑制することでそれに備えた。まったく適切な用心だった。なぜなら、繰り返すが、穀物・種子商人の交通経路はおおきな被害を受けていたからである。コルベールとその部下たちは、水路と陸路によって、どこよりもまずパリに食糧を供給しようと努めた。フロンドの乱のような騒動に一時的に熱狂した首都を暴徒が掌握したとき、それがどれほど危険なものになりうるかを、この巨大な野獣は示したことがあるからだ。こうして、この大都市のために……そして農民を飢えさせる危険をかえりみず、ブリ地方やシャンパーニュ地方から小麦をすべて運び出した。これが事実だったようである。そのためにはまた、セーヌ川が航行可能でなければならない。ところが、一六六二年一月、二月、三月の大雨[93]とときを同じくして起きた三月の洪水がこの川の航行を遮った。洪水は、「ノルマンディー地方や外国からの救援物資搬入をすべて[94]」（一時的に）妨げたのである。そうはいってもやはり「選別的な」いくつかの禁止措置はある。田舎の村人たちは、障害にもかかわらずどうにか設定されたルーヴル宮殿における小麦の配給にあずかることを禁止されていた。それゆえランブイエ近くの村民は、落ち穂拾いの禁止[95]にもかかわらず、あるいはそれ故に、まだ刈り取り前の収穫物からこっそりむしり取った小麦の穂をおおきな袋に詰め込むことになった。ヴォーバン〔ルイ一四世に仕えて活躍したフランスの軍人（技術将校）。重農学派の先駆的経済学者と目されている〕は、その後何年も経ってから、一六六一年から一六六二年にかけての農民たちは、まずオート麦のパンやベッチ〔牧草となるマメ科の植物〕のパンや麦屑[96]を食べることを余儀なくされ、次いで、ドングリ類やシダ類のパン（飢饉のときの古典的な食べ物）やキャベツの芯の随や生の雑草まで食べざるをえなかった、といっている。もちろん、村に住む人々のすべてがこうなったわけではないが、貧しい階層、さらには中流階層も実際大変な目にあった。何人もの予言者がすでに数カ月前にすべてを予言していた。貧者は飢え、富者はやせるだろう。あるいは、この春にパンを食べるには金の歯が必要だろう。実際、イル゠ドゥ゠フランス地方では、農業に関する兆候が不幸の到来を予告していた。一六六〇年、特に一六六一年の雨のせいで小麦はコムギツブセンチュウでだめになっていた。たとえばロワッシー裁判管区では、麦わらが家畜に使う敷きわらにするにちょうどよかった。パリのノートルダム寺院の小作人たちは、この一六六〇年、一六六一年の二年間についてあちこちの地方で、地代の借金の三分の一から六分の一の割引を獲得した[97]。

歴史学者の眼からすると、一六六一年から一六六二年にかけてのこの気候的危機が関心を引くのは、一四八一年の危機のように、それが、いわば純粋なものであるところにあった。この危機は、いかなる（フロンドの乱のような）戦争がらみの現象もしくは、単独でもすでに多数にのぼっている死亡者数に手心を加えたり増大させたりできる疫病現象（黒死病）によっても、事態が悪化することがなかった。兵乱とか疫病といった「寄生的な」要素の介入なしに、（悪）気候から不作を経て直に（深刻な）飢饉にいたったのである。この疫病という語は余計な付け足しではない。疫病というのは本来のものの枠外の付加的なものとしてしか訪れない。それは相関的であり、「併行するもの」である。宗教戦争、フロンドの乱、ルイ一四世治世末期のいくつかの紛争による死亡者数とはおおきな差である。それらの戦乱においては、不作による災禍と、戦争とペストその他の疫病とが引き起こす災禍とのあいだには常に干渉があったのである。

「食糧」危機に直面した国家の対応は、一六六一年から一六六二年にかけての純粋に気候から発生したこの広範な飢饉から解明できる。実際ルイ一四世は、この飢饉についていくつかの主導的行動を取った。『太陽王の即位』〔*L'Avènement du Roi-Soleil*〕(Paris, Julliard, 1967, p. 288 以降）についてのピエール・グベールの著書を参照すれば以下のことが確認できる。ルイ王は、ブルターニュ地方のラ゠メイユレ元帥のもとに小麦を求めて使いを出し（一六六二年二月）、ギュイエンヌ地方〔フランス南西部〕にも使いを出した。[98] ギュイエンヌ地方では、サン・リュック侯爵が、自分たちが自由にできる食糧を手元に確保しておきたいと考えるその地方の住民が穀物の闇取引を阻止するために築いたと思われる障害物を撤去して、ボルドーにおける小麦の流通を保証することをきつく要請されていた。このように自分たちの地方に食糧を保持しようとする地方指導者たちのうちで、国家機関の（反逆的）集団による他の対応として、ボルドーとルーアンの高等法院を挙げることができる。ルイ一四世についていえば、彼のはるか昔の先達で、一三一五年の飢饉を乗り切るためになにもしなかったルイ一〇世強情王とはおおきな違いがある。一三一五年に中央政府は、この語の真正の意味で、今あるような一六六一—六二年のコルベール流の体制にはなかったのである。

*

歴史学者は、原則として、当面する問題について説教をしたり、想像上もしくは象徴的な法廷から調書を作成する厳格な司法官に変身したりするようにはできていない。「審判者の役割」は得意ではないのだ。それはともかく、事実上君主制に源を発する穀物確保のための果敢な介入があるにもかかわらず、またもや国家機関、というより正確には国王自身とその側近が今回の穀物上の厄災に対して、実状に合わない、いくつかの対応策を講じることが有効であると考えていたことには驚かされる。それらは、まったく不適切で……見当違いだった。

こうして、一六六二年六月五日から数日間、ルイ一四世を先頭にして、テュイルリーの宮廷で大騎馬パレードが開催された。祭典は途方もないものだった。バレエ、馬上競技、そしてローマ人、ペルシャ人、トルコ人、モスクワ人、ムーア人の馬上試合の騎士の一団。すべてにわたって異国趣味が並んでいた！ さぞかし費用がかかったことだろう。ところで、これらのお祭り騒ぎが繰り広げられていた時期には、パリ市場でのパン用軟質小麦の価格は（一六六二年六月三日から七日にかけて）前年の収穫期全体と比較して最高値で、三四から四二トゥール・リーヴルのあいだだった。[99] 時期の選択が悪かった。パンのない祭典……。

この大気候危機についてのわれわれの考察を、一六〇八―〇九年の物価上昇と同じ理由で、一六六一―六二年の実質賃金の暴落についてのM・ボランのグラフ（*Annales*, mars-avril 1971, p. 478）を参考として引用せずに切り上げるようなことをしたら不適切だろうし、また、一六六一年の飢饉に関するP-M・ボンドワ〔フランスの古文書学者。一八八五―一九七一年〕の昔の研究[100]についてもそうである。有能な碩学であるボンドワは、当時女性で構成されていた聖体会が、悲惨な春の被害をこうむったパリ周辺とロワール川流域の貧しい人々や飢えた人々の苦痛をやわらげるために果たした実効性のある役割を強調している。「聖体会の」女性たちに根っから反感を抱いていた無学な歴史学分野の大衆はここで、またもや、かならずしも適切とはいえない紋切り型の表現を使ったかどで現行犯逮捕されるのである。

＊

飢饉を引き起こした悪天候の推移は、われわれの知る限りでは、基本的にフランスというかむしろ北フランスで明白にみられる。それは偶然のなせるわざである。だが、被害は隣接地域にもおよんだ。アルザス地方の夏はたしかに少しも冷夏ではなかったが、一六六一年の四月と五月は白い霜が降り、夏の長雨は九月まで続いて、その結果ワインはほんの少ししかできず、しかも酸っぱくてまずかった。スイスのフランス語圏も被害を受けた。この地域では、一六六一年と一六六二年のブドウの収穫は遅かった（Angot, 1885, p. B72）。ライン渓谷の対岸の斜面のバーデン地方では、結果はそれよりも少し良かった。低地諸邦は同時期に、クラッカー〔現代オランダの気候学者〕によれば、大西洋からやってきた雨をもたらす低気圧が通過するときに典型的な、強い嵐に襲われた。

＊

実際、このアドリアン・ドゥ・クラッカーが快く私に送ってくれたごく最近の（未発表）の文書によれば、一六六一年にオランダは飢饉にいたるまでの被害は受けなかったが、ほとんど食糧難的不作と穀物価格の高値と貧困の顕著な増大という被害を受けた。こうした貧困に対して、平常時よりも手厚い様々な慈善事業による戦いが繰り広げられた。貧困状態根絶の措置（もちろん部分的なものだが）は、気候・食糧危機が緩和される一六六三年になってやっとオランダで実施される。特に一六六一年から一六六二年にかけてひどかったこの食糧難状態の原因は何だろうか。一六六〇年から一六六一年にかけてと一六六一年から一六六二年にかけての二つの冬は非常に温暖だった（Van Engelen, *History and Climate*, p. 112 がそれを裏づけている）。この期間に、種子の敵であるカタツムリとノネズミが大量に繁殖した。次いで、とりわけ一六六一年の前半に、雷雨、嵐、雹の落下があった（一六六一年三月から八月までの極端に多雨な時間的推移は、フランソワ・ルブランのアンジュー地方における記述と概略において同じ）。それでも一六六一年の夏の終わりに幾分陽が射して、一週間程度雲間に青空が広がった。このことからして、一六六一年のオランダにおける穀物収穫も、同じく一六六一年もしくはその直後のブルターニュ地方でのブドウの収穫も特別遅かったというわけではなかったようである。それでもこれらのブドウの収穫は、スイスのフランス語圏とアルザス地方という少数の例外を別にすれば、やはり遅めではあった。全地球規模の集中的な火山噴火活動（なかでも、一六五八年から一六六一年の、インドネシア、日本、エルサルバドル、アイスランド、エクアドル、イタリア、チリ）が、他の原因にもまして、「気候の良い」季節、すなわち「一六六一年の春・夏」に現れた、冬をも含む明確な低気圧状態を伴う冷涼化と湿潤化を説明してくれるようである。一六五〇年から一六五七年まで、われわれの知る限りでは、地球上のいくつもの地域で、一年に平均一・三五の火山噴火を数える。しかし、一六五八年から一六六一年までは、一年に五つの噴火である!!　一六六二年から一六六九年まで（コルベール時代初期の素晴らしい期間）は、年に一・五しか記録されていない。少なくともここに、冬の終わりから、はるかに隔たった夏の初めまで多雨で作物が腐る一六六一年のフランス、イングランドさらにはオランダにおける不幸な状況の最もありえる原因のひとつがあると思われる（イングランドにおける一六六一年の危機についてはWrigley and Schofield, *op. cit.*, p. 498, 右の欄、一六六一年から一六六二年にかけての収穫後の期間における死亡者数の増加と結婚数および妊娠数の減少を参照）。

一六六一年の災害後――コルベール時代初期の好天の期間

コルベールは一六六一年から権力の座にある。しかし、（まったく偶然に、気候の面でも晴天に恵まれた）コルベール主義の素晴らしい期間と呼ぶことのできる期間は、飢饉の終了直後、すなわち一六六二年末から徐々に始まった。そして一六六三年とその後数年間続いた。この大臣と……フランスにとって良き時代である（だからといって、この期間の情景にさす影を覆い隠すわけではない）。それは一六七二年のオランダ戦争が始まるまで続いた。この戦争は、大災害をもたらしはしなかったが、それでも、今日では全体的に建設的であることを志向したといわれているそれまでの一〇年間（一六六三―七二年）のコルベールの諸施策のバランスシートに、有害な結果を招来する要素をいくつか持ち込むことになる。

　この時代は年代的に偶然に、フランスさらには西ヨーロッパにとって概して気候的に好適である時期と重なっている。だが、そこには偶然の一致しかなかった。なぜなら、ルイ男爵〔財務長官として活躍したフランスの政治家。一七五五―一八三七年〕がもし一六六五年頃に生きていたとしたらこういっただろうから。「私に素晴らしい収穫をお与えください。そうすれば素晴らしい政治をして差し上げます」。

　ゆえに、コルベールによる素晴らしい時代は一六六一―六二年の飢饉以後である。それでは、卑俗だが、次のヴァルドゥ村の年代記[101]の村の美しい文章から始めることにしよう。一六五二年か一六六一―六二年まで、この筆者はわれわれに女房殿のしかめ面をみせてくれる。「あちこちで凍るように寒く、一六六一年の悲惨な飢饉。私はそれをくぐり抜け、フロンドの乱とマザランの執政末期とのあいだの『最悪とはほど遠い』時代を経験した。一六五三年と一六五五年に小麦は豊作で、おかげでフロンドの乱後期の穀物価格は下がった。その後、悲惨な年

（一六六一—六二年）が過ぎ、特に一六六四年以降、一六六七年まで毎年豊作が続き、一六七〇年……一六七二年もそうだった」。これは印象評価といえるだろう。だが、穀物価格の実状は反ヴァルドゥ的懐疑論者の言い分を退ける。フロンドの乱中、パン用軟質小麦一スティエは、最も困難な時期の非常に強い圧力に押されて、二九トゥール・リーヴルから三〇トゥール・リーヴルのあいだを年間[102]（一六四九—五一年）の上限としていた。ところが、フロンドの乱後の一六五三年から一六六〇年までのあいだ、（ヴァルドゥは一時的に悲観的になったにもかかわらず）価格は落ち着き、幾分下がって、一三トゥール・リーヴルから一七トゥール・リーヴルのあいだで上下し、だいたい一四トゥール・リーヴルくらいだった。一六六一—六二年の飢饉、全般的にみれば非常に厳しい四年間の穀物緊迫状態は、この価格を二五から三三トゥール・リーヴルに跳ね上げた（一六六〇—六三年）。民衆にとって、そしてほとんどすべての人々にとっても、それは「暮らしにくい日々」だった。

一六六三年から一六六四年にかけての収穫年以降は二二トゥール・リーヴル、次いで（一六六四年から一六六六年に）一五トゥール・リーヴル、（一六六六—六七年に）一二トゥール・リーヴルになり、一六六七年から一六七四年の期間には九から一〇トゥール・リーヴル前後だった。だから、ルイ一四世治下では悲惨な状況がずっと続いたという使い古されたテーマをわれわれの耳にたこができるほど吹聴するのはやめてもらいたい。悲惨については、それにふさわしい機会があるだろうし（マルセル・ラシヴェール）、そのとき改めて検討する。今しがた指摘した一六六四年から好季節が連続したように、一連の好季節が咲き揃うこともあるのだ。もちろん、これもまたもうひとつの使い古されたテーマであり、飢饉がないこと（一六六二年以降）は、事実としては、物価を下げる通貨の欠乏、つまりお金がないということと相関関係にあるということだろう。なぜいけないのか。情け容赦のない批評家であるミッシェル・モリノー〔現代フランスの経済史学者〕はこの稀少金属供給の欠乏あるいは欠如があったことをまったく信じていない。大農場経営者は小麦の低価格の被害をこうむったかもしれないが、民衆は、だいたい、存分に食べた。問題は解決され、穀物の収穫量は全般的に程良いものだった。

気候はどうだったのだろうか。気候はすべての点で前述の評価と一致している。たしかに、一六六〇年代、いや一六五六年から一六七九年までは冬（*History and Climate*, p. 112）はしばしば寒かった（二四の冬のうち一四が寒かった）。しかし穀物にとってさほど困難なことではない。穀物は冬の寒さをかなり好む。寒さは、種を播いた畑の害虫やカタツムリや雑草を殺してくれる。ただし、もちろんこの寒さが、いずれまた検討することになる一七〇九年の厳冬のときの場合のように限度を超えなければの話ではあるが。他方、気候の良い季節については、コルベール時代初期一〇年間は素晴らしいものだった。一六六四年から一六七一―七二年までのディジョンにおけるブドウの収穫日はすべて早く、九月二九日以前かそれよりずっと早かった。これは、それ以前（一六五八年、一六五九年、一六六〇年）とそれ以後（一六七三年、一六七五年）の収穫が遅かった年と対照的である。イングランド南東部でも気候は暑くて乾燥していた。テムズ川の水位は低く、川船の船頭を困らせ、破産させるほどだった。一六六六年九月、ロンドンの家屋の木材は非常に乾燥していたので、ほんのわずかな火花でも発火する状態だった。サミュエル・ピープス〔イングランドの官僚、国会議員、王立協会会長を歴任。一六三三―一七〇三年〕は、呆然として、一六六六年九月二日に書いている。「あまりに長く乾燥が続いたので、なにもかも燃えそうで、石さえもだ！」一六六六年の春と夏の強くて乾燥した暑さは、もしサミュエル・ピープスのいうことを信じるなら、ロンドン大火があれほど容易に燃え広がった有力な理由のひとつである。[103] わが国に話をとどめれば、（春夏の）暑さの新記録は一六六八年に記録されたといっておこう。この年、ディジョンでは九月一九日にブドウの収穫がおこなわれた（九月二八日にブドウの収穫がおこなわれた一六六七年は、例外的に、夏が例年より少し涼しかった）。全体として、この一六六七年のちょっとした冷涼さの突出にもかかわらず、一六六四年から一六七一―七二年までの春夏は本当に暑かった。これら九年間のブドウの収穫日の中央値は九月一九日で、一六六三年（一〇月八日）

と一六七三年（一〇月五日）の遅さと好対照をなしている。これに対してその後の期間は明白に気温が低い。ディジョンにおけるブドウの収穫は、一六七三年が一〇月五日、そしてなんと恐ろしいことに、一六七五年は一〇月一四日だった！　たとえそれが気候と行政の偶然の一致に由来しているにしても、年代的枠ははっきりしている。一六六三年の起点と一六七三年の終点とのあいだで、コルベール時代の初期はその青春期に熱と光に包まれたのである。こうした状況下で、この幸せな一〇年間について、「実り豊かな時」について語る者がいても驚くにはあたらないだろう。当時のアルザスとカンブレズィの、ふくれあがって力強い小麦の教会一〇分の一税をみていただきたい。もちろんその期間は、政治的要因、持続的もしくは一時的な平和状況が、肯定的に気候と重なっている。それはどちらでもいい！　とにかく、気候の温暖さと、小麦価格の低下さらには恒常的な「低さ」が、農業が、この七年もしくは八年間、相対的に「供給過剰ぎみ」で一時的に気象上の不慮の事態をまぬがれていたことを証言している。

一六七二年からこれとは違った歌が流れる。ディジョンにおけるブドウの収穫は、一六七二年は九月二八日だった。これはまだ遅くはない。しかし一六七三年は一〇月五日だった！　そしてついに、新記録中の新記録、一六七五年は一〇月一四日、しかもサランでは一一月二〇日だった。さらにスイスのフランス語圏では、三つのブドウ園のうち二つが一一月だった！　ワイン自体……あるいは河川の水については、品質評価、あるいは生産量はあまりよくない。一六七三年からアルザス地方では、ワインの生産量は少なくて、おまけに品質はさほど良くない。ライン川は途方もなく増水した！　バーゼルで六月に雪が降った。バーデン地方でもそうだった。寒さ、収穫の遅れ。ワインは、常にではないが、しばしば不出来だった。ライン川、ローヌ川、イゼール川、ドラック川〔イゼール川の支流〕で、一六七三年の六月から七月にかけて洪水。イングランドで小麦の不作。作物が腐る夏だろうか。[104]

一六七五年——作物が腐る夏

一六七三年のあとの、ある一対の二年間に移ろう。スイス人の同僚たちによると、一六七五年の夏は氷期の夏である。おそらく誇張した命名だろうが、ある種の現実性をよく表現しているという利点はある。[105]

陽光に恵まれた甘いメロンの産地の出身でカヴァイヨン〔南仏アヴィニョン南東方の都市。楕円形メロンの名でもある〕に住む、五〇歳代の司教座聖堂参事会員ガスパール・ドゥ・グラースの以下の驚くべき文章をご覧いただきたい。「一六七五年。この年は季節があまりにも不順だったので、収穫はすべて恐ろしいばかりに遅くなり、とりわけブドウの収穫が遅れた。その結果、一〇月七日になってやっとブドウの収穫を始めることができた〔同様に遅れていたプロヴァンス地方のブドウの収穫は、基本的にシャンパーニュ地方やブルゴーニュ地方より早かった〕。したがってブドウの実はまだ熟しておらず、万聖節〔一一月一日〕にならなければ熟さなかった。こんなことは当地ではこれまで見たことがない。とにかく、ワインは緑色になるだろう」。パリでは、一六七五年の七月のまんなかの一九日に、大地の恵みのために聖ジュヌヴィエーヴの聖遺物箱[106]を降ろさなければならなかった。そしてそのおかげで、すぐさま、パリ地方の気候が改善されて、七月末には再び穀物の収穫に好都合となった。しかしプロヴァンス地方では、寒い気候は続いて、「低くて重苦しい空が覆いのように垂れ込めていた」。六月以来イングランド上空に張りついていた大低気圧のせいで、夏の冷気は春の終わりから流れ込んできたということを指摘しなければならない。冷気は、地中海北部と中央部にまで広がった。[107] パリ地方のブドウの収穫は一〇月一八日からおこなわれ……バリャドリードで一〇月二六日、さらにピション=ロングヴィル[108]（ジロンド地方）では一〇月三〇日であった。万聖節かほとんどその頃のブドウの収穫である。（一八一六年に再度訪れる）夏のない年である。

セヴィニエ公爵夫人の娘宛の手紙は、ブルターニュ地方やイル＝ドゥ＝フランス地方やプロヴァンス地方についての情報をふんだんに提供してくれる。一六七五年六月末、パリから。「ひどく寒いのです。私たちは身を暖めています。あなたもでしょう。なんて驚くことでしょう」（一六七五年六月二八日）。「これまでにない寒さでした。でもあなたのほうも寒かったことにもっと驚いています。プロヴァンス地方では六月に寒かったことはなかったように思います」（一六七五年七月三日）。そして、パリに暑さが戻ってきた七月二四日には、「それではまだ北から寒風が吹いているのですか、なんということでしょう！　なんていやなんでしょう！　こちらでは暑いのですよ。寒いのはもうプロヴァンス地方だけです。私たちの聖遺物箱［聖ジュヌヴィエーヴの聖遺物箱］が変えてくれたのだと思います。聖遺物箱がなければ、あなたの所のように、私たちのところも、太陽と季節の有様がすっかり変わってしまったことでしょう」。おそらく、一見して明らかなほどではないが、さほど不合理でない示唆である。パリ天文台の天文学者チームは、数季節前から太陽の黒点が稀少になる局面に入ったことに気がついていた。セヴィニエ公爵夫人は、太陽の「変調」についてのなんらかの情報を天文学会から得ることができたか、少なくとも彼女の耳に達した噂を広めたのだろう。ともかく、この一六七五年の「鉛色をした」夏に太陽の光が陰ったのは全面的、あるいは部分的には、その前の一六七三年の夏と同様、火山爆発指数（V.E.I.）五と推定されるインドネシアのガンコノラ山の火山噴火(109)（一六七三年）と、一六七三年または一六七四年に起こった「可能性が高い」インドネシアのパプアニューギニア島のロング・アイランド山の噴火（火山爆発指数六）とによって、地球の周りに拡散した火山灰のせいである。クリスティアン・プフィスターは、この一六七五年という厳しい年について、一九六六年、いや一九五八年以来私が表明している見解に同意している。一六七五年のブドウの収穫が常軌を逸して遅いことに言及しながら彼は、（ヨーロッパのブドウ栽培地は非常に北に位置している！）フィンランドで、穀物収穫が一部地域で食糧不足を引き起こす程までに打撃を受けたと指摘している。スイスでは、アルプスの低高度地域で雪が降った。コルフ島〔ギリシャ〕では冷たい風が吹いた。プロシア、チェコ、ハンガリーでは強風と洪水[110]。パリでは北風……。

フィンランドで一六七五年の食糧危機、そう、おそらくは……。だが、フランスでは起きなかった。一六七五年七月末のパリ地方での熱波が穀物に幸運をもたらしたに違いない。この年は、パリ市場でパン用軟質小麦の価格がある程度上昇したのがせいぜいだった。一六七三年の収穫前まで一スティエ一〇トゥール・リーヴル前後を推移していて、一六七三―七四年に少し上がって、それから、気象が悪くなるという予測と、あとで杞憂だったとわかる収穫量不足への不安に「追い立てられて」、一六七四年から一六七五年にかけての収穫後の期間に一三リーヴルと一四リーヴルまで上昇し、一六七五―七六年に一三リーヴルになったが、結局一六七六―七七年には再び一一・六リーヴルに下がった。こうして重大なことはなにもなかった。ヴァルドゥ村に住む年代記作者は、こうした穀物の「小危機」の限界を巧みに描いている。被害というよりは不安なのである。「一六七二年〔それ以降の夏が非常に冷涼な年々より前〕は、穀物収穫が見事だった。一六七三年〔「好」季節に明確に冷涼だったことをすでに指摘した〕、この年は収穫が非常に遅く、麦は倒れ〔作物を腐らせる夏の古典的な被害。倒れたせいで小麦の穂が見えなくなって鎌で刈り取るのに苦労した〕、ブドウの木は収穫時に霜にやられて、ワインは全然良くなかった」。一六七四年は穀物にとっては好ましいひと休みで、冬はとても冷涼で（これは播かれた小麦の種にとって悪くはなく、こうしたつかのまの冬の寒さは嫌いではない）、夏は晴れて暑かったので、（穀物の）収穫は良くて、時期も早かった。それから極端に収穫が遅れた、恐ろしい一六七五年がやってくる。ワインはまるでダメ（どうしてだかよくわかる）だが、小麦の収穫は非常に良かった（七月末の暑さのおかげだろうか？）。だから一六七五年には、被害というよりは不安なのである。

とにかく、一六七〇年代末は順調に過ぎた。（一六六一―六二年の飢饉後の）一五年間は結局それほど不愉快ではなく、そのあとはハッピーエンドだった。一六七六年から一六八〇年まで、ディジョンのブドウの収穫は概して早いか平年並で、九月九日と例外的に遅かった一六七七年の九月二七日とのあいだだった。小麦価格は一二トゥール・リーヴルと一六トゥール・リーヴルのあいだだった。ヴァルドゥでは一六七七年に、なるほど、「小麦はコムギツブセンチュウに穂をやられ」、パン用軟質小麦の収穫は少なかった（数カ月にわたって冷涼のさなかにあって、あべこべに日照り焼けの被害にあった！）と書かれているのは事実である。小麦は値上がりした（やはり一六七七年のこと）。アルザス地方でも、同じく一六七七年に、あやうく危険から身をかわすことができた。春に霜が降り、ブドウの収穫が少ないため、得られたワインの量も少なかった。バーデン地方では、大方の評価は、一六七七年の夏は雨が多くてどちらかといえば冷涼、そしてワインの出来は並か平年以下、はっきりいえば悪い……。その後の年月のあいだに事態は改善され（夏がもっと暑くなった）、とにかく、一六七七年も含めて、一六六一年から一六六二年にかけての収穫後の期間の一スティエ三四トゥール・リーヴルという小麦の高値からはほど遠い状態だった……。

*

一六八〇年代はどうだろうか。ちょっと南の方に目を向けてみよう。この期間は暑くて乾燥していた。少なくともラングドック地方の春夏についてはそうだった。実をいえば、この暑さは非常に冷涼だった一六七五年の翌年から始まった。一六七六年から一六八六年まで、地中海に面した南仏では極端に「乾燥高温の[111]」状態に直面していた。早期収穫の一〇年間だった。[112] それは、一六七三年から一六七五年までと一六八七年（特に一六八九年）から一七〇三年までの二つの、地域的さらには全般的に収穫時期が遅い期間のあいだにはさまれている。だが、一六七六年から一六八六年の期間はとりわけ「アゾレス」高気圧に覆われた一〇年間である。そのため、そうした南国状況の期間中は、早期のブドウの収穫に表れた気温の高さに対応して乾燥状態にあって、それが以下のように文中で言及されている。一六七九年の秋、地中海と大西洋を結ぶ運河は乾燥して、ガロンヌ川には水がなく、街道の泥沼は干上がって小石のように堅くなった。一六七九年から一六八〇年にかけての冬に状態は良くならなかった。一六八〇年二月から、水を得るために、南仏の小作地の井戸をさらに深くしたり、新たに井戸を掘ったりしなければならなかった。井戸の底を覆っている「残骸を取り除いて」水の層に達するまで四メートル掘り下げなければならなかった！　四月（依然として一六八〇年）にベズィエで雨乞い行列がおこなわれた。五月に水道橋が干上がって、小麦がしおれ（日照り焼け！）、乳児たちが中毒のために死んだ。一六八〇年の夏中雨なしで過ぎ、水車が止まった。一〇月、安堵、「主が雨をくださった」。だが遅すぎた。小麦はだめになり、ラングドック地方の「牧草地」は荒廃し、大農場が廃墟となった（このような状況下で、マウンダー極小期の寒冷期の例として選んだ一六八〇年について、自分の研究チームを擁するマイケル・マン[113]のような卓越した科学者の見事な業績に対するわれわれのささやかな異議がよりよく理解していただけるだろう！　すなわち、知られている限りでは、この年は実際には、少なくとも西ヨーロッパの春と夏については、ときには暑いこともあった平均的な年なのである。ブドウの収穫はあちこちで早かった）。一六七九年から八〇年にかけての冬も特に寒くはなかった。いや、それどころではなかった[114]。繰り返すが、マン氏の立場からすれば、北半球の大部分でほとんど全季節にわたってほんとうに寒かった年[115]である一六九五年を選んだほうがよかっただろう。

　さて南仏に話をとどめると、一六八一年と一六八二年も暑くて乾燥した傾向にあった。ヴィヴァレ〔ラングドック地方の一地域〕でまぐさが欠乏し、プロヴァンス地方で雨乞いのために九日間の祈りがおこなわれた。一六八三年、三月から八月まで、井戸が干上がり、農民たちは川の水を飲んだ。街では、氷売りは、砂利が混じった溶けかかった塊しか売っていなかった。ラングドック地方中央部（サン＝ポン、カルカッソンヌ、ナルボンヌ）全体が被害に苦しんでいた。小作料の値引き、農民たちへの種の前貸し。非常に暑い一六八四年の夏になっても「欠乏」は続き、当時の人々は災害含みのこの乾燥した年の連続を心配し始めた。一六八五年、またもや「水の大欠乏」。オリーヴの実を砕く水車が止まった。雨を求める村人たちの不安に満ちた祈禱行列。牢獄は支払い能力のない農民たちで満員だ。連年の乾燥と高温のほぼ最後の年である一六八六年に、とうとうイナゴがやってきた。イナゴは地中海を飛び越え、ローヌ川沿岸に襲来し、作物の穂を食べた。人々はこの昆虫を踏みつぶし、一万七〇〇〇キンタル〔一キンタルは一〇〇キログラム〕を拾い集めた……（後年、やはり超高温の年である一七一九年に再び、このサハラ砂漠からやってくるイナゴにお目にかかる）。

ついに、一六八七年から、冷気が「次第に」戻ってくる。この冷気は、一七〇一年まで、長期間霧を伴って続く。この世紀の最後の一〇年間、南仏では単に涼しいだけなのだが……フランスの北部ではまさに寒さなのだった。これについてはまたあとで触れる。とにかく今は、一六八六年に終わりを告げる南仏の数年にわたる乾燥期は、災害の中心地であるベズィエ司教区とナルボンヌ司教区では、文献や教会一〇分の一税が物語るように、おおきな被害をこうむった期間だった。それはしのぐのが困難な日々だった。不作（一六八〇年、一六八二年、一六八三年、一六八四年、一六八五年、一六八六年）。播く種子の欠乏。「七年の不作」によって物乞いに身を落として裕福な家族が没落した。理の当然ながら、「すでに述べた」小麦価格の上昇が起きて、一六八五年から一六八七年にピークに達した。これは特に南仏だけの相場上昇の循環である。パリと北部地域では、小麦は雨を嫌うが、全般的に陽射しにはあまり恵まれないので、価格のカーブ（「市場価格表」[116]）は、このような南仏に典型的な価格上昇の循環を示すことはほとんどない。それどころか、値下がりの傾向をはっきりと示しさえする。

＊

こうした状況の結果、一六七九―八〇年以降、「歴史の文字盤上で」、農民、少なくともラングドック地方の農民の真実というかむしろ貧困のときを告げる鐘が鳴っていた。なぜなら、王国の北部は、まったく逆の理由によって、はるかにうまく困難な状況から抜け出していたからである。気候は熱い空気を吹き出し、その暑さ、南仏の「非常な暑さ」は、必然的結果として焼けるようで乾燥していたので、破壊的だった。北の地方の「単なる暑さ」は、ほとんどの場合小麦の生長を促進する。気温の平均値とそれに対する小麦の反応は、南と北のあいだの一〇〇ないし一五〇里の距離を隔てると異なり、さらには相反する。一六七九年と一六八〇年の二年間、ラングドック地方の農民たちは、干ばつの襲来のもとで、まったく、「困難を前にたじろいでいた」のである……。まず最初の例として、ビテロワ司教座聖堂参事会員たちの参事会が所有しているアミラック〔プロヴァンス地方の村〕の農場では、[117] 引退した農場主のベルペルが、一六七九年以降金に困って、一年分の年金を借りた。彼の後継者で、一六七九年からの新任の農場主である（字が読み書きできない）ジャック・オンブレは、その任期契約の初めからすでに貧しかった（彼は保証金を提出することさえできなかった）。一六八〇年の干ばつと不作は、彼を完全に破産させるためにいかなる努力も払わなかった。彼は、一九二三トゥール・リーヴルの負債を抱え、その結果、（二年続けて）彼の農場の畑に種を播くことができず、召使いを養って給料を払うこともできなかった。そのため、督促がおこなわれ、訴追され、きわめてわずかな収穫が押収された。とうとう、オンブレは「夜逃げをした」（一六八三年九月二九日）。彼は、ブドウの収穫も種播きもせず、家畜類をすべて連れて出発した。彼は捕まり、負債を返すに一文の金もないので牢屋に入れられた（一六八四年）。農場は耕されないまま放置された……。

ヴィアラ地方のビルロワの農場での話である。ピエール・アリバ（署名欄にP．A．と記す）という、ほとんど読み書きのできない農場主が、一六七六年からそこの賃借権を持っていた。彼は貧しく、借金することを余儀なくされ、保証金を担保として預けることなく権利にあずかっていた。一六八〇年に二つの大災害が起きた。干ばつが彼を破産させ、彼は死んだ。司教座聖堂参事会員たちは不安にかられながら彼の最期を看取った。アリバが死につつある。アリバが死んだ。彼の寡婦マルグリット・グランジュが、まったく文盲だがけなげに、舵取りを引き継いだ。参事会は、彼女の思いがけない逆境に心を動かされて、負債を一部割り引いた。彼女は「よき主婦であり家長として」（原文のまま）、農場を維持しようと努めた。娘の夫であるタピエという若者に、立派な署名をしてもらって手助けをしてもらった。しかしマルグリットは成功しなかった。彼女は自分の年金も負債の残りもまかなえなかった。一六八四年、彼女は身柄を拘束されて……。

モラン。この広大な（二五つがいの牛、四〇〇〇トゥール・リーヴルの種子、一万トゥール・リーヴルの家畜）、一六六〇年頃すでにいくつかの不幸に巻き込まれている地域では、一六八〇年に、困窮が明らかになった資金のない農民たちを干ばつが襲ったとき、再びおおきな困難が始まった。長引く借金、耕作はなされず、トゥールーズでの訴訟。資本、現金、信用、牛、鋤がない。種播きに関する詐欺、かえりみられずに荒れて打ち捨てられた農地。これらはすべて、金融の失敗のせいで一六八三年に農地貸借権を手放す事態に追い込まれたピエール・グランジャンという農場主のなせることだった（彼は、有罪判決を受ける一六八九年まで借金と裁判を引きずることになる……）。

広大なサン゠ピエール農場では、読み書きのできない農場主トマ・ラガルドも一六八〇年を越すのに何らかの困難を抱えていた。この年の干ばつは彼の収穫に損害を与えて、所有者たちに対する負債一〇〇〇トゥール・リーヴルを彼に残した。これは、彼の貧しさからみて、返済することは不可能だった。一六八六年に彼は、まだ一〇〇〇トゥール・リーヴル程の負債を抱えていた。そして、彼がさんざんののしって荷馬車ストライキを仕掛けた司教座聖堂参事会員である資本家たちとの関係は悪化していた……。

サルでは、セガラ父子が一六七六年以来農場主だった。父のピエールは読み書きできず、息子のギヨームはみごとに署名した。二世代のうち、この当時よくあったように、司教たちがすべての村に（精神的目的で）押しつけた学校の先生たちのおかげで、次世代は父親よりも教育を身につけた。セガラ一家は文字が書けるようになったが、逆境に立ち向かえるほどには豊かになることができなかった。一六七九年と一六八〇年の干ばつと穀物不足はこの一家を破産させ、ほどこすすべもなく、賃貸権終了に追い込まれた（一六八三年）。負債を背負って、小麦がないために金利返済を拒否し、法を執行されて逮捕されて五年後、セガラ一家は一六八五年に牢獄に送られた。そして破産して一五年後、息子のセガラは、一六九五年にまだ司教座聖堂参事会員に対する負債を抱えていた。

ムーランでは、ダヴィッド・カネという農場主が一六八〇年から一六八五年のあいだに、様々な原因で破産した。それらの原因のうちに、干ばつ、家畜の大量購入、激しい催促を受けている借金、種子の借入があった。一六八四年一〇月になっても、ダヴィッド・カネは種播きができず、農場を辞めた。彼は精魂使い果たした……。

ナルボンヌ地方の西でも、やはり運命の年、一六八〇年という乾燥した年から同様の災害が……。

＊

春夏の暑さと乾燥が、雨水があまりにも不足しがちな内海に位置するオック語地方沿岸に問題を引き起こしたが、またそれと同程度に、この二つはフランス内陸部、特に北部地方では歓迎されるものだった。見事な穀物収穫、大きな小麦の穂、小麦の低価格、一六七六年から一六八〇年まで「同僚たち」の早期熟成が続くなかでの早めのブドウの収穫（ディジョンでは、一六八〇年から一六八六年まで、一六八二年の九月二八日を除いて、ブドウの収穫はすべて九月一四日以前だった）。ルイ一四世は、太陽と豊作に恵まれて、統治の大構想と権力に対する意欲を伸張させるのに充分な余裕を持つことができた。一六八四年のラティスボンの休戦条約〔神聖ローマ帝国皇帝レオポルト一世と二〇年間の休戦を約す」。あらためてここでいうが、この条約は太陽王ルイ一四世をヨーロッパの支配者にした、もしくは本人はそう思った。北部と東部の国境地帯における領土の「再統合」（＝併合）。一六八五年のナントの王令廃止。これは非常に時宜を得ないものであったが、それは少しのちになって、あるいはずっとあとになってやっとわかる。

それでも「気象の」事件はいくつかあった。一六八二年四月・五月（ヨンヌ川が四月に氾濫した）以降、大西洋からやってくる低気圧性の大気がフランス北部を一時的に斜めに通過したあと、（アンジュー地方の）クラオンという小地域が不幸にして、極端な降雨のために小麦が全滅するという被害にあった。亜麻と麻がとりわけひどい被害にあった。クラオンの人々はおもにこれらの布糸(これらの植物は、生えているときに水分を好むが、けっして過剰にではない）を売ってお金を得ていたので、そのお金がなくなり、この非常に湿潤な地域に一挙に食糧不足が発生した（一六八二―八三年）。人々は、いつもとは違う逆境に陥って一時的に極端に困窮して、小麦が買えなかった。パリとアンジェからの食糧援助のおかげで、災禍は限定されたり防がれたりもした。

「マウンダー極小期」が引き起こした（？）一六八三年から一六八四年にかけての非常に厳しい冬は、まさに当時の最大事件のひとつで、一〇月（一六八三年）と一月、二月（一六八四年）に三回、温度計はマイナス一〇℃とマイナス二〇℃のあいだまで下がった。指数九（ファン・エンゲレンの基準で「厳寒」）である。小氷期において知られている七つの最厳冬のひとつだった。しかし、播かれた小麦の種子は、繰り返し雪の層に覆われて、氷霧が終わると奇跡的に芽吹く。凍結というものは、ときとして、その仕組みがうまく機能して、粋な計らいをすることもある。以下は、きっとマルセル・ラシヴェールのブラックユーモアだろう。「路上で寒さのために死んだ人をみつける。しかし彼の腹は空っぽではない」。ブルトン人の労働者たちは、凍結のために仕事ができなかった。そこで彼らは数週間ペタンクをして過ごした。その地方の地方長官はそれほど心配しなかった。彼らのうちのひとりが、ノアヨン〔パリ北東、オワーズ川とノール運河の合流点にある都市〕でブドウの木が凍ったと書くのがせいぜいだった。だがそれにしても、ノアヨンにブドウの木を植えようという考えがあったのだろうか。[118] ポワトゥー地方では、[119] 一六八四年の凍るような冬は家畜を殺し、パン用軟質小麦の三分の二を損なった。春小麦がそれを埋め合わせることになる。トゥール総徴税区では、氷によって重要な橋が破損した。全体として、これらの地方の地方長官管轄区はほとんど動じなかった。さらに、ヴァルドゥ村をご覧いただきたい。「一六八四年。収穫の早い年で、人の知る限り最も乾燥していて、ワインは上質だった。一六八五年。何もかも上出来で、ブドウの実がたくさん採れた。一六八六年。すべての収穫は良く、とりわけ小麦とワインが良かった。ネズミが大量発生して、田舎ではそれらが死ぬようにお祈りの行列をした。一六八七年。すべてにわたって良く、ブドウの実がたくさん採れた。一六八八年。一六八三年以降〔一六八三年から一六八四年にかけての厳冬のこと〕、冬は少しも厳しくなく、一年を通じて気候がよかった。一六八九年。ユグノーがフランスから追い出された〔実際は一六八五―八六年以降〕。一六九〇年。すべてにわたって一年中良かった。一六九一年。収穫はかんばしくなかった」。

こうしてヴァルドゥ村[120]では、一六八四年から一六九〇年まで、文字通りひとまとまりの豊作年が訪れる。雌牛は肥え太り、いやむしろ小麦は豊かに実り（というのは、雌牛はときどき干ばつの被害を受けたに違いないから）、われらが田舎の年代記作者たちが単純素朴に査定して書き留めたヴァルドゥ村の小麦価格を見るだけでそれがわかる。一六八一年から一六八三年まで、パン用軟質小麦一スティエが一三か一四トゥール・リーヴルと一八トゥール・リーヴルのあいだ。一六八五年から一六九〇年まで、八トゥール・リーヴルから六トゥール・リーヴルで、五トゥール・リーヴルのことさえあった。しかし飢饉がやってくる。一六九一年に再び一〇トゥール・リーヴルに上昇し、一六九二年に三二トゥール・リーヴル、一六九三年には六〇トゥール・リーヴルまで上がり……！　いや、先まわりしないでおこう……。

ものごとを「ブロック単位」で再検討するために、春夏の気候は高温・乾燥であったということと、小麦価格は低く、一六八〇年代を通して低下したということを指摘しておこう。このことはまた、リオン湾〔南仏ラングドック地方からプロヴァンス地方にかけて地中海に開けた湾〕を縁取る陽射しに恵まれた地域に位置する、乾燥した地中海沿岸（ベズィエからナルボンヌまで）を襲った地域的災害をも説明してくれる。連年の乾燥によって減少したこの地方のわずかばかりの収穫は、販売に際して、全般的な過剰生産が続いたせいで西ヨーロッパのほぼ全域に行き渡った小麦の低価格状態によってさらなる制裁を受けた。前述のような何らかの例外はあるにしても、干ばつの被害を受けた南仏のやせ細った収穫という形で災害は打撃を与えたのだった。

＊

ともかく、少なくともフランス北部と中部においては、一六六三年から一六八〇年まで、さらにそれ以降（一六九二年から一六九三年のごく短期間の食糧不足と飢饉が始まるまで）は穀物生産が良好だったことがわかる。概して食糧暴動はなかった。親政開始時の食糧危機のときには（一六六一―六三年）、小麦不足で、レンヌ、ナント、シャテルロ、ブロワ、アンボワーズ、ブールジュ、オルレアン、そしてロワール渓谷地域全般で、地域的さらには地方規模の蜂起が一七件発生した。その後、同様のことは記録されていない。[121] 一六九一年まで、社会的観点からすれば、少なくとも擾乱についてはまったく平穏で、食糧に関する騒擾はなかった。

過酷な一六九〇年代――ラシヴェールの考察[122]

一六八七年以降、いいかえれば一六八七年から一七〇〇年まで、もう少し高所から物事をもう一度みてみよう。

ブドウの収穫日の平均

	1680-1689年	1690-1699年	1700-1709年
ディジョン	9月16日	9月28日	9月25日
サラン	10月5日	10月18日	10月12日

これら一七世紀の最後の一四年間をみながら、マウンダー極小期もしくはそういわれている七〇年間の枠内（一六四五年から一七一五年まで）で最も寒冷な、状況からしてやや拡大した一〇年間を検討する。このいわば延長した一〇年間は、少なくともフランス、スコットランド、スカンジナヴィア半島、フィンランドでは、一編の詩集を編むに充分なほど食糧災害に満ちている。この一七世紀の最後の一四年間、パリの一六八七年から一七〇〇年の期間の年平均気温は一〇・一五℃で、これに対して一六七六年から一六八六年までの「温暖な」時期の年平均気温は一一・四五℃だった。おおきな差異であると、マルセル・ラシヴェールはいっている。この一度半の温度差は、理論上、一六八七年から一七〇〇年までのあいだブドウの収穫日が寒さのために一五日遅くなるということに対応している。現実として、実際の収穫日の開きはこれと同程度である。おおきな差異だ。一六七六年から一六八六年まで、ディジョンにおける中央値では、九月一二日にブドウの収穫をおこなっていた。ところが一六八七年から一七〇〇年まではは九月二八日か二九日で、一六日遅い。遅れの幅は、ラシヴェールが挙げたものとさほどおおきく違わない。ここで、一〇年間ごとの平均に注目するなら、傾向として同じであることを示すデータがある。

さて、詳細に立ち戻って、まず、湿潤だった一六九〇年、湿潤で寒かった一六九二年、非常に湿潤だった一六九三年を取り上げることにしよう。小麦にとって良いことは何もなかった。しかし、氷河にとっては肥大化の時期だった。夏期の消耗が弱まったおかげで減り方が少なくなり、冬の降雪によって氷の供給が増え、この三年のあいだに、その後の年月同様、今や一層はっきりと「成果を示す容姿となった」。実際、降水量については、パリで、一六九〇年、一六九二年、一六九三年の平均値は、一六八九年から一七二〇年の期間の平均値に比べて二六パーセント高く、雨が降った日数（一六九二―九三年）は、一六七六年から一七〇九年の期間の平均値に比べて一二パーセント「多かった」。さらに、気温の話に戻れば、一六九一年、一六九二年、一六九四年の三年が目を引く。フランス王国の北半分、そして中央部と南部においてさえも穀物生産の点で特に有害だったのは一六九二年と一六九三年だった。一六九〇年から、過剰な降水（平年値の一九三ミリメートルではなくて六三九ミリメートル）が、今後の収穫あるいは現在の収穫の作柄を注視していた地方長官[123]を憂慮させていた。これらの不安は、オーヴェルニュ地方、バ＝リムーザン地方、ボルドー地方、ペリゴール地方といった王国中央部もしくは南部の地域で現実のものとなった。それでもまだ、「九一年」の収穫を割り引いて考えれば、それほど危険ではなかった。少し融通と工夫をきかせれば、「みんなを生かすことはまだ可能だった[124]」。

一六九一―九二年。寒い冬[125]（それだけ）、非常に雪が多かった。小麦の種子は、そのため発芽が遅く、雪の白いマントで保護されて、少しも被害を受けなかった。翌年はこれほど良くはなかった。一六九二年春は冷涼多雨。六月、七月、八月も同様。非常な豪雨。穀物の収穫は半分失われた。フランドル戦争のフランス兵たちが、激高して、彼らを「雨でびしょ濡れにした」降水の守護聖人聖メダールの彫像を火あぶりにした。バ＝ラングドック地方とプロヴァンス地方を除くフランス全土で同様の豪雨。ブドウの収穫は極度に遅れた。黒い森〔ドイツ南西部〕で一一月一八日、ディジョンで一〇月九日、ヴォルネ〔ブルゴーニュ地方の村〕で九月三〇日、サランで一〇月二九日、ロン＝ル＝ソーニエ〔フランス東部、ジュラ山脈西麓の都市〕で一〇月一九日、スイスのフランス語圏で一一月九日と一二日！　ブドウの実はビー玉のように硬かった。アルザス地方では、クロード・ミュラーの貴重な評価[126]が同様の鐘の音を響かせる。二年めの一六九二年は、質量ともにブドウの収穫は悪く[127]、この地方でまたもや値上がりを引き起こした。一六九二年一一月三日付けで、ベルナルダン・ドゥ・フェレットは『日記』に書き留めている。「ミュルバック〔アルザス地方南部の修道院〕では今年は惨めな収穫だった」。ブドウしぼり器から流れてくる液体は、ワインというより酢に似ていた……。これらのことは、タン修道院〔アルザス地方、コルマール南西の修道院〕の年代記作者によって確認される。「冬の到来が早く、春の霜がひどくて雨がたくさん降ったので、ブドウの木が大損害を受けた。［…］一六九二年一〇月二〇日に当地ではブドウの収穫を始めたが、すぐに終わった。なぜなら、今いったブドウの実だが、ブドウの木にはほとんど付いていなかったし、みつけても半熟だったり半ば腐っていたからだ。こんな状況では、どれほどの貴重な飲み物が得られたか想像がつく。われわれの四〇いくつかの大切なブドウ園で、まずいワインが五五枡以上はできなかった」。テュルケムでも、ほんのわずかで低品質のワイン。「またもや平年以下のブドウの収穫」と、セレスタの〔アルザス地方、ストラスブール南西の都市〕のイエズス会修道士の年代記作者は書いている。一六九二年六月二二日、大嵐がリボーヴィレ〔アルザス地方、コルマール地域にある都市〕周辺のブドウの木々に損害を与えた。ジョズュエ・フュルスタンベルジェのいうことを信じるなら、「今年は湿潤で寒かった。ワインは酸っぱかった」、「実際、あまりに酸っぱかったので、一六七五年産のワインに似ていた」。バーデン地方では、一六九一年から一六九二年にかけての冬か一六九二年の気候の良い季節（！）に関して、ワインの質と量について果てしなく同じ形容詞が繰り返される。低品質、寒い、冷涼、少量、熟していない[128]……。

小麦のほうは良い、ということは少しもなかった。穀物収穫量は充分でない。翌年用に播かれた種は被害を受けた。一六九三年に、したがって広くみれば一六九四年の前半も、飢饉の恐れがある。きわめて先見の明のあるオーヴェルニュ地方の地方長官は、一六九二年一〇月二四日にすでにこの二年連続の飢饉を予想していた。事実、この一六九二年秋に播かれた種子は失われた……。畑にあまりに多量の雨が降ったのである。どこもかしこもぬかるみだった。犂が畑に入らなかった。一三一五年のようだった。

一六九三年の春、重大な支障がまた戻ってきた。一六九二年のような雨。そのため、春の種播きもできなかった。コムギツブセンチュウによる麦穂の虫害と、逆説的だが、一六九三年八月の日照り焼けの一撃が、大災害を完成した。ルエルグ地方のある裁判所書記のいうところを私が入念に要約した一覧表は以下の通りである。「一八カ月以上のあいだ、フランスでは、春は少しも暖かくなく、夏は全般に暑くなく、何カ月も非常な寒さが続いた。太陽は弱まり、ほとんど火が消えた［原文のまま］。これらすべてが飢饉の原因だ」。オーヴェルニュ地方の教会一〇分の一税は三分の二に減少した。中央山地におけるカルワリオ会〔一六一七年に設立されたベネディクト会系の女子修道会〕の興隆は、すでにその初期の段階にあった。もっと北方のポントワーズでは、小麦価格は、一六九二年から一六九三年にかけて二倍になり、一六九三年から一六九四年にかけては場所によって三倍から四倍になった。海岸地方はもっとうまく対処するか、これほど悪くはならなかった。そこでは穀物の輸入が容易だったからである。また南の地中海地方では、通例として、他の年に過度に乾燥する小麦は、雨が偶然多量に降った場合には、雨を好む傾向がある。この場合はそうだった。ブルターニュ地方には、ライ麦のようにパン用軟質小麦の代わりとなるソバがある。

一六九三年の飢饉

どちらかというと悪いこうした劇的状況下で政府はどうしただろう。一六九二年九月から、王令によって小麦のフランス国外への輸出が禁止された。そして、様子をみた、というかむしろ日和見主義だ。だが一六九三年三月、アミアンの地方長官が「重大な危惧」を示す出来事を記している（貧しい人々による農場への放火の懸念）。彼はパンを配らせた。一六九三年一月、五月、七月。パリ高等法院は個人に対して小麦の備蓄を禁止し、矛盾を気にもかけずに、首都に食糧を供給している商人たちに備蓄を勧めることにした。一六九三年九月、フランス国王は独断の夢から覚めた。陛下は一六六一年を思い出したのだろうか。それはおおいにありうる。王の布告により、供給できる小麦の明細一覧表をすべての地方で作成することが命じられた。この布告に全土が従っただろうか。それは疑わしい。布告の文面は政府のエリートから出た言葉のオウム返しで、一八世紀には非常にありふれたものになる。ことはそもそも、暗々裏に気候が悪かったのではない。明らかに買い占め人たちのせいである（……そして王自身のせいである。老いゆくルイ一四世の時代の民衆はそう付け加える）。のちに歴史家エルネスト・ラブルースが「政治の非[129]」と呼ぶものだ。

小麦の明細一覧表……。貧民の明細一覧表！　一六九三年一〇月、熱心に活動しているパリ高等法院は、経済的弱者をリストアップすることを命令し、それ以降、民衆のうち貧困でない者は、彼らの費用で貧しい者たちを支援しなければならなくなった。その代わり、本来所属する小教区外でお金をせがむ乞食たちは鉄の首かせをはめられてむち打たれることになった（実際にはほとんど適用されなかった）。「各人それぞれに貧窮者が割りあてられた」！　パリでは、兵士の最初の暴動が発生した（一六九二年末、一六九三年初め）。彼らはパンを盗み、そして彼らがなした軍隊による泥棒行為は一八世紀に大規模に展開されることになる。一六九三年九月、モベール広場その他で女性たちの暴動が起きた。一〇月、ルーヴル宮殿の中庭に「レストラン・デュ・クール（二〇世紀に、困窮者に食事を無償提供する運動を組織する人たちが設置した施設）」のたぐいのパン焼き釜が設置された[130]。文字通り押し合いへし合いの状況だった。パリ警視総監ラ・レニーは不幸なことに夜も眠れなかった。一六九四年五月、状況が一時的に回復する。過度に乾燥した天候！　生えている穀物が打撃を受けた。雨を乞うために聖ジュヌヴィエーヴの聖遺物箱が引き出された。人々は途方に暮れているといっていい。北方では、ジャン・バール（一七世紀後半のフランス人。オランダに拿捕された穀物輸送船団を奪回した功績でルイ一四世により貴族に列せられた）が、小麦を積んだ船隊をダンケルクまで到達させるために、オランダの巡洋艦の裏をかこうと自分にできる限りのことをしていた。パリに話を戻せば、この都市はパリ盆地にある後背地ほど災害に苦しんではいなかった。後背地では、首都に食糧を供給するために、手に入る小麦一切合切をさらっていったからだ。政権上層部では、またもやフロンドの乱が起こるのではないかと危惧した。まさにそうだ！　こうして、ルーアン、リヨン、ナンシー、ソミュール、ル・ピュイ、そして地方の大都市も小都市も、いうなれば、困り果て、パリ、ヴェルサイユ両市が苦しむよりも明らかに一層苦しんでいた。悲惨な状況は、当局の救援がほとんど得られない田舎をさらに一層激しく打ちのめした。あちこちで、森から出てきた木こりたちが小麦を手に入れようとして村々を恐怖に陥れていた。結局、一六九四年の収穫は素晴らしいものであることが明らかとなる。人々はひと安心した。すべてが秩序を取り戻すだろう。[131]今一時的に在庫を減らしている「フランスの大小麦倉庫」における苦難の一年のあいだに、この秩序は、一度ならず、破壊された。イル＝ドゥ＝フランス地方、ボース地方、オルレアン地方、ノルマンディー地方、ブルゴーニュ地方、ブルボネ地方〔フランス中部、中央山地の北〕で食糧暴動が発生した。一六九三年五月から一六九四年五月・六月にかけて、とりわけルーアンで、そしてリヨン、マコン、ロワール川流域の小村落、ブロワ、トゥールーズ、アルビは、しばしば過激化する民衆のデモに見舞われたが、フランスの南東部、東部、さらに大西洋沿岸地域では、それほどの被害はなかった。[132]

フェヌロンと司祭

ここでは、当時の最高の知識人たちが飢饉について抱いた意見をみてみたい。まずフェヌロン[133]〔フランスの思想家・聖職者・小説家。ルイ一四世の孫の教育係。一六五一―一七一五年〕から始める。彼の「ルイ一四世への手紙」は、この君主の取り巻きに対する非難に満ちており、ようするにそれらの非難は充分正当なものである。手紙は、国王の好戦的な考え、正当でない征服戦争、過重な課税を非難している。結局は、統治しているブルボン朝への、真摯だが心底深くはない敬愛の情である。飢饉についてのフェヌロンの記述は、まったく時間的ずれがなく、正確である。とりわけ、飢餓・惨状の生理学的様相から罹病率、そして死にいたるまでの経過についてのこの有力な聖職者の言葉の適切なことは評価される。このプロセスについては、研究対象となる因果関係を示すデータ時系列がまったく明白であるにもかかわらず、人口学者と歴史学者が何世代にもわたって精根を使い果たしたのである。フェヌロンは国王に以下のように書いている。「陛下の人民は、飢饉によって発生した病気のために毎日死んでおります」。しかし、大災害の根本的な原因については、その前兆を完璧に描写しているときも、この高位聖職者は、急に話をやめる。「陛下の人民は飢えで死んでおります。陛下は彼らをわが子のように慈しまねばなりません［陛下は彼らを充分に慈しんでおりません。それが彼らの悲惨さの原因です、と暗にいっているのではないだろうか？］……。農地の耕作はほとんど放棄され……。街も田舎も人影が減り……。どの仕事も皆沈滞して、もはや労働者たちを養うことができません、等」。おのずから結論は浮かび上がる。結論は曖昧な含蓄をもって語られる。「結果的に［原文のまま］、陛下は国の実質的活力の半ばを破壊したのです。これらすべての窮状を招いたのは、陛下、あなたご自身なのです……。これが、おおいに富み栄える偉大な王国であり、もしお追従が陛下に一滴の毒をも盛らなかったとしたら実際にそうなっていたであろうものです」。当然ながら、政治的事柄における責任追及がここまで、いうなれば滑稽なまでに進展したことはかってなかった。フェヌロンはおそらく、課税と戦争のいきすぎとルイ一四世自身の責任を追及したとき、真実に立脚していた。だが結局、われわれが気候と呼ぶものの、常に主導的ではないにしても決定的な役割を匂わせることにしたのだろう。気候的与件、作物を腐らせる夏もしくは季節。フェヌロンは、こうした生態学的問題にも環境学的問題にも関心を示さなかった。(134)

一介の田舎司祭が、多くの事例の詳細のなかで、自分の小教区を襲った気候災害を挙げて、手紙を書く前は霊感を受け、民主主義的で、社会主義者で、ユートピア主義者で、平和主義者だったフランソワ・ドゥ・サリニャック・ドゥ・ラ・モット＝フェヌロンよりも多くの情報を提供し、よりよき分析者であることを示した。

深刻な短期的人口減少

死は、フェヌロンの手紙においてすでに言及されており、理由はわかっている。事実をみよう。一六九二年から一六九五年までの四年間に死亡した者一〇〇人のうち、八八パーセントは一六九三年と一六九四年に死んだ。飢餓が彼らの多くを旅立たせた。その結果、数多くの死者が、道端、住居、溝にあふれた。死骸の口は草で一杯だった。飢饉時の食べ物（雑多な草、死んでいる動物の肉）も死にいたる原因だった。その他は疫病や単なる病気である。腸チフス、発疹チフス、赤痢（暑い夏でなければ蔓延しない）、壊血病、ライ麦に寄生する麦角菌。ヴィック・ダジール〔フランスの医学者、解剖学者。一七四六―九四年〕を初めとする研究者と都市空気循環論の理論家たちの情熱をかき立てた気候と罹病率との関係は、まさに赤裸々にここにみられる。発生の順序は以下のとおりである。好適でない気候（ようするに過度に冷涼）。不作。食糧（その他）の欠如。栄養不足による虚弱さと罹病。こうして感染力を強めた様々な病気の感染。まず、貧しい者が死ぬ。富める者も、そのうちの何人かは疫病に感染すれば死ぬ。

数値データ。一六九三年一月一日に、フランスには二二二四万七六〇〇人の住民がおり、二二四五万二七〇〇人の人口を数えた一六九〇年に比べて、すでにやや減少していた。そこに、二年にわたる（一六九三―九四年）食糧危機が「通常の」死者に加えて[135]一三〇万人の死者を発生させた。これは一九一四年から一九一八年までの戦

リヨンの小教区	社会的特徴	飢饉前の通常の死亡者数に対する1693-1694年の死亡者数の増加率	1688-1692年の死亡者数に対する率
サン＝ジョルジュ	貧しい小教区、70.1％が養蚕・布地関係労働者	57.40%	162.90%
サン＝ヴァンサン	中間的小教区、40.6％が養蚕労働者だが、（小麦）運送業者も居住	15.60%	96.80%
サン＝ポール	29.5％が養蚕業のみの労働者で、貴族と商人・職人が比較的多い	18.60%	115%

争〔第一次世界大戦〕における民間人と軍人の死者数に匹敵するが、大戦のように四年間ではなくて二年間のものである。四年間の結果ではなく、二年間の結果なのだ！　しかも、一七世紀末に疫病に襲われた人口数は〔第一次世界大戦時の〕二分の一なのだ。二千万人であって、一九一四年のように四千万人ではない。一三〇万人もしくはそれ以上の死者、一六九二年と一九一三年とのあいだに人口が二倍になったことを考慮すれば、二六〇万人の死者を出した、ほんの二年間「繰り広げられた」大戦争を想像しなければならないだろう。その場合、人々は、恐怖と国民の「記憶」に刻みつけられた壊滅的結果を思い浮かべる。ところが、一六九三―九四年には、西ヨーロッパ地域内のフランス王国の範囲で、第一次世界大戦と同規模の「出来事」に直面したのである。

＊

この飢饉災害に関しては、飢饉時の、捨て子の数の多さ（C. Delasselle, dans *Annales*, vol. 30, janvier 1975, graph. p. 209）と、とりわけ死者数の格差の問題を忘れることはできない。たとえばリヨンでは、[136] 一六九三―九四年の非常に深刻な食糧不足の年の死亡者数は社会階層（かならずしもそれが一義的とはいえないが）によっておおきな違いがある。

＊

これに、飢饉による無月経、女性の衰弱、中絶性交を理由とする出生数不足が加わる。一六九三年に、通常の年の平均的な「フランス人」新生児数と比べての減少数は六万五〇〇〇人にすぎなかったが、一六九四年には、この取り戻さなくてはならない欠損は二一万五〇〇〇人に増加した（〔出産が〕妊娠の九カ月後ということを考慮すれば、欠損の多くは前年に「さかのぼる」）。同時に、結婚式の数も減少した。慎重なのだ！ 経済の嘆かわしい状況を目にして、結婚や再婚のために教会に飛んで行くときではない。とにかく、とりわけ死亡者数からみるとおり、「悪気候」が穀物生産に反映して、それが真価を発揮したとき、保健衛生が脆弱になって、「悪気候」の恐ろしい衝撃が目の前に示されたのだ。人間にとって不都合な気候のときだからといって、いつもこうなるわけではない。大災害が発生するためには、危険な天候不順の時間的「照準」がピッタリ合っている必要がある。小麦の生長のなにがしかの決定的段階（芽吹き、地表への発芽、熟成、等）に対しての「引き金を引くチャンス」、「偶然のタイミング」が問題だともいえるだろう。もし、そういうことがなければ、最終的な収穫は……、そして人々はどうにかやりくりできるというか、充分うまくやっていける。雨はずっと降り続けるのだし！ ところが、一六九三年に、「引き金を引くチャンス」はまったく時宜を得ていた……。

人口の問題に限定して話を進めるために、飢饉を含む一〇年後（一六八五年と比較した一六九五年）に集計したフランスの人口は、中央部、すなわち最もおおきな被害を受けた地域である中央山地で二六パーセント、そして南西部、東部、南東部でそれぞれ、五パーセント、六パーセント、八パーセント減少した。これに対して、西部、「セーヌ川とロワール川のあいだの地域」、北部は、いくつか被害を受けたにもかかわらず、ここで問題としている人命の喪失の最終貸借表についてはまあまあ被害を免れた。すなわち、人命喪失は、最初の二地域ではほんの二パーセント弱で、北部ではほとんどなかった。しかし、北部地域も食糧不足による被害をこうむったことは他の情報源によってわかっている。[138] 打撃によく持ちこたえるのは、だいたい最も発達した地域である。中央山地はその反対の場合だった。

＊

実際、北部は衝撃を跳ね返したのだ。ここの農業は、多少の損失はこうむるかもしれないにしても、悪天候に対してある程度抵抗するに充分なまでに改良され、強化されている。悪天候の結果起こる小麦の高価格は結局、穀物の余剰を持つ農民を利することになる。その証拠として、ヴァランシエンヌ地方のリュメジ村の主任司祭が書いた驚くべき文書がある。一六九六年の日付の文書で、価格上昇の一覧表を提示してくれるが、こうした価格上昇は、他の階層よりも頻繁に貧しい者たちを苦しめはしたが、余剰生産物を生産する大規模農場、したがって地域の経済全般には恩恵をもたらした。

リュメジ村の主任司祭は一六九六年に、それ以前の厳しい歳月に回顧の眼差しを投げかけて、以下のように書いている。「貧しい人々は常軌を逸した苦しみを受けている。というのは、この戦争のあいだ、小麦はずっと高値で……そして税金が小麦をむしり取って人々を破産させたり、身ぐるみを剝ぐまでにはならなかったりした。だが、サンス地代を徴収する領主たち[139]は売るべき多量の小麦と値がつけられないほど高価である馬を持っている。こうした人々はこの戦争〔アウグスブルク同盟戦争〕を良きものということができた。人間というものを知っていれば、彼らはすでに富める者ではない〔第二次世界大戦時のブラックマーケットで『もうけた者』をご覧いただきたい〕」。リュメジ村では、一六八六年、一六八七年、一六八八年に、ライ麦一バヴォ〔穀物の旧計量単位〕が五パタール〔この地方の旧交換価値単位〕で売られていたが、戦争中〔そのうえ、基本的に飢饉状態にある〕は、二〇、三〇、四〇、五〇、六〇、七〇、八〇、九〇パタールの値がした。平和時には村に現金はなかったので、一六八七年にはエスカラン銀貨〔一六世紀のオランダで通商用に鋳造された銀貨〕がなかったが、今、村にはエキュ銀貨〔フランスで一六四一年に鋳造が開始された銀貨。三リーヴルに相当〕があると、誇張なしにいうことができる」。領主たちのこうした富は小麦の高値だけに由来するものではなく、法外な値段で売られているオート麦、エンドウマメ、ソラマメ、家畜、鶏、バター、卵の高値によるものでもある。領主たちの揺るぎない富を示すのは、いくばくかの相続財産を売る場合に、五〇リーヴルで売っていた土地が、戦争以降は五〇フローリン〔オランダの通貨単位〕で売れるということである。

「もうひとつ、彼らの富を示すものがある。売ることのできる食糧を持っているこれら暮らしぶりのいい大農場主の子供たちは、農夫の子供たちとはまったく身なりが違う。若い男たちは金や銀の飾り紐がついた帽子をかぶり、その他もそれ相当である。娘たちは足もとまで垂れた髪をして、着ている服もそれなりである。(140) 親たちは裕福なので、司教区教会会議規定とたびたびの諭しをまったく無視して、前代未聞の傲慢さで毎週日曜日に居酒屋に通い詰める。しかし彼らの富は、分を超えた身なりをすることにしか役だっていない。なぜなら、主は、彼らの身に良きようにとは恩寵を授けないからである。彼らは、ほとんどまったく哀れな暮らしをしているのだ。村で最も富んだ者たちがみすぼらしい豚を売り払い、そうしてその年のその後の日々は肉なしで過ごすのを目にした。その者たちは多くの見事な相続財産と大農場を持ち、毎年一、二回ビールを醸造していた。彼らは、バターを売るために、パンに柔らかいチーズを塗って食べた。その他生活の利便性の点ではいかなるものも享受していない。彼らは家で、耐えがたい程の不潔さのなかで暮らしている。彼らの大半はシャツ一枚しか身につけておらず、もうひとつは洗濯中だ。そして、教会か居酒屋にいる日曜日を除けば、彼らはこのように不潔なので、娘たちは男たちの色欲の薬となり、男たちは娘たちの色欲の薬となる。」

ソロモンが「太陽の下にあるもうひとつの悪」と呼んだものが話題になっている。「主が富と善を与え、人生においてて望むものが何も欠けていない人間。だが主は彼に、それで食べていける力は与えなかった。そこに虚栄とおおきな悲惨さがある」[141]。

あちこちに話が飛んだ文書だ！　ここでは、確実に小麦の余剰を持っていてブラックマーケットで儲けている、裕福あるいは単に暮らし向きのよい農場主が問題となっている。飢饉、戦争、飢饉後の欠乏、のために小麦価格が高いとき、これら生産性の高い低地諸邦〔ヴァランシエンヌ地方は低地諸邦の一部〕の小麦生産者のうちの先駆的農民として彼らは、自分たちの収穫物を無駄にしなかった。超高利潤への道がこれら小麦販売者たちに開かれていた。そして彼らは、そうして得られた法外な利潤を虚栄的な消費、そしておそらくは、家庭内の暮らしについて極端に吝嗇であることによって増大する生産的な投資につぎ込んだ。

悪気候が生みだした飢饉は、あまりにもしばしば忘れられているのだが、二重のバネなのだ。飢饉は貧しい者たちを一時的に不幸にするが、飢饉が引き起こした高価格は、その後も含めて、当時としては効率のよい農業の先兵である生産性の高い農場を所有する先進的な領主起業家にそれ相応の刺激を与えるのである。ちょうど、古代にテーレポスの槍自体が、その槍による傷を治癒したように〔ギリシャ神話。ヘラクレスの息子テーレポスは、トロイ戦争の折、アキレスの槍に刺されて負傷した。その槍傷はいつまで経っても治らなかったが、結局アキレスの槍自体の錆(さび)をつけることによって治癒した、とある〕。

全体として、一六九三―九四年の気候・飢饉という出来事は、われわれが提示したいくつかの地方から理解できるように、人口数について国内の他の地方よりも深刻な打撃を受けた王国の南半分を犠牲にすることによって人口の不均衡をもたらした。南仏に対する北方地域の優位は古い時代に獲得されていたものだが、そうした優位は、ロワール川の北では、とりわけセーヌ川沿岸と英仏海峡に沿った地方で増大していた。以前より一層、オイル語地方〔ロワール川以北〕はオック語地方〔ロワール川以南〕を凌いでいるのである。

＊

これまで繰り返し指摘したように、ある程度の気温不足に見舞われ、何度も過剰な降雨によって事態を複雑にしたのは一六九〇年代全体である。一六九四年はこうした観点からは、少なくとも後半は、一般則を確認してくれる例外である。一六九三年から一六九四年にかけての収穫後の期間から発生した飢饉は、一六九四年の真夏まで激しかった。だがこの一六九四年の夏は、適度に乾燥して高温で、[142] その結果見事な収穫を伴った。一六九四年のブドウの収穫は、ディジョンではある程度早く（九月一五日）おこなわれた。しかし他所では、サランで、一六九二年と一六九三年よりは明確に早いにしても一〇月六日、スイスのフランス語圏ではそれよりも悪くて一〇月一一日だった。小麦の価格は、パリで、一六九四年七月二一日から勢いを失った（一六九四年五月に五〇トゥール・リーヴル、七月三日に四六トゥール・リーヴル、七月二一日に四〇トゥール・リーヴル、そして秋に一七もしくは一八トゥール・リーヴル、そして一六九五年から一六九六年にかけての収穫後の期間に一五トゥール・リーヴル）。一六九四年の地獄の春の高値が一部の大農場主とその他ブラックマーケットの受益者たちを喜ばせはしたが、これは人々に恵みをもたらす下落である。一六九四年から一六九五年にかけての冬は寒かった。パリで平均してマイナス〇・八℃、プロヴァンス地方とオランダでも非常に寒かった。ファン・エンゲレンによると指数八、非常に寒さが厳しい、である。しかし、この冬の極端な寒さは小麦の種子に有害な結果をもたらさなかった。それどころか、その逆だった。一六九四年から一六九五年にかけての冬の末のこうした冷涼さは、少なくとも一九九五年九月まではずっと、季節的傾向によって変化した（平均気温にして一℃低かった）。七月から八月にかけての降雨は一部の人々を心配させ、夏にモンペリエでメルダンソン川が氾濫した。これらすべてがどちらかというと遅めなブドウの収穫を招いた（ディジョンで一六九五年一〇月三日。他所では、クーンバッハで一〇月一六日、スイスのフランス語圏で一一月二日と四日）。アルザス地方では、いつもの時期にブドウの実が熟さず、木靴で潰さなければならなかった。バーデン地方では、ワインは酸っぱく、量が少なく、粗悪か並以下の出来だった。[143]引き続きこの不愉快な一〇年間……この期間はブドウの収穫が遅かったが、非常に幸運なことに、小麦は、リムーザン地方とプロヴァンス地方を除いて、平年どおりだった。リムーザン地方ではこれから迎える収穫は被害を受けていた。プロヴァンス地方でも同じだったが、こちらは海運輸入業者のおかげで不幸を避けることができた。一六九六年も（冬を除いて）どちらかといえば冷涼な年で、状況はほぼ同じだった。夏の指数は四、やや冷涼。ブドウの収穫は一〇月一日で、早熟ではなかった。穀物の収量は適正だった。一六九七年についても同様。この一〇年間の気候を考慮すると、この年も冷涼の定型だった。ペリゴール地方で幾分不安があったが、小麦に関しては不測の事態、深刻な出来事はなかった。

しかしながら、多少とも冷涼な年が繰り返されるこの一〇年間を、一六九三―九四年ほど厳しくはないにしても、一度や二度の新規の不慮の困難事が発生することなしに大過なく乗り切ることはできなかった。実際、一六九八年から事態は再び悪化した。一六九七年から一六九八年にかけての冬はかなり厳しかったが（指数七、寒さが厳しい）、人間に被害は与えなかった。だが、一六九八年五月から調子が狂う。この五月は、一六七六年から一七一二年までで最も寒い五月だった。五月三日に霜が降りた。ヴァランシエンヌでは五月八日に雪が降った。非常に多雨な年だった。だがそれで終わらなかった。八月と九月は冷涼だった。ディジョンでのブドウの収穫は一〇月一三日。スイスのフランス語圏で一一月一三日、一四日、二〇日だった!!　穀物の収穫が終わったのは……一〇月。一六九八年一二月になると小麦は二五リーヴルに上昇し、一六九九年一〇月までそのまま。シャンパーニュ地方、リムーザン地方、中央山地の南、トゥーレーヌ地方で状況は厳しかった。政府に甘やかされ、いつもどおり優先的に食糧を供給されているパリでは食糧を手に入れることは容易だった。しかしリヨンは苦しん

年	フランスの人口	傾　向
1691	22,450,000 人	増加
1695	20,736,000 人	減少　1693-1694 年の飢饉による欠損
1701	21,470,000 人	増加　地域的な回復

だ。一六九九年二月に女性たちの蜂起が起きた。パンがない、それは他のことと比べることのできない苦痛だ。そして、一六九九年の収穫があってから、事態は正常化してゆくか、ほぼそうなる。とにかく、この世紀の最後の年を含めて、一六九三―九四年の恐ろしい事態に再び陥ることは決してなかった。ラシヴェールが非常に適切に記しているように、一六九五年から一七〇〇年の期間はしばしば冷涼で、ときには平年作以下だったが、食糧の面で大災害を受けることは一度もなかった。フランスの人口は、ときには苦難に見舞われることもあったが、そうした何回かの「こん棒の一撃」にもかかわらず、人口の欠損を埋め合わせ（Lachiver, *Années*..., p. 238）、一六八〇年から一六九一年までの好調な期間の上限にほぼ復帰した。

このあと、一六九九年から、一七〇九年を除く一八世紀の最初の一〇年を特徴づける、豊穣、というよりはむしろ小麦の豊作の一〇年間へと向かう。

だが、啓蒙の世紀初めのこうした生産過剰にいたる前に、悲惨な一六九〇年代についてもう少し語らなければならない。

＊

まず、身長について。一七世紀末の気候の悪い一〇年間が人間に与えた衝撃は、出生率、婚姻率そして特に死亡率という、広く知られた「三つで一組の」人口変数をはるかに上まわるものだった。この衝撃は、若い兵士たち、いや、男も女も含めた若者全体の身長にマイナスの影響を与えた。見事な身長期（一六七〇年から一六八〇年頃は相対的に高身長）のあと、（フランス人の）身長[144]はその歴史上最低に落ち込む。すなわち、一六九〇年から一六九五年頃に生まれた人口集団の統計学上の身長は一・六一七メートルで、冬の厳寒、秋の多量な降雨、穀物の高値と明確に相関している。[145] この因果関係は、ジョン・コムロス〔現代アメリカの経済史学者〕によって適切な方法で明らかにされた。彼は、われわれの初期の人体計測研究を再検討し、発展させた。それは以下の事実にもとづく。

A　冬の厳寒と、より全般的には通常より冷涼な年間気温。スイス、イングランド、フランスにおける気温の最低状態（Pfister, Manley, Legrand）は基本的に一六九五年まで続き、その他の季節も寒かった。その後、一六九五年から一七〇〇年のあいだに生まれた人口集団について身長の再上昇がみられる。いつもより多くの「冷蔵状態」に見舞われるので、寒い冬には、人体の代謝に使用するカロリーがより多く必要になる。一六九三―九四年の食糧危機は、適正な日々の必要栄養量の形で「生産」することを困難にした。だがそれはそうだが、こうした原因を過大にみてはならない。なぜなら、パリでは最大級に寒い冬が一六九六年から一六九九年の期間まで居座ったからだ。それはまさに、一六九六年から、以後数年間（ようするに一六九三―九四年の飢饉後）、一六九三年タイプの飢饉による栄養不足という恐ろしい負荷が緩和されて、身長がじわじわと再上昇し始めた時期である。こうして身長は、その後およそ一五年間の好調な「身長」再増加を経て、一七一一年頃とその後数年に約一・六六メートルの上限に達した。

B　ジョン・コムロスはまた、秋の激しい降雨と身長の継続的もしくは一時的現象とのあいだの関係にも注目した。この関係は、それが目に見える形で表れるとき、秋の種播きに害をおよぼす気候的悪条件（過度の湿潤）を通じて作用した。これが一六九二年の作物を腐らせる秋の場合である。翌一六九三年の収穫を前もって破壊して、一六九三―九四年の悲惨な時期に子供だった将来の兵士、いやその時期の子供の世代全体に身長的大被害を準備した。ところで、一七八七年にも、作物を腐らせる秋の悪影響が再び出現する。それは一七八八年の非常に惨めな収穫の序章であり、その翌年「一七八九年」の、空腹もしくは空腹だったと評されている春に、歴史上の驚愕すべき衝撃〔フランス革命〕をもたらしたことは知られている。

C　結論として、自明のことだが、飢饉時（一六九三—九四年の忌まわしい二年。一七〇九—一〇年も参照）の小麦の高値と、それと時期を同じくする、一六九三—九四年以降の試練を幼児期に経た人口集団から（後年）成長した、民間人と軍人を問わず、将来成人になる「生産物」の身長急減とのあいだにコムロスが確立した平凡な関連をわれわれは目にすることになるのだ。気候の実態と人体計測学のデータとのあいだを取り持つ一六九三—九四年の食糧の高値という媒介はまた、一六九〇年代の非常に低い実質賃金を通して作用することもある。なかでも、やはり一六九三—九四年の実質賃金の場合が顕著だが。実際そこには、いうなれば、気候の悪い季節によって高騰した小麦価格から純粋に機械的に生じる結果しかない。最低賃金は変わらないが、穀物相場は急激に上昇した。この同じ賃金は、特にパンについての実際の購買力で計算すると、必然的結果として急減して、肉体労働者、職人、貧農の家庭の子供たちを容赦なく栄養不良に追い込む。これは、スペイン継承戦争の歳月において、将来ルイ一四世の軍隊の「一兵卒」となる子供たちの「身長計測学上の」先行き[145]にとっておきなマイナスの結果だった。とりわけ、六九〇年から一七〇〇年、より精確には一六九三—九四年と付随的に一六九八—九九年の、パリにおける非常に低い実質賃金は、ボラン夫人とその後継者ドゥニス・リシェ〔現代フランスの歴史学者〕等によって非常に精確に解明されていることを指摘しておきたい。

一六九六—九七年——フィンランド、さらにはスカンジナヴィアの大災害

次に、フランスから外に出てみよう。北イタリア、そして中央イタリアでも、飢饉もしくは食糧不足の年次進

行は、ときとしてわが国とかなり似ている。一六九三―九四年は、長靴型のイタリア半島の膝あたりまで悪かった。高価格、したがってその影には不作があったのだろう。栄養不足とそれに伴う疫病のために、「当然」多くの死者が出た。ボローニャとその周辺地域はこの点で典型的である。[146]

＊

ヨーロッパ北部（フィンランド、スコットランド）では、一六九六年の穀物収穫がまさに凶作だった場所はラ・デプレザンスで、この年は検討しなければならない。北も南も、フランスの緯度ではこの年の冬は比較的温暖で乾燥していた（南西からの暖かい空気流入のおかげで、作物の成長が早く、[147]ファン・エンゲレンの尺度で指数五、普通の冬）。しかしその後、一六九六年の作物生長期になると、冬に続く季節はむしろ冷涼になって雹が降り、五月と六月は雨が多く、ブドウの株にとっては過剰でさえあった。そのためワインはほんの少ししかできなかったが、小麦にとってはまずもってよかった。全体としては、警戒を要するようなことはなかった。だが北方地方、さらには極北の地方の状況は悲劇的な成り行きを呈していた。厳しい状況下の一六九〇年代は……一六九六年にフィンランドで有害な可能性のある事象をいくつか生じさせていた。この国についての卓越したフランス人歴史学者オレリアン・ソヴァジョ[148]は、ぞっとさせる言葉でこの悲劇を描写したが、まったくそのとおりである。「フィンランドの年代記は食糧不足の記憶を保存している。そのときの食糧の大部分は松の樹皮で作ったパンだった。飢饉のうちで最も深刻だったのは一六九五年から一六九七年にかけて激しい被害をもたらしたものだった。それは『死』の歳月だった。地域全体が多数の死者を出す地方がいくつもあった。輸送手段がないことや公的機関の組織的活動が不充分なせいで、救援物資が目的地まで届かなかったからだ。食糧を積んだ船が一隻だけスウェーデンからフィンランドに派遣されたが、それも難破してしまった。霜と雨に穀物収穫をすべて奪われた不幸な農民たちは破滅の淵に落ち込んだ。飢饉のために体力の弱ったこれらの住民のあいだに発生した疫病が、飢饉が始めた仕事を完遂した。カキサルミ〔カレリア地峡にある、現在はロシア領レニングラード州のプリオゼルスクとなっている都市の一九四八年までの旧称〕を含むフィンランド全地方の人口は三七万人減少したと見積もられている。これは約三〇パーセントの減少ということになる〔結果として、一七世紀のフランスにおける食糧不足による、より妥当な率である五から一〇パーセントの死亡者数よりも、一三四八年の黒死病に近い率である〕。こうして、一七世紀の最後の数年間はフィンランドにおいて、『悲嘆の光景しか』もたらさなかった。だが、この国の人々はまだ、彼らの苦痛の行き着く所までいってはいなかったのである。このあとやってくる一八世紀初頭の数年は彼らに、さらなる苦痛と苦難の有為転変を用意していた」（実際、ソヴァジョの書くところによると、ロシアでカール一二世の指揮するスウェーデン軍の墓標が立つことになる一七〇九年の恐ろしい冬のことである〔スウェーデンとロシアが覇権を争った北方戦争のこと〕）。しかし、この論文の最初の部分でこのように描写した飢饉の出来事の正確な（一六九六年の）日時を著者が示していないことが気がかりである。精確な当該の年次と季節を尋ねることのできる相手は現地の専門家であるエイノ・ユティッカラである。[149] この専門家は以下のように記している。「一六九六年は、平年より早い霜が穀物収穫の大部分をまだ穂のうちにダメにした。そして、熟す時間があったわずかばかりのライ麦から、自制心を発揮するとともに行政の援助を当てにして、翌年播くに必要な種子を採取した。公式報告書のなかに以下のような指摘があった。一カルト〔旧計量単位。約六八・五五リットル〕のライ麦以外は、この村では何も収穫できなかった。共同で種を播いたが、まったく発芽しなかった。本物のパンがなくなり、家畜を屠殺してしまったので、人々は、食糧不足のときのいつもの窮余の策である樹皮で作ったパンに助けを求めた。だが、このパンを作るのは困難だった。なぜなら寒さが厳しいため、樹皮が木から容易にはがれなかったからだ。最後には、麦わらや木の根、動物の腐った死骸を食べた。次の穀物収穫までに、人口の三分の一くらいが飢えや、さまよい歩く乞食集団が広めた疫病のために死んだようである。[…] 春(一六九六年)の植物の生長は通常の年より遅く、秋には早めに訪れた寒波との遭遇すなわち折り合いを付けて暮らすことが避けられず、麦穂が熟す前に霜が降りた、ということは本当だった。[…] そしてまた、そのときほとんど船がなく、海は秋に氷に閉ざされたので、フィンランドの港に救援の食糧を送ることができるようになるまでに六カ月待たなければならなかった。[…] 一六九七年の春になってやっと海が氷から解き放たれてから出回って手に入れることができるようになったわずかばかりの「スウェーデンからの」小麦の備蓄は、小麦の稀少さのために上昇した値段で売買されるか、利子付きで貸し付けられたのである」。

これらの大災害に関してオレリアン・ソヴァジョは、一六九六―九七年にフィンランドの人口は三〇パーセント減少したと語っている。実際は、良質の資料によればこの人口「減少」は二五パーセントにすぎないが、それでもすでに膨大なものである。[150]

*

西では、隣国のスウェーデンもまたおおきな被害を受けた。スカンジナヴィアの民衆の歴史の専門家であるレジ・ボワイエ[151]は、一六九六年について、ある個別の年にみられた不幸の一〇年間の典型的な特徴として、一六九六年の春は遅く、夏は雨が多くて、八月初めから夜に霜が降る、というこの穀物栽培の北限に加えられた三つの有害な時期を指摘している(フランスの一六九六年夏もやや冷涼だったとみられ、ブドウの収穫は一〇月一日から二日だった)。こうした条件のもとで、一六九六年の不作に続く一六九七年のスウェーデンの春は死の春だった。通常はこの国で最も生産性の高い地方に属するメーラル〔ストックホルム市の西に広がるメーラル湖沿岸地方〕の平原も一六九六年から一六九七年にかけての収穫後の期間の挫折の被害をこうむった。[152] 北欧諸国の経済史の創始者のひとりである歴史学者のエリ・ヘクシャー〔スウェーデンの経済学者、経済史学者。一八七九―一九五二年〕は、一六九六年の最悪の天候不順に引き続く二年間、すなわち一六九七年と一六九八年のスウェーデン王国の王室の国庫に入った税収の下落を、グラフを示しながら巧みに説明した。農民は破産して、この二年間、一時的に不良な租税納入者となった。[153] 一五二三年から一五六〇年まで統治したグスタフ・ヴァーサの時代からこのような悲惨な経験をしたことがなかったストックホルムでは、この他と比較対照して明らかに異なる評価の作成を担当したスウェーデンの一外交官はまた、パン屋を取り囲んで飢えを叫ぶ略奪者たちによる暴動も指摘している。[154]

＊

食糧供給に関するスウェーデン王カール一一世の政策は、彼の（逆説的な）手法として、一六九〇年代半ばの困った気候の被害による「飢饉」状況を示す生真面目なものだった。一六九五年秋から、地方の総督たちから送られてくる報告はスウェーデン北部とフィンランドにおける穀物収穫量の大幅な欠損を警告していた。カール一一世はただちに、リガからスウェーデンの港に一万一千トンの小麦が輸入されるよう命令を下した。そして一千トン以上が難破によって失われた。この輸入小麦の購入権は農場経営者たちに限定され、雇用者が養わなければならない農業労働者は除外された（原文のまま）。全体としては悲惨な結果は避けられた。だがその直後に、またあらたな気候災害が一六九六年の北方地方の穀物収穫に襲いかかった。そのため、輸入や免税等によって住民を救援しようという王政府の試みがなされた。今度は失敗だった。最も被害がおおきかった二つの地方で六パーセントの農場が、耕作者が破産したり飢えたり……死んだりして放棄された。カール一一世は少しもくじけず、一六九七―九八年についてまたあらたに救援策を準備したが、当時ほとんど効果が表れなかった。だがその年の豊作が結局、状況を緩和した。こうした、重大な事態もしくは災害とそれに対する政府の政策決定が継続的になされるということが二、三年連続すると、飢饉が支配的に君臨するためには、しばしば、(マルセル・ラシヴェールとジャン＝イヴ・グルニエが好んで指摘したように)不作が「二回」連続することが必要であることが思い起こされる。フランスでは一六九二年と一六九三年がそうであり、北欧地域では一六九五年と一六九六年がそうだった。気候の挑戦と食糧不足に対処するために穀物輸入に訴えるという、多少とも効果がある国王の家父長主義の実施は、「一七世紀後半」にはかなり一般的になっていたようである。フランスでは一六六一―六二年以降ルイ一四世が救援をし、スウェーデンでは一六九五―九六年以降、カール一一世治下でそれがおこなわれた。[155]

スコットランド

フィンランドからスコットランドまでは、今考察したスカンジナヴィア諸国を経て、ひと足でしかない。一六九〇年から一七〇〇年までの一〇年間は、小氷期さらにはマウンダー極小期の枠内にあって、一律に冷涼もしくは凍るように寒かったが、フランスでは一六九三―九四年と一六九八年に「厄介な結果を生み」、フィンランドとスウェーデンでは一六九六年がそうで、これは一六九七年に最悪の人的災害をもたらした。スコットランドについては、精確にいうと、(ヨーロッパ北部の他地方、なかでもフィンランド・スウェーデン地域同様)一六九六年と(フランス同様)一六九八年が深刻だった。そこでは、春夏に「悪天候」をもたらす低気圧の通過、冬には寒冷な高気圧、という気団の作用があった。それは、年ごとに入れ替わり、その解明は気候・気象学者にゆだねられたものだが、人間に対する被害をおよぼす作用である。この交替は年によっては、フランス・フィンランド・スコットランドの三角形[156]を構成する地域、さらにはヨーロッパという広大な地域、そしてユーラシア大陸の諸地域にまで幅を広げた……。それは、一六九三年、一六九四年、一六九六年、一六九七年の、ヨーロッパにおける四年間の死の舞踏である。

一六九六年のスコットランドの状況推移はフィンランドと同様だった。春も夏も、寒くて冷涼で湿潤で作物が腐った。空は鉛のように垂れ込めた。一六九八年。低気圧の軌跡は前と同様。空は、雲、雪、雨に覆われている。エジンバラ、グラスゴー、ハイランド地方では一七〇〇年以降にならなければ、状況の緩和と飢饉の終末は感じられない。後で振り返ってみると、一六九三年からスコットランドで徐々に始まった一六九六年から一六九九年にかけての食糧不足は、大ブリテン島の最北地方でのこの種のものとしての最後だったとさえいうことができる(これより南の本来のイングランドでは、一六二三年の、そしておそらくは一六四九年の、イングランドでの最後の深刻な食糧危機が終わったもっとずっと早い時期に飢饉が後を絶ったとされているそうである)。ロンドンからハドリアヌスの壁まで、一七世紀の後半四分の三と、当然一八世紀は、英仏海峡の向こうに住む隣人たちの農業が当時としては活性化して近代化されたおかげで、(多かれ少なかれ)「飢饉がない」。それはまた、たゆまず発展を続ける穀物の海運貿易の結果でもある。[157] しかし、だからといって、小麦が不足する年に非常に攻撃的な食糧蜂起が起こるのを防ぐものではない。食糧暴動はロンドンやマンチェスターで、やはりときどき発生した。歴史学者のエドワード・パルマー・トムスン〔現代イギリスの歴史学者、社会主義者〕は彼の有名な著書『イングランド労働者階級の形成』〔*Making of the English Working Class*, 1963. 邦訳、青弓社、二〇〇三年〕においてこれらをおおいに利用した。これに対して、イングランドに固有の「先進的」農業技術の展開は、スコットランドでは一七〇〇年以降にならなければ十全な効果を発揮することはない。さらに、ヨーロッパ東部と北東部の気象のほうも、一八世紀初めの一〇年間以降、特にその次の一〇年間、そして次の一〇年間以降と次第に再温暖化していく。そのおかげで、気象の被害を受けることはなくなる。

後から振り返ってみて、スコットランド人にとって一六九〇年から一六九九年までの期間は伝説的に、集団的記憶の傾向と歴史編纂学によっても当然しかるべき位置にある、「一七世紀末における飢饉による不幸な七年間」あるいはもっとひどく、「ウィリアム王の不幸な歳月」とみなされたのである。ステュアート家（スコットランド出身の王家）の没落は、オランダから来たオランイェ公ウィレムをブリテン諸島全体の王にした。彼は、クライド川〔スコットランド中南部を西流してグラスゴーを経て南西部のクライド湾に注ぐ〕とフォース湾〔エジンバラの北〕沿岸では人気がなかった。そのため、不幸にもこの名を付けられた。

いずれにしても、「七年の不幸」とはいいすぎである。それよりは、おおざっぱに、四年というべきだろう。この期間（すなわち、一六九六年・一六九七年・一六九八年と一六九九年の前半）がスコットランドで最も生きるのが厳しかった。一六九六年の春と夏の作物が腐る超湿潤な季節の結果として、価格と死亡者数のグラフが跳ね上がっていることが、こうした年次進行というか苦難の道のりを裏づけており、それ以上のものではない。一ダースほどの三カ月ごとに区切った期間中ほぼ絶え間なくみられた一連の悲劇の第一幕は、フィンランドと同様、一六九六年の六月・七月・八月あたりである。それは、一六九六年春から、オークニー諸島〔スコットランド北方〕からヘルシンキまで、ヨーロッパの極北全域に共通する超低気圧性の天候が生みだした、悲観的な見通し、次いで実際に食糧不足になった結果である。ほとんど四年間におよぶ限りなく不快な歳月における毎年死者を出す被害は、不均等で、総体的な展開の連続状況に左右された。まず、最初の暗黒の収穫後の一年（一六九六年夏から一六九七年四月）のあと、一六九七年夏の穀物収穫が適正だったので幕あいとなるが、これはつかのまの休息である。それが中断したのは、一六九八年の収穫が再び被害を受けて不満足なものになったときだが、それでもスコットランド人にとっては一六九六年ほど悲惨なものではなかった。地理的な差異も広くみられた。一六九六年の収穫時と一六九七年の年初という「飢饉の二年間」は、スコットランド北東部でよりひどかった。その反対に、一六九八—九九年により多くの被害を受けたのは、この同じ国（それとも民族というべきだろうか）の南東部だった。また自明のことを証明しようとしてみよう。他所と同様スコットランドでは、気候を原因とする小麦の欠乏とそのすぐあとの食糧不足は、人々の苦痛の始まりだった。しかし基本的に、「死の神タナトスによる仲介」は、ある種の「死の回廊」を経る。この回廊は栄養不足から、感染を含む罹病、そして罹病から大量死へと続いている。この観点で、スコットランドの大人口学者マイクル・フリンは、ジャック・デュパキエ、ジャン゠ピエール・バルデやその他多くのフランス人同僚にまったく同意している。[158](他所同様ここでも)地域的に決定的な結果をもたらした病気として、冬に流行したチフスについて語らなければならない。この病気は「成人」の死者数に「際立った結果をもたらした」。それに対して、赤痢は多くの場合子供を襲ったが、様々な年齢層にそれ程偏りなく広まった。

これら多くの試練のうちで、エジンバラその他の地域の知識階級は、頻繁ではないが一七世紀という期間内には循環的に起こるこの種の大災害に対処しなくてはならないことになったとき、ローランドでもハイランドでも、地域の農業システムが適切でないことを理解した。すでに一六二三年、そしてピューリタン革命期、さらに一六七四年にも、スコットランドでは同種の食糧危機を経験していた。イングランドもまた被害を受けていた(しかし一六二三年以降は、イングランドでの損害は限られたものであったという)。したがって、スコットランドでも、これを限りに飢饉による大災害を終わりにするために、穀物栽培と家畜飼育の技術を改良しなければならなかった。そういうわけで、この時代に、ドナルドソンの『詳説農業学』〔Donaldson, *The Hasbandry Anatomized*, 1697. 邦訳なし〕やベルハーヴェン卿の『農民の基礎技術』〔Lord Belhaven, *The Country-Man's Rudiments*, 1699. 邦訳なし〕その他のような、スコットランド農業の著作が出版されたのである。パンが高値の時期に食糧暴動によって荒廃した街であるグラスゴーでは、一六九〇年から一七〇〇年、とりわけ一六九六年から一六九八年までの冷え込みは、その地方のギルドが、資金を失った加入者を援助するために多年にわたって実施してきた社会保障システムにとって爆弾、脅威でさえある程の影響を与えた。これらの同業組合は、まもなく自由放任主義経済の理論家たちから非常に厳しい批判を受けることになるのだが……。とにかく、古くからある「グラスゴーの」ギルドは、悲惨な被災者たちへの援助義務を効果的な方法で果たすことになる。エジンバラでは、施療組織と宗教組織とが最善を尽くした。エジンバラの教会で集められた義援金から出資した施しのグラフは急上昇した。それもそのはずで、一七世紀の最後の一〇年間は、その次の一〇年間の初期にこの同じ方法で集められたささやかな金額に比べて高額だった。したがって、最悪のときに信者を非難するようなことは起きなかった。富者は、より貧しい人たちに援助が届くように多くの努力をした。穀物価格のグラフは、この厳しい時期に文字通り尖塔形にとがった形を呈したことは確かだ。[159] 一六九二年以前に知っていたのは、もっと小麦が安かったそれまでの数年、さらには数十年間に打ち止めとなっていた比類なき価格の天井だった。そしてこの天井は、非常に幸いなことに一七〇〇年以降、他所同様スコットランドでも体験されることになる。

地域間の対比。スコットランドの様々な「地域」が、時間的・空間的に異なる仕方で多かれ少なかれ甚大な被害を受けた。「飢饉による損害」の様子はアバディーン地方〔スコットランド北東部、北海に面した地方〕の都市と田舎に保存されている。その恵まれない状況に驚かされる。というのも、アバディーンは港で、したがって小麦の国際的、特にバルト海での流通につながっていたからである。しかしスコットランドは、ともかく低開発に苦しめられており、またその当時、気候とほとんど同じくらい決定的な要件である、フランス軍に対する戦争が要求する重税のために「金銭的に」干し上げられていた。また、ルイ一四世の私掠船によって妨げられるせいで輸送船団の航行も困難だった。そして、すでに論じた一六九六年から一六九八年にかけてのスカンジナヴィア半島、そして北欧全域における食糧不足のせいで、バルト海にはほとんど小麦がなかった。スコットランド全体としては、飢饉時(一六九六—九九年)の人口の損失は、全人口の五パーセントから一五パーセントである(しかしアバディーン地方では二五パーセントだった)。この欠損は、当然死亡者数そしてまた、出生数の減少、移民……等、様々な周辺的要件によって説明される。気候、食糧、死亡者数というこの膨大な三重の危機の結果、スコットランドはこうして、一六九一年の人口一二三万五〇〇〇人から一七〇〇年頃の人口一一〇万人になったと思われる。[160]これは一一パーセント近くの減少で、一六九三—九四年のフランスにおける膨大な損失(七・六パーセントの減少。前述参照)よりも率では少し高い。この同じ時期、イングランドの人口は安定しているかやや増加しており、一六九一年から一七〇〇年のあいだに四九三万人から五〇二万七〇〇〇人になった。二パーセントの増加である。したがってスコットランドは、きわめて重大な気候上の事態と、相対的に遅れた、つまりは虚弱な社会・経済的構造によって、フランス同様かそれ以上に、イングランドよりはるかに深刻に、典型的に、地域差を伴った損害をこうむったのである。一七〇七年のロンドンの権力に対するスコットランドの政治的敗北がよりよく理解できる……。それはともかくとして、イングランドの穀物価格も、この厳しい期間に大幅に上昇したことがわかる。特に、収穫後の期間が非常に困難を極めた年は、一六九二年、一六九三年、一六九四年と一六九七年から一六九八年にかけてである(これについては R. B. Outhwaite, 1978, p. 371 参照)。

＊

スコットランド、スカンジナヴィア半島、フィンランドについてのこれらのデータは、一七世紀末について、ことさら厳しい状況が続いたこと(保存されている気温データを参照)[162]、を明白に反映している。冷涼湿潤、作物が腐る夏、「湿った空で太陽が曇った」。これらはすべて小麦には不都合だったし、氷河形成を阻害する消耗・融解作用に対してもそうだった。これらの作用は、スコットランドではないが、ノルウェーとアイスランドでみられるような平常年における氷河の消耗に作用している。その結果、かなり長期にわたって氷河の消耗が不充分で、これら北欧の氷河は一七世紀末と一八世紀初めに「壮大に」なるのである。それというのも、氷河の膨張と伸張は、一六九〇年代に生じた、履歴現象の古典的効果によって消耗に逆行する気象状況のあとの数年間に起こるからである。

アイスランドとスカンジナヴィアの氷河

最初にアイスランド。この大きな島の中心について、諸資料は精確でどれも一致している。一六九四年と一六九八年、最も遅くて一七〇五年以前に、アイスランド氷河の強力な前進があった。北西でのドラウンガ氷河、そして特に南東のヴァトナ氷河が非常に激しくて、氷河沿いの農場を取り囲んだり破壊したりして、その耕作地を一掃し、しばしば覆い尽くした。

まずヴァトナ氷河から。一七〇八―〇九年のある土地台帳に、フェールの放棄された農場について、「一四年前には廃墟となった建物をみることができたが、今ではそれらはすべて氷河の中にある」と記されている。同じように、ブライダルモックの農場は「四年前からまったく人影がなく、他の多くの農場同様、洪水やモレーンや毎年の氷河の通過によってさらに破壊されて、家々が建っている小高い丘の上を除いて草はすべて消え去ってしまった」（一七〇二年六月一日のスィング〔ヴァイキング時代から続く、立法と司法・裁判関する決定を下す民会〕における証言）。「スカフターフェル農場は、フライネス農場の一部について夏の放牧権を持っていた。［…］しかしこの権利は今では使うことができない。すべてが氷河に覆われているからだ（一七〇八―〇九年の土地台帳）[163]」。これらの文献史料、なかでも二つめのものは非常に明確である。一七〇二年に氷河が、ともかく膨張して、ブライダルモックの地点までほぼ達していたことがそれからわかる。そして、一九〇四年にこの場所は、氷から解放されて、氷河の先端から一キロメートル近く離れたところにある。
ドラウンガ氷河については、J・エイソルソンによって文献史料が収集された。そのなかで、重要な文献は、一七一〇年にこの地方を訪れた碩学アールニ・マグヌースソン〔アイスランドの学者、写本蒐集家。一六六三―一七三〇年〕のものである。彼は、氷河によって破壊された農場、なかでもドラウンガ氷河のすぐ近くのオルデュイルの農場について以下のように記している。「氷河の前進と洪水によって農場の建物は破壊され、廃墟の目に見える部分は今氷河の縁のすぐ近くにある。まだそこに暮らしている人々のいうところによれば、氷河は昔の農場の耕作地全体を覆っている」。この文章によって、氷河の増大がまたもや確認される。なぜなら、(長期にわたって氷河が退潮した二〇世紀の)一九三五年におけるオルデュイル農場の位置は氷河から二キロ離れた位置にあるからである。[164]
アイスランドでは、近代の氷河増大はそれ以前の長期におよぶ安全な期間と(かつて一五八〇年以前にシャモニーでそうだったように)対照的である。アイスランドのブレンホラールとブライダルモックにある農場は一七〇〇年頃ヴァトナ氷河によって破壊されたのだが、一二〇〇年より以前の記録に記載されている。[165]ドラウンガ氷河の麓のオルデュイルの農場は一三九七年の文献史料にある。さらに、少し異なる言及を付け加えよう。アイスランドでは一八世紀にグラウマ高原がドラウンガ氷河に覆われていた。現在ではその反対に、一九世紀末以降この高原は氷河から解放されている。ところで、サガによると、その最後の部分は一三九四年に書かれたのだが、この高原は中世にも氷河圏の外にあり騎乗の集団が駆け回っていたようだ。ところが一五七〇年以降、メルカトルの地図ではそこはすでに氷河に覆われていたようである。
ノルウェーでも同じように、一六九五年からヨートゥンヘイム氷河がアブレッケ渓谷で伸張して、次第に森や放牧地を押しつぶしていった。一八世紀初めには確実に、この北欧の巨大氷河は今日より前進していた。

スヴァットイーセン（ノルウェー北部、この国第二番めの氷河地帯）の氷河群に関するリストル〔現代ノルウェーの氷河学者〕の業績によって、これら初期の多様な情報を確認して、氷河の最大前進を含む数世紀におよぶ時系列の中に挿入することができる。そしてわれわれの時代に氷河は最終的に後退する。一九五一年に、スヴァットイーセンの氷舌のひとつの下流の、一九四〇年以降のこの氷河が後退したために氷河から解放された場所で、一連の化石化した木の幹が発見された。炭素14年代測定によって、これらの木々が死んだのは、二〇世紀中頃から三五〇年プラスマイナス一〇〇年にさかのぼる。つまり、これら問題の木々は一五〇〇年から一七〇〇年のあいだに生きるのをやめたのである。したがって、氷河が成長の最盛期にあって、その巨大な体内にこれらの木々を埋葬するにいたったのはその頃である。そして、一九四〇年に氷河はその地点から後退することになった。こうした年代進行は、アルプスの場合と少しも矛盾しない。

一七世紀末に、ひとつの描写にたけた詩がスヴァットイーセン氷河を「海に非常に近い」と紹介している。これは、一世紀におよぶ氷河膨張期に（ホランドゥスフィヨルドの）海のすぐ近くにあったエンガブリーンとフォンダルスブリーンと呼ばれるこの氷河の氷舌端のことにちがいない（エンガブリーンの氷舌は今日ではその最も前進した位置から二キロメートル後退しているが、地図と非常に精密な文献史料によると、一八〇五年になってもなお最も強い高潮に洗われていた）。一七二〇年にこれらホランドゥスフィヨルドの氷河は増大し、ひとつの農場と作物を破壊した。これらの氷河の著しい縮小（二キロメートルの後退）は、ずっとのちの一八六五年から一九五五年の期間になってやっと確認され、規模が計測されて最終的に地図に描かれるのである。これはアルプスのトレンドと共通で、とりわけマウンダー極小期と呼ばれる凍りつくような期間との関連で、年次的に一致しており、相関している。マウンダー極小期は、一七世紀末頃多くの飢饉に襲われ、一八世紀始めまでスカンジナヴィア半島の氷河の状況を反映する期間である。

＊

われらが『気候の歴史』の結論は、こうしたアイスランドとスカンジナヴィアの氷河の状況推移については、卓越した研究者ジーン・グローヴ女史によって完璧に確証されている。われわれの氷河に関する資料収集を十全な相互の同意のもとに発展させた膨大な文献史料を詳細に提示して、彼女は以下のように記している。「（アイスランドの）ヴァトナ山の氷河は一六九〇年から一七一〇年のあいだに急速に前進した［まさしくマウンダー極小期的な一六九〇年代の寒さの後年への影響の結果］、と断言できる。[166] この一七一〇年に続く数十年のあいだ、それ以前にすでに前進していた氷舌はその後動かず、すでに占めていた位置にとどまるか、あるいは前後に微動するかだった」。ノルウェーでもグローヴ女史は、一六九三年と一七〇二年に確認されていた氷河の前進を詳しく調査した。アイスランドでもスカンジナヴィア半島でも、一六九〇年代の寒さと作物を腐らせる気候は、ヨーロッパのもっと南の地域同様、氷河の前進に関して重大な結果を招いたのである。

一八世紀初め――陽光

啓蒙の世紀の最初の一〇年間は、一六九〇年代の「寒冷湿潤」傾向と正反対だった。一七〇一年から一七〇八年までの平均値にもとづいてマルセル・ラシヴェールが計算した、[167] ある程度の気温再上昇は、驚くべきものである。気温差は、一六八七年から一七〇〇年までの冷涼な期間に対して一・二℃高かった。異常な夏の月々が浮かび上がってくる。一七〇五年八月、次いで一七〇七年八月に、通常の八月と比較して、月平均気温で二℃または三℃高かったのである。[168]

より一般的に、今度は暑い夏、さらには暑い春夏が連続する。一七〇四年に、ブドウの収穫はディジョンで九月一日、ボーヌで九月一二日だった。大幅な早期収穫記録である。二〇年ほどのあいだ、より精確には一六八四年と一六八六年（どちらもディジョンで九月四日にブドウの収穫がおこなわれた猛暑の二年）以降、これに匹敵するものはなかった。一七〇四年のワインの品質はそのことを感じさせる。なによりも、太陽が味方してくれるのだから。「上品なワイン」と、タン〔アルザス地方の、修道院がある主要都市〕でアルザス人のマラキ・チャムザーが、この地方の様々な同僚たちの裏づけを得たうえでいっている。地続きのバーデン地方でも同じ鐘の音が響いている。「一七〇四年のワインは量が多くて上等で……見事で……おいしい……非常においしいワインだ[169]」。一七〇五年は、全体的にみれば、熱量的（五月に霜、特に早くはないブドウの収穫）には平均的だった。しかし、二度の大熱波があった。なかでもパリでは、最初は七月、もうひとつは八月だった。もっと南のモンペリエ地方では、果樹が焼けた。卵が太陽で焼けた（一七〇五年七月三〇日に日陰で三九・五℃）。アンジェ周辺とボルドー地方では一七〇五年「六月・七月・八月」の干ばつがあった。人々は汚染された川の水を飲んだ。赤痢の危険があった。一七〇六年は同じ基調にあって、そのうえ気温の点ではやや一体性があった。ディジョンで九月一三日という早期にブドウが収穫された。そして一七〇四年（九月一五日）の高温の記録を二日間にわたって上まわった。これが、一七〇六年という生産年に素晴らしい品質をもたらした理由である。アルザス地方ではブドウの収穫にとって最適な状況だった（アグノー修道院〔ストラスブールの北の主要都市〕）。ある司祭の意見では「極上の御神酒」、ダンバック〔アルザス地方北部、アルザス地方最大のブドウ畑がある〕では「たぐいまれなる甘きワイン」。日照が、熟成中のブドウの実のなかに糖分を濃縮したのだ。だがその代償として、火災がアルザス地方の森を襲い、乾燥した草は平原にまで燃え広がって、人々は炎を止めるために溝を掘った。対岸のバーデン地方では、熱狂していた。一七〇六年産のワインは、とりわけ見事で……有り余るほどでとても美味で、極上……非常に豊富で……非常においしい……。今日の若者たちやそうでもない人たちの卑俗なフランス語やドイツ語の話し言葉でいうような、最高のワインだった。反対に一七〇七年は、特に暑くはなかった。ブドウの収穫はさほど早くなかったが、七月一九日、二〇日と二六日に太陽の強烈な陽射しがあった。フランスではもう、特に穀物を刈り取る人々の日射病による死亡件数を数えてはいない。この高温期によって身体が熱せられたことが、小麦を刈り取るという極度に労度の高い仕事と結びついて、この二つの理由のために何人かの人々に回復不可能な死にいたる熱への様々な要素を生じさせたのだ。一七〇六年以降、（とりわけ）非常な高温(170)（ディジョンで九月一三日にブドウの収穫）に促されて赤痢性の疫病が大発生していて、アンジュー地方では死者が出た。フランス全体規模で、三年間（一七〇五年、一七〇六年、一七〇七年）で通常を上まわる死亡者数は四一万四〇〇〇人「に過ぎなかった！」が、そのうち八万四〇〇〇人は、メーヌ゠エ゠ロワール県、マイエンヌ県、サルト県、ラ゠ヴィエンヌ県の、最も「被害のおおきかった」四県においてである。赤痢が、とりわけおおきな原因のひとつだ（Lachiver, *Années*..., p. 258 et tableau p. 261 ; F. Lebrun, *Mort*, p. 347)。

＊

太陽に程よく暖められて、これら数年間の収穫は、穀物もワインもどちらも良いか、少なくとも適正だった。とにかく、これら一七〇七年までのほぼ七年間は食糧に関する大災害は皆無だった。食糧不足と高価格と同意語であった災害は、北部地域規模、数地方規模、さらには国家規模では、西ヨーロッパ全体について話題にならない。それどころか反対である！　ワインにしろ穀物にしろこのように収穫が豊かもしくは充分である状況下で、ワインの価格は一七〇〇年から一七〇七年のあいだ、ブドウの収穫量が多かったためにそれまでとあべこべに急落した。連続してワインの収穫量が少なかった（一六九六年から一六九八年までの）三年間は忘却の淵に沈んだ。

一六九九年から一七〇七年まで、生産されたワインの量は、年により、一六九五年から一六九七年の三年間と比較して二倍、三倍、あるいは四倍だった。[171] この飲み物の価格についても同じことが指摘できる。ワイン価格は、ワインが品薄だったとき（一六九六—九八年）は一貫して指数一〇二（指数一〇〇は一六四三年）を上まわっていた。一六九九年から一七〇七年のあいだは常にそれよりも下になる。一七世紀の最後の年の前年（一六九九年）以降ブドウ畑を支配した好気候のおかげで安定してワインが供給された印だ。太陽はこのとき、一六九〇年代のほぼ全期間にわたる低調な生産を乗り越えて、すべてのブドウの木に陽光を注いだ。[172] 小麦価格のほうは、これもまた豊作もしくは単に適正な生産高の影響を受けて暴落した。パリ中央市場では、パン用軟質小麦の相場は一六九四年（飢饉の年）に一スティエ三五リーヴルという最高値だった。一六九五年にそれが下がり、一五リーヴルの底値になった。そして一六九九年に再び二六リーヴルに上昇した。一七〇〇年春にまた二二リーヴル。そしてその後急落する。[173] 一七〇一年に一六リーヴル。一七〇二年から一七〇五年まで一二リーヴル。一七〇六年から一七〇七年に九リーヴル。一七〇八年に一二リーヴル。作物が腐る年の収穫が済んだ一七〇八年秋になってやっと、小麦は一スティエ一八リーヴルに再上昇する。そしてもちろん、一七〇九年の厳冬によって小麦が大量死したすぐあとの一七〇九年から一七一〇年にかけての収穫後の期間には四〇リーヴル、さらには五〇リーヴルに上昇する。これはすなわち、一七〇一年から一七〇八年初めまでのあいだ、南の地方でいわれるように、暖かい場所の快適な階段の踊り場にあるくぼみのなかで巣ごもりをしていたということである。その一番深いところで、パンを食べ、またワインも飲む者たちは、苦痛のうめきをあげるいかなる格別の理由も持ってはいなかった。

バジルとフーラスティエはこの同じ時期について、実質賃金額換算で小麦一キンタル[174]の価格を計算するという創意に富んだ考えを抱いた。[175] 近似的ではあるが、このふたりの研究者が得た結論は以下のとおりである。一七〇一年に、穀物が極端に高値だった困難な年（一六九八年から一六九九年）の勢いにのって、まだパン用軟質小麦一キンタルは時給換算で三〇〇時間の購買力に相当した。一七〇二年以降、それは二二二時間に下がり、その後一七〇三年から一七〇五年の三年間にはそれぞれ二二八時間、二一八時間、二〇四時間だった。一七〇六年と一七〇七年には一七九時間、一六四時間に暴落する。だが一七〇八年にはすでに二五四時間に再上昇している。そして、先に述べまたこれからも言及する新たな飢饉発生の年一七〇九年に、——エルネスト・ラブルースが急上昇と呼ぶことになる——恐ろしい勢いの暴騰が起きて、五六六時間となる。しかし今は、気候の、廉価な小麦に恵まれた好天の夏の落とし子、である賃金の黄金期を解明することにとどめておこう。それは、購買力についてみた一七〇二年から一七〇七年までの期間である。ここで、わざわざいわなくともわかりきったことを説明することをお許しいただきたい。賃金換算したパンはさほど価値があるわけでなく、それよりは、生活必需品や衣類その他の様々な分野での賃金労働者の購買力のほうがもっと増大した。その結果一時的に、全般的状況が順調に推移した……。

ところでルイ一四世は、(当時)スペイン継承戦争に深入りしていて、優勢だった……。彼の兵士たちは、少なくともフランスの国内の駐屯地では、充分に食糧を与えられ、たっぷり飲んだ。それというのも、ワインも安かったからだ。軍人たちは、兵卒も将校も、高物価の時期程には予算に負担をかけない。一六六〇年代(一六六二年以降)や一六八〇年代(一六八七年以前)といった高気圧だった時期に戻ったかのように思われた。スペイン継承戦争は勝利することもあり敗けることもあるのだが、敗戦はしばしば重大だった。一七〇四年のブレンハイム〔ドイツ南部ドナウ川に臨む古戦場〕、一七〇六年のラミーユ〔スペイン領ネーデルラントの古戦場〕。いずれにしても戦争はフランスの外でおこなわれ、フランス王国には金の後ろ盾があった。もはや一六九三—九四年のように深刻な飢饉に襲われていないので、人口は再び増加し始めた。一六九一年に二二四五万二〇〇〇人だったが、先にみたように飢饉のために、一六九五年には二〇七三万六〇〇〇人になっていた。ところが、ほぼ持続的な回復と増加によって国民人口は、厳冬のあとの一七〇九年初めには二二六四万三〇〇〇人になった。これによって、軍事的には、新生児と二〇歳の徴集兵とを混同してはいけないにしても、いつかそのうちに必要とされる部隊人員を徴集できることになる。

一七〇九年の厳冬

われわれの長い気象の交響曲の流れに乗って、冬の気候による、ほぼ氷期的な一七〇九年のあらたな大災害にいたる。それは、一六九三―九四年の気候不順ほど破壊的ではなかったにしても、深刻なものだった。だがそれは小氷期に典型的なものだったのだろうか。この大災害はそれだけの地位を保っている。それは疑えない。この事態にマウンダー極小期がなんらかの役割を果たしたのだろうか。それは確かではない。なぜなら、冬の気温は――一七〇九年を除いて――一八世紀の最初の二〇年間はむしろ再温暖化状態にあった[176] (Luterbacher, 2004)。最高度にシベリア高気圧的な気団が、この有名な大寒気のあいだ、始めから終わりまで詳細に、語るべき言葉、それも一語以上を持っていることは明らかだ。だが、歴史を専門とする者には、この件について、スクリーン上のように、連続して天気図を提示する能力はない……。それでも、太陽にではなくて地球の内部に関わる地球規模の因果関係について、ジョン・D・ポストの以下の示唆を挙げよう[177]。「中緯度に位置する三つの火山、すなわちヴェスヴィオ山（北緯四一度）、サントリーニ山（北緯三六・五度）、富士山（三五度）の一七〇七年［実際は一七〇七―〇八年］の爆発性の強い噴火は、塵（ちり）による混濁化指数［ダスト・ベール。気候学者H・H・ラムによって作成された指数］の大幅な増加となって現れた。ようするに、この三つの火山事象［実際は四つあり、レユニオン島のラ・フルネーズ峰も加わる］は、ほぼ確実に一七〇八年から一七〇九年にかけての寒波の原因である」とジョン・ポストはいったそうだ[178]。事実、『世界の火山[179]』という表題の、シムキンとシーバートによる火山学の集大成はこの問題についての詳しい説明を提供してくれる。この本は、毎年、記録される噴火について二つの計量的指数、火山爆発指数（VEI）〔火山の爆発規模の大きさを示す指数〕、そしてわれわれにとってさらに必須な生成物の量（Vol指数）を公表している。後者は、対象となる一年間に任意の活火山が地球大気中に放出した塵の量（近似値）に直接的に関わっている。これらの塵は、場合によってはその密度あるいは厚さによって、光と熱をもたらす太陽の照射を遮る濁ったベールを形成する。噴火がある程度激しくても（問題はそこにあるのではなく）、シムキンとシーバートの書物において、「Vol」指数は塵放出の程度を示すためのもので、微量で有意ではない塵の量の場合は指数一あるいは二を低迷している。他方、放出物質が最も多量な場合は（一七八三年アイスランド、一八一五年タンボラ山、一八八三年クラカタウ山）は、それぞれ指数一〇（もしくは八）、一一、一〇にまで上昇する。したがって、こうした観点からすれば、この章で直接的にわれわれが関心を持つ「ルイ一四世時代の」大噴火は、いくつかの詳細事項によって知るところでは、一七八三年のアイスランド噴火とほぼ同じ量の塵状の生成物を排出した。こうして、一七〇七年五月二三日に始まったサントリーニ山の噴火は、この火山が放出した生成物の容積について指数八だった。この噴火はその後三年以上継続し、そのVol指数は同じで非常に高かった。このため、一七〇九年の厳寒よりも、一七〇八年に明確に火山活動による厚い雲が陽射しを遮ったことのほうが原因の割合は高い（火山灰は、冬よりも夏秋により多くの影響をおよぼす。たとえば、夏秋にはシベリア高気圧が、塵を含んだ不透明のベールが何らかの役割を果たすようなことがなければ、澄んだ空に凍るような気温を広範囲に放散できる）。ヴェスヴィオ山の「妥当」で急な噴火のほうは、一七〇七年七月二九日に、火山爆発指数三の規模で始まったといえるが、そのVol指数は不明である。それで、ジョン・フィリップスの『ヴェスヴィオ山[180]』はいくつかの詳細情報を提供しており、そのうちにわれわれの問題に関して無視できない以下のようなものがある。「一七〇七年に、一時的に沈静化していた期間のあと〔一七〇五年六月二三日から一七〇六年六月半ばまで、ときどきヴェスヴィオ山の小さな変動があったのがせいぜいだった〕、つまり一二カ月以上のどちらかといえば穏やかな期間のあと、一七〇七年七月末頃にヴェスヴィオ山は活動し、そしていつもの松の形をした塵を含んだ円柱を大気中に一マイル〔一六〇九メートル〕の高さまで『高く噴き上げた』。これらすべては巨大な音を伴って、恐怖をまき散らした！　溶岩流……。激しい岩石の雨……。噴火のあいだ、ヴェスヴィオ山から発する稲光のうなりは、はるか遠く離れたところでも聞こえた。超自然的に黒く見える塵の雲から発する火山の光線はナポリとポスィリポ〔ナポリ湾北西部にある古代ローマ以来の風光明媚な保養地〕の上に降り注いだ〔稲光だろうか〕。溶岩流は海に流れ込み、噴火によって生じたすさまじい豪雨がブドウ園に被害を与えた」（陽射しを陰らせて雨を伴った典型的な激烈な火山現象の影響が提示されているが、気象学的事実としては、今のところ、当面単に地域的な範囲内であった）。一七〇八年八月一四日、引き続きヴェスヴィオ山でだが、小爆発が起こり、それ自体も爆発性の球形の火山灰の雲を吹き出した。「全体で一五分続いた」。これら様々なヴェスヴィオ山の火山灰の「放出」については、残念ながら、おおまかにでさえ数値化も計測もできないので、触れないでおこう。だがそれは、地球規模すなわち世界的規模で同時に起こった広範な一連の出来事のうちに含まれる。これらの出来事は、イタリア南部はもちろん、エーゲ海（サントリーニ山）、日本、レユニオン島にも関わっている……。

日本列島では、一七〇七年一二月一六日に、フジヤマ、フジ、もしくは富士山が大噴火を開始した。噴火はおもに南東斜面と有名な火山円錐丘の宝永噴火口周辺に被害を与えた。噴火は一七〇八年二月二四日に終わった。噴火物質の排出はすさまじく、非常に高いVol指数である九に達した。これに、ジョン・ポストが完璧ではなくて言及しなかった噴火が加わる。一七〇八年四月のレユニオン島のラ・フルネーズ峰の噴火である。このレユニオン島での出来事のVol指数は七である。さらにもうひとつ大放出が加わったわけである。総計で、これら四つの火山（イタリア、ギリシャの島、日本、インド洋地域）から膨大な量の火山灰が、一七〇七年に地球大気内に結果的に投入され、これら四つのうち三つの火山は一七〇八年もだったことを強調したい。それ以前の一七〇〇年から一七〇七年までの七年間にはこれに比べられるようなことはなにもなかった。地球上の様々なところで起きた噴火は基本的にVol指数一か二止まりだった。とりわけ西ヨーロッパや南ヨーロッパにおける地球内から噴出して大気中に拡散した火山灰のベールという、一七〇九年ではなく一七〇八年の気象学的に困難な事態は、こうして帰納的に、他にも原因があるにしてもとりわけ、一七〇七年から一七〇八年にかけての火山学的特異状況の「結果」であるようにみえる……。ヴェスヴィオ山とサントリーニ山は近くである。ところが、ここで取り上げた他の二つの火山は遠い（日本、レユニオン島）ということは、絶対的な対立論拠というわけではない。一八一五年のタンボラ山（インドネシア）の、大規模な火山爆発もまた、地球上の非常に遠い西ヨーロッパと北アメリカまで、陽射しを弱くする強力な気候的影響を与えたことが知られている。

＊

一七〇八―〇九年にとどまろう。大気の状況は、「わが国では」一七〇八年五月から悪化する。ウール＝エ＝ロワール県でブドウの木、カルヴァドス地方で梨の木が霜で凍った。タン（アルザス）の修道士は、「霜のために」ブドウの木にとって春は厳しく、ブドウの収穫は一一月一日と遅かったと記している。これはすべて「うっとうしく、冷涼で、雨の多い[181]」天候のせいである。（ここで、前述の常軌を逸した火山活動のせいだという必要があるだろうか）この結果、ブドウの収穫は惨めな量でしかなく、粒は小さく、ワインはほとんどできなかった。（タンの修道士の）カトリック側の声は、ルター派のミュルーズ市長ゴットフリート・エンゲルマンが発するプロテスタント側の嘆きに引き継がれる。一七〇八年五月七日にびっしり霜が降りたと、この市長はいう。一七〇八年七月にテュルケム〔アルザス地方、コルマールの西にある村〕で雨をやめさせるための行列があった。アグノーで、ブドウの収穫が非常に少なくて品質はほぼ最低だった。セレスタのイエズス会士は、その地方の同僚の言葉を伝えて、五月の霜に加えて、小教区の教会で同僚たちの意に反して公衆による祈りが捧げられたにもかかわらず、一七〇八年六月と七月にほとんど休みなくにわか雨があったと記している。ブドウの収穫は「去年の一〇分の一だった」。ラシヴェールの語るところでは、パリ盆地では、一七〇八年の五月、六月、七月は湿潤で、この三カ月で平年一年間の降水量の四〇パーセントに達する激しい雨が降った。通常の程よく分散した年間雨量であれば二五パーセントのはずである。これらには大災害的なものは少しもないが、それでもやはり一七〇八年の穀物収穫は良くなく、[182]それに相関して穀物価格は二倍以上上昇した。極端な場合には、一七〇七年の聖ヨハネの日〔六月二四日〕に端数のない数で八トゥール・リーヴルだったのが、同じ年の秋には一八トゥール・リーヴルになった。[183]それでも飢饉はなかった。当面、小麦が四〇から五〇トゥール・リーヴルのあいだを揺れ動いた一六九四年とはまったく関わりはなかった。しかし、すでに警報ではあった。ラシヴェールとミュラーの利点は、この場合、一七〇八年と一七〇九年の二年は一組となっていて、一七〇八年は五月に霜が降りて雨が多く、一七〇九年から厳寒が始まったということを精密に示したことである。このわれらの二人の研究者以前には、一七〇九年（厳寒）は、孤立した、それだけ唯一の、思いがけなく出現した出来事としてあつかわれていたのである。実際は、一七〇九年の不幸な事態は、いうなれば、「地球を取り巻く」火山灰を気前よく撒く一七〇七年から一七〇八年の火山活動の悪状況を土台として、間違いなくその前年の一七〇八年から準備されていたのだ。

*

（やや作物を腐らせ気味の一七〇八年の夏に続く）非常に長引く一七〇八年から一七〇九年にかけての長い冬

が浮かび上がってきた。ラシヴェールはこの冬に七つの寒波を数えあげる。最初の霜は一七〇八年一〇月一九日と二七日だった。それから一一月一八日から二五日までまたあらたな（強い）冷気。一二月五日から一二日まで第三波が襲来。今度は大被害（きわめて重大な試練）を生じさせる一七〇九年一月五日から二四日までの「第四波」がフランスを北から南まで吹き抜けた。第五番めの寒波が、二月四日から一〇日まで再び霜を伴ってやってきた。少し弱めの第六番めは一七〇九年二月二二日から月末まで。最後に第七番めが一七〇九年三月一〇日から一五日までである。

総括。第四番めの寒波が断然最強で期間も長い。極端な寒さに向かって気温を下げ、常にマイナス一〇度未満の気温が支配しており、一月二〇日にはマイナス二〇・五度まで下がった。一七〇九年一月は最悪の局面だった。そのため多くの人々（あらゆる社会階層、とりわけ、まったくあるいはほとんど暖をとれなかった貧困層）が寒さのために死んだ。それから、多くのブドウの木、そしてほんどすべてのオリーヴ畑。おまけに家畜から野生動物まで。穀物は、一月はもちろん二月も、護ってくれる適度な雪の覆いがなかったので、ひどい被害を受けた。これと反対に、春（一七〇九年）に播かれた大麦は、事前に厳しい霜が雑草を除去してくれた畑でおそろしく順調に育った。大麦はこうして、民衆そして間接的にルイ一四世を苦境から救い出すのである。

プフィスターの考察

フランス国内だけで天気予報をするわけではない。他国では天気の状況はもっと良いというわけでもないのはいうまでもない。たとえ簡略であるにしても、少なくとも西ヨーロッパと中央ヨーロッパについて、全体的な観点が必要だ。プフィスターが書いているように、[184]「一七〇九年一月はおそらく、この五〇〇年間で最も寒い月だった。霜が極端に厳しかったのは、ボスニア湾〔バルト海の北の袋小路〕上にあるシベリア型の高気圧に関係している。この高気圧はその南側面から、東からやってくる北極気流を、スペインを含むヨーロッパ大陸の大部分の方向に向かわせていた」[185]。その影響は、ナポリやカディス〔スペイン南西部の港湾都市〕まで感じられた。エブロ川〔イベリア半島北東部を流れて地中海に注ぐ川〕は氷に閉ざされた（Easton, *Hivers*, p. 120）。だが、ここですでに指摘した地球規模の原因にもかかわらず、きっかりこの一月に世界中が寒いと頭から思うまい。地中海はおおまかには、フランス北部とオランダを打ちのめしたよりももっと厳しい霜に襲われたが[186]、コンスタンティノープルはそれをまぬがれたようだ。グダニスク〔旧ドイツ名ダンツィヒ〕とリガは、この凍結に強い地点に含まれるが、エーレ海峡〔デンマークとスウェーデンの国境の海峡〕は氷に閉ざされ、ストックホルムでは、最後の霜が、厳しかったが、通常どおり四月に襲来した[187]。しかしこれと反対にアイスランドとグリーンランドでは[188]、南西からやってきた暖かい気流が気温を生ぬるくした。

これは古典的な気温振動、別の言い方をするとシーソーの効果である。際立った対比だ。グリーンランド人からヨーロッパ人まで、西からの暑さと……寒さとがある！　これは気団の分布の問題で、歴史学者にはまったく首を突っ込むことができない。歴史学者は、事態を明らかにして、気候学的にいえば、そこに横たわる学問的な説明を与える作業を、専門的な気象学にゆだねるのだ。パリでは、一七〇九年一月に気温がマイナス一〇度未満の日が一九日続いて寒さの絶対記録を打ち立てたのだが、それは、（一七〇九年以降の）数世紀間にわたる毎年の記録、ルイ・モランから[189]今日までの気温データ時系列のなかで、厳しさの程度の点で、「歴史的な」非常に厳しい冬に匹敵する一八七九年一二月と比較してもそうなのである。一七〇九年の農業に与えた結果は、すでに暗示しておいたように、まったくすごいものになった。プロヴァンス地方、バ＝ローヌ地方、ラングドック地方で南部のオリーヴ畑はほぼ全滅した。いくつかの再植樹にもかかわらず、オリーヴ畑は一七〇九年以前の面積を取り戻すことはもはやなく、その後一七一一―一五年から穀物、そして特にブドウ栽培に場所を譲ることになった。一七〇九年にはまた、かなり多くのブドウ畑、とりわけ小麦畑が破壊された。ブドウの木については、ただ単に春に霜が降りたことが問題だったのではない。春の霜は、二〇世紀まで古典的現象で、一〇年間に二、三度起こって、実になる前のつぼみを襲った。厳冬時に「まさに」(!)ブドウの株自体が死ぬということが起こったのだ。この種の出来事(一九五六年に再び起こるのだが)はあまり頻繁ではなくまれで、それだけに一層壊滅的だった。小麦畑のほうも大量に破壊されたが、一年か二年の短期的なことだった。だがこの生産中断は、この言葉の十全な意味で、飢饉を引き起こすには充分だった。これら一八世紀の一〇番めと一一番めの年の食糧災害は一六九三―九四年ほどではなかった。しかし、春に播かれた大麦が災禍を軽減したにもかかわらず、食糧不足は深刻だった。とにかく、一七〇九年四月から一七一〇年八月まで、夏から翌夏までの食糧が欠乏した。最初から最後まで、逐一価格傾向をみてみよう。一スティエのパン用軟質小麦は、一七〇八年六月まではまだ、おとなしく[190]八トゥール・リーヴルと一〇トゥール・リーヴルのあいだにとどまっていた。一七〇八年の良いとはいえない収穫のあとは一三トゥール・リーヴルと一七トゥール・リーヴルのあいだを変動し、一九トゥール・リーヴルになることもあった。しかし一七〇九年二月から三月まで、二〇トゥール・リーヴルから三〇トゥール・リーヴルのあいだにあった(壊滅的将来に対する予想。寒さは去ったが、食糧不足が来ることは決定的)。一七〇九年五月・六月まで四〇トゥール・リーヴルから五〇トゥール・リーヴル。そしてとうとう、一七一〇年四月までの期間、四〇トゥール・リーヴルから五〇トゥール・リーヴル(一七〇八年初めの基本的な水準からすると四倍、さらには六倍)あたりを上下することになる。その後、少し値下がりするが、妥当な相場である二〇トゥール・リーヴルまで戻るのは一七一〇年秋になってからである。[191]

実際、一七〇九年一月から多くの死者が出始めた。これは、寒さによる気管支と肺の病気の結果である。しかしその大部分は、一七〇九年四月以降は高値によって予想されていて、まもなく（秋から）現実のものとなった飢饉によって生じた。それはとりわけ、栄養不足と相関する疫病に起因している。事態を他の言い方で表現すると、気候は直接的に（気管支疾患による死）死者を発生させたが、また、少し遅れて、殺し屋を介して死を「生成」したのである。殺し屋。換言すれば、食糧不足が、今度はそれ自身、感染を含む致命的な罹患の発生装置となったのだ。一七〇九―一〇年にこうして生じた人口の欠損は一六九三―九四年ほど膨大ではないが、それはおそらく、災害がより短期間だったからだろう。一七一〇年の穀物収穫は、並外れて良いというわけではなかったが、状況を持ち直させるに充分だった……。将来もしくは比較的すぐに、一七一一年から再び人口減が待っているのだが。しかしそれは一七〇九―一〇年ほど深刻ではない。一七〇九年から一七一〇年までのこの二年間の総括。八〇万人の人口欠損。すなわち、死亡者数が六〇万人増加して、出生数が二〇万人減少した。デュパキエの『フランス人口史』〔*Histoire de la population française*, Paris, Presses universitaires de France, 4 volumes, 1988〕の地図（vol. 2, p. 210）によれば、一七〇九―一〇年の死亡者数と出生数低下は、フランス北東部と中央山地の大部分を総なめにしながら弾丸のような早さで急速にフランス王国を駆け抜けた。死亡者数と出生数低下はお互いに、極寒とその結果という二つの軸を形成したようである。六〇万人の死亡者、それは今日のフランスなら一八〇万人の死亡者に相当し、第一次世界大戦を断然上まわって、しかも一九一四―一八年の場合のように若者のみに限られることは基本的にまったくなかったのである。

＊

気象・飢饉・軍事が一体となったお決まりの事態には、いつものように食糧暴動が続発することはいうまでもない。一七〇九年二月から六月までに一五五の暴動があり、夏には三八件発生した。「イル＝ドゥ＝フランス地方とノルマンディー地方で興奮が最高潮で」[192]、ソーヌ川とローヌ川を結ぶ地帯もそうだった。飢饉、それはかならず暴力を発生させた。

マウンダー極小期の末期……そして大王の晩年

その後の歳月は、初めはどっちつかずの中途半端、次いで再び好ましくないものになったが、だからといって一七〇九年のように大災害の様相を示す状況には戻らなかった。まず、一七一〇年は、夏のまあ適正な穀物収穫のあと、まったく破滅的様子はなかった。小麦価格は再び下がった(しかし、まだ一七〇八年の低水準ではない)。反対に一七一一年は、この場合この語が何らかの意味をもっていると仮定してだが、マウンダー極小期の特徴を持っていた。一七一一年の年平均気温は、一七一〇年の一一・二℃……そして一七〇九年の一〇・一℃に対して一〇・九℃だった。[193] 特に一七一〇年から一七一一年にかけての収穫後の期間、夏から次の夏までの一年間は、かなり継続的に雨が降り続いた(われわれが知っているように、小氷期の古典的な構図によれば低気圧その他の様相)。一七一〇年の九月、一〇月、一一月、[194] 一二月は種播きには有害な過剰な降雨があった。一七一一年の二月、三月、四月、五月、七月も同様で、五カ月間非常に湿潤だったので、当然穀物収穫量を減少させた。一七一〇年一一月の洪水(ロワール川、ヌヴェール〔フランス中央部、ロワール川とニエーヴル川との合流点にある都市〕、オルレアン、トゥール、モンバール〔ブルゴーニュ地方、アルマンソン川沿いの都市〕)と二月の劇的な洪水(ソーヌ川、ローヌ川)そしてなんといっても一七一一年三月の洪水(セーヌ川の全流域と、ロワン川、ロワール川、オティオン川、メーヌ地方、マイエンヌ、ソーヌ川、ライン川、イル川〔ストラスブール市内を流れる川〕、モーゼル川、リル・ドゥ・ポントドゥメール〔ノルマンディー地方、セーヌ川下流域の都市〕、ローヌ川)は、こうした多雨な歳月[195]を十全に裏づけており、また幾分かは「食糧生産にとって不利な」歳月だったことをもである。結論。「すべてにおいて低調な年（一七一一年）」、とヴァルドゥ村の農民はいっている。実際、何事も誇張してはならない。一七〇九年にいるのでも、一六九三―九四年にいるのでもない！　ラシヴェールが提示するブドウ園経営者は、過度の降雨を嘆きながらも、必要以上に悲観的ではない。事実は、一七一〇年（一七一〇年一二月から一七一一年五月まで）小麦価格が下落したが、[196] 一七一一年夏から一七一二年夏まで（一七一一年の穀物収穫量はまったく平年並みかそれ以下）は、人々は再び小麦の値上がりを体験したということである。[197] 一七一二年については、同じか「もう少し悪い」（それ以上ではない）事態進行だった。この年は冷涼で、一六七三年から一七一五年までの期間全体の平均気温が一〇・九℃なのに対して年平均気温は一〇・七℃だった。食糧を基準とした一年（一七一一―一二年）の「範囲」では、一七一一年九月、一〇月、一一月と一七一二年一月、四月、七月は過度に雨が降った。ロワール渓谷、ガロンヌ川、ブルゴーニュ地方で洪水が起きた。それでも何回か暑いときもあったが、「刈り取った（小麦の）束はあまりなかった」、とヴァルドゥ村の農民はいっている。一七一三年の穀物収穫のあと、パン用軟質小麦の価格は、すでに二七か二八リーヴルだった！　一七一三年は、ラシヴェールのいうところを信じるなら、やはり冷涼だったようだ。ブドウの収穫ははっきりと遅く、クーンバッハで一〇月一七日、ディジョンで一〇月九日、ヴォルネで一〇月三日、サランで一〇月一六日、ロン＝ル＝ソーニエで一〇月八日、そしてスイスのフランス語圏では一一月二日と五日だった！　「今年はとても涼しかった」とヴァルドゥ村ではいわれた（まったくそうだ）。「いつも雨が降っていて、八月［収穫期］はとても涼しかった。小麦粒は発芽した。乾かすためにオーブンに入れなければならなかった。生育が遅い年で、収穫は少なかった」。パン用軟質小麦の価格は三〇トゥール・リーヴル近くまで上昇した。ドイツのブナの木は水をたっぷり吸った。これらの木々はそれが大好きだ。小麦のほうはしかめっ面をした。たしかに、一七〇九年の成層圏に達する天井値には、非常に幸いなことに、まだ遠いが、一七〇八年の市場価格表の好ましい底値からも遠い……。パン用軟質小麦とその他の穀物（ライ麦等）の相場は、――結局！――一七一四年夏、とりわけ秋以降からやっと値崩れする。それは、幾分涼しさがやわらいだ、一七一一年、一七一二年、一七一三年ほど低気圧で多雨ではない、（一七一四年の）夏のおかげである。これら三つの夏、いや三年間は、一七〇九年の恐ろしい事態に行き着くことはまったくなかったが、経済の強力な振興にきわめて好適とはいえなかった。発展はまだだった（財政的重荷であるスペイン継承戦争がちょうど終わろうとしていたから）。さしあたってこうした強力な経済振興がなかったことは、「フランスの」人口数をみればよくわかる。一七〇九年（一月の厳冬のあと）にフランスの人口はまだ二二六四万三〇〇〇人だった。これは、数世紀間における「この国の」人口の最大値のひとつである。一七〇九年のあとの厳冬による災害とその様々な後遺症が人口を、一七一〇年に二二三五万一〇〇〇人に、一七一一年に二一八三万三〇〇〇人に減少させたのである。それから、ふたたびわずかに増加して、一七一二年に二一九一万二〇〇〇人になった。最も厳しい時期は去ったかのようだった。だが実際は、完全に「困難から抜け出して」はいなかった。一七一三年、一七一四年、一七一五年は平均して二一八六万人（これらの年はそれぞれ非常に近い数値だったので、この平均値を導き出すのは許されるだろう）に停滞していた。経済振興の最初の一押しが加えられるのは、一七一四年にまあまあの収穫が得られてからで、この収穫が一七一五年の前半の数カ月に影響して、そしてそのあと何回か豊作が続いたので、その後七〇年にわたって一八世紀の着実な経済発展が進んだ。一七一三年から一七一五年まで三年連続して人口のカウンターは二一八六万人のままとどまっていたが、すぐあとに人口の離陸が始まり、毎年二〇万人の「急上昇の」増加だった。そしてこれ以降（一七一九―二〇年と一七四〇―四一年頃の二回のブレーキを除いて）、一六九三―九四年と一七〇九―一〇年に起きたような大規模で重大な中断はもはやなくなる。一七一六年に二二〇七万二〇〇〇人、一七一七年に二二三一万二〇〇〇人、一七一八年に二二五三万五〇〇〇人……になっている。そして、一七三〇年には二四〇〇万人は目前で、一七四〇—五〇年（だが、この一〇年間は一時的に人口が静止した）にはそれをおおきく超えた。一七六〇年に二六〇〇万人、一七七〇年に二七〇〇万人、一七八〇年に二八〇〇万人になった。一七一四年（この年の後半）と一七一五年の豊作と小麦の低価格はこうして、ラシヴェールが強調するように、転機を画した。一七一五年九月のルイ一四世の死は偶然の一致にすぎないが、状況を次第に穏やかにしてゆく（摂政時代の）解凍は、何と壮観なことだろう。一七一六年からの、初めて年によって中断されることのない人口増加は深く考えさせるものがある。たしかに、一七一三—一四年から実施されたユトレヒトの和平〔ユトレヒト条約によってスペイン継承戦争が終わった〕は第一次的役割を果たした。税金は多少減った。まもなくローのシステム〔摂政時代にフランス財務総監となったスコットランド人ローの推進した経済拡張政策〕が、個人債務を大量に清算する。しかし天候が支給したボーナスもまた無視できない要件である。高温と乾燥は、ずっと続いたわけではないが頻繁だった。ブドウの収穫は早かった。たとえば（ブルゴーニュ地方の）ヴォルネでは、一七一四年から一七二四年まで、ブドウの収穫はすべて九月だった。一七〇九年、一七一一年、一七一三年には一〇月におこなわれていて、そして一七二五年にまたそうなる。全般的に、黒い森、ブルゴーニュ地方、ジュラ地方では、とりわけ一七一七年から一七二〇年までの四年間が、その前（特に一七一三年）と後（特に一七二一年）の期間と比較してブドウ収穫学の見地から早期収穫の傾向がみられる。春夏の極端な高気温は一七一八年と一七一九年にピークに達し、当然、非常に多くの乳児期中毒症と赤痢を発生させた。ブドウ園経営者たち（その結果彼らは、ルイ一四世時代の最後の年以後四年間続けて最も好適な太陽の熱照射を享受した）の個別的な事例の向こうには、恵まれた何年もの歳月のあいだに死の最悪の攻撃を免れたフランス国民全体がいたのだ。一七一五年から一七一八年まで、四年間のフランスでの死亡者数は、七〇万一〇〇〇人を常に下まわっており、しばしば大幅に下まわってもいた。ところが、一七〇五年から一七一四年までのきっちり一〇年間は、死亡者数は七一万人を常に上まわっていて、非常にしばしば八〇万人を超え(一七〇五年、一七〇六年、一七〇七年、一七一二年)、さらには一〇〇万人という「大量死」もあった(一七〇九年に総計一〇五万一七〇〇人、一七一〇年に一〇九万人)[198]。出生数についても同じことが指摘できる。その実数は、一七一五年から一七一九年まで(五年間)常に八一万一〇〇〇を上まわる。ところが一七〇九年から一七一四年まで(六年間)はずっと七九万一〇〇〇を下まわっていた。したがって、摂政時代は、その盛期、いやそういう名で呼ばれる前(一七一五年から)すでに、神々に祝福された時代であり、そのあいだに太陽王は、より寛容に配置された形容のない真の太陽に道を譲ったのである。オルレアン公〔摂政〕・デュボワ〔宰相〕・ローのチームが幸運をつかむ。人々は熱狂的に睦み合い、繁殖する。それはシテール島への上陸〔快楽の始まり〕である。人々はまた、死なないように努めもしたが、幾分は成功した。なかでも、素晴らしい一七一八年が挙げられる。極端に暑く、ブドウの収穫は、ヴォルネで九月二日、ボーヌで九月三日、ディジョンで九月五日だった。ヴァルドゥの農民は以下のように、熱狂がかなり常態化したことを示している。

一七一五年　すべてにおいて非常に良好で非常に早熟な年。小麦は九トゥール・リーヴル。

一七一六年　厳しい冬にもかかわらず、穀物の収穫は大変良かった。小麦は九トゥール・リーヴル。

一七一七年　小麦の収穫は大変良かった。小麦は八トゥール・リーヴル。

一七一八年　夏は非常に好天で暑かった。すべてにおいて豊作の年。小麦は八トゥール・リーヴル(ブドウの収穫は九月一〇日)。

一七一九年　少しも冬らしくなく、四月にブドウに霜が降りたが、全般的に気温は高くて乾燥していて、八月末までそれが続いた。豊作。オート麦や豆類の収穫は非常に少なかったが、小麦はたくさん実った。小麦は九トゥール・リーヴル［一七一九年はたしかに暑くて、ブドウの収穫は、ディジョンで九月一一日、ヴォルネで八月二八日、ボーヌで八月三一日］。

こうした食糧が豊作で低価格な素晴らしい年の連続が少し変調をきたすには、気候がそれまでほど好適でなくなり、ローのシステムによって銀行券がインフレ状態になったせいで、小麦の収穫が並以下でパン用軟質小麦が一八リーヴルになる、一七二〇年を待たなければならない。だが実をいうと、一七一九年からこの「変調」は人口については感じられていた。精確には……一七一八年、そして特に一七一九年の極端な高温と乾燥が原因である。この二つは出血を伴う赤痢という疫病を発生させた。すべては過度の暑さとおそらくは不衛生な水を飲んだせいだと思われる。燃えるような乾燥は、泉だろうが川だろうが、安全な飲み水を稀少にし、川はときには、もはや泥水のか細い流れを引きずるだけになっていた。こうして、一七一九年に大量の死者が発生した。一一三万七〇〇〇人の死亡者数で、一七〇九年（一〇五万一七〇〇人）より多く、一七一〇年（一〇九万人）をも超えていて、これらはすべて一七一四年から一七一八年までのあいだの年平均死亡者数である六五万人よりはるかに多い。したがって、一七一九年という高気温の年の赤痢は、平年と比較して、四八万七〇〇〇人多い死亡者を発生させたと思われる。その中には非常に多くの子供が含まれている。二〇〇三年の猛暑のときの、特に高齢者の、一万五〇〇〇人の死亡者数よりもずっと悪い[199]！　気候の面からいえば、過度の湿潤（一六九二年）あるいは過度の寒さ（一七〇九年）という例外を経て、一七一八年、とりわけ一七一九年に（これまた、これほどまでの高段階までに呪われた）極端な暑さと乾燥にいたったのである。その結果、赤痢の流行によってフランスの人口は一七一九年の二二六九万四〇〇〇人から一七二〇年の二二三九万人へと、一時的に減少する（出生数は、大変幸運なことに、一七一九年は一七〇九―一〇年よりも健闘した）。その後、一七二〇年代に、フランスの人口は再び毎年増加していった。二四〇〇万人の「大台」に堅実に近づいていって、ほぼその手前まで到達し、一七三〇年代にそれを超える。

マウンダー極小期と小氷期

一六四五年から一七一五年までのマウンダー極小期と呼ばれる期間の、多かれ少なかれ気候に起因する、人間に関わる出来事を考察してきた。対象となる約六〇年間、とりわけ一六八七年から一七一五年までを襲った、過度もしくは正常な時期からずれた寒さと湿潤の現象を、どのような環境学的文脈に位置づけることができるのだろうか。二つの文脈……小氷期と、そしておそらくマウンダー極小期ではないだろうか。

これら二つのうち、より全般的である小氷期をまずここで検討しよう。小氷期は、活動の程度は強かったり弱かったりして、しばしば弱よりも強のほうがまさっているが、一四世紀から高潮期と低調期を交えながら続いていた。そして一六世紀末から確実なものになった。そのとき以来、変動がなかったわけではないが、小氷期は一八六〇年頃まで続くことになる。最初に、グリンデルワルト氷河から抽出した小氷期の「プフィスター」の測定値を参照しよう。このスイスの氷河は、小氷期における典型的な複数の世紀にまたがる長い膨張期に、小氷期が終息する（一八六〇年以降）までに、二つの注目すべき伸張をした。その最初の伸張（A）はプフィスターのグラフでは一五九三年から一六四〇年までに位置する。二つめ（B）は一八一四年から一八六〇年までである。AとBとのあいだの一六四〇年から一八一四年までの長い期間（一七四年間）は、アンリ四世からルイ一三世までの時代とルイ一八世からナポレオン三世までの時代に位置するAとBの最大級の最大状態ほどめざましくはない、いわば小氷期の「並の」最大状態が出現した期間と呼べるようなものに対応している。こうした小氷期における並の最大状態は、とにかく、しばしば雪の多い冬と通常の何倍も湿潤で、作物を腐らせる夏に由来する（一六六一年、一六九二年……）。Aの終わりとBの初めとのあいだ（一六四〇年から一八一四年まで）にはさまった、本来の「マウンダー極小期」（一六四五―一七一五年）の部分については、いくつかの大規模な氷河最大状態が（フロンドの乱後の一六四〇―五〇年の一〇年間に遅いブドウの収穫と作物を腐らせる夏があり[200]、いつものように赤痢による影響があったあとの）一六五三年に記録されており（アレッチ氷河）、次いでシャモニーとグリンデルワルトで一六六〇年の少しあとにまた（巨大ではない）氷河最大状態があった。これは、一六五八年から一六六二年までの冷涼気候を反映しており、この冷涼さは付随的に、一六六一年の「湿った」収穫の終わりにやってきた飢饉を発生させる不充分な収穫量という形で具現化している。それはまさに西ヨーロッパ規模の出来事であった。なぜなら、オランダの偉大な研究者A・M・J・ドゥ・クラッカーは、オランダからイタリアまで、一六六〇年一一月から一六六一年一二月にかけて極端に雨の多い荒れ模様の天気を強調しているが、ブルターニュ地方にいるアラン・クロワもまた同時期の豪雨を記録しており、この豪雨の結果不作となって食糧不足となり、付随して疫病が発生した（一六六一―六二年）。アムステルダムから、パリとイル＝ドゥ＝フランスを経てフィニステール地方〔ブルターニュ半島突端の地域〕まで、西ヨーロッパが多雨にスッポリ覆われていたのである[201]。これに関連してはまた、一六六〇年から一六六一年の非常に大規模な火山現象（今回は世界規模）があった。月は詳しくわかっていないが一六六〇年にニューギニアのロング・アイランド火山で非常に大量の物質の排出があった。つまりは大気中への火山灰の排出である（火山爆発指数六、Vol指数一〇）。そして、一六六〇年二月にインドネシア、バンダ海のテオン島（火山爆発指数四だが、排出された生成物質はVol指数八）、次いで一六六〇年一〇月二七日から一一月二八日にグアガ・ピチンガ山（エクアドル）（火山爆発指数四、Vol指数八！）、最後に一六六〇年一一月三日から一六六一年までカトラ山（アイスランド）が噴火した。地球の四カ所で同時に起きた火山現象から生じた四つの事例のうち三つで大容積であるという類似の事態はそれまでみたことがなかった[202]。シムキンとシーバートの見事なデータ時系列によれば、一六五三年以降同様な事例はまったくなかった。これら一六六〇―六一年に集中して起きた「四つの連続噴火」は、同じ年の過剰な降雨と作物を腐らせる夏によって引き起こされた非常に深刻な飢饉を生みだす母体となった。つまり、この深刻な食糧不足については、人の活動自体の責任は二次的重要性しか持っていない。なぜなら、当時は、あたりを廃墟にする戦争は、大小を問わず、まったくなかったのだから。純粋に気候による飢饉である！　歴史学者にとって理想的な事例だ！　収穫を極度に制限する要件としては気候以外にはなにもなかった。

一六六〇―六一年以降のこの大気中の塵（作物を腐らせる冷涼な夏と氷河消耗の欠如）はまた、一六六〇年代前半におけるアルプスの氷河前進に関わっているはずである。[203] その後、やはりグリンデルワルト氷河においてだが、一六八〇年から一六八五年頃に氷河の最小状態が記録されている。それは一六七六年から一六八五年まで、さらにはその後の二、三年の、しばしば暑かった夏（早期のブドウの収穫）に呼応している。

そうはいうものの、一六八〇年代前半の五年間におけるこの氷河最小状態は非常に明確だったわけではない。それはやはり、少なくともアルプスにおいて、小氷期が、わずかな変動の範囲内で増大したり縮小したりする巨大化状態の枠内にとどまるもので、この場合は縮小したのである。

一六八七年から一七〇〇年までは、寒さが続いて湿潤で冷涼で作物が腐る「非常に小氷期的な」夏が出現した厳しい期間で、その少しあとに一七〇九年の厳しい冬と一七一一年から一七一五年までの危険な歳月が続くのだが、それらのせいで、一七一六―一七年頃にスイスとサヴォワ地方で最後の最大級の氷河前進が起こる。[204] 最高潮に向かう小氷期内の変動である。その最後のクライマックス（一七一六―一七年）はしかし、小氷期の他の期間に記録された氷河の氷舌端前進の主要な記録（一三八〇年、一五九三―一六四〇年、それから一七八〇年頃、最後に一八二〇―五九年）には達しなかった。その反対に、もっと北では、ノルウェーそしてアイスランドでも、一六九〇年代の寒さと冷涼湿潤な気候のあと、氷河の氷舌端の前進は理論どおりかつ基準に沿って、非常に顕著だった。

＊

いいかえれば、そして私にはよりなじみのある地域に話をとどめると、アルプスの氷河、そしてサヴォワ地方とスイスの氷河も、どちらかといえば冷涼なこの三〇年間（一六八七年から一七一四年まで）からいくつかの結論を引き出し、そしてそれは、これまで記述したいくつかの暑い期間にもかかわらずのことである。これらの氷河は一七一六―一七年頃に、たしかにいくつかの最大を迎えた。しかし、ほとんど三〇年のこの期間における冬は、プフィスターが強調するように、かならずしも非常に雪が多いというわけではなかったことは確かである。そのため、氷河の前進は、否定できないにしてもやはり、一六世紀末そして一六四〇年にいたるまでほど著しいものではなかった。反対にスカンジナヴィア地方では、一七世紀の氷河の終末は超氷期の壮麗な影響を十全に誇示するものになりえたのである。

＊

最後に、ルイ一四世時代とマウンダー極小期が同時に重なったこの驚くべき時期における物理的であると同時に人間的でもあるいくつかの点について、以下の二つの考察を述べよう。なお、この重なりは全くの偶然の一致によるものであり、かならずしも構造的な結びつきはない。

一　**物理的側面**　マウンダー極小期は、最も確信に満ちた研究者たちがこの問題について実施した探求の助けを借りてこれまでこの章で指摘した、比較対照された様々な事象から非常に確実なものとして姿を現した。理論的には、特にこの期間の最後の三〇年間（一六八五―一七一五年）におけるマウンダー極小期の寒さと冷涼さについての最初の結論をしっかりとしたものにするには、地球の他の地域も研究対象としなければならないのだろう。しかし、われわれの歴史学者としての使命は基本的にヨーロッパ内のものなので、その種の探求を実施するという手数は他の専門家たちにゆだねることにした。とにかくここで、J・リューテルバッヒャーというスイスの大学者の以下の見事な言葉を、敷衍して、ほとんど改変することなく、その精神を少しも変えずに、返事としてお返しすることができる。「一六八五年から一七一四年までの歳月は、ヨーロッパにおける小氷期のクライマックスのひとつに相当し、それはまたマウンダー極小期のクライマックスもしくは絶頂期でもあった」(*History and Climate*, 1998, p. 29 *sq.*)。少なくとも、現在われわれが知る限り、このマウンダー極小期は今でも依然として実用性のある認識論的かつ歴史的枠を構成している。[205] それは、絶対に正確で適切だとはいえないという欠点はあるが、便利だといえる……。ありていにいえば、一六九〇年代の夏が非常に冷涼だったことに加えて、一七世紀後半の西ヨーロッパの冬が著しく寒かったことが、この期間に与えたマウンダー極小期(一六四五―一七一五年)の幾分寒冷な影響に対して肯定的な重要論拠になっているのだ(Shabalova et Van Engelen, *art. cit.*, p. 233 の上部のグラフ)。一六四六年から一六八四年(さらには一七〇九年まで)のあいだに、一六四六年以前と一六八四年以降もしくは一七〇九年以降に比べて、寒さが厳しい冬と非常に寒さが厳しい冬(ファン・エンゲレンによる指数七かそれ以上)が増え、ずっと頻繁に襲来したということは、こうした観点からみて衝撃的である……。

二 **人為的側面** これ程多くの悲惨な事態を子細にみたあと、その責任の問題を問わざるを得ない。国王、戦争による惨禍、財政的要因に起因する責任は、特にルイ一四世治下の最後の三〇年間については見過ごすことはできない。とりわけ一六九〇年から一七一四年の期間についてはそうである。だが天候もまた「有罪」であり、個別的あるいは集合的不幸を発生させた。少なくとも、まだあまり進歩していない農業が、依然として気候の挑戦に反撃できる状態になかった国においてはそうだった。こうした観点から、フィンランド、フランスそしてスコットランドは、イングランドよりもたしかに立場が弱かったことは明らかになった。イングランドでは、特に地主領主や農場経営者といった、経済的な様々な要件や担い手が一七世紀末から発生して、さらに一八世紀初頭には彼らの自国固有の農業が成熟していた。ルイ一四世の「統治末期の危機」（一六八九―一七一四年）は、間違いなく、戦争と過重な課税のせいだといえる。だがそれはまた、大気システムの一時的もしくは長期的な「好ましくない」傾向に由来する大規模な支障のせいでもある。一六九三年と一七〇九年の飢饉、そしてもっと広くは一六九〇年代の飢饉はこの場合、充分に説得的である。

三　結局われわれは、すでにこうした問題について明言したことを繰り返すことしかできない。かりにマウンダー極小期（太陽の活動）が大気循環（地球の活動）に実際に影響を与えなかったとしても、この分野でこれまでおこなわれてきた太陽と地球との相関についての研究は脆弱であることを踏まえて、最終的に考えられないというわけでもない影響がないとしても、こうした太陽・マウンダー極小期・地球内部関係についての仮説（不正確であることがいずれ明らかになるかもしれないが）は、非常に豊穣な生産性を持っていることが事実として明らかになったことに変わりはない。この証明（または否定）を目的として、理工系の研究機関による潤沢な資金支援がなされたので、この仮説はルイ一四世時代のヨーロッパの気候についての重要な研究が発表されることを可能にした。こうした研究において得られる科学と気象学の分野の知見はまだ手つかずで豊穣である。これらの研究のテーマについて、私は、ユルク・リューテルバッヒャーの研究業績（*History and Climate*, pp. 29-54）とブルクハルト・フレンツェル監修の大部な二巻本『一六七五年から一七一五年までのヨーロッパにおける気候傾向と異常現象』〔dirigé par Burkhard Frenzel, *Climatic Trends and Anomalies in Europe 1675-1715*〕を思い浮かべる。後者の表題の始めと終わり二つの年は、この二巻の著者たちの考えにしたがって、マウンダー極小期の年次的境によって意識的にはっきりとした枠組みとなっている。プロの歴史学者はそこに、多くの情報を見出すだろう。そこには、一七世紀末と一八世紀の環境学的出来事、実際、最も厳密な意味で理解される気候の女神クリオの領域そのものに属する出来事の情報がある。

第10章　若きルイ一五世時代の穏やかさと不安定さ

天気、農業、人口

最初に、一七一七年以降について、いくつかの基本的留意事項を述べよう。この年以降（一七一五—二〇年以降といっておこう）、ヨーロッパの気候温和な北西部における、気候と穀物収穫量と人口との計量経済学によって確立された関係は、非常に厳密な域に達した。[1] ギャラウェイ〔現代アメリカの経済学者〕とリグリーの下した結論は以下のとおりである。

一　小麦の高価格は、統計資料にもとづけば、結果的に、死亡率の上昇、出生率の低下、婚姻率の低下、そして現象的には人口の減少、あるいは少なくとも、最も良い場合でも（非常に幸運にも一八世紀に最も頻繁である）人口の年別の増加の縮小を引き起こしている。もちろん、場所と時間という変数によって、穀物の高価格が人口に与えるこうしたインパクトについては、様々に時間的遅れがみられる。それは、九カ月、一年、二年未満といったものだが、それ以上であることはない。[2]

二　穀物の不作は、高価格と先に示したような人口の（マイナスの）変化を生みだす母だが、それ自体は秋と冬が多雨な場合にはこれら秋冬の娘であり、また、寒い春と雨の多い夏、付随的に春の終わりと夏の初めに起こる日照り焼けや干ばつの娘でもある。場合によれば、極度に寒くて晩霜の被害が激しい冬のマイナスの影響によることもある。

三　気候は、収穫によって間接的に、またそれ自体の要因によって直接的にも人口に作用する。われわれの緯度では、過度に寒い冬と過度に寒い春だけでなく、程度はより低いが、過度に暑い夏（赤痢等）と過度に暑い秋もまた、人命にとってこのうえなく危険であることがわかっている。

四　もう一度小麦の不作と高値に話を戻すと、これらの要件は、場合によっては命に関わる空腹と低栄養によって直接的に、またとりわけ、低栄養と悲惨な状況（これも誘発されたものだが）と、強制移住とそれによって生じる雑居状態によって発生した疫病によっても作用する。なかでも、前述の理由により、フランスの人口学者たちにはほとんど知られていないが、天然痘やチフスやあらゆる種類の「熱病」（当時の語彙にしたがってこのように呼ぶ）が、それぞれが今しがた述べた様々な理由（移住、雑居……）によって、これら高価格の期間に、死にいたらしめる惨禍の度をおおいに強めるのだ。他の言い方をすれば、多くの昔風の人口学者たちの考えに反して、天然痘とチフスはかならずしも気候・穀物栽培の（悪）状況とは独立した変数ではないのである。

これらはすべて、一八世紀のヨーロッパ大陸の農業国もしくは半農業国にあてはまるし、繰り返しいうが、一九世紀まで、たとえばオーストリアのような場合にもあてはまる。だが、一八世紀の後半三分の二以降のイギリスの近代化、一九世紀かそれより少し前からのフランスの近代化、一九世紀の後半もしくは最後の三分の一の期間に進行した大陸ヨーロッパ全般の近代化、これらは、先に論じた相関関係とデータのうちの多くを明白に過去のものにするだろう。

＊

全般的に一八世紀は、北半球全域で、その初めから末期まで再び温暖化したといわれている。一八世紀における中国の人口の大躍進にこの現象がある役割を果したと考えるのは大変理にかなっている（参考文献のピン・ティ・ホの著書を参照のこと）。しかし西ヨーロッパに限定すれば、死亡率の上昇に関してこれらの現象、より一般的には暑さと寒さが重要だったことをギャラウウェイの見事な研究が示している（フランス、スカンジナヴィア諸国、プロシア、ベネルクス三国)。冬と春の気温の大幅な低下は、任意の一年について、死亡率の八パーセント上昇といった形で現れる。夏と秋の気温の顕著な上昇は四パーセント(夏)と六パーセント(秋)の死亡率上昇という結果になった。やはり腸の病気によるものである。夏秋の暑さに比べて冬春の寒さのほうが死亡率が高いことに気がつく。これらの数値は、冬季と低気圧の発達した夏季(たとえば一五六〇年から一六〇〇年)における人口に不都合な小氷期のインパクトについて考察する際に欠くことのできないものである。それは、人口の回復に全体的には好都合な、特に冬を中心とする一八世紀の全地球的再温暖化についての考察であり、冬の「温暖さ」がいくつかの(なかでも暑さが引き起こす赤痢による)マイナスの結果をもたらす春夏の暑さに勝って、(人口の)増加の方向に向かったのだ。

小麦価格については、これまでの数ページにわたる論述を通じて、食糧を介しての気候と人口との関係に必須の変数があることを証明した。ギャラウェイによれば、一六七七年から一七三四年までの期間のフランスにおける、五歳以上の死亡者数の年ごとの変動(増加)の四六パーセントは、小麦価格の変動(増加)と関係がある。一六七五年から一七五五年までのイングランドでは、フランスよりも社会・経済が発展していたので、同様のパーセンテージは二四パーセントにすぎないが、依然として高い。死亡率の平均上昇率は、この種の(おおきな災害を受けた)食糧状況において、問題となる年とその翌年については、フランスで一九から三〇パーセント、イングランドで一一から一九パーセントである。一七五〇年以降は、こうした反映はもっと弱くなり、二年間に収まる傾向を強めることになる、とジャン=イヴ・グルニエも指摘している。これについては、本書に続く巻においてまた取り上げることにする。[3] さてここでまた、当然わかりきった話をしよう。気候とパンの価格および死亡とのあいだにおけるギャラウェイのいう仲介は、多くの場合疫病を介してなされる。[4] だがここでさらに、本書においてこれまでしばしば述べたことを繰り返しても、それがなにになろうか。小麦が豊作になるには、なによりも暑さとある程度の乾燥さが必要で、もちろん多少の差異がなかったわけではないが、その一般的な図式は何度も述べた……。

摂政時代とその後――「ルイ一五世の栄華」

さてそれでは、一七二〇年から一七三九年までの年次を追った進展に入ろう。一七二〇年代から始めることにしたい。場合によっては、時間的に上方と下方にはみ出てやや広くあつかうことにする。それから、一七四〇年代、より正確には一七三九年まで行こう。というのは、一七四〇年は水浸しで寒くて危機的で、それだけで問題となるからである。しかしそれ以前は、おおまかにいって一七二〇年代から認められる再温暖化が、われらが気候的一八世紀における最も劇的現象のひとつになっている。

一七一七年と一七三三年のあいだに、「年平均気温は二〇世紀の気温に充分到達している(5)」とプフィスターは書いている。この再温暖化は、特に春と夏に影響を与えていて、ブドウの収穫にとって重要な九月がすっぽりと含まれる。このような時期なので、今回は、それ以前のマウンダー極小期とその当時の諸結果とは非常にかけ離れている。マウンダー極小期がもたらした結果自体は、その当否はともかく、夏は凍るようだったといわれている(とりわけ一六九〇年から一七〇〇年頃)。一六八四年までの一七世紀後半の冬もまた凍るような寒さだった。一七二〇年代については、このベルンの気候学者はまた、「春夏(九月を含む)の気温が今日と同じかそれより高いのは一六世紀なか頃以来初めてだった」と書いている。

まず春について。「一七一九年から一七三二年まで、春は、平均して二〇世紀よりもやや暖かくさえあった……。五月は」、一六九〇年から一六九九年までの気温的虚脱状態と比較して「二・三℃高かった」。

夏はといえば、「一九〇一年から一九六〇年までの期間より〇・五℃暑かった」。なかでも、一七一八年（ディジョンでのブドウの収穫は九月五日）と一七一九年（同九月一一日）、そして一七二六年・一七二七年・一七二八年（同九月一一日、一五日、二〇日）の夏は非常に暑かった。この時期とその後にまであとを引いたワインの生産過剰による危機についてはまた述べることにしたい。九月は、二〇世紀のこの同じ六〇年間の参照期間に比べて一・二℃高かった。

＊

フランスとスイスとの平均データ時系列上でのブドウの収穫日についての「解説」も同列である。一六八九年から一七〇三年までの一五年間、ブドウの収穫は、一一回（七三パーセント）で九月二九日以降だった。一七一一年から一七一六年まで（六年間）、一七一二年以外は常に九月二九日以降だった（八三パーセント）。ところが一七一七年から一七三九年まで（二三年間）は、ブドウの収穫が九月二九日以降なのはたった六回だった（二六パーセント）。気候状況の改善は否定しがたく、急激でさえある。さて、あとは冬だけが残されている。

実際、一七三〇年から一七三九年までの一〇年間は、ミヒャエロヴァ〔現代ドイツの気候経済学者〕が改訂したマンリーによるイングランドの気温データ時系列を信じるなら、イングランド中央部における一〇年間ごとに区切った期間のすべてのうちで、すでに温室効果ガスによる高温の影響期に含まれる一九九〇年代を除いて、最も気温が高い。この一七三〇年から一七三九年までの一〇年間の「幸運」は、「一七三九年から一七四〇年までの非常に寒さが厳しい冬と一七四〇年全体によって終わりを告げた。一七四〇年は現在の平均気温より二・五℃低く、マンリーの全データ時系列（一八世紀―二〇世紀）のうちで最も寒かった」。また、一七四〇年から一七四九年までの一〇年間は「その前の一〇年間に比べて気温が一・一℃低かった[6]」。

再温暖化への傾向は――「端数のない」数でいうと、一七二〇年代と一七三〇年代の両一〇年間（一七四〇年代よりもはるかに程度が弱いが）――、疑う余地はない。この傾向は、ブドウの収穫日だけでなく穀物の収穫日[7]によっても充分裏づけられている。穀物の収穫日は、穀物による教会一〇分の一税の徴収日の暦上での違いによって知られている。遅い収穫。これらの日付はグラフのうえで、一六世紀末、フロンドの乱前、フロンドの乱中（一六四〇年代）、次いで「マウンダー極小期の最盛期」（一六八八年から一七〇二年まで）、そして最後に一八一二年から一八二一年の一〇年間における冷涼、いやはっきりと寒冷を証明している。早期収穫。これらの穀物収穫の日付は反対に、一六三五年から一六三九年まで、コルベール時代初期（一六六〇年代の一六六二年以降）、一六八〇年代というより一六七六年から一六八七年までの高気温を示している。これらの日付は、多少の日にちのずれ（なぜなら、小麦粒の刈り入れはブドウの実の摘み取りより明らかに早いからである）を伴いながら、ブドウの収穫日をも確証してくれる。こうして、一七一八年から一七三八年までの春夏の高気温は、小麦の刈り取り人たちとブドウの摘み取り人たちの時期的に早い作業を示すグラフ曲線のうえに完全に記録されている。

アルプス氷河は幾分後退しているが、依然として巨大で相当な規模である

この広義の二〇年間（一七一八年から一七三八年まで）の再温暖化は確信できる。とはいえ、温暖であることが一般的だったと推測しすぎないようにしなければならない。もしこの啓蒙の世紀の前半にすべての季節が一致して再温暖化したのなら、一八六〇年以降のグリンデルワルト氷河の氷舌端のように、アルプスの全氷河が大々的に後退したはずである。グリンデルワルト氷河の氷舌端は、ナポレオン三世の「自由帝政〔ナポレオン三世の治世の後半、一八六〇年から一八七〇年までの期間〕」と「ジュールたちの共和制〔歴史上の正式名称ではない。一八七〇年のナ

ポレオン三世没落後成立したいわゆる第三共和政は一九四〇年まで存続するが、初期に歴代ジュールという名の指導者が多かったのでこう呼んだと思われる」とのあいだにはたっぷり一キロメートルの長さを失うのである。ところが、一七二〇年から一七三〇年までの期間、この氷舌端の後退は四〇〇メートルにすぎない。すなわちそれは、一六〇〇年から一六四〇年までや一八二〇年から一八三九年までの氷河の大最大期からすればせいぜい六〇〇メートルの後退にすぎない。このように、若きルイ一五世の治世下では、小氷期の数世紀におよぶ限定された枠内にあった。一六〇〇年から一六四〇年までの氷河の大最大期よりも後方への、というかむしろ上方への、六〇〇メートルのささやかな最低限の後退の水準にとどまっているのである。グリンデルワルト氷河の氷舌は、一九〇〇年の氷河最小状態に比べてまだ四五〇メートル前方（下方）、一九七〇年以来今も依然として続いているきわめて最小級の最小状態よりも一二〇〇メートル前方の位置を依然として保っていた。ほぼ連続した、もしくは一部欠損のあるデータグラフが得られている他の氷河（一七三〇年の土地台帳によって計測されたアレッチ氷河、ゴルナー氷河そしてサヴォワ地方の全氷河）については、この時期、一七世紀の巨大な規模に比べて幾分しぼんでいたが（サヴォワ地方の氷河は、氷舌端については、長さで平均二七五メートル短くなった）、それでも一九世紀末と二〇世紀初めよりもはるかに巨大だった。サヴォワ地方とドーフィーネ地方の一一の氷河に関しては、氷舌の位置は一九〇五年から一九一九年までの期間の位置（すでに多少後退していた）よりも九二二メートル下方にあることがわかった（一七三〇年）。ゆえに、一七三〇年頃には氷舌は、一九〇五―一九年より明らかに伸張しており、より大きかったことははっきりしている。ルイ一五世治世下は依然として、現代（一九〇〇―五〇年）の再温暖化によって生じた氷河後退の上限と比較して、穏やかになったとはいえ[9]、やはり最大級の、かつてないくらいの小氷期にあったのであり、二〇世紀末あるいは二一世紀初めの温室効果による大々的な反氷河的結果とは前提からして本質的に異なっている。

一七三〇年から一七三九年頃のアルプス氷河の相変わらず圧倒的な規模が維持された理由のひとつは、おそらく、氷河に関しては、春夏の再温暖化が、たとえば一七一八年と一七二七年の依然として大量な冬の降雪によって部分的に補填されたからである。一七一八年、一七一九年、一七二〇年、一七二六年はとりわけ雪が極度に多かった（これらの年だけということではないが）[10]。

総合すると、一八世紀は、一七三〇年前後のようなある程度の後退にもかかわらず、小氷期の後半に非常に寒冷だった枠のなかにはさみ込まれている。サヴォワ地方の土地台帳は、一七三〇年前後にそのことを精確に示している。当時の氷河は一七世紀の最大時ほど巨大ではなかったが、一九一一年よりもまだ明らかに伸張していた（邦訳『気候の歴史』二五九頁に、一八世紀前半のこの長期間持続した氷河の伸張についての数値を伴った詳細なデータがある）[11]。変動はあれこれあるにもかかわらず、卓越した研究者であった故グローヴ女史の論述は依然として完璧に有効である。「アルプス氷河は一七世紀半ばから一八世紀半ばまで増大した[12]」が、それで増大は終わらず、一八六〇年になってやっと、これらの「アルプス氷河」は大幅に後退するのである。

＊

気候に話をとどめて、これ以降の数十年間について語ることにしよう。ここでわれわれは、三人のオランダの研究者が二千年紀についての素晴らしい研究論文において提案した、年ごとと一〇年ごとの評価を使うことにしたい。これらの論文で彼らは、非常に多くの気温データ時系列を使用している。今回は一六九〇年から一七五〇年「までの」六〇年間に話を限ろう。六つの一〇年間である。冬と、そして夏（暑い季節というべきかもしれない）について、ファン・エンゲレンによる年ごとの数値にもとづいて計算した各一〇年間についての、われわれによる平均評価を示す。冬についての評点は一（非常に温暖）から九（非常に寒さが厳しい）までである。一七

	年	冬	1900-1959 年の平均	傾向
非常に寒さが厳しい	1690-1699	6.2	4.9	+++
寒い	1700-1709	5.0	4.9	+
寒い	1710-1719	5.1	4.9	+
寒い	1720-1729	5.1	4.9	+
温暖	1730-1739	3.9	4.9	−
明確により寒い	1740-1749	5.5	4.9	++

+はより寒冷な冬を示し、−はより温暖な冬を示す。

		夏	1900-1959 の平均	傾向
寒い	1690-1699	3.7	5.0	——
暑い	1700-1709	5.5	5.0	+
寒い	1710-1719	4.8	5.0	−
暑い	1720-1729	5.3	5.0	+
暑い	1730-1739	5.5	5.0	+
非常に冷涼	1740-1749	4.1	5.0	——

+はより高温な夏を示し、−はより冷涼な夏を示す。

〇九年の非常に厳しい冬は評点八を獲得する。夏についての評価のほうは、一（非常に冷涼）から九（非常に暑い）である。たとえば、一七二五年の作物が腐る夏は一の評点であり、一七一八年の非常に暑い夏は八と評価される。一〇年の平均は当然ながら非常に平板になっている。というのも、一〇年間について計算して平均化すれば、極端な数値も平らにならされるからだ。たとえば、最も厳しい冬の一〇年間（一六九〇―九九年）は指数六・二である。そして、最も冷涼な夏の一〇年間（一六九〇―九九年）は指数三・七である。比較対照した結果、参照基準期間（一九〇〇―五九年）の冬と夏それぞれの平均値は、四・九と五・〇である。

こうして上の指数表が得られる。

これ[13]からどんな結論が得られるだろうか。

冬について。一六九〇―九九年の一〇年間は、予想されていたとおり、一九〇〇―五九年の参照基準期間と比較して非常に寒さが厳しい（厳しさ指数、六・二）ことが明らかである。参照基準期間自体は、一九〇〇年から始まった、いわゆる一世紀におよぶ再温暖化によって温暖になっている（厳しさ指数四・九）。一七〇〇―〇九年、一七一〇―一九年、一七二〇―二九年の三つの一〇年間もやはり、一七世紀のそれまでのいくつかの一〇年間（六・二）ほど厳しくはないにしても、冬についいては寒い（五・〇、五・一、五・一）である。一七四〇―四九年の一〇年間（厳しさ指数、五・五）についても同様に凍結的評価ができる。この一〇年間は、二〇世紀と一八世紀の初期三〇年間よりも寒いが一六九〇年から一六九九年まで程は寒さが厳しくなかった。

検討対象である連続する「六つの一〇年間」のうちで、冬についてはひとつだけが、指数三・九という温暖の特徴を持っていた。それは一七三〇―三九年で、一六九〇年から一七四九年までの期間のすべての「姉妹」よりも温暖な一〇年間だった。すでに温暖化していたとわれわれが指摘した一九〇〇―五九年の参照基準期間と比べてさえ、より温暖だったのである。実際、一七三〇年代は、一七二九年六月から一七三八年五月まで[14]、全季節において総じて温暖もしくは暑かった。

六つの一〇年間のうちの五つが、冬が全般的に寒冷だったのだから、アルプス氷河が、夏が最も暑かったにもかかわらず、結局かなり少ししか後退しなかったことに驚きはしないだろう。冬が寒くてしばしば雪が降れば、対象となる氷河は、特に一五六〇年から一六四〇年までのように、たとえ雪の過剰供給と氷河消耗がほとんどないという、氷河を「膨張させる」二重の恩恵をもはやたっぷり受けられなくなっても、本当は氷の供給不足なのではないのだ。

一六九〇年から一七五〇年の期間におけるこれらの非常に厳しい冬のうちで特に、様々な理由でよく知られており、ファン・エンゲレンとバウスマンによる指数八である、一六九五年、一六九七年、一七〇九年、一七四〇年の冬が挙げられる。そして指数七としては、一六九一年、一六九二年、一六九八年の冬（一七世紀末の「マウンダー極小期の」例によって冬が非常に寒かった年、さらに一六九五年と一六九七年もそれに含める）と、一七一六年、一七二六年、一七二九年の冬がある。実をいえば、一七世紀後半全体の厳しい冬の寒さは、まさに一六四六年以降確認されていたのである（*History and Climate*, pp. 112-113）。

さてそれでは、夏について。表は、今度ははるかにわれわれの気をそそる。ようするに季節的観点から充分に、これまでの論述において、この期間の一部（一七三〇―三九年）に対してわれわれが与えた肯定的評価を正当化してくれる（それらの論述はたしかに冬についてではあったが、一八世紀における高温期のひとつである一七三〇―三九年の一〇年間だけが、冬についても夏についても全体的にほぼ完全に好適だった）。

それはそれとして、まず、（本書において「マウンダー極小期」の枠内ですでに検討した）一六九〇―九九年の一〇年間は、夏が冷涼さらには寒冷で、そのことには誰も驚きはしない。一七一〇―一九年の一〇年間も、この同じ夏という季節についてはあまり数は多くないが、冷涼だった（一七一八年と一七一九年の暑いもしくは非常に暑い夏は平均値を少々上げた）。一七四〇―四九年の「一〇年の在位期間」もまた非常に冷涼で、凍るように寒い年一七四〇年から始まったが、この年についてはこの先の章でもっとじっくり述べることにしたい。

これらと反対に、他の三つの一〇年の夏は、一九〇〇―五九年の参照基準期間よりも暑かった。まず一七〇〇―〇九年の一〇年間。この一〇年間は孤立しているというか、夏という観点からは冷涼な二つの一〇年間に「はさまれて」いて、特に一七〇九年の恐ろしい冬と終わりのみえないスペイン継承戦争とによって財政破綻に悩まされた。この、世紀最初の一〇年間は、農業と人口に有益な影響をおよぼす余裕がまったくなかった。これと反対に、精一杯有効だったのは「集中砲火」の暑い一〇年間だった。平均して好天の夏が続いた一七二〇―二九年と一七三〇―三九年、平均して陽射しに恵まれた二〇年が続いたということを繰り返しておきたい。なぜなら、高低があるからだ。たとえば、のちほど一七二五年の非常に湿った夏をみていただきたい。この年は、穀物収穫に反する警鐘を繰り返し鳴らしたが、幸いにも過度に深刻な未来はやってこなかった。もはや、一六九三年でも一七〇九年でもない。今後は飽きもせずこのことを繰り返しいおう！　だが、まだ一七四〇年になってはいない……。

一七二〇―二九年と一七三〇―三九年の二つの一〇年間は、小麦だけでなくワインにも好都合で、二つめの一〇年間は夏のみならず冬も気候が穏やかだった。民衆はこの時期、それなりに満足していた。しょせんは基本的に長期にわたって非常に貧しい境遇にあったのだが、きわめて悲惨だったルイ一四世時代のいくつかの局面と比べて、すでに部分的に苦境から抜け出していた。そしてこれら民衆は、幸せがほんのささやかなものであるにしても、嬉しくもパンの値段が低いという限度内で、過酷で凍るように寒い年（一七四〇年）がくるまでは幸せである。この年は、すべてをひっくり返し、パンの価格を一七〇九年以来みたことのない高さにまで引き上げる、というか再び引き上げるのだ。[15]この貧しい人々の相対的幸福……という考えに話を限定しよう。平和な、あるいはあまり費用がかからない小さな戦争（ポーランド継承戦争、たいしたことではないといえる）の時代なので、それだけ現実味のある生きやすい状態、というかより生きやすい生活、ただ単純に「より悲惨さが少ない生活」である。こうした状況下で、豊かな穀物収穫、あるいは不作があまりない歳月は、かつての一六〇〇年代、一六一〇年代もしくは一六六〇年代のように、農業生産の余剰が法外な税の徴収によって食い荒らされることがなかったので、その影響を充分発揮することができた。これらすべてから、フルリー政権〔一七二六―四三年〕は、同時代人からはほぼ現実の、かなりの数の歴史学者からは後世からの好評価の多くを引き出した。[16]フルリー政権、あるいはより広くフルリー〔即位前のルイ一五世の師で、その後政権を担った聖職者〕とオリー〔財務総監。一七三〇―四五年在職〕チームといっておこう。ここで、単純化した言い方で、日付をいくつか変えるかずらすだけにして、ミヒャエロヴァによる評価（*History and Climate*, pp. 212-213）を再び取り上げることができる。一七二〇年から一七三九年までの期間は、全般的に良好な穀物収穫を得た。人口は一七二〇年から一貫して増加した（実際は一七一五―

一六年から)。ところがこの好ましい傾向は反転し……一七三九年以降好適でなくなって、非常に困難な収穫後の一年(一七一五年から一七一六年にかけて)へ、さらには全体的にみれば一七四〇年代の一〇年間へと移行する。若きルイ一五世時代の一七一五年以降、特に一七二〇年から一七三九年まで、フランス経済は活性化した。この経済振興はおそらくヨーロッパの「平均的地域」全体にあてはまるだろう。北西地方、パリ盆地、ロンドン盆地もそうであり、[17]さらにはもっと東まで。気候は、この事態において、唯一の要因として機能したわけではない。しかしそれは、二〇年程のあいだ自分の役割を果たした。その役割はとても無視することはできず、否定的なものでもなく、いやその反対だった。

ブドウ栽培に好適な気候、そしてワインの生産過剰

一七二〇—三九年の二つの一〇年間は、まずフランスとスイスのワイン生産にとって素晴らしい時期として現れた。「素晴らしい」とはいかなることだろう。ワイン生産量増大が以下の好条件によって促進された。好天候、ローのシステムの首尾よい効果によるこの種の飲料に対する民衆の強い需要。ブドウの株の(やがて過剰になる)植え付け、大国間の平和。このような事態を受けて、一七二〇年代末から一七三〇年代初めにワインの生産過剰はありふれたものになった。この食品の価格は下落する。スイスでは、ワインの生産と生産高がとほうもなく最大化して、一七二〇年と一七三〇年のあいだに最大上限に達した[18]〔付録16「一五二五年から一八二五年までのスイス中央部におけるワイン生産量」参照〕。パリ地方は、地理的にワイン用のブドウ栽培の適地からはるかに隔たった北限に「位置している」。したがってそこでは、豊かな収穫を得るためには適度な暑さと、もちろん湿度が不可欠である。この地方の年次進行は、パリの消費者の需要に刺激されて、スイスとほとんど同じだった。「パリの田舎[19]」と呼

ばれる地方では、ワインの生産量は、一七〇五年から一七〇九年の五年間はまだ低くて、平均して年に一〇万四〇〇〇ミュイである。この期間中でブドウの収穫が九月一七日におこなわれた暑い年である一七〇六年には一七万五〇〇〇ミュイ（端数のない数にしてある）で、一七〇七年にも二一万三〇〇〇ミュイでもうひとつのピークに達した。収穫の早い年「P」（この場合一七〇六年）の翌年「P＋1」（ここでは一七〇七年）は、実にしばしばそして規則的に、ワインの生産量についてはは高水準にあるのは事実であり、それは、一六六九年から一八九一年までと一八九三年から一九〇三年までの二三四年間についてラシヴェールがおこなった相関関係研究が示していることであり、おそらくそうであろう！　この現象の原因はなんだろうか。ブドウの実の収穫が早い場合、ブドウの株は収穫後も成熟を続ける。暑さで充分成熟したこの木を土台にして、暑くて乾燥した夏によって生じる香気は常により豊かで、花芽が、よりよく形成され、よりよく栄養を与えられ、より多くの実をつける。「ゆえに、早熟な年の翌年は実が一杯なって、数え切れないほどのブドウの実が採れる年になる」[20]。

さて今度は、前に述べた導入的五年間の年次推移をたどろう。一七一〇年から一七一四年の期間は、その前の期間より少し程度が進んで、この同じパリ周辺の田舎における年平均生産量は、一七〇五年から一七〇九年までの期間の平均が一〇万四〇〇〇ミュイだったのに対して一三万ミュイになった。特に一七一一年と一七一二年は非常に見事な収穫で、二二万七〇〇〇ミュイと二三万二〇〇〇ミュイだった。ディジョンで一七一〇年、一七一一年、一七一二年と三回の[21]「九月の」ブドウの収穫があったおかげで、すべてが「量」のほうへ都合よく向かって、収穫が遅すぎず、量的生産面でも失望させるようなものでもなかった。

一七一五年から一七一九年までの五年間はその前の五年間に対してさらに多少の増産が続いた[22]。この期間の平均は一四万ミュイである。一七一〇年から一七一四年の期間の平均に比べて一万ミュイのささやかな増加である。詳しくみると、一七一五年に九月のブドウの収穫がたくさんあり、一四万九〇〇〇ミュイの収穫量だった（ブドゥの収穫は一七一五年九月三〇日)。とりわけ一七一八年には二〇万四〇〇〇ミュイだった。これは、一七一七年の九月の収穫(九月二九日)の弾みに乗って、非常に暑くて作物の生育の早い一七一八年の同時的直接的影響のおかげで豊かな収穫が得られたからだ。一七一八年は一八世紀で最も暑い年のひとつであった(ブドウの収穫日は九月一〇日で、パリ地方やラングドック地方を含むフランス全土で酷暑の夏だった)。一七一九年も、二つの素晴らしい九月のブドウ収穫(非常に早い、一七一八年九月一〇日と一七一九年九月二二日)という「基盤」に支えられて一五万一〇〇〇ミュイのかなり多量の収穫だった。ブドウ園とその生産量はついに一七二〇年から一七二四年の五年間に「離陸」する――高温の素晴らしい年とたくさんの農園から得られる「大量のワイン」[23]。この五年間は、年平均一八万九〇〇〇ミュイの生産量に恵まれたが、なかでも一七二〇年は二五万三〇〇〇ミュイという非常に多量な収穫であり、一七二三年はやはり二つの九月のブドウの収穫(一七二二年九月二七日と一七二三年九月一九日)に支えられて生産量一六万三〇〇〇ミュイとなった。とりわけ一七二七年のブドウの収穫は素晴らしくて、三一万八〇〇〇ミュイにのぼった。これもまた不思議ではなく、一七二三年(九月一九日)と一七二四年(九月二一日)は収穫が早かったからである。すべてのワイン(極上できわめて豊富)を入れるに充分な数の樽がなかったので、たくさんの大桶を作らなければならなかった[24]。それから二つの悪年がやってくる。一七二五年は六万三〇〇〇ミュイ。なぜなら、「四月二五日からブドウの収穫時まで雨で、収穫は遅くて(一〇月一六日!)、雨のせいで花流れが起きて実を結ばなかった」からだ。そしてこの極端に遅い一七二五年のブドウの収穫は、今度は一七二六年に影響して、この年はブドウの収穫が極端に早かったが(九月一五日)、ブドウの株の幹は一七二五年に「暑さによる成熟」がよくなかったので、その結果一七二六年には四万九〇〇〇ミュイしか収穫できなかった。

そしてついに、果汁の多い年々がやってくるのである。ここでは大量生産の分野で汁気が多いといいたいので

1727年	334,000ミュイ 1781年（374,000ミュイ！）と並ぶ「この世紀におけるブドウの記録的大収穫」	前年1726年9月15日と同年1727年9月17日におこなわれた、二つの早いブドウの収穫に基礎をおいて得られた世紀の大収穫
1728年	178,000ミュイ	1727年9月17日と1728年9月19日におこなわれた早いブドウの収穫にもとづく
1729年	252,000ミュイ	1728年9月19日と1729年9月30日におこなわれたブドウの収穫にもとづく
1730年	231,000ミュイ	ブドウの収穫は1730年10月5日だったが、「暑さで木を成熟させる」前年のブドウの収穫は1729年9月30日におこなわれた
1731年	209,000ミュイ	ブドウの収穫は1731年9月25日
1732年	223,000ミュイ	1731年9月25日と1732年9月29日の2つの好適なブドウの収穫にもとづく
1733年	128,000ミュイ	ブドウの収穫は9月27日
1734年	221,000ミュイ	ブドウの収穫は9月23日

あって、それに期待できる儲けは縮小する。なぜなら、結果的に市場に出回るワインの供給量の膨大さに負けて、売値は下落するからだ〔「汁気が多い」という原語は、日常的には「うまみのある、金の儲かる」という意味で使用されていることを考慮しての文言と思われる〕。

一七二七年から一七三二年まで（中断なく続いた六年間）毎年多量のワインを生産した点で素晴らしいこのデータ時系列は、一七三五年まで依然としてかなり多量の生産量を維持しながら、当該年またはその前年、もしくはそれら二年共の「暑く」て早熟なブドウの収穫にもとづいて、さらにこの先も続く。それは、九万七〇〇〇ミュイという平年並以下のブドウの収穫によって、一七三六年になってやっと途切れる。この一七三六年という年は（一七三六年九月二四日のブドウの収穫という吉兆によって）豊作になるはずだった。しかし一七三五年の作物の生育が遅い気候によってその年のブドウの収穫が遅かった（一〇月七日）ことが、前年にブドウの株の幹を高温によって成熟させなかったために翌年の生産にあらかじめ重くのしかかっていた〔付録11「フランス北部のブドウの収穫日（一四八〇年から一八八〇年まで）」参照〕。

こうした列挙はここで終わりにしよう。退屈だが示唆に富んではいるのだけれど。一七二七年から一七三二年までの文字どおり膨大なブドウの収穫は、生産地であると同時に消費地でもあるイル＝ドゥ＝フランスの市場におけるワイン価格を下落させたことはいうまでもない。一六二四年から一七九〇年までの全期間のこの飲み物の価格の平均を指数一〇〇とすると、一七二一年、一七二二年、一七二三年については、価格の平均が指数一四七で、非常に満足できる（高い）ものであった。

それから、一七二四年の恐ろしく大量なブドウの収穫が二年にわたって、半値以上ではあるが、価格を暴落させた。一七二四年は指数六五の価格で、一七二五年は指数七二の価格だった。その後は反転した。すさまじい再上昇！　一七二五年と一七二六年の低収穫が文字どおり相場を急上昇させて、一七二六年には指数一七八になったのだ！

だが一七二七年の膨大な余剰（パリ近郊の田舎で三三万四〇〇〇ミュイ）と引き続く一七二八年から一七三二年の期間の豊富な収穫は価格を暴落させた。[25]

ワイン価格の指数

一七二七年	指数七〇
一七二八年	指数七六
一七二九年	指数七九
一七三〇年	指数七〇
一七三一年	指数八六
一七三二年	指数七九

状況はもはや制御不能である。この経済分野で生計を立てている、場合によっては裕福なブドウ園所有者をはじめ、パリのブドウ園経営者とすべての社会・職業的グループの収入を護るためになにかしなければならない。こうしたわけで、ルイ一五世の政府は、西暦九二年にドミティアヌス帝〔古代ローマ帝国皇帝。在位五一―九六年〕がとった……先例を踏襲しようとする。この高貴な人物は、ゴール〔古代ローマ時代のフランスの名称〕における小麦の生産を護るためにブドウの植え付けを制限しようとした。[26] ようするに、小麦の欠乏を避けるということだった。ずっとのちの、一五六七年二月四日に、古代ローマの歴史を知っていた政策決定会議である国務会議（当時はシャルル九世王）がすでに、同様の政策を採用していた。こうして作成された国務会議の裁決は、ブドウの木を植えるために小麦の栽培を放棄することを禁止した。[27] 非常に収穫が少なかった一五六五―六六年の収穫期に発生したつい最近の飢饉の悪い記憶が満ちあふれている時期であったことは事実である（前述参照）。

一七三〇年代初めの王政府の動機はやや異なっていた。一七二五年から一七二九年までに、至高から下された同様の試みの施策がすでにいくつもあった。[28] それらは常に、穀物栽培地帯にブドウの木を植えることを禁ずるものだった。一七三一年六月五日の裁決は特に、一七二九年の日付を持つシャンパーニュ地方についての似たような文書に続くものだった。[29] 一七三一年六月の文書は全国規模で、「ブドウの木の植栽面積があまりにも多すぎること」と、（いつもの同じ表現だが）今やそれが「小麦栽培や放牧に適した土地を非常に広く」占めていることを告発していた。[30] そしてこれが最も肝心な議論の展開のようだが、これらのブドウ園が「あまりにもワインの量を増やしすぎたために、その価格を破壊し［事実それまでの数年間ワインの価格は下がっていた］、多くの土地でワインの評判をだいなしにした」。ゆえに、「すべての地方と総徴税区において、たとえ以前に植えられていた土地であろうとも、ブドウの木は一株たりとも植えてはならない」と命令する。しかし、「植栽」の例外的な許可が個別特殊な様々な場合において想定されていた。

この、動機もしくは原則を表明する法規文書の用語を再度みてみよう。それらのなかにはなんでもある。支離滅裂でさえあるといいたい。もちろん、むやみにブドウの木に取って代わられたために起きたかもしれない小麦の欠乏という、背後にほのみえる漠然と援用された口実はたいして重要ではない。なぜなら、気象はその時期、少なくとも小麦にとってはまったく問題はなく、短期的状況に関しては、穀物相場の上昇を招くような気候的災害の気配はなかったのだから。一七三〇年についてはパン用軟質小麦は一スティエ一六トゥール・リーヴル、一七三一年は一九・〇五トゥール・リーヴルだった。[31] 一七三一年にはまだ、温暖で青空が広がる「晴れ間」にいた(ブドウの収穫は一七三一年九月二五日、同年夏はファン・エンゲレンの尺度で指数六、温暖であった)。凍るように寒かった一七〇九年の四一・〇四トゥール・リーヴルからはるかに遠く、また、作物が腐った年である一七二五年のパン用軟質小麦の二八・五〇トゥール・リーヴルや一七四〇年から一七四一年にかけての収穫後の期間(不作後の期間)の三七トゥール・リーヴルからもはるかに隔たっていた。この一七四〇年から一七四一年にかけての収穫後の期間は、冬・春・夏・秋の四つの季節が寒いか非常に寒かった収穫前の期間(と収穫期間)のあとにきたものである。一七三〇—三一年、特に一七三一年六月の国王裁決時における問題、それは小麦価格のいきすぎた上昇ではまったくなくて、ワイン相場の下落だ。一七二六年の指数一七八や一七三六年の指数一七三と違って、[32] 一七三〇年に七〇、一七三一年には八六だったのである。一七二七—三〇年あるいは一七二七—三一年のワイン価格の虚脱状態に直面してこそ、まさに一七三一年の国務会議の裁決の合理性がある。この裁決は一部についてはたしかに適用されるだろうが(この日以降のワイン生産の沈滞を参照)、あくまでも一部である。なぜなら定数外の小さなブドウの株一本にまで目を配るには、王の行政組織はあまりにも人数が足りないからだ。

ワイン価格は、一七三六年になってやっと、痙攣を起こしたように再び上昇して、指数一七三になるが、それは短期的である。一七三五年のブドウの遅い収穫（一〇月七日）は、ブドウの株の「成熟を妨げて」（前述参照）、パリ地方のブドウ園経営者たちは翌一七三六年の豊作を取り上げられた。[33] こうして、「三六年」の収穫量は、一七三〇―三四年の五年間の年平均二〇万二〇〇〇ミュイに対して九万七〇〇〇ミュイにすぎなかった。しかし、それに続く一七三七年、一七三八年、一七三九年の二、三年間は、ブドウの収穫は九月で、収穫量がまた増加して、価格は再び下落し……。モンペリエの大ワイン醸造学者であるジュール・ミヨーがいったように、ブドウ栽培は、収穫量に高低が不規則にある偶然の賜物であって、一七四〇―四一年からはっきりしてくる新しい活力を価格に与えるためには、一七四〇年そして特に一七四一年という収穫量の少ない（九万一四一ミュイ）年が必要なのだ。凍るように寒くて運命的で過酷な年だった一七四〇年の非常に遅いブドウの収穫（一七四〇年一〇月一四日！）は、翌年の一七四一年のためになんの準備もせず、前年に木の熟成がなされなかったブドウの木から生産されたワインの量が驚くほどはなはだしく少なかったことを指摘しておかなければならない。ここでわれわれは、一七四〇年という断絶の年、それどころか一七四〇年代という断絶の一〇年間にぶつかるのであり、それが本書の締めくくりの長考を要する課題となる。

しばしば夏が暑く、対象となる年もしくはその前年の収穫が早かったためにブドウの収穫が多いという局面、したがってワインの値段が低くてそれゆえ投げ売りがなされるという局面はおもに、（低）価格については一七二七年から一七三二年まで、さらに一七三四年まで続き、ブドウの収穫が非常に早い[34]か早かったのは一七二六年から一七二九年と一七三一年から一七三四年の期間だった。多量のブドウが二年連続して摘み取れた結果供給過剰になったため、おのずとワイン相場を下げることになったのである。こうした「局面」は、エルネスト・ラブルースが指摘した有名なワイン危機[35]を予見させる。その危機は、パリ地方については、暑くて作物の成長が早かった年であることを示す、早いブドウの収穫が一七七八年から一七八一年まで続いて、そうして、一年また一年と、

ブドウの収穫の早い三年間

年		ブドウの収穫日	ファン・エンゲレンとバウスマンによる夏の指数
1902	−	10月1日	3
1903	−	10月1日	3
1904	**＋**	**9月15日**	**5**
1905	**＋**	**9月23日**	**6**
1906	**＋**	**9月21日**	**5**
1907	−	10月1日	2

出典：*History and Climate*, p. 113.

フランスにおけるワインの生産量

（単位：百万ヘクトリットル）

年		低生産量から超高生産量への傾向
1902	40	−
1903	35	−
1904	**66**	＋
1905	**57**	＋
1906	**52**	＋
1907	60	＋

出典：Claude Muller, *Chronique ... Alzace 20ᵉ siècle*, p. 80.

暖かいかもしくは非常に暑い季節が二、三さらには四季節続いて、温暖というよりは高温状態になったブドウ畑で大量のブドウが収穫されたために（例によって一年遅れで）一七七九年から一七八二年まで続いた。こうしてブドウの木が「ワインを垂れ流す」ことになった。結局、量の多さに打ちのめされて、ワインの低価格という点で一七七九年から一七八二年までの期間とまったく同じ局面になったのである。[37]わが師エルネスト・ラブルースは、この複数年にまたがるいくつもの可能性を持った出来事群のなかに革命前の危機をみてとったのである。ワインの生産過剰は生産者の不満を胚胎し、六、七年後に彼らは、大革命の準備をするべく覚醒することになる。それだけではない！　われわれの農村史において古典的な、この、数年にわたる輝く太陽に激励された過剰生産によるワイン危機という考えにとどまっていれば話はもっと単純なようにみえる。

「フルリーとルイ一五世」時代と比較できるものとしてもっと雄弁な、一九〇七年に起きた非常によく知られているワイン危機がある。アブラムシ病のあとにおこなったブドウの木の大量の再植樹、スキャンダルとなったワインへの砂糖の添加、アルジェリア産ワインのセート港〔南仏、地中海沿岸のフランス第一の漁港〕への到着の開始、といった様々な観点からして、この危機は非気候的な原因に由来する。しかし、これについてもやはり、気象には言い分がある。（いまだ終息していない）数年間の供給過剰の末の、一九〇七年春におきたワインの過剰生産による「価格低下」もやはり、表中で太字で示した、暑くて、きっと作物の生育が早い、生産過剰な数年の期間に生じたのだ。

夏についてのファン・エンゲレンの（温度測定にもとづいて計算された）指数は、より暑かった一九〇四年、一九〇五年、一九〇六年と、より冷涼だった一九〇二年、一九〇三年、一九〇七年の三年間のブドウの収穫日を完璧に裏づけていることがわかる。

ブドウの収穫が早いか、もしくは理の当然として早かった「九月収穫の」年（したがって、春夏が暑いか温暖だった一九〇四年、一九〇五年、一九〇六年）とそのあとの年（一九〇六年から、ブドウの木の好適な成熟を受け継いだ一九〇七年）は、ブドウの実が大量に採れることになって、そのために一九〇四年から価格が下がった(Rémy Pech, *Entreprise viticole...*, pp. 128-129) ということが（たとえ他の要件が介入したとしても）確認できる。

また、一九〇五年と一九〇六年のアルザス地方のワインの非常に多量な域外輸出量もみていただきたい。それもやはり、やや辺境に位置していて陽射しに多かれ少なかれ敏感な北方のブドウ産地における過剰な生産量を示している。

アルザス地方のワインの域外輸出量

一九〇四年　　七万五八五八ヘクトリットル
一九〇五年　　一九万八九六七ヘクトリットル
一九〇六年　　二三万二四八三ヘクトリットル

結局、以下のとおりである。基礎的数値と「輸出量」をみると膨大な生産量である。これに相関する価格の下落は、フランス南部のブドウ園経営者たちには耐えがたい。彼らは、鉄道の創設以来ずっと、フランス北部地方、とりわけパリで、彼らの「安価な赤ワイン」をあふれさせてきた。ところが、一九〇四年以降（ワイン生産量の総計を参照）、フランスでは次第にワイン、ときには安ワインがあふれ、どれもがだんだん安くなって、生産者には採算がとれなくなってきた。こうして、一九〇七年三月から、ラングドック地方の地中海沿岸とルション地方の大小の街で数十万人規模のデモによる南仏のブドウ栽培者たちの暴動が発生した。暴動は一九〇七年七月一八日と一九日にピークに達した（この七月にはすでに、次の一九〇七年秋の全国のブドウの収穫量は膨大な量になることが知られていた）。南仏地方から徴兵された第一七連隊が反乱を起こしたときに、抗議行動は最高潮に達したのである。

時代が変われば風習も変わる。多かれ少なかれ気象に起因する、もちろん気象だけが原因ではないが、とにかく一九〇七年のワインの投げ売りは、ブドウの生産地南仏（ガール県、エロー県、オード県、ピレネー＝オリアンタル県〔これらはすべて、ラングドック地方とルション地方内の地中海沿岸の県〕）の自覚という形で表れた。この地域は、赤い南仏〔二〇世紀初めのワイン危機に際して、ラングドック地方とルション地方の小規模ブドウ栽培者たちの協同組合によって結成された社会主義的・共産主義的思想傾向を持った団体〕と、まったく同じでもなければまったく別でもない。巨大な集合体であるこの二つの南仏は、まったく一致はしないがかなり重なっている。これに対して、一七三〇—三一年のワインの投げ売りは、ブドウの木を新たに植えることを禁止する一七三一年六月の国務会議の裁決にたどり着いたにすぎない。ルイ一五世の時代の場合は、市場を正常化しようとする政治の介入があったのだ！　反対に「ベルエポック〔一九〇〇年前後の繁栄を謳歌したよき時代〕」のほうは、「政治の責任である[38]」と認める。政治は、過度に陽射しがあって、加糖が過剰で、アルジェリア産ワインが搬入されたために起きた危機なのに、それに責任があると判定されるのだ。

*

パリ地方、そしておそらくは全国的なワインの生産過剰は、一七二七年から一七三四年まで、いや一七三五年までさえ、程度の違いはあるが続いたということが明らかになっている。一貫して一七万七〇〇〇ミュイ以上で、全般的に二〇万ミュイを超え、一七二七年には三三万四〇〇〇ミュイにさえなった。その原因は明らかに経済的なもの（ブドウの木の過剰な植え付け）であるが、また気候的なものでもあった。すなわち、研究対象とする年が（春と夏が）暑くて、ブドウ栽培に好適だったり、その熱がブドウの株を成熟させて翌年のブドウの収穫を増やしたり、これら二つの理由が重なることもあった（一七二七年の場合は、一七二六年と一七二七年の二年共が暑かったおかげで、三三万四〇〇〇ミュイという「驚異的」収穫量となった）。ファン・エンゲレンとバウスマン[39]は、（一七二五年以前に相応するものがないわけでもないが）一七二六年に始まる、ゆうに一〇年におよぶどちらかといえば暑い年の連続をすでに的確に予測していて、一七二六年から一七三六年までの一一の夏すべてに、やや暑いという評点六を確固たる考えにしたがって与えた（ただし、一七三二年は評点五で、一七三三年は評点七ではあるが）。一〇年、いや「一一年の」傾向が、これらオランダの研究者のおかげで、おおまかにだが、よくわかる。しかし、彼らがこうして一〇年以上の期間について提案した完璧な「時間的連続」は、誇張ということはないにしても、少なくとも多少の単純化が……。

実際には、この期間における最も注目すべき暑い夏の連続は、一七二六年、一七二七年、一七二八年である（ブドウの収穫日はそれぞれ、九月一五日、九月一七日、九月一九日）。そして、わずかに気温が低いが、一七三一年から一七三四年までの連続した四年間も、同様な見地から挙げることができるといっておく（やはり夏がかなり暑く、ブドウの収穫はすべて九月だが、九月二五日、九月二九日、九月二七日、九月二三日なので、一七二六年から一七二八年までよりも少し遅い）。一七二九年はほどほどに温暖で（ブドウの収穫は九月三〇日）、一七三〇年の「ブドウの木を成熟させた」。一七三〇年のブドウの収穫はやや遅い一〇月五日だが、それでもこの一七三〇年という年は（一七二九年の「ブドウの株の熟成」の恩恵を受けて）、二三万一〇〇〇ミュイを元気に産出した。その結果、王の立法府に、これ以上ブドウの木を植えることを禁止する一七三一年六月の裁決を「実施させることになる」。なぜなら、ようするに痛い目に遭うからだ。一七三一年から一七三四年の歳月はすべてほんとうに作物の成長が早くて、収穫は早まって九月となり、次から次へと毎年おおいに増大したワインの膨大な産出量によって特徴づけられる。膨大な量のワインはまたもや価格を下落させて、ブドウ栽培者に損害を与えた。一七三一年六月の裁決の起草者たちは、彼らが得た情報をもとに、きたるべき一七三一年九月の多量のブドウの収穫をすでに予想していた可能性がある。彼らは結果的に、非常にマルサス主義的に裁決の文面を作成した。

これが、一七二〇年代と一七三〇年代のブドウ栽培史である。しかし、まったく本来的に気候的歴史だったのだろうか。並外れて（夏が）暑かった年は、一七二六年、一七二七年、一七二八年だということはいうまでもない（ブドウの収穫は九月一五日、一七日、一九日。一八世紀のブドウ栽培者は、一六世紀さらには一七世紀よりもやや遅くブドウを収穫する傾向にあるということを考慮しても、南国ではないフランスにとっては明らかに早い。彼らは、以前よりも要求水準を高めた客のために、より品質のよいワインを得ようとして、さらなる熟成のために摘み取りを数日遅らせたのである)。これら三年は、年代的に当然、小氷期の枠内に含まれている。小氷期は、ルイ一五世時代初期にはゆるんで、一時的に温暖な時期にあった。しかしこの三年間は、夏の暑さの点で、八世代を経た小氷期後の一九九二年から一九九九年までの八年間の有名な非常に暑い夏にも匹敵する。この期間にはこのような夏が五つある。そのうちのひとつは、ファン・エンゲレンの最大の指数九で、一九九四年である。他の四つはほとんど最大の八で、一九九二年、一九九五年、一九九七年、一九九九年である。小氷期において暦年的に連続している一七二六—二八年の三年間は、小氷期外もしくは小氷期後、そしてすでに温室効果の影響を受けて申し分なく暑い一九九〇年代の同様な六年間の猛暑というカテゴリーに近い部類に入る。

一一世紀から二〇世紀までの期間には多かれ少なかれ時間的距離を置いた非常に多くの暑いひとつか二つの夏はあるが、それを超える、前述の一七二〇年代(一七二六年、一七二七年、一七二八年)や二〇世紀末にみられるような、同じ特徴を持った季節の小グループもしくはグループの、途切れることのない三年、四年が集まったもっと多数の暑い夏のまとまりはいくつかあるのだろうか。実際、三年間もしくは四年間の暑い夏の集団としてまとまっているグループは、一一世紀から二〇世紀までのあいだにはあまり多くない。まず、一三三一年、一三三二年、一三三三年の夏が暑い三年間があり、同様の一三八三年から一三八六年の四年間、おそらく一四二〇年から一四二二年まで(特に、シャルル六世の治世末期一四二〇年の干ばつ・日照り焼けによる飢饉があった)、もちろん一七二六年から一七二八年(前述参照)、一七五七年から一七五九年(おそらく一七五七年から一七六四年も)、疑いなく一七七八年から一七八一年(エルネスト・ラブルースにとって大切な、この章ですでに言及したブドウの生産過剰による四年間の大危機)、そして最後に一八五七年から一八五九年までの素晴らしい夏の三年間。この最後の期間は、アルプス氷河については確実に小氷期の終焉、より精確には小氷期の終わりの始まりを画するものだった。第二帝政期中期のとりわけ暑いこれら三夏によって始まり、その後激しさをやや減じながら続くアルプス氷河全般の氷舌および氷河の大幅な消耗によって、小氷期はこれ以降衰退期に入る。この気候に応じた消耗は氷河を損なうもので、気候は、一〇年そしてさらに次の一〇年と次第に温暖化してゆき、一八六〇年以降二〇世紀にかけて度々氷河にとって不利で敵対的な効果をおよぼすのである。一九九二年から一九九九年の期間の二〇世紀の気候的結末を、良きにつけ悪しきにつけ陽射しを浴びせて暖めた、前述の五年間（一九九二年、一九九四年、一九九五年、一九九七年、一九九九年）のグループに言及して、このわれわれの暑い夏のリストを閉じることにしよう。申し分なく暑い二〇〇三年の夏がくる前に……。すでに温室効果の影響があったのだろうか。一八世紀にはそれはまったくなかった、わかりきったことだ。一八世紀に温室効果がなかったにしても、やはりときには、高温の夏は出現することがあったのだ。おそらく今日より少なかったであろうが……。

＊

こうした年グループのうちの、燃えるように暑い二年、まさに高温の二年に一時歩をとどめよう。一七一八年と一七一九年の、高温乾燥の二年間のことである。ブドウの収穫が早く……両年とも、一六八三―八四年と……一八九二―九三年とのあいだで最も早かった。ラングドック地方ではアフリカからイナゴが飛来した！　この二年間はまた、一七一九年に（あまりにも乏しくなって、そのため一層汚れた河川の水の汚染によって）赤痢という恐ろしい疫病を発生させて、フランスで通常よりも四〇万人以上多い死者を出し、そのなかには多くの赤子が含まれる。一六三六年と一七〇五―〇七年にも同様な高温、干ばつ、赤痢の年があったし、一七七九年はもう少し被害が少なかった（通常を超える死者は二五万人「だけ」J. Grenier, *Hist. des soc. rurales*, 2^e^ semestre 1996, p. 85, grosses chaleurs de 1779 ; et *Population*, nov. 1975, p. 62）。もっと古い時代については、卓越した中世史学者ベルナール・

グネが最近、一三八三年から一三八六年の夏の暑い四年間にある一三八四年の日照りを解明した。他と違って、この日照りは穀物収穫には悪い結果をもたらさなかったが、グネは特に、非常に乾燥したのち激しく変化した夏に関連して、一四一四年の赤痢の大量感染について語った。それは（やはり夏の）アラスの攻囲を終わらせた。赤痢は、多くの諸侯、大勢の兵士、そしてもちろん市民たちに感染した。おそらく後年一七一九年と一七七九年の赤痢による大量死のような事態とさほど違わなかったのではないだろうか（Bernard Guenée, *La Folie de Charles VI*, Paris, 2004, pp. 19, 73, 242 ; Pierre Alexandre, *Climat...*, pp. 522-524 et p. 562 sq. ; Titow, 1968, p. 326, belles récoltes grâce au temps sec de 1384）。特に一四一四年の（疫病を引き起こした）干ばつによる大災害は、「百年の」といわれる戦争を中断させる結果をもたらした。過度の高温乾燥によって引き起こされた深刻な疫病をまさに原因として、フランスとブルゴーニュとの和平が一四一四年九月四日に結ばれた。だが、フランスの軍事的大敗北はすぐに訪れた。翌一四一五年にアザンクールの惨敗。グネにとって、クワットロチェント初期と時代を同じくするパリ（とその他の地）における芸術と文化の長期的発展と比較対照する以上、これらすべての明白な災禍を相対的にみる機会だった。しかしそれは、われわれの主題から逸脱してしまう……。

一七二五年の危機的状況——例外的な寒さと湿潤さ

したがって、一七一八年二月から一七三八年五月まで、さらには一七三九年三月までの気温的に素晴らしい期間にとどまることにしよう。この期間の後半の一七二九年五月から一七三八年五月までは最も温暖で陽射しも強かった時期だが[40]……この熱波はおそらく、一八世紀全期間を通じて西ヨーロッパそして北半球規模で、様々に異なる程度で続いたと思われる[41]……。しかし前に述べたように、一七一八年と一七三八年のあいだには、驚くべき唯一の例外である寒冷（そして湿潤）な年、一七二五年がある。より精確にいうと、温度計のデータによれば、一七二五年二月から一七二六年四月までの、ひとつとして例外のない、季節によって寒冷もしくは冷涼傾向の一三カ月である。次々と途切れることなく一四あるいは一五の寒冷もしくは冷涼な月が続いたのだ。[42] 一七二五年には、持続的ではなかったにしても一五カ月のあいだ、多量の雨も降った。激しい雨（一七二五年二月から三月）、その後七月から九月初めまで継続的であるが故に一層人々の気をくじけさせる降雨が続いて、季節に応じて、現在もしくはこれからの収穫に有害であることが——特に八月には——明らかになった。雨は、同時代人には以下のように思われた。ジョワニー（ヨンヌ川沿岸）〔シャンパーニュ地方南部の都市〕で、一七二五年三月二五日に、六週間のうちに三回続けて氾濫したあと（したがって、二月から雨が広範囲にわたって降り始めていた）、一七二五年六月二二日にこの地方の橋が落ちた。都市部では半ば食糧危機的状況に陥り、とりわけこれからの不作を予想した。破壊された橋の代わりに木造の橋を架けなければならなかった。[43] エペルネ〔シャンパーニュ地方、ランスの南の都市〕で、一七二五年四月に降り始めた雨のせいで四月にマルヌ川が氾濫した。この雨は一〇カ月間ほとんどやむことがなかった（！）。事後のこうした評価のなかには誇張がたくさんあるにしても、この一七二五年という年の湿潤な文脈のなかに位置していたのだ。エペルネではさらに、これらの結果、収穫前の農作物（？）が壊滅した。ブドウの木が「すっかりやられた」。エペルネでは一七二六年二月一七日に解氷によって増水も起こる。[44] 一七二五年から一七二六年にかけての冬は氷河の解氷という観念と矛盾するものではない。なぜならこの冬は、ファン・エンゲレンの尺度で、寒さが厳しいという評価をもつ指数七[45]の寒さだったのだから。ファン・エンゲレンについてさらにいうと、彼は一七二五年の夏に指数一、極度に冷涼という評点をつけており、ようするに豪雨もしくはほぼ真っ暗な状況だったということである。なかでも五月から九月まで、特に六月から八月までがそうだった。この「一」という夏の指数は、小氷期の期間中の他の時期では、一三三〇年、一三五九年、一四三六年、一四八五年、一四九一年、一五八七年、一六二八年しかなく……そして一七二五年である。「夏がなかった年」である一八一六年は、それでも指数二までどうにか達することができた。ファン・エンゲレンの指数は不可避的にやや主観的（一七〇〇年以降は温度計の計測値にもとづいてはいるが）な性格があることを考慮しても、この「一七二五年夏は一」という評点、成績は、やはりショックを与えずにはおかない。夏が冷涼だったことはブドウの収穫日によって裏づけられる。一七二五年一〇月一六日。これは、一六七五年から一八一六年の期間で最も遅い日付である。一七四〇年、一七六七年、一七七〇年よりもさらに遅く、これはただ事ではない（一八世紀を対象にしている）。アンシャン・レジーム期のブドウ栽培では、一六七五年だけが一七二五年よりも遅かった。アルザス地方のブドウ栽培者たちは、一七二四年末から一七二五年一月二六日まで寒くて湿潤だと記している。その後、七月一三日から九月まで、霧氷混じりの雨という「荒れた」天候だった。このような夏は七〇歳の者は誰ひとりとして経験したことがなかったと追記している。もちろん、以前の一六七五年の非常に寒い夏を思えば、この種の文章にはある程度大仰な文言がありはするものなのだが。それでも、一七二五年は夏に寝室の暖炉に火を入れていたのが現実だった。アルザス地方のブドウの収穫は遅く（一〇月二五日）、悲惨で、ブドウの実は腐って、できたワインは酸っぱかった、等。バーデン地方では、[46] ワインの年代記作者の筆には否定的な形容詞がひしめいている。雨が多い、冷涼、しぶみがある、とてもまずい（九月はかなり晴れて、品質の代わりにほどほどの量は収穫できたにもかかわらずである）。[47] クリスティアン・プフィスターは、彼の著作集『説話から知る気象』のなかに[48]一七二五年八月についての短いモノグラフを収録している。一七二五年は、八月が寒くて湿潤で、「スイスは、西からやってきた低気圧性の嵐の通り道にすっぽりと収まっていた」。八月初めの三分の一の期間にアゾレス高気圧から分離した先端部分がヨーロッパ中央部上に短期間進入して、「数日間夏らしい気温を一時的に感じさせた」のがせいぜいだった。夏の雨がつかのまほほえみをもらしたが……。長くは続かない。一七二五年八月は非常に作物を腐らせるものだった。チューリッヒの降水量は二〇世紀の二倍で、降水量が記録されている町によってだが、八月に二四日から三〇日間雨の日があった。「山では雪が降り、グラールス〔スイス東部のカントン（州）、グラールス州の州都〕で地滑りが発生して、ほとんどすべての地で作物の被害が出た、等」。

シャントゥルー＝レ＝ヴィーニュ〔イル＝ドゥ＝フランス地方、イヴリーヌ県の都市〕とヴァルドゥの、パリ地方の二冊の家事日誌が、非常に雨の多かったこの夏が（ブドウ栽培とは別に）穀物に与えた衝撃をわれわれに教えてくれる。たとえばシャントゥルーでは、雨のせいで穀物の収穫は六週間続いた。ヴァルドゥの男性のいうことも引用しよう。一七二五年の冬は暖かくて（この評価は、一月については正しいが、二月・三月については誤っている）、それから河川の水があふれた。八月は雨が降り続いて寒かった。「パンを作ることができず、小麦粒を乾かすためにオーブンに入れなくてはならなかった」。したがって、小麦は湿っていて、発酵していて、カビが生えているものさえあった。[49] ラシヴェールのブドウ園経営者は、豊熟祈願祭〔昇天祭（四月末から六月初めのあいだにおこなわれるカトリックの移動祝祭）の前三日間〕に雨が降り始め、七月中は断続的に頻繁に降って雨量が非常に多くて、この期間にブドウの木が流された。小麦は値上がりした。八月、六週間も雨が激しく降り続いたために……その四〇日のあいだ、小麦の穂を切り取るのを妨げられて、穀物の収穫が困難だった。刈り取り人たちは月明かりの下で作業をして遅れを取り戻そうとしたが、そうして手を尽くして得られた成果は非常に限られていた。

疑問。穀物収穫は、パリ近郊、フランスの北半の地域で、本当に被害を受けたのだろうか。私は、たとえ湿っていたり腐っていて発芽しているにしても、収穫された小麦の量を問題にしたい。スティーヴン・カプラン〔現代アメリカの経済学者〕とジャン＝マルク・ドゥバール〔現代フランスの経済学者〕のような卓越した学者が、雨による打撃にもかかわらず、あるいはその打撃のせいで、とりわけ食糧不足の心配が、同語反復的に、人々の心に浮かんだと考えている。というのも、一七二五年から一七二六年にかけての収穫後の期間におけるパン用軟質小麦の価格上昇は短期間だったからである。小麦相場の市場価格表はこの二人の研究者が正しいことを証明している。ヴェクサン地方〔フランス北部、アンデル川とオワーズ川にはさまれた地域〕における脱穀された小麦の価格は、一七二三年と一七二四年に一スティエ二〇もしくは二五リーヴルで安定していた。ところが、一七二五年五月半ばから急激に上昇した(おそらく二月半ばから始まった降雨を理由とする不作の予想)。次いで、穀物の収穫が、刈り取って乾燥させて収納することが困難なのをみて、そしておそらく収穫された穀物の量が不足しているのをみて、一七二五年八月半ばから九月半ば頃に四五トゥール・リーヴル、さらには五〇トゥール・リーヴルという価格のピークあるいは最高値がやってくる。

しかし、この価格は、一七二五年一〇月からその年の末までのあいだ、そして一七二六年中ずっと、その年の一二月まで、再びかなり急速に下がる (**Dupâquier** ***et al., Mercuriales du Vexin, in fine,*** **graph. 9**)。このことは、備蓄があり、一七二五年の穀物収穫はさほど悪くなく、必要に応じてフランス南部あるいは(イングランドその他の)外国といった被害を受けていない地方からの何らかの輸入が不足を充分補うことができたということを示していると考えられる。

だが、問題の穀物不足は本質的に心理的なものだったのだろうか、それとも事実だったのだろうか。この点について、ノルマンディー地方の古文献が、他の地方から得られるデータと比較することによって、かなり明確な答えをもたらしてくれる。なるほど、一七二五年に収穫された小麦のある程度の不足はたしかにあったが、それは深刻なものではなく、目立つ程度だった。

一七二五年——ノルマンディー地方についてのモノグラフ

穀物収穫量、そして他の作物生産量（リンゴ、ナシ、亜麻、麻、さらにはまぐさ）が、一七二五年中に、少なくともバス＝ノルマンディー地方あるいはその一部、そしておそらくこの「総徴税区」地方を越えて英仏海峡沿岸で不足したことは明らかである。(50) カルヴァドス古文書館のCデータ系列をもとに、各「エレクシオン（総徴税区の下位地域区分）」において徴税担当者が示す（同じ年の三分割、四分割、半期というように）「分割された」成績評価を変換すれば、任意の年について一致して悲観的傾向にある場合のこうした評価は（E・ラブルースが *Crise*… p. 93 で示したように）非常に主観的ではあるが反駁できないものなので、ほぼ一致した結論を得ることができる。バス＝ノルマンディー地方の抜きんでた穀倉地帯であるカーン・エレクシオンでは、パン用軟質小麦の収穫は、量について、一七二五年七月とその後の一二月に指数五〇であり、これに対して一七二三年は六六で、一七二四年、一七二六年、一七二七年は七五だった。カーンのライ麦についても同じで、一七二五年七月と一二月に指数五〇で、一七二四年と一七二七年に指数七五だった。小麦とライ麦の混合麦についても同様だった。カーン地方のオート麦と大麦は逆境にもっとよく耐えた。おそらくその年の過度の湿度に対するアレルギーが少ないのだろう。同様にもうひとつの穀倉地帯（豊かなベッサン）であるバイユー〔ノルマンディー地方北西部の都市〕・エレクシオンでは、パン用軟質小麦について、一七二三年から一七二七年までの他のすべての年で指数五〇なのに対して、一七二五年は指数三三だった。バイユーのライ麦の収穫量は、事後の一七二五年一二月の評価で量的に指数二五に沈んでいる（一七二五年七月の時点の見積では指数五〇だったが、実際の収穫は失望させるもので、収穫後の一二月のこの指数まで下げざるをえなくなる）。一七二三年から一七二七年までの他のすべての年のバイユーのライ麦の指数が五〇であるのに対して（指数一〇の一七二六年を除く！）、二五である。バイユーでは、[51]オート麦は、一七二六年に指数一〇〇、一七二七年に指数七五であるのに対して、一七二五年一二月に指数五〇だった。バイユーの大麦は、一七二六年、一七二七年に指数五〇と指数七五だったが、一七二五年一二月は指数三三だった。バイユーのソバは非常に不当にあつかわれているが、一七二四年、一七二六年、一七二七年にそれぞれ指数二五、三三、一〇〇だったのに対して一七二五年一二月は一二・五だった。これらの作物すべてについて、豊かなエレクシオン（この年非常にひどい目にあった平野でベッサンにあるカーンとバイユー）は、しばしばもっと貧しいバス＝ノルマンディー地方の他のエレクシオンと比べて非常に深刻な負担にあえいでいた。しかしそれでもサン＝ロー〔バス＝ノルマンディー地方、コタンタン半島中央部にある都市〕では、パン用軟質小麦は量の点で、一七二三年に指数六六、一七二七年に指数七五だったのに対して、一七二五年は指数五〇だった（一七二四年と一七二六年も指数五〇だったが）。キャランタン・エレクシオンではパン用軟質小麦は被害を受けなかった。ヴァローニュ・エレクシオンでは、パン用軟質小麦の収穫量は一七二五年一二月に指数五〇だが、それ以前の二年間は指数七五である。クタンス・エレクシオンでは書記はなにもしない。彼は、一七二三年から一七二七年まで（一七二五年が含まれている）のすべての年に指数五〇をつけた。これではこれらの数値にはまったく意味がないも同前だ。ヴィールについても同様だ。そこでは一七二三年から一七二七年まで例外なくすべての年のパン用軟質小麦について、六六という数字が一律に飾られている。これらのデータ記載者は成績不良だ。

サン＝ローでは一七二五年に、ライ麦は悪気候による過度の被害をこうむらなかった。反対にクタンスでは、ライ麦の収穫量は一七二五年一二月に指数二五で、これに対して一七二三年、一七二四年、一七二七年には指数五〇だった。しかし、一七二四年一一月については指数三三で、一七二六年は指数二五だった。一七二五年はまったく落ち込んでいる。アヴランシュでは（ライ麦について）、一七二五年一二月は指数二〇で、一七二三年から一七二七年までの全期間で最小となったが、この期間は全般的に指数五〇だった（一七二六年の指数一〇！を除く）。ヴィールでは、一七二五年にライ麦はよく持ちこたえた。ただそれだけだが。モルタンも同様だ。以上がライ麦についてである。

小麦とライ麦の混植栽培はといえば、サン＝ロー（一七二五年一二月）ではやはり最小量で、一七二三年、一七二四年、一七二七年をおおきく下まわったが、それでも一七二六年ほどには落ち込まなかった。

またサン＝ローだが、オート麦は、ヴァローニュ、クタンス、モルタン、ヴィールと同じように豊作だった。キャランタンでは一七二五年に収穫されたオート麦の量は平年以下。アヴランシュでは平年並だった。

さて大麦である。サン＝ローで収穫された大麦は、一七二五年一二月に指数五〇で、一七二三年、一七二四年の指数と同じだが、一七二六年、一七二七年（この二年は指数六六）よりは低い。ヴァローニュとクタンスでは（一七二五年一二月）、大麦の収穫は平年並みかまあまあよかった。アヴランシュでは（やはり一七二五年一二月の事後評価）、他の年すべてと比べて非常に低水準の大麦収穫だった。

ソバについて。サン＝ローで、（同様に低収穫だった）一七二六年以外の他のすべての年よりも非常に低水準の収穫量だった。キャランタン、ヴァローニュ、クタンス、ヴィール、モルタン（他よりもさらに悪い）でも一七二五年は同じく悲観的な所見である。モルタン・エレクシオンでは、クレープとソバポリッジを作る植物であるソバは基本的食物なので、この事態は一七二五年に地域的に多くの問題を生じさせた。エンドウ豆は、一七二五年一二月（の収穫量）をあとで振り返って評価すると、この年については不作であることがわかる。リンゴも同様かもっと悪い。バス＝ノルマンディー地方の農民にとって、シードルはおおきな（販売）資源なのに。麻と亜麻も、全エレクシオンにおける一七二五年の売上高が悪いことから判断して、雨のためにおおきな被害をうけた。ナシは、一七二五年一二月をあとから振り返ると、壊滅的だった。まぐさだけが逆境によく抵抗した。というのも、雨のおかげで草がよく茂ったからだが、その雨はまた逆に、穀物とパンの原料となる作物全般には害をもたらした。とはいえ、干し草の採り入れはそれを乾燥させるときに陽射しがあることを前提としている。したがって、収穫されたまぐさの量は、一七二五年は一七二六年と一七二七年よりも少なかった。結局、一七二五年の大量の降雨はこの面でもやはり歓迎すべきものではなかった。

総じて、（雨を好む）オート麦は、サン＝ロー、ヴァローニュ、クタンス、モルタン、ヴィール、アヴランシュ、カーンで、一七二五年にはよく、あるいはまあまあ乗り切った。オート麦が不作もしくは平年並以下だったのはバイユーとキャランタンだけだった。

大麦については、良悪半々である。カーン、ヴァローニュ、クタンスでは、適正な収穫量、ときには豊作だったし、バイユー、アヴランシュ、サン＝ローでは、平年並以下か明確に悲惨だった。

ソバは、人々、特に貧しい人々や庶民の食糧となる作物で、一七二五年の情景はほとんどすべての場所で暗いものだった。上から下まで、すべての社会階層にとって基本的なパン材料であるパン用軟質小麦は、カーン、バイユー、サン＝ロー、ヴァローニュで、収穫が悪く、量が少ないか、あるいは少なくとも平年並以下だった。総じてこの年は、食糧不足は確実だった。

ライ麦については、（基軸的エレクシオンである）カーンとバイユーは、アヴランシュやクタンスと並んで、天運に恵まれなかった。サン＝ロー、ヴィール、モルタンは、うまく危機を脱したか、どうにか脱した。全体的に、（まぐさを除く）副次的生産物も考慮に入れると、生産量の点ではすべてにわたって非常に悪い被害状況であり（ナシ、リンゴ、エンドウ豆、亜麻、麻）、一七二五年は人間の食物（パン用軟質小麦、ライ麦、ソバ）にとって好適ではなかった。家畜の餌（大麦、オート麦、まぐさ）は、ほぼ全般的な「極貧状況」から、どちらかというとうまく（あるいはより少ない被害で）抜け出した。全体としては、飢饉にはならなかったが、フランス中央部やイングランド……といった大なり小なり被害を免れた地域からの輸入によって補いはしたものの、公的機関にとって制御することが難しい穀物不足の様相だった。スペイン継承戦争期と比べて、一七一三年以降の平和の再来と（ローのシステム以来借財を精算して身軽になった）フランス王国が比較的資金的に豊かであったという二重の事実を考慮すると、一七二五年というこの隘路あるいは細くくびれた水差しの首の部分を、過度の苦しみなしにくぐり抜けることができた。どうしても通り抜けられないほどの隘路ではなかったのである。実際、パリでは、一七二五年の死亡率はまったく上昇しておらず、一七二〇年代に恒常的だった最低水準のままだった。だが民衆は、心理的に、危機による隘路という悪い風が吹いているのを感じた。パリにおける婚姻数は一七二五年に、年三三二八件に減少する。これに対して、一七一一年から一七二四年までの全般的に比較的良好だった期間は、年に四五〇〇、さらには五〇〇〇あるいはそれ以上だった。「年に三〇〇〇と少しの婚姻」という数字は、（一七二五年というこの時代の資料のなかでただ一度しか用いられていない、好ましからざる否定的な表現以前には）一六九九年から一七一〇年までの、多かれ少なかれ悪い、ときには非常に悪かった歳月に特徴的だったのである。(52)

＊

価格の推移は、西欧での一七二五年の「危機」の範囲を非常に適切に限定している。この特殊な年に有害な降雨に苦しめられたバス＝ノルマンディー地方にあるクタンスでは、小麦価格が大幅に上昇し、湿潤な寒さに最も痛めつけられた年のうちのひとつである一七四〇―四一年以上にさえなった。

クタンスにおけるパン用軟質小麦の価格（大桝一杯）

一七一九年　九〇スー　　一七二〇年　六三スー　　一七二一年　五三スー　　一七二二年　七〇スー

一七二三年　七三スー
一七二四年　**九〇スー**
一七二五年　**九五スー**
一七二六年　五〇スー
一七二七年　四〇スー
一七二八年　五四スー
一七二九年　五七スー
一七三〇年　五七スー

先ほど一七四〇―四一年よりも大幅な値上がりといった。実際クタンスでは、この同じパン用軟質小麦の価格は、(一七二五年には九五スーだったのに対して)一七四一年に八六スーに上昇した「にすぎない」。一七二八―三九年には七三スーあたりにとどまっていて、一七四二年から一七四四年の期間は五九スーに、次いで四三スーに再び下がった。[53] 一七二五年は九五スーだったのに！　である。寒暑の効果についても記しておこう。一七二四年は極端な猛暑で、クタンスのパン用軟質小麦を熱湯に通したようだった。一七二五年は寒冷多雨で、パン用軟質小麦を腐らせた。反対に、もっと南のアンジェとグルノーブルでは、一七二五年の収穫への影響(低気圧ぎみ)と価格への影響(上昇ぎみ)はなかった。スイスについても同様である。[54] 一七二五年の雨のカーテンは、ロワール渓谷とこの大河より南と南東では、結局より量が少なくてより攻撃性が少なかった。ノルマンディー地方とイングランドの方は、この同じ一七二五年の豪雨で水浸しになったか、少なくともある程度ぬかるみとなった。大ブリテン島において、収穫不足のせいで食糧価格が急騰したことは記録されている……だが甚だしくはなかった。なぜなら、南の地方へある程度輸出されていたことがうかがえるからである。[55]

一七二五年の危機、もしくはときによっては降雨による小危機は、いつものような結果あるいは相関的な事態を伴うか、そのあとに発生させた。一七二五年夏に食糧暴動、パン屋に対する略奪、(とりわけパリで)一時的な犯罪の増加、そのほか、非常に雲におおわれた天候による日照不足のせいでシャラントの海塩の生産が低下した。[56] そしてまたおそらく、遅ればせの行政府の危機(一七二六年六月一一日、前宰相の公爵様〔ブルボン公ルイ・アンリ〕の追放)も。同様に、最高国務会議の構成員で事実上の宰相であったシャミヤールも深刻な食糧危機のとき（一七〇九年六月九日）に免職になっていた。そしてショワズールも同様に一七七〇年一二月に……。

カプランの考察――飢饉の陰謀？

心理学的、他の言い方をすれば政治的な点で、こうした食糧面からみた一七二五年は、重要さを欠いてはいない。事実、スティーヴン・カプランが証明しているように、「民衆を飢えさせることになる秘密の機械といわれる」飢饉の契約の伝説が決定的に形成されるのはまさにこのときである。なぜなら一七二五年の穀物収穫は、多くの消費者のいうことを信じるなら、「予想していたほど悪くなかった」からだ。こうした疑わしい評価は、たとえその年の穀物収穫量が満足するにはほど遠いにしても、まったく間違いだというわけではない。ようするに、世論は穀物はちゃんと手に入ると考えたのであり、したがって、小麦がみためには欠乏し、その結果高値になったことの責任と罪を有すると認定される犯人をどこかにみつけ出す必要があった。いうなれば、これは政府の、そしてその宰相である（ブルボン）公爵様の過ちである。その他の犯人は、閣僚たちと（総括徴収請負人等の）王国のお金について公私の仲介をする人々である。次いで、それらの取り巻きである、愛人や親類縁者だ。もっと低いレベルでは、製粉業者をはじめ、小麦小売商人からパン屋まで、パンに関わるすべてのギルドが追求の対象となった。犯人は、本当でも誤りでも、程度の差はあるが突き止められた。政府指導者たちは外国から小麦を輸入しようとした。それは、若きルイ一四世治世下の飢饉時（一六六一年）以来彼らが常に実行してきた合法的対策だった。特に一七二五年には彼らは、腐っていく（当時の船舶の船倉や貯蔵庫もしくはそれに代わるものによる貯蔵と輸送の粗末な条件からして腐敗は避けがたい）麦を運び込ませるとして非難された。そのうえ、外国から輸入した小麦を手にすると、王もしくは担当者たちはそれを、いわば無理やりに、市場とは別個に、必要に応じて売ろうとはしない。これは民間企業出身の競争業者のせいだろうか。「悪意のある」噂が、貧しい人々（職人、無産者、零細農民）のあいだに流れたが[57]、また体質的に反体制的な知識人たち（法曹関係者、聖職者、「啓蒙派の司祭」）や公務員、中傷が絶えることのないヴェルサイユの宮廷にさえ広まった。流れる噂は、印刷工房からのあらゆる種類のメディアによって、またそう宿命づけられた場所（居酒屋、街路、教会、存在してはいるがなんといっても空っぽの穀物卸売市場）で口コミで流布された。この事態に警察は、否定的行動（これらの忌まわしい噂に対する反証）と肯定的行動（報告書で、欺瞞的であるにしても、民衆の申し立てに呼応した）とを同時にとった。国民的意見の上に厚い黒雲として広がっている飢饉の陰謀という考えあるいは小麦粉の共謀という考えはひとつであり、また同時に、無数の変形した様態によって養われて多数でもある。一九世紀末とその後まで、史料編纂学は、このようにして広まる事例にあるときは好意的だったり、あるときは修正主義的もしくは否定的で、このような形で流布されるすべての陰口の愚かさを許容することを拒否した。一七二五年に、この事態によって全面的制裁を加えられた恥ずべき責任者は、繰り返すが、宰相であったブルボン＝コンデ公ルイ＝アントワーヌ〔事実はルイ＝アンリ〕、彼の公認の愛人プリー侯爵夫人、それと金融業者サミュエル・ベルナール、財務政策の全般的統率者ドダン〔ルイ一五世の財務総監〕、パリ警視総監ラヴォー・ドンブルヴァルである。ドンブルヴァルは、まったく清廉潔白とみなされたラ＝レニーやダルジャンソン……等の前任者の誠実な行動が顧みて賞賛されたことで不評だった。さらに（一部の憎悪のまとのなかに）絶対的権力を持つ四人の兄弟団であるパリス兄弟〔ドダンの協力者〕、次に穀物輸入業者の統率者でポンパドゥール夫人の父であるポワソン殿、ついにはインド会社である。小麦の価格は、知ってのとおりの気象・メディア情報が原因で一七二五年の春、夏そして秋の初めから大幅に上昇していたが、一七二五年秋の末と冬の初めから下がり始め、それから一七二五年から一七二六年にかけての冬の全期間と一七二六年春と下がっていき、一七二六年の穀物収穫を待つまでもなく、大過なくその後も続いた。

一七二六年の収穫によって、また陽射しに恵まれるか、少なくとも適度な日照によってずっと豊作が続いたおかげで、一七三〇年代の最初期まで穀物の低価格が最終的に確立した。このとき以来、たいがいはねつ造されたものだが、ときにはなんらかの点で正確なこともある、飢饉の陰謀の噂を根絶やしにするに足るものを人々は手にする。中傷的あるいは真実の、恥ずべき噂を広める機械は、生き抜くのが非常に困難な一七四〇年代頃に再び起動するだけだ。それ以降この機械が、中傷の旋律にのって、トカゲのように地を這ったり、不愉快にも勝ち誇って歩くというようなことはもうけっしてない[58]。私は一九四五年の秋に再び、カーンの平原で刈り取った小麦の束の大きな山が燃えているのをみた。バスに乗っていた一人の女性が陰謀だと叫んだ。きっと彼女は戦闘的活動家だったのだろう（?）。

第11章　一七四〇年——寒く湿潤なヨーロッパの試練

「四〇年みたいなのは知らないよ」（一八世紀の民衆の表現だとか？）

「一七三九年から一七四〇年にかけての冬はやむことなく霜が降りて、公現祭〔一月六日、または一月二日から八日までのあいだの日曜日におこなわれるキリスト教のお祭り〕から三月八日まで続き、五月末まで冬の寒さが感じられた。それゆえ小麦に期待は持てなかった。だが、収穫は暖かい雨によって持ち直した。しかし豊作を期待したものの、雨が降り続いて壊滅した」と、ラ・フレッシュ〔ル・マン南西、ロワール川沿いの都市〕聖フランシスコ会原始会則派の回想録作者は語る。

（出典　F. Lebrun, *Mort en Anjou*, p. 1378 に引用された一七四一年作成の注、AD Sarthe H 1285, folio 10）

アルプスとスカンジナヴィアの氷河の前進的変動

一七四〇年頃、ジョン・D・ポストがそれについて重要な著作を発表し、われわれが検討の対象とする歳月（精確には一七四〇年）の寒さとそれに引き続く雨の襲来に取りかかる前に、こうした当時の状況下におけるヨーロッパの氷舌の状態をざっとみておくのも悪くはない。まずグリンデルワルト氷河では、下方氷河がかさを増して、前方すなわち下方へ向かって伸張するという影響があったことが、一七四三年から一七四五年に、この現象を目撃した二人の優れた著者によって書き留められている。この氷河は、一年もしくは一年以内遅れのこうした攻勢によって、つい最近の冷涼期を要約しているといえる。この冷涼期の前にはとりわけ雪が多かった冷涼期があったし、今回はスイスとフランスのブドウの収穫の日付の遅れが警告してもいた。この冷涼期は、一七三一年から一七三七年までの温暖状態（例外、一七三五年は冷涼）のあとにやってきたもので、一七三八年に――ひそやかに――始まって、それぞれ凍るように寒いか非常に寒い二つの年にピークに達した。すなわち、ブドウの収穫が一〇月一四日だった一七四〇年と、ブドウの収穫が一〇月六日だった一七四一年である。ようするにグリンデルワルト氷河は、冷涼の記録計としてほとんど直ちに機能した。おそらく冬に雪が降り、当然夏に消耗がなかったのだ。しかし同時期にシャモニーで、一七四一―四二年から氷河（メール・ドゥ・グラース氷河、レ・ボソン氷河……）が膨張したというデータもある。[1] アルプスのル・リュイトール氷河、ヴェルナート氷河、アラレン氷河が同時に同じ「鐘の音」を響かせた。ついには、ノルウェーとアイスランドの氷河が、一七四二年から一七四五年頃最大になった……。これらの北欧もしくは極北の氷河もまた成長状態にあって、ジョン・D・ポストの分析をまさしく確認している。この研究者は、「一七四〇年問題」に関して、西ヨーロッパについてはもちろん、スカンジナヴィア半島についても調査をしている。スカンジナヴィア半島もまた、場合と季節によって凍るように寒いか、寒い、あるいは冷涼なこうした厳しい月が続くあいだに、北欧の穀物収穫に関しては非常な被害をこうむっている。

*

最初に、一七四〇年代前半の氷河の最大級の、あるいは「最大化を促す」あらたな前進について、先決すべきいくつかの指摘を挙げておこう。この前進は、一五九〇年から一六四〇年までの氷河の「極限的最大」に近づきはするが、完全にそうなることはない。小氷期を背景とする数世紀間（一七世紀―一八世紀）内にあるものとしてまさに際立っている。一七三一年にグリンデルワルトで非常にささやかな最小状態があったが（前章のブドウ栽培の文脈で触れた夏が暑い、高温の歳月のあと）、それは依然として続いている小氷期の枠内の規模の小さな一時的後退であり、一八六〇年以降の大解氷以来今日まで続くこの同じスイスの氷河の壊滅的大後退とはまったくあるいはほとんど関係がない。シャモニー渓谷でも同じ経過である。当時のサヴォワ＝ピエモンテ国〔サルディニア王国〕の地理学者によって見事に描かれた古い（地籍）地図は、氷河は一七三〇年には、一八六〇年以降、ましてや一九〇〇年以降から二〇〇二年とそれ以後までといった現代よりも明確に発達していたことを示している。[2] われわれは一九六六年からそう指摘し続けてきた。[3]「（シャモニーの）一一の氷河が巨大となり、一〇の計量的一致があり、一〇の傾向が明確になった。一七三〇年の（地籍）地図は疑う余地がない。ルイ一五世時代の氷河は二〇世紀よりも、明らかに巨大である。そしてまた、一八三〇年には、シャモニー氷河が激烈な絶頂状態だったことも間違いない。だがそれは、一六世紀の最後の四半世紀以降確認される、静かに持続していた『増大状態』に関わるもので、この期間中には、一六〇〇―二〇年、一六二八年、一六四〇―五〇年、一六六〇―六四年、一七一六―二〇年……そして一七四二―四五年と繰り返し起こった氷河絶頂期が区別される」。

寒気、雨、不作

一世紀そして世紀にまたがる長期の小氷期。一年の短期と一〇年以内の中期の冬の寒さ。後者には一七四〇年、より広くは一七三八年から一七四二年までの低気圧性の夏も含まれる。気候の影響が先立ち、氷河への影響結果がのちに表れる。まず先立つ状況からみよう。われわれはすでに、凍りつくような一七四〇年の恐るべきかつ他に比べようもなく遅かったブドウの収穫を指摘した。ディジョンで一〇月一九日だった！ これは、（もうさほど早くはなくなっていた、いやそれどころではない）ディジョンでの一七三九年と一七四一年の収穫日である九月二八日と一〇月二日とにはさまれている。一七四〇年産の品質はといえば、「不出来の年、ワインの収穫は少なく、品質は悪い」とクロード・ミュラーがアルザスについて記している。[4] モルスハイムのコレージュのイエズス会士は言葉を惜しまない。「四〇年は陰鬱な年。冬［一七三九年から一七四〇年にかけて］は他に例をみないほど長く厳しかった。冬は六月まで続いた。野原には草一本みえなかった……」（この一七四〇年の前半を特徴づけるのはまさに、寒さによって死滅したことによる家畜の飼料の大幅な不足という問題で、この飼料不足は、栄養不足そして空腹に見舞われた農耕に使役する家畜に最大の被害をおよぼして、北欧、したがってより寒いスカンジナヴィア地方に他の地方にもまして農業危機と穀物生産の危機をもたらし、長引かせた）。アルザス地方のイエズス会士は続ける。一七四〇年六月末頃は気温が暖かくなったが、八月には降り続く雨のせいで農民たちはわずかに残った小麦の穂を収穫できなかった（一三一五年、一六九二年、一八一六年のように、作物を腐らせる湿潤な夏のシンドローム）……。モルスハイムのコレージュが栽培する六六のブドウ園と同コレージュに支払われる教会一〇分の一税からは、枡一〇〇杯の酸っぱいジュースしか得られず、それは飲めるものではなかった。一七四〇年夏の雨は細かくて穏やかで、滝のように降りはしなかったが、一六六一年にそうだったように、持続的で穀物収穫にとって有害だったことが指摘できる（「一七四〇年の夏はあまり暑くなくて非常に湿潤」、したがって典型的に作物を腐らせるものだったと、このセレスタのイエズス会士は述べている）。一七四〇年には多くの洪水、しかも深刻な洪水が起こるのだが、それは遅く、一二月になってからロワール川、セーヌ川（パリが最大）[5]、ソーヌ川、ドゥー川、シャラント川の盆地でだ[6]。それらは、この一七四〇年という悪年については損害のうえにさらに追い打ちをかけることになり、ついに一二月には、直近の冬同様穀物にとって有害な夏以来長きにわたって不作の最悪の成り行きが機能していたのだ。ライン川の右岸（バーデン地方）から得られる「ワインについての」情報はもっと良いというわけではない。「一七四〇年四月二三日まで常軌を逸した寒い冬、夏は雨が多く、同年一〇月四日霜が降りた」。ワインについては、「非常に量が少なく、非常に酸っぱい」と推察される。

デュシュマン小耕地

年	穀物（ボワソー〔旧穀物計量　単位：約12.7リットル〕）	穀物（貨幣、トゥール・リーヴル）	家畜（貨幣、トゥール・リーヴル）	穀物＋家畜（貨幣収入の合計、トゥール・リーヴル）
1738	137	263	131	394
1739	244	449	152	601
1740	106	212	125	337
1741	115	219	134	353
1742	179	347	101	448

＊

穀物と家畜に関しても、一七四〇年は特に有名というわけではない。アニー・アントワーヌの素晴らしい著書[7]によって、まったく良心的で寛大でもある所有者が分益小作地として経営している、デュシュマンという五から八ヘクタールの小耕地の例をみよう。この小耕地からの収入は以下のとおりである。一七三八年は、家畜についてはあまり良くなかった。だが特に一七四〇年、そして一七四一年のあるときまでは、穀物についても家畜についても、貨幣収入ははっきりと悪かった。上がその表である。

＊

悪「気候年」だった一七四〇年は、作物の出来について悪いことしかしなかったのだろうか。おそらくそうではあるまい。当然ながら、様々な「社会的実体」が巧みに窮地を脱した。高相場と闇市での高値の恩恵を受けることのできたパリ地方の大農場経営者と小麦商人が思い浮かぶ。そして、いくつかの地方では穀物収穫は過度の天候不順の被害を受けなかった。だが樹木のことが一層思い浮かぶ。ドイツのライン川西岸（ライン川左岸）地方では、オークの生長が一七四〇年に最大状態（指数一四七）になった。それまで、これと同等あるいは上まわるものは一七三五年と一七三八年（指数一六二）以来知られていない。

その後これ以上のものは一七五四年（指数一六八）にならなければ再び出現しない。明らかに、ある種の条件下において、ヨーロッパ原産のオークは雨を好み、冷涼な雨はオークを望むがままに生長させる。それに対して小麦は、その原産地である中東地方を忘れず、過剰な雨を警戒する。小麦は、過剰でなければ、暑さと乾燥を何よりも好む。これはすでに、極端に湿潤だった一六九三年に起きたことで（Lachiver, *Années...*, p. 98）、穀物（したがって人間も）は壊滅的な被害を受けている一方で、ドイツのオークはかつてないほど元気で、その年は指数一五八まで年輪を広げて、それは一四八七年（指数一七九〔原文のまま〕）……以来なかった年輪年代学的成果だった。そして、これに相当するかあるいは上まわるのは二五年後である。

これが、一七四〇年という年の気候の様々な影響、ブドウ、穀物、「家畜」そして飼料用作物に与えた「結果」についてである。他方、氷河についての上流での総合的な因果関係は増進した。冬にシベリア高気圧が攻勢に出て、その後、夏の終わりに大西洋から低気圧が襲来した（一四八一年、一六九二―九三年を参照）。ジョン・D・ポストは（一七四〇年の）「春と初夏の」乾燥を強調するのに大変苦労するが、フランスでは農業にとって有害な影響はまったくなく、彼は誤りを犯している。おそらくその逆だっただろう。というのは、それ自体は穀物に不利というわけではないこうした乾燥期間にもかかわらず、「荒れ狂う要素」（冬と春の寒さ、続いて晩夏と秋の降水）があまりにも優位に立ったからで、気候についてはそちらのほうが重要だった。

様々な気象状況

さて、一七四〇年の災害の上流での因果関係である。当然気団が問題だが、それについては専門的な気象学者におまかせしよう。だがもっと上流の因果関係はどうだろう。小氷期？　もちろんそうだが、それはずいぶん長期にわたって続いているし、われわれは今、短・中期的状況に身を置いている。マウンダー極小期だろうか。だがそれは四半世紀前、一七一五年に終わっている。それでは、一七四〇年の火山灰を介しての火山の影響だろうか。ジョン・D・ポストはそれを示唆できるものと信じていて、[8] 一七三七年のカムチャッカ半島での大火山噴火を指摘している。たしかに一七三七年八月[9]にカムチャッカ半島のアヴァチンスキー山でこの種の大爆発が起きて、粉塵の大放出（Vol指数〔噴火によって大気中に放出される塵等の火山噴火生成物の量を示す指数〕七）があり、粉塵は後年まで地球規模で周回した可能性はある。ポストは指摘していないが、一七三七年八月二七日のフエゴ山（グアテマラ）での火山爆発指数四の噴火も付け加えておこう。この指数はおそらく並外れた規模ではないが、「Vol指数八」のほうは相当なものである。こうして起こった二つの重なった出来事を考慮すると、それに付随する塵芥のベールは、翌年（一七三八年）のブドウの収穫日を、妥当ではあるが、一七三六年（九月二四日）と一七三七年（九月二三日）よりも遅くしたとすれば、なんらかの役割を果たした可能性はある。そしてジョン・D・ポストの温度計による統計資料を考慮に入れるとすれば、一七三九年以降にも（おそらく）なんらかの役割を果たした。実際、初めの頃は本当の寒さはまだはっきりとは感じられなかった。一七三九年七月以降、一七三九年の後半の九カ月以降は[10]一七三八年の「前年のその頃の」六カ月よりも概して寒かったのだが。だがやはり、一七三七年八月の二つの（塵芥を大量に発生させた）火山噴火が一七三九年七月以降にどの程度まで強力な影響をおよぼしたのかという研究活動は専門の学者たちに任せることにしよう。

　気候的事実それ自体とそれによる事実に立ち戻ろう。すなわち、次第に寒くなることである。一七三五年と一七三六年は、イングランド中央部では暖かかった。年平均気温九・六℃と一〇・三℃である。すなわち、一九三一年から一九六〇年の期間の、二〇世紀の相対的に温暖化した歳月の平均（九・六℃）と同じ（一七三五年）かそれ以上（一七三六年）である。それから少しずつ「下がっていく」。一七三七年と一七三八年はまだかなり「良い」（九・九℃と九・八℃）。一七三九年はすでに涼しくなっている（九・二℃）。一七四〇年はといえば、その後に凍結と「氷表面のひび割れ」の極相をもたらすのだが、（九月を除いて）終始非常に気温が低かった。[11] 年平均気温六・八℃である！　非常に低い。続く一七四一年から一七四四年まではやはりかなり涼しく、とりわけ一七四二年が涼しかった（八・四℃）。全般的に、一七四〇年以降の四年間は、一七三五―三八年の高温（九・六℃から一〇・三℃のあいだに位置する）が再び訪れることはない。したがって、一七三九年（年平均九・二℃）のやや厳しい状況と一七四〇年（同六・八℃）の過酷な状況のあと、一七四一年は九・二℃、一七四二年（困難な年）は八・四℃、一七四四年は八・八℃である。年平均気温のうちで一七四三年だけがつかのま暖かい（九・八℃）が、一七三六年の気温の記録（一〇・三℃）にはおよばない〔付録19「一六五九年から一八三三年までのイングランド中央部における夏の平均気温」参照〕。

具体的には、さらにポストの分析をたどるなら、[12] 一七三九年から一七四〇年にかけての長く厳しい冬があった（寒さの強さからみて、この冬は一七〇九年のような厳冬に属する。ファン・エンゲレンの評価で、一六〇八年や一七八九年のようなもっと「悪い」滅多にない冬を示す超最大級の指数九のひとつ手前の指数八である）。このの一七三九年から一七四〇年にかけての冬のあとに、春としては非常に寒い一七四〇年の春が続いた。そのすぐあとに非常に冷涼でのちには過度に湿潤な一七四〇年の夏がきた（これが、とりわけ穀物の低収穫とやはり同年の遅くて不作のブドウの収穫のおおきな原因である）。そして豪雨の秋である。穀物収穫の終期（イングランドと北欧）と播種、そしてまたもやブドウの収穫にとっては壊滅的打撃で、少なくとも一〇月七日から霜が降り、続いて霧氷となる期間があった。[13] ようするに一七四〇年は、収穫可能な小麦と熟したブドウを得るに必要な、生育準備とそれに続く「成熟」の全期間についてはとにかく（！）、始めから終わりまで「凍えさせる年」だった。一七四一年は一息ついたが、一七四一年から一七四二年にかけての冬はまだかなり寒かった。あとから振り返ってみると、一七三九年秋から一七四〇年秋までは、最も困難な時期、最も寒さの厳しかった期間だった。恐ろしい年であった。

それはまた対照のはっきりした期間でもあった。一七三〇―三九年の一〇年間（一七三九年の最後の一カ月を除く）の冬は、一八世紀前半で最も温暖で（Luterbacher, 2004）、イングランドとオランダで平年気温を一℃程上まわっていた。[14] これに対して「一七三九年一〇月から一七四〇年八月まで」[15] 気温は平年より低く、ときには冬季に非常に低下した。一七四〇年の危機とその後の数年にはまた、フランスの農業の特質にさほど精通しているわけではないJ・D・ポストがどう思おうと、何回かの干ばつがあったが、それらは穀物にもブドウにも絶対的に有害というわけではなかった。だが一七四〇年の水浸しの秋（降水量二六七ミリ）は、オランダの一七三五年から一七四四年までの秋の平均降水量が二三〇ミリであることと比較対照しなければ、一七三五年から一七四三年までのすべての秋のうちで最高記録であり、繰り返しいうが、収穫の遅い北の諸国においては穀物にとって大災害だった。[16]

イングランドでは、一七四〇年の大厳冬中に〇度F以下への気温低下さえあって、これは一七一四年にオランダで計測された〇度に匹敵する大幅な低下で、寒波によってどれほど凍るように寒くなってもそれまで一度も低温方向へと超えられることがなかった温度である。[17] スコットランドは（冬の）雪に覆われ、当時（やはり被害を受けていた）スカンジナヴィア半島からエジンバラとグラスゴーまで広がっていたシベリア高気圧の存在をそうした形で示していた。[18] アイルランドでは、一七四〇年の冬は、非常に寒かったが、イングランドほど厳しくはなく、寒さの最悪の影響は（霜によって）きたるべきジャガイモの収穫が壊滅したことである。これは、アメリカ起源の、すなわち新規渡来の植物としての「ジャガイモ」という新作物の特質が自分自身に不利に働いたのである。フランスでは、一七三九年一〇月から一七四〇年三月までのあいだに七四の降霜の日があった。この三月以降、食品の価格は大幅に上昇した。水上、さらには陸上の輸送路の凍結があり、不作も予想された。オランダではハールレム〔オランダ西部の都市。ハーレムともいう〕で、一七四〇年には六七の降霜日を数えた。一七〇八年から一七〇九年にかけての大厳冬でも六一日だった。ハールレム・レイデン間の運河は八〇日間氷に覆われた〔付録22「一七四〇年の大寒冷。一七三五年から一七四五年までのオランダにおける冬、春、夏と年全体の年別平均気温」参照〕。ドイツでは、一七四〇年一月に低体温のために多くの家畜が死んだ。ボヘミアでは、百万頭以上の羊が命を落とした。ハンガリーでは、飼料がなくて、飢えと寒さで家畜が死んだ……。ストックホルムでは、一四週間凍結した。バルト海は部分的に凍結した。

春は、あらゆる差異を考慮しても、少しも良くなったようにみえなかった。一七四〇年八月・九月の大雨がこうした情景を完成し、さらにアイルランドの食糧危機が影を落とした。フランスでは、八月に雨の日が一三あって、刈り取られた小麦は畑で腐った。それは、飢饉の年の低気圧性の夏ではいつものことである。ドイツでは、寒くて湿潤な気候が八月から一〇月の最初の週まで続いた。スウェーデンでは、[19]（一七二〇年代と一七三〇年代は四月だったのに）一七四〇年代は五月に湖（メーラル湖）が凍結した。そこでも、一七四〇年夏に冷たい雨による（穀物収穫に対する）悲惨な結果が生じた。大ブリテン島では、一七四〇年の秋は二世紀来で（？）最も寒いか、寒かったようだが、間違いなく最も寒い秋のひとつではあった。フランスでは、一七四〇年一二月の洪水についてすでに述べた。ドイツとスイスでも同様だった。

だがイングランドでは、なぜかは神のみぞ知るが、ポストが穀物に有害だと執拗に思い続けたその後の乾燥のおかげで、小麦の収穫は事実として、一七四一年と一七四二年は適正か良好となる。一七四〇年に話をとどめると、一四八〇―八一年以来しばしばそうだったように、冬の寒さと春夏の冷たい大雨との組み合わせであり、穀物と人間にとって不快な事態と生きにくいもしくは生きられない状態を生じさせる混合であった。小麦、ライ麦、大麦はどれも被害を受け、春播き大麦さえもそうだった。この大麦、パンを作るのに使われていてヨーロッパの人々は大量にむさぼり食っていたとジョン・D・ポストは思い違いをしているが、それはずっと昔で、中世のことだといっておこう。[20] 羊毛用、食肉用、牽引用の家畜については、場合によれば死ぬかもしれない（低体温と、いつまでも続く凍結のせいで生長の悪い飼料を思い起こそう）この時期は生きるのが困難だった。そのために、人間が食べる食肉生産、特に荷車による運搬、さらには一七四〇年の冬のあとの（春と秋の）耕作に支障が生じた。

穀物不足に翻弄されるヨーロッパ

一七三五年から一七三八年まで、ヨーロッパの穀物収穫は、もちろん地域によって差異はあるが、全般的によかった。しかし一七三九年は、イングランドと大陸諸国で様々に穀物が不足した。より詳しくいうと、真の災禍もないのに、イングランドの西部と北部のあちこちで穀物が不足した。スコットランド、アイルランド南部、フランス北部、低地諸邦南部、ドイツ、そしてハプスブルク帝国の領域、スカンジナヴィア諸国でもそうだった。ドイツ、スコットランド、スウェーデンの北部が特に被害を受けた。一七四〇年は、全域ではないにしても、必然的成り行きで、さらに悪かった。イングランドの西部は穀物が不足したが、王国の他の地方はそうでなかった。もっと北の、したがって寒さにより影響を受けるスコットランドは深刻な穀物の被害を受けた。「しかし農民は種籾を、畑にまかないで食べてしまうまでにはいたらなかった」。アイルランドでは、ジャガイモが水没したことをすでに述べた。それ以前の幾世紀かのあいだにアンデス山脈からもたらされた塊茎〔ジャガイモ等の根菜類〕の新規栽培に対する不当な懲罰である。ルイ一五世の王国では、小麦仲買と小麦の種子売買が盛んなイル＝ドゥ＝

フランス地方が、もっと西や南に位置する地方よりもこの分野でよりおおきな罰を受けた。同様に、パリ周辺地域の同業者に比べて、アルトワ、ピカルディー、シャンパーニュの耕作者たちは、他所では非常に不都合だった一七四〇年の「気象状況[21]」の被害を比較的軽微に済ませることができた。それでも、鳥瞰図的に上空からみると、フランス北部は全体的に穀物収穫が、一七三九年に並以下、一七四〇年は不足、一七四一年は幾分「回復」、一七四二年は良好だった。低地諸邦では、小麦は、牛乳、バター、チーズといった（非常に地域に密着した）この地域の特産物と共に、おおきな被害を受けた。ドイツは、一七三九年にすでにかんばしくなかったのだが、一七四〇年に（穀物生産が）落ち込み、一七四一年に持ち直した。オーストリア、ボヘミア、シレジア、ハンガリーは、一七四〇年に、穀物収穫についてはあちこち浸水している同じ船に乗っていた。スイスは、チーズを除いて良くなかった。スウェーデンでは、バルト海南部より当然厳しい寒さが、冬穀物だけでなく春穀物（しかし春穀物は、もう少し南の諸国では救いの手がさしのべられ、したがって春の気候による被害がより少なくて、一七四〇年は並以下だった。たとえばフランスがその例である。一七〇九年の経験を参照）も攻撃した。スウェーデン（当時フィンランドはその一部だった）だけに限るなら、小麦の収穫については一七四〇年に、デンマークとノルウェーが構成していたスカンジナヴィアのもうひとつの連合に比べて、より多くの被害をこうむった。

マクロ地域的な不均衡はあるものの、一七四二年から一七四四年の期間にヨーロッパは、このほとんど壊滅的な状態からついに抜け出す。いかなる場合にも、一六九三年、そして深刻度はやや軽いが一七〇九年の悲惨な事態に再び陥ることが決してなかったということを考慮すると、そういえる。それでも一七四〇年代は、全体的にみるなら、フランスにおいては、いずれも輝かしかった一七二〇年代や一七三〇年代そして非常にダイナミックな一七五〇―五九年とそれ以降とに比べて「あえぐような」経過をたどったのである。

穀物価格の「反転急上昇」

小麦価格がこうしたはかばかしくない穀物生産状況を忠実に反映したことはいうまでもない。なによりもとにかく一七四〇年、その気象と、その影響下にあって減少した穀物収穫は、小麦相場の激しい上下に決定的な役割を果たした。それゆえジョン・D・ポスト[22]はこの件について、ヨーロッパ全般の価格データ系列[23]を提示した。なるほどそれは、おおまかで部分的ではあるが、以下の一二カ国について繰り返し事態を明確にしてくれる。一二の国とは、イングランド、スコットランド、アイルランド、フランス、オランダ、ドイツ、オーストリア、スイス、イタリア、スウェーデン、フィンランド、ノルウェーである。これらのなかに、ミラノだけではあるがイタリアが混じっているのは妥当とはいえない。というのは、ポー平野〔イタリア北部〕は、緯度という明白な理由で、一七四〇年に、パリ盆地やロンドン盆地そして本来的にスカンジナヴィア諸国でそうだったのとは違って、冷涼年の被害はそれほど受けていないからである。それでもポストによって得られた結果は非常に多くのことを語ってくれる。一七三五—四四年の全期間の平均を指数一〇〇としよう。この条件下で、ヨーロッパの小麦価格は、消費者にとって非常に好ましいことに、一七三五年から一七三八年までのあいだは、指数九三というちょっとしたピークはあるが八五から八八のあいだの指数で推移した。この四年間については貧しい人々を気遣いすぎることはやめよう。彼らはどうにか生き延びたのではない。本当に普通に生活したのだ。一七三七年以降、控えめながら警鐘が鳴り始めた。指数九八だ。だが、まだ破局ではない。これに対して、一七四〇年と一七四一年の恐ろしい二年間（実際は、四〇年夏から四一年夏までの、二つの連続する半年ずつを合わせた収穫後の一年間）は疑いようもなくはっきりしている。ヨーロッパの穀物価格の指数は一七四〇年に一三七、一七四一年にもまだ一二八だった。その後はまた下がる。一七四二年、一七四三年、一七四四年は、それぞれ一〇二、九三、八五である。いいかえれば、一七三五年から一七三八年までのよき歳月の低くて好ましい水準に次第に落ち着いていった。(多くの穀物取引業者と大農場経営者に莫大な利益をあげることを可能にした)価格上昇という事態の被害を最もこうむった国は、かならずしもフランス周辺にある国ではなかった。フランスの最高指数は一七四一年の一四四だった。だがイングランドではもっと高く(一七四〇年に指数一五六)、当然スコットランドは、一七〇〇年以降のある程度の農業の近代化にもかかわらず、穀物生産が極めて気象の影響を受けやすいために相変わらず最高で、一七四〇年に指数一七〇だった。そして低地諸邦、われわれが聞くところでは最大限に近代化が進んだこの地域は、一七四〇年に指数一七三(原文のまま!)……。とりわけベルギーが問題なのは事実だ。スウェーデンは一七四一年に指数一五五。フィンランドは一七四一年に指数一四一「にすぎなかった」が、貧しいこの国は穀物面での窮乏化の波に非常に弱いので、虚弱な購買力は価格の上昇には(かなり低い)限界があった。デンマークは一七四〇年に指数一四八、ドイツも一七四〇年に一五三だった。このとき、年々最も被害を受けたのはスコットランドとベルギーだった。織物工業が盛んなフランドル地方のプロレタリアの近代工業期以前の貧しさよ。フランスがイングランドよりいくぶんよく、あるいはイングランドほど悪くなく「乗り切れた」のは、いくつかのお決まりの事態を徹底的に排除したからだろう、と繰り返しいっておきたい。南の地方であるオーストリア、スイス、イタリアは、緯度のせいで寒さの被害を受けることがより少なかった。これらの国々は、より北に位置するヨーロッパのいくつかの大国に比べて被害の程度が低かった。利点は人間よりも気候に帰着する。オーストリアの穀物価格の最大値は、一七四一年に指数一四〇、スイスは一七四〇年に一二〇、イタリアは、実際には一七四〇年の厳冬の農業分野での被害を受けず、そのせいで一七四〇年に指数一〇八だった。

上述のような暦年〔一―一二月〕単位の研究ではなくて、収穫後の一年単位の研究は、判定を精確にしてくれる。

収穫後の一年の期間は、南から北へと国ごとに、一七四〇年の六月・七月もしくは八月から一七四一年の六月・七月もしくは八月までである。まず統計的研究がこの期間を明らかにする。地域的ばらつきにもかかわらず、(極度に……不足した）ある一年の穀物収穫だけが、各国別の穀物価格の大半と全ヨーロッパの穀物価の範囲で検討される。それは一七四〇年の穀物収穫である。けっして一七四一年のではない。分析の初めなので不可避的であった前段落の概算的なものよりもっと詳しく踏み込んでみよう。明らかに大幅な、ここで問題としている価格上昇は「一七四〇年と一七四一年のもの」ではない。上昇は、おおまかにいって、一七四〇年六月から一七四一年七月までに起きた。連続する一二カ月もしくは一三カ月であって、それ以上は続かなかった。このことは、一七三九年から一七四〇年にかけての収穫前と収穫期の長い一年間は凍りつくように寒くて極度に湿潤で、一七三九年から一七四〇年にかけての冬の寒さと、一七四〇年夏さらには秋の豪雨によって被害を受けたのだが、それが、その後の一七四〇年から一七四一年にかけての収穫後の期間の穀物価格を生みだした、ということを裏づけている。一七三九年から一七四〇年にかけての収穫前と収穫期の一年間（すなわち一七四〇年の穀物収穫）はこうして、なにも驚くことはないが、一七四〇年から一七四一年にかけての収穫後の期間の穀物価格を決定したのである。

ゆえに、一七四〇年一月から一七四〇年五月まで、ヨーロッパ全体の穀物価格はまだ比較的低かった。一月は寒かったが、前年（一七三九年）の小麦のストックのおかげで通常どおり暮らした。ヨーロッパ全体の価格指数は一〇二（一七四〇年一月）から一二五（同年五月）へと推移したにすぎない。だが一七四〇年六月になると、不作だとの直前の予想と厳しい現実を受けて一五二に急騰する。それ以来、ヨーロッパは天井値が続く。一七四〇年一二月に一六三のピークとなり、多少の上下はあるが一七四一年六月・七月（指数一四八と一四〇）までそのままへばりつく。その後、一七四一年夏の適正あるいは良好な穀物収穫が事態を平常かほぼ平常に導いて、一七四一年八月から一二月のあいだ、指数は再び下降して一二一から一一四のあいだになる。

一七四〇年から一七四一年にかけての収穫後の期間における、こうした価格の動きの各国別あるいは国内の区分に関しては、先に挙げた評価法と比較すると最高値は月ごとに多少は異なるが、それだけの話だ。今度はバイエルンが、先に検討した一〇〇という低い指数と比べて、一七四一年の指数二〇三で高値のほぼトップである（バイエルン人は、一七四一年七月に、前年一七四〇年の不作のわずかばかりの残りで暮らしていた。そして先回りしていうと、一七四一年夏の次期収穫はどちらかといえば並以下であることがはっきりしていた）。ノルウェーは、一七四一年六月に一七五だった（これは、貯蔵庫に一七四〇年の惨めな収穫がどうにか残っていたわずかばかりの在庫をすっかり使い果たしたあと）。アイルランドは、この国の「ジャガイモ」経済でひどい目にあったので、一七四〇年八月に一八〇、その後一七四一年四月に一八一。緑のアイルランドでは、こうして事態が込み入ってしまったあと、一七四一年八月になって急激に沈静化する（指数九八）。イングランドは一七四〇年七月と八月に一七五だったが、その後事態はやや改善した。ときどき「槍に刺される」にもかかわらず、とにかくイングランドの経済はそれだけ活力に満ちている。フランスは、暦年と比べて、一七四〇年から一七四一年にかけての収穫後の期間における月平均は明らかに良くない。一七四〇年一二月一七八で、一七四一年二月にもまだ一七八だった。厳しい月々だ！　だが、地中海沿岸の南仏は別で、ほとんど被害を受けなかった。

低地諸邦の「ベルギー部分」（すなわちオーストリア領、特にブラバント地方）は、一七四〇年六月から二四一（原文のまま！）で、一七四〇年七月から一二月まで二〇〇の危険ラインを超したままだった。ブリュッセルとデンボッシュ〔オランダ、北ブラバント州の州都〕周辺地方ではこの半年間深刻な欠乏に苦しんだに違いない。ともかく、ジョン・D・ポストの見事なヨーロッパ内の比較研究以前は、こうした個別なベルギーの大災害的事態についてまったく知られていなかった。本来の意味でのオランダ諸邦は（アムステルダムの市場価格表）、これ程ひどくはなく乗り切れたが、それでも一七四一年一月に一九一で、このことは、我が師ブローデルと卓越した学者のイマニュエル・ウォーラースティンのいうところを信じるなら、世界で最も近代化した国のひとつにとって非常に厳しいものだった。ベルリンを首都とするドイツ、すなわちプロシアは一七四〇年一一月に一七五に上昇しただけで、他方バイエルンは一七四一年七月に二〇三にまで達する。オーストリアは、格別ひどい被害に見舞われたわけではなく、特に南部（寒冷な年の切り札）はそうだが、一七四一年にならなければ指数一七五まで上昇しない。結局、指数二〇〇を超える記録保持者は、不幸なベルギーの周辺に求めなければならず、そして非常に手ひどく扱われた運に見放されたバイエルンである。

一七四〇年の後半の、格別過酷な地方的悲惨さから理論的に導かれて発生することに注目するなら、低地諸邦（なかでも今回はベルギー）の非常にすさまじい死亡危機がよりよく理解できる。[24]

国と地域によって異なる一七四〇―四一年の死亡率

何人も異議を唱えることのできないことだが、穀物を殺す気候的事態によって引き起こされる大量死についてはどうなっているのだろうか。直接的に死にいたる形で表れるもの（飢え）と、特に間接的に死にいたる形で表れるもの（疫病）については。ポストが具体的に提示したヨーロッパの死亡者の平均値はやはりとりわけ痛ましいものである。ポストにならって、一七三五―四四年の一〇年間の平均基準値として、ヨーロッパにおけるこの期間の総死亡者数を年数一〇で割ったものを指数一〇〇としよう。ここでもやはり、以下の一二カ国について検討する。イングランド、スコットランド、アイルランド、フランス、低地諸邦（特にベルギーとなろう）、ドイツ、オーストリア（ウィーンを首都とする）、スイス、イタリア、フィンランド南部、ノルウェー、デンマークである。

さて、データ時系列を始めるにあたり、一七三五年から一七三九年（すでにいくつかの問題がある年）までの「よき歳月」に歩をとどめ、ともかく穏やかな「ヨーロッパの」数値をみておこう。

ヨーロッパの死亡者数

一七三五―四四年の平均を指数一〇〇とする（Post, « 1740 », p. 32）

一七三五年	八二
一七三六年	九六
一七三七年	一〇三
一七三八年	九四
一七三九年	九四

そして、時期外れの雨（一七四〇年）による低体温（一七四〇年）とその後の悪影響を受けた収穫後の期間（一七四〇年から一七四一年にかけて）である一七四〇年と一七四一年の厳しい年が浮かび上がる。一七四〇年のヨーロッパの死亡者数は指数一一五で、一七四一年も一一五である（前記の表と同じ出典）。その後ヒステレシス効果〔物理学の用語。ある状態が、現在加えられている力だけでなく、過去に加えられた力に依存して変化すること。履歴現象、履歴効果ともいう〕がみられる。穀物不足は、一七四一年の適度な収穫以降ほぼ避けられた（おそらくバイエルン、オーストリア、ノルウェーを除いて。これらは所詮周辺地域である）。しかし、死亡者数についてはまったくヒステレシスである。カウンターはちっとも下がらない。ヨーロッパの死亡者数は高い所で固定され、一七四二年に指数一一七、一七四一年より悪いくらいだ。悲惨な状況（一七四〇―四一年）によってひとたび解き放たれると、

細菌はもう見境がなくなる。パンの価格が下がってもおかまいなく活動を続ける（一七四二年）――細菌を恨んでもどうなるものでもない――。そしてウイルスも、場合によっては、同様だ。

ヒステレシスはその後数年でやっと薄れていく。ヨーロッパの死亡者数の指数は、一七四三年に一〇一、一七四四年に八一に下がる。安堵のため息。こうして一七三五年から一七三九年までの「良好な」もしくはかなり良好な数値に戻る。

一七四〇―四一年の絶頂（クライマックスという必要があるだろうか？）の期間、イングランド、フランス、ドイツ、デンマーク、スウェーデン（この国は一七四三年に、当然な推論に反して、遅れて死亡者数のピークを迎えるのだが）と、当然スイス、オーストリア、イタリアは、非常に幸運なことに、たしかに悲痛ではあるが、死亡者指数一一〇から一二〇もしくはややそれ以上の範囲内に収まって、比較的「妥当」であった。フランス（当時、農村人口が極端に多数を占めていた）については、この二年間（一七四〇―四一年）の死者数は、一七四四―四五年の「良好な」年と比較して三〇万人足らずの過剰にすぎず（*Population*, nov. 1979, p. 62）、かりに一七四一年（死亡者数最悪の年）を一七四〇年および一七四二年と比較することに限るとすれば、この三〇万人という数字よりも大幅に少ない（以下参照）。他方、一六九三―九四年の二年間は、できる限り低く見積もっても、一〇〇万人もの通常より過剰な死者を出しているのである（前記「マウンダー極小期」についての章〔本書第9章〕参照）。半世紀弱のあいだに、フランスは少しは近代化した。大災害に対してよりよく、あるいはかつてほどひどくなく、自己防衛したのだ……。

だが、いくつかの地方や国はそれぞれ、一七四〇年代の初めに、一七三五―四四年に比べてより深刻な悲劇を経験した。死亡者数の点でアイルランドは、一七四〇年に指数一四〇になり、低地諸邦（ベルギー）は一七四一年に一四九である。フィンランドは、一七四〇年に一五七、一七四一年に一三六である（やはりヒステレシスだろうか)。ノルウェーは、一七四一年に一四九で一七四二年に一八七(したがって一七四二年に死病の罹病率ヒステレシスは高まった。ノルウェーの穀物価格はたしかに依然として高かったが、一七四〇—四一年の場合のように悲劇的でも破滅的でもなかった)。もちろん、これらの数値のうちのいくつかについて議論の余地はあるが、傾向は否定できない。

結婚数については、たしかにその演劇性は死の神タナトスよりはるかに劇的高揚は少ない。その数も、一定の基準を満たした多くの国(イングランド、フランス、低地諸邦、ドイツ、オーストリア、スイス、イタリア北部、フィンランド、スウェーデン、ノルウェー、デンマーク)について算出されている。ヨーロッパにおける結婚の指数(一七三五—四四年を指数一〇〇とする)は、予想どおり全般的に上昇していて、一七三五年から一七三九年までは一〇〇を超え、一七三六年の九八を例外とすれば、この四年間の平均は一〇〇・一である。それが、危機の時代に結婚予定の男性が悲観的になるせいで、危機に相関する結婚の延期や遅れのために、一七四〇年に九四、一七四一年に九一(顕著な落ち込み)、一七四二年に九八となった。気候と穀物に起因する結婚前の真の危機は二年あるいは三年弱しか続かなかった。全体として、二年もしくは三年間結婚にブレーキがかかることは少しも重大ではなく、ヨーロッパではいつもとほとんど同数が祭壇の前で結婚を挙げたか、わずかに少なかっただけだ。誰も驚かないひとつの例外はフィンランドで、この国は重要性のない辺境で当時呪われた国だった。フィンランドの結婚指数は一七三五年から一七三八年までの平均が一〇四・八と上限で、一七三九年になると九五、一七四〇年に九三、一七四一年に七八に下がり、一七四二年には七五になった! それから一七四三年に一〇一に上昇して、一七四四年に一四〇……。

フィンランド以外では、一七四〇—四一年の危機に結婚数にマイナスの影響が最大限に上昇したと思われるのは、低地諸邦、ドイツ(一七四〇年)、スイス、イングランドである。それだけにこれは、気候、穀物、疫病、人口に関わる大被害の心理的次元で最高度に雄弁で重要な影響だといえる。

＊

出生数についても、死亡者数ほどの影響はないが、気候・穀物的な不慮の出来事の生物学的かつ心理的結果（生物学的——食糧不足とその後の疫病感染。男性、そしてそれにもまして女性の肉体の衰弱、そのための女性の無月経。心理的——危機の時期に子供を作ることに対するためらい。すべてが性行為の回避と、基本的なことではあるが避妊という行動を発生させる）による同様の所見がみられる。ヨーロッパの出生数の指数は、ポストが一一カ国について算出したところでは[25]一〇二から一〇七のあいだに上昇した（一七三五年から一七三九年の期間の平均は一〇三・六）。それが、一七四〇年から一七四三年までの危機と危機後の四年間の指数は、一〇〇、九四、九二、九五に下がった。ジョン・D・ポストは妊娠数については研究していない。これは、彼の算出した数値は九カ月過去と隔たっているということで、一七四〇年以降の、危機の本来の期間を一層よく表現しているという[26]ことになるのだろうか……。

＊

フィンランドの極度の悲惨さは、一七四〇年とその後の危機の典型、おそらくは典型すぎるものだろうが、この国の高緯度ではとりわけ攻撃的な一七四〇年とその後も残った寒さ（一七三九年から一七四〇年にかけての冬にバルト海のフィンランド沿岸が凍結）によって説明される。さらにまた、当然ながら、一七四〇年とその後一七四三年までの不作によっても説明できる（フィンランドの小麦価格の年指数は一七四三年でもまだ一四五だった。Post, 1985, p. 116 による）。寒さと、それによって生じた飼料の欠乏に襲われた牽引用家畜の減少によってもまた説明される。そのうえ、「スウェーデンの」比較的辺境で外部的な、さらにはスウェーデン本土に対して植民地的な一地方であるフィンランドでは、不足時における小麦の備蓄のための（スウェーデンの）王立食糧貯蔵庫システムがおそらくあまり発達していなかったのだろう。スウェーデン本土では、王国の行政機構によってみごとに計画されたこの備蓄網がはっきりと成功裏に機能していた。こうした結果フィンランド地域では穀物並びに食糧の欠乏が一層深刻になり、死亡者指数が上昇した。フィンランドにおける小麦価格の上昇はすでに一七三八年から一七四〇年の期間に大幅だった（死亡者指数が四四・三パーセント増）[27]。一七四一年にはさらに深刻化して、一七三五—四四年の平均に比べてすでに指数一五五になっていた（一七四〇年と比較して四二パーセント増！）。基本食糧であるライ麦は、特にこの国の北部ではほとんどいたるところで欠乏していた。厄年である一七四〇年には、死亡率は五二パーセント増になった。この同じ年の死亡率が五七パーセントあるいは六四パーセント増までになった地域もあった。たしかに死亡率が四〇〇パーセント増加した黒死病ではないが、ピエール・グベールの残酷な言葉によれば、結局「バタバタ死んでいった」のだった。気候と飢饉と細菌……戦争はないが、ようするにそれらの混合だ。だが、宗教戦争の、フロンドの乱の、さらにはルイ一四世の治世末期のフランスにいるかのよう思われた。フィンランドは一七世紀から完全に抜け出してはいない。具体的には、スウェーデンとロシアにはさまれたこの国に一七四〇年にこうして広がった日和見主義的疫病のうちで[28]、チフス（寒さに対する基本的対抗措置として人々が身を寄せ合うために室内が混み合った雑居状態となっている、病気に感染した家の中でのシラミの有害な行動のせいである）、そして回帰熱、赤痢、壊血病……の蔓延を挙げることができる[29]。

＊

ノルウェーでは、一七四一年の指数一四九（ジョン・D・ポストの指数によると、死亡者指数一〇〇が一七三五―四四年の期間の平均である）と一七四二年の指数一八七という非常に高い死亡者数のピークをすでに指摘した。ほとんど二倍だ。このペースだと、もしフランスなら、一七四〇年と一七四一年は、年に百万人の死者を大幅に超えることになっただろう。だが非常に幸運なことに、セーヌ川とローヌ川とのあいだではそうしたことは起こらなかった。

ノルウェーの穀物価格の（年単位の）上昇については、一七四一年（年平均）に大幅（指数一四一）だったが、ヨーロッパの一般的範囲内に収まっていて、一七四一年六月に一七五という高いピークに達するけれど、フランスにおける一七四〇年一二月と一七四一年二月の最大値（一七八）並である。しかし、フランスにおける価格は一七四一年一月から七月まできわめて一貫して一六九という数値にとどまり、前述した一七四一年六月の「急上昇」（指数一七五）は別としても、ノルウェーでの価格よりも安定している。ノルウェーは、（疫病に加えて）不作と、その下に隠された、極北にある国々では穀物に非常に有害な厳しい春の寒さ[30]が一七四一年と一七四二年までおよんだために、一七四二年にもことさら被害を、それも過剰な被害をこうむることになる（すでにみたように死亡者指数一八七）。寒さと、その結果としての飼料の欠乏の犠牲となって家畜が部分的に失われたことは、施肥、荷車による運搬、耕作に非常に打撃だった。一七四二年、ノルウェーは北から南まで不作で、死亡率は五二・二パーセントに達し、疫病が非常に蔓延したアーケシュフース司教区「ノルウェー南東部の県、司教区」では六七・三パーセントにさえなった。デンマーク（ノルウェーは当時デンマークの従属領だった）からの小麦の輸送はといえば、一七四〇年にはまだ休止していて、一七四一―四二年にならなければノルウェー人のもとに届かず、疫病の流行にはたいした変化をもたらさなかった。有名なチフスと赤痢の流行は一七四一年、さらには一七四二年まで続いた。他方、餓死と栄養不良による直接的な死は結局少数で……。これに対して戦争は、フィンランドの諸地方と違って、これらの歳月にノルウェーにとっていかなる役割も果たしていない。一七四〇―四二年のノルウェーにおける飢饉・疫病複合は初めから終わりまで、一六三〇年の飢饉に瀕したアンジュー地方[31]と、それに劣らず食糧不足だった一六六一年のパリ盆地……あるいは一六二二―二三年のイングランド等、当時やそれ以前に戦争による紛争を免れたフランスのあちこちの地域で起こったことと同様に、純粋に気候的なものとみなすことができる。

＊

一七四〇年の気候危機については、やはり幾分病気に関わる他のケースもある。それはアイルランドである。この国は、暦年で一七四一年の一二カ月について計算して、穀物価格上昇[32]のヨーロッパ記録を達成した。この点でアイルランドは、フィンランドにしか抜かれていない。それもほんのわずかの差である。それがすべてをいい尽くしている。このアイルランドの価格急上昇――おお、暦年のまやかしよ！――は、実際は、一七四〇年から一七四一年にかけての収穫後の期間の一二カ月か一三カ月、つまり一七四〇年六月から一七四一年六月もしくは七月までしか続かなかった。これら二つの時間的区切りの前後に、ダブリンでは、小麦市場はまったく静かだった。アイルランドの諸地域の死亡率は、やはり一七四〇年の特異性によって規定されて、また一七四一年へのヒステレシス[33]もあって、これらの死の季節の期間にブリテン諸島で最も強力な死の波に見舞われた。これには誰も驚かないだろうし、それは、フィンランド、ノルウェー、低地諸邦（なかでもベルギー）に次いでヨーロッパで高いものである。一七四〇年（より精確には、冬については一七三九―四〇年とそれに続く三季節）のアイルランドの気候パターンは、おおまかにいってイングランド南部あるいはフランス北部と同じで、したがってコーク〔アイルランド南西部地方の都市〕やダブリン周辺では「晩霜の被害」がかろうじて少ないくらいだった。アイルランドの非常な寒さは一七三九年一二月二七日に始まり、それから一七四〇年一―二月に七週間霜が降りた。大地に播かれた種子の「段階」でこの一七三九年から一七四〇年にかけての冬の降霜の被害を受けて不運な境遇にある、六、七カ月後の収穫にとって、二つめの必殺の一撃があった。そのうえさらに、(生えている穂や刈り取った麦束が)一七四〇年の八月末と九月初めの低気圧による雨が罰のごとく与えた外部からの被害をこうむるのである。これに対して、農業面その他についての気候的悪条件が二、三年(一七四〇―四二年)続くフィンランドやスカンジナヴィア地方と違って、アイルランドでは、食糧面について、小麦もジャガイモも、翌一七四二年の収穫が食糧供給状況を完全に以前の状態に戻す。もちろんこのことが、勢いに乗っている疫病が一七四一年までアイルランドの住民に壊滅的被害を与え続けるのを妨げたわけではない。

さてとにかく、穀物収穫に話を限れば、一七四一年とまったく同様に、アイルランドでは一七四二年と一七四三年は小麦もジャガイモも非常に適正な収穫をあげることができた。アメリカ大陸、次いでスペインから海峡を越えてもたらされ、今ではアイルランドの農業の「固有の特徴」のひとつになっているこの塊茎について一言いえば、これは、アイルランドが一七四〇年に(そして一八四六―四七年にもまた)一時的に高い代償を払うことになる島の独自性だ(英仏海峡の南へのこの植物の普及は、様々な大陸諸国において、たとえばセヴェンヌ地方〔フランス、中央山地南東部の山岳地帯〕やルエルグ地方〔南仏、ロデス西南部一帯の旧地方名〕のあちこちにある広大なプランテーションを別にすれば、やっと始まったばかりだった)。緑のアイルランドでは、この澱粉質の野菜はすでに一七三九年には広く栽培されており、一般的に、一エーカーか二エーカーのジャガイモ畑を耕す多くの零細な家畜飼育者たちを、少しの脱脂乳の補いを得て、養っていた。一七三九年から一七四〇年にかけての冬、一二月末と一月・二月にかけての霜によって壊滅したのは、きたるべきジャガイモの収穫ではない。当然そうなるだろうという推論に反して、すでに収穫を終えて食べることができる一七三九年秋のジャガイモが事後に全滅したのだ。熟成した一七三九年産の「貴重な塊茎」は冬に備えて浅い貯蔵のための穴に保存されるか、ただ単に掘り出したときについていた土に埋もれたまま放置されていた！　ジャガイモは、必要に応じて、農作業用フォークかつるはしでそこから掘り出されるのを待っていた。何という後進性だ！　保存が悪いため、技術的に非常に原始的なこれらのストックは厳寒に見舞われた一夜のうちに全滅した。多くの羊も天候異変の突然の厳しさによってみな死んだ。一七四〇年、誤って揶揄しているこの「四〇年」[34]は、間違いなく虐殺の様相を帯びていた！　イングランドからの穀物の輸入は、アイルランドの他の同様な場合のように、現地人の窮状の備えとなることができたはずだ。しかしイングランド自体もまた、一七四〇年には、同様に穀物欠乏状態だった。イングランドは、西方の、おりにふれて何度も度を超えた圧政を加えてきたこの属領の広大なケルト人の島を救援することができなかった。北アメリカその他から輸入された小麦は、一七四一年五月から六月、手遅れになった頃に到着した。災禍を避けるには遅すぎて……災禍はすでに完成の域にあり、他方「小麦売買の」状況は、この一七四一年夏・秋にはベルファストやコーク周辺では立ち直りつつあった。

小麦と他の澱粉質の野菜が非常に欠乏したことによって死亡するという事態は、この章でしばしば言及し、リグリーとスコフィールド[35]もすでに指摘した周知のヒステレシス効果によって、それらの欠乏後もなお一年近く「持続する」。死亡者数は、その持続期間よりもその多さによって際立っている。食糧危機自体は一、、年間（一七四〇年から一七四一年にかけての収穫後の期間の一二カ月ないし一三カ月）にすぎず、大量死亡者の持続期間はせいぜいで二年間である。ともかく、この問題に関するデイヴィッド・ディクソン〔現代イギリスのアイルランド近代史学者〕の研究はジョン・D・ポストの研究よりもさらに進んでいる。ポストは、彼の指数にもとづいて、一、、七四〇、、〇年に死が猛威を振るったと強く主張している。デイヴィッド・ディクソンのほうは、この問題について多くの農村に関するモノグラフを活用している。彼は一七〇一年から一七七五年までの期間の平均死亡者数を指数一〇〇とすることを提案した。そして、この基準にもとづいて、一七四〇年に一三三、一、、七四一、、年に二三二という死亡者指数を導き出した！[36] 特におおきな被害をこうむったマンスター〔アイルランド島南西部、六つの州で構成される地域〕というアイルランドの広大な地方の人口は、ここで問題にしている気候危機とそれが収まったあとの危機の期間に二〇パーセント減少したという。当時の貴重な『ダブリン死亡者統計表』は一七三九年から一七四〇年にかけての冬の気管支・肺疾患を強調している。それは実際激しいもので、高齢者、子供、障害者、ぜんそく患者を襲った外因性の呼吸器疾患である。咳の発作、喉の痛み、肋膜炎、肺炎……。とりわけ夏に被害が集中した「四〇年」のその後の月日は、「気候の良い」季節におけるお決まりの恐ろしい病気のオンパレードだった。赤痢と、その他腐敗から生じた、この場合激しい下痢を伴う熱病。なかでも天然痘（それはこの危機とはなんの関係もないと考える人口学者たちがなんといおうと、そうだ。実際、この年の悲惨な状況のために人々がさまよい、雑居することが、この「赤い死」の猖獗をも促したのだ）。赤痢に話をとどめれば、それは暑い夏だけのものではないということを思い出そう。この病気は、二次的に、人々の移入に伴う接触やその他様々な接触のうちで、排泄物に汚れた手指や汚染された水、虫、食べ物によって人に移される。不衛生や腐敗（しかたなく動物の死骸を食べる）によって食べ物は疫病感染の追加的要素になりうる。ジョルジュ・ルフェーヴル〔現代フランスの歴史学者〕もまた、アンシャン・レジーム期の社会病理学さらには社会医療に関して、大陸北部での放浪者たちの果たした時間的に遅れた役割を強調することになる。[37]

アイルランドの人民は、支配権力（イングランド）に厳重に監視されていて、多少は服従的態度を示したのだろうか。この成り行きでは、西にあるこの大きな島では食糧暴動は頻発しなかった。しかし、収穫前である一七四一年四月のダブリンと西部地方での小麦暴動は指摘しておこう。[38] この月、ダブリンでの穀物価格の上昇はまさに、一七四〇年から一七四一年にかけての収穫後の期間にノルウェーで記録されたヨーロッパ記録をすべて更新した。[39] スコットランド人とイングランド人、そしてフェルナン・ブローデルのいうところを信じるなら、より意地悪なオランダ人とフランス人は、当時善良なカトリックでとかく物事をあきらめがちなアイルランド人よりも、明らかに抗議の姿勢を示した。

それに、恒常的で特に気候危機の価格高騰時に機能するキリスト教社会ヨーロッパにお決まりの社会福祉事業についていえば、アイルランドは非常に手薄だった。カトリック教会は、迫害され、アウトサイダー化され、当時多少なりとも非合法化されており、ラテン的ヨーロッパや部分的にはドイツでさえ本来の使命としている慈善の役割をこの島では十全に果たすことができなかった。当時のアイルランドの民衆の大半は、基本的にカトリックだが、それだけになお一層神に見捨てられた状況に置かれていた。アイルランドのプロテスタント教会はといえば、たしかに支配勢力ではあったが、こちらは自分にほとんど自信がなく、人口的に非常に少数派であるという事実もあってやはりアウトサイダー的だった。ジョン・D・ポストは、元来あれほど頭脳明晰なのに、それぞれ違った理由からお互いに無力な状態にあった二派の聖職者たちの、アイルランドにおけるこうしたパラドクスを理解していたようには少しもみえない。それでも彼は、スウィフト〔イングランド系アイルランド人の諷刺作家、アイルランド国教会司祭。代表作は『ガリヴァー旅行記』。一六六七—一七四五年〕と主教バークリー〔アイルランドの哲学者、アイルランド国教会主教。一六八五—一七五三年〕の非常に共感を呼ぶ愛他主義的行動を挙げている。二人ともこの島のプロテスタント教会のメンバーで、高位聖職者は自分のクロイン〔アイルランド島南端近くの都市〕教区のために気前よく振る舞った。善良な主教バークリーは、自己の唯我論からして、この種の本来自分の内部から発したわけではない献身行為に向いていたのだろうか。領主たちはといえば、単に自身が現地に不在であるという理由で、現地に残った自領の経営者たちの苦悩をほとんど気に掛けなかった。[40]

低地諸邦

アイルランド、フィンランド、ノルウェーは、当時、ヨーロッパの辺境に属していた。それに対して低地諸邦は中心部であり、たとえオーストリア領の低地諸邦（現在のベルギー）は低地諸邦北部〔オランダ〕に対しては周辺地域であるにしても、やはり中心部に位置している。低地諸邦北部は、一七四〇年の躍動するヨーロッパのまんなかに位置している、海運業、自由主義、新教、資本主義のヨーロッパにおける中心であった。中心は二つあって、ロンドンが、下位に従属するアムステルダムとともにチーム形成していて、ロンドンがチームの長である。したがって、「ベルギー」と、ともかくはオランダの気候危機は、西の端（アイルランド）と北の端（フィンランド、ノルウェー）に位置する、居場所がより悪い国々と比較して好例もしくは反例としての価値を持っている。

平坦な国にあるブリュッセルでは、他所よりも厳しくもなく穏やかでもない好ましからざる季節が連続するなかで一七四〇年の冬が訪れた。低地諸邦の気温は全般的に、一七三五―三九年の平均気温（これら五年間の平均は九・六℃で、最高は一七三六年の一〇・一℃、一七三五年から一七四四年までの低地諸邦全体の平均気温は九・〇℃）より上か少なくとも同じだった。反対に、一七四〇年から一七四四年まで、この同じ地域の平均気温は七・九℃で、非常にはっきりと下がっている。しかし一年だけは、すでにみたように、ほんとうに凍りつく寒さで危険だった。すなわち年平均気温六・五℃の一七四〇年である。この年には、九月だけを例外として、他のすべての月が一七三五―四四年の平均気温より低くかった。運が悪かったのだ。一七四〇年から一七四四年までは、一七三五年から一七三九年まで暑くて湿潤な歳月だったのと対照的に、どちらかといえば乾燥期（オランダ）だったのに、[41] 一七四〇年九月は非常に湿潤で、その秋をとおしてそうだった。低地諸邦では、この年の収穫はこうして三度にわたって全滅の打撃を受けた。穀物の発芽が始まるときに一七四〇年の厳冬によって、そして寒い春によって、最後に、遅れた収穫がまだ穂の状態ですでに腐りかかっているときに秋の初めの雨によって。そのあとはわかっている。低地諸邦では、パン用軟質小麦、スペルトコムギ、まぐさの収穫がことさら被害を受けて失われた。その結果、家畜が死に、牛乳、バター、チーズの値段が上がった。一七四〇年六月から小麦価格（Post, p. 119）はブリュッセルで二倍以上となってすべてのヨーロッパ記録を塗り替えた。ベルギーの価格指数は、一七三五―四四年の「平常値」に対して二四一だった。しかしアムステルダムの価格指数（一七四〇年六月）は、低地諸邦北部における海運と農業についての世に知られた供給の行き届いた進歩主義システムのせいで、一七〇でしかなかった。だがブリュッセルでは、小麦相場はその後も高いところに固定した。一七四一年一月まで指数二〇〇以上かその周辺にへばりついていた。一七四一年八月から、誰も異を唱えないだろうが、状況は少しずつ正常化した。一七四一年八月から一二月まで指数一〇〇前後に下がった。したがって、ベルギーにおける食糧危機は本質的に、一七四〇年夏から一七四一年夏までの（困難な）収穫後の一年間に関わるものだった。しかし、なんという年だろう！　なんという厳しさだろう！　一七四〇年の惨めな収穫による一七四〇年から一七四一年にかけての悪しき収穫後の一年は、前年一七三九年のまったくぎりぎりの収穫のあとにきた。その年の収穫は「三九年」の夏から秋にかけての雨のせいでかなりよくなかったのだ。だが「四〇年」のあとには、地域的で非常に幸運なことに、一七四一年、一七四二年、一七四三年、一七四四年のかなり良好な収穫が続くことになる（たとえばバイエルンとはおおきな違いだ。そこでは一七四一年は一七四〇年ほどの大災害に見舞われはしなかったが、穀物収穫については並以下、さらにはそれよりももっとひどかった）。

とにかくベルギーでは、非常に危機的な年（一七四〇年）以降オランダからの小麦の輸入に頼ったが、それは、外に出すよりも入れるときのほうがうまく機能する歓迎すべき安全弁だった。それだけに、オランダからの救援物資は一七四一年四月と五月からブリュッセルの厳しい状況を多いに緩和したが（おおまかにいって指数一一〇）、「ベルギーにおける」価格が最終的に落ち着くのは一七四一年八月から一二月あるいはそれ以降である（指数一一一が八九に下がる）。だからといってベルギーの死亡者数が減少するわけではなかった。一七四一年になっても年平均（指数一四九）で、あいかわらずヨーロッパで最も高く、ノルウェー（同じく指数一四九）[42]に匹敵するものだった。いつものお決まりのヒステレシスあるいはブーメラン現象だが、今回は非常に激しかった。一七四〇年に衰弱した人体は病気にかかりやすくなっていて、一七四一年に致死性の疫病をまき散らし、またその病気にかかりもした。価格が下がっても無駄だった。ベルギーは国中腹一杯食べたが、それでも人々はやはり死んだ。なぜならひとたび解き放されると、疫病の感染はもう止まらず、収まることはなかったからである。チフス、腸チフス、回帰熱、その他のスピロヘータによる病気。ベルギーでの膨大な数にのぼる死亡者数はこうして事後にふくれあがり、一七四〇年の食糧不足は、つい最近のことだがすでに悪夢にすぎなかった。ベルギーの死亡者指数は、一七四一年に一四九となって、その年のヨーロッパ最高を記録し、ノルウェーだけがそれと同じだった。不運なベルギー……。食糧暴動が一七四〇年春からリエージュで燃えさかった。カトリックその他による社会扶助事業は、この街と他のワロン地方〔ベルギー南部のフランス語地域〕または南フランドル地方の街では、不完全であるにしても、教区救貧院のシステムが他の国よりもうまく損害を食い止めたイングランドの話を持ち出すまでもなく、フランスやスコットランドほど効果的ではなかったようにみえる。

フランス

一七四〇年あるいは一七四〇―四一年のフランス。ある小さな都市の地方的な事実から出発しよう。一八世紀初期の人口増加で注目される都市ヴェルダンでは、聖カトリーヌ施療院が受け持った貧しい人々の数は、一七二五年から一七三六年までのあいだに一五〇〇人から三〇〇〇人もしくは四〇〇〇人になった。こうした恒常的貧困状態に、四季にわたって寒くて多雨な、いとわしい気候によってそれ相当の不作が見込まれた一七四〇年はさらに一層厳しく「食い込む」ことになる。すでに王国の東部に被害を与えた食糧危機に見舞われていた（数カ月前から上昇していたパン用軟質小麦の価格は、一七四〇年八月から一〇月にかけて、さらに三分の一上がり、小麦の購入が高くついた）。ヴェルダンは、一七四〇年一二月二一日に洪水に襲われた。フォブール・デュ・プレ（水深一・五〇メートル）、高市街の低地部（マゼル通りとショッセ門のあいだ）、低市街（サン゠ヴィクトール小教区を除く）が浸水した。レコレ地区は水面下三メートルになった。一七四一年一月七日になってやっと水が引いた。街はほとんどすべての橋を失った。水車は破壊され、個々人がこうむった損害は考慮に入っていない。一七四一年一月から八月まで公的寄進が呼びかけられた。一万八五〇〇リーヴル近くが集まり、毎日七五〇キロのパンが配られた。住民の多いサン゠ソヴール小教区では死亡者数は、一七四一年と一七四二年の死を告げる「鐘の音」（死亡者数一四六人と一三〇人）後の一七四五年にならなければ、一七三九―四〇年の水準（死亡者数八五）に戻らなかった。いつものように、疫病は一年以上長くはびこった。一七四〇―四一年の食糧不足によって生じた肉体上の悲惨な状態の悪しき結果である。

さて今度は、ヴェルダンの事例よりもより広い規模に視野を広げるために、フランス全般をみてみよう……ラシヴェール[44]と彼の教え子たちは、一七三八年からの夏の雨を注記する。雨のせいで小麦の収穫は良くない。それでもともかく、非常に重大なことはなにもない。一七三九年も、大災害はないが、さほどよいというわけでもない。国王政府は、今や危機の場合に取るべき方策に精通していて、この年、大西洋と英仏海峡の港を経由して入ってくる米を購入させた。一七三九年の端境期はほぼ全体的に安定が保証された。一七四〇年の冬は、他所同様フランスでも、部分的に穀物の霜害を生じさせた。この冬はまた場合によれば死にいたる風邪も流行させた。寒さは腰を据え、長引いた。一月から五月のパリでは、毎月の気温が、当該の月の「平常の」平均に対して、連続して、大幅もしくはさほどでもない程度下まわった。

パリにおける平常の月平均気温に対する差異(45)

一七四〇年一月	マイナス七・四度
二月	マイナス七・七度
三月	マイナス二・九度
四月	マイナス〇・五度
五月	マイナス二・〇度

穀物の一部は畑で凍ったが、すべてではなかった。家畜は悲惨な状況で、そのうえさらに、寒さによって草が乏しくなっただけでなく、乾燥して生産性が低下した牧草地で食べるものが非常に少ないため、大量に死んだ（一七四〇年の一月から五月の期間は寒いと同時に乾燥していたようで、大陸性気候の傾向だった）。だが、最初の五カ月の寒さに加えて、またもや「四〇年の」作物を腐らせる夏がきて、小麦を壊滅させる仕上げをした。小麦の穂は雨に打たれて倒れ、そこで発芽し、小麦は時期遅れにどうにか刈り取られたが、こうした結果しばしば芽が出ていた。いくつかの制限を課する要件にもかかわらず、国の東部方面と西部方面ではかなりよい収穫が得られた。しかし、パリを中心に一〇〇キロ圏のイル＝ドゥ＝フランス地方は、この「四〇年の気象」によっておおきな被害を受けた。あらゆる種類の逆境に陥った。たしかに、もはや一六九三年や一七〇九年ではない。セーヌ

川経由あるいは大幅に改善された陸路網経由でのパリ住民への食糧供給のために取られた方策はうまく機能した。一七四〇年一〇月からパリの住民はほぼ適正な食糧供給を受けた。同年一〇月六日から八日にかけての霜がアルジャントゥイユ〔パリ北西郊外、セーヌ川沿いの都市〕その他の地域の大ブドウ園に大被害をもたらしはしたが。四〇年一二月のセーヌ川の氾濫は交通を乱したが[46]、基本的に食糧の最悪事態もしくはかなり悪い事態のあとになって発生したのである〔付録23「一七三二年から一七四九年までのセーヌ川の水位」参照〕。フランス北部における穀物価格の上昇（一七四〇年一二月から一七四一年七月まで、指数約一七〇さらには一八〇）は、一七四〇年から一七四一年にかけての収穫後の期間についてそれ以前のすべてから後天的に教訓を引き出した（Dupâquier *et al.*, ***Mercuriales du pays de France...*, p. 240 *sq.*, graphique 10**）。この上昇はたしかに、同時期のヨーロッパにおける上昇の平均より、ときとしてわずかに高い。ましてや、イングランドでの上昇をやや上まわる。しかしフランスでの上昇は、誰も異議を唱えはしないが、一七四〇—四一年の小麦価格の途方もない上昇というノルウェーの悲惨な記録を超えない。一七四〇年のフランスにおける死亡者数については、人口学者たちが一致して記録しているように、この出来事によって過度に上昇した地点にとどまっている。繰り返すが、もはや一六九三年でも一七〇九年でもない。さて、このフランスでの死亡者数は、一七四一年に際立っている（この年は、八月まで不作による打撃が最大で、不作直後と事後に相関的に引き起こされた疫病による打撃もまた最大だった）。一七四一年の死亡者数は、〔比率ではなく〕絶対数で、一七四〇年が七〇万三〇〇〇人、一七四二年が七二万二〇〇〇人なのに対して、八〇万三〇〇〇人である。概算で一三パーセントの増[47]、指数でいうと一一三である。これはヨーロッパ平均（一七四〇—四一年の死亡者指数一一五）にほぼ近い。だが、アイルランド（指数一四〇）とフィンランド（指数一五七！）が一七四〇年に達した悲惨な最大値よりもずっと低い。さらに、何と、ノルウェー（指数一四九）とベルギー（同じく指数一四九）の一七四一年の死亡者数新記録よりも大幅に低い。

結局、フランスは、ヨーロッパの他の国々と比較して、一七四〇年の不運に直面してそれ程悪い対応をしたわけではない。せいぜい、フランス（北部と中央部）における一七四〇年の気候的不虞の事態は、一〇年規模での人口の亀裂あるいは減速の始まりとなったと指摘される程度だ。フランスの人口は、一六九五年に二〇七〇万人で頭打ちだったが、一七一四―一五年に二一九〇万人になった。一七一九年に二二七〇万人、一七三〇年に二三六〇万人（あるいは二三八〇万人?）、一七四〇年に二四六〇万人だった。しかし一七五〇年にはまだ二四六〇万人（一七四〇年以来足踏み）、そして再び人口増加のエンジンは出力を上げる。一七六〇年に二六二〇万人となった（失われた時を取り戻す）。それから、一七七〇年に二七〇〇万人、一七八〇年に二八〇〇万人。ついに一七九〇年には二八六〇万人になる。[48] ところで、一七四〇年にスタートしてから、まさに困難な一〇年間がひとつあった。それが一七四〇―五〇年である。一〇年間の「階段の踊り場」で、その始まりに一七四〇年の気候上の不虞の事態が、食糧と疫病との脈絡である役割を果たしたのだ。

それに対して南仏地方はしばしば一七四〇年の不作をまぬがれたことが確認できる。[49] 北部地方よりも明らかに暖かい気候においては、一七四〇年の寒さの襲来は、ひとつの附帯的症状、短期的に通り過ぎる出来事にすぎず、南仏地方の気温グラフに現れるマイナスのギザギザであって重大な結果を生じさせるものではない。南仏の気温曲線は結局、中期的に、高温域にかなり高止まりしたままだった。

危機というロケットの六段階

気候的危機は、いうなれば、われわれの社会史のなかでしごくありふれたものであり、一七三九年から一七四一年、端的にいえば一七四〇年の様々な出来事が錯綜した事態について、そのことはことさら明白になるか、あるいは完璧に明示された。それは穀物（穀物収穫）、経済（価格）、人口（死亡者数）の面での結果をもたらした。連鎖の末に不可避的に、多かれ少なかれ暴力的あるいは激烈な食糧暴動をあちこちに発生させたということを付け加えよう。フランスは、例によって、この事態において典型となった。ジャン・ニコラ[50]は一七四〇年だけで、パンの問題に関わる民衆の騒擾を二九件数えており、それらのほとんどすべては王国の北西四分の一の地域で起きた〔付録31「一七四〇年から一七四一年にかけての収穫後の期間における食糧危機」参照〕。最も特筆すべきもののひとつはパリのモベール広場で起きた（一七四〇年九月）。二〇〇人の女性が枢機卿で大臣のフルリーの馬車を襲ったのである。「民衆は飢えで死につつあり、枢機卿は恐怖で死につつある」。彼の高齢を考慮すれば、それもいかにも無理はない。イングランド、スコットランド、低地諸邦も、抗議行動がおこなわれるという点で後れを取ってはいない[51]。結局、問題となる最初の五「段階」（悪気候、不作、高価格、大量死、暴動）のあとに、六つめ、危機のときにおける社会扶助政策以外のなにものでもないが、それとその他のものにも言及する必要があるだろう。救済政策。それは教会と個人、そして市町村と国家の仕事である。それは、実施される援助の程度と効果の点で、フランスでは「よりよく」、アイルランドでは「より少なく」、大災禍を軽減するために広く展開された[52]。すでに大陸では（この分野ではイングランドが進んでいたことを考慮しても）ルイ一四世の時代よりはるかに効果的におこなわれた。だが、一七四〇年中に子供たちの面倒をみるパリの施療院に収容された子供の数がはっきりと増加したことを考えると、この分野ではすべてがバラ色というわけではなかった（C. Delasselle, dans *Annales ESC*, vol. 30, n° 1, janvier 1975, p. 207）。

長期的影響

場合によれば矛盾する、次から次へと何世紀にもわたって繰り返されるこの六段ロケットは、（今回の場合）短期的（一七四〇―四一年）であると同時に中期的（一七四〇―五〇年）なものでもある。しかし長期的にはどうだろうか。こうした時間的尺度に関して、エルネスト・ラブルースは、小麦価格の長期にわたる上昇が一七三四年から始まったとした。その考えでいくと、それから先一八一七年まで続く、八五年間ほどの価格上昇の長期的動きのなかで、一七四〇年は非常に勢いのある最初の上昇点ということになる。[53] とはいえ、計量歴史学の大家によってこうして指摘された長期的上昇は、まったく穏やかに始まった。J・D・ポストがその重要性と意義を証明してみせたこの一七四〇年の周期的ピークのあとのことを私はいいたいのだ。つまり、ラブルースの小麦価格上昇曲線は、中期的動機によって穏やかになり、一七四二年から一七六〇年までかろうじて一ポイント弱しか上がらないのだ。極めてわずかである。一七四〇年に、一七二七年から一七三五年のあいだ基本的に当時支配的だった好気象によって小麦価格の大幅な落ち込みがあったあと、価格上昇の「動力」が突然過剰回転を起こして周期的な大価格上昇が起きたのだといっておこう。それはその後の上限を超えることを予告するものだった。それから、（特に一七五〇年前後の）中間部に入り込んだ変調や他のピークとは関わりなく、その後は後天的に、ラブルースのおかげで先に私が注意を喚起した一七四二年から一七六〇年までのほとんど上昇のない（ほんの一ポイント弱）平常に再び戻る。それは、農業総生産のゆるやかだが効率的な成長と完全に両立可能な平常だった。経済成長は社会全体に福祉を広げ……「過度に高くない」価格を維持した。民衆にとって幸いなことだ！

それを超える速度への移行、長期的のおおきな上昇はといえば、一七六〇年になってやっと本格的に始まった

（前掲書）。坂を上り始めたのだ。一七六〇年から一七七五年まで、ラブルースの価格曲線は七ポイント上昇するが、中期的動機によってかなり緩和されている。それから、一七七五年から一七九〇年までにさらに三ポイント上昇。この期間内に、一〇年以内の、一七七五年から一七八二年までしか続かないにしても、顕著な価格低下がはさまりはするが。一七四〇年の突出した危機は、小麦価格の長期的上昇がその後に続くけれど、その初期（一八年間）は非常に穏やかもしくはささやかで、その点で、一八一六年から一八一七年にかけての（やはり気候に起因する）危機とさほど変わらない。後者には価格低下が長く続くが、だからといって、制限選挙王制時代の農業総生産の健全な成長と両立しないものではけっしてなかった。

＊

一七四〇年の気候・食糧に関わる大試練はまた、フランスさらには国際間の商取引の分野で持続的な影響をいくつか発生（あるいは加速）させた。たとえばマルセイユでは、[55]小麦（様々な品質のパン用軟質小麦）の輸入は一七二五年から一七四〇年まで少なかった。当時、年によって一万から三万積みのあいだで変動していた（現在の約二万四〇〇〇キンタル〔一キンタルは一〇〇キログラムに相当〕）。それが、一七四〇—四一年の穀物不足によって突然増加する。穀物不足が触発の役割を果たすのである。端数のない数字でいって、マルセイユの小麦輸入量は、一七三九年から一七四一年のあいだに三万積みから八万積みになる。ひとたび開かれると、新しい流通路はもはや閉じられない。一七四一年から一七六七年のあいだには小麦二〇万積みが「下限」になり、それが基礎としての量となる。この二〇万積みはその大部分が後背地に再輸出される。というのは、マルセイユの人々は、食糧に関するスノビズムのせいで、プロヴァンス地方の良質の小麦を食べるからである。全体として、レヴァント地方〔東地中海地方〕、マグレブ地方〔アフリカ北西岸地方〕、ヨーロッパ北部地方、そしてラングドック地方とブルゴーニュ地方から（すべてがマルセイユを経由するわけではない。断じてそのようなことはない。当然だ）の穀物の輸入は、こうした状況のもとに、昔に比べて非常に多様化したプロヴァンス地方の新しい農業が成立することを可能にした。それは非常に独自な構造である。というのもマルセイユは、一七七〇年代に、フランス全国向けの小麦の輸入全体の五〇パーセントあるいはそれ以上をその埠頭に引き寄せることになるからである。マルセイユの港、道路網、ミディ運河……そして一七四〇年の危機は、それら四つで、啓蒙の時代のラングドック地方とプロヴァンス地方の農業の専門化した近代化と多様化の大部分を可能にしたのである。

＊

一七四〇年、別の言い方をすれば「四〇年」についてのこの章を閉じるにあたって、ジョン・D・ポストのこの問題に限定した書物、すなわちわれわれにとって本章の基礎、一点にしか着眼していないが本質的な基礎として役立った研究成果に、数行ほど立ち戻りたい。ポストの数値は、それ自身も数値化されたデータから抽出された。そのデータは、旧大陸の全体的な文脈のなかでアメリカの研究者によって考察されたヨーロッパのどれかある国について常に網羅的というにはほど遠い。それらの数値はおそらく、小地域的、地域的、国単位、大陸単位の調査と情報照合することによって改善されるだろう。だがこのままでも、これらの数値はマルク・ブロックにならって、西ヨーロッパと中央ヨーロッパと北ヨーロッパについて有効な比較研究を可能にするという例外的なメリットを持っている。申し分なく全体的な年ごとの危機についてのこうした研究はおそらく、一四〇〇年から一七四一年までの全期間について前例がないし、いくつかの追加データを補うことによってこの期間を読者に理解させるにまさにうってつけだと私には思われた。これが、農業気候学の問題にやはり情熱をかき立てられた（John D. Post, 1985, p. 299）、ジョン・ポストというこの偉大な教授を記念して献呈することができる最高の敬意である。

結論

この第Ⅰ巻の総括、当然ながらそれは、対象となる局面がどのようなものであるにしても、気候の極度の変動性の総括である。

まず、非常に長期について。すなわち、一三〇三年から一八六〇年までの小氷期だが、本書では、始まりとして一三〇三年から一七四一年までの三世紀半について考察した。当然その逸することのできない前段階である小氷期前の一三世紀、さらには、しばしば暑くて乾燥した夏に恵まれた気候温暖期にまでおよんでいる。次いで、長期。その始まりは一三〇三年から一三八〇年までの第一期超小氷期。そして一五六〇年から一六〇〇年までの第二期超小氷期。これは、とりわけ氷河については、一六四〇年頃、さらには一六七〇年もしくは一六八〇年まで続く。そして（端数のない数字で）一八一五年から一八六〇年までの第三期超小氷期。これについてはこのあとの第Ⅱ巻で再び述べる。他方、それらの合間、というよりむしろ間奏曲がある。一五〇〇年から一五六〇年までの好天（相対的に高温）の一六世紀である。それは、頻繁なこともなかったわけではないが、ときどきここかしこで、それぞれ少し間隔を置いた年単位の、日照り焼け・乾燥という事態を運命づけられた挿話を幾つも展開した（一五一六年、一五二四年、一五三八年、一五四五年、一五五六年）。相対的に好天な一八世紀もまたそうだった。それはまさに一七一八年（あるいは一七〇〇年）から一七三八年までのことである（Luterbacher, 2004）。中期のなかには、一〇年もしくは二〇年間夏に青空が広がることがあった。一四一五年から一四三五年の暑い晴天の広がりがそれである。そして、やはり高温域の、一六三〇年代、一六六〇年代、一六八〇年代に好天の間奏曲があった。反対に、おおまかにいって一〇年間程度の夏の冷涼の大波も記録されている。世紀にまたがる年月の流れのなかであちこちに根を張った、一三四〇年代、一五九〇年代、一六九〇年代のものがそれである。

最後に、短期、すなわち、厳密には年単位、三年間でないにしても年をまたぐか二年間である。この時間的短さの水準では、本書は、いくつか特性はあるが特に、一三一五年から一七四〇年までの期間における四二の気候に関わる多少とも食糧不足による危機を、人間にとっての不幸な事態に対する外界からの影響レベルで、詳細に研究する機会を提供する。それは不完全なリストである(なぜなら他にも危機はあったからだ)。これらの危機は、何よりも穀物についてだが、入手しうる食糧の生産の一時的な大幅な減少を決定づけた。いいかえれば、様々な程度で、気候の女神クリオはこの分野において、飢饉、食糧不足、パン材料の（程度は大小ある）高騰の連続に直面した。それらは互いに程度は様々だが、集団的記憶、あるいは、行為後ではないにしても後世の歴史学者たちによる計算その他の評価のなかに、深刻な苦悩の痕跡を残すに充分だった。

これら四二の飢饉あるいは単なる食糧不足という隠れた飢饉の事態、それらは歴史学の分野に四二のモノグラフを発生させたが、それらのうちの九つは日照り焼けおよび乾燥に関わるものだった。一四二〇年、一五五六年……等。したがってこの九つは小氷期お気に入りのスタイルを少しも強調していない。小氷期の様相は、状況の悪い年と、さらにはそうした年以外にも、極度に晩霜の被害が多い冬と、そしてもっぱら、作物を腐らせる夏のほうに重きを置いているからだ。夏が暑くて乾燥する「夏乾燥型の」九つの事例はむしろ、「南」の第三世界という所で現在発生する飢饉に属しており、発展の度合いが低い社会経済的文脈を考慮すると、あるいは「南の地方の」人間に幾度も繰り返し飢饉あるいは少なくとも食糧不足に陥るよう仕向け、またこれまで仕向けてもきた低開発状態を充分に考慮すると、そこでは高温と、とりわけ乾燥が知っての通りの破壊的な役割を演じている（こうして一九四三―四四年のベンガル地方の「干ばつ危機」が起きた）。それはともかく、われわれの地域的枠、西ヨーロッパに特定した枠に話をとどめると、これらの夏に乾燥する事例はきりがなくて、中庸な気候温和なヨーロッパで、一三五一年、一三六〇年、一三七〇年、一四二〇年、一五一六年、一五二四年、一五三八年、一五四五年、一五五六年に出現した。それらを、純粋に便宜的に、専用のカテゴリーAに分類しよう。あまりにも度が過ぎているので穀物収穫にとって常軌を逸して不利な暑くて乾燥した年、より精確には暑くて乾燥したいくつかの夏のこうした連続に関して、好天または暑い一六世紀（一五〇〇―六〇年）の重要性と特異性がわれわれの関心を引く。複合性という観念を見失わないようにしよう。もっと最近の時代の、より詳細でより微妙な差異があるデータを取りあつかう場合に、たとえば一七八八年の春の終わりと夏の初めの暑くて乾燥する事態は、その前年の播種が一七八七年秋の雨の被害を受けたために深刻化した可能性があるということに気づいた。こうした播種のあとに一七八八年の寒い春がきて、結局春の終わりと夏の初めにいわゆる日照り焼けがあったあげく、七月は雹が降って、雷雨が多くて非常に湿潤な夏となり、ついにはほぼ災害のようになってしまった。このような夏は、すでに穀物収穫に高温と乾燥が発生させていた被害にさらなる損害を加えた。一七八八年はたまたま革命前夜の年で、その年の非常に厳しい冬によって一層事態が深刻化した一七八八年から一七八九年にかけての収穫後の期間に非常に多くの食糧暴動を発生させたのである！　だがそこまで遠くにいかなくとも、同様の複合事態の事例を挙げることができる。それは、暑くて乾燥した春と湿潤で嵐が多かった夏による一三七〇年の不作である。

さて、小氷期の寒冷・冷涼・湿潤スタイルにもっと適合した穀物生産を阻害する危機の事例に取りかかろう。そうした危機のうちで、われわれは、細部を注意深く考慮に入れて、これまでのいくつかの章において一九の年もしくは年グループ（カテゴリーB）を挙げることができた。それらはどれも、湿潤で、多雨で、低気圧下の、作物が腐るプロセスに結びついていた。大西洋からの、南にはみ出でた低気圧が次から次へとやってきた。春の過剰な雨、夏の過剰な雨、秋の過剰な雨、あるいは同じ年にそれら三つが到来し、ときには冬に過剰な雨が降った（一五二一年の場合）。列挙してみよう。広い意味での一三一五年、一三三〇年、一三四二―四七年、一三七四―七五年、一三八一年、一四三八年、一五二一年、一五二八年、一五二九―三一年、一五六二年、一五九〇年代（なかでも一五九六年）、一六一七年、一六三〇年、一六四〇―四三年、一六四八―五〇年（フロンドの乱中！）、一六六一年、一六九二―九三年、一七一三年、一七二五年。

425年間（1315-1740）に外的要因によって穀物に大被害を与えた年

高温乾燥・日照り焼けの場合	カテゴリー　A	9例
極度の湿潤・作物の腐れ死の場合	カテゴリー　B	19例
非常に厳しい冬のあと、同じ年に極度に湿潤な季節が続いた場合	カテゴリー　C	11例
それだけで作物を死滅させる厳冬の場合	カテゴリー　D	3例
合　計	カテゴリー　ABCD	42例
小氷期の典型的な外的要因による場合	カテゴリー　BCD	33例

さらにわれわれは、まあ少数ではあるが、非常に小氷期的な恐るべき組み合わせを手中にしている。それは、物事を単純化すれば、小麦におおきな被害を与えて、畑に播かれた種子を凍らせる非常に寒い冬と、そのあとに湿潤で作物を腐らせる夏がきて、（逆境にもかかわらず）どうにかこうにか得られそうな収穫を決定的な危機にさらすという組み合わせといっておこう。これがカテゴリーCで、一一例ある。このカテゴリーには、一四〇八年、一四三二年、一四三七年（もちろん、本書の参考文献中の、*History and Climate*, p. 111 の Van Engelen と Hugues Neveux の一〇年単位のデータ時系列を参照のこと）、一四八一年、一五七二―七三年、一五八六年、一六二一―二二年、一六四九年、一六五八年、一六九六年、一七四〇年（四季節が寒冷だった年）が含まれる。最後に、それだけで畑にまかれた種子、したがってきたるべき収穫を殺す「純粋な」厳冬がくる（カテゴリーD）。これは、極めて破壊的な三例しかない。一五六四―六五年、一六〇七―〇八年そしてもちろん一七〇八―〇九年である。

それではこの一覧をまとめよう。上の表が得られる。

もちろん、穀物の生産を損なう、したがって人々の福祉に反する外的要因による被害を多少とも受けた年は他にもあった。だがここでは、最もよく知られているもの、あるいは最も知られていないものに限っておこう。対象となる四二五年間の一〇パーセントになるわれわれのサンプル（四二例）は、疑いなく、民衆に対する食糧供給に関して極限的もしくは並外れて危険な年を代表するものである。

歴史と中世末もしくはアンシャン・レジーム体制下の飢饉やその他の食糧不足に興味を持つ人は誰でも、このことに容易に賛同するだろう。

そういうわけで、とにかくこれら四二の総和に話をとどめることにしよう。それらのうち九つは夏が暑くて乾燥しており、三三は湿潤・低気圧性気候・作物が腐るタイプ（一九例で多数派）、あるいは凍るように寒い冬とそれに加えて常にではないが場合によっては寒冷な季節の霜害のあとに低気圧性の夏がくるタイプ（カテゴリーDとC、三例プラス一一例で合計一四例）である。小氷期それ自体が、夏さらには冬にも西からの大気の流れを南にはみ出させて、大西洋からライン川の向こうまでフランスをひとなぎに吹き抜けて穀物収穫に損害を与えることによって、またあるいは畑に播かれた小麦の種子にとって冬を耐えられないものにするシベリア高気圧の進入によって、そうして収穫を減少させる外因的方法で穀物収穫に働きかけるのだ。これら二つのあるいは起こりうることは互いを排除するわけではないので、予想されるだろうが、収穫された小麦の不足による周期的な栄養不足を結果として運命づけられた人口問題は解決されることはない。

さらに、これら明確な食糧不足の期間以外でさえ、小麦価格が、少しでも上がったとたん、アンシャン・レジーム期の民衆に対して制約を課す抑圧的な効果をおよぼすということを考慮すれば、小氷期の特別な気候が、飢饉を介して、とりわけ飢饉に相関もしくは付随する疫病を介して、ヨーロッパの人口増大に、邪魔されることなく、どれほどブレーキをかけたかその程度がわかる。小氷期ではないときには、他の気象要件が人口を抑制する結果をもたらしたことだろうが、小氷期にはその様態が問題なのである。当該の小氷期に特有な、寒冷・湿潤で、穀物収穫を阻害し、パン用軟質小麦に有害な攻撃を加えるなんらかの要件に遭遇するのだ。

言い方を変えれば、小氷期的様相ではないか、あるいはほとんどそうでないとき、すなわち冬はより温暖で夏はより高温な気象でも同じ結果になったのだろうか。反対に、アンシャン・レジーム期の人口に対して人間の数の増加を促したのだろうか。それはまさに一八世紀のヨーロッパ（さらには中国）に起きたと思われることである。その期間、より高温な夏と温暖な冬のお陰で小氷期の厳しさが幾分やわらいだ（Shabalova *et al.*, 2003, courbes LCT, pp. 232-233；Luterbacher, 2004）。しかし、現代の第三世界で、高温と、とりわけ繰り返しやってくる干ばつの被害を事実上こうむる効率の低いいくつかの国（すべての国ではない）の農業の例、そうした例は歴史学者を評価に際して慎重にさせる。

慎重な結論。小氷期は他よりもまして、繰り返しになるが、食糧危機と大量死の発生について、寒さと雨と作物の腐敗が支配的な気象タイプを強いた。大飢饉あるいは単なる食糧不足という、われわれの知の闇を貫くこれら宇宙規模の火柱の開明的な例に話を戻そう。それらは、まさに超新星が宇宙の遠いかなたの歴史と宇宙の膨張を照らし出すように、小氷期とそれが人間にもたらす結果の歴史を明らかにする。再度、際限のないリストに連なる最悪の悲劇の年を挙げる。一三一四―一五年、一三四〇年代、一三七四年、一四二〇年、一四三二年、一四三八年、一四八一年、一五二九―三一年、一五五六年、一五六二年、一五六五年、一五七三年、一五八六年、一五九六年、一六二二年、一六三〇年、一六四二―四三年、そしてフロンドの乱の歳月（一六四八―五〇年）、最後に一六六一年、一六九三年、一七〇九年、一七二五年、一七四〇年。一、二の例外（一四二〇年と一五五六年）を別にすれば、これらの恐ろしい年はすべて、寒い冬の、さらに一層頻繁に作物を腐らせる夏の、あるいはその二つから生まれた娘なのだ。この種の悲惨な出来事に関わる日照り焼け・干ばつの役割は、実際は付随的なものにすぎない。知ってのとおり、一四二〇年とおそらく一五五六年、そして好天の一六世紀における他のいくつかの高温乾燥という事態における、重大さあるいは深刻度におけるその役割は結局限定的である（乾燥が非常に有害な役割を果たす地中海沿岸の南仏には当然ながら言及しない。それはこの巻におけるわれわれの主題ではない。それについてはおそらく今後の巻で触れるだろうし、その問題についてはとりわけピシャール氏〔現代フランスの南仏史学者〕の偉大な研究成果に言及するだろう）。これまでの記述中で挙げた、一三一五年から一七四〇年までの寒冷、冷涼、湿潤の記録、ゆうに二〇を超える前記の年々は、穀物の分野で攻撃的になったときの小氷期固有の気象パターンをよく定義している。それは、人間の歴史、あるいはまったく単純に穀物の歴史に外的要因による被害を与え「ようとする」とき、季節に応じて寒冷、冷涼、湿潤であることを同じように繰り返すのだ。

小氷期末期に事態は少し変わるのは確かだ。気候は政治化し、それに対応して民衆の抗議の影響が（一七七五―八八年以降）大量死と人口問題の様相を幾分薄める。そして、一七八八年、一七九四年、一八一一年、一八四六年のように、穀物に被害を与える非常に特徴的な高温乾燥とそれに関わる不満に満ちた状況もまた出現する。小氷期の気象パターンが変わったのだろうか。そして、一八六〇年さらに一九〇〇年以降は、そうした事態はけっして出現しなくなる。

*

この『気候と人間の歴史』の第Ⅱ巻は、（前述した一七四〇―四一年の危機が終わった）一七四二―四三年から今日までの現代と呼びうる期間に捧げられる。この第二部はまず、アンシャン・レジームの最後の半世紀もしくはほぼそれと同時期をあつかう。そこでは一七五八年から一七六四年までの、以前より効率がよくなっている農業基盤のうえに比較的好都合な気候に恵まれた数年間によって生じた、穀物が容易に手に入る状況を挙げる。それは小麦取引の一時的な自由化に行き着いた（一七六四年）。それから、広く年代を取って「一七七〇年」の困難なときがやってくる。それはヨーロッパ西部と中央部の西から東まで、気候温和な中心部に関わっている。これら気候の点で、なによりも一七七〇年前後、典型的に冷涼、作物を腐らせる気象、多雨な季節が連続する。これらの季節は穀物の大幅な値上がりと人口上の不幸な事態（ドイツ語地域）、そしてフランスさらにはイングランドにおける食糧騒擾という結果を招く。これらの騒擾は、本来は厳密には経済的な要求に限られる純粋単純な社会闘争の域をおおきく逸脱するものだった。ようするにこれは、まだ本格的に（あるいは悪質に？）組織化されてはいないにしても……何人かの組織的な知識階級の者たちに同調した、大衆あるいはその一部の政治化の始まりに直面したのである。こうしたプロセスの、数年後の、初期における結果は小麦粉戦争（一七七五年）〔穀物の不作にもかかわらず財務総監チュルゴーが国内の穀物取引の自由化を宣言したことに端を発してパリ周辺で起きた民衆暴動〕のときに現れ、そして一七八〇年代に次第に……段階を追って激しくなっていった。もう一度、ごく簡単に、気候の政治化について語る必要があるだろうか。

エルネスト・ラブルースが研究した、一七七八年から一七八一年までの四つの暑い夏が生んだ娘であるブドウの生産過剰による危機が割り込むのは、われわれのこの時点である。

いずれにしても、ラブルースが考えたのとはちがって、革命以前の初期的発展、もしくは単にそれらのいくつか（一七八八―八九年の食糧暴動）を生じさせる母体となる農業における真の災害は、一七八八年と時期を同じくしているのである。あるいはより精確にいえば、一七八七年から一七八八年さらには一七八七年から一七八九年である。気候的に困難な――この形容詞を使うときだ――この二年間もしくは三年間の不作は、播種に対して敵対的な一七八七年の湿った秋と一七八八年の寒い春とを含む気候複合のさなかに位置している。この同じ年、夏は焼けるように暑く、それから雹が降り、雷雨が多くて多雨だった。そして、順序は最後だが決して軽んじることのできない、一七八八年から一七八九年にかけての厳冬がきた。もちろん、一七八九年の革命は他の千もの「原因」、とりわけ文化的原因から生じた。革命は、あらゆる種類の発展と、特に気候学的な不慮の事態とはまったくなんの関係もない多様なタイプの政治化に起因するものだった。しかし、われわれに関係のあるものとしては、より広範なこの全国家的事態の推移に関連して、今この文脈と次巻においては「気候的」側面しか説明しないであろう。われわれがここで選択した歴史・環境的主題が課す厳格な限定を考慮すれば、そうした認識論的境界は自明である。

一七八八―八九年の向こうに、一七九四年を想起する。〔革命期の〕恐怖政治と同時期であることとは関係なく、この年は、焼けるように暑いその年の並以下の収穫から生みだされたと思われる。やや不足気味の収穫となり、一七九五年春にその政治的影響は、草月〔革命暦第九月、現在の暦の五、六月〕の暴動と蜂起（厳しく鎮圧された）のとき、一七八八―八九年そして一七九二―九三年から始まった、フランス革命の過激もしくは超過激でさえある局面の終わり、あるいは少なくとも終わりの始まりを画した。

一九世紀の前半は小氷期の強烈な再来によって注目される。小氷期は、そもそもそれ以前、啓蒙の時代そしてフランス革命といわれる長い期間（一七一五―一八〇〇年）に完全に中断されたことはけっしてなかった。一八〇〇年以降の小氷期の復活（端数のない数字で一八一五―六〇年）は、グリンデルワルトの氷河に関するクリスティアン・プフィスターの業績によって見事に明示されている。さらに、シャモニーの氷河も後れを取ってはいない。アルプスの究極の氷河最盛期は、実際、一八一五年から一八六〇年までのあいだに他にも増して明瞭である。

だが、厳密な意味での大事件としては、個別なものとして、一八一一年の乾燥・日照り焼けによる危機に指を屈する。この災害に伴って生じた穀物不足から発生したと思われる民衆の騒擾については皇帝の警察がうまく規制した。それから、夏がなかった年一八一六年がやってくる。この年は、インドネシアのタンボラ火山の常軌を逸した噴火（一八一五年四月）が生みだした娘で、噴火は一八一七年まで、ヨーロッパのラテン地域、アングロサクソン地域、ゲルマン地域に、食糧に関わるというより反食糧的な結果をもたらした。噴火によって起きたすべてのことが、ナポレオン後の平和が再び戻ってきたことによって普通なら生じる経済復興を数季節遅らせた。

最後に、やはり出現する事態と多様性に関してだが、一八四六年の春と夏の長期にわたる高温な乾燥が猛威を振るった。それは、特にアイルランドで、ジャガイモの病気を発生させて、その不作から生じた一八四七年の経済不況を介していくつかの事態に責任を負っている。たしかに、部分的にしても、一八四八年二月以降、一八四六年から一六四七年にかけての収穫後の困難な期間から生じた経済危機の雰囲気と、それに相関する多様な民衆のあいだのなんらかの不満の雰囲気とのなかでの、フランス、そして西ヨーロッパと中央ヨーロッパにおけるその後の革命の勃発に対してある種の気候的罪責を含んでいる。

端数のない数字でいうと一八六〇年の小氷期の終了は、新たな「気候的色調」にわれわれを導く。それは現代(一九世紀の最後の三分の一(?)と特に二〇世紀)の温暖化に由来する。この新しい気候の総体は、幅を広く取って一九七〇年以降、温室効果に引き継がれる。暑くて、大洋の海面上昇に好適で氷河に非常に不利なことが確実視される、と思われる、二一世紀レベルで、われわれはすでに(?)その結果のいくつかを経験している。ファン・エンゲレンとバウスマンと共に、現代の海面上昇化を思い起こそう。冬は明らかに以前より温暖で、夏がこれまでよりもやや暑い傾向と気温的に一致している。気候と人間の歴史の形態と外見におけるこうした進展の、現在あるいは将来の、様々な影響は、おそらくメディアによって過大に評価されているのだろう。メディアはあまりにもしばしば黙示録的予測に夢中になるものだ。なんらかのいきすぎた破局論に頭から決め込んで陥らずに、これらの影響は重大、さらには非常なものになる危険性があるといおう。

ガイア〔地球〕は、ヘリオス〔太陽〕に度を超して熱せられれば、もはやおとなしくするしかないのだ。二〇〇三年の夏は予兆を示しただけだったのだろうか。

あとがき

ヴァージニア大学教授ウィリアム・F・ラディマンの最近の論文、素晴らしい雑誌 *Climatic Change* に二〇〇三年に発表された論文は、温室効果の古さ自体について「修正主義的」[1]であろうとしており、それはこれまで信じられていたよりももっと古いとみている。この論文は、このアメリカの学者が明らかに依拠しており、また本書のこれまでの章で言及されてきた、小氷期についての何世紀も前からの伝統的な考えを変えるものではないが、ラディマンは小氷期の諸データをもっとずっと長い新しい種類に属する時代区分のなかに入れたのである。この時代区分はそれらのデータを変形させることなく受け入れて統合した。ラディマンは、なるほどたしかに、中世と近代のペスト流行の日付を強調している。彼はそれを、一三〇〇年から一九〇〇年までの小氷期の期間と関係づけている。こうして彼によって提案された時間的尺度は、おそらく反論の余地はあるだろうが、アメリカの研究者ビラバン博士の世に知られないままになっていた研究業績を利用することによって補完された。しかし、ラディマンの革命的な寄与の本質はそこにあるのではない。それはとりわけ、われわれの時代より前のはるか昔の時代に関わっている。

彼の寄与とはなんだろうか。

ラディマンはまず、伝統的な昔からの命題を喚起する。彼の研究はそれを損なうことなく補完する。その命題によれば、「人間の時代」（人間が気候を変える時代）は一五〇年もしくは二〇〇年前、すなわち産業革命が大気の組成を少し変えるに充分な比率の二酸化炭素とメタンを生産し始めた一八五〇年か一九〇〇年頃に始まったという（この仮説においては、一八六〇年から始まった氷河の急速な後退は、その開始に際して人間による産業活動を原因としており、単に自然だけが原因なのではない、ということを排除していない点が注目される。温室効果は、われわれが通常理解しているように、ナポレオン三世の自由帝国の時代からなんらかの結果（?）を胚胎していたということだ。自然科学の信奉者たちのあいだで広く受け入れられているように、一九六〇年あるいは一九七〇年になって始まったのではないという）。

ともかく、W・F・ラディマンが *Climatic Change*（二〇〇三年）に発表した論文で明確に述べようとしているのは――数千年の――もっとずっと長期にわたる温室効果である。筆者によると、人間の活動に関わる汚染ガスの放出は、実際、ユーラシア大陸におけるはるか古代の農業の発達と結びついて、ずっと昔に始まっていたのだという。

ヴァージニア大学の教授が唱えたこの仮説は三つの論証からなっている。

一　「ミランコヴィッチの論文によると、二酸化炭素（CO_2）とメタン（CH_4）の放出の周期的変化は過去三五万年間、通常は地球の軌道の変化が原因で起きている。この変化の結果、完新世（つまり、地質学の第四紀のほぼ最後の部分、ほぼわれわれの時代で、約一万年間に相当する）の期間にこの二つのガスの噴出は減少するにいたったはずだ……。ところが、実際はまったくそうではなかった。二酸化炭素は、八〇〇〇年前［つまりわれわれのキリスト教暦の六〇〇〇年前、すなわち紀元前六〇〇〇年］に驚くべき異常さで上昇トレンドを開始したのである。そしてメタンは五〇〇〇年前（紀元前三〇〇〇年）にも同じことをした。」

二　「完新世の中期と比較的後期における二酸化炭素とメタンの放出の増大に関して様々な説明が提案され、発表された」。それらを綿密に検討したW・F・ラディマンによれば、それらの解明には「しっかりした論としての道筋がない」。

三　多くの考古学的、歴史学的、地質学的資料は、ユーラシア大陸における農耕が早めに定着した結果生じた人間の活動に起因する（ガスに関わる）変化が問題なのではないかということを考えさせる。農耕の定着は開墾による広大な森の消滅を伴い、そうして、多くの「理由」（山火事、樹木の幹の腐敗）によって二酸化炭素の生産に貢献する。これらのプロセスは八〇〇〇年前、すなわち紀元前六〇〇〇年から進行していた。五〇〇〇年前、すなわち紀元前三〇〇〇年からの（中国における）メタンを生成する灌漑による稲の栽培はこうした進展をさらに促進したと思われる。

最近数千年間に、こうしてこれら二酸化炭素とメタンの放出によって引き起こされた温暖化は、全地球平均で〇・八℃、北半球の高緯度地帯では二℃の程度に達したと思われる。これはたとえば、カナダ北部における氷河再形成のようなこと、「それぞれ別個の二つの気候モデルどおり進展したとすれば普通なら起こったに違いない氷河再形成［？］」を妨げるに充分な温暖化である。それはまた、ラディマンがこのことを認めた最初の人物なのだが、本書の研究対象であり、今に先立つ数千年のあいだにほぼ同規模の先例が間違いなくあったであろう数百年にわたって定着した小氷期の出現と、充分両立できる温暖化でもあった。ラディマンが研究対象とした八〇〇〇年前（紀元前六〇〇〇年）以降の八〇世紀間という長期におよぶ最初の温室効果の時代は、最初にいっておくが、本書の比較的限定された年代枠から完全にはみ出している。しかしそれでも、*Climatic change* で表明された大胆な考えをこの「あとがき」のなかで引き合いに出すことは適切であるように私には思えた。われわれはまさに、つまるところ真実で歴史時代もしくは先史時代の様々な事実に合致することが明らかになる、あるパラドックスに直面しているのだ。自分でも知らないうちにしてしまうことがあるように、このアメリカの研究者によれば、われわれの農業社会は、人間が土を掘り返してから八〇〇〇年のあいだ、少しも自覚することなくこうして長きにわたって温室効果を生みだしていたのだという……。結果的に……。先入観もいかなるたぐいの予見もまったくなく、賛成も反対もなく。だがそれにしてもある程度の懐疑主義を……。

＊

それに対して、そうした懐疑主義は、二〇〇四年に雑誌『サイエンス』[2]に発表されたユルク・リューテルバッヒャー他の素晴らしい研究に対しては必要ない。この論文はとりわけ、年ごと、季節ごと、さらには月ごとに信じられないほど多くの情報を示して、一五〇〇年から二〇〇三年までのロシアを含むヨーロッパの気候を対象にしている。五世紀間すなわち千年の半分である。それは、多くの時代のなかでも、本書でわれわれの関心を占めている一五〇〇年から一七四二年（そして一二〇〇年以降でさえ……）までの期間についての、特になじみのある領域である。

リューテルバッヒャーの時代区分は、年ごとの気温の点で、以下のとおりである。最も寒い一〇年間は一六〇〇年前後と一七世紀末にある。こうした「二度の急変」は、本書でこれまでに記述された西ヨーロッパを基本とする旧大陸の気候についてのすでに充分確立された史料編纂に従えば少しも驚くことではない。

最も厳しい冬は、一六八四年と、とりわけ一七〇九年の冬である。後者にリューテルバッヒャーは、かつてこの凍りつくような事態の驚くべき厳しさをよく知っていたファン・エンゲレンが授与したいと望んでいた寒さの記録の最高の「栄誉」を取り戻させた。

しかし、一七〇九年のこの大事件とは関わりなく、平均的な冬は、一六八四年の最低気温から次第に気温が上がって最高に向かって、寒さが和らぐか少なくとも「再び寒くならなく」なっていく傾向にあった。最高気温は、一八世紀の四番めの一〇年間のうちの一七三八年に出現し（プラス〇・三二℃）、その後は再びある程度冷涼に向かう。ベルンの偉大な歴史学者プフィスターもすでに、好天の一八世紀の冬（一七三九年までの「一八世紀初期」）について同様の経過を予見していた。われわれは彼の意見を受け入れ、その点について彼の見解を引用した。だが、この冬の温暖化については、プフィスターの年次記録は一七〇〇年頃にやっと始まる。一七〇九年の極度に寒い大事件を過ぎて、あらゆる希望に彩られた一〇年間である好天の一七三〇年代に初めて最高に達する。したがって微妙な差異があり、プフィスターからリューテルバッヒャーまでのあいだに年代確定が次第に改良されたのである。

最も暑い夏は――ここではわれわれになじみ深い「年と気候」のテーマがまたみられる――、リューテルバッヒャーによれば、一五三〇年前後と一五三〇年の二、三〇年後にまとまっている。ここでもまた、冬にしても夏にしても、ロシア語圏での年代区分は西ヨーロッパとピッタリ同じではないということを考慮しよう。またもや、微妙なズレである。

一七三一年から一七五七年まで夏の大幅な温暖化が感じられ、一七四〇年の強い冷涼化は突然の出来事もしくは冷害のようにみえる。一七三〇年代は、その本体の始まりか終わりに、先の記述でわかっているが、まさにそのときに一時的ではあるが気候が全般的に温暖化したせいで、恵まれた局面の援護となごりのもとに出現する。年平均気温そして冬、夏の温暖化……。この「一〇年間」は、かっていわれていたように、人口の面でも経済の面でもおおいに成長を促す、温暖さらには高温の期間の中心に位置している。一七三一年から一七五七年（この年は温暖化が最高潮だった年で、その後、それまでほど程度は強くないが、数十年間温暖化は持続する）までの暑い夏は、一八世紀の初めの三八年間はっきりと温暖化していた冬のあとにくる。この点については、さらに一七二二年から一七五〇年までと一七五一年から一七七九年まで（さらに一九世紀初期まで暖かめの夏が持続する）のどちらかといえば暑い夏が続いた三〇年ほどの期間を挙げることができる。ルイ一五世の繁栄、とエルネスト・ラブルースは好んでいっていた。気候人口学者と気候経済学者はおそらく、だれにもわかりはしないが、この場合好適である気候を、ヨーロッパの、さらにはユーラシア大陸の民衆の数と富を飛躍的に増加させる、啓蒙の時代のこうした幸福な局面における異論の余地のない飛躍を推し進める下賤な変数のうちに含めることを受け入れるだろう。

　ほんのわずか変動する太陽光の照射、太陽の放射照度は、北大西洋振動を介したこうした変動の主要なファクターのひとつであろう。太陽はこうして、気候の長期の様相を刻むのだろう。場合によれば太陽光の通過を阻害する塵芥を拡散させるかもしれない火山活動のほうは、二次的な役割しか果たさない。

　それゆえ、長期のほうに話をとどめておこう。一時的でしかなかった数十年間の温暖化という心地よい期間にもかかわらず、冬は、四世紀のあいだ（一五〇〇―一九〇〇年）、二〇世紀全般よりも平均で〇・五℃気温が低かった。一五〇〇年から一九〇〇年までの非常に長い期間の年平均気温もまた同様だった。それに対して、やはり検討対象としている四世紀間（一五〇〇―一九〇〇年）についてだが、夏は長いあいだ、私たち、もしくは私たちの両親や祖父母の時代の夏に非常に近くて、一九〇〇年以前のこれら四〇〇年間を通して、非常に暑い夏（一九九四―二〇〇三年の一〇年間の期間中の一九八九年）があった世紀最後の一九八八年以降の本来の意味での温室効果の高温期間を除けば、二〇世紀のその後の気温にほぼ漸近的な〔数学の用語。徐々に少しずつ近づいていくが、合一することは永久にない〕夏だった。一九八〇年代以前のこれ程高温ではないがすでに終わり頃には温暖化していた期間に話をとどめれば、複数世紀にわたる気候の歴史において長期の気候変化の最も変化が激しく最も決定的な要素である、てこの腕〔傍点訳者。支点と力点のあいだの距離〕はまさに冬だった。夏のほうは、長いあいだ、相対的保守主義の一要素を代表していた。少なくとも、今や、冬の風景はもちろん夏の風景も、暑い方向へすべてくつがえそうとする傾向――残念というべきだろうか――がある最近まではそうだった。

最後に、それでも重要性を保っている「詳細」(?)。二〇〇三年夏、特に八月の暑さが、ヨーロッパの他の地域と比べて最もひどかった地域はフランス国内、精確にはロワール渓谷周辺で、一七〇四―〇六年と一七一八―一九年のようにその〔地震の〕震央となった。あの二〇〇三年の高温によって、高齢者を大半とする一万五〇〇〇人の犠牲者を出した地域的そして全フランス的不幸を引き起こした責任は、なによりも気候それ自体にあり、政府当局は、フランスにおけるこの死者を出した不幸な特異的事態について当然告発されるべき第一容疑者ではないというのだろうか。もちろんこのような示唆は、最高度な慎重さなくして口にできない。ここでまた、アンシャン・レジームの経済と人々の心性に関しての、第二次世界大戦時に発表された素晴らしい研究によって、エルネスト・ラブルースが指摘していた政治の責任という永遠の問題を再び見出すのである。

訳者あとがき

本書は、エマニュエル・ル＝ロワ＝ラデュリ（Emmanuel Le Roy Ladurie）著の *Histoire humaine et comparée du climat : I, canicules et galciers (XIIIe - XVIIIe siècles)*, Fayard, 2005 の全訳である。『気候と人間の歴史』という日本語の表題をつけさせていただいたこの著作は全三巻で構成されており、本書はその第Ⅰ巻である。以下、第Ⅱ巻「食糧不足と革命（一七四〇年から一八六〇年まで）」、第Ⅲ巻「一八六〇年から今日までの再温暖化」と続く。ル＝ロワ＝ラデュリは、アナール学派の代表的歴史学者として世に知られているが、第一世代のマルク・ブロック、リュシアン・フェーヴル、第二世代のフェルナン・ブローデル、エルネスト・ラブルース、ピエール・グベールらに続き、ジョルジュ・デュビィ、ジャック・ル＝ゴフらとともに第三世代に属する。アナール学派については、これらの歴史学者の著作が多数日本で翻訳出版されているし、ル＝ロワ＝ラデュリ自身の監修による叢書『アナール 1929-2010』（全五巻、浜名優美監訳、藤原書店、二〇一〇―一七年）もあるので、それらに譲ることにして、ここでは、ル＝ロワ＝ラデュリの気候に関わる著作について少々触れることにしたい。

著者は現在（二〇一九年二月）八九歳の学界の大家である。彼の旺盛な著作出版活動は、学位論文にもとづく *Paysans de Languedoc* (thèse), Paris, SEVPEN, 1966（『ラングドックの農民』邦訳なし）で始まるが、翌年 *Histoire du climat depuis l'an mil*, Paris, Flammarion, 1967（邦訳『気候の歴史』稲垣文雄訳、藤原書店、二〇〇〇年）を出版している。その後おもに経済・社会史の観点からフランスの農村社会を対象とする研究成果の著書を多数世に送り出したが、三七年を経た、著者にとっては研究活動の集大成の時期ともいえる二〇〇四年から、この『気候と人間の歴史』三巻を順次出版した。研究活動のスタートとその締め括りの時期に気候に正面から取り組んだ著書を出版したことは、著者にとって気候は終生の重要テーマであったことをうかがわせる。『気候と人間の歴史』は、本文のみで比較して、すでに大著であった『気候の歴史』の三倍を超えるページ数で、アナール学派の方法論を存分に駆使した重厚な研究成果を提示しているのだが、この二つの書のあいだには密接なつながりがある。『気候の歴史』の第1章（邦訳二九―三六頁）で著者は、マルク・ブロックの文章を引きあいに出して、過度の人間中心主義的歴史研究に対する否定的立場から、気候の歴史と人間の歴史との境界を曖昧にすることに強い警戒心を示したうえで、『気候の歴史』を著者の目指す研究の第一段階の書であると述べている。その対象とするものは、年輪気候学、生物季節学、氷河学、アイスコアの分析等、自然科学分野で得られたデータ時系列と、ブドウの収穫日等の農業生産に関わる事実のデータ時系列および文献記録にもとづいて構築された、過去の気候それ自体の物理的事実としての歴史である。ル＝ロワ＝ラデュリの言葉でいえば「一種の物理的歴史」もしくは「自然条件の歴史」であり、「いかなる人間中心主義的先入観や前提にもとらわれない純粋な気候の歴史の構築」である第一段階を踏まえて、研究は第二段階へと進む。『気候の歴史』第1章の末尾で、著者はこの第二段階について以下のように述べている。

この段階では、気候はもはやそれ自体のためにではなく、「われわれのためにあるもの」、人間の生態環境として考察される。このとき、気候の歴史は生態環境の歴史に姿を変えるであろう。それは、以下のような問いを発するであろう。気候の変動――もっと控えめにいえば気候の短期的な変動――は、語の最も広い意味において、人間の住環境に影響をおよぼしただろうか。たとえば、収穫に（したがって経済に）影響を与えただろうか。疫病や疾病に（したがって人口に）影響を与えただろうか。

（前掲書三六頁）

第一段階から三七年間の研究成果を踏まえて出版されたこの『気候と人間の歴史』こそが、ル＝ロワ＝ラデュリのライフワークともいえる研究の第二段階の書である、といっていいと思われる。

第二段階である『気候と人間の歴史』には、第一段階である『気候の歴史』では厳しく排除されていた人間との関わりが随所にみられる。その効果のほどはともかくとして、叙述は年代順に歴史的事象を織り込みながら展開される。そしてたとえば、第5章の表題は「一五六〇年以降——天候は悪化している、生きる努力をしなければならない」などと散文的に訳したが、「——」以下の部分の原文は、*le temps se gâte,* **il faut tenter de vivre**（イタリック体引用者）で、教養あるフランス人ならポール・ヴァレリーの詩「海辺の墓地」の一節 *Le vent se lève,* **il faut tenter de vivre**（同前）を想起するだろう（堀辰雄が「風立ちぬ、いざ生きめやも」と訳して小説の題としたことで日本でも知られている詩句）。さらに、ボードレールの詩が引用されていたり、シェイクスピアへの言及さえある。

それはさておき、この書の意義についても少しだけ考えてみたい。『気候と人間の歴史』は西洋史のジャンルに分類されるだろうが、読み進めながらしばしば現代の気候状況に思いを広げた。気候変動は、温暖化にしても寒冷化にしても、物理的な地球の環境変化にすぎない。原因は単純ではないようだが、はるか昔から常にあった。気温についても降水量についても、変動の幅はさほどおおきくはない。それでも、非力な人類はそうした変動に翻弄されてきたことを、本書は手堅いデータによって示している、わずかな気候・気象の変動が、数倍、数十倍の深刻な影響を人間の生活におよぼす。歴史学において、歴史とは過去の事実の叙述ではない、というのと同じ意味で、本書は単なる歴史の書にとどまらない。著者は歴史学者であるが、その視座と問題意識は一貫して現代にあるように思える。現在、世は温暖化に向かっていると唱える学者がいれば、寒冷化に向かっていると主張する学者もいる。太陽の黒点は減少傾向にあるともいう。どの予測があたるのか、わからない。だが、この書によれば、寒冷化も温暖化も一方向に一様に進むものではなかった。暑さと寒さと大雨と日照りが、その極端さを増しながら入り乱れて繰り返されるのだった。今、数十年に一度と報道される、洪水、干ばつその他の気象的出来事が複数回、地球のあちこちで発生している。われわれは気候変動期にいるのかもしれない。いわゆる高度産業社会では飢饉は過去のものだと思われている。しかし、高度に整備されたインフラによる、食糧、生活用品、医薬品、情報等の速やかで間断のない供給に依存している社会で、広範囲にインフラが破壊されて早急な復旧がなされない事態になったらどうなるのだろうか。膨大な人口に比して充分な食糧・飲料水の備蓄は少なく、自給体制もない。円滑な物流を前提にした社会は、ほんとうはおそろしく脆弱なのではないだろうか。本書で描かれていることは、遠い地域の遠い昔の話ではなく、他人事でもないのだ。そんなことを考えさせられる。第Ⅱ巻では、さらに、気候変動に起因する食糧不足等と当時の社会変革との関係にまで分析・叙述はおよぶのだが、先走りは慎もう。

最後に、翻訳に際して留意した点をいくつか述べさせていただきたい。

本書には、著者が博識な学者であるせいもあって、フランスを中心とする西ヨーロッパの歴史的事柄を踏まえた記述がしばしばみられる。煩わしいかもしれないと危惧しつつ、それらの記述をよりよく理解する一助になればとの思いから、訳者の貧弱な知識を総動員して適宜訳注を補った。

また、考察の対象となっている国は、フランスを中心に、ドイツ、スイス、イングランド、スコットランド、アイルランド、オランダ、ベルギー等の北西ヨーロッパとデンマーク、スウェーデン、ノルウェー、フィンランド等の北欧その他におよび、それらの地方の地名がたくさん記載されている。気候状況の地理的範囲の理解のために、可能な限り調べて、その位置を訳注の形で示し、また諸言語の地名を極力各言語の綴りの発音法則にしたがってカタカナ表記したが、完璧は期しがたい。人名についても同様である。不完全な点については読者諸賢のご寛恕を願う次第である。

一冊の書物が世に出るのは著者あるいは訳者のみの仕事の結果でないことは、今さらいうまでもないことであるが、本書の出版はひとえに藤原書店社主の藤原良雄氏の本書にかける情熱による。訳者のはかばかしく進まない仕事がどうにか形になったのは、藤原氏の度量と、編集担当の刈屋琢氏の忍耐の賜物であることも、ここに記して謝意を表したい。

二〇一九年二月

訳者

(27) JDP, p. 117, p. 136 *sq*.
(28) JDP, pp. 246-247.
(29) JDP, p. 247.
(30) JDP, p. 75.
(31) 前述「17 世紀前半」に関する章を参照。
(32) JDP, p. 32, pp. 117-119.
(33) David Dickson in JDP, p. 37 *sq* による。
(34) Pierre Alexandre によれば、有名な「40 年みたいなのは知らない」という表現は、この「死の」もしくはほとんどそうであった年のことだという。
(35) *Population History of England...*, p. 373.
(36) JDP, p. 37 に引用された David Dickson によって提出された多くの地域的指数からわれわれが算出した 1740 年と 1741 年の平均値。
(37) *Paysans du Nord*, éd. 1972, p. 299.
(38) JDP, p. 176.
(39) *Ibid.*, p. 119, p. 176.
(40) *Ibid.*, pp. 176-177.
(41) *Ibid.*, pp. 56-57.
(42) 1735–44 年の指数 100 と比べて。JDP, p. 32.
(43) *Histoire de Verdun*, dirigée par Alain Gicoudot, Toulouse, Privat, 1982, p. 162.
(44) *ADH*, 1974, p. 283 *sq*., article de M. Bricourt *et al.* (JDP, 1985, p. 285) ; *ADH*, 1965, p. 323 も参照。1740–41 年の「危機」時のムーラン〔イル＝ドゥ＝フランス地方北部の都市〕周辺における、死亡者数の穏やかな増加と妊娠数の穏やかな減少を示している。
(45) H. von Rudloff, *Die Schwankungen...*, p. 112.
(46) 前述の注（5）と注（6）。
(47) Louis Henry *et al.*, « Population de la France 1740-1780 », *Population*, vol. 30, nov. 1975, p. 62 ; Jean- Claude Chesnais, *La Transition démographique*, Paris, PUF, 1986, p. 526 も参照。
(48) LRL, *HPF*, pp. 474-475 ; J. Dupâquier, *Hist. de la pop. française*, vol. II, pp. 64-65.
(49) LRL, *PDL*, vol. II, p. 1003, graph. 30.
(50) *Rébellion française...*, p. 249.
(51) JDP, p. 341 ("Grain riots").
(52) JDP, p. 142 *sq*.
(53) E. Labrousse, *Esquisse*, vol. I, p. 140 *sq*.
(54) *Ibid.*, p. 98.
(55) Ruggiero Romano, *Commerce et prix du blé à Marseille au XVIIIe siècle*, Paris, A. Colin, 1956, p. 38, pp. 43-44, 特に p. 124（1740 年以前と以後の、18 世紀におけるマルセイユの食糧輸出量の表）.

あとがき

(1) William F. Ruddiman, « The anthropogenic greenhouse era began thousands years ago », *Climatic Change*, vol. 61, No. 3, dec. 2003.
(2) Jürg Luterbacher, Daniel Dietrich, Elena Xoplaki, Martin Grosjean, Heinz Wanner, « European Seasonal and Annual Temperature Variability, Trends, and Extremes Since 1500 », *Science*, vol. 303, 5. 3. 2004.

の卓越した論文 « La révolte frumentaire... », *Annales E. S. C.*, mai-juin 1972, pp. 731-757 も参照。

第 11 章　1740 年——寒く湿潤なヨーロッパの試練

(1) LRL, *HCM*, I, p. 249〔邦訳『気候の歴史』p. 259〕. 方向を同じくする Pascal Ducroz の以下の優れた業績も参照。*La Vallée de Chamonix au petit âge glaciaire*, DES dirigé par le professeur Vergé-Franceschi, p. 51.

(2) LRL, *HCM*, I, p. 248, pp. 278-280, graphiques〔邦訳『気候の歴史』p. 259, pp. 290-292 の図表〕; Grove, *TheLittle Ice Age*（*HCM* を使用）, pp. 119-120.

(3) *HCM*, I, p. 248. のちに « *HCM* » となる、気候に関するわれわれの「二次的学位論文」は 1966 年に口頭審査を受けた。

(4) Cl. Muller, *Chronique... XVIII*[e] *siècle*, pp. 113-116.

(5) *Journal des crues et diminutions de la Seine 1732-1867*, Ms 7451 de la Bibliothèque de l'Institut de France, *op. cit.*

(6) Champion, *Inondations...*, vol. d'Index, p. 23.

(7) K. Müller, *Geschichte...* (pays de Bade), pp. 209-210 ; Annie Antoine, *Villes et villages du Bas Maine au XVIII*[e] *siècle*, Mayenne, Éditions régionales de l'Ouest, 1994, p. 335 *sq.*

(8) J DP, *The Last Subsistance Crisis...*, 1977, p. 5.

(9) T. Simkin et L. Siebert, 1994, p. 199.

(10) JDP, 1985, p. 54, tabl. 6 ; Josef Smets, *Kevelaer*, p. 63.

(11) Josef Smets and Thomas F. Faber, *Kevelaer, Geselleschaft und Wirtschaft am Niederrhein in 19. Jahrhundert,* Butzon and Becker éditeurs, Kevelaer, 1987, p. 62.

(12) JDP, *Food Shortage...*, p. 51.

(13) Cl. Muller, *Chronique... XVIII*[e] *siècle*, p. 115.

(14) Van Engelen, in *History and Climate*, p. 112 も同様である。1730 年から 1739 年までの冬の指数はすべて同様に、3 つの事例で指数 5（普通）で、残りは指数 2（非常に温暖）か 3（温暖）か 4（やや温暖）である。

(15) JDP, 1985, p. 52.

(16) Zwanenburg のオランダについてのデータ時系列 in JDP, 1985, p. 57.

(17) 1739–40 年の冬に深部まで 73 日間凍結したオランダの運河については、*AAG Bijdragen*, col. 21, 1978, p. 319 の Jan De Vries の大研究を参照。

(18) JDP, p. 62.

(19) JDP, p. 70.

(20) LRL, *PDL*, vol. II, p. 180.

(21) M. Bricourt *et al.*, in *ADH*, 1974, pp. 281-333. JDP, 1985, p. 281 による。

(22) JDP, p. 117, p. 119.

(23) *Ibid.*

(24) JDP, pp. 128-130.

(25) イングランド、フランス、低地諸邦、ドイツ、オーストリア、スイス、イタリア、スウェーデン、フィンランド、ノルウェー、デンマークである。指数 100（10 年間平均）は 1735–44 年である。

(26) John D. Post (1985, p. 46) が使用した、この場合非常に賞賛すべき全般的統計数値は、この種の時間的に9カ月さかのぼるという時間的ずれをかならすしも排除するものではなかった。

(44) *Ibid.*, p. 153.

(45) *History and Climate*, p. 112.

(46) K. Müller, *Geschichte...*, p. 208 ; Cl. Muller, *Chronique... XVIIIe siècle*, p. 80.

(47) J. Smets, *Kevelaer...*, p. 62 によれば、1725 年 9 月は、夏と秋の季節データ時系列において、その直前と直後の月と比べて事実としてやや暖かくて、おそらく湿度はより低かったようである。

(48) p. 149.

(49) *Chronique de Vareddes*, p. 20.

(50) また、ブルターニュ地方については以下を参照。Tim Le Goff の教会 10 分の 1 税の現物納入の基本額 in J. Goy et ELRL, *Prestations...*, vol. II, p. 592（小麦による教会 10 分の 1 税と現金による教会 10 分の 1 税）。

(51) これらはすべて AD Calvados, C 2689, C 2690 による。付随的に C 2612 と C 2613 も参照。さらに、現在のオルヌ県〔ノルマンディー地方南部〕についての必須文献である Jean Brière の日記 « Chronique des années 1709 à 1732 », *Société historique et archéol. de l'Orne, Mémoires et Documents* n° 3, 2001 も参照。それによると、1710 年から 1724 年まで、J. Brière が注記するに値するような食糧危機はないが、そのあと 1725 年の食糧危機もしくは半危機についての詳細な描写がある。最後に、J.-C. Perrot の大部の学位論文 *Genèse d'une ville moderne : Caen au XVIIIe siècle*, Paris, Mouton, 1975 を参照。

(52) Biraben, « Essai sur le mouvement de la population de Paris », *Population*, 1-2, 1998, p. 233.

(53) Henri Hauser, *Recherches et documents sur l'histoire des prix... en France, 1500-1800*, Paris, Presses modernes, 1936, p. 781 *sq*.

(54) *Ibid.*, p. 363, etc. ; Pfister, *Bevölkerung*, in fine, tabl. 2/7.1, tabl. 2/7. 2.

(55) W. G. Hoskins, « Harvest fluctuations [in] England, 1620-1759 », in *Agricultural History Review*, 1964, and vol. 16, 1968, p. 30 ; Thorold Rogers, *Hist. of Prices*, vol. VII-1, p. 33 *sq*. 1726 年の復活祭にイングランドにおけるパン用軟質小麦の価格が最高になった。A. J. Shurman, in *AAC Bijdragen*, vol. 22, 1979, p. 152 によれば、低地諸邦では 1725 年に妊娠数が少し減少した。

(56) J. Nicolas, *Rebellion*, p. 247 *sq*. ; Steve Kaplan, « Paris Bread Riot, *1725* », *French Historical Studies*, 1985, pp. 23-56 ; Pierre Narbonne, *Journal de police*, éd. Paleo, 2002, vol. I, p. 126 *sq*., p. 143 *sq*. : 1726 年 6 月 11 日のブルボン公の失脚。1709 年夏の飢饉に関係したシャミヤールの失脚も同様である！　1725 年の非法行為については David Garrioch, *The Making of Revolutionary Paris*, Berkeley, Univ. of Cali. Press, 2002, p. 115 *sq*. ; Arlette Farge, *Vol d'aliments à Paris au XVIIIe siècle*, Paris, Plon, 1979, p. 98 ; Marcel Delafosse et Claude Laveau, *Commerce du sel de Brouage, (XVII-XVIIIe siècle)*, Paris, A. Colin, 1960, p. 96. 1725 年（その直後の 1726 年も）には、作物を腐らせる夏のせいで、ブルアージュ〔フランス西部大西洋岸の村。17 世紀までヨーロッパ随一の塩の生産・輸出港だった〕の海塩の輸出量は 1718 年から 1737 年の全期間を通じて（1574 年と同じように！）最も少なかった……反対に、1718 年と 1719 年、そしてその直後の非常に好天の夏は大量の塩が輸出されていた。

(57) 1725 年の価格高騰時の民衆の不満については下記も参照。Christian Romon, « Mendiants et policiers à Paris au XVIIIe siècle », *Histoire, Économie et Société*, deuxième trimestre 1982, p. 277.

(58) Steven Kaplan, *Le Complot de famine..*, Paris, A. Colin, 1982, pp. 9-24. この著作はわれわれに、前述した議論の本質を提供してくれる。Dupâquier, Lachiver et Meuvret, *Mercuriales du pays de France et du Vexin*, pp. 240-241 (graph. 4、特に必須の graph. 9). この問題については Louise Tilly

(27) Dion, p. 131, note 30.
(28) E. Labrousse, *Crise...*, p. 602, note 1 を参照。
(29) *Ibid.*
(30) Dion, p. 598.
(31) Baulant, *art. cit.*, 1968, p. 540.
(32) Lachiver, *Vin, Vigne...*, *op. cit.*, p. 307.
(33) *Chronique de Vareddes*, pour l'an 1736 を同じ観点から参照。
(34) われわれはここで、ブドウの収穫日のばらつきによって、春・夏の質の差異化を計ろうと努力した。しかし Van Engelen のデータ時系列(*History and Climate*, p. 112)は、今述べた歳月についてわれわれが提案した暑い夏の方向に向かって、われわれよりも厳然として肯定的である。この Van Engelen のデータ時系列、ここで強調しておくが、それはブドウの収穫日はもちろん、特にイングランドでは、18 世紀にはすでにあった温度計による計測データも活用しているのだが、そうした Van Engelen のデータ時系列を信じるなら、1726 年から 1736 年までの期間全体(実質的にすべての年!)が指数 6(1733 年はさらに高温で指数 7)の暑い夏であり、したがって理論的に当然の帰結としてブドウ栽培にとって好適だった。これと反対に、1709 年から 1725 年までは、夏の気温的変動がよりおおきくて、1727–36 年の局面に比べて常にではないが非常にしばしば気温が低くて「ブドウの栽培には不都合」だった。それゆえ、この 1727–36 年の期間はまさに、大量のブドウの収穫のために選ばれしときであった。1727 年から 1735 年の期間、Lachiver のデータ時系列(Île-de-France, p. 791)によれば、毎年ブドウの収穫量はすべて 128,000 ヘクトリットル以上である。また、1726 年のブドウの収穫量が少ないことは(49,000 ヘクトリットル)、1725 年の非常に寒くて作物を腐らせる夏のせいでブドウの株の「成熟」がよくなかったことで説明できる。
(35) Labrousse, *Crise...*, pp. 207-629.
(36) 1778–81 年の早期収穫の局面は、Van Engelen のデータ時系列によって完全に裏づけられ、この上もないほど確証されている。これら 4 年間は極度に暑い夏の指数の年で、1778 年、1779 年、1780 年、1781 年は、それぞれ 8、8、7、9 である。付随的だが、このような条件下で、1779 年に赤痢が大流行した(少なくとも死者 2 万人)ことがよりよく理解できる。この同じ 1779 年に河床が干上がる様相となった河川の、極度に水量が減って、腐敗して、病原菌に汚染された水によって発生したのだ。
(37) Lachiver, *Vin, Vigne...*, *op. cit.*, p. 308, p. 792 ; *HCM*, II, p. 199.
(38) Ernest Labrousse の表現。
(39) *History and Climate*, p. 112.
(40) Josef Smets *et al.*, *Kevelaer...*, 1987, graph. pp. 62-63.
(41) 18 世紀の初めから中頃まで冬が温暖化した(Shabalova and Van Engelen, 2003, p 233, graph LCT winter)。18 世紀末まで西ヨーロッパと北半球で夏が温暖化した(*ibid.*, p. 232, graph LCT ; P. Jones and M. Hulme, in M. Hulme *et al.*, *Climates of the British Isles*, graph. 9.8, p. 188)。そして Luterbacher, 2004 によると、1709 年に冬が寒いという大「事件」はあったが、1685 年から 1738 年までの期間、ヨーロッパの冬は次第に温暖化した。
(42) Josef Smets et Thomas Faber, *Kevelaer...*, in *19 Jahrhundert*, Butzon et Bercker éditeurs, graph. 8, p. 62.
(43) Champion, vol. II, pp. 126-127.

(4) J. Walter and Schofield, *Famine, Disease and the Social Order in Early Modern Society*, Cambridge Univ. Press, 1989 の “England and Europe”.

(5) Pfister, *Klimageschichte*, I, p. 129. 今後使用するブドウの収穫日は、LRL, *HCM*, II, p. 199 (série moyenne des vendanges en France viticle du Nord-Est et du Centre, Suisse romande et région sud-rhénane) による。

(6) A. Michaelowa, in *History and Climate*, p. 206.

(7) Pfister, *Klimageschichte*, I, graph. pp. 92-93.

(8) Pfister, *op. cit.*, graph. p 146.

(9) LRL, *HCM*, I, pp. 248-249 の数値表〔邦訳『気候の歴史』p. 259〕. これは Grove, *The Little Ice Age*, p. 119 に再掲。

(10) Pfister, *op. cit.*, p. 129.

(11) Grove, *LIA*, pp. 117-119. われわれの数値データを踏襲している。

(12) Grove, *LIA*, p. 117. われわれの数値データを踏襲している。

(13) これらの数値データは Van Engelen *et al.*, *History and Climate*, p. 112 からのものである。

(14) Joseph Smets *et al.*, in *Gesellschaft und Wirtschaft am Niederrhein*..., Butzon, Kevelaer, 1987, p. 62. の見事なグラフを参照。

(15) (Baulant は「1708 年」と 2 度繰り返しているが、誤りで) 1709 年のパン用軟質小麦の価格である、1709年がまさに1スティエ41トゥール・リーヴルで、1740–41年が37トゥール・リーヴルである。この 2 つの年のあいだ、すなわち 1711 年から 1739 年のあいだに、パン用軟質小麦の価格が 30 トゥール・リーヴルに達したり、それを超えたことは一度もなかった (Baulant, *Annales E. S. C.*, mai-juin 1968, p. 540)。

(16) この問題については André Zysberg の重要な業績 *La Monarchie des Limières*, Paris, Seuil, 2002, pp. 13-129 を参照。

(17) 1730 年から 33 年、さらには 34 年までの 4 年間の穀物輸出を可能にしたイングランドにおける非常にすばらしい穀物収穫については Jeremy Blacer の以下の論文を参照。“Grain exports and neutrality”, *Journal of European Economic History*, vol. 12, No. 3, winter 1983, p. 594。また、1733–34 年の輸出に向けられた穀物の豊作について、E. L. Jones, *The Role of the Weather in English Agriculture*, London, George Allen, 1963, p. 137 も参照。1733 年の (穀物にとって好都合だった) イングランドの乾燥については *Journal of Meteorology*. March 2004, vol. 29, No. 287, p. 81 参照。

(18) Pfister, *Bevölkerung*, p. 88.

(19) Lachiver, *Vin, Vigne*..., pp. 790-791. 1 ミュイは、原則として 268 リットルである。

(20) ブドウの生産における早熟と量とのプラスの関係については、Lachiver, *Vin, Vigne*..., p. 163, p. 169, pp. 170-171 (数値表) の非常に説得力のある文章と数値「データ時系列」を参照。とりわけ p. 169。

(21) 1710 年 9 月 26 日、1711 年 9 月 30 日、1712 年 9 月 26 日。

(22) Lachiver, *Vin, Vigne*..., *op. cit.*, graph. p. 199.

(23) *Ibid.*, p. 199. ワイン生産量の上昇グラフは、1710 年から 1739 年まで期間の多数の栽培地を含んでいる。

(24) *Ibid.*, p. 794.

(25) *Ibid.*, p. 306, p. 790.

(26) Roger Dion, *Histoire de la vigne*..., p. 129. Suétone, *Domitien*, VI を引用している。

(180) John Phillips, *Vesuvius*, Oxford, Clarendon Press, 1869, p. 53.
(181) Cl. Muller, *Chronique... XVIIIᵉ siècle*, p. 41.
(182) *Chronique de Vareddes*, p. 18.
(183) Meuvret et Lachiver, *Mercuriales du pays de France*, *op. cit.*, p. 55.
(184) Palaeoklimaforschung, vol. 13, p. 345, in Burkhard and Frenzel, *Climatic Trends...*, 1994 (Frenzel の参考文献参照).
(185) Jacques Marseille, *La Terre et les paysans en France, 1600-1800*, éd, Paris-Sorbonne, 1999, p. 23 (LRL 協力).
(186) Easton, pp. 119-121.
(187) Lachiver, *Les Années...*, p. 316.
(188) LRL, dans Jacques Marseille, *op. cit.*, p. 24.
(189) Louis Morin については Lachiver, *Les Années...*, p. 73 参照。1879−80 年の冬については Van Engelen, in *History and Climate*, p. 113 参照。
(190) Lachiver, Meuvret, Dupâquier, *Mercuriales du Pays de France et du Vexin*, pp. 54-57.
(191) Lachiver, Meuvret, Dupâquier, *ibid.*, p. 152.
(192) J. Nicolas, *Rebellion...*, p. 235.
(193) Lachiver, *Les Années...*, p. 390.
(194) Lachiver, *Les Années...*, pp. 386-387.
(195) Champion, vol. d'Index, p. 21.
(196) Lachiver, Meuvret, Dupâquier, *Mercuriales du Pays de France et du Vexin, in fine*, « graph. 8 ».
(197) *Ibid.*, pp. 240-241.
(198) Lachiver, *Les Années...*, p. 480.
(199) これら死亡者数の数え上げはすべて、Lachiver の大著 *Les Années...* から、特に pp. 480-481 から抽出。
(200)「フロンドの乱の謎」と題された章を参照。
(201) Croix, *La Bretagne*, vol. I, pp. 328-339.
(202) T. Simkin and L. Siebert, *Volcanoes of the World*, Geoscience Press, Tucson, Arizona, 1994 (2ⁿᵈ edition) の P. 141, p. 145, p. 195 et *passim* による。
(203) LRL, *HCM*, vol. I, p. 224〔邦訳『気候の歴史』p. 235〕.
(204) LRL, *HCM*, vol. I, p. 245 *sq.*〔邦訳『気候の歴史』p. 256〕.
(205) 北半球全域についての気候学者による全地球規模の研究は、17 世紀は寒冷だったという考えを確認している。特に 17 世紀後半の冬の年平均気温もしくは 10 年間平均気温に関してはそうである。その後、北半球も、18 世紀（夏）あるいは少なくとも 18 世紀前半（冬）に再び温暖化したことが記録されている。Shabalova and Van Engelenn, 2003, p. 233, graph LCT winter ; P. Jones and M. Hulme, graph p. 188 in Hulme and Elaine Barrow, *Climate of the British Isles*, 1997, p. 188. そして Luterbacher, 2004...

第 10 章　若きルイ 15 世時代の穏やかさと不安定さ

(1) これらすべてについては、Patrick R. Galloway の優れた博士論文 *Poputation, Prices and Weather in Preindustrial Europe*, Univ. of California, 1987 を使用。
(2) Wrigely and Schofield, *op. cit.*, pp. 356-394.
(3) J. Y. Grenier, 199（基本文献）.

(157) Waren C. Scoville, *The Persecution of Huguenots and French Economic Development*, Berkeley, Univ. of California Press, 1960, pp. 426-433 の、17 世紀末と 18 世紀初めの、フランスよりも著しいイングランドの経済発展の巧みな要約。

(158) Dupâquier, dans *HPF*, vol. II, pp. 207-208.

(159) 歴史編纂学によって正確で適切だと認められた、この厳しい期間についてのぞっとするような恐ろしいテキストは当然数え切れない程ある……それらをすべて引用してもなんになるだろう……ここでは、それらのうちのいくつかにとどめておこう。「どこにでもたくさんいる貧しい者の顔に、誰もが死をみるだろう。彼らの顔つき、幽霊のような様、衰弱、悪寒、不安定さといったやせ衰えた姿が、彼らを突然の死で脅かしている……（あるものは（街道の）道端で死に、あるものは街路に倒れ、哀れな乳飲み子は、母親の乳房が空で与えてやれないミルクを求める）。どうしてわが家に帰り、飢え死にしつつあるわが子に会えるだろうか。子供に与えるなにものも持っていないのだ……」（対象となっている飢饉の同時代のスコットランドのテキスト。以下に引用されている。*Scottish Population History from the 17th Century to the 1930's*, edited by Michael Flinn, Cambridge Univ. Press, 1977）。

(160) Ian D. Whyte, *Scotland before the Industrial Revolution. An Economic and Social History* (ca 1050-ca 1750), London, Longman, 1995, p. 113.

(161) Wrigley and Schofield, *Poputation Hist. of England*, p. 533.

(162) Lachiver, *Les Années...*, p. 96 ; Van Engelen, in *History and Climate*, p. 112.

(163) Thorarinsson, 1943 と Eythorsson, 1935 によって収集、引用されたテキスト（参考文献参照）。

(164) Eythorsson, 1935, pp. 128-129（地図、表、テキスト）.

(165) H. W. Ahlmann, 1937, p. 195.

(166) Grove, *The Little Ice Age*, pp. 69-81.

(167) Lachiver, *Les Années...*, p. 96, p. 243 と p. 390 を比較参照のこと。

(168) *Ibid.*, pp. 241-243 *sq.*

(169) Cl. Muller, *Chronique...* XVIIIe siècle, p. 33 ; K. Müller, *Geschichte...*, p. 206.

(170) Lachiver, *Les Années...*, p. 258 ; Lebrun, *Mort...*, p. 347.

(171) Lachiver, *Vin, Vigne...*, p. 790.

(172) Lachiver, *Les Années...*, p. 390 ; *Vin, Vigne...*, p. 862.

(173) M. Lachiver, J. Dupâquier, J. Meuvret, *Mercuriales du pays de France et du Vexin*, *in fine*, graph. II.

(174) 1 キンタル、すなわち 100 キログラム（？）この二人の研究者は、ルイ 14 世の時代に……現代のわれわれのメートル法を単純に適用した。

(175) Jean Fourastié et Béatrice Bazil, *Pourquoi les prix baissent*, Hachette, « Pluriel », 1984, p. 249.

(176) Pfister, *Klimageschichte*, p. 129 ; Shabalova and Van Engelen, *art. cit.*, p. 233 ページ上部（graph. LCT winter）.

(177) John D. Post, *The Last Great Subsistence Crisis in the Western World*, (1816-1817), Baltimore, John Hopkins Univ. Press, 1977, p. 5.

(178) もっと懐疑的な気候学者たちもいる。火山の噴火は、シベリア高気圧の張り出しによって寒冷化した冬（青空だ！）よりも、噴出した塵のベールのために冷涼化して作物を腐らせることになった春・夏・秋のほうにより一層の影響を与えたというのだ。しかし、正確にいえば、1708 年の夏と秋は、1709 年の非常に寒さが厳しい冬よりも前に、すでに問題を起こしていたのである（前述参照）。

(179) T. Simkin, L. Siebert, *Volcanoes of the World*, Tucson, Arizona, Geoscience Press, 1994 (2nd edition).

(133) ルイ 14 世への手紙 dans Fénelon, *OEvres*, Pléiade, tome I, p. 547.

(134) 1709 年にはその反対だった。フェヌロンは、カンブレの大司教になっており、諸々の出来事の現実をはるかに身近に感じていた。今では彼は、厳冬による（1709 年の穀物収穫の）不毛さをほのめかしている。彼は以下のように書いている。「この不毛ののちに、豊かな実りがやってきて、われわれ皆の食糧事情をよくしてくれるだろう」。そして続けて、「［カンブレ地方の］の民衆のあいだでは、3 月に小麦がなくなった者にはもういかなる生活のすべもない」（Fénelon, *Œvres*, Pléiade, tome II, p. 1034 *sq.*）。

(135) Lachiver, *Les Années...*, p. 203.

(136) Jean-Pierre Gutton, *La Société et les pauvres en Europe*, Paris, PUF, 1974, p. 69 による。

(137) Lachiver, *Les Années...*, p. 205.

(138) *Ibid.*, p. 207 ; Dupâquier, *HPF*, vol. II, p. 206 *sq.*

(139) 大農場主は余剰穀物を自由に処理できた。

(140) これらすべては *Journal d'un curé de campagne au XVIIe siècle*, édité par Henri Platelle, p. 112 *sq.* による。

(141) Ecclésiaste, 6, 2.

(142) Angot, 1885, p. B45, p. B72.

(143)「酸っぱくてまずい……ワイン」、K. Müller, *Geschichte...*, p. 205. 1695 年は北半球全域で非常に寒かった（K. R. Briffa *et al.*, in *Holocene*, 12. 6. 2002, p. 764）。

(144) John Komlos avec N. Bourguinat et M. Hau, *Histoire anthropométrique de la France d'Ancien Régime*［未刊行］, fig. 2 et 3, 近日中に雑誌 *Histoire, Économie et Société* に掲載予定。

(145) John Komlos, *ibid.* fig. 18-20.

(146) A. Bellettini, « *Ricerche sulle crisi demographiche del Seicento* », *Società e Storia*, n° 1, 1978, 特に p. 49, p. 56.

(147) Burkhard Frenzel (Hrsg.), *Climatic Trends and Anomalies in Europe 1675-1715* (Académie des sciences de Mayence, Stuttgart, Gustav Fisher éd., 1995, p. 345, p. 357).

(148) Aurélien Sauvageot, *Histoire de la Finlande*, vol. I, Imprimerie nationale, Paris, 1968, p. 85 *sq.*

(149) Eino Jutikkala et Kauko Pirinen, *Histoire de la Finlande* (trad.), Neuchâtel, Éditions de la Baconnière, 1978.

(150) *Dictionary of Scandinavian History*, edited by Byron J. Nordstrom, Westport, Connecticut, London, Greenwood Press, 1986, p. 475.

(151) Régis Boyer *et al.*, *Les Sociétés scandinaves de la Réforme à nos jours*, Paris, PUF, 1992, p. 153.

(152) W. R. Mead, *Historical Geography of Scandinavia*, London, Academic Press, 1981, p. 98.

(153) Eli Heckscher, *An Economic History of Sweden*, Harvard Univ. Press, 1963, pp. 81-83.

(154) David Kirby, *Northern Europe..., The Baltic World 1492-1772*, London, Longman, 1990, p. 245.

(155) A. F. Upton, *Cherles XI and Swedish Absolutisme*, Cambridge Univ. Press, 1998, p. 235 *sq.*

(156) T. C. Smout が *Prices, Food and Wages in Scotland, 1550-1780*, p. 170 で以下のように非常に的確に書いているように。「全般的気候状況についていえば、この 10 年間の前半は、スコットランはその影響を比較的まぬがれて、特にイングランド南部とフランスで悪天候だったのだが、後半はメキシコ湾流の南への蛇行に関連して雨と寒さがスコットランドとスカンジナヴィア半島を襲った。北極の浮氷原の伸張によってカヤックに乗ったイヌイットが何人かスコットランドまで運ばれた！この時点では、アイルランドとイングランドとフランスはそれ程の被害は受けなかった」。

臼田昭訳、国文社、1991 年〕.

(104) W. G. Hoskins, « a Harvest fluctuation... », *Agricultural History Review*, vol. 16, 1968, p. 29.

(105) Pfister, *Klimageschichte*, p. 127.

(106) Lachiver, *Les Années...*, *op. cit.*, p. 73.

(107) Pfister, *Wetternachhersage*, p. 157.

(108) 1675 年には、オーストリアでも、その年の悪天候の被害を受けて、量的に少ないブドウの収穫のせいでワインの価格が高騰した（Jean Bérenger, *Finance et absolutisme autrichien dans la seconde moitié du XVIIe siècle*, Éditions de l'Université de Lille III, vol. I, p. 247 による)。

(109) Luterbacher, in History and Climate, p. 47.

(110) Pfister *et al.*, and Erich Siffert, "High resolution spatio-temporal reconstructions of past climate from direct meteorological observations and proxy data...", in Burkhard Frenzel, *Climatic Trends and Anomalies in Europe 1675-1715*, Gustav Fischer Verlag, Stuttgart, 1994, p. 346.

(111) 高温と乾燥の複合。

(112) ELRL, *PDL*, 1966, vol. I, p. 34.

(113) この章で前述（本章の注（33）に付随文章)。

(114) Van Engelen の区分の指数 5（普通)。

(115) K. Briffa *et al.*, in *Holocene*, 12. 6. 2002, p. 764.

(116) Baulant et Meuvret, vol. II, p. 135.

(117) LRL, *PDL*, vol. I, p. 587.

(118) ASW, vol. 3, p. 227.

(119) ASW, vol. 1, p. 98.

(120) *Chronique villageoise de Vareddes* の当該年の部分（参考文献参照)。それ以外についてはすべて以下のいつもの情報源を参照。Lebrun, *Mort...*, pp. 503-505, graph.（1679–89 年の早期のブドウの収穫) ; Lachiver, *Les Années...*, chapitre II ; ELRL, *PDL*, vol. I, p. 586 *sq.*

(121) Jean Nicolas, *La Rébellion...*, pp. 228-229.

(122) 1680–1720 年の全期間について、Lachiver, *Les Années de misère...*, はわれわれにとっての基本的情報源となっている。

(123) 単純化するために、(多くの差異がないわけではないが）地方長官は現在の知事にあたるといっておこう。

(124) Lachiver, *Les Années...*, p. 105.

(125) 1691–92 年の冬は、一般かつ簡潔に「1692 年の冬」といっていることを繰り返し述べておく。

(126) Cl. Muller, *Chronique... alsacienne au XVIIe siècle...*, vol. I, p. 222, 1692 年の項。

(127)「ブルゴーニュ地方とビュルテンベルク地方でワインの収穫量がわずかで酸っぱい」、Angot, 1885, p. B92 による。

(128) K. Müller, *Geschichte...*, p. 205.

(129) Saint-Simon は、非常に現代的な文体で、(1709 年の）深刻な食糧不足時に起きた「政府」（原文のまま）と国王に対する暴動について述べている（*Mémoires*, édition Boislisle, vol. 18, p. 130)。

(130) Jean Nicolas, *op. cit.*, p. 231.

(131) *Ibid.*, p. 232.

(132) *Ibid.*, p. 229.

der Geschichte der Neuzeit（近代史における人間とその身体）.

(83) Lebrun, *Mort*..., graph., p. 502 *sq*.

(84) Buisman, vol. 4, 716（オランダにおける1663年の非常に湿潤な夏）.

(85) これらすべてについてはMs BNF, Colbert, reg. 109, fol. 580.

(86) ロワール地方の意。

(86) Lebrun, *Mort*..., p. 330, note 7.

(88) 故Corinne Beutlerの綿密な研究による。この研究は特に、カナダのケベック州の昔の有輪犂はヴァル＝ドゥ＝ロワール地方のものを模造したものであることを証明した。このことはこの地方から入植したことを裏づけている。

(89) やや摂政時代後的な、『マノン・レスコー』のテーマのひとつである。

(90) Lebrun, *ibid*.

(91) Jean-Pierre Bardetは、ルーアンの人口についての学位論文中で、飢饉による死亡の「混合物」を適切に定義している。そうするにあたって彼は、月ごとの、（高）小麦価格と死亡者数の変動とのあいだの相関関係（あるいは無相関関係の）指数を利用している。死亡者数は、時期的に、穀物相場の高騰期と同じかその後である。「最悪の死亡者数は価格高騰期に発生する」。それは、飢饉は飢えによって直接的に人を殺すが、とりわけ食糧不足から生じる悲惨な状態に蔓延する疫病によって人命を奪うということを意味する。疫病はおもに貧しい階級の人々の命を奪うが、ときには感染によって、社会集団の富裕層もしくは中流層に属する人々の命をも奪う。Bardetの証明は、1661–62年にあてはまるが、また以下のそれ以前とそれ以降の飢饉にもあてはまる。1693年、1709–10年さらには1794–95年。M. Lachiverが非常に適切にいったように（*Les Années*..., p. 205）、疫病に対して抵抗力を失い、もしこういっていいのなら、物乞いをすることで路上のあちこちに疫病をばらまくことも場合によってはありうる不幸な人々を殺すのは、飢饉自体であることはまれで、（その飢えから生じた）悲惨な状況なのだ。この問題については、Alfred Perrenoudによる非常に緻密な並行的分析（*Population de Genève 16e-19e siècle*, Genève, 1979, éd. société d'histoire de Genève, pp. 432-446、特にpp. 442-446）も参照。

(92) Dupâquier, *HPF*, II, p. 204に再掲されたグラフ。

(93) Lebrun, *Mort*..., p. 502 *sq*.

(94) Jean Jacquart, *Crise rurale*..., p. 679.

(95) *Ibid*., p. 680.

(96) Bondois, 1924, p. 65によるVaubanの言葉。麦屑とは、風によって小麦の穀粒と、平時には食用にならない籾殻・藁屑とを選り分ける作業の副産物のことだろうか。

(97) J.-M. Moriceau, *Les Fermiers*..., p. 531-532.

(98) アキテーヌ地方では、小麦の収穫はほぼ平年並みで、おそらくそのためこの地方は北の地方に輸出できたと思われる（Frèche, *Les Prix*..., p. 88. 穀物価格の上昇は1661年にはまったくなく、1662年もわずかだった）。ベズィエでも1661–62年は同様だった（LRL, *PDL*, vol. 2, pp. 946-947）。

(99) Baulant et Meuvret, *Prix des céréales*..., vol. II, pp. 112-113.

(100) *Revue d'histoire économique et sociale*, 1924.

(101) J. M. Desbordes éd., *La Chronique de Vareddes*, éditions de l'École, 11, rue de Sèvres, Paris, 1961.

(102) Baulant et Meuvret, vol. II, p. 135.

(103) S. Pepys, *Journal*, 2. 9. 1666〔邦訳『サミュエル・ピープスの日記　第七巻（1666年）』

(55) Champion, vol. IV, pp. 23-24.

(56) Moriceau, *Fermiers...*, p. 531. Jean Bastié, *La croissance de la banlieue parisienne*, PUF, 1964, p. 53.

(57) Champion, vol. II, p. 82 *sq*.

(58) シテ（島）と大学（左岸）に対して街（右岸）。

(59) Champion, vol. d'Index, p. 19.

(60) Angot, 1885, p. B-44, p. B-73 ; Pfister, vol. I, p. 146. 1660年代初めからの数年遅れのグリンデルワルト氷河の前進を示している。シャモニーも同様（*HCM*, I, p. 224〔邦訳『気候の歴史』p. 235〕）。

(61) Baulant et Meuvret, vol. II, p. 135.

(62) Buisman, vol. 4, p. 716.

(63) *HCM*, I, p. 224〔邦訳『気候の歴史』p. 235〕.

(64) Buisman, vol. 4, p. 716.

(65) Lebrun, *Mort...*, pp. 502-505. 気温とアンジュー地方のブドウの収穫日と特に降水のグラフ。

(66) Champion, vol. II, pp. 265-266.

(67) Champion, vol. V, p. 48.

(68) K. Müller, Geschichte..., p. 202.

(69) Lebrun, *Mort...*, graph., 502 *sq*.

(70) これらすべてについては Baulant et Meuvret, *Mercuriales*, II, pp. 106-121, p. 135.

(71) このあとについては Lebrun, *Mort...*, p. 329 *sq*.

(72) P. Bondois, *Revue d'HIstoire économique et Sodiale*, 1924, pp. 53-118、1662年の飢饉について参照。

(73) LRL, *PDL*, 1966, vol. II, pp. 946-947.

(74) Ms BNF, Mélanges Colbert, 107 bis, fol. 664.

(75) *Ibid*. 107, fol. 308.

(76) オランダ自体も1661年の降雨と食糧不足の被害を受けたが、フランスの北半よりもずっと程度が軽かった（AMJ de Kraker, 2004, 未刊行。参考文献参照）。

(77) Croix, *La Bretagne...*, I, p. 45 *sq*.

(78) Lachver, *Les Années...*, p. 40.

(79) 他の地方でも同じような行動だった。Y.-M. Bercé, *Histoire des Croquants*, vol. II, p. 541 *sq*.

(80) Ms BNF, Colbert, reg. 108, fol. 579.

(81) E. Labrousse, *Esquisse...*, vol. I, pp. 172-182.

(82) 地方長官だけではない。飢えに苦しむ春、1662年の四旬節〔灰の水曜日から復活日の前日までの日曜日を除く40日間〕の期間以降、ボスュエ〔ルイ14世の宮廷説教師、司教、神学者〕は極めて強硬に以下のような懸念を主張し、それは世間に広まった。「主は、われわれの忘恩を罰するために、われわれに対して病、死、極度の食糧不足、この自然界全体でなんともわからなく調子が狂った驚くべき天候不順を遣わされた……」Bossuet, *Sermon sur l'impénitence finale*, 1662年の四旬節の第2週めの木曜日に国王の御前でおこなわれた説教、Pierre Goubert の引用による。Pierre Goubert, *L'Avènement du Roi-Soleil*, Hachette, « Pluriel », 1996, pp. 274-275. そしてルイ14世もまた、彼の *Mémoires* で1662年について、この危機のメカニズムを以下のように非常に適切に指摘している。1661年の不作、買い占め商人の投機的術策、「あらゆる種類の穀物が消えた市場」、農村住民の都市への脱出、「低栄養によって引き起こされる病気の大流行」、経済全体の崩壊。これらは以下による。Arthur E. Imhof, Berlin, Duncker, 1983, p. 46によって紹介・公表された F. Lebrun, in *Leib und Leben in*

(39) Drew T. Shindell, Michael E. Mann *et al.*, "Solar Forcing of Regional Climate Change during the Maunder Minimum", *Science*, vol. 294, 7. 12. 2001, p. 2149 *sq.*

(40) Luterbacher, *History and Climate*, 2001, p. 29 *sq.* に加えて、Pfister *et al.*, *Climatic Change*, 49, 6. 2001, pp. 441-462 も参照。さらに Pfister, *Wetternachhersage*, p. 296 も参照。

(41) あとでまた検討するが、こうしたマウンダー極小期の局面のあいだの火山噴火は以下のとおりである（Luterbacher *et al.*, 2001, *art. cit.*, p. 456)。1673 年のガンコロナ火山（インドネシア)、火山爆発指数（VEI）5（?)。ほぼ確実に 1673 年か 1674 年のニューギニアのロングアイランド火山（VEI 6)。ブドウの収穫が非常に遅かった 1673 年と 1675 年はこの点で重要である。1693 年のヘクラ火山（アイスランド）とセルア火山（インドネシア)、そして 1694 年の駒ヶ岳（日本）とアボイナ火山（インドネシア）の噴火。1693 年と 1694 年（そして 1695 年）は、私たちのヨーロッパの気候の歴史にとってほんとうに厄年（非常に寒くて湿潤な期間）だった。火山の噴火は、その年と翌年に（まき散らされた塵が原因で）冷涼状態を生じさせた（これらすべてについては、T. Simkin and L. Siebert, *Volcanoes of the World*, Tucson, Arizona, 1994 の、VEI の程度を付記した火山噴火の世界「リスト」を参照)。これらの火山噴火は、マウンダー極小期および NAO（北大西洋振動）によってすでに生じていた冷涼化をこうしてさらに強めたのである。

(42) Luterbacher *et al.*, in *International Journal of Climatology*, vol. 20, No. 10, 8. 2000, p. 1062.

(43) Pfister, « Klimawandel in der Geschichte Europas. Zur Entwicklung und zum Potenzial der historischen Klimatologie », *Österreichische Zeitschrift für Geschichtswissenschaften* (ÖZG) 12/2, 7-43, 2001.

(44) これらはすべて、上記注（40）に引用された Luterbacher と Pfister の論文による。

(45) W. Schröder, in *Ann. geophysicae*, 12, pp. 808-809, an. 1994 参照。いくつかの期間について、中世後期に想定されている太陽黒点の極小とこの想定上の極小期によると主張されている北極光の減少とのあいだの関係を否認している。

(46) ヘリオス、フォイボス、アポロン等、太陽……そして太陽王を形容するに選択肢がおおすぎて迷ってしまう。

(47) Luterbacher, in *History and Climate*, 2001, pp. 47-49.

(48) それにしても輝かしい例外である。Marcel Lachiver, *Les Années de misère*, Paris, Fayard, 1991, p. 421.

(49) 前述の「フロンドの謎」と題された章。

(50) Pfister, *Klimageschichte*, p. 127（この期間についての一般論）; Angot, « Vendanges »...（参考文献参照).

(51) K. Müller, *Geschichte...*, p. 202 (1654).

(52) Baulant et Meuvret, vol. II, p. 135.

(53) 数値はやや異なるが、傾向は明確である。「最も高い最高水位は、1658 年、1740 年、1910 年の水位である。川の水面の高さを測るために使用されているトゥルネル橋の目盛りは 1719 年の低水位に合わせられているが、1658 年に 8.81 m を示した。1910 年には 8.50 m。1740 年には 7.90m である」(Bibliothèque de l'Institut de France, 11. 4 - 7. 6. 2002, « La Seine en crue, XVIIe-XXe siècle » というテーマおこなわれた資料紹介)。したがって、1910 年の最高水位が「新記録を打ち立てた」というのは正確ではない。1658 年の最高水位が、わずかの差で、依然として最も高い。

(54) Champion, vol. d'Index, p. 19 ; vol. II, IV, V et *passim*.

Maunder Minimum AD 1645 to AD 1715 », *Astronomy and Astrophysics*, 14 May 1993.

(23) Maunder, *art. cit.*, p. 142 (Schove p. 171).

(24) J.-C. Ribes and E. Nesme-Ribes, *art. cit.*, 1993, fig. 4, 右の欄、上部の図3によって指摘され、グラフ化された観測密度。

(25) J.-C. Ribes and E. Nesme-Ribes, *art. cit.*, 1993, fig. 4.

(26) Article intitulé "Maunder minimum" in *Encyclopedia of Global Environment.*

(27) 利用可能な（年輪年代学、生物季節学、生起した事象についての）多くのデータ時系列にもとづいた最近の論文およびグラフを参照。これらは、17世紀、とりわけ1684年までの世紀後半に、おもに冬の気温が寒冷化したと結論している。Schabalova and Van Engelen, *art. cit.*, 特に p. 233, Low countries series : winters（参考文献参照）.

(28) Cassini, La Hire, Picard への依拠 in E. Nesme-Ribes, "The Maunder Minimum and the deepest phase of the little Ice Age : a causal relationship or a coincidence ?"（他の準拠事項はない論文である。*in* Bibliothèque de la chaire d'astronomie du professeur Pecker au Collège de France）.

(29) Christophe Scheiner, イエズス会士 , *Rosa Ursina sive sol ex admirando Facularum et macularum... Phenomeno*（1626年から1640年に出版された著作 ; la Bibliothèque de l'Institut de France に1部あり。coté fol. M. 395）.

(30) J. Lean, A. Skumanich & O. R. White, 1992, "Estimating the Total Solar Irradiance during the Maunder Minimum", *Geophysical Research Letters*, 1992, 19, No. 15, pp. 1591-1594. これらはすべて J.-C. Ribes and E. Nesme-Ribes, « The solar sunspot cycle in the Maunder Minimum AD 1645 to AD 1715 », *Astronomy and Astrophysics*, 14 mai 1993 による。われわれのこの説明は、非常に詳細に M[me] Ribes の文章をたどっているが、このフランス人研究者がたいがいは英語で発表した著作を常に参照している。責任を持って正式に典拠を明記したわれわれの「追随主義」は、歴史学者が、事の成り行き上、ほとんど完全にみずからの能力の通常の領域の外に身を置くときにはある程度避けられないのである。これ以前についても以下にしたがった。E. Nesme-Ribes, D. Sokoloff, J.-C. Ribes and M. Kreliovsky, « The Maunder minimum and the solar dynamo », 1993年直前の、他の準拠のない論文。Sokoloff ら前記4人の研究者は、それぞれムードン天文台とリヨン天文台、そしてサンディエゴ大学とモスクワ大学に所属している。

(31) これらの理系の研究者は Space Physics Division of the Nasa-Headquarters に所属している。さらに Wolfgang Kalkofen は Harvard-Smithonian Center for Astrophysics にも所属している（Text in Harvard-Smithonian Center for Astrophysics, No. 3667, 3. 1. 1994）。

(32) Shabalova and Van Engelen, *art. cit.*, p. 233.

(33) Michael E. Mann, D. T. Shindell *et al.*, "Solar Forcing of Regional Climate Change during the Maunder Minimum", *Science*, vol. 294, 7. 12. 2001, p. 2149 *sq.*

(34) ディジョンで1680年9月9日にブドウの収穫。

(35) K. R. Briffa の地図 in *The Holocene*, vol. 12, No. 6, p. 764.

(36) ディジョンで9月25日。これは当然な早熟で、それ以上のものではない。

(37) Shabalova and Van Engelen のグラフ（2003, *art. cit.*）は、1646年から1684年までとその後の17世紀後半について、特に冬の寒さを強調している。この同じ著者によれば、反対に夏については、格別寒いという評価は主として17世紀の最後の10年間にあてはまる。

(38) アングロサクソンの太陽・気候学者たちになじみのある奇妙な言葉である。この語は、太陽の熱が強まることではなく、太陽からの影響のあれこれの側面が強まることを意味している。ここでは、黒点の欠如による、地球の寒冷化の方向への強まりのことである。

特に、Luterbacher, 2004 のグラフを参照)。

(3) マウンダー極小期は、本当は、シュペーラー……の名を持つべきだった。書誌上のめぐりあわせ、「アングロサクソンびいきの」意図が、有名な太陽黒点の極小期の名前を「マウンダーにした」のだ。シュペーラーの名は、残念賞として、その前(中世)の太陽黒点極小期に与えられた。これはスキャンダルだろうか。

(4) Jérôme Lalande, *Astronomie*, éd. 1792, vol. 3, p. 280 *sq.* 近代的知性の持ち主でケプラーの弟子である Laland は、当然、こうした宇宙の不変性という考えに反感を抱いていた。

(5) John Eddy, « The Maunder Minimum », in *Science*, vol. 192, p. 1192 *sq.* (1976) ; D. J. Schove, *Sunspot Cycles*, Hutchinson Rose publisher, Stroudsbourg, USA, 1983 にそっくり再掲された論文。

(6) Eddy, *art. cit.*, graph 4b. W. Schröder は、いくつかの場合で、誤ってなのか正当なのか(*Ann. geophysicae*, 12, pp. 808-809, an. 1994 の彼の論文も参照)、こうして想定される太陽黒点の欠如と、それと同時に起きた地球上の北極光の欠如[W. Schrôder, "Aurorae during the Maunder Minimum", *Meteorology and Atmospheric Physics*, 38 (246-251), 1988]とのあいだの関係という観念を認めない。しかし、この二重(黒点と北極光)の相関する欠如が起こるということは今日ではかなり確実な事実とみなされている。

(7) これらすべてについては、E. W. Maunder, 1922(参考文献参照).

(8) Maunder, 1922, *art. cit.*, p. 142 (p. 171 in edition Schove, 1983).

(9) E. Nesme-Ribes *et al.*, *Histoire solaire et climatique*, Paris, Belin, 2000, p. 113.

(10) Luterbacher in *History and Climate*, 2001, p. 29 *sq.*

(11) Eddy, *art. cit.*, tabl. 1, 欄 R, in Schove, 1983, p. 1200 = p. 113.

(12) Maunder, "The prolonged sunspot minimum, 1645-750", *British Astron, Assoc. Journal*, 32, pp. 140-145 (1922). D. Justin Schove, *Sunspot cycles*, Hutchinson Ross, Stroudsbourg, Pennsylv., 1983, pp. 169-174 に再掲。

(13) したがって今後のわれわれの文章は、1922 年に Maunder が発表して Schove, *Sunspot cycles* に再掲されたものを要約して細部にわたってなぞっていくことになる。

(14) Philos. Transactions, No. 74, p. 2216 (1671). *The Observatory*, vol. 6, p. 274 に再掲され、1922 年に Maunder によって引用された。

(15) 太陽の自転は、赤道で一周 27 日、極地域で一周 35 日。極地域には黒点は常に不在(E. Nesme- Ribes et G. Thuilier, *Histoire solaire et climatique*, Paris, Belin, 2000, p. 80)。

(16) Schove の出版した本 p. 172 の Maunder による。

(17) ここではやはり、Maunder の論文にそっている。かなり広く引用されるこの論文はフランスの読者には知られていないか、正当に評価されていないように思われる。この基本的な文献を知ることは、ルイ 14 世の治世下における太陽と……気候上の出来事(?)の推移を理解するために不可欠である。

(18) この「シュペーラー極小期」については John A. Eddy, « The Maunder Minimum », *Science*, vol. 192, 1976, p. 1195 (Schove, p. 181), 特に fig. 5 の説明を参照。

(19) F. W. G. Spörer, in *Vierteljahrsschr, Astron. Gesellschaft*, Leipzig, 22, p. 323, p. 1887 ; Schove, *op. cit.*, p. 178 の *Bull. Astron.* 6, 60 (1889)。

(20) 前出、注(4)。

(21) Maunder, p. 141 in Schove, *op. cit.*, p. 170.

(22) このルイ 14 世時代の、特に太陽に関心を抱くフランスにおける際立った天文学の学派については以下を参照。J.-C. Ribes and E. Nesme-Ribes, « The solar sunspot minimum and the

Riot and Rebellion, Clarendon Press, Oxford, 1985, p. 146 *sq.* ; F. J. Varley, *Cambridge during the Civil War*, Cambridge, Heffer, 1935 ; John Walter and Roger Schofield, *Famine, Disease and the Social Order in Early Modern Society*, Cambridge University Press, 1989, paragraphe "England and Europe" ; Roger Wells, *Famine in Wartime England*, Gloucester, Alan Sutton, 1988, p. 203 et *passim* ; PeterYoung and Richard Holmes, *The English Civil Wars* [chronologie...]. フランスとの比較については、私の学生にして友人である Richard J. Bonney, "The french civil war"in *European Studies Review*, vol. 8, 1978, pp. 71-100 も参照。

(36) J. A. Kossman-Putto *et al.*, *The Low Countries History*, Flemish-Netherlands foundation, 1995, p. 34 *sq.* ; J. L. Price, *Culture and Society in the Dutch Republic during the 17th century*, London, Batsford, 1974, pp. 24-29 ; F. H. Ungewitter, *Geschichte der Niederlande*, Leipzig, 1832, pp. 172-175 ; Pieter Geyl, *History of the Low Countries*, London, Macmillan, 1954, p. 79 *sq.* ; J.-C.-H. Blom, F. Lamberts *et al.*, *History of the Low Countries*, New York, 1999, pp. 184-185 ; Heinrich Leo, *Zwölf Bücher Niederländischer Geschichten*, Hale, 1835, 2e partie, p. 804 ; P. J. Blok, *Gesch. der Niederlande, Gotha*, Perthes, 1912, vol. V, pp. 36-39 の（とりわけ意図的に起こされた洪水に対する恐れによって）不首尾に終わったアムステルダム攻撃作戦の詳細。

(37) ケーニヒスベルクのパン用軟質小麦、ヴェンデ（スラヴ系プロシア）のパン用軟質小麦、ケーニヒスベルクのライ麦、プロシアのライ麦、プロシアの冬大麦、フリースラントと大聖堂参事会（オランダ）の冬大麦、ユトレヒト市場のライ麦、レイデンのパン用軟質小麦、レイデンの大麦、聖カトリーヌ病院（オランダ北部）のパン用軟質小麦と大麦、聖霊病院のパン用軟質小麦とライ麦（合計4つのデータ時系列）、アムステルダム市立孤児院のパン用軟質小麦とライ麦、全部で18のデータ時系列で、そのうち5がバルト地方、13が現地のものである。Posthumus, *Preisgeschiedenis*, vol. I, p. 259 (2e pagination)「表（p. 402）には15のデータ時系列しかない。そのうち6はバルト・オランダ地域、9は厳密にオランダ国内のものである」。

(38) R. Bos *et al.*, in *A.A.G. Bijdragen*, Wageningen, 1986, pp. 84-88.

(39) Monique Cubells, « Le Parlement de Paris pendant la Fronde », *Revue XVIIe siècle*, 1957, n° 35, pp. 193- 196 ; Louise Tilly, « Révoltes frumentaires... », *Annales E. S. C.*, vol. 27, mai-juin 1972, n° 3, p. 738, note 20.

第9章　マウンダー極小期

(1) 偶然だが、マウンダー極小期（Maunder Minimum）は、哲学者マルブランシュ（1638-1715）の生没年とも一致している。（ルイ14世の）長い治世における個別のデータ時系列と、おおまかにいって80年におよぶこの同じ期間の人間の諸活動の下に横たわる気候・太陽的条件を関連づけることは禁じられはしないにしても、こうした年代的一致の無意味さをある程度まで喚起するやり方ではある。

(2) Shabalova と Van Engelen の最も「時宜を得た」グラフ［in *Climatic Change*, vol. 58, No. 1-2, May 2003, pp. 232-233 (LCT graphs のこれら2ページの最上部)］は、18世紀前半は特に、17世紀後半（冬が寒かった）に比べて0.5℃から1℃程度の冬の再温暖化を示している。そして、特に1720年から1739年の期間は夏が暑かったことも示している。これらの夏は、17世紀後半に比べて熱の面での「昂進」要素となった。これら18世紀の「好天の夏」は結局、おおいに状況を改善しはしたが、麗しい1660年代と1680年代の夏の高気温を上まわるにとどまり、そのあいだに1690年代を中心に厳しい寒さがあった（これについては南仏では気候は非常に異なっていて、地中海沿岸地域では、農業に関わる気候的制限要件は、干ばつ・日照り焼けという事態であって、ヴァンヌやロンドン、「フロンドの乱」期のパリにおいては大災害を引き起こす過剰な降水さらには過度の寒さにはそれほど影響は受けないのだ！スイスの標高を超えると、「フロンドの乱期」といわれる期間における一連の不作は、ヴァンヌやロンドン、パリのものとはかなり異なっている。スイスにおけるフロンドの乱期の典型的な平年並以下の収穫の歳月は、1649年（イングランドの「飢饉」の年でもある！）から1651年までである（Pfister, *Bevölkerung*, p. 167, tabl. 2/7.1）。ただ、G. Head-König, dans Goy et LRL, *Fluctuations...*, vol. I, p. 178によると、ジュネーヴでの穀物不作は、1647年、1649年、1651年、1652年、1653年である。ブルターニュ地方やロンドン盆地におけるわれらが悲惨なフロンドの乱期の1647年、1649年、1651年、1652年にかなり近い（ほぼ同じ年に不作だった）。これに対して、まったく異なった気候（地中海地方の乾燥）のベズィエでは、穀物の収穫はかなり違う（LRL, *PDL*, vol. II, pp. 996-1003）。

（31）Pfister, *Klimageschichte*, I, p. 92 (graph) et *in fine*, tabl. 1/33.

（32）LRL, *HCM*, II, p. 193.

（33）Wrigley and Schofield, p. 498 右の欄 “Year beginning July”.

（34）*Ibid.*

（35）イングランドにおける1640年から1653年までの期間については、政治的、軍事的、経済状況推移、食糧そして飢饉に関する出来事の情報を以下から得た。Cars A. Angustsson, *De Heligas Uppror*, Stockholm, 1983（p. 237 イングランド内戦における決定的戦闘の戦場の地図：1645年ネーズビー〔イングランド中部の村〕、1648年プレストン〔イングランド北西部の都市〕、1651年ウスター〔イングランド中部の都市〕）; Andrew B. Appleby, *Famine in Tudor and Stuart England*, Liverpool University Press, 1978, pp. 122-124 et *passim* ; G. E. Aylmer, *The Interregnum 1646-1660*, London, Macmillan, 1972 ; 同著者の *Rebellion or Revolution*, Oxford University Press, 1986（特に p. 116、1647年、1648年、1649年の不作について）; Beveridge Archives, London school of Economy, dossiers J3 and J7 ; William Beveridge, *Prices and Wages in England*, p . 208, p. 702 ; Alfred H. Burne *et al.*, *The Great Civil War*, London, Eyre, p. 17, p. 223 ; Bob Carruthers *The English Civil Wars 1642-1660*, London, Cassell, 2000, p. 199 ; Chris Cook and John Wroughton, *English Historical Facts 1603-1688*, London, Macmillan, 1985, p. 151, p. 154, etc. ; これらの問題については Frank Jessup, Oxford, Pergamon Press, 1966, p. 85 も参照 ; Todd Gray, Roger Wells *et al.*, *Harvest Failures in Cornwall and Devon*, Institute of Cornish Studies, 1992, p. XXVII, et *passim* ; W. G. Hoskins, *Harvest Fluctuations and English Economic History 1620-1759* : 1646−1649年の不作 in *Agricultural History Review*, vol. XVI, 1968, p. 20, p. 29, etc ; Ralph Josselin, *Journal* edited by Alan MacFarlane, Oxford University Press, 1976 ; D. E. Kennedy, *The English Revolution 1642-1649*, London, Macmillan, 2000, pp. 14-46 et *passim* ; J. P. kenyon, *The Civil Wars of England*, New York, Knopp, 1988, p. 190 ; Joyce Lee Malloch, *Caesar's Due*, London, Royal Historical Society, 1983, p. 57, p. 75, p. 144, p. 288 ; Brian Manning, *The Crisis of the English Revolution (1649)*, London, Bookmans, 1992（1649年の「飢饉」についての基本文献）; Donald Nicholas, *Mr Secretary Nicholas 1593-1669*, London, Bodley Head, 1955 ; R. B. Outhwaite, *Death and Public policy in England 1550-1800*, London, Macmillan, 1991, p. 20 ; Joad Raymond, “Making the News”, in *Revolts in England*, Saint Martin's Process, N. Y., 1993, 特に p. 476, etc. ; Thorold Rogers, *History of Agriculture and Prices in England*, vol. V, pp. 58-64, p. 192 *sq.*, p. 201 *sq.*, pp. 205-207, p. 270 ; VI, pp. 32-37 ; Susan Scott *et al.*, *Human Demography and Disease*, Cambridge University Press, 1998 ; David Underdown, *Revel,*

(9) 著者［LRL］による強調。
(10) 1649年の冬と夏についてのこの部分はすべてBuisman, vol. 4, p. 497を参照。
(11) 著者［LRL］による強調。
(12) Lottin, *Lille, citadelle...*, pp. 36-37, pp. 402-404.
(13) P. Deyon, *Amiens capitale provinciale*, Paris, Mouton, 1967, p. 46, p. 504参照。
(14) モンペリアール地方に関する同様の指摘がDebard, II, p. 407にある。
(15) Jacquart, *Crise rurale*, pp. 656-657とそれらのページの下の注（必須のテキスト）。
(16) Alain Roquelet, « Prix... des céréales à Elbeuf », *Annales de Normandie*, 31e année, n° 1, mars 1981, p. 33 sq.
(17) H. Saint-Denis, *Histoire d'Elbeuf*, Elbeuf, 1894-95, vol. 3, p. 168 *sq.*, « la nielle et la guerre ».
(18) Debard, II, p. 408 *sq.*
(19) Buisman, *Duizend*, vol. 4, p. 716 ; Champion, I, p. 51 ; Cl. Muller, *Chronique... alsacienne, XVIIe siècle*, an 1651, pp. 141-142. この長くて極度に雨が多く、その後1651年4月19日と21日に雹が降った冬についての必須のテキスト。
(20) Dupâquier, *Histoire de la population française*, vol. 2, p. 202の、このテーマについてのJ.-M. Moriceauによる感銘すべきグラフ。
(21) これらのテーマについてわれわれが引用したすべてのデータにさらに、Alain Croixという広大無辺の碩学が収集した、食糧が不足して、そのために抗議行動が高まったこの1643年春に関する雄弁な文書史料が加わる（次の注を参照）。
(22) ナント：（小麦がなはだしく高値な）ブルターニュ地方の1643年春。レンヌ：小麦がなく、暴動の危険。ラ・ゲルシュ〔ブルターニュ地方の都市〕：6月に小麦が高値。ヴァンヌ：食糧暴動。オレー〔ブルターニュ半島南岸の港町〕：食糧暴動。Cruguelの文章を読んだA. Croixは、当然1643年半ばに「小麦の価格が上がり……そのためヴァンヌ、オレーその他の地域で騒擾が起きた」ことを注記している。飢饉が起きるのではという危惧は、1642年の収穫直後からJ. Masséがいっていた。1643年のあと、モントゥルイユ=スュール=イル〔ラ・ゲルシュ市内〕で以下の二つの俗悪な詩句が記録されている「今年は飢饉と戦争があったのに、それでも道端で私生児がポコポコ生まれた」（Croix, *La Bretagne XVIe-XVIIe siècle*, vol. I, p. 324）。
(23) Brazdil, M. Barriendos *et al.*, in *Climatic Variability*, pp. 271-272.
(24) Croix, *La Bretagne...*, vol. I, p. 324.
(25) Lebrun, *Mort...*, p. 502 *sq.*
(26) *Histoire de Bretagne*, éd. Jean Delumeau, Toulouse, Privat, 1969, p. 293.
(27) Tim Le Goff, dans J. Goy et E. Le Roy Ladurie, *Prestations pyasannes, dîmes...*, Paris EHESS, 1982, vol. II, pp. 590-591.
(28) Buisman *et al.*, vol. 4, p. 715 ; Van Engelen, *History and Climate*, *op. cit.*, p. 112. またPfister, *Klimageschichte*, p. 77洪水のグラフも参照。これらの洪水は1650年頃「増加」の真っ最中だった。
(29) Buisman *et al.*, vol. 4, pp. 715-716.
(30) フロンドの乱の歳月における「穀物の生産を制約する」悪気候は、ブルターニュ地方の山地、パリ盆地、ライン川下流域、オランダ、ベルギーという南北に広く解釈した低地諸邦、ドイツ西部に、とりわけ被害をおよぼしたことが知られている。反対に、これらフロンドの乱期の穀物に対して否定的な状況は、この点で恵まれた南仏にはおよばなかった。

(78) Pfister, *Bevölkerung*, in fine, tabelle 2/7.2.

(79) Pfister *Klimageschichte*, graphique p. 92. 穀物の収穫日に関する。

(80) Buisman, *Duizend*, vol. 4, p. 715, years 1640 and 1641 ; Claude Muller, *Chronique... XVIIe siècle*, p. 114（1643 年：6 月と 7 月に冷たい雨が大量に降り、スイスのすぐ近くなので、このことが裏づけとなる）.

(81) Baulant et Meuvret, vol. II, pp. 14-15.

(82) 結果として、降雨のために花粉が落ちて、そのため野菜がたくさん生育することが妨げられた（1643 年については Cl. Muller, *Chronique... XVIIe siècle*, p. 120 参照）。

(83) Y.-M. Bercé, *Histoire des Croquants*, 1974, vol. II, p. 541, p. 543-544.

(84) Pfister, *Klimageschichte*, p. 92.

(85) *HCM*, I, p. 68〔邦訳『気候の歴史』p. 80〕.

(86) 他の多くのデータのうちのルクセンブルクにおける 1642 年の平年並以下のワインを参照。Eugène Lahr, *Un siècle d'observations météo* [quant au]... *climat luxembourgeois*, Luxembourg, 1950 (ministère de l'Agriculture, Imprimerie Bourg-Bourger, p. 159).

(87) Pfister, 注（78）から注（80）参照。

(88) Baulant et Meuvret, vol. II, p. 135.

(89) Roland Mousnier, « Recherches sur les soulèvements populaires en France avant la Fronde », *Revue d'histoire moderne et contemporaine*, tome 5, avr.-juin 1958, pp. 102-103.

(90) ブルターニュ地方でも 1643 年春に、さほど重大ではないが、食糧暴動が発生した。このことは、1642 年の収穫が平年並以下で、おそらく 1643 年の収穫についても同様な見通しだったことを示している（Croix, *La Bretagne...*, I, p. 324)。イングランドでは、1642 年から 43 年にかけての収穫後の期間は死亡者が多かったが、食糧は高値ではなかった。イングランドにおける革命〔ピューリタン革命〕が、われわれのあつかっている問題とは別の、混乱をきたす結果を「高所で」発生させるのである（次章を参照）。

(91) Y.-M. Bercé, *Histoire des Croquants*, vol. II, pp. 538-548.

(92) LRL, *PDL*, p. 499. これは、地方長官府すなわち中央政府が、地方の食糧問題に対処することが知られる初期の事例のひとつ、少なくとも最初の事例である。またもや、気候の長い歩み、諸々の体制を経て……。

第 8 章　フロンドの乱の謎

(1) これ以降は Baulant et Meuvret, vol. II, p. 135 による。

(2) スイスにおける小麦の刈り入れ日のデータは以下による。Pfister, *Klimageschichte*, vol. I, p. 92 (graph.) と同書末尾の tabl. I/33 ; 同じ著者の « Getreide Erntebeginn »［そして夏の初めの気温］in *Geographica Helvetica*, 1979, n° 1, pp. 23-24.

(3) Y.-M. Bercé, *Histoire des Croquants*, vol. II, pp. 538-547. 本文と注に様々な指摘がある。

(4) Pfister, *Klimageschichte*, vol. I, *in fine*, tabl. I/33.

(5) Pfister, *Bevölkerung*, tabl. II/7-1, p. 167.

(6) Cl. Muller, *Chronique... alsacienne, XVIIe siècle*, p. 167. 1649 年 10 月 6 日の日付のある D'Erlach という人物の手紙を引用している。

(7) これ以降は以下による。A. Herzog, *Moselthales*, p. 73 を引用している Cl. Muller, *Chronique... alsacienne, XVIIe siècle*, p. 135 ; Angot, 1885, p. B93, an 1649.

(8) J. M. Debard, *Subsistances... à Montbéliard*, Ms, vol. II, p. 406 sq.

(53) Lebrun, *Histoire d'Angers*, Privat, p. 74 *sq.*
(54) Malebaysse, dans L. Couyba, *Misère et grande famine en Agenais, 1630-1631* ; Champion, vol. II, p. 254*sq.* ; Lebrun, *ibid.* p. 502.
(55) L. Couyba, *ibid.*
(56) H. kissinger, *Diplomatie*, Paris, Fayard, 1996, p. 52.
(57) *Histoire du Poitou et des pays charentais*, par Gilles Bernard, Jean-François Buisson, Jean Combes, Robert Favreau, José Gomez de Soto, François Pairault, Jacques Péret (Clermont-Ferrand, De Borée, 2001).
(58) *Ibid.*, 2001, p. 297.
(59) A. Croix, *La Bretagne...*, vol. I, p. 300 sq., pp. 368-371 et *passim.*
(60) *Ibid.*, p. 301.
(61) A. Lottin, *Lille citadelle...*, p. 403.
(62) Dupâquier, *Histoire de la population française*, vol. II, p. 150.
(63) *Ibid.*, p. 150.
(64) この前については以下を参照。Wrigley and Schofield, p. 497, 表の右の欄 ; Thirsk vol. 4, p. 821（特に "Average all grains"）ガストン・ドルレアンについては、Arvède Barine を利用している Couyba, *op. cit.*, p. 39 を参照。
(65) Buisman, *Duizend*, vol. 4, p. 714 ; Van Engelen, in *History and Climate*, 2001, p. 112.
(66) Van Engelen, *ibid.*, 2001, p. 112.
(67) Pfister, *Bevölkerung...*, p. 167, tabelle 2/7.1.
(68) Pfister *Klimageschichte*, *in fine*. tabelle 1/34.1.
(69) フランス北部地方の赤痢。Alain Lottin, *Deux mille ans du Nord et du Pas-de-Calais*, Lille, La Voix du Nord, 2002, vol. I, p. 164 に引用された Jean de la Barre の文章。そして、1635 年、特に 1636 年のフランドル地方とブラバント地方におけるそれぞれ重篤な赤痢とペストについては E. Hélin, *Annales de démog. hist.* 1980, pp. 71-73（印象深い文章、数値、グラフ).
(70) パリでは、1636 年に、1591 年から 1643 年までの全期間を通じてこの街における最大死亡者数である 2 万 2176 人を数えた（Biraben, 1998, p. 232)。この死亡者数超過にはペストがおおいに関わっているが、（現在の）フランス北部と（現在の）ベルギーでのように赤痢もまた、1636 年には何らかの役割を果たしたのである。
(71) あるジャーナリストによって以下のように描写された 2003 年夏の乾燥を参照：「大豆、テンサイ、メロン、ズッキーニ、ヒマワリ、作物は立ち枯れた。トリノのウンベルト 1 世橋の下で、いつもなら雄大に流れる川が、魚を窒息させる長い緑の川藻とあらゆる種類のゴミに浸食されて汚泥のような悪臭を放つ細い流れになってしまった」（Richard Heuzé, *Le Figaro*, 15. 7. 2002 の記事)。17 世紀に、同様の条件下で、泉がないので、このような非常に汚染された川の水を飲んだ不幸な人々は往々にして、赤痢その他の感染性の病気にかかることになった。
(72) Marcel Lachiver, *Années de misère*, p. 417.
(73) Lebrun, *Mort...*, 折り込みのグラフ p. 504.
(74) Pfister, *Wetternachhersage*, p. 169.
(75) Lebrun, *Mort...*, p. 320.
(76) *Ibid.*, p. 320.
(77) Croix, *La Bretagne...*, vol. I, p. 310 *sq.*

(31) Baulant et Meuvret, vol. I, p. 243 ; II, p. 135.

(32) Wrigley and Schofield, p. 340.

(33) *Ibid.*, p. 497, 表の右欄。

(34) T. C. Smout, *Prices, Food and Wages in Scotland, 1550-1780*, p. 50, Tableau 2-1.

(35) この前後の大ブリテン島のデータについては以下も参照。Andrew Appleby, *Famines in Tudor and Stuart England*, Stanford (Calif.), 1978, pp. 126-127, p. 149 ; G. Whittington and I. D. Whyte, *Historical Geography of Scotland*, London, Academic Press, 1983, pp. 96-97 と W. G. Hoskins, "Harvest fluctuations and economic history, 1620-1759", *Agricultural History Review*, vol. 16, 1968, pp. 15-32, 特に p. 19 ; John Walter and Roger Schofield, *Famine, Disease and the Social Order in Early Modern Society*, Cambridge University Press, 1989（"Ecology of famine" と表題がつけられた部分）.

(36) Buisman, *Duizend*, vol. 4, 前述のオランダとヨーロッパのデータについての « 1621-1622 » 年の箇所。

(37) Ruggiero Romano, « Tra XVI[e] et XVII[e] secolo, una crisi economica : 1619-1622 », *Rivista Storica Italiana*, vol. 74, 1962, pp. 480-531.

(38) これは、1632 年以降小麦が豊作となった北西ヨーロッパ（フランス北部等）における、ある種の穀物自給自足によるものなのだろうか。

(39) この場合、イングランドの飢饉が繊維製品の需要を減少させるに、ある役割を果たしたようである。購買力は、非常な高値となった小麦に集中した。そのため、この繊維産業分野における徒弟数の減少が生じた。

(40) Pfister *Klimageschichte*, p. 147（左の欄）にこうした意味の示唆がある。16 世紀末と 17 世紀前半におけるこれらの氷河の伸張については前章と本章初めを参照。

(41) Angot, 1885, p. B-44, p. B-71.

(42) Pfister *Klimageschichte*, pp. 122-123.

(43) Angot *ibid.* ; F. Lebrun, *Mort...*, pp. 502-503 (graph.).

(44) Pfister, *Wetternachhersage*, p. 295. その後については F. Lebrun, *Mort...*, *ibid.*

(45) Marcel Lachiver, *Vins, vigne et vignerons*, p. 332. その後については John E. Martin, *op. cit.*, pp. 132-138 et *passim* 参照。

(46) Pfister, *Bevölkerung...*, p. 167 : 15 の教会 10 分の 1 税徴収区についての数値（Tabelle 2/7.1）.

(47) この 1631 年の危機に関するパリ周辺地域の 8 つの小教区についての J.-M. Moriceau による調査。J.-M. Moriceau, « Crises démographiques dans le Sud de la Région parisienne de 1560 à 1570 », *Annales de démographie historique*, 1980, p. 120.

(48) Buisman, *Duizend*, vol. 4, p. 714.

(49) 30 年戦争にもかかわらず、アルザス地方ではブドウが豊作で穀物が大豊作だったすばらしい年である 1624 年。Cl. Muller, *Chronique de la viticulture alsacienne*, XVIIe siècle, an 1624 ; K. Müller, *Geschichte...*（バーデン地方）, p. 199.

(50) F. Lebrun, *Mort...*, p. 315 *sq.*

(51) 著者［LRL］による強調。

(52) 実際 1631 年は夏が暑くてブドウの収穫が早く、ディジョンで 9 月 20 日だった。Van Engelen の夏の評価区分で指数 7 だった。穀物収穫も豊作だっただろう。バーデン地方でブドウが豊作、スイス北部でも小麦が豊作だった。Pfister, *Bevölkerung*, tabelle 2/7.2 ; 1631 年から 1632 年にかけての収穫後の期間にパリで小麦価格が非常に少しずつ下がり始めた（Baulant et Meuvret, vol. II, p. 135）。

(9) Buisman. *Duizend*, vol. 4, pp. 707-708 ; そして特に、20 世紀よりも明確に低かった 17 世紀の冬の *Low Countries Temperatures* (LCT) についての Schbalova and Van Engelen, in *Climatic Change*, vol. 58, No. 1-2, May I-II 2003, fig. 5B, graph. を参照。反対に、同書の fig. 5A（夏の *Low Countries Temperatures*）によれば、オランダの夏は、17 世紀は 20 世紀とほぼ同じくらい暑いか、少なくともわずかに冷涼だったようである。したがって、17 世紀に典型的だったと思われるのは、寒い冬とほぼ「正常な」夏との差がおおきい「大陸性」気候だったのだろうか。こうして、冬が寒いと同時に夏も冷涼だった非常に小氷期的な 16 世紀の後半の 40 年間と、小氷期の要素が、夏についてはそれほど強くないかほんの部分的にすぎなかったが（しかし、たとえば 1730 年代のような、夏が非常に好天に恵まれた 18 世紀のいくつかの時期よりもやや涼しかった。Luterbacher, 2004）、とりわけ冬にあてはまると思われる 17 世紀とのあいだに差異があったようである。Jones と Hulme が、M. Hulme *et al.*, *Climate of the British Isles*, p. 188, fig. 9.8 で、北半球全体で 17 世紀は夏が寒かったことを示したのは確かだ！　だが、Van Engelen は、低地諸邦を第一として、気候温暖な西ヨーロッパしかあつかっていない。したがってここでは、北半球全体に関する Jones と Hulme の非常に興味あるデーが裏づけたり点検したことはともかくとして、Van Engelen によるオランダ地方の夏の分析をたどることにしたい。

(10) Van Engelen, in *History and Climate*, p. 114. fig. 1 と fig. 2 が、20 世紀に比べて 17 世紀は、冬は明確により寒い（小氷期の典型的な特徴）が､夏はやや冷涼だったことを示している。

(11) *Ibid.*, *supra*, 注（10）.

(12) Van Engelen, in *History and Climate*, p. 112 ; Schabalova *et al.*, *art. cit.*, p. 233, graph LCT winter ; Buisman, *Duizend*, vol. 4, p. 707 (graph : winter).

(13) Buisman, *Duizend*, vol. 4, pp. 714-715 ; Van Engelen, *History and Climate*, p. 112.

(14) Baulant et Meuvret, vol. II, p. 135.

(15) Buisman, *Duizend*, vol. 4, で記述された年々（pp. 354-422）において、たとえば « 1627-1628 » は本書でわれわれがいう 1628 年の冬にあたる。

(16) Buisman, *Duizend*, vol. 4, pp. 713-714.

(17) これら 1602 年から 1616 年までの 15 年間は、全般的に 1600 年代と 16190 年代の相対的な早熟を引き起こした。

(18) Pfister, *Klimageschichte*, p. 122 ; Buisman, *Duizend*, vol. 4, p. 307 *sq*.

(19) Pfister, *ibid.* ; Buisman, *bid.* ; Pfister, *Wetternachhersage*, p. 134, p. 295.

(20) Buisman, *Duizend*, vol. 4, p. 714.

(21) Van Engelen, in *History and Climate*, p. 112.

(22) Champion, vol. d'Index, p. 16 ; II, pp. 225-226, p. 228. 1608 年の冬自体については Easton, p. 101*sq*.

(23) Buisman, *Duizend*, vol. 4, p. 714.

(24) Angot, 1885, p. B-44 ; Van Engelen, in *History and Climate*, p. 112.

(25) Biraben, *art. cit.*, dans *Population*, 1998, p. 232（1608 年と 1617 年について）による。

(26) F. Lebrun, *Mort*..., p. 502, graph. 41.

(27) Jean-Marc Debard, *Subsistances à Montbéliard*, vol. II, p. 331（参考文献参照）.

(28) Biraben, *Les Hommes et la peste*, vol. I, p. 386.

(29) Thirsk, vol. 4, p. 821, 表の右半分、収穫後の期間について。

(30) Buisman, *Duizend*, vol. 4, p. 714.

年春の気象・魔女事件については以下を参照。Robin Briggs, *Witches and Neighbours*, Fontana Press, 1996, pp. 193-194.

(60) Alfred Soman, *Sorcellerie et justice criminelle...*, chap. XII, p. 88.

(61) これらすべてについては Muchembled, *Magie et sorcellerie...*（後出注（65）参照), pp. 204-206.

(62) これ以降は E. William Monter, *Witchcraft in France and Switzerland*, Ithaca, 1976 による。

(63) C. Erik Midelfrot, *Witch Hunting..., 1562-1584*, Stanford, 1972, p. 37 *sq.* による。

(64) Thomas Platter junior, *Beschreibung der Reisen...*, vol. II, p. 834.

(65) 雹を降らせる魔女その他についての参考文献表。Yves Castan, *Magie et sorcellerie à l'époque moderne*, Paris, Albin Michel, 1979, p. 67 : 1562 年の、家畜への（達成されなかった）魔術行為と雹を降らせる魔術行為を暗示している。Jean-Michel Sallmann, *Les Sorcières fiancées de Satan*, Paris, Gallimard, 1989, p. 27（雹）; Wolfgang Behringer in *Climatic Variability*, pp. 344-351（雹）; Alfred Soman, *Sorcellerie et justice criminelle (XVIe-XVIIIe siècles)*, 特に XIII, pp. 52-57 et *passim*, Variorum, Brookfield, Vermont USA, 1992 (ISBN 08607B 320 0) ; Robert Muchembled (sous la dir, de), *Magie et sorcellerie en Europe du Moyen Âge à nos jours*, Paris, A. Colin, 1994, avec notamment une contribution de Wolfgang Behringer ; H. C. Erik Midelfort, *Witch Hunting in Southwestern Germany, 1562-1684*, Stanford, California, 1972, pp. 35-36, pp. 48-49, pp. 102-106（とりわけ魔術によって雷雨と嵐を発生させることについて）; Robin Briggs, *Witches and Neighbours*, London, Fontana Press, 1996, pp. 192-194 (*idem*). ELRL, *Sorcière de Jasmin*〔邦訳『ジャスミンの魔女――南フランスの女性と呪術』杉山光信訳、新評論、新版 1997 年〕, quatrième « chant » du poème de Jasmin（雹）. 農業に対して好意的な働きをする良き魔術師については Carlo Ginzburg, *I Benandanti...* 参照。さらに R. Muchembled, *Sorcière au village*, Paris, 1979, p. 174 (« affaire » de 1644, *cf. supra*) も参照。概要については B. P. Levack, *Grande Chasse aux sorcières*, Champ Vallon, Seyssel, 1991 を参照。

第 7 章　小氷期その他（1600 年から 1644 年まで）

(1) Grove, *The Litte Ice Age*, pp. 17-19 (graph).

(2) 教会 10 分の 1 税と当時の文献記録から導き出された推論。*HCM*, I, pp. 204-206〔邦訳『気候の歴史』pp. 213-215〕.

(3) Grove, *op. cit.*, pp. 110-116.

(4) この書は、Grove, *The Little Ice Age* で参考文献として何度も引用される。

(5) *HCM*, I, pp. 172-211〔邦訳『気候の歴史』pp. 187-220〕; Grove, p. 137 *sq.* : 比較参照として Pfister, *Klimageschichte*, p. 146 (graph).

(6) *HCM*, I, *ibid.* ; Grove, p. 137 *sq.*

(7) この丹頂の運命が最もはっきりとみられるのは、Zumbühl［1980 年にも］、Pfister *et al.* が *Zeitschrift für Gletscherkunde*, vol. 11, No. 1, pp. 40-41 (Schwankungen des untereren Grindelwald Gletschers) に発表した素晴らしグラフにおいてである。丹頂は、16 世紀に露出して、それから 1588 年から 1680 年まで増大した氷河に再び覆われ、また 1680 年から 1700 年代の初めまで露出する。そして再び氷河に覆われる。そして、1730 年頃非常に短期間、1748 年から 1768 年のあいだにもっと長い期間露出する。その後は、1794 年から 1813 年の期間まで露出することはなく、そして 1867 年以降今日まで「最終的に」露出することになる。

(8) 上記注 (7) で述べた大きなグラフの縮小版の複製が Pfister, *Klimageschichte*, p. 146 にある。

22日のアンリ4世のパリ入城。パリにとって最も厳しかった年はまさに1590年だった。この都市では、「通常の」年なら1万人から1万7000人のところを、4万1411人（Biraben, *art. cit.*, 1998, p. 232による）が死亡したのだった。

(36) これらトルコ人とドイツ人とのあいだの（辺境の）紛争についてはR. E. Dupuy and T. N. Dupuy, 1986, p. 482参照。

(37) Bauernfeind, *et al.*, in *Climatic Variability*, p. 306.

(38) *Ibid.*

(39) *Ibid.*, p. 308 ; Pfister dans *Annales E. S. C.*, 1988, 43/1, pp. 25-53.

(40) Erich Landsteiner in *Climatic Variability*, p. 326.

(41) これについては、今日では消滅してしまった（ルーアン近くの）ガイヨンのブドウ園を思い浮かべる。

(42) *Art. cit.*, in *Climatic Variability*, pp. 324-327.

(43) Pfister, « Die Fluktuationen der Weinmosterträge... », in *Schweizer Zeitschrift für Geschichte*, 1981, 31/4, pp. 445-491. また、同じ著者による *Bevölkerung...*, p. 88のスイスにおけるブドウの収穫の変動についての3世紀間におよぶグラフを参照。

(44) 1545年、1552年、1556年の、ブドウの収穫が早熟で、日照に恵まれて、非常に豊作だった年については以下と比較対照。J. Lavalle, *Histoire... de la vigne...*, *op. cit.*, p. 27 ; Pfister, *Klimageschichte*, *in fine*, tabelle 1/34.1の関連する3年間。

(45) E. Landsteiner, *op. cit.*, pp. 326-330.

(46) ブドウ栽培の量に関するデータ時系列は、ラングドック地方については、小数までの単位で存在するが（LRL, *PDL*, II, p. 1004）、フランス北部と中央部に焦点を絞ったわれわれのこの調査にとってはあまり適当しない。こうしたデータは、アンジュー地方についても少々はある（後述）。

(47) 前掲の表を参照。

(48) 前述。

(49) Guy Cabourdin, *Terre et hommes en Lorraine...*, vol. I, pp. 173-181.

(50) たとえば、Trocmé et Delafosse, *Le Commerce rochelais de la fin du XVe au début du XVIe siècle*, P. 179（参考文献参照）による、フランス王国内の反対側である西端のラ・ロシェル周辺における1597年のワイン収穫の凶作についても参照。

(51) Julien Le Paulmier, *Le Premier Traité du sidre, 1589*, réédité par les Éditions des champs, 50340 Bricquebosq, 2003. ところで、前節中のアンジュー地方のデータは以下によった。J. Goy, ELRL (そしてこの場合はB. Garnier), *Prestations paysannes*, vol. II, texte et graphique, pp. 556-558.

(52) W. Behringer, in *Climatic Variability*, p. 335 *sq*.

(53) Pfister, *Wetternachhersage*, p. 295 ; Van Engelen, in *History and Climate*, 2001, p. 112 ; Behringer, *op. cit.*, p. 337.

(54) Behringer, *op. cit.*, p. 338.

(55) *Ibid.*, p. 340, Bidenbach, 1570を引用。

(56) スイスのフランス語圏とジュラ地方における1568年、1569年、1570年の極度に遅いブドウの収穫日についてはAngot, 1885, p. B43, p. B71参照。

(57) ディジョンではそれぞれ、1584年9月25日と1590年9月10日のブドウの収穫。

(58) Behringer, *ibid.*, pp. 344-345.

(59) Pfister, *Wetternachhersage*, p. 123 ; Claude Muller, *Chronique... XVIIe siècle*, p. 122 ; 最後に、1644

« Inflation », in *Tudor England*, London, Macmillan, 1969-70. p. 14.

(9) Outhwaite, 1978, p. 368.

(10) Shakespeare, *Songe*..., traduction A. Koszul, revue par ELRL (acte II, sène I).

(11) R. B. Outhwaite によって引用された文章 , "Food crises in Early Modern England : patterns of public response", in *Proceedings of the Seventh International Economic History Congress*, edited by Michael Flinn, Edimbourg, University Press, 1978.

(12) Outhwaite, 1978, pp. 368-369 ; 前述の人口に関する数値については Wrigley and Schofield, p. 497（右の欄）参照。

(13) Outhwaite, 1978, p. 371.

(14) Oxford Univ. Press, 1988, p. 403 *sq*.

(15) Weikinn, *Quellentexte*, vol. I, 2, p. 415 ; Champion, II, p. 24.

(16) Pfister, *Wetternachhersage*, p. 295.

(17) Weikinn, *Quellentexte*, vol. I, 2, pp. 413-416.

(18) J.-N. Biraben, *art. cit.*, 1998, p. 232.

(19) *Holland Frozen in Time, the Dutch Winter Landscape in the Golden Age*, by Ariane von Suchtelen (Mauritshuis, La Haye, Waanders Publishers, 2001-2002, Zwolle [Pays-Bas]) 記載の、16 世紀末と 17 世紀初めの多くの厳しくてときには雪の多い冬に関する当時の絵の複製の見事な収集を参照。

(20) J. Lavalle, 1855, p. 27 ; *HCM*, II, p. 193, p. 198 ; Angot, 1885.

(21) Buisman, *Duizend*..., vol. 4, p. 713 ; Van Engelen, in *History and Climate*, 2001, p. 112.

(22) R. Brázdil *et al.*., *History of Weather*..., vol. 4, pp. 66-67.

(23) Barnavi, 2001, p. 671.

(24) Baulant et Meuvret, vol. I, p. 243 ; Thirsk, vol. IV, p. 820（パン用軟質小麦）; John E. Martin, *Feudalism to Capitalism*..., graph p. 162.

(25) Guillaume Doyen, *Histoire de la ville de Chartres*, 1786, vol. II, p. 375 によって提示されたシャルトルにおける小麦価格 ; John E. Martin, *op. cit.*, p. 162 と比較対照のこと。

(26) これらイングランド・スペイン間の戦闘、特に海戦については、たとえば Thomas Platter junior, *Beschreibung der Reisen*..., vol. II, p. 870 参照。

(27) この（非気候的な）二重の原因については Outhwaite, *Inflatioin in Tudor and Stuart England*..., p. 39, p. 48 の注 1, et *passim* 参照。

(28) Baulant et Meuvret, vol. I, p. 243.

(29) Biraben, I, p. 385.

(30) Alain Croix, *La Bretagne aux XVIe et XVIIe siècles*, Paris, Maloine, 1981, p. 277 sq.（基本文献）; Arlette Jouanna, *La France au XVIe siècle, 1483-1598*, PUF, 1996-1997, p. 621 *sq*. も参照。

(31) A. Croix, *op. cit.*, vol. I, pp. 280-281.

(32) *Ibid.*, p. 279.

(33) *Ibid.*, pp. 368-369.

(34) 前掲書 p. 282 のブルターニュ地方のパーセンテージと本書第 9 章「マウンダー極小期」の 1693–94 年の飢饉についての後述箇所参照。

(35) 1590 年代の（非気候的）惨禍の時間順の継起。1590 年 5 月から 9 月までパリ攻囲。次いで 1591 年 11 月 11 日から 1592 年 4 月 20 日までのルーアン攻囲。そして最後に、好適な反対方向へ向かう、苦難がまもなく終わって平和が訪れることを意味する 1594 年 3 月月末)、少なくともピカルディー地方では、適正な量だった。大幅な上昇以前の低水準まで価格が再び下がるまでに時間を要しなかった。1587 年の収穫が済むとすぐ、1 スティエ 25 〜 30 スーに下がり、次いで、1587 年 5 月から 8 月の極端な急上昇時の 10 分の 1 の 20 スーに下がった！　同様に穀物価格のほうも、1588 年の前半とそれ以降に 1 スティエ 20 スーが天井値となった。こうしてみると、悪かったのはまさしく、1585 年秋の播種と 1586 年夏の収穫とのあいだの小麦の生育期の天候だった。これらはすべて F. et S. Desportes, P. Salvadori, *Mercuriales d'Amiens et de Picardie*, Centre d'hist. des sociétés de Picardie, Amiens, 1990, aux années 1585-1589 による。

(80) Mestayer, *Revue du Nord*, vol. 178, avril 1963, p. 169, p. 175.

(81) *Ibid.*, pp. 171-172.

(82) Baulant et Meuvret, vol. I, p. 243. 1585 年から 86 年にかけての収穫前の期間と、特に 1586 年から 87 年にかけての災害に見舞われた収穫後の期間について。

(83) *Journal* de l'Estoile, vol. I（参考文献参照）, pp. 448-449, p. 456, p. 491, p. 493, p. 499...

(84) *Ibid.*, p. 223.

(85) Baulant et Meuvret, vol. I, p. 216.

(86) l'Estoile, *op. cit.*

(87) *Ibid.*, vol. I, 22 juillet 1587, p. 499.

(88) これ以前のすべてについては、Philip Benedict, *Rouen during the Wars of Religion*..., pp. 172-184 *sq.*

(89) Dupâquier, *HPF*, p. 150, p. 196.

(90) Thirsk, *Agrarian History*, vol. 4, p. 849.

(91) Frêche, *Les prix*..., p. 86.

(92) Debard, vol. II, p. 319.

(93) *Franche-Comté*, p. 968.

(94) Pfister, *Bevölkerung, in fine*, tabl. 2/7.1.

(95) Biraben, « La population de Paris depuis le XVIe siècle », *Population 1-2, 1998*, pp. 215-248 [= p. 232].

第 6 章　世紀末の寒気と涼気——1590 年代

(1) これらはすべて以下による。LRL, *PDL*, 1966, vol. II, pp. 749-751, pp. 914-917 ; *HCM*, éd. 1967, pp. 47-50 ; *HCM*, éd. 1983, vol. II, pp. 148-201.

(2) Pfister, « Die Fluktuationen der Weinmosterträge (16-19 Jahrhundert) », *Revue suisse d'histoire* alias *Schweizer Zeitschr für Geschichte*, vol. 31, 1981, p. 474.

(3) LRL, *HCM*, II, p. 179.

(4) Wrigley and Schofield, p. 496（表の右の部分）.

(5) 小氷期最高潮期の 1590 年代における湿潤さの最高状態（そのため他の時期よりも頻繁に重大な洪水が発生した）は、スペイン、とりわけカタロニア地方とアンダルシア地方でもみられた（*Climatic Variability*, pp. 271-273, texts of M. Barriendos and F. Sanchez Rodrigo）。

(6) Pfister, *Wetternachhersage*, p. 129, p. 295.

(7) Buisman, Duizend..., vol. 4, 指摘された年の箇所 ; Van Engelen, 2001, p. 112.

(8) R. B. Outhwaite, in *Proceedings of the Seventh International Economic History Congress*, edited by Michael Flinn, p. 367 *sq.*, Edimbourg, University Press, 1978, P. 367 *sq.*, と同著者（Outhwaite）の

(55) LRL, *HCM*, 1967, pp. 366-367, tableau.
(56) *Climatic Variability*, p. 193 *sq*.
(57) Pfister, *Wetternachhersage*, pp. 106-107.
(58) *Ibid*.
(59) K. Müller, *Geschichte*, p. 197.
(60) *Ibid*., p. 195.
(61) Van Engelen, in *History and Climate*, p. 112.
(62) Champion, I, p. 237.
(63) 市場価格表、すなわち価格一覧表。
(64) Dupâquier, *HPF*, II, p. 150.
(65) この食糧不足（1565年）とその前の食糧不足（1562年）については、それぞれ播種した小麦一粒に対する、1565年の収穫率（平年並み以下、播いた種子一粒に対して5粒の収穫）と1565年の収穫率（不作、同3.3粒）を挙げる。通常もしくは豊作である以下の2年と比較のこと。1563年、一粒に対して8.7。1564年、同6.7（H. Neveux, *Les Grains du Cambrésis*, *op. cit*., p. 413.）。
(66) Dupâquier, *HPF*, II, p. 150. 死亡者数の顕著なピークさえもなかった（fig. 35）。
(67) Biraben, *Les Hommes*..., I, p. 384.
(68) *Ibid*.
(69) Dupâquier, *HPF*, II, p. 150.
(70) Barnavi, 2001, pp. 572-617. ラングドック地方では、内戦は1561年あるいは1560年から始まった（LRL dans *Histoire du Languedoc*, Toulouse, Privat, 1990, pp. 325-326 *sq*.）。
(71) Buisman, *Duizend*, vol. 4, p. 82.
(72) Champion, *Inondations*, II, p. 82による引用。
(73) *Ibid*.
(74) しかし、クトラ、ヴィモリ、オノーでの大規模な戦闘は、本来の1586年から87年にかけての収穫後の期間よりも少しあと（1587年の秋）におこなわれ、そのことは気候それ自体による被害が主要なものだったことを一層強調している。
(75) Van Engelen, in Buisman, *Duizend*..., vol. 4, p. 82 *sq*., p. 713.
(76) Weikinn, *Quellentexte*, p. 357 *sq*. ; K. Mïller, *Geschichte*..., p. 196.
(77) Champion, II, p. 220.
(78) Baulant et Meuvret, vol. I, pp. 219-224.
(79) 1586–87年の危機のとき、たしかに1586年の不作が1586年から87年にかけての収穫後の期間に「悪」影響をおよぼしたと思われる。実際、アミアンでは（P. Salvadori）パン用軟質小麦の価格が1スティエ30スーあたりを低迷していたが、1586年の3–5月から40～50スー前後に値上がりした。その後の推移が裏づけるように、おそらく不作の見込みのせいだと思われる。そして1586年後半から人々は「現実を目にした」。実際に収穫は悪く、そのため価格は当然上昇して、60、70、80スーとなっていく。上昇カーブはさらに続いて、1587年1月から4月には70スーから90スーになる。そしてとうとう5月の飢饉の価格がやってくる。それというのも、食糧倉庫が空になり、思惑買いが横行したからである。1587年の4月19日から8月3日のあいだに100スーとなり、300スーにまでなった！ 1585年末から86年初めの穏やかな「底値」に比べてほとんど7倍である（そのため旧教同盟前の不満が生じた）。非常に幸運なことに、1587年の収穫は遅くはあったが（8

(28) これらすべてについては Baulant et Meuvret, vol. I, p. 243.

(29) これ以前については Baulant et Meuvret, vol. I, pp. 183-188 : パリ市場におけるパン用軟質小麦の最高価格を参照。

(30) Van Engelen, *History and Climate*, 2001, p. 111 : 1480 年から 81 年にかけての冬は、指数 8「非常に寒さが厳しい」の厳しさだった（これに関しては 15 世紀についての章を参照)。

(31) Easton, pp. 94-95 : イングランドにおける小麦の高価格と大量の死亡者数。1562 年についてすでに引用したページの Wrigley and Schofield と Thirsk も参照。

(32) Easton, *Hivers...*, pp. 94-97 ; LRL, *PDL*, tome I 最初 (1966, p. 48 *sq.*).

(33) Haton, *Mémoires*, tome I, publication de Laurent Bourquin, éditions du Comité des travaux historiques et scientifiques, *op. cit.*, p. 495 *sq.*

(34)「春」大麦とは、春に種を播いた大麦のこと。

(35) Haton, vol. II, p. 48.

(36) *Ibid.*, p. 51.

(37) これらすべてについては、Jean Boutier, Alain Dewerpe, Daniel Nordman による以下の優れた業績を参照。*Un tour de Farnce royal, Le voyage de Charles IX (1564-1566)*, Paris, Aubier, 1984, p. 143.

(38) Easton, p. 95 ; Van Engelen, 2001, p. 112.

(39) J. Guilaine, *Hstoire de Carcassonne*, Toulouse, Privat, 1990, p. 127.

(40) Frêche G. et G., *Prix des grains... à Toulouse*, Paris, PUF, 1967, p. 86.

(41) ELRL が現地で 1960 年頃採集した……多少とも真正な（？）口承伝統。

(42) Champion, *Inondations*, vol. II, p. 217.

(43) この地方で使用されていた容量単位 .

(44) 1562 年は、パリ周辺では小麦が欠乏した。しかし、1565 年にはカンブレ地方の穀物収穫は少なくなるのに対して、カンブレ周辺ではそれほどでもなかった。後出注(65)を参照。

(45) Van Engelen, H*istory and Climate*, p. 112 によって評点 7 の最高点をつけられる 1564 年から 65 年にかけての寒くて凍りつく冬は、その年カンブレズィ地方に大変な不作をもたらした（H. Neveux, thèse, *Les Grains du Cambrésis*, éd. Lille III, 1974, p. 251, p. 806 *sq.* et *passim.*)。1564 年から 65 年にかけての冬に、Van Engelen の冬の分類で最高の評点である 9 を与えた理由は、1564 年 11 月から 1565 年 4 月まで、少なくとも 1564 年 12 月 20 日から 65 年 3 月 24 日 (旧暦) におよぶ (パリにおける) 降霜の長さだろう。それは Easton, p. 95 によれば、(新暦の) 1564 年 12 月 30 日から 65 年 3 月 3 日までだそうである。

(46) Hugues Neveux, dans *Annales de démographie historique*, 1971, p. 290.

(47) Solange Deyon et Aain Lottin, *Casseurs*, p. 62, p. 79, p. 82, pp. 131-132, pp. 139-140, p. 149, pp. 154-155 ; Robert Duplessis, *Lille and the Dutch Revolt*, p. 203, p. 207, pp. 212-213, p. 215, p. 224 ; G. Lefebvre, *Paysans du Nord...*, pp. 339-407.

(48) *Methodus ad facilem historiarum cognitionem...*

(49) F. Lestringant dans *La Conscience européenne aux XVe et XVIe siècles*, Paris, ENS de Sèvres, 1982, p. 210.

(50) J.-N. Biraben, dans J. Dupâquier, *HPF*, p. 150.

(51) Baulant et Meuvret, vol. I, pp. 192-197.

(52) Mestayer, 1963, p. 169, pp. 172-175.

(53) Thirsk, p. 818 ; Wrigley and Schofield, p. 496（右の欄 *years beginning july*).

(54) Easton, p. 97.

の疑いもなく、小氷期の非常に長い持続の枠内における、数十年におよぶ相対的氷河溶融期に相当する。それはまさに、われわれが16世紀の「人間の歴史」に関する部分で（前述、第4章）、その高温、ときには非常な高温について暗に言及した期間であり、長期の16世紀においてその変動しがちな事態を叙述した期間なのである。

(5) Pfister et Brazdil, *op. cit.*, pp. 232-233 ; Pfister, *Klimageschichte*, p. 146.

(6) Pfister et Brazdil, p. 234.

(7) LRL, *HCM*, I, p. 183〔邦訳『気候の歴史』p. 199〕と note 61。

(8) Pfister et Brazdil, p. 33 *sq.*

(9) エルニーニョの問題は脇に置いておこう。今それに言及することは、私たちの立場からすれば、通俗化した史料編纂にしかすぎない。エルニーニョは、遠く離れた空間から、たしかにわれわれの論じる問題に含まれてはいるが、しかし……歴史学以外の能力が極度に限られている一介の歴史学者がそうした知的領域にあえて踏み込むには、太平洋はわれらがヨーロッパの大西洋岸からあまりにも遠く離れている。それは依然として、空高く飛び、規模雄大な自然科学者のためにとっておかれる禁猟地なのである。

(10) これらすべてについては Pfister et Brazdil, *op. cit.*, p. 14, p. 16, p. 23.

(11) Wrigley and Schofield, pp. 496-497, “years beginning july” ; J. Thirsk, pp. 818-819.

(12) Champion, *Inondations*, vol. d’Index, p. 13.

(13) *Revue de l’Anjou*, 1856に発表されたLouvetの文章。実際、アンジェの県庁の文書官であるCélestin Portはそこから、« Des inondations dans le département de Maine-et-Loire, VIe siècle-1799 », *Revue de l’Anjou* 1856, と題する自分の概説文のために、洪水に関する事実をすべて抜き出した。Champion, vol. II, p. 217による。

(14) ソミュールの「大洪水」*ibid.*

(15) Champion, vol. II, p. 217.

(16) *Ibid.*, p. 20.

(17) Claude Haton, *Mémoires*, éditions du Comité des travaux historiques et scientifiques, Paris, 2001, vol. I, p. 405 *sq.*

(18) 1562年3–4月に始まって1563年3月まで続く（宗教）内戦は食糧の希少化に寄与した（破壊、輸送問題等）。Barnavi, 2001, pp. 577-580参照。

(19) Baulant et Meuvret, *op. cit.*, p. 154 *sq.*, p. 243. 1561年から1592年までの期間の5つの大危機については *ibid.* p. 251.

(20) Claude Haton, *op. cit.*, vol. I, p. 406.

(21) 1562年から1563年にかけての収穫後の期間は1562年7月（収穫月）から1563年6・7月までであることを思い出そう。

(22) Biraben, *Les Hommes et la peste...*, vol. I, p. 384.

(23) Hatonのリストはもっと詳細である。

(24) J. Dupâquier, *HPF*, II, p. 150, graph. 35.

(25) LRL, *Histoire des paysans français...*, p. 472.

(26) この1562年から1563年にかけての（不足した）収穫後の期間における食糧不足については Lucien Romier, *Le Royaume de Catherine de Médicis*, vol. II, Perrin, 1922, p. 61（とりわけ「1563年初め」について）を参照。しかし、Romierの日付確定と状況報告は Baulant et Meuvret, *op. cit.*, vol. I, *in fine* : « crises de subsistances » [p. 251] によるものほど精確ではない。

(27) Dupâquier, *HPF*, II, p. 150.

(29) Pfister, *Wetternachhersage*, p. 295.
(30) F. Desportes et P. Salvadori, *op. cit.*, p. 35, 左の欄。
(31) Baulant et Meuvret, vol. I, p. 243, p. 251.
(32) *Ibid.*, p. 87.
(33) *Ibid.*, pp. 89-90 ; ドゥエについては Mestayer, 1963, p. 169.
(34) N. Versoris, dans Fagniez, *op. cit.*, vol. 12, p. 16, p. 23.
(35) Versoris, p. 16.
(36) L. Febvre, *Franche-Comté*, p. 321 ; Mestayer, *art. cit.*, 1963, p. 169 ; Baulant et Meuvret, vol. I, pp. 93-97 ; Versoris, p. 16, p. 23 ; Weikinn, *Quellentexte...*, vol. II, pp. 68-70.
(37) 1885, p. 102. 過剰な春の降雨が生えている穀物に与えた危険については W. Bauernfeind, in Pfister and Brazdil, *Climatic Variability*, 1999, p. 308 参照。
(38) ロワール川流域、シェール川流域、セーヌ川流域、ビエーヴル川〔パリ南東郊外の川〕流域については Champion, I, p. 12, II, p. 18 pp. 214-216 ; そして Versoris, p. 102.
(39) Wekinn, *Quellentexte...*, vol. II, pp. 86-89.
(40) Pfister, *Wetternachhersage*, p. 294.
(41) Karl Müller, *Geschichte...*, p. 192.
(42) Richard Gascon, *Grand Commerce et vie urbaine...*, vol. II, p. 768.
(43) *Ibid.*
(44) Arlette Jouanna, *La France du XVIe siècle, 1483-1598*, Paris PUF, 1996, p. 126.
(45) Gascon, *Grand Commerce...*
(46) Pfister, *Wetternachhersage*, pp. 160-161.
(47) Champion, *Inondations*, vol. I, p. 66.
(48) Weikinn, *Quellentexte...*, vol. II, p. 89, pp. 89-113.
(49) Baulant et Meuvret, vol. I, p. 114 sq.
(50) LRL, *Paysans de Languedoc*, 1966, vol. I, p. 322.
(51) Pierre Charbonnier, *op. cit.*, vol. 2, p. 842, p. 892.

第 5 章　1560 年以降——天候は悪化している、生きる努力をしなければならない

(1) LRL, *HCM*, éd. 1983, vol. I, 第 4 章 ; vol. II, p. 224, とりわけ p. 223〔邦訳『気候の歴史』p. 480〕. « Ministère de l'Agriculture » の項目の Mougin の氷河学における業績の詳細な文献目録。
(2) LRL, *HCM*, I, p. 176〔邦訳『気候の歴史』p. 193〕.
(3) Shabalova and Van Engelen, 203, pp. 232-233, graphs LCT. アレッチ氷河とゴルナー氷河の伸張については、本書の初めのいくつかの章と（本書参考文献の）Holzhauser 参照。グリンデルワルト氷河、アレッチ氷河、ゴルナー氷河の歴史に関する Holzhauser の公表論文の詳しい文献目録が Pfister and Brazdil, *Climatic Variability*, pp. 235-236 にある。前記の「アレッチ氷河の前進」の地図等については、同書 pp. 228-229 を参照。
(4) Pfister *Klimageschichte*, p. 146 の、Pfister による 1535-60 年の期間についての適切なグラフを参照。16 世紀を 3 等分したうちのまんなかの期間に氷河が後退し、最後の 3 分の 1 の期間におおきく前進したことがよくみてとれる。つまり、この「Pfister によるグリンデルワルト氷河」のグラフは、1535-60 年頃に « hypo-Pag » な氷河後退の期間が出現したことを裏づけている。この期間はこの「氷河」を、1950 年以降の「グリンデルワルト下方氷河」を特徴づけることになる非常に縮小した規模にまでにはしなかった。しかしそれは、少し

(83) ディジョンで9月30日以降の遅いブドウの収穫の年を選んでこのリストを提案する。慎重を期して、そうした年のうちで、ファン・エンゲレンの分類で夏の指数1か2か3という非常に冷涼もしくは冷涼の年しか取り上げなかった。

第4章　好天の16世紀（1500年から1560年まで）

(1) 前章で叙述。
(2) LRL, *HCM*, éd. 1983, vol. I, pp. 158-214, et vol. II, p. 179〔邦訳『気候の歴史』pp. 173-225〕.
(3) こうした推定にいたるために使用された方法については C. Pfister, R. Brazdil *et al.*, 1999, pp. 5-30 参照。
(4) *Ibid.* Pfister et Brazdil, p 13, tableau III, 左端の欄（われわれが計算した平均値）。
(5) *Ibid.*, p. 23.
(6) Bennassar, *Grandes Épidémies*（参考文献参照）; Barriendos et Martin-Vide, in *Climatic Change*, 1998, vol. 38, pp. 473-491.
(7) Pfister, *Wetternachhersage*, 1999, pp. 160-161.
(8) Pfister et Brazdil, *op. cit.*, pp. 25-26.
(9) *Ibid.*, p. 229 : 気候と氷河とのあいだのこうした遅れあるいは時間差について（Holzhauser による）。
(10) Baulant et Meuvret, vol. I, p. 99, p. 251 ；対象としている年については *Journal de Nicolas Versoris,* édition Frgniez, dans Mémoires de la Soc. d'hist. de Paris et l'Ile-de-France, 1885 と édition de poche (médiocre), *Journal d'un bourgeois de Paris*, « 10-18 », 1963, pp. 58-67.
(11) LRL, *HCM*, 1983, vol. II, p. 23〔邦訳『気候の歴史』p. 321〕.
(12) Pfister, *Wetternachhersage*, p. 294.
(13) « Xérothermique » すなわち暑くて乾燥。
(14) Pfister, *Wetternachhersage*, p. 191, p. 294.
(15) *Ibid.* ; Pfister *Klimageschichte*, p. 118, p. 138.
(16) Mestayer, art cit., p. 69.
(17) Rudolf Brazdil *et al.*, *History of Weather and Climate in the Czech Lands*, vol. IV, 2000, p. 41.
(18) Pfister, *Wetternachhersage*, *op. cit.*, p. 167.
(19) Baulant et Meuvret, *op. cit.*, vol. I, p. 136 *sq.*
(20) *Ibid.*, vol. I, p. 251.
(21) Claude Haton, *Mémoires*, éditions du Comité des travaux historiques et scientifiques = CTHS, Paris, 2001, vol. I, p. 46 *sq.*
(22) F. Desportes et P. Salvadori, *Mercuriales d'Amiens et de Picardie*, Amiens, Centre d'histoire... de l'université de Picardie, 1990, p. 35.
(23) Gouberville, *Journal,* Éd. des Champs, Bricquebosq, 1993, vol. I, p. 271.
(24) Baulant et Meuvret, vol. I, p. 47.
(25) Robert S. Du Plessis, *Lille and the Dutch Revolt... 1500-1582*, tableau 4-2, p. 429.
(26) Wrigley and Schofield, *Population History of England*, p. 496, 右の欄 ; Joan Thirsk, *Agrarian History of England and Wales*, vol. IV, p. 818.
(27) Jean Tanguy, *Le Commerce du port de Nantes au milieu du XVI*[e] *siècle*, Paris, A. Colin, 1956, p. 46, p. 48.
(28) *Ibid.*, p. 46, p. 48.

Berlin, p. 67 参照。この年の小麦の低価格について、そして 1473 年および 1461–73 年の期間全般については Baulant, *Annales E. S. C.*, 1968, p. 537 参照。

(69) Baulant, 1968, P. 537 の対応する小麦価格データと Mestayer, 1963, p. 168 を参照。

(70) Weikinn, *Quellentexte...*, vol. I, pp. 421-429.

(71) Champion, *Inondations*, vol. 5, p. 26.

(72) K. Müller, *Geschichte...*, p. 189.

(73) Mestayer, *art. cit.*, p. 168 sq.

(74) Weikinn, *op. cit.* ; Easton, *Hivers... aux années 1480 et 1481* ; R. E. et T. N. Dupuy 1985, pp. 434-439.

(75) *La Politique économique de Louis XI*, Rennes, 1940.

(76) これらすべてについて Gandilhon, *ibid.*, p. 154 et *passim* 参照。

(77) 私たちの学生だった故アラン・モリニエ氏によれば、1709 年に飢饉時にライ麦の麦角病が発生した可能性もあった。

(78) Weikinn, I, 1, p. 431.

(79) Alexandre, *Le Climat...*, pp. 499-500 ; Mestayer, 1968（1366 年について）.

(80) この前後については、Gandilhon, *op. cit.*, et Bernard Chevalier, *Tours, ville royale*, 1356-1520, p. 394.

(81) *Annales E. S. C.*, mai-juin 1968, p. 535. note 2.

(82) われわれは、気候的事象、とりわけ日照り焼け、による、そしてさらに 1481 年のような作物を腐らせる年による、いくつかの小麦価格上昇の動き検討した。近隣の他の地方でも常に同時に同様な動きをみつけることは容易であろう。ほとんど調査しなかったが、当然 1481–82 年のフランドル地方とブラバント地方、そして 1360 年、1374 年、1438 年……といったそれ以前にもあったことだろう。ここでは、それに適した Marie-Jeanne Tits-Dieuaide の素晴らしい業績を参照することにしたい。それは 1481–82 年についてのものだが、この困難な 2 年間だけに限定されるわけではない。オーヴェルニュ地方でも、食糧危機もしくは、われわれがフランス北部地方について気候的見地から分析した危機がみいだせる。1347 年 6 月に発生した食糧危機は、（前提条件である）人体の衰弱によって、すでに前述した、その後発生する黒死病を「準備する状況」に結びついた（？）可能性がある。1352 年 5 月の食糧危機は、1351 年の日照り焼けのあとに起きた。1420 年の（日照り焼けによる）食糧危機は、P. Charbonnier が Wolff の流れにそって考えるように、通貨インフレーションだけに起因するものではない（Pierre Charbonnier, *Une autre France, la seigneurie rurale en Basse-Auvergne du XIVe au XVIe siècle, Clermont-Ferrand*, 1980, pp. 427-429, pp. 512-514）。1421 年の収穫後の期間の初めの数カ月にオーヴェルニュ地方できわめて理の当然の帰結である食糧危機が起きた。1438 年の食糧危機は、作物を腐らせる年（1439 年 5 月がひどかった）のせいで発生したが、気候の観点からすれば 1436 年から 37 年にかけての冬から準備されていた。最後に、1481–82 年の食糧危機は、先ほど問題にした作物を腐らせる年によって発生した。15 世紀後半にフランスが並外れて豊かになったことについては、W. M. O rmrod [texte et graphiques], dans Richard Bonney, *Systèmes économiques et finances publiques*, Paris, PUF, 1996, p. 145 を参照。また、M. J. Tits-Dieuaide, *Le grain et le pain dans l'administration des villes de Brabant et de Flandre au Moyen Âge*, dans le recueil *L'Initiative publique des communes en Belgique*, Fondements historiques (Ancien Régime), 11e Colloque international, Spa, 1-4 septembre 1982, Crédit communal de Belgique, collection « Histoire », série in-8°, n° 65, 1984 も参照。

そうして閉じこもっている人物を養わなければならないのだろうか……パスカル的な喜びは、このパンセの著者が目の前にしているような、もっと平凡な、ようするに凡俗な状況には適用することができる。ときには、畑に足を踏み入れて、小麦市場……とりわけそれが空で……のちにならなければ満たされることがないときに、その小麦市場のほうに眼差しを向ける必要がまさにあるのだ。

(42) G. Bois, *Crise*..., p. 294.

(43) *Ibid.*

(44) Buisman, *Duizend*, vol. 2, p. 504.

(45) Wolff, *Commerce et marchands de Toulouse*..., 末尾のグラフ、表 III、VIII。

(46) *Bourgeois de Paris, op. cit.*, p. 318.

(47) これらはすべて *Bourgeois de Paris, op. cit.* による。その前の部分は、すでに提示した基準と Weikinn, I, pp. 331-345, 1432-1433（この 2 年間の中央ヨーロッパ、ドイツ、ボヘミアにおける「降雨」についての膨大な資料）による。イングランドについては Titow, *Annales*, 1970, p. 340：1432 年のブリテン島の小麦の収穫量の減少 −22.7%による。

(48) Elizabeth Carpentier et M. Le Mené, *La France du XIe au XVe siècle, population... économie*, Paris, PUF, 1996, p. 374 による。故 Hugues Neveux, *Vie et Déclin d'une structure économique*, p. 401 [= *Grains du Cambresis*...] のすばらしいグラフを使用している。

(49) Larenaudie, *Famines en Languedoc*, *Annales du Midi*, 1952.

(50) *Ibid.*

(51) Lamb, dans Buisman, vol. 2, p. 505 地図。

(52) Gauvard *et al.*, PUF, p. 516.

(53)「1430 年の時間的経緯」はおそらく、M. Bresc がその卓越した専門家である、ヨーロッパの地中海地方によりよくあてはまるだろう。

(54) Mestayer, *art. cit.*, 1963.

(55) Baulant, 1968, p. 537.

(56) Guy Bois, *Annales*, 1968.

(57) *Ibid.*, p. 1262 *sq.* ; *Crise*..., pp. 299-300.

(58) イラクサは、作物を腐らせる夏に豊富に生え、まったく典型的な飢饉時の食糧である。

(59) *Bourgeois de Paris,* p. 378.

(60) Guy Bois, *Crise*..., p. 362 sq.

(61) 1438 年については Titow, dans *Annales*, 1970, p. 341, p. 347.

(62) Malcolm Letts, « Une description de Bruges... » (au XVe siècle). M. Letts が発表した古い論文で、1924年にブリュージュで出版された非常にまれな著作(la Bibl. royale de Bruxelles に 1 部ある)。

(63) K. Müller, p. 188.

(64) Hugues Neveux, *Grains*..., p. 401. Elizabeth Carpentier, *La France du XIe au XVe siècle*, p. 474.

(65) Carpentier, *ibid.*

(66) G. Bois, *Crise*..., p. 1278, diagramme 2.

(67) 特に 1441 年 , 1442 年 , 1443 年 , 1447 年 , 1452 年 , 1457 年 , 1458 年の晴天あるいはかなり晴れた夏のとき（*History and Climate*, p. 111）。

(68) 1473 年の、ライ麦の収穫とブドウの収穫との早期的相関関係については Pfister, *Variations in theSpring-Summer Climate from the Higt Middle Ages to 1850* dans *Lecture Notes in Earth Sciences*, vol. 16 : *Long and Short Term Variability of Climate*, edited by H. Wanner et U. Siegenthaler,

Météorologie, 8ᵉ série, n° 27, septembre 1999, pp. 434-446.

(16) Alexandre, *Le Climat...*, p. 550.

(17) Titow, *Annales*, 1970, p. 331 ; Alexandre, *Le Climat...*, p. 550, p. 552 (Saxe et Flandre).

(18) G. Lobrichon, *op. cit.*, 2001, p. 376.

(19) Van der Wee, *Growth of Antwerp...*, vol. 2, pp. 31-60.

(20) *History and Climate*, p. 111.

(21) 政治的、軍事的に非常に波乱の多い年。イングランド軍がルーアンを占領してパリに迫る。モントゥロー橋でジャン無畏公〔ブルゴーニュ公〕が暗殺される(1419年9月10日)。1420年1月17日、王太子シャルルが諸権利を剝奪される。1420年5月21日、トロワ条約、ヘンリー5世〔イングランド王〕が「フランス王」となる。1420年12月1日、シャルル6世とヘンリー5世が荘厳にパリに入城。1420年12月23日、王令がジャン無畏公の暗殺者に大逆罪で有罪を宣告する。これについては以下を参照。Marcelin Defourneaux, *La Vie quotidienne à Paris au temps de Jeanne d'Arc*, Paris, Hacette, 1952, pp. 262-263 ; Françoise Autrand, *Charles VI*, Paris, Fayard, 1986, pp. 605-606.

(22) Alexandre, *Le Climat...*, pp. 568-571.

(23) J. Lavalle, Histoire..., p. 26.

(24) Van Engelen, in *History and Climate*, pp. 110-113.

(25) 生物季節学については参考文献参照（Angot, 1883)。

(26) Alexandre, *Ibid.*, p. 569.

(27) Titow, « Le climat à travers les comptabilités de l'évêché de Winchester », *Annales E. S. C.*, 1970, p. 312 *sq*.

(28) M. Mestayer, « Prix du blé [à Douai], 1329-1393 », *Revue du Nord*, vol. 45, n° 178, avril-juin 1963, pp. 157-176.

(29) Van der Wee, *Growth...*, vol. I, p. 175.

(30) *Journal d'un bourgeois de Paris*, éd. par C. Beaune, Paris, Livre de Poche, éd. excellente et complète, 1990, p. 163〔邦訳『パリの住人の日記〈1〉1405−1418)』堀越孝一訳、八坂書房、2013年。『パリの住人の日記〈2〉1419–1429』堀越孝一訳、八坂書房、2016年、『パリの住人の日記〈3〉1430–1434』堀越孝一訳、八坂書房、2019年〕.

(31) これらすべてについてはG. Fourquin, *Campagnes*, p. 416.

(32) *Commerce et marchands de Toulouse...*（参考文献参照）.

(33) Elizabeth Carpentier *et al.*, *La France du XIᵉ au XVᵉ siècle*, Paris, PUF, p. 374による引用。

(34) Guy Bois, « Une reprise... 1422-1435 » dans sa *Crise du féodalisme*, pp. 293-299.

(35) *Ibid.*, p. 293.

(36) Titow, *Annales*, 1970, pp. 346-347.

(37) *Histire d'une métropole, Lille-Roubaix-Tourcoing*, Toulouse, Privat, 1970, p. 145(A. Dervilleの協力)による。

(38) *Journal d'un bourgeois, op. cit.* 1990, p. 320, pp. 326-327 et *passim*.

(39) Micheline Baulant, dans *Annales E. S. C.*, mai-juin 1968, 23ᵉ année, n° 3, p. 537.

(40) *Annales E. S. C.*, 1968 p. 1275.

(41) このようなパスカルに対する敬意を失した暗喩をお許し願えるであろう。この偉人は、どこかで、社交的娯楽を避けようと望むキリスト教徒にふさわしい唯一の立場は、死ぬまで一生居室に閉じこもっていることだといっている。だが、ひとりもしくは多くの農民が

(100) この時期についての全般的状況については Ph. Contamine, *L'Économie médiévale*, Paris, A. Colin, 1997, pp. 329-184.

(101) Mestayer, 1963, pp. 168-176.

(102) 1380-81 年の寒い、さらには多雨な冬についてのデータは Alexandre, *Le Climat...*, p. 520 ; Buisman, *Duizend*, vol. 2, pp. 279-280.

第3章　クワットロチェント――夏の気温低下、引き続いて冷涼化

(1) *Annales E. S. C.*, 1970, vol. 25, p. 312 *sq.*

(2) かなり離れた地方のいくつかの場合では、ウィンチェスターの資料は単に全般的飢饉（イングランド南部全域で不作もしくは非常な不作）に言及しているだけで、われわれはパーセンテージを計算することができない。これらまれな場合については、（われわれが意図的に緩和した）−10％という減少率を使用した。

(3) Titow, *Annales*, 1970, p. 336.

(4) H. Holzhauser, 1995, p. 116 sq.（参考文献参照）

(5) *Ibid.*, pp. 117-119 et *passim*.

(6) Lobrichon, 2001, p. 69.

(7) Christian Pfister は、1345 年から 1374 年までの冷涼な夏を非常に強調している。彼はそれらを、1560 年から 1600 年までの、やはり同様に冷涼で、氷河の消耗不足によって氷河が最大化する効果をもたらした夏に比べている。C. Pfister, *Lecture Notes in Earth Sciences*, vol. 16 : *Long and Short Term Variability of Climate* ; H. Wanner, U. Siegenthaler (eds.) Berlin, 1988, p. 75 ; Holzhauser, *art. cit.*, 1995 参照。

(8) Van Engelen in *History and Climate*, 2001, p. 111, p. 114（ページ下方の graph）.

(9) Shabalova and Van Engelen, "Evaluation of a Reconstruction of Winter and Summer (fig. 7) ; J. M. Grove, Temperatures in the Low Countries, AD 764-1998", in *Climatic Change,* vol. 58, n° 1-2, 2003, p. 234. 2001, p. 58（次の注参照）.

(10) J. M. Grove, « The Initiation of the Little Ice Age in the Regions around the North Atlantic », *Climatic Change*, p. 48, pp. 53-82, 2001.

(11) ゴルナー氷河、特にアレッチ氷河についてこれ以後引き続くことすべてに関しては Holzhauser, « Rekonstruktion von Gletscherschwankungen mit Hilfe fossiler Hölzer », *Geographica Helvetica*, 1984, vol. 39, n° 1, pp. 3-15、特に p. 12（基本的）参照。また、（上記注（10）の準拠するものとして）J. M. Grove による、1300 年から 1380 年の期間に氷舌端が伸張したアルプス氷河のもっと完璧なリストも参照。Van Engelen, 2001, p. 114 ; Buisman, *Duizend*, vol. 2, p. 639, vol. 4, pp. 707-708 と比較対照のこと。

(12) Holzhauser, 1995, p. 118（必須）.

(13) これ以前については Shavalova and Von Engelen, in *Climatic Change*, 2003, p. 234. 次ページの表については Van Engelen, in *History and Climate*, 2001, p. 114.

(14) C. Pfister も、1415 年から 1435 年までの暑い年々に含まれる 1420 年代の非常な暑さを指摘している。彼はまた、このこと（1380 年から 1455 年にかけての氷河後退を準備した）について、とりわけ 1380 年から 1386 年までの早期のブドウの収穫についてのすばらしいデータを示して、1380 年代の春夏が高温だった 10 年間をも指摘している。Pfister, 1988, p. 75（1380 年頃までのゴルナー氷河の最大状態については上記注（7）に引用した論文参照）.

(15) Alexandre, *Le Climat...*, pp. 549-555 ; Jean Sarraméa, « 1407-1408 : un grand hiver », *La*

く 1369–70 年の 2 年間に穀物価格の高騰を発生させるにはかならずしも充分ではない。Buisman, *Duizend*, vol. 2, pp. 237-240, p. 647 は、穀物の収穫に不適な条件が一杯の（1369 年の夏、1370 年の夏と冬の）冷涼、寒冷湿潤、そして冷涼湿潤のデータにもとづいてこのことを明らかにしている。

(76) Fourquin, pp. 246-255.

(77) Alexandre, *Le Climat...*, p. 512 *sq*.

(78) Gilles Bernard *et al*, *Histoire du Poitou et des Charentes*, p. 237 (graphiques).

(79) Jean Glenisson, « Une administration (l'État pontifical) aux prises avec la disette de 1374-1375 », *Le Moyen Âge*, 1950-1951, n° 3-4, vol. 54 = 4ᵉ série, tome 5, p. 303 *sq*.

(80) Léon Mirot, « La question des blés dans la rupture entre Florence et le Saint-Siège », extrait des *Mélanges d'archéol. et d'hist.* publiés par l'École française de Rome, tome XVI, 1896 (tiré à part BNF).

(81) われわれが使用したが一部未発表（刊行予定）のアンリ・デュボワ教授によるブルゴーニュ地方のブドウの収穫日のデータ時系列による。

(82) Champion, vol. II, p. 15.

(83) Campion, vol. V, p. 229 ; D'Aigrefeuille, *Histoire de Montpellier*, éd. 1875, pp. 257-258.

(84) モンペリエの民衆の呼び名。

(85) M. Albert, *Chroniques alsaciennes d'après M. Champion*, vol. V, pp. 16-17.

(86) Titow, *Annales*, 1970.

(87) *Ibid.*, p. 324.

(88) Fourquin, pp. 265-266.

(89) Weikinn, I, 1, 1958, pp. 246-257.

(90) ロラゲ地方とビテロワ地方は、それぞれトゥールーズ地方とベズィエ地方。

(91) Alexandre, *Le Climat...*, p. 515.

(92) Alexandre, *Le Climat...*, p. 513.

(93) Pfister, *Wetternachhersage*, p. 153.

(94) Ph. Wolff, *Histoire de Toulouse*, Toulouse, Privat, 1961, p. 154.

(95) 1374 年から 1375 年にかけての収穫後の期間に発生した飢饉について。イングランドから小麦をギュイエンヌ地方に輸入した。Le petit Thalamus de Montpellier〔1204 年から 1604 年までのモンペリエ市の古文書記録を集成した写本〕は、アラゴン地方、ナバラ地方、カタロニア地方、ボルドー地方、アンジュー地方、トゥールーズ地方、そしてボーケール・セネシャル裁判所管轄区すなわちプロヴァンス地方で発生した、この 1374 の食糧不足について報じている。カストル〔南仏、タルヌ県にある都市〕では、1374 年の 10 月・11 月・12 月から小麦貯蔵庫の家宅捜索がおこなわれた。ルエルグからトゥールーズに向かった荷車による小麦の運搬はアルビで阻止された。翌 1375 年の穀物の収穫は格別素晴らしいものではなかったが、状況をやや改善し始めた。1376 年の穀物の収穫量は豊富で、すべてを解決した（Larenaudie, *Annales du Midi*, 1952）。

(96) *Commerces et marchands de Toulouse*, Paris, Plon, 1954, pp. 183-185.

(97) Buisman, *Duizend...*, vol. 2, p. 638 (graph), vol. 4, p. 707 (graph) ; Van Engelen, 2001, p. 114 (graph) 参照。

(98)「周辺」情報については Titow, *Annales*, 1970, p. 325.

(99) イングランドの暴動自体については、R. B. Dobson, *Revolt of 1381*, London, Macmillan, St. Martin's Press, 1970 参照。

zum Gletscherhochstand der Neuzeit » in *Geographica Helvetica*, 1985, n° 4, p. 186 *sq.*（この箇所は p. 190）

（51）Alexandre, *Le Climat...*, p. 477.

（52）実際、アレッチ大氷河は 1300 年以降、年に 40 メートル前進して、1370–80 年頃最大伸張に達した。これは 17 世紀と 19 世紀におけるこの同じ氷河の前進に等しい。ゴルナー氷河についても同様である。その後、アレッチ氷河もゴルナー氷河もやや後退して、一時的に安定したが、依然として小氷期の伸張と膨張の枠内にとどまっている［Mme Grove, in *Climatic Change*, 2001, vol. 48, pp. 53-82 (p. 57) による。この研究者は、1370–80 年、次いで 16 世紀末、最後に 19 世紀の 1859 年までにこれらの氷河が最大に達したと記している］。

（53）ゴルナー氷河でも、中世における最大状態は、1186 年頃の小氷期以前の非常に控えめな最初の最大状態、次いで 1300 年以降の超小氷期時の 1380 年頃の「最大状態」に対応している。

（54）Pfister, *Klimageschichte*, p. 146 の必須のグラフ。

（55）この件について示唆をいただいたことをベルナール・グネ氏に感謝します。彼の示唆は、14 世紀の（疑念の余地がない）大災害の実態を解明することに役立った。そしてそれらの大災害はパリその他の地方における第一級の芸術文化の興隆を妨げはしなかった。

（56）Jean Deviosse, *Jean le Bon*, Paris, Fayard, 1963.

（57）Jordan, *op. cit.* も参照。

（58）Mestauer, *Revue du Nord*, n° 178, avril 1963, p. 168 sq.（参考文献参照）

（59）ファン・エンゲレンの評価で指数 7（寒さが厳しい）。

（60）Alexandre, *Le Climat...*, p. 479.

（61）M. Champion, volume d'Index, I, p. 8 ; Weikinn, I, 1, pp. 224-225.

（62）Jacques Lacour-Gayet（参考文献参照）, *L'Ordonnance du roi Jean sur les prix et les métiers*, Paris, 1943- 44, p. 14, p. 22, p. 31 et *passim* ; 比較対照として、同時期の同様な反賃金的傾向の以下の英語の論文も参照 May Mc Kisack, *14th* Century, Oxford University Press, 1959, p. 335.

（63）Jean Deviosse, *Jean le Bon*, p. 186.

（64）Guy Bois, Crise..., p. 268.

（65）Alexandre, *Le Climat...*, p. 489.

（66）これらすべてについては Alexandre, *Le Climat...*, p. 494.

（67）Alexandre, *Le Climat...*, pp. 493-498.

（68）Van Engelen, in *History and Climate*, 2001, p. 111.

（69）寒くて雪の多い冬と冷涼湿潤な夏の 1370 年については、Buisman, vol. 2, p. 647 と Van Engelen, *ibid.*, p. 111 参照。

（70）Mestayer, 1963.

（71）Buisman, *Duizend*, pp. 237-240, p. 647.

（72）Alexandre, *Le Climat...*, p. 504.

（73）Fourquin, *Campagnes*, pp. 227-229.

（74）Mestayer, p. 176, 1351-58 年について。そして p. 168, p. 171.

（75）1369 年にイングランド、チューリンゲン地方そして他所でも大規模な洪水があった（Weikinn, I, 1, pp. 249-250）。しかしそれらの洪水が起きたのは 1369 年の何月なのか精確にはわからない。だが、1369–70 年は 2 年で 1 組、それもこの場合有害な 1 組になっていると考えられる。燕は春を告げなかった。たったひとつの悪い年だけでは、1 年だけでな

(21) Jordan, *The Great Famine*, p. 98.

(22) Toubert, *art. cit.* 1988 によれば、そのずっと以前でさえそうだった。D. Barthélemy, *L'ordre seigneurial...*, p. 111 et *passim* も参照。

(23) Jordan, *Great Famine*, pp. 111-112.

(24) *Ibid.*, p. 23, pp. 50-51, pp 108-111, pp. 144-145, p. 156, pp. 209-210.

(25) *Ibid.*, pp. 136-137.

(26) *Ibid.*, p. 72 *sq.*

(27) *Ibid.*, p. 165.

(28) *Ibid.*, chap. IX.

(29) S. Kaplan, Bread, Politics..., 1976, vol. I, p. XVIII, 6 et *passim.*

(30) Marc Bloch, *Rois et serfs...*, p. 50, 特に p. 143 (éd. D. Barthélemy) 参照。Marc Bloch はそこで、王の財政的必要と 1315 年の降雨について言及しているが、飢饉には言及していない。

(31) G. Lefevre, *Les Paysans du Nord pendant la Révolution*, éd. 1972, p. 356.

(32) E. Perroy, *Études d'histoire médiévale*, Paris, Publications de la Sorbonne, 1979, p. 400.

(33) Guy Lobrichon, 2001, p. 322（参考文献参照）.

(34) Titow, *Annales*, 1970, p. 345.

(35) その結果、フランスのワインとイングランドの小麦のどちらも、同じ理由で、パリ盆地とロンドン盆地という地理的違いに応じて、収穫量にマイナスの影響を受けた。

(36) Fourquin, *Campagnes*, p. 198, p. 209 ; Alexandre, p. 450 sq. ; Karl Müller（バーデン地方), p. 185 : « Kalter regnerischer Wein, wenig und sehr saurer Wein ». 1330 年に、ドイツは、もっと東の地方ではこの現象をまぬがれたのだろうか（Weikinn, I, 1, p. 189)。

(37) Titow, *Winchester Yields*, p. 60（1330 年の収穫量は、1329 年と比較して 81%の事例で急減した）.

(38) 1330 年の区分：寒くて雪の多い冬、湿潤な夏：Buisman, *Duizend*, vol. 2, p. 646 ; Van Engelen, *History and Climate*, p. 111 : 1330 年の夏は、1302 年から 1359 年のあいだで知られているうちで最も作物を腐らせる夏で、この夏の前は寒い冬だった。

(39) Titow, 1970, p. 345.

(40) Alexandre, *Le Climat...*, p. 468.

(41) Weikinn（参考文献参照), vol. I, 1, p. 197 *sq.*（この世紀の前半から 1500 年までについての巻), 全部で 522 ページのうち 20 ページを、極度に多雨だった 1342 年だけにあてている！Champion, volume d'Index, p. 8, inondations de fév.-mars 1342 en pays d'oïl et d'oc も参照。

(42) Mestayer, 1963, p. 168, p. 171.

(43) Monique Mestayer, « Le prix du blé et de l'avoine à Douai de 1329 à 1793 », *Revue du Nord*, tome 45, n° 178, avril 1963, pp. 157-177.

(44) K. Müller, *Geschichte...*, p. 186.

(45) Weikinn, *Quellentexte...*, vol. II, pp. 216-222（多くのデータ）でも同じ評価。

(46) しかしフィンランドについては 1696 年も同様（17 世紀末についての第 9 章参照)。

(47) Guy Lobrichon, 2001, pp. 332-333 ; J.-N. Biraben, *Les Hommes et la peste...*, vol. I, p. 74.

(48) アルビでは、1345年に穀物収穫が寒さの被害を受けた（Larenaudie, *Annales du Midi*, 1952, p. 30)。

(49) Pfister in *Geographic Helvetica*, 1985, n° 4, pp. 186-195.

(50) Pfister, « Veränderungen der Sommerwitterung im südliche Mitteleuropa von 1270-1400 als Auftakt

(15) Van Engelen, in *History and Climate*, p. 114.
(16) Buisman, *Duizend...*, vol. I, p. 409, p. 448.
(17) Alexandre, *Le Climat...*, p. 388.
(18) Alexandre, *Le Climat...*, p. 400.
(19) Gérard Sivéry, *Philippe III le Hardi*, Paris, Fayard, p. 115.
(20) J. Le Goff, *op. cit.*
(21) LRL, *HCM*, II, pp. 34-35〔邦訳『気候の歴史』pp. 334-336〕.
(22) すべて Alexandre, *Le Climat...*, p . 340 による。
(23) P. Alexandre の著作における日付は、すべてこの著者によって新暦グレゴリオ暦に変換されている。
(24) LRL, *HCM*, II, p. 39〔邦訳『気候の歴史』p. 339〕.
(25) P. Jones and Mike Hulme, in Hulme and Barrow, 1997, p. 188.

第2章　1303年頃から1380年頃　最初の超小氷期

(1) Pfister, *art. cit.*, "Winter severity... in 14th century", *Climate Change*, 1996.
(2) *Ibid.*
(3) Ernest Labrousse の語彙。pluriannuel はもちろん複数年間のこと。Interdécennal は複数の10年間。
(4) Pfister, 1996, *op. cit.*
(5) Lavalle, 1855, p. 27. 1695年はファン・エンゲレンの評価で指数1（参考文献参照）。この年はまた、北半球全体においてこの世紀後半で最も寒い11年のひとつでもある。
(6) J. Luterbacher, in *History and Climate*, p. 38.
(7) *Ibid.* pp. 38-40（J. Luterbacher の文章）.
(8) W. C. Jordan, *The Great Famine*, p. 17［基本文献］.
(9) Alexandre, *Le Climat...*, pp. 778-782.
(10) LRL, *HCM*, II, p. 192.
(11) W. C. Jordan, *The Great Famine*, p. 17.
(12) Ian Kershaw, « The great famine... 1315-1322 », *Past and Present*, n° 59, May 1973, p. 3-60. その前の参照事項は、Van Engelen in *History and Climate*, p. 111 *sq.* ; Buisman, *Duizend*, vol. 2, p. 74 による。
(13) すなわち1613年の（当然ながら夏の）収穫あるいは穀物収穫については以下のとおりである。収穫前の期間は1612年7–8月から1613年6–7月まで。したがって、この期間は « 1612-13 » と表記される。収穫後の期間は1613年7–8月から1614年6–7月まで。この期間は « 1613 -14 » と表記される。
(14) フランス（J. Goy et LRL, *Prestations...*）とスイス（Pfister, *Klimageschichte*, p. 92 と *Bevölkerung*, p. 166）での多くの研究業績にもかかわらずそうである。
(15) I. Kershaw, *art. cit.*, 1973.
(16) Trad. Alain Pons : *La Science nouvelle*, Paris, Fayard, 2001, pp. 95-96, pp. 442-443, p. 503 et *passim*.
(17) W. C. Jordan, *The Great Famine*, p. 142.
(18) 本書の最終章参照。
(19) J. D. Post, *Food Shortage...*, 1985, pp. 217-226, pp. 260-278 et *passim*.
(20) *Ibid.*, p. 260.

(7) ノコギリ状のギザギザサインの期間である。1529年から1541年まで、暑い、さらには乾燥した夏とはっきりとそれより気温が低い夏が交互に、1年交替で2年ごとに現れたことを示すノコギリの歯の形状で、年輪とブドウの収穫日によってこれらすべては確認できる〔邦訳『気候の歴史』p. 321、図表31〕。

第1章　中世温暖期、おもに13世紀について

(1)（この章の初めの）「1303年」については、Christian Pfister *et al.*, "Winter severity..., the 14th century", *Climatic Change*, 1996, 34, 91-108参照。西暦800年からの気候温暖化とアルプス氷河の部分的融解の局面が出現した可能性に関しては、13–14世紀から始まった西ヨーロッパにおける人口と農業の飛躍的発展として知られる事態とかならずしも矛盾するものではない。それは以下の、それぞれ独立した二つの連続した現象に関わりがある。800年以降気候がそれまでより温暖になった（A）、その結果農業生産がより増大した（B）、そして人口が増加した（C）。しかし、A（気候）がB（農業の飛躍的発展）とC（人口の飛躍的増加）を助長する影響を与えなかったのではないかという疑問も生じる。そうした高度に思弁的な疑問に対する答えは、もしそれがあるとしても、それほど早急に出ることはないだろう［13–14世紀からの人口と農業の飛躍的発展については、Pierre Toubert, « La part du grand domaine dans le décollage économique de l'Occident, VIIIe-Xe siècle », *Flaran 10*, 1988 (la croissance agricole du haut Moyen Âge : chronologies, modalités, géographie), p. 654参照］。

(2) P. Alexandre, *Le Climat...*, pp. 779-785 ; Van Engelen in *History and Climate*, p. 22, p. 114, p. 115 ; A. Ogilvie and G. Farmer, in M. Hulme and E. Barrow, p. 121 : graph *Summer wetness revised*（ページ上部）.

(3) P. Alexandre, *Le Climat...*, p. 782, 西ヨーロッパの多雨な夏の表、50年の移動平均値欄。

(4) Hans H. Holzhauser, « Gletscherschwankungen innerhalb der letzten 3200 Jahren am Beispied des grossen Aletsch und des Gornergletschers, neue Ergebnisse », in *Gltscher im ständigen Wandel*, Hochschulverlag AG an der ETH, Zurich, 1995, 特にpp. 104-105のアレッチ氷河とゴルナー氷河についてのグラフ。アレッチ氷河の中世と近代の変遷について、H. Holzhauserは以下の二つの基本的な論文を発表している。« Zur Geschichte des Aletsch Gletschers », 1980と« Reconstruktion von Gletscherschwankungen... », 1984（参考文献参照）.

(5) Alexandre, *Le Climat...*, p. 779, p. 787（特にfigure 7）.

(6) *Ibid.*, pp. 354-355, *op. cit.*

(7) 本書におけるこれまでと今後のすべての事柄は、本質的に、地中海沿岸とアルプス山脈の南に位置する地域よりも北にある、フランス中央部と北部とドイツ（そしてイングランドと低地諸邦）の温暖な気候にあてはまる。

(8) Alexandre, *Le Climat...*, p. 779（「指数」欄）, graph. p. 784.

(9) *Ibid.*

(10) *Ibid.* p. 803.

(11) Gauvard *et al.*, p. 202, pp 396-399.

(12) ELRL, *Histoire des paysans...*, p. 12, p. 18 et *passim* ; J. Le Goff, 1996, p. 574 *sq.*

(13) この状況は、14世紀の前半と3分の2の期間に非常に明確だった（P. Alexandre, graphiques, p. 784, p. 785）。

(14) C. Pfister, « Veränderungen... », *Geogr. helvetica, 1985*, p. 190 et *passim* ; P. Alexandre, p. 799（非常に見事なグラフ）; C. Pfister, "14th century..." in *Climatic Change, 34*, 1996, p. 101 et *passim.*

原　注

略号一覧

ADH	*Annales de démographie historique*
AESC	*Annales Économie Sociétés Civilisations*
ASW	Anette Smedley-Weil
BM	Baulant et Meuvret（ouvrage relatif au prix des céréales parisiennes、参考文献参照）
ELRL	Emmanuel Le Roy Ladurie
HCM	*Histoire du climat depuis l'an Mil* (par LRL)
HPF	*Histoire de la population française*, dirigée par Jacques Dupâquier
JDP	John D. Post
LRL	上掲 ELRL 参照
LRL, *HPF*	Le Roy Ladurie, *Histoire des paysans français*
LRL, *PDL*	Le Roy Ladurie, *Paysans de Languedoc*
LIA	Little Ice Age (petit âge glaciaire)
Ms	Manuscrit
PAG	Petit âge glaciaire
POM	Petit optimum (climatique) médiéval

les 1930's ＝　1930 年代（1930–1939）

まえがき

(1) Christian Pfister, in Luca Bonardi, *Che tempo faceva*, Milan, Franco Angeli, 2004, pp. 47-48.

(2) 提示した複数世紀にまたがる分析については、Routledge によって刊行された Mike Hulme and Elaine Barrow の *Climate of the British Isles, Present Past and Future* という表題の論集、London and New York, 1997 中の Astrid Ogilvie and Graham Farmer の中世の気候に関する論文、特に p. 121 を参照されたい。18 世紀については、同論集の Phil Jones and Mike Hulme の中央イングランドの気温変化に関する章の 18 世紀の fig. 9. 8, p. 188 と M. V. Shabalova and A. F. V. Van Engelen, *Evaluation of a Reconstruction of Winter and Summer Temperatures in the low Countries ad. 1764 to 1998* (*Climatic Change*, vol. 58, May 2003) のグラフと文、とりわけ p. 232, p. 233, p. 234, p. 236 のページ上部の低地諸邦（すなわち *Low Countries Temperatures* = LCT）についてのグラフを参照。また、Luterbacher, 2004 も参照。もちろん、Pierre Alexandre, *Le Climat en Europe au Moyen Âge*, Paris, Éditions de l'École des hautes études en science sociales, 1987, pp. 781-785（18 世紀の高温乾燥の夏と高温の春）も参照。これらの多様な研究については、巻末の各著者の参考文献を参照。

(3) Shabalova and Van Engelen, graphs and *art. cit.*

(4) Pierre Alexandre, *Le Climat en Europe au Moyen Âge*, pp. 389-390.

(5) *Ibid.*, p. 373.

(6) *Ibid.*, p. 448.

は批判すべき点もあるが、内容豊かな論集。この有用な「収集資料」の最初の 2 巻を特に参照した].

WOLFF, Ph., *Commerce et marchands de Toulouse (1350-1450)*, Paris, Plon, 1954 [1374年については、同じ Ph. Wolff の l'*Histoire de Toulouse*, Privat, 1961 も参照した。この問題については、本書の 1303-1380 年の最初の超小氷期についての章を参照のこと].

WRIGLEY, E.A., SCHOFIELD, R.S., *The Population History of England (1541-1871)*, Edward Arnold, Londres, 1981 [必須文献].

ZUMBÜHL, H.J., « Die Schwankungen der Grindelwaldgletscher in den historischen Bildquellen des 12. bis 19. Jahrhunderts », *Denkschriften der Scweizerischen Naturforschenden Gesellschaft*, vol. 92, Birkhäuser Verlag, Basel, 1980.

——, *cf.* Pfister, 1994.

以下の方々への私の感謝の念を付け加えることなく、この、広く探求され、確認された参照情報のリストを閉じることはできない。Nicole Grégoire, Christian Pfister, Françoise Malvaud, Jurg Luterbacher, Pierre Alexandre, Denis Maraval, Nathalie Reignier, Phil Jones, K. Briffa, A.P.V. Van Engelen, Henri Dubois, Monsieur et Madame René Weis, le Professeur Édouard Bard, そして、最後に名を記すが重要な貢献をしたわが妻 Madeleine Le Roy Ladurie。

TITOW, J., "Evidence of Weather in the Account Rolls of the Bishopric of Winchester, 1209-1350", *Economic History Review*, 1960. Voir aussi du même auteur un article fondamental sur le même sujet dans *Annales*, 1970, n° 2, p. 312 *sq.* Cet article de 1970 pose les bases des développements initiaux de notre chapitre « Quattrocento »...

——, *Winchester Yields, Medieval Agricultural Production*, Cambridge University Press, 1972.

TITS-DIEUAIDE, M.J., *La Formation des prix céréaliers en Flandre au XVe siècle*, université de Bruxelles, 1975［重要文献。15 世紀における、年ごとのフランドル地方の穀物収穫についての貴重な情報］.

——, « Le Grain et le pain dans l'administration des villes de Brabant et de Flandre au Moyen Âge », dans le recueil de *L'Initiative publique des communes en Belgique, Fondements historiques (Ancien Régime)*, 11e Colloque international, Spa, 1-4 septembre 1982, Crédit communal de Belgique, coll. « Histoire », série in-8, n° 65, 1984.

TOUBERT, P., « La part du grand domaine dans le décollage économique de l'Occident (VIIIe-Xe siècle) », dans *Flaran 10*, 1988［中世初期の農業生産の増大。年次記録、様相、地理］.

TROCMÉ, É., *Le Commerce rochelais de la fin du XVe au début du XVIIe siècle*, Paris, Armand Colin, 1953, p. 179.

VAN DER WEE, H., *The Growth of the Antwerp Market and the European Economy (14th-16th Centuries)*, La Haye, Martinus Nijhoff, 1963.

VAN ENGELEN, A.F.V., dans *History and Climate*, p. 112 et *passim*［VAN ENGELEN の貢献。基本となる指数リスト］.

——, SHABALOVA, M.V., *Evaluation of a Reconstruction of Winter and Summer Temperatures in the Low Countries A.D. 1764 à 1998*, notamment les graphiques des p. 232-234 et 236, graphiques relatifs aux Pays-Bas (autrement dit LCT = *Low Countries Temperatures*), diagrammes spécifiques du haut de la page. Article essentiel, paru dans *Climatic Change*, vol. 58, 1-2, mai I-II, 2003, p. 219-242.

VAN SUCHTELEN, A. (dir.), Catalogue d'une exposition relative à *Holland Frozen in Time : the Dutch Winter Landscape in the Golden Age*, La Haye, novembre 2001-février 2002.

Vendanges : Notre série des dates des vendanges du XVIe siècle (LRL, *HCM* II, p. 170) est tirée des *Mélanges en l'honneur de Fernand Braudel*, Toulouse, Privat, 1973, p. 45-47, à la colonne intitulée « Série C ». Cette série C a été ensuite par nous remise en chantier avec de nouvelles données, notamment celles de Besançon, ce qui a donné, *ibid.*, la colonne E (*Mélanges Braudel, ibid.*, p. 45-47) ; elle-même reprise ultérieurement, sauf peu d'exceptions, avec quelques menues variantes dues à l'incorporation de nouvelles données, dans notre série générale allant de 1484 à 1977, dans *HCM*, 1983, II, p. 198 *sq.*

VERSORIS, Nicolas, *Journal*, édition Fagniez, dans *Mémoires de la Société d'histoire de Paris et de l'Île-de-France*, 1885, aux années mises en cause.

VICO, G., *La Science nouvelle*, Paris, Fayard, 2001［A. Pons による翻訳］.

VIERS, G., *Éléments de climatologie*, Paris, Nathan, 1968 et 1975［この本には気候変動についてなにも書かれていない！］.

« Le vigneron de Lachiver », *cf.* Marcel Lachiver, *Livre de raison de trois générations de vignerons*, Mémoires de la Société historique de Pontoise, vol. 71, 1982-1983.

WALTER, J., SCHOFIELD, R., *Famine, Disease and the Social Order in Early Modern Society*, Cambridge University Press, 1991.

WEIKINN, C., *Quellentexte zur Witterungsgeschichte Europas*［最初から 1850 年まで］, 1958［ときに

sq.
RUDDIMAN, W.F., “The Anthropogenic Greenhouse Era began thousand Years ago”, *Climatic Change*, vol. 61, n° 3, décembre 2003.
RUDLOFF, H.V., *Die Schwankungen und Pendelungen des Klimas in Europa seit dem Beginn der regelmässigen Instrumenten-Beobachtungen (1670)*, Braunschweig, Vieweg, 1967［重要文献］.
SAINT-DENIS, H., *Histoire d'Elbeuf*, Elbeuf, 1894-1895［特に第 3 巻］.
SALVADORI, P., *cf.* Desportes.
SARRAMÉA, J., « 1407-1408 : un grand hiver », *La Météorologie*, 8e série, n° 27, septembre 1999, p. 434-446.
SCHNEIDER, Stephen, *cf. Climatic Change.*
SCHOVE, D.J., *Sunspot Cycles*, Hutchinson Ross, Stroudsbourg, Pennsylv., 1983, p. 169-174［D.J. Schove は、20 世紀後半のイギリスにおける、近年の気候史の創始者のひとりである。本書は、Maunder, Eddy その他の基本的文章を再録している］.
SCHRÖDER, W., “Aurorae during the Maunder Minimum”, *Meteorology and Atmospheric Physic*, 38 (246-251), 1988.
SÉVIGNÉ, *Lettres*, notamment quant à « l'été pourri » de 1675.
SHINDELL, D.T., MANN, M.E. *et al.*, “Solar Forcing and Regional Climate Change During the Maunder Minimum”, *Science*, vol. 294, 7 déc. 2001, p. 2149 *sq.*
SIMKIN, T., SIEBERT, L., *Volcanoes of the World*, Tucson (Ariz.), Geoscience Press, 1994.
SIVÉRY, G., *Philippe III le Hardi*, Paris, Fayard, 2003.
SLONOSKY, V., *cf.* Jones, P.D., 1999.
SMEDLEY-WEIL, A., *Correspondance des intendants avec le Contrôleur général des Finances*, Archives nationales, 1989, 1990, 1991［全 3 巻。1677-1689 年］.
SMETS, J., FABER, T. S., *Gesellschaft und Wirtschaft am Niederrhein im 19. Jahrhundert*, Kevelear, Butzon et Becker, 1987, p. 62.
SOMAN, A., voir à son propos la note bibliographique « sorcellaire », vers la fin de notre chapitre relatif aux 1590's. *Sorcellerie* : voir la longue note bibliographique à la fin de notre chapitre sur la décennie 1590-1599.
SPÖRER, F.W.G., dans *Vierteljahrschr. Astron. Gesellschaft*, Leipzig, 22, p. 323, 1887.
TANGUY, J., *Le Commerce du Port de Nantes au milieu du XVIe siècle*, Paris, Armand Colin, 1936, p. 46 et 48.
Terra Glacialis, annali di cultura glaciologica［イタリアの氷河学の学術誌］, anno VI, Servizio Glaciologico Lombardo, Milano, 2003.
The Medieval Warm Period, Special Issue, Guest Editors : M.K. Hughes and H.F. Diaz, in *Climatic Change*, vol. 26, n° 2-3, mars 1994.
THIRSK, J., *Agrarian History of England (1500-1640)*, Cambridge (UK), 1967.
THOMASSET, Ch., *Le Temps...au Moyen Âge*, Paris, Sorbonne, 1998.
THOMPSON, E.P., *The Making of the English Working Class*, Penguin, 1968〔邦訳『イングランド労働者階級の形成』市橋秀夫・芳賀健一訳、青弓社、2003 年〕.
THORARINSSON, S., “Vatnajökull”, *Geografiska Annaler*, 1943.
——, “Present Glacier Shrinkage”, *Geogr. Ann.*, 1944.
TILLY, L., « La révolte frumentaire »［特にフロンドの乱］, *Annales ESC*, mai-juin 1972, p. 731-757.

1850", *in* Wanner, Heinz et Siegenthaler, Ulrich (Hgg.), *Long and Short Term Variability of Climate, Lecture Notes in Earth Sciences 16*, Berlin, 1988, p. 57-82.
——, « Ein Panorama der Naturwissenschaften », *Mannheimer Forum*, München/Zürich, Piper, 1990.
——, HOLZHAUSER, H., ZUMBÜHL, H. J., « Neue Ergebnisse zur Vorstossdynamik des Grindelwaldgletschers (XIVe-XVIe siècles) », *Mitteilungen der Naturforschenden Gesellschaft in Bern*, 51, 1994.
——, SIFFERT, E. *et al.*, "High Resolution Reconstructions of Past Climate ...", dans Burkhard et Frenzel, *Climatic Trends and Anomalies in Europe (1675-1715)*, Gustav Fischer Verlag, Stuttgart, 1994.
—— *et al.*, « Winter Severity in Europe : the Fourteenth Century », *Climatic Change*, vol. 34, 1996, p. 91-108［小氷期の中世初期——1303 年頃——について］.
——, LUTERBACHER, J. *et al.*, "Winter Air Temperature Variations in Western Europe during the Early and High Middle Ages (AD 750-1300)", *Holocene*, 8.5, 1998, p. 535-552.
——, BRÁZDIL R., GLASER, R., *Climatic Variability in Sixteenth-Century Europe*, Kluwer, Dordrecht, 1999［基本文献］.
——, *Wetternachhersage* (1496-1995), Haupt, Bâle, 1999［重要文献］.
——, « Klimawandel in der Geschichte Europas : zur Entwicklung der Historischen Klimatologie », *Österreich. Zeitschrift für Geschichte*, 2001.
PICHARD, G., *Espaces et Nature en Provence rurale (1540-1789)*, thèse de l'université d'Aix-en-Provence, 1999［基本論文］.
PING-TI-HO, *Studies on the Population of China (1368-1953)*, Cambridge (USA), 1959.
PLATELLE, H., *Journal d'un curé de campagne au XVIIe siècle*, Paris, Cerf, 1965.
POST, J.D., *The Last Great Subsistence Crisis... (1816-1817)*, Baltimore, Johns Hopkins University Press, 1977.
——, *Food Shortage in the Early 1740's*, Cornell University Press, 1985［必須文献］.
POSTEL-VINAY, O., « Des fraises à Noël... », *L'Histoire*, n° 283, janvier 2004.
POSTHUMUS, N.W., *Inquiry into the History of Prices in Holland*, E.J. Brill, Leiden, 1946［第 1 巻、そして特に第 2 巻。原資料の詳細が付いている。オランダ語版の初版本の数値データも使用した］.
Révolution anglaise : la notice bibliographique relative à l'époque de cette Révolution, envisagée du point de vue de notre enquête, se trouve dans la longue note infra-paginale et terminale de notre chapitre intitulé « L'énigme de la Fronde ».
RICHARDT, A., *Les Savants du Roi-Soleil*, Éditions F.-X. de Guibert, 2003［マウンダー極小期におけるフランスの天文学の重要性について］.
RIVET, B. et P., *Mémoires de Jean Burel (fin du XVIe siècle)*, Saint-Vidal, Centre d'étude de la vallée de la Borne, 1983.
ROGERS, J.Thorold, *History of Agriculture and Prices*, Oxford, Clarendon Press, 1866-1902.
ROMANO, R., *Commerce et prix du blé à Marseille au XVIIIe siècle*, éditions Mouton-EHESS, 1956［1740 年の「気象」危機の商業的インパクトについての詳細］.
——, « Tra XVIe e XVIIe secolo : una crisi economica (1619-1622) », *Rivista Storica Italiana*, vol. 74, 1962, p. 480-531.
ROMIER, L., *Le Royaume de Catherine de Médicis*, vol. 2, Paris, Perrin, 1922.
ROQUELET, A., « Prix des céréales à Elbeuf », *Annales de Normandie*, 31e année, n° 1, mars 1981, p. 33

の気温（原文のまま）、より正確にいえば、信じられないことに、冬の気温すなわち基本的に冬の3カ月間に生じた霜、雪、その他様々な寒さを示す現象についての言及から彼らが推測した年間気温（これには妥当性がない）なのである！　穏やかな言葉でいっても、なんとも嘆かわしく驚くべき知的活動ではないか！　こうした条件のもとでは、この二人の著者がブドウの収穫日と気温とのあいだに、実際にいかなる重大な相関関係をもみいださなかったことは驚くにはあたらないだろう！　だが、J.-P. Legrand, Duchaussoy, Demonet, Pfister, Baulant、そしてささやかながら私の研究成果により、0.86の相関率でブドウの収穫日は冬には本質的にまったくあるいはほとんど左右されることはなく、3月から8月もしくは9月までの気温、さらにはブドウの木が芽吹いてから収穫の直前数週間までのあいだの9℃（芽吹きの通常もしくは平均気温）以上の気温すべてにかかっているのだということは誰でも知っている。（cf. E. LRL et Baulant, article in *Journal of Interdisciplinary History*, 1980, republié en 1981 sous le titre de “Grape Harvests from the Fifteenth through the Nineteenth Centuries”, in Rotberg, R. J., and Rabb, T. K. (eds.), *Climate and History*, Princeton University Press, 1981 ; 同じ著者（LRL etc.）の article dans *Annales ESC*, vol. 33, 1978, pp. 763-771 ; 同じく Angot, 1885 ; さらに J.-P. Legrand dans *La Météorologie*, VI , n° 9, juin 1977, p. 73 ; *ibid.* VI, n° 16, mars 1979, pp. 167-173 *sq* ; またさらに *La Météorologie*, VIe série, n° 18, septembre 1979, p. 132. 意味深くも « Fluctuations météorologiques durant les saisons printanières et estivales, températures de mars-avril, selon la date du débourrage [mars voire avril] jusqu'à fin août » と題されたこの論文中の基本的グラフを参照のこと)。前ページに添付したグラフを参照されたい。また、Pfister, C., « Getreide... » 1979 (début de cet article) ; M. Lachiver, *Années...*, p. 96 et *passim* ; Garnier, M., dans *La Météorologie*, octobre 1955, p. 293, graph. n° 2, dates des vendanges d'Argentuil, et températures moyennes d'avril à septembre も参照］.

Paläoklimaforschung, cf. Burkhard et Frenzel dans l'entrée ci-après : Pfister et Siffert.

PECH, Rémi, *Entreprise viticole et capitalisme en Languedoc...*, thèse éditée par l'université de Toulouse, 1975.［重要論文］

PERRENOUD, A., *La Population de Genève (XVI*[e]*-XIX*[e] *siècles)*, Société d'histoire de Genève, 1979［重要文献］.

PERROT, J.-C., *Genèse d'une ville moderne : Caen au XVIII*[e] *siècle*, Paris, Mouton, 1975.

PERROY, E., *Études d'histoire médiévale*, Paris, Publications de la Sorbonne, 1979, p. 400.

PERRY, J.S., “The Maunder Minimum”, dans l'*Encyclopedia of Global Environmental Change*, vol. 1 : *The Earth System*, Chichester, John Wiley, 2002.

PFISTER, C., ZUMBÜHL, J. *et al.*, « Die Schwankungen des Unteren Grindelwaldgletschers seit dem Mittelalter », *Zeitschrift für Gletscherkunde*, Bd. XI, Heft I, 1975, p. 3-110.

——, « Getreide-Erntebeginn und Frühsommertemperaturen seit dem 17. Jahrhundert », *Geographica Helvetica*, n° 1, 1979.

——, « Die Fluktuationen der Weinmosterträge im Schweiz (XVIe-XIXe siècles) », *Schweizer Zeitschrift für Geschichte*, vol. 31, 1981, p. 445 *sq*.

——, « Veränderungen der Sommerwitterung im südlichen Mitteleuropa von 1270-1400 als Auftakt zum Gletscherhochstand der Neuzeit », *Geographica Helvetica*, n° 4, 1985.

——, *Das Klima der Schweiz (1525-1860)*, 2 vol. : *Klimageschichte...*, et *Bevölkerung...*, Verlag Paul Haupt, Bâle, 1985［基本文献］.

——, “Variations in the Spring-Summer Climate of Central Europe from the High Middle Ages to

NARBONNE, P., *Journal de police*, Paleo, vol. 1, 2002, notamment p. 126 *sq.* et 143 *sq.*
NESME-RIBES, E., "The Solar Sunspot Minimum and the Maunder Minimum AD 1645 to AD 1715", *Astronomy and Astrophysics*, 14 mai 1993.
—— *et al.*, "The Maunder Minimum and the Solar Dynamo", *NATO ASI Series*, vol. 125, in *The Solar Engine and its Influence on Terrestrial Climate*, Berlin, Springer, 1994.
——, THUILIER, G., *Histoire solaire et climatique*, Paris, Belin, 2000, notamment p. 80 et *passim.*
NEVEUX, H., « Cambrai et sa campagne », *Annales ESC*, vol. 26, n° 1, janvier 1971, p. 214 *sq.*
——, *Les Grains du Cambrésis (fin XIVe-début XVIIe siècle)*, thèse, université de Lille-III, 1974［必須論文］.
NICOLAS, J., *La Rébellion française*, Paris, Seuil, 2002.
OUTHWAITE, R. B., *Inflation in Tudor and Stuart England*, Londres, Macmillan, 1970.
——, "Food Crises in Early Modern England", *Proceedings of the Seventh International Economic History Congress*, ed. Michael Flinn, vol. 2, Edinburgh University Press, 1978, p. 367 *sq.*
PAGNEY, P., ROCHE-BRUYN, C., « Le Vignoble bourguignon et le "Petit Âge glaciaire" au XVIIIe siècle », *La Géographie*, n° 1512, mars 2004［この二人の著者はブドウの収穫の日付を、ブドウの収穫とは相関関係が最も希薄もしくはまったくないものと関連づけている。それは、冬

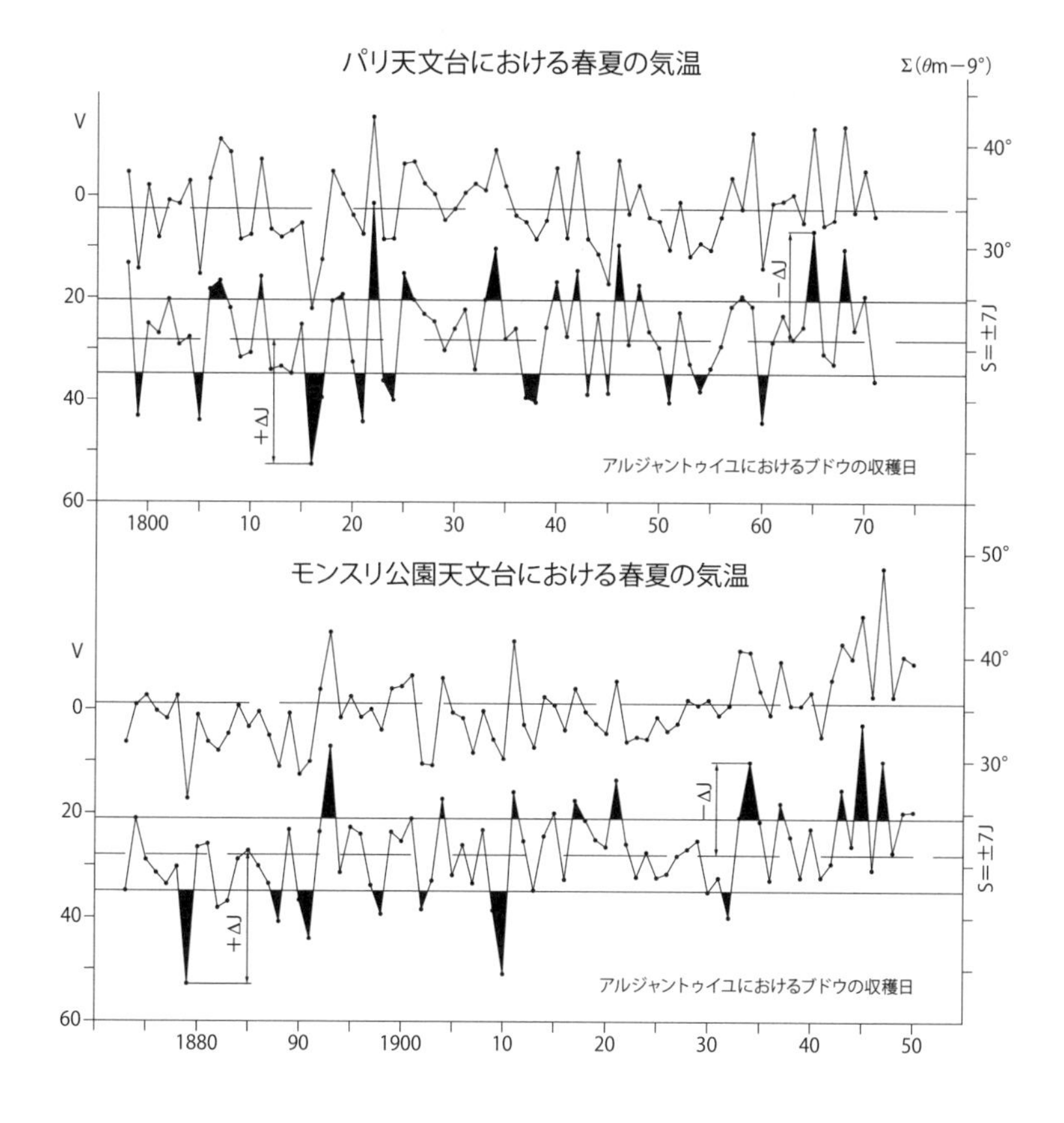

Charles Dangibeaud, s.d. Bibliothèque de la Rochelle.
MERRIMAN, Roger Bigelow, *Six Contemporaneous Revolutions*, Oxford, 1938.
MESTAYER, M., « Prix du blé et de l'avoine de 1329 à 1793 », *Revue du Nord*, Lille, tome 45, n° 178, avril-juin 1963, p. 157 à 176［基本的な文章、数値、グラフ。*Revue du Nord* 中には 1315 年の飢饉についての重要なデータもある（Von Werweke, *RDN*, vol. 41, janvier 1959, p. 8）。そして 1438 年の食糧不足についても（*RDN*, vol. 5, n° 19, août 1914, p. 227-228: voyage de P. Tafur à Bruges）］.
MEUVRET et BAULANT, *cf.* Baulant et Meuvret.
Ministère de l'Agriculture, direction de l'Hydraulique et des Améliorations agricoles. Service d'étude des grandes forces hydrauliques (Région des Alpes) (à partir du t. III, direction générale des Eaux et Forêts), Études glaciologiques (notamment les grands travaux de P. Mougin):
Tome I : *Tyrol autrichien. Massif des Grandes-Rousses*, par MM. FLUSIN, JACOB et OFFNER, 1909.
Tome II : *Études glaciologiques en Savoie*, par M. MOUGIN (P.), et *Programmes et méthodes applicables à l'étude d'un grand glacier*, par M. BERNARD (C.-J.-M.), 1910.
Tome III : *Études glaciologiques, Savoie et Pyrénées.* – I. *Études glaciologiques en Savoie,* par M. MOUGIN (P.) ; II. *Observations glaciaires dans les Pyrénées*, par M. GAURIER (Ludovic), 1912.
Tome IV : *Étude sur le glacier de Tête-Rousse,* par MM. MOUGIN (P.) et BERNARD (C.) ; II. *Les Avalanches en Savoie*, par M. MOUGIN (P.), 1922.
Tome V : *Études glaciologiques en Savoie*, par M. MOUGIN (P.), 1925. Tome VI : *Observations glaciologiques faites en Dauphiné jusqu'en 1924,* récapitulées et partiellement éditées par M. ALLIX (André), et *Variations historiques des glaciers des Grandes-Rousses*, par M. MOUGIN (P.).
N.B. – Il existe, chose curieuse, deux éditions différemment paginées (décalage uniforme des pages) des *Études glaciologiques* de 1912 ; j'ai utilisé l'une d'elles dans mon article de 1960 et l'autre édition dans mon *Histoire du Climat*, 1967.
MIROT, L., « La question des blés dans la rupture entre Florence et le Saint-Siège », *Mélanges d'archéologie et d'histoire* publiés par l'École française de Rome, vol. XVI, 1896［フランス国立図書館に収蔵されている抜き刷り］.
MOLINIER, A., Contribution à un ouvrage demeuré inédit d'Y.-M. Bercé, *L'Europe de Louis XIV*, vers 1985［1709 年の飢饉時におけるライ麦の麦角菌の問題について］.
MORICEAU, J.-M., « Crises démographiques dans le Sud de la région parisienne de 1560 à 1570 », *Annales de démographie historique*, 1980, p. 120［必須のグラフ］.
——, *Les Fermiers d'Île-de-France*, Paris, Fayard, 1998［1709 年の厳冬によってブドウの木が壊滅したあとにウマゴヤシを植える……その他の多くのデータ、特に気候に関するデータ］.
MOUGIN, P., cf. *Ministère de l'Agriculture.*
MOUSNIER, R., « Recherches sur les soulèvements populaires en France avant la Fronde », *Revue d'histoire moderne et contemporaine*, t. 5, avril-juin 1958, p. 102-103.
MUCHEMBLED, R., voir à son propos la note bibliographique « sorcellaire », à la fin de notre chapitre sur les 1590's.
MULLER, C., *Chronique de la viticulture alsacienne aux XVIIe, XVIIIe, XIXe et XXe siècles*, Riquewihr, Éditions J.-D. Reber, 1997［4 巻が刊行されている］.
MÜLLER, K., *Geschichte des Badischen Weinbaus*, Verlag, Baden, 1953.
MUNZAR, J., "Historical Floods in Bohemia (1598)", *Moravian Geographical Reports*, n° 2/1998, vol. 6.

LE GOFF, J., *Saint Louis*, Paris, Gallimard, 1996.

LE GOFF, Tim, « Dîmes bretonnes », dans J. Goy et E. Le Roy Ladurie, *Prestations paysannes, dîmes...*, vol. 2, Paris EHESS, 1982, p. 590-592.

LE MENÉ, M., *Les Campagnes angevines à la fin du Moyen Âge (vers 1350-1530)*, Nantes, Études économiques, 1982［博士論文。基本論文だが……ほぼみつけることはできない。フランス国立図書館にもない！　中世後期のブドウの収穫日について貴重なデータが含まれている］.

LE ROY LADURIE, E., *Les paysans de Languedoc*, SEVPEN, 1966.

——, *Histoire du climat depuis l'an mil*, thèse complémentaire 1966 ; Paris, Flammarion, 1967 ; et 1983, édition mise à jour (traduction anglaise aux États-Unis : *Times of Feast, Times of Famine...*)〔邦訳『気候の歴史』稲垣文雄訳、藤原書店、2000 年〕.

——, *Histoire des paysans français, de la Peste noire à la Révolution,* Paris, Seuil, 2002.

——, *Le Siècle des Platter*, Paris, Fayard, 2000［2 巻が刊行されている。ドイツ語のスイス版からの翻訳と解説。気候に関する多くの情報］.

LEBRUN, F., *Les Hommes et la mort en Anjou (XVIIe-XVIIIe siècles)*, Paris, Maloine, 1971.［必須文献］.

——, *Histoire d'Angers*, Toulouse, Privat, 1975, p. 74 *sq.*

LEFEBVRE, G., *Les Paysans du Nord pendant la Révolution française*, Paris, Armand Colin, 1972.

LEGRAND, J.-P. *et al.*, « L'activité solaire et l'activité aurorale au XVIIe siècle », *La Vie des sciences*, comptes rendus, série générale, tome 8, 1991, n° 3, p. 181-219［後述する Pagney *et al.* の項の、*La Météorologie*, 1977, 1979... 中での J.-P. Legrand の必須の諸論文についてのわれわれの言及も参照のこと］.

LOBRICHON, G., in *Journal de la France...*, p. 17 *sq.*

LOTTIN A., *Lille : citadelle de la contre-réforme (1598-1668)*, Les Éditions des Beffrois, 1984.

—— (dir.), *Deux mille ans du Nord et du Pas-de-Calais*, 2 vol., La Voix du Nord, Lille, 2002, notamment vol. I, p. 164 (dysenterie nordiste, autour de 1636).

LUTERBACHER, J., PFISTER, C. *et al.*, "Late Maunder Minimum", *Climatic Change*, 49-4 juin 2001, p. 441-462, et dans *History and Climate*, p. 29-54［*International Journal of Climatology*, vol. 20, n° 10, août 2000, 特に p. 1062 以降の J. L. の論文も参照のこと］.

—— *et al.*, "European Seasonal and Annual Temperature Variability Trends since 1500", *Science*, vol. 303, 5 mars 2004［重要論文］.

MAIRET, G., *Le Discours et l'historique*, Repères, 1974, p. 125 *sq.*［気候史について］.

MANLEY, G., "The Mean Temperature of Central England, 1698-1952", *Quarterly Journ. of the Royal Met. Soc.*, 1953, p. 242-262.

MANN, M. E. *et al.*, "Solar Forcing of Regional Climate Change during the Maunder Minimum", *Science*, vol. 294, 7 déc. 2001, p. 2149 *sq.*

——, "Little Ice Age", dans l'*Encyclopedia of Global Environmental Change*, vol. 1 : *The Earth System*, Chichester, John Wiley, 2002.

MARTIN, John. E., *Feudalism to Capitalism*, Londres, Macmillan, 1983, notamment p. 162.

MAUNDER, E.W., "The Prolonged Sunspot Minimum, 1645-1715", *British Astron. Assoc. Jour.*, 32, 1922, p. 140-145.

Mélanges Colbert, Ms. BNF, registres 107 à 109［1661 年の飢饉について］.

MERLIN, Jacques, *Diaire (1589-1620)*, Journal météorologique [notamment] à La Rochelle, publié par M.

グラフ〕.
JORDAN, W.C., *The Great Famine*, Princeton University Press, 1996〔必須文献〕.
JOUANNA, A., *La France du XVIe siècle (1483-1598)*, Paris, PUF, 1996.
Journal d'un bourgeois de Paris, édité par C. Beaune, Paris, Le Livre de poche, texte complet, 1990, notamment, p. 163〔邦訳『パリの住人の日記Ⅰ　1405–1418』堀越孝一訳、八坂書房、2013年。『パリの住人の日記Ⅱ　1419-1429』堀越孝一訳、八坂書房、2016年。『パリの住人の日記Ⅲ　1430-1434』堀越孝一訳、八坂書房、2019年〕.
Journal de la France et des français : Chronologie..., Paris, Gallimard, 2001.
Journal des crues et diminutions de la Seine 1732-1867, Ms 7451 de la Bibliothèque de l'Institut.
KAPLAN, S., *Bread, Politics and Political Economy in the Reign of Louis XV*, Martinus Nijhoff, La Haye, 1976.
——, *Le Complot de famine*, Paris, Armand Colin, 1982, p. 9-24.
——, "Paris Bread Riot, 1725", *French Historical Studies*, 1985, p. 23-56.
KERSHAW, I., "The Great Famine, 1315-1322", *Past and Present*, n° 59, mai 1973, p. 3-60.
KISSINGER, H., *Diplomacy*, New York, Simon et Schuster, 1994.
KOMLOS, J., "An Anthropometric History of Early-Modern France", *European Review of Economic History*, vol. 7, Cambridge University Press, 2003, p. 159-189〔そして、*Histoire, Économie, Sociétés*, 2003, vol. 22, n° 4, p. 79以下、p. 120以下の、HauとBourguinatと共同執筆したJ. K.の論文も〕.
KRAKER, A.M.J. de, Dossier inédit sur la crise climatique de 1661 aux Pays-Bas.
L'ESTOILE, P. de, *Journal*, Paris, Gallimard, 1948-1960.
LABROUSSE, E., *La Crise de l'économie française à la fin de l'Ancien Régime et au début de la Révolution*, Paris, PUF, 1944〔1778-1781年のワインの生産過剰危機。なににもまして……〕.
——, *Esquisse du mouvement des prix en France au XVIIIe siècle*, Paris, Éditions des archives contemporaines, 1984 (1933).
LACHIVER, M., *cf.* aussi « Vigneron... ».
——, MEUVRET, J., DUPÂQUIER, J., *Mercuriales du pays de France et du Vexin*, SEVPEN, 1968.
——, *Vin, vigne et vignerons (XVIIe-XIXe siècles)*, Pontoise, 1982〔必須文献〕.
——, *Vins, vignes et vignerons,* Paris, Fayard, 1988.
——, *Les Années de misère : la famine au temps du Grand Roi*, Paris, Fayard, 1991〔基本文献〕.
LACOUR-GAYET, J., *L'Ordonnance du roi Jean sur les prix et les métiers*, Paris, 1943-1944〔フランス国立図書館に収蔵されている抜き刷り〕.
LAHR, E., *Un siècle d'observations météo ; climat luxembourgeois*, Luxembourg, ministère de l'Agriculture, Imprimerie Bourg-Bourger, 1950, p. 159.
LAMB, H., *The Changing Climate*, Londres, Methuen, 1966.
LANDSTEINER, E., "The Crisis of Wine Production in Late Sixteenth-Century Central Europe : Climatic Causes and Economic Consequences", dans *Climatic Variability*, p. 323 *sq.*
LARENAUDIE, M.J., « Les famines en Languedoc aux XIVe et XVe siècles », *Annales du Midi,* 1952.
LASSALMONIE, J.F., *La Boîte à l'enchanteur : politique financière de Louis XI*, Comité pour l'histoire économique et financière de la France, 2002, p. 477 et 507〔1450年以降豊かにはなったフランスにおける1481年の危機について〕.
LAVALLE, M.J., *Histoire et statistique de la vigne et des grands vins de la Côte-d'Or*, Paris, 1855, p. 26 *sq.*〔14世紀以降の、ディジョンとボーヌにおけるブドウの収穫日〕.

HARRISON, C. J., "Grain Price Analysis and Harvest (1465-1634)", *The Agricultural History Review*, vol. 19, Part II, 1971.
HASQUIN, H., *Le « Pays de Charleroi » (XVIIe-XVIIIe siècles)*, Bruxelles, Éditions de l'Institut de sociologie, 1971［気候・人口危機］.
HAU, M., *cf.* Komlos, 2003.
HAUSER, H., *Recherches et documents sur l'histoire des prix en France, 1500-1800,* Paris, Presse modernes, 1936.
HEAD-KÖNIG A.L., VEYRASSAT-HERREN, B., « Dîmes helvétiques », dans Goy et Le Roy Ladurie, *Fluctuations...*, vol. 1, p. 178.
HENRY, L. *et al.*, « Population de la France 1740-1860 », *Population*, vol. 30, nov. 1975, p. 17, 62 et *passim.*
History and Climate, *cf.* Jones P. *et al.*, 2001.
HOLZHAUSER, H., « Beitrag zur Geschichte des Grösser Aletschgletschers », *Geographica Helvetica*, vol. 35, 1980, p. 17-24.
——, « Neutzeitliche Gletscherschwankungen », *Geogr. Helv.*, 2, 37, 1982, p. 115-126.
——, « Rekonstruktion von Gletscherschwankungen mit Hilfe fossiler Hölzer », *Geographica Helvetica*, 1984, n° 1, p. 3-15［15 世紀におけるアルプスの氷河の変遷についての重要論文］.
——, « Neue Ergebnisse zur Gletscher- und Klimageschichte des Spätmittelalters und der Neuzeit », *Geographica Helvetica*, n° 4, 1984［1470 年頃のスイス・アルプスの 2 つの氷河の増大］.
——, « Gletscher- und Klimageschichte », *Geogr. Helv.*, 4, 40, 1985, p. 168-185.
——, « Gletscherschwankungen innerhalb der letzten 3200 Jahre am Beispiel des Grossen Aletsch- und des Gornergletschers. Neue Ergebnisse », *Gletscher im ständigen Wandel*, VDF, ETH, Zürich, 1995［基本文献］.
——, ZUMBÜHL, H.J., "The History of the Lower Grindelwald Glacier", *Zeitschr. Geomorph. N. F., Supl.-Bd.*, 104, 1996, p. 95-127.
——, "Fluctuations of the grosser Aletsch Glacier and the Gorner Glacier", *Paläoklimaforschung/Palaeoclimate Research*, 24, 1997, p. 35-54.
——, ZUMBÜHL, H.J., "Glacier Fluctuations in the Alps (16th Century)", *cf. Climatic Variability...*, p. 223 *sq.*
HOSKINS, W.G., "Harvest Fluctuations and English Economic History, 1480-1619", *Agricultural History Review*, vol. 12 et 16, 1964 et 1968.
HULME, M., BARROW, É., *Climate of the British Isles. Present Past and Future*, Londres, Routledge, 1997［必須論文。特に、Astrid Ogilvie と Graham Farmer の論文（中世）p. 121 並びに Phil Jones と Mike Hulme の論文（1400-2000 年の期間）p. 188 以降］.
IMHOF, A. E., *Leib und Leben in der Geschichte der Neuzeit*, Berlin, Duncker, 1983.
JACQUART, J., *Crise rurale en Île-de-France (1550-1670)*, Paris, Armand Colin, 1974.
——, *Paris et l'Île-de-France au temps des paysans (XVIe-XVIIe siècles)*, 1990, notamment p. 253 *sq.*
JONES, P. D., SLONOSKY, V., "Monthly Mean Pressure Reconstructions for Europe (1780-1995)", *International Journal of. Climatol.*, 1999.
—— *et al.*, *History and Climate*, New York, Kluwer, 2001［基本論集］.
——, BRIFFA, K., « The Evolution of Climate Over the Last Millenium », *Science*, vol. 292, 27 avril 2001［18 世紀の一時的再温暖化。20 世紀末のものほどではないにしても重要……p. 664 の

FRÊCHE, G. et G., *Les Prix des grains à Toulouse (1486-1868)*, Paris, PUF, 1967.

FRENZEL, B., PFISTER, C. *et al.*, *Climatic Trends and Anomalies in Europe (1675-1715)*, Stuttgart, Gustav Fischer Verlag, 1994.

GALLOWAY, P. R., *Population, Prices, and Weather in Preindustrial Europe*, thèse de l'université de Berkeley, 1987.

GANDILHON, R., *Politique économique de Louis XI*, Paris, PUF, 1941.

GARNIER, B., « Dîmes et fermages : Normandie, Maine, Anjou », dans Goy et Le Roy Ladurie, *Prestations...*, vol. 2, p. 553 *sq.*

GARNIER, M., « Contribution de la phénologie à l'étude des variations climatiques », *La Météorologie*, IV, oct.-déc. 1955.

GARNOT, B., *Un déclin : Chartres au XVIIIe siècle*, Paris, C.T.H.S., 1991 [特に、1704-1706年、1719年、1738-1740 年の多くの死者を出した気候危機についての非常に詳細な書物].

GARNSEY, P., *Famine and Food Supply in the Graeco-Roman World*, Cambridge University Press, 1988 [後世からの視点……].

GASCON, Richard, *Grand Commerce et vie urbaine au XVIe siècle : Lyon et ses marchands*, Paris, Mouton, 1971.

GAUVARD, C., de LIBERA, A., ZINK, M., *Dictionnaire du Moyen Âge*, Paris, PUF, 2002.

GINZBURG, C., *I Benandanti*, Einaudi éditeurs, 1966.

GIODA, A. *et al.*, « Histoire des sécheresses andines, El Niño et le Petit Âge glaciaire », *La Météorologie*, 8e série, n° 27, sept. 1999.

GIROUDOT, A. (dir.), *Histoire de Verdun*, Toulouse, Privat, 1982.

GLASER, R., *Klimageschichte Mitteleuropas : 1000 Jahre Wetter, Klima, Katastrophen*, Primus Verlag, 2001.

GLENISSON, J., « Une administration (l'État pontifical) aux prises avec la disette de 1374-1375 », *Le Moyen Âge*, n° 3-4, vol. 56, 4e série, vol. 5, 1950-1951, p. 303 *sq.*

GOUBERT, P., *Beauvais et le Beauvaisis de 1600 à 1730*, Paris, SEVPEN, 1960 [17 世紀における、特に気候に起因する飢饉].

——, *L'Avènement du Roi-Soleil*, Paris, Hachette, 1996, p. 274-275 [1661 年！].

GOUBERVILLE, G. de, *Journal*, Bricquebosq, Éd. Des Champs, vol. 1, 1993, p. 271 [この人物については M. Foisil の大著も参照のこと].

GOY, J., LE ROY LADURIE, E. (éd.), *Fluctuations du produit de la dîme*, puis *Prestations paysannes, dîmes*, 3 vol., Mouton puis EHESS, Paris, 1971-1982.

GRENIER, J.-Y., « Nouvelles données agroclimatiques en France du Nord (1758-1789) », *Histoire des sociétés rurales*, n° 6, 2e semestre 1996 [重要論文].

GROVE, J.M., *The Little Ice Age*, Londres, Routledge, 2001 [2003 年にデジタル化された].

——, « The Initiation of the "Little Ice Age" in Regions around the North Atlantic », *Climatic Change*, n° 48, 2001, p. 53-82 [13 世紀後半にけるアルプスの小氷期の産声。1997 年の Holzhauser の論文より].

——, note en anglais sur les culminations des glaciers suisses vers 1370-1380, puis à la fin du XVIe siècle, enfin au XIXe siècle jusqu'en 1859, dans *Climatic Change*, vol. 48, 2001, p. 53-82.

GUENÉE, B., *La Folie de Charles VI*, Paris, Perrin, 2004 [14 世紀末と 15 世紀初めの気候史についての、多様で非常に有用なデータ].

GUILAINE, J., *Histoire de Carcassonne*, Toulouse, Privat, 1990, p. 127.

DAVIS, M., *Génocides tropicaux*, Paris, La Découverte, 2003.
DE VRIES, J., « Étude sur le gel des canaux néerlandais », *AAG Bijdragen*, 1978, notamment p. 319.
DEBARD, J.-M., *Subsistances et prix des grains*, Montbéliard (1571-1793), thèse EHESS, 1972［4 巻の手稿］.
DELIBRIAS, G., LE ROY LADURIE, Madeleine, LE ROY LADURIE, E., « La forêt fossile de Grindelwald : nouvelles datations », *Annales ESC*, janvier, 1975, p. 137-147.
DELORT, R., WALTER, F., *Histoire de l'environnement européen*, Paris, PUF, 2001.
DELUMEAU, J. (éd.), *Histoire de [la] Bretagne*, Toulouse, Privat, 1969.
DESBORDES, J.M., éd., *La Chronique de Vareddes*, Paris, Éditions de l'École, 1961.
DEFOURNEAUX, M., *La Vie quotidienne à Paris au temps de Jeanne d'Arc*, Paris, Hachette, 1952.
DESPORTES, F. et S., SALVADORI, P., *Mercuriales d'Amiens et de Picardie (XVIe-XVIIe)*, 2 vol., Centre d'histoire des sociétés de l'université de Picardie, Amiens, 1990-1994.
DEYON, P., *Amiens capitale provinciale*, Paris, Mouton, 1967.
DEYON, S., LOTTIN, A., *Les Casseurs de l'été 1566*, Paris, Hachette, 1981.
DION, Roger, *Histoire de la vigne et du vin en France des origines au XIXe siècle*, Paris, 1959［および後年の再刊］.
DOBSON, R.B., *The Peasants' Revolt of 1381*, Londres, Macmillan, 1970.
DOYEN, G., *Histoire de la ville de Chartres*, vol. 2, 1786, p. 375.
DUBOIS, H., *Série inédite de dates de vendanges de la Côte d'Or (fin XIVe-XVe siècles)* à nous aimablement communiquée par cet éminent historien de la Bourgogne et qui complète vers l'amont la série dijonnaise du docteur Lavalle (XVe-XIXe siècles) ; *cf.* l'entrée Lavalle ci-après.
DUBY, G., *Guerriers et paysans*, Paris, Gallimard, 1973.
DUCROZ, P., *La Vallée de Chamonix au Petit Âge glaciaire*, DES dirigé par M. Vergé-Franceschi, p. 51.
DUPÂQUIER, J. (dir.), *Histoire de la population française*, vol. 2, Paris, PUF, 1988.
DU PLESSIS, R., *Lille and the Dutch Revolt,* Cambridge (UK), 1991.
DUPUY, A., « Les épidémies en Bretagne », *Annales de Bretagne* 1886-1887, II, p. 33-34.
DUPUY, R.E., DUPUY, T.N., *The Encyclopedia of Military History, from 3500 B.C. to the Present*, Second Edition, New York, Harper, 1986.
East Anglia, cf. History and Climate.
EASTON, C., *Les Hivers dans l'Europe occidentale*, Leyde, 1928.
EDDY, J.A., "The Maunder Minimum", *Science*, 18-6-1976, vol. 192, p. 1189-1202［重要論文］.
EYTHORSSON, J., "On the variations of glaciers in Iceland", *Geografiska Annaler.*, 1935.
——, "Variations of glaciers in Iceland, 1930-1947", *J. Glac.*, vol. 1, 1947-1951, p. 250.
FARGE, A., *Vols d'aliments à Paris au XVIIIe siècle*, Paris, Plon, 1979.
FAVIER, R., *Les Villes du Dauphiné aux XVIIe et XVIIIe siècles*, Presses universitaires de Grenoble, 1993.
FAVRE, R., *La Mort au siècle des Lumières*, Presses universitaires de Lyon, 1978, notamment p. 49.
FEBVRE, L., *Philippe II et la Franche-Comté*, Paris, 1912.
FLINN, M. (ed.), *Scottish Population History from the 17th Century to the 1930's*, Cambridge University Press, 1977.
FOISIL, M., *cf.* Gouberville.
FOURASTIÉ, J., BAZIL, B., *Pourquoi les prix baissent*, Paris, Hachette, 1984, p. 249.
FOURQUIN, G., *Les Campagnes de la région parisienne à la fin du Moyen Âge*, Paris, PUF, 1964.

1966, notamment vol. 1, p. 247［Braudelが、U. Monterinに続いて、(歴史学者のなかで）初めて、1600年頃の小氷期の氷河伸張に注意を喚起した］〔邦訳『地中海』全5巻、浜名優美訳、藤原書店、1991-95年、普及決定版2004年〕.

BRÁZDIL, R., KOTYZA, O., *History of Weather in the czech Lands*, Masaryk University, Brno, 1999［多くの巻数が刊行されている］.

BRICOURT, M., « Étude sur la crise française de 1740 », dans *ADH*, 1974, p. 281-333.

BRIÈRE, J., « Chronique des années 1709 à 1732 », *Société historique et archéologique de l'Orne, Mémoires et Documents*, n° 3, 2001.

BRIFFA, K. R., *et al.*, "A European Contribution towards a Hemispheric Dendroclimatology for the Holocene", *The Holocene*, 12, 6, 2002, p. 639-642.

BRIFFA, K., *et al.*, "Large Scale Temperature Inferences from Tree-Rings", *Global and Planetary Change*, 2003.

BUISMAN, J., en collaboration avec A.F.V. Van ENGELEN, *Duizend jaar weer, wind en water in de lage landen*, Franeker, 1996［必須文献。初期から1675年までの3巻が刊行されている。ただし1450-1575年が欠けている］.

CABOURDIN, G., *Terres et Hommes en Lorraine du milieu du XVIe siècle à la guerre de Trente ans*, thèse, Éditions de l'université de Lille-III, 1975 [3 vol.].

CARPENTIER, É., LE MENÉ, M., *La France du XIe au XVe siècle : population, société, économie*, Thémis, Paris, PUF, 1996.

CARTIER, M., « De l'étude des calamités naturelles à l'histoire du climat [passé] de la Chine », *Revue bibliographique de sinologie*, 2001, p. 543 *sq.*

CHAMPION, M., *Les Inondations en France du VIe siècle à nos jours*, Paris, 6 vol., 1858［1999年頃のCEMAGREFによる再刊。インデックスと5巻のテキストからなっている］.

CHARBONNIER, P., *Une autre France : la seigneurie rurale en Basse Auvergne (XIVe-XVIe siècles)*, Clermont-Ferrand, Institut d'études du Massif Central, 1980.

CHESNAIS, J.Cl., *La Transition démographique*, Paris, PUF, 1986, notamment p. 526.

CHEVALIER, B., *Tours, ville royale, 1356-1520*, Paris, Plon, 1974.

Climatic Change, An Interdisciplinary Journal devoted to the Description of Climatic Change［S.H. Schneider編集］, 60 volumes parus, Kluwer éd., Dordrecht［必須文献］.

Climatic Variability, *cf.* Pfister et Brázdil, 1999.

COLLINS, J.B., "The Role of Atlantic France : Dutch Traders and Polish Grain at Nantes, 1625-1675", *The Journal of European Economic History*, vol. 13, n° 2, automne 1984［特に1643-1644年と1649年のフランスにおける食糧不足について］.

CONTAMINE, Ph., *L'Économie médiévale*, Paris Armand Colin, 1997, p. 329-384.

CORVOL-DESSERT, A., *Grands Vents et patrimoine arboré (XVIe-XXe siècle)*, CNRS, 2003［基本文献。嵐！］.

COUYBA, L., *La Misère en Agenais (1600-1629) et la grande famine de 1630-1631*, Villeneuve-sur-Lot, 1902.

CROIX, A., *La Bretagne (XVIe-XVIIe siècles)*, notamment le vol. 1, Paris, Maloine, 1981［必須文献］.

CUBELLS, M., « Une émeute de subsistance pendant la Fronde parlementaire », *XVIIe siècle*, n° 35, 1957.

CURSCHMANN, F., *Hungersnote*, Leipzig, 1900［1042-1044年、1145-1147年、1195-1197年の大飢饉について］.

SEVPEN, 1962［基本資料］.
BÉAUR, G., *Histoire agraire de la France au XVIIIe siècle*, Paris, SEDES, 2000.
BEHRINGER, W., *cf. Climatic Variability*, p. 335 *sq.*［魔術と小氷期に関する］〔『魔女と魔女狩り』ヴォルフガング・ベーリンガー著、長谷川直子訳、刀水書房、2013年。『気候の文化史――氷期から地球温暖化まで』ヴォルフガング・ベーリンガー著、松岡尚子他訳、丸善出版、2014年〕.
BELLETTINI, A., « Ricerche sulle crisi demografiche del Seicento », *Società e storia*, n° 1, t. 19, 1978, notamment p. 49 et 56.
BENEDICT, P., *Rouen during the Wars of Religion*, Cambridge University Press, 1981［1586-1587年の危機についての重要文献］.
BENNASSAR, B., *Recherches sur les grandes épidémies dans le nord de l'Espagne*, Paris, SEVPEN, 1969［気候と疫病を含む、スペインの16世紀末の困難な状況について］.
BERCÉ, Y.-M., *Histoire des Croquants*, Droz, Genève, 1974.
BÉRENGER, J., *Finance et absolutisme autrichien dans la seconde moitié du XVIIe siècle*, Éditions de l'université de Lille-III, vol. 1, p. 247.
BERNARD, G., *et al.*, *Histoire du Poitou et des Pays charentais*, Clermont-Ferrand, De Borée, 2001.
BEVERIDGE, W., *Dossiers chiffrés quant à l'histoire des prix européens*, Archives de la London School of Economics, Fonds Beveridge, dossiers J3 à J7.
BIRABEN, J.-N., *Les Hommes et la peste*, Paris, Mouton, 1975.
――_ et BLANCHET, D., « Essai sur le mouvement de la population de Paris et de ses environs depuis le XVIe siècle », *Population*, 1-2, 1998, p. 215-248.
BLOCH, M., *Rois et serfs*［特に1315年について］, réédité par D. Barthélemy, La Boutique de l'histoire, Paris, 1996.
BOEHLER, J.M., *Une société rurale en milieu rhénan. La Paysannerie d'Alsace (1648-1789)*, Strasbourg, Presses universitaires de Strasbourg, 1995［重要文献］.
BOIA, L., *L'Homme face au climat*, Paris, Les Belles Lettres, 2004.
BOIS, G., « Le prix du froment à Rouen au XVe siècle », *Annales ESC*, 23e année, n° 6, nov.-déc. 1968, p. 1262-1282.
――, *Crise du féodalisme*, Paris, Presses de la Fondation nationale des sciences politiques/EHESS, 1976［13世紀から16世紀までのノルマンディーについて］.
BONARDI, L., *Che tempo faceva*, Milan, Franco Angeli, 2004［とりわけC. Pfisterの重要な文章が含まれている］.
BONDOIS, P., in *Revue d'histoire économique et sociale*, 1924, p. 53-118［1661-1662年の飢饉について］.
BOUCHARD, G., *Le Village immobile : Sennely-en-Sologne au XVIIIe siècle*, Paris, Plon, 1972［気候・人口危機について］.
BOURGUINAT, N., *cf.* Komlos, 2003.
BOURQUIN, L. (éd.), *Mémoires de Claude Haton*, Comité des travaux historiques et scientifiques, 2001.
BOUTIER, J., DEWERPE, A., NORDMAN, D., *Un tour de France royal, Charles IX*, Paris, Aubier, 1984.
BRADLEY, R.S., JONES, P.D., *Climate Since A.D. 1500*, Londres, Routledge, 1992.
BRAUDEL, F., *La Méditerranée et le monde méditerranéen au temps de Philippe II*, Paris, Armand Colin,

参考文献

当然、不完全なリストである。このリストは、基本的に本書で使用された著作および論文の参照先だが、それのみというわけではない。

AAG BIJDRAGEN, *Dertig Jaar Afdeling Agrarische Geschiedenis*, vol. 28, Afdeling Agrarische Geschiedenis Landbouwhogeschool, Wageningen, 1986［農村史についてのオランダの雑誌。Bos の論文を参照。p. 88 以降のグラフは必須］.

AHLMANN, H.W., « Vatnajökull », *Geografiska. Annaler*, 1937-1939.

——, "The Styggedal glacier", *Geog. Ann.*, 1940.

AIGREFEUILLE, Ch. d', *Histoire de Montpellier*, Montpellier, réédition de 1885.

ALEXANDRE, P., *Le Climat au Moyen Âge*, Paris, EHESS, 1987.

ANGOT, A., *Études sur les vendanges en France*, Annales du Bureau central météorologique de France, Paris, 1883 (1885).

ANTOINE, Annie, *Villes et villages du Bas Maine au XVIIIe siècle*, Mayenne, Éditions régionales de l'Ouest, 1994, p. 335 *sq.*

Archives départementales du Calvados, C 2689-2690 et C 2612-2613［1725 年の危機について］.

AUDISIO, G., *Les Français*, t. I : *Des paysans (XVe-XIXe siècles)*, Paris, Armand Colin, 1998.

AUTRAND, F., *Charles VI*, Paris, Fayard, 1986.

BARBICHE, B., BERCÉ, Y.-M., *Études sur l'ancienne France offertes en hommage à Michel Antoine*, École des chartes, 2003［1709 年冬の穀物危機によって国に食糧局が創設される］.

BARDET, J.-P., *Rouen aux XVIIe et XVIIIe siècles : les mutations d'un espace social*, Paris, SEDES, 1983.

BARNAVI, E., in *Le Journal de la France*...［一部がルイ 12 世とその後継者たちについてのものである］.

BARRIENDOS, M., BRÁZDIL, R. *et al.*, "Flood Events of Rivers in the Sixteenth Century ", *Climatic Variability*, 43, Kluwer, 1999, p. 239 *sq.*

BARRIENDOS, M., MARTIN-VIDE, J., "Secular Climatic Oscillations as Indicated by Catastrophic Floods in the Spanish Mediterranean Coastal Area (14th-19th Centuries)", *Climatic Change*, 38, 1998, p. 473-491.

BARRIENDOS, M., PFISTER, C. *et al.*, "Documentary Evidence on Climate in Sixteenth-Century Europe", *Climatic Variability*, p. 97 *sq.*［嘆願書、必須資料］.

BARTHÉLEMY, D., *La mutation de l'an mil a-t-elle eu lieu ?,* Paris, Fayard, 1997［重要文献］.

BASTIÉ, J., *La Croissance de la banlieue parisienne*, Paris, PUF, 1964, notamment p. 53 et *passim.*

BAUERNFEIND, W., WOITEK, U., "The Influence of Climatic Change on Price Fluctuations in Germany during the 16th Century", *Climatic Variability*, p. 303 *sq.*

BAULANT, M., « Le prix des grains à Paris de 1431 à 1788 », *AESC*, 1968.

——, « Le salaire des ouvriers du bâtiment à Paris de 1400 à 1726 », *AESC*, vol. 26, n° 2, 1971, p. 478-479.

BAULANT, M., MEUVRET, J., *Prix des céréales extraits de la Mercuriale de Paris (1520-1698)*, 2 vol.,

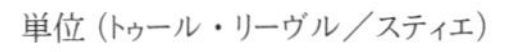

31　1740年から1741年にかけての収穫後の期間における食糧危機

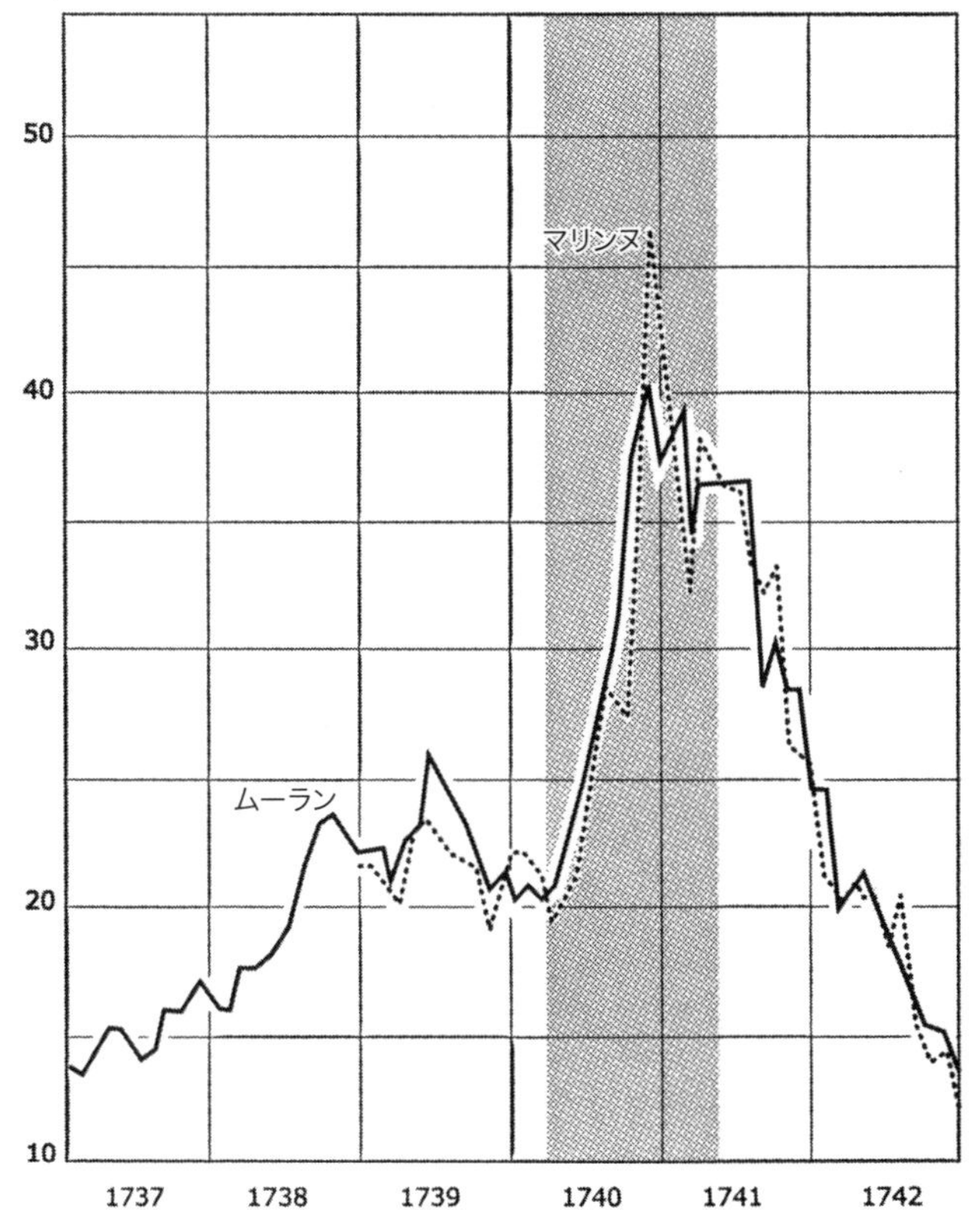

パン用軟質小麦1スティエの価格（トゥール・リーヴル）
出典：M. Lachiver, J. Dupâquier, Labrousse, *Mercuriales du Vexin, in fine.*

この食糧危機は、まさに1740年半ばから1741年半ば、もしくは少しあとまで続いた。それは、1740–41年の収穫後の期間の状況の流れにぴったりとそっていた。1740年の貧弱な穀物収穫は、1739–40年の収穫前の期間に、これまでのグラフが明らかにしたように寒さと極度に過剰な降雨の犠牲になったのである。

23　1732年から1749年までのセーヌ川の水位

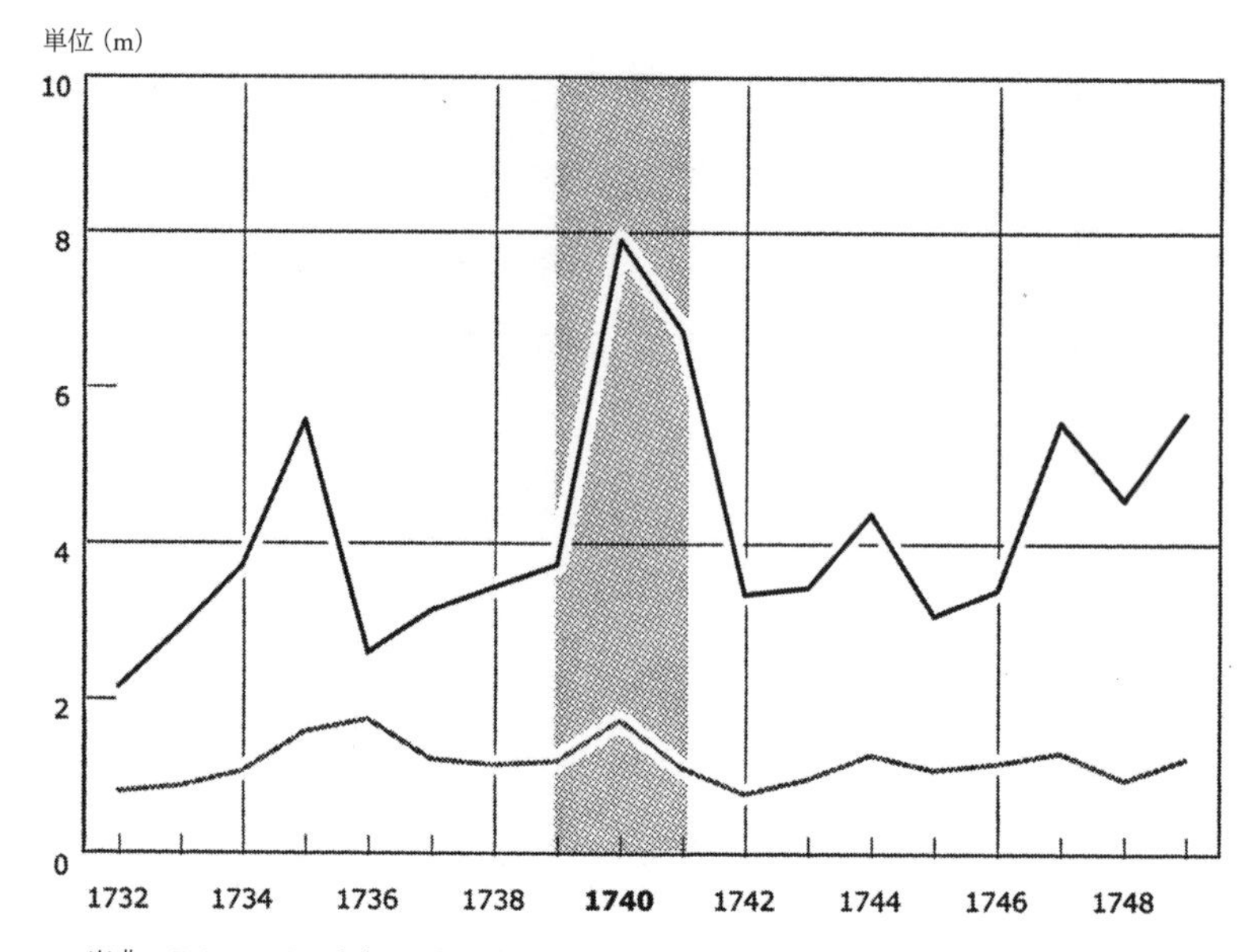

出典：F. Arago, *Sämtliche Werke*, vol. 16, p. 423.

基本水位（極度に低い）は、非常に暑くて、とりわけ非常に乾燥していた1719年のものである。すべては、トゥルネル橋の橋脚の側面に昔「刻まれた」（もちろん1719年の）基準目盛りをもとにして位置づけられる。

上のグラフは、セーヌ川の年間最高水位の年ごとのトレンドに対応し、年によって変動する。下のグラフは、セーヌ川の平均水位の年ごとの変動を示している。1740年の降水と水位が極端に過剰だったことがわかるだろう。1740年には、非常に寒くもあったのだが、パリにおける100年に1度の洪水が起きた。1658年、1740年、1802年、1910年と発生して、21世紀には、いつだかわからないが、きっと発生するであろう洪水を待っている……。

22　1740 年の大寒冷。1735 年から 1745 年までのオランダにおける冬、春、夏と年全体の年別平均気温

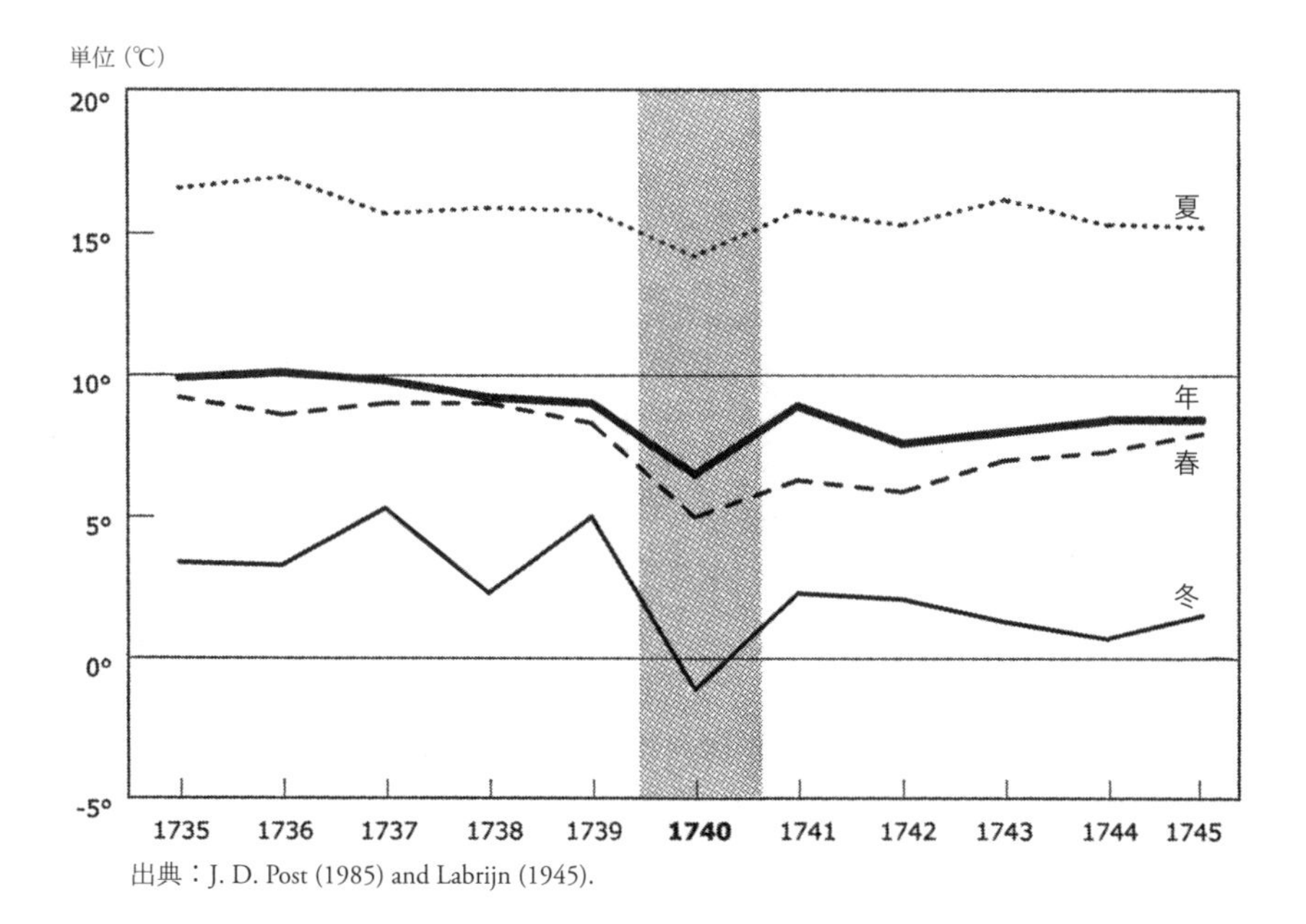

出典：J. D. Post (1985) and Labrijn (1945).

1740 年は、間違って「問題にしない」者もいるが、実際、非常な寒さもしくは冷涼さによって特徴づけられる。それは年によって、いくつかの季節のこともあれば全体のこともある。そのために、不作、食糧不足等が発生した。

19　1659 年から 1833 年までのイングランド中央部における夏の平均気温

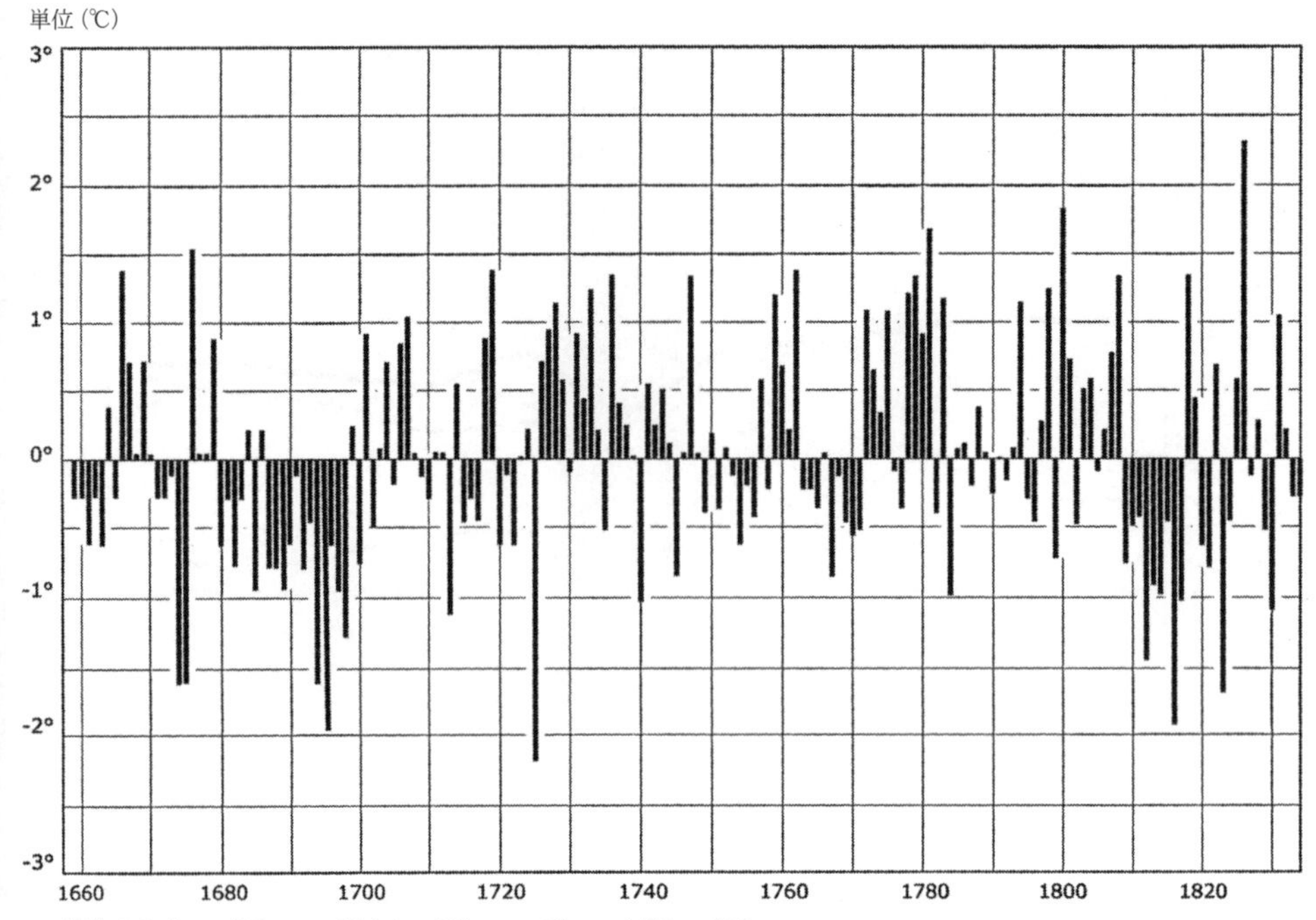

出典：Sadler and Grattan, *Global and Planetary Change*, 1999, p. 186.

1690 年代と 1810 年代、より厳密には 1811 以降、の冷涼な夏が注目される。また同様に、17 世紀の最末期と 1810 年代の 1811 年以降のこれら二つの期間には、ブドウの収穫日が遅かった。度を超した表現をすれば「**タンボラ火山**の 10 年代」と呼ぶこともできる 1811 年以降のこの 1810 年代は、実際、氷河の大伸張に対応している。氷河の伸張は、例によって、時間的に数年遅れて起こる。いつもの氷河の物理的慣性が数年の時間的隔たりを発生させるのである。

それと反対に、18 世紀は、1700 年代から 1800 年代まで、夏の気温が高いかなり好天の期間だったことが（グラフから）みてとれる。

17　1661 年から 1662 年にかけての収穫後の期間における飢饉によるパリ地方の死亡者数

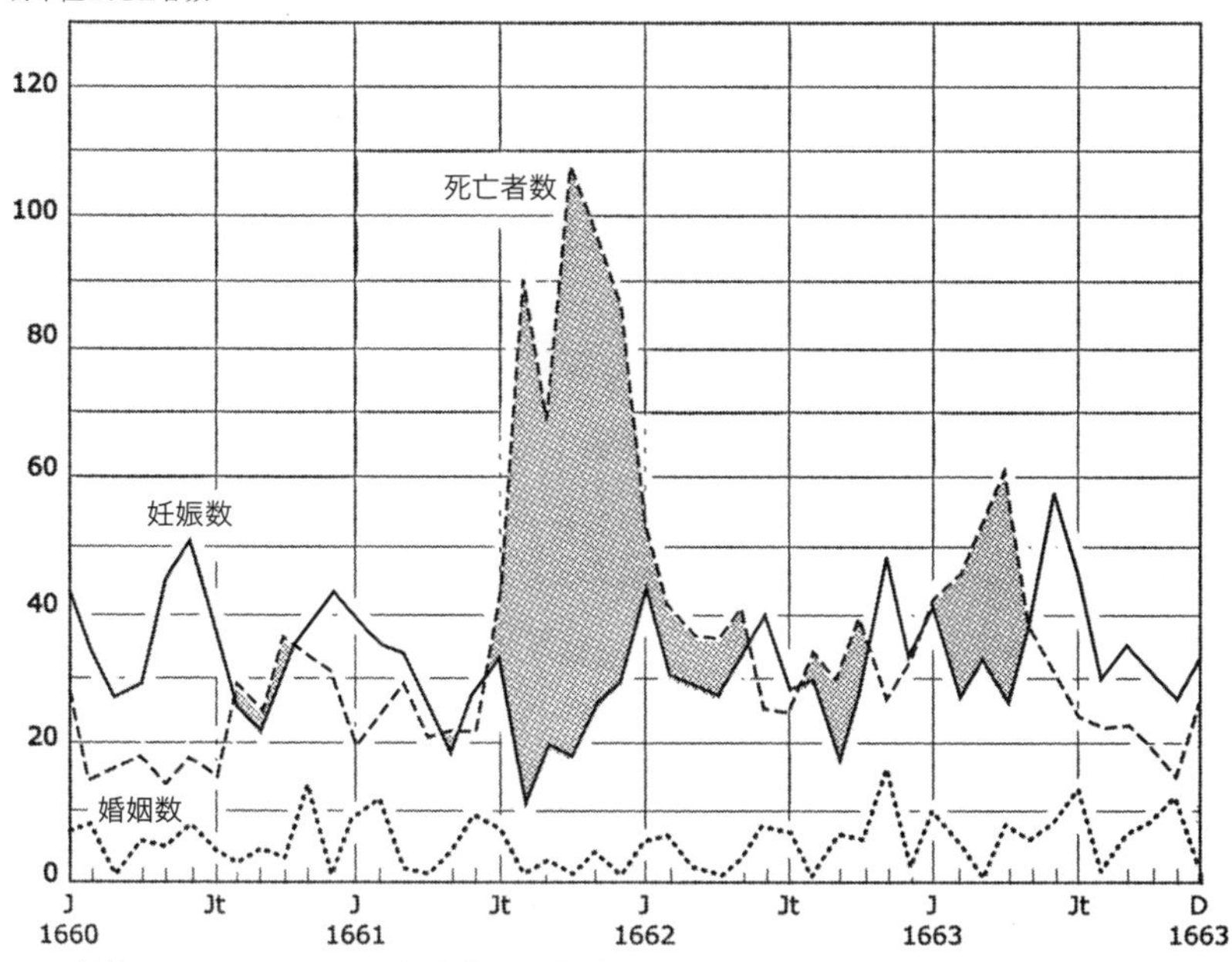

出典：J.-M. Moriceau, *Annales de démographie historique*, 1980, p. 113 *sq*.

少しも寒くなかったにもかかわらず、飢饉に襲われた 1661–62 年の収穫後の期間は、穀物については、収穫前の季節（1660–61 年）と 1661 年の収穫期に非常に激しい雨の被害を受けた。そのために、1661 年の 7 月から 12 月までの期間に（栄養不足とそれに相関する疫病によって）多くの死亡者が発生した。そして**付随的に**、1662 年 1 月から 4 月までの期間にも。

16　1525年から1825年までのスイス中央部におけるワイン生産量

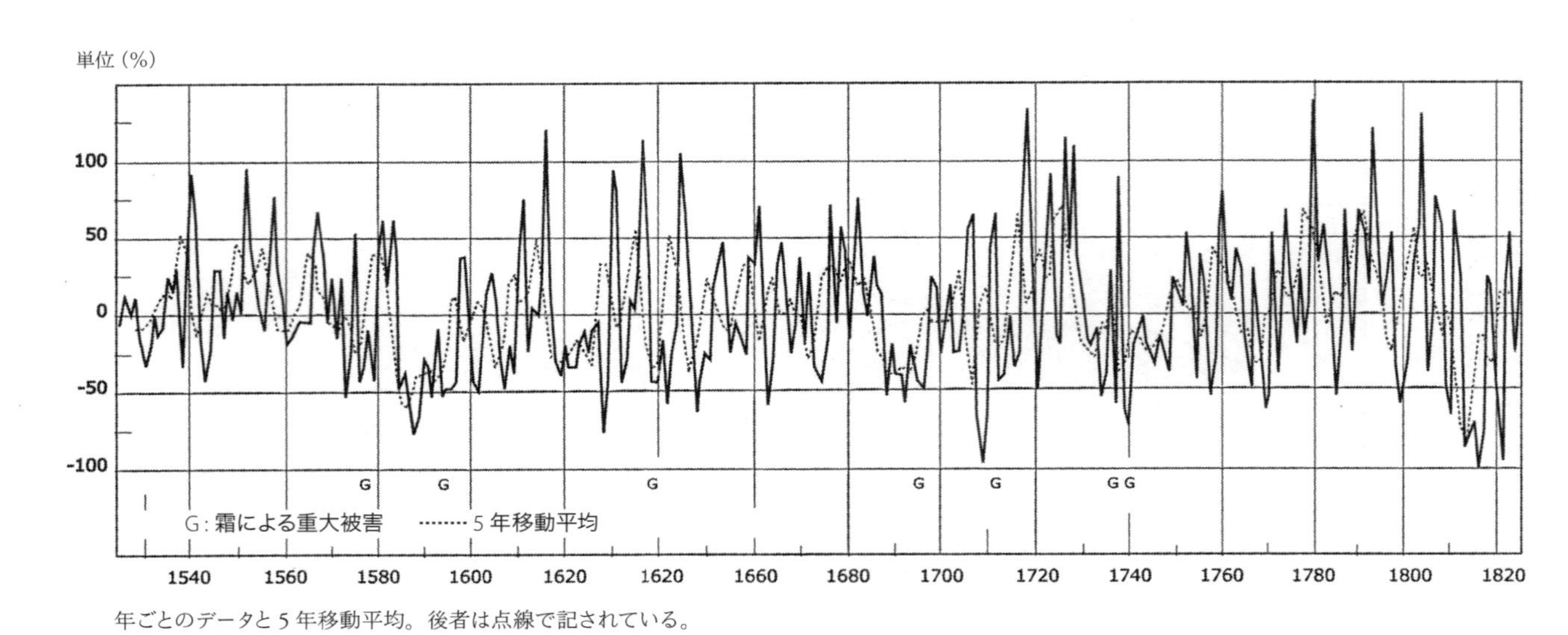

年ごとのデータと5年移動平均。後者は点線で記されている。

出典：C. Pfister, *Revue suisse d'histoire (S. Z. F. G.)*, 31, 1981, pp. 445-491.

ワインの生産は、前のグラフの説明で指摘した不都合な夏のときに被害を受けている。だが、すべての場合に、往々にして、春の霜その他のような、ブドウの木に対して敵対的な他の否定的要件によって味付けされているものである。

14 イングランドにおけるパン用軟質小麦の価格の短期的変化（1450 年から 1650 年までの収穫後の期間）

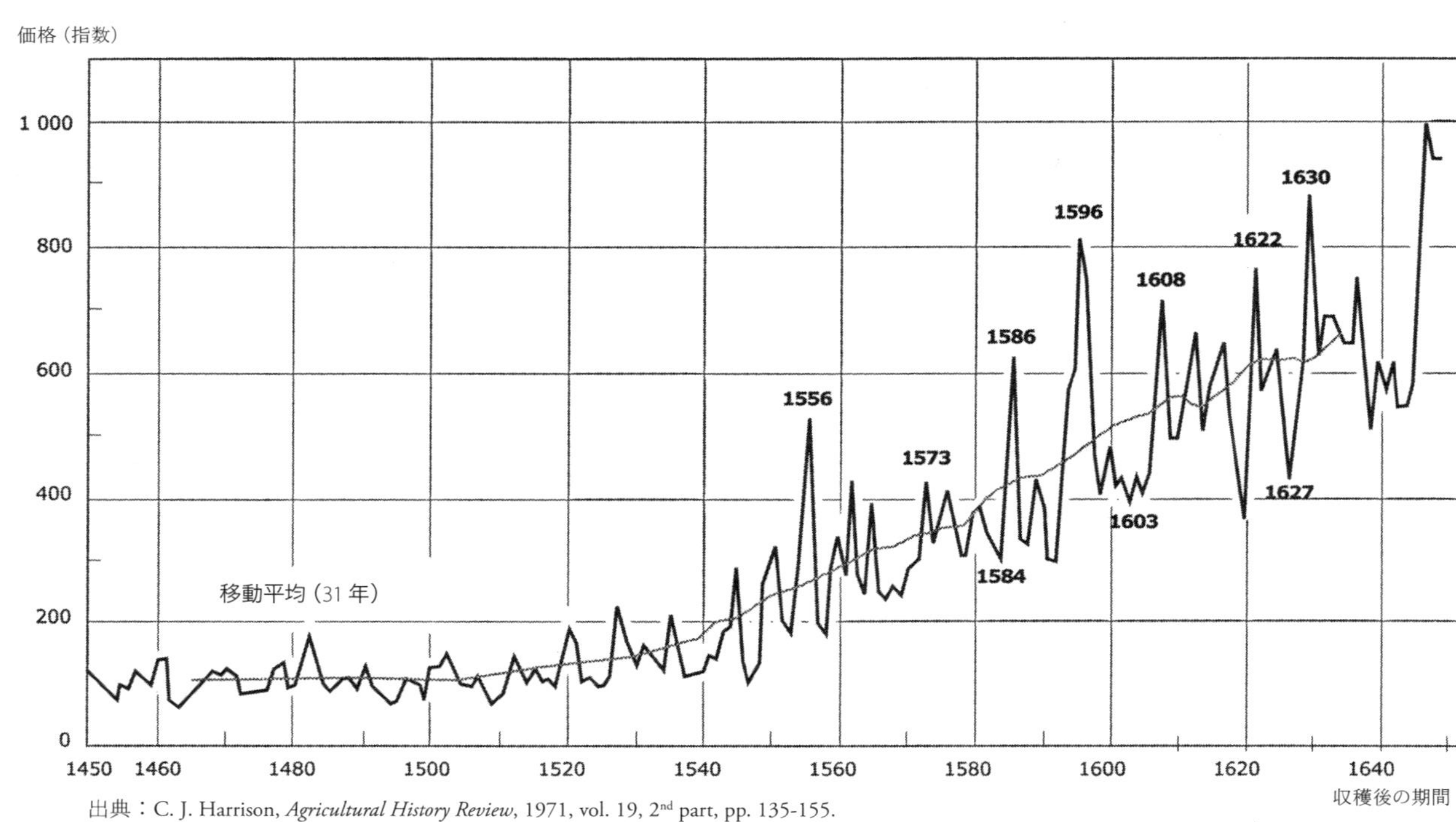

出典：C. J. Harrison, *Agricultural History Review*, 1971, vol. 19, 2nd part, pp. 135-155.

このダイアグラムの上のほうに、何度も繰り返された、気温不足すなわち食糧不足によって収穫後の期間に穀物が高価格になった年がいくつかみられる。それらの年は、常にではないがしばしば、フランスと同じである。またグラフの下部には、低価格で、おそらくはそれらのうちのいくつかは豊作だったと思われる、「幸せな」年も多くみられる。グラフの「上方」には、イングランド飢饉の 1622 年もあることに気がつくであろう。

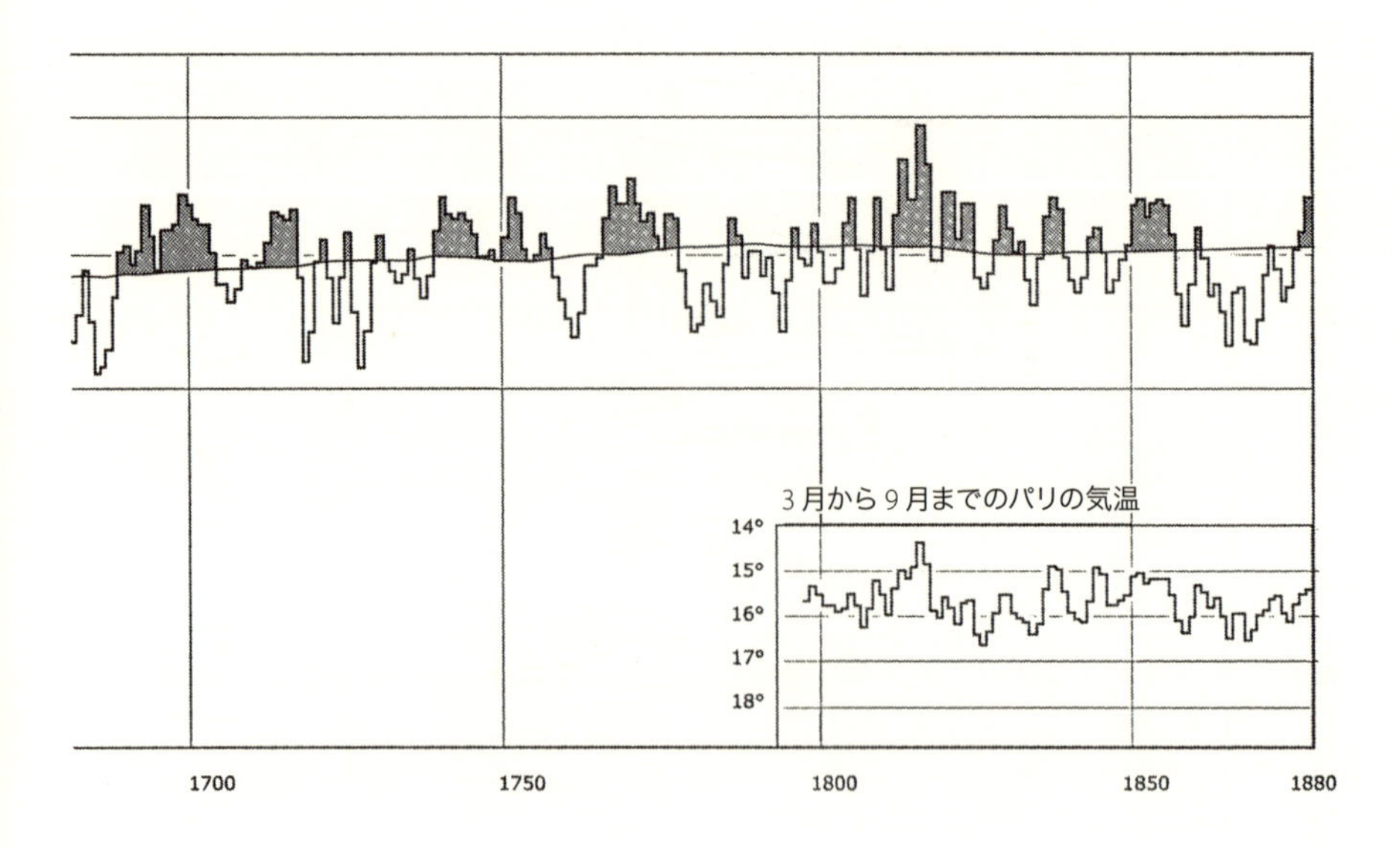
3月から9月までのパリの気温
14°
15°
16°
17°
18°
1700
1750
1800
1850
1880

11　フランス北部のブドウの収穫日（1480 年から 1880 年まで）

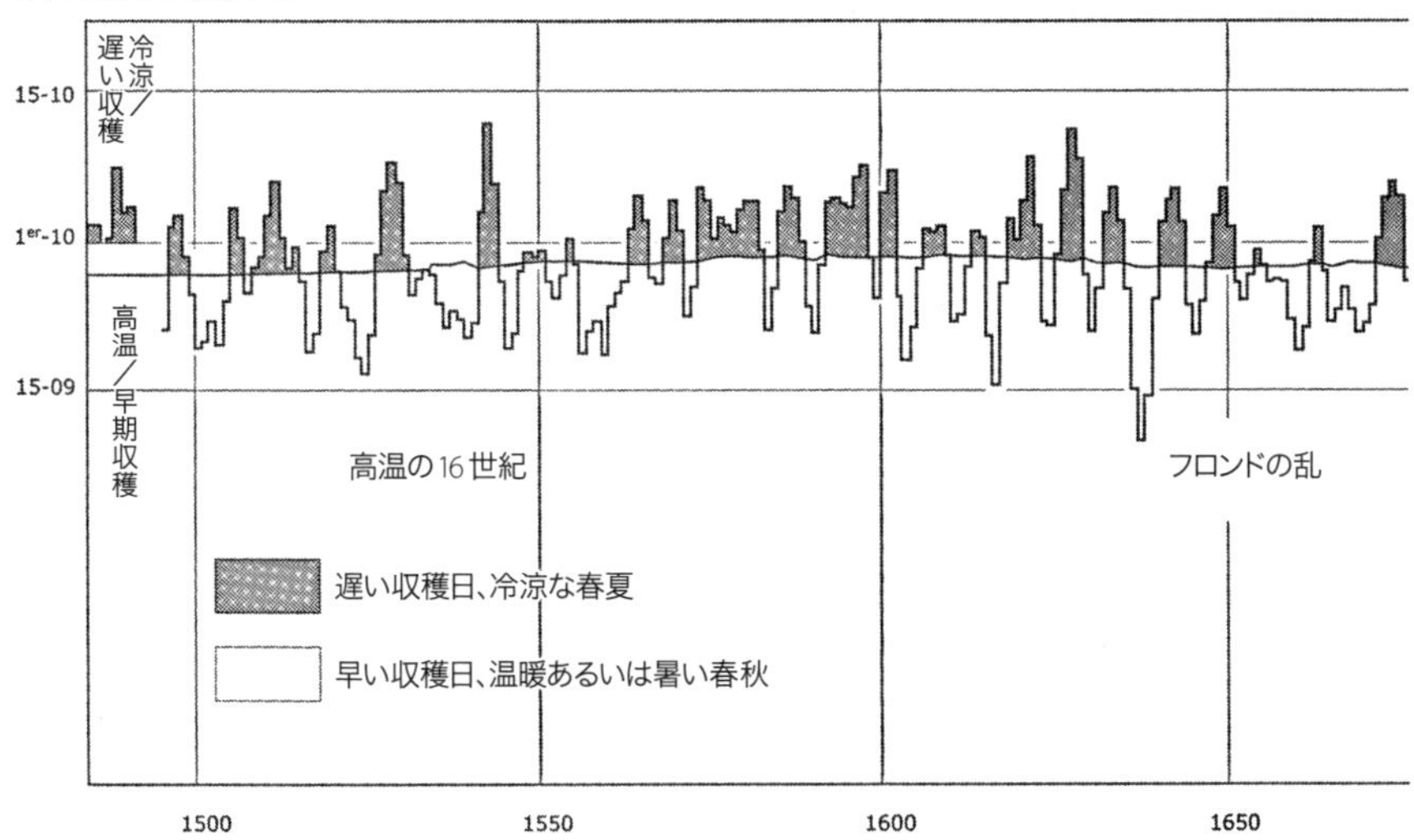

出典：Micheline Baulant et Emmanuel Le Roy Ladurie.

3 年移動平均のデータと 100 年移動平均のデータ。グラフの中央の線は、やや曲がりくねってはいるが、(多少とも……）水平であろうとしており、グラフ上部にある冷涼な夏のグループ（グレー）と、その下部のより温暖な春夏とを対照的に分けている。それは、グラフ下方の右端にある、Renou による、パリにおける 3 月から 9 月までの気温と見事に一致している。

10　1556年の猛暑（塩）

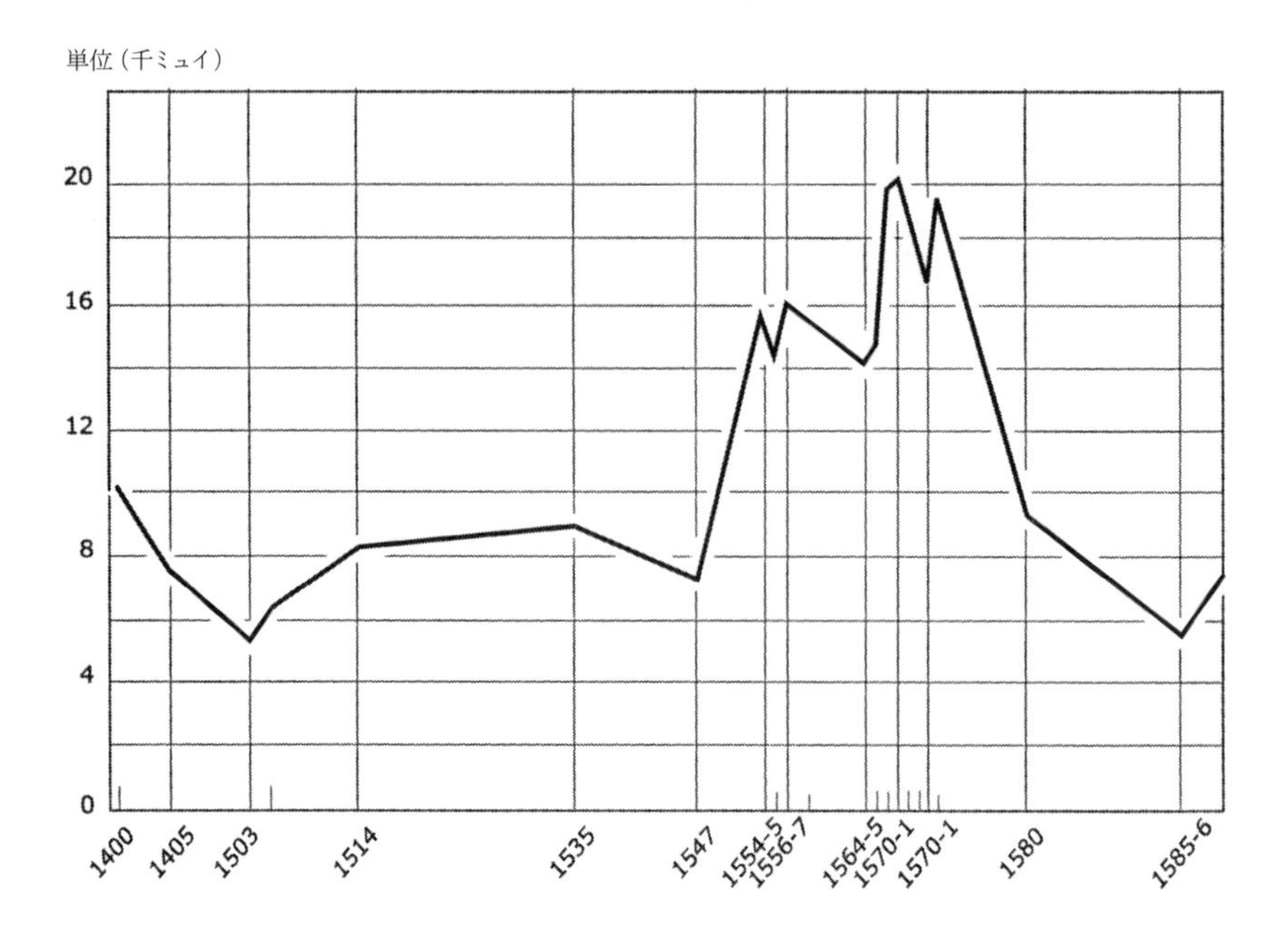

9　1556 年の猛暑（ワイン）

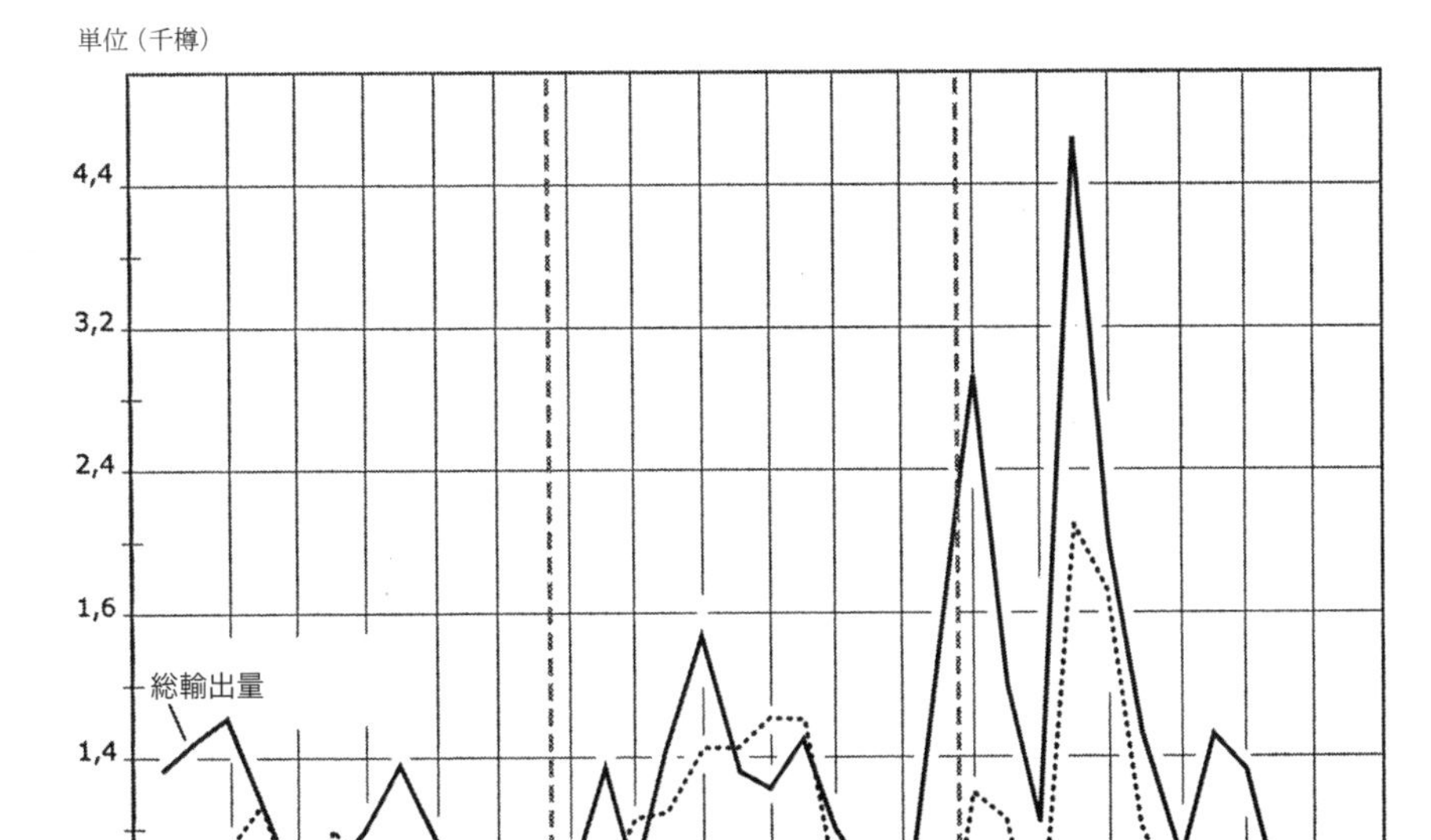

出典：Jean Tanguy, *Le Port de Nantes*, A. Colin, 1956, p. 46, p. 48.

1556 年（春と夏が猛暑）に、ワインと塩が大量に生産されて輸出された。量と質共によかった。ブドウの木にとって好気候だったが、（猛暑のせいで）塩田の表層の水分蒸発がきわめてよかったので製塩にとっても好気候だった。だが、1556 年には小麦の日照り焼けがあった（食糧不足？）。

7　ブルゴーニュ地方のブドウの収穫日（1500年から1658年まで）

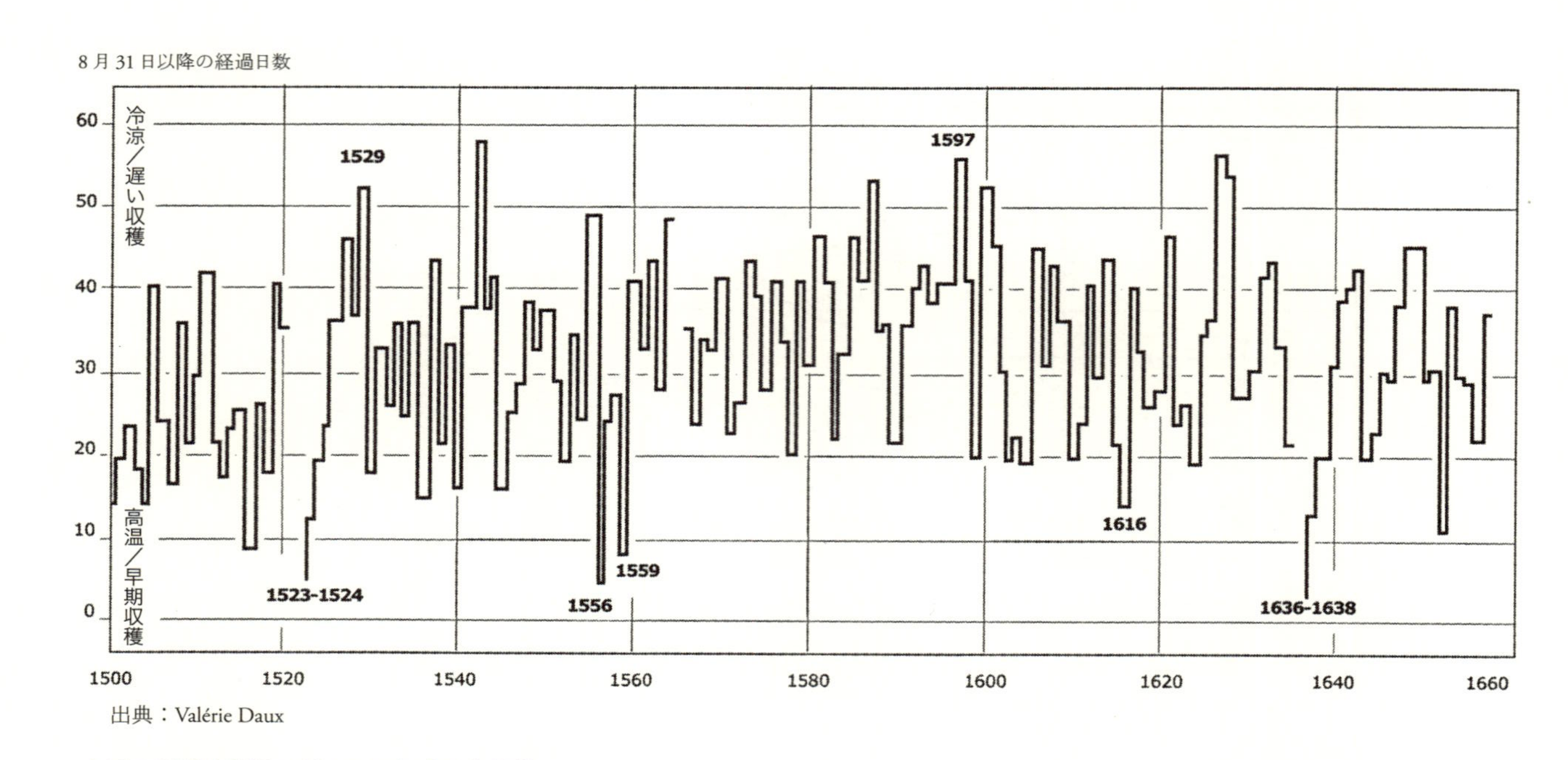

出典：Valérie Daux

上下の配置は前掲のグラフにおけると同様。

1559年頃までさらに大幅に早期の収穫。その後、1560年から1600年まで、気候が冷涼化して収穫が遅くなる。小氷期の絶頂の始まりである。それは1590年代から1640年頃までにかけて最高潮となる。だが細かくみると、たとえば1556年と1559年のような、高温で収穫の早い年がある。Mme Chuine *et al.* によると、1523年と1524年は、2003年の猛暑以前に経験した最も暑い年に含まれる。

6　ブルゴーニュ地方のブドウの収穫日（1372 年から 1500 年までの年次データの〈3 年間の移動平均〉）

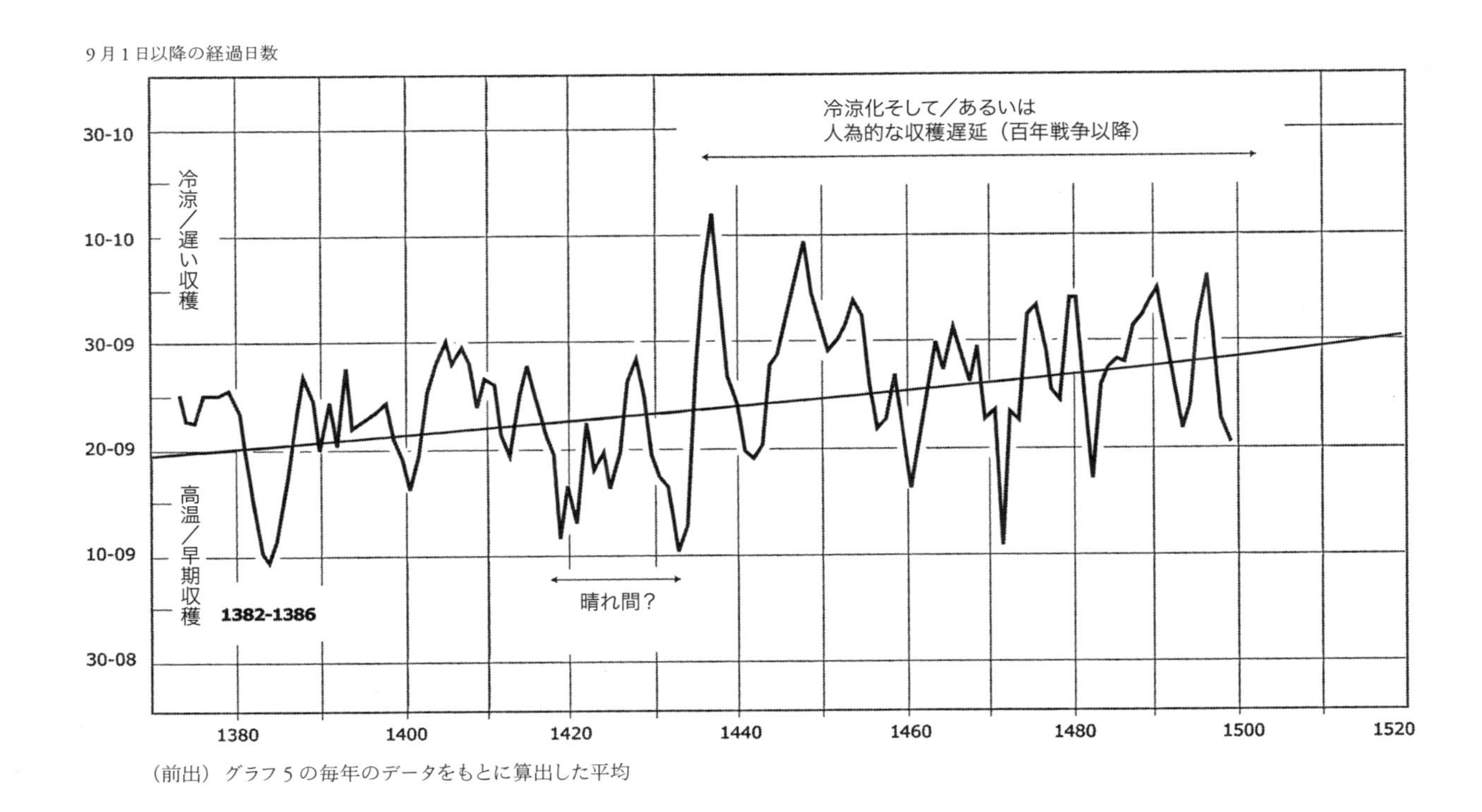

（前出）グラフ 5 の毎年のデータをもとに算出した平均

5　ブルゴーニュ地方のブドウの収穫日（1372 年から 1500 年までの年次データ）

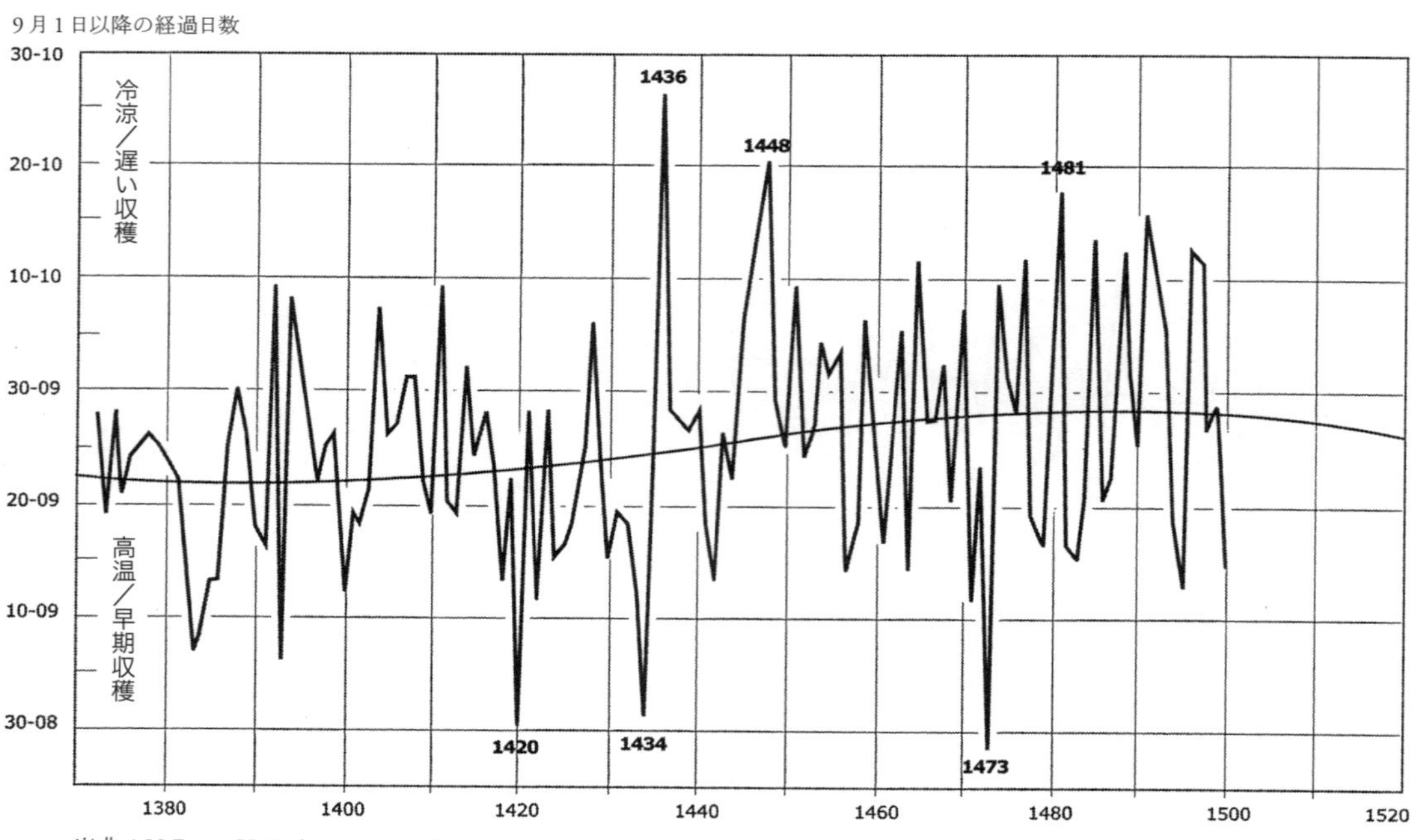

出典：V. Daux, H. Dubois, M. Lavalle, I. Chuine, M. Seguin, P. Yiou ; E. LRL, M. LRL *et al.*

全般的に高温もしくは温暖で早期収穫の年の数値は（猛暑の 1420 年のように）グラフの下方部分に位置している。これに対して、概して冷涼（さらには湿潤）で収穫の遅かった年の数値はグラフの上半分にあって、1436 年と 1481 年（ついでだがこの年は飢饉だった）の極めて遅い収穫のような極端な場合が含まれている。

4　アレッチ氷河の変遷

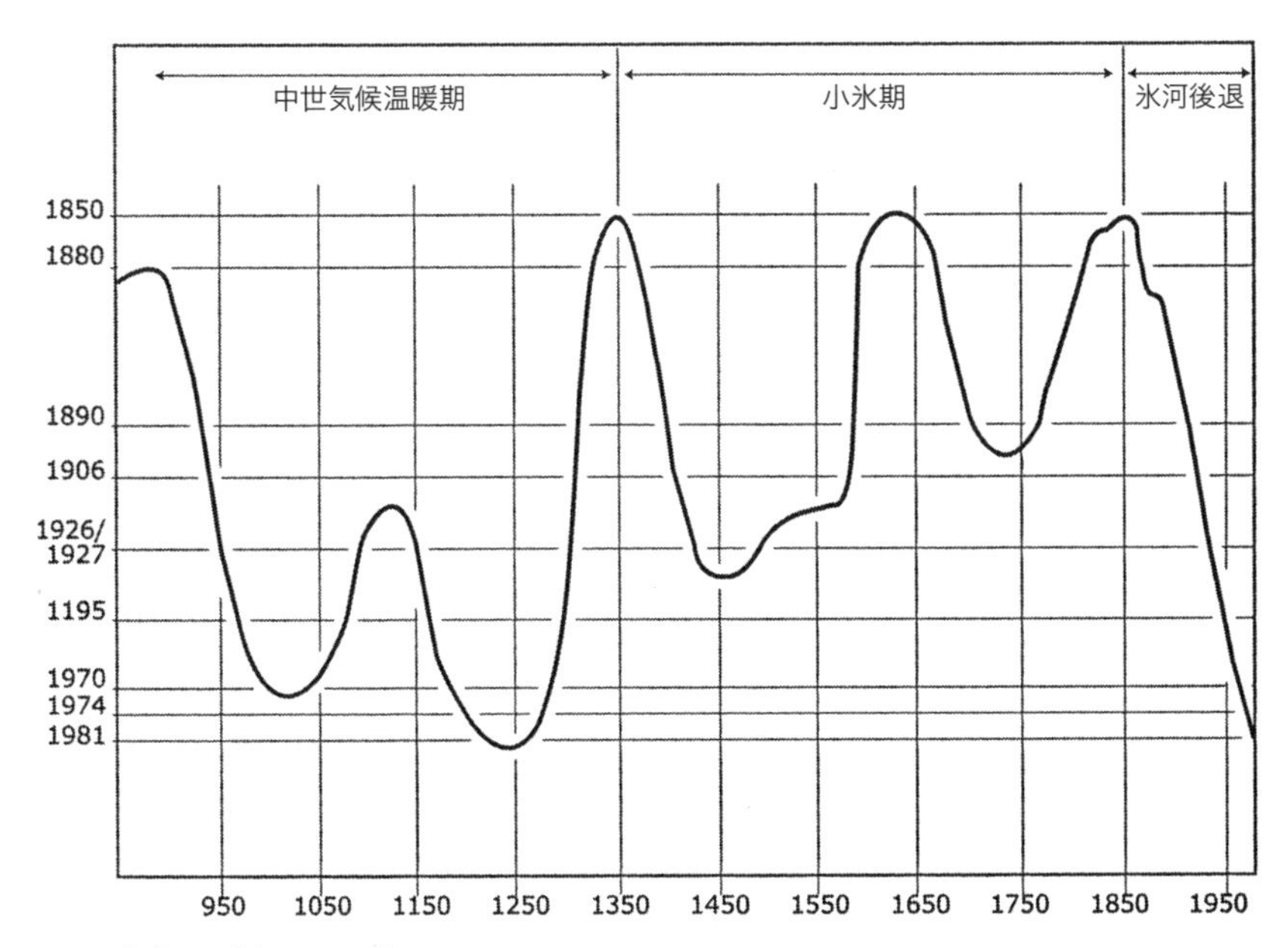

出典：Holzhauser, 1984.

下の横軸の数字は年を示している。これらの年は氷河のグラフを等間隔に区切っており、最初は950年から1250–1300年までの中世気候温暖期である（氷河**最小期**）。それから、1300年から1860年までの「小氷期」がやってくる。小氷期の枠内では変動があり、そのなかには1580–1650年と1820–1860年の強烈な**最大期**が含まれている。最後に、ほぼ持続的下降を描いて、1860年から今日におよぶ現代の氷河溶融が記録されている。

2　グリンデルワルト下方氷河（スイス）

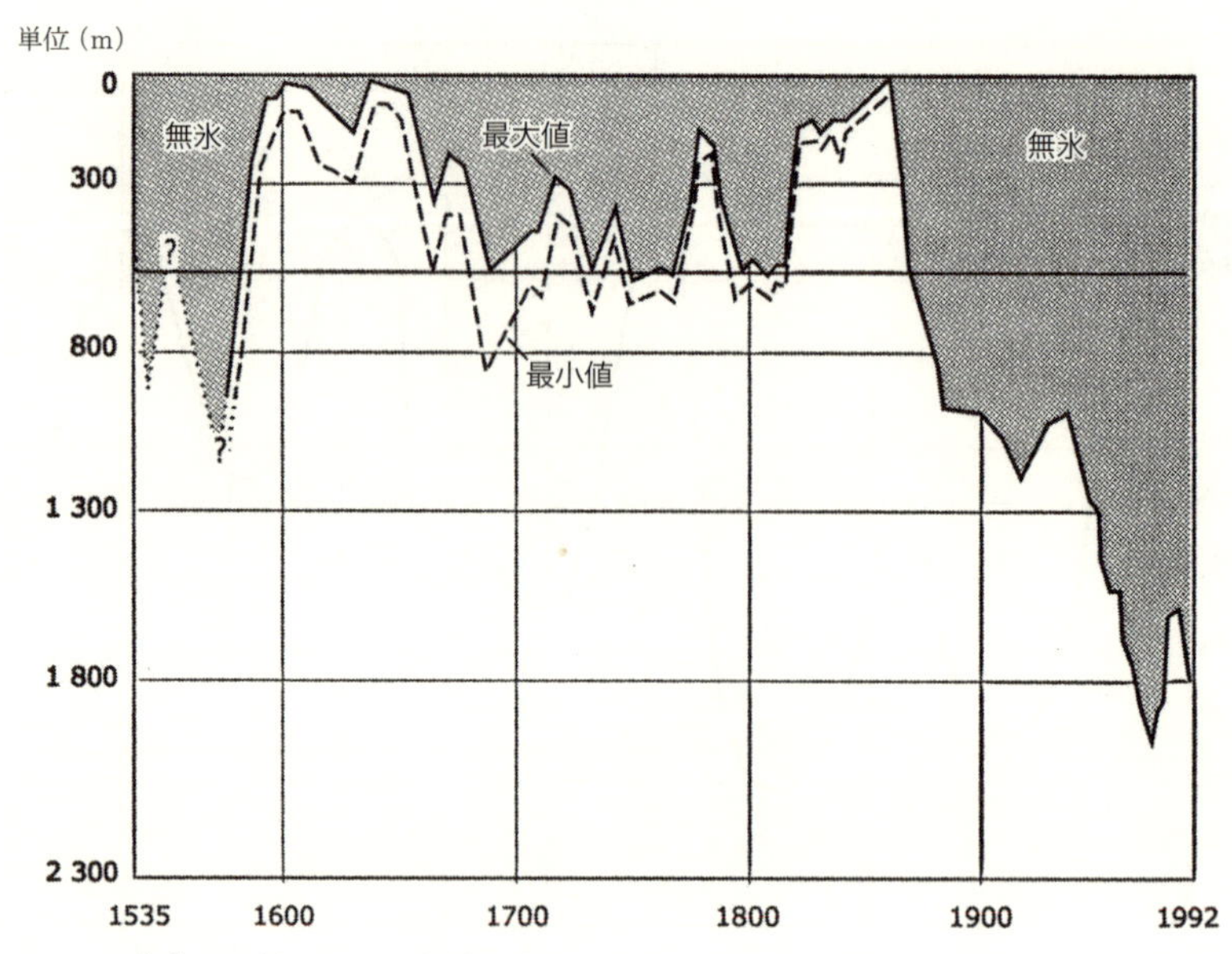

出典：Holzhauser, Zumbühl *et al., Holocène* 15, 6, 2005, p. 1695.

1540–70 年頃の穏やかな氷河後退のあと、1595 年から 1640–50 年までの最初の氷河の伸張が起きた。それから、17 世紀のほぼ中頃から 1815 年頃まで、小氷期状態が続く。その後またあらたな氷河伸張があって、1815 年から 1859–60 年に最大進出地点に達した。1860 年から氷河は後退し始め、その年から今日まで大幅に後退している（下が氷河の最小値で、上が氷河の最大値）。

付　録

第Ⅱ巻末に収録されている付録のうち、第Ⅰ巻に関わると思われるものを選択し、先取りして以下に掲載する。本文中で、これら付録を参照することで具体的データを補完して理解を深めることに寄与すると思われる箇所に適宜訳注の形で、関連する付録の番号および表題を提示した。有効にご利用いただければ幸いである。これらの判断はすべて訳者の責任である。なお、付録の番号は、第Ⅱ巻との整合性を考慮して、第Ⅱ巻末の付録中の原番号のままにしてある。　（訳者）

1　1316年にブリュージュとイープルで市の費用によって収容された死体数の推移

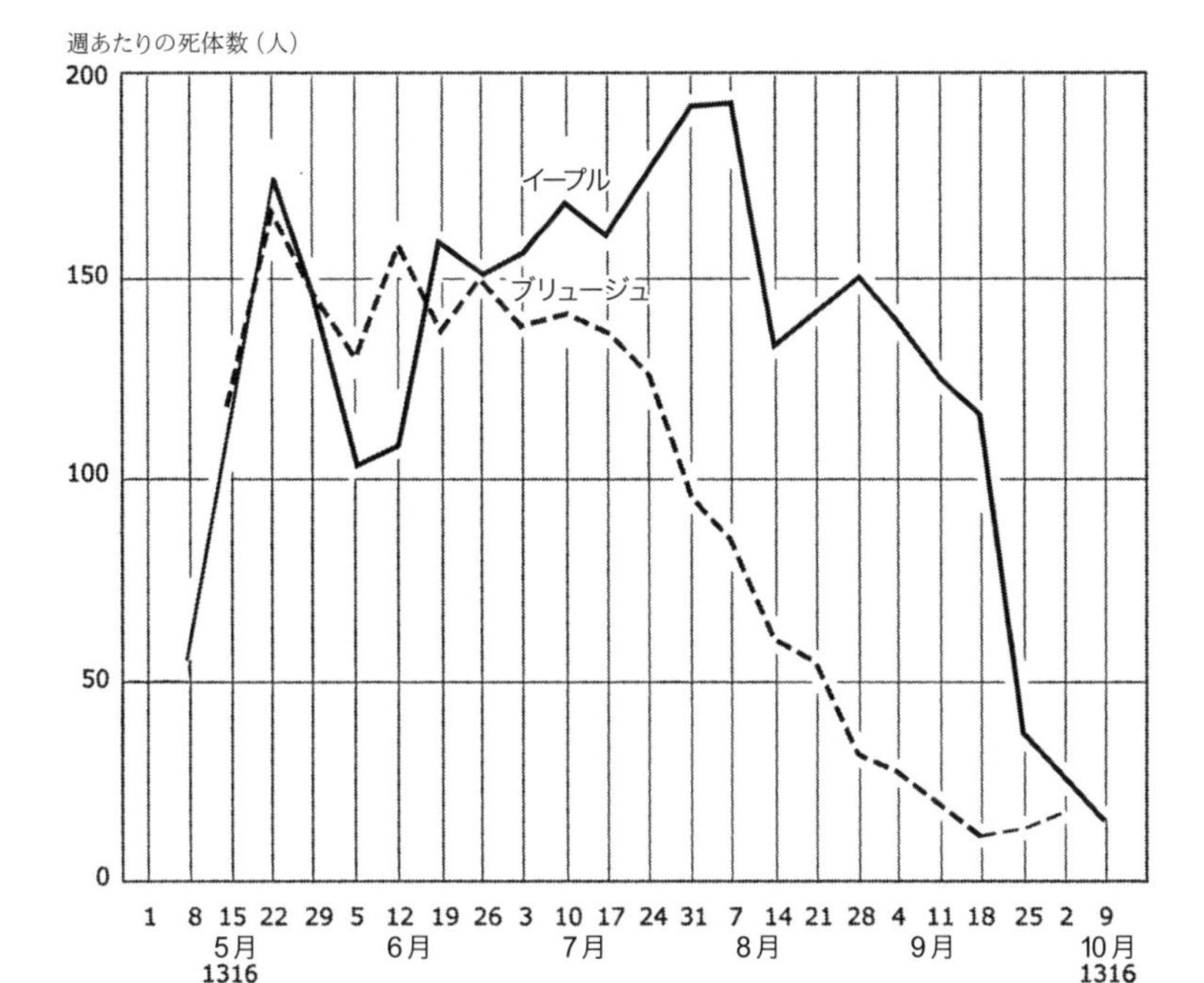

出典：H. Van Werveke, *Revue du Nord*, t. 41, janvier 1959, pp. 5-14

1315年の4月以前からの収穫前の期間に降った大雨が原因となってその年は凶作になったため、1315年夏から飢饉による死亡者が発生した。飢饉による死亡者は特に1315年夏からのささやかな小麦の備蓄が底をついた1316年5月から目立つようになった。それ以降は悲惨な「危機の期間」となった。グラフに表れた死亡者数は、栄養不足とそれに相関する疫病（赤痢、チフス、「熱病」等）との混合である。活況を呈する豊かな街ブリュージュはイープルよりも少し早く困難から抜け出す。小麦の備蓄がなくなる春から始まるこうした時間経過のパターンは、経済的アンシャン・レジーム下の同様な多くの事例にあてはまる。たとえば、1794年の不作によって引き起こされた1795年の、〔フランス革命暦の〕花月、芽月、草月の飢饉の春の3カ月がそうである。

ワ 行

ヤ 行

ラ 行

マ 行

ナ　行

ハ　行

タ 行

カ 行

サ 行

地名索引

ア 行

ローマ字

マ 行

ヤ 行

ラ 行

サ　行

タ　行

ナ　行

ハ　行

人名索引

本文から実在の人物を採り、姓名の五十音順で配列した。

ア 行

カ 行

著者紹介

エマニュエル・ル＝ロワ＝ラデュリ
(Emmanuel Le Roy Ladurie)

1929年生。アナール派の代表的な歴史家。名門のリセ、アンリ4世校を終えたのち、高等師範学校に進んで歴史学を学ぶ。1955年、南フランスのモンペリエ大学に赴任し、近世、近代フランス史を研究、講義。高等研究院第6部門研究指導教授を経て、1973年、ブローデルの後任としてコレージュ・ド・フランスに迎えられ、現在、同名誉教授、フランス学士院会員、元フランス国立図書館長。
著書に『ジャスミンの魔女——南フランスの女性と呪術』(1983年、邦訳新評論)『新しい歴史——歴史人類学への道』『気候の歴史』(1983年、ともに邦訳藤原書店)『モンタイユー——ピレネーの村』(1974年、邦訳刀水書房)『ラングドックの歴史』(1966年、邦訳白水社) など。『アナール』創刊以来80年間の主要論文を精選した〈叢書『アナール 1929-2010』——歴史の対象と方法〉(全5巻、藤原書店) をA・ビュルギエールと共に監修。

訳者紹介

稲垣文雄 (いながき・ふみお)

1949年東京生まれ。1974年東京外国語大学外国語学部フランス語学科卒業。1977年東京教育大学大学院文学研究科修士課程修了。1982年パリ第八大学博士課程満期退学。長岡技術科学大学名誉教授。
訳書にル＝ロワ＝ラデュリ『気候の歴史』(2000年)『気候と人間の歴史・入門』(2009年、共に藤原書店)『EC市場統合』(共訳、白水社、1992年) ほか。

気候と人間の歴史 I
——猛暑と氷河　13世紀から18世紀　(全3巻)

2019年9月10日　初版第1刷発行 ©

訳　者　稲垣文雄
発行者　藤原良雄
発行所　株式会社 藤原書店

〒162-0041　東京都新宿区早稲田鶴巻町523
電　話　03 (5272) 0301
FAX　03 (5272) 0450
振　替　00160-4-17013
info@fujiwara-shoten.co.jp

印刷・製本　中央精版印刷

落丁本・乱丁本はお取替えいたします
定価はカバーに表示してあります
Printed in Japan
ISBN978-4-86578-237-0